音频技术与录音艺术译丛

Master Handbook of ACOUSTICS

声学手册（第5版）

声学设计与建筑声学实用指南

[美]F. Alton Everest　Ken C. Pohlmann　著
郑晓宁　译

人 民 邮 电 出 版 社
北 京

图书在版编目（C I P）数据

声学手册 ： 声学设计与建筑声学实用指南 ： 第5版 / (美) F.奥尔顿.埃佛勒斯 (F. Alton Everest) , (美) 肯恩.C.博尔曼 (Ken C. Pohlmann) 著 ; 郑晓宁译. -- 北京 ： 人民邮电出版社, 2016.12（2024.4 重印）
（音频技术与录音艺术译丛）
ISBN 978-7-115-42669-7

Ⅰ. ①声… Ⅱ. ①F… ②肯… ③郑… Ⅲ. ①声学设计－手册②建筑声学－手册 Ⅳ. ①TU112-62

中国版本图书馆CIP数据核字(2016)第158570号

版权声明

◆ 著　［美］F. Alton Everest　Ken C. Pohlmann
译　郑晓宁
责任编辑　宁　茜
责任印制　周昇亮
◆ 人民邮电出版社出版发行　北京市丰台区成寿寺路 11 号
邮编　100164　电子邮件　315@ptpress.com.cn
网址　http://www.ptpress.com.cn
北京七彩京通数码快印有限公司印刷
◆ 开本：800×1000　1/16
印张：31　2016 年 12 月第 1 版
字数：689 千字　2024 年 4 月北京第 18 次印刷
著作权合同登记号　图字：01-2013-9314 号

定价：159.00 元

读者服务热线：(010)81055493　印装质量热线：(010)81055316
反盗版热线：(010)81055315
广告经营许可证：京东市监广登字20170147号

内容提要

本书对各种声学现象进行了清晰的解释，且提供了实用的房间声学设计方法，同时本书还涉及了最新的测量方法和软件。它让读者了解到，如何进行声学测量、房间尺寸选择，如何摆放扬声器、分析频率响应曲线，以及如何设计安装吸声体和扩散体。读者还将会了解到，如何调节房间的混响时间、减小外部噪声，以及如何运用心理声学的概念。借助于两位声学专家的洞察力，我们可以建造属于自己的声学环境，例如录音棚、控制室以及家庭听音室。

本书包含了以下内容：

- 如何确定开放和封闭空间的声音传播。
- 如何测量声压级。
- 如何分析房间模式的共振特征。
- 如何对房间进行装修，以获得最佳的早期反射声、混响时间和扩散。
- 如何降低声学失真、梳状滤波效应以及 HVAC 噪声。
- 如何构建一间高品质的立体声和环绕声听音室。
- 如何设计专业的录音棚和控制室。
- 如何评价音乐厅和礼堂的音质。
- 如何利用声学测量、模型以及可听化软件对房间进行设计和优化。

谨以此书献给 F. Alton Everest

关于作者

F. Alton Everest 是一位优秀的声学顾问。他是穆迪科学研究院（Moody Institute of Science）科学电影生产部门的联合创始人兼主管，同时也是美国加州大学海底声学研究部的主管。

Ken C. Pohlmann 是一位著名的音频教育家、顾问以及作家。他是美国科勒尔盖布尔斯的迈阿密大学的退休教授，也是许多音频设备制造商和汽车制造商的顾问，同时还是许多文章和书籍的作者，所著书籍中包括《数字音频原理》。

其他对本书做出贡献的人员包括 Peter D' Antonio、Geoff Goacher 以及 Doug Plum。

引言

什么样的书才称得上经典？一本经典的书最重要的特点，在于大家都知道且信赖它，经常使用它，封面磨损得很旧且好多章节有下划线的标注。毫无疑问，Everest先生的《声学手册》绝对有资格称得上经典。这本书的第1版自1981年面世以来深受读者的喜爱，在大家强烈的要求下，2001年该书已经修订出版了第4版。实际上，这本书在声学界已经畅销逾20年。声学工程师协会对Everest先生在2005年的逝世（享年95岁）表示十分悲痛。他是声学工程领域的一位伟人，Everest先生是他这一代工程师当中高水准的楷模。大家将会非常怀念他。

当McGraw-Hill出版社邀请我为该书准备第5版时，我感到非常的荣幸。这本手册我已经使用了25年，我深知它作为教材以及参考书的价值。在充分认识到这个项目所面临的挑战之后，我同意了出版社的邀请。一些熟悉《数字音频原理》的读者或许会惊奇地发现，我对数字技术与对声学的热情是同样的。我在迈阿密大学教授建筑声学的课程（另外还有数字音频课程）已经有30年了，在那里还指导音乐工程技术课程。在那段时间里，我也在许多声学工程当中担任顾问，这些工程的范围涵盖从录音棚到听音室的设计，从教堂声学到城市噪声的处理。与该领域许多实践者一样，对于我来说去理解声音属性的基础，同时跟上当今声学问题的解决方案及实际应用是非常重要的。这种理论和实践的平衡是Everest先生前面几个版本的指导原则，并且我会继续寻找这种平衡。

个人观点，特别是对于一些在声学领域的初学者来说，或许会问“为什么研究声学知识是非常重要的？”其中一个原因就是，你是否会希望对伟大的科学进步做出贡献。数千年间，声学及其复杂性鼓舞着世界上伟大的科学家和工程师们去探索它的奥秘。科学和艺术的发展深深影响了整个文明和个体的生命。但是在当今的数字世界当中，声学是否仍旧重要呢？设想一下：我们睡觉时眼睛是紧闭的，并且不能看到黑暗中的东西，有些人能够悄悄地从身后靠近我们。但是从出生到死亡，醒着或者睡着，在明亮处以及黑暗处，我们的耳朵一直保持着对周围环境的敏感度。无论听到的是令人高兴的声音，还是处于危险的警告，无论它是自然界的声音还是人工合成的声音，声学的属性以及建筑空间对这些声音的影响，都穿插在我们生活中的每时每刻。声学重要吗？答案是肯定的。

Ken C.Pohlmann
于美国克罗拉多州

目录

1

声学基础

声音能够被看作是在空气或其他弹性介质中的一种波动。在这种情况下，它是一种激励。声音也可以看作是对听力系统的一种刺激，它会让我们对声音产生感觉。在这种情况下，声音是一种感觉。通常情况下，对于音频和音乐有兴趣的人们来说，会比较熟悉上述的2个观点。把声音归于哪一类问题，这取决于我们的观察角度。如果是对扬声器所产生的噪声感兴趣，那么应该把它归为一个物理问题。如果是专注于扬声器周围人们的感受，那么可以使用心理声学的方法来分析。因为本书会涉及与人耳有关的声学问题，所以声音的这两个方面都会有所体现。

声音有许多基本特征。例如，频率是声音的一个客观属性。它描述了每单位时间（通常是1s）波形重复的数量。频率能够通过示波器或者频率计数器测得。另一方面，音高是声音的主观属性。对于100Hz单音来说，我们把它的音量从小到大变化，会感觉到有不同音高的声音出现。随着音量的增大，有着较低频率单音的音调会下降，而有着较高频率单音的音调会上升。Fletcher发现，在某一个声压级同时重放168Hz和318Hz的单音，会产生一种非常不和谐的感觉。然而，在一个较高的声压级下，我们的耳朵会对150~300Hz内倍频程关系的纯音感到愉悦。我们不能把频率与音高进行等价，但是它们是可以相互比拟的。

在强度与响度之间也存在着类似的关系，这种关系是非线性的。类似的，波形（或频谱）与音质（音色）之间的关系错综复杂，这是我们的听觉系统所造成的。对于一个复杂的波形来说，我们可以利用基频和一系列具有各种幅度和相位的谐波来描述。但是对于音色感知来说，通过频率–音高之间的相互作用以及其他要素是很难描述的。

声音的物理属性与我们对它们的感知之间，产生了微妙而复杂的关系。正是这种音频和声学之间的复杂关系，产生了如此有趣的事情。一方面，扬声器或音乐厅的设计是一个客观的工作。但是实际上，这些客观的专家意见需要与我们的主观感受进行平衡。就像通常指出的那样，扬声器的设计不是用来在消声室中重放正弦波的。而是设计用来在听音室中播放音乐的。换句话说，在音频和声学的研究领域，同时包含了艺术和科学两个方面。

1.1 正弦波

如图 1–1 所示，弹簧和质量块形成了一个振动系统。如果我们把质量块拉低到刻度 –5 的位置并释放它，弹簧会把质量块拉回到 0 的位置。但是，它不会在 0 处停止。质量块的惯性作用将会令它离开 0，继续前进到接近 +5 的位置。它将会继续振动或摆动，其幅度将会逐渐减小，这取决于弹簧和空气的摩擦损耗。

弹簧和质量块组成的系统能够产生振动或摆动，这是由于弹簧的弹力以及质量块的惯性作用所引起的。弹力和惯性这两个要素，是所有介质拥有声音传导能力的必要条件。

如图 1–1 所示的质量块运动，被称为简谐振动。汽车发动机当中的活塞，通过长杆与机轴相连。机轴的旋转与活塞的上下运动，很好地阐明了旋转运动与线性简谐振动之间的关系。活塞的位置与对应时间之间形成了一个正弦波。这是机械运动的一个基本特征，它同样也会发生在声学和电子学当中。

如果我们把一支笔绑在如图 1–2 所示的指针上，同时让纸条以均匀的速度经过它，将会产生一个正弦形状的轨迹。这是一个与简谐振动紧密相关的波形。

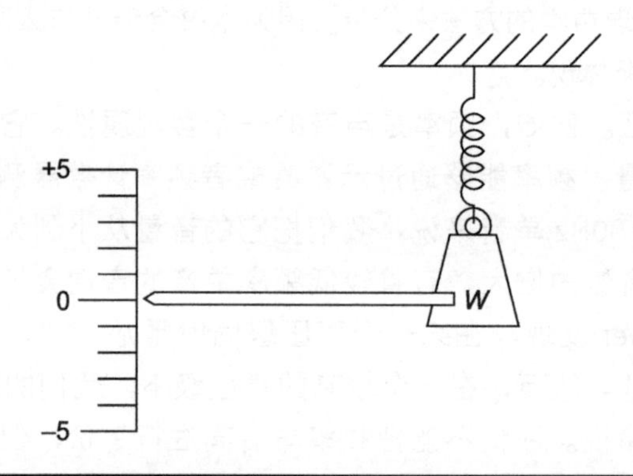

图 1–1 在弹簧上的质量体会以自身的固有频率进行振动，这个频率与弹簧的弹力以及质量体的惯性有关

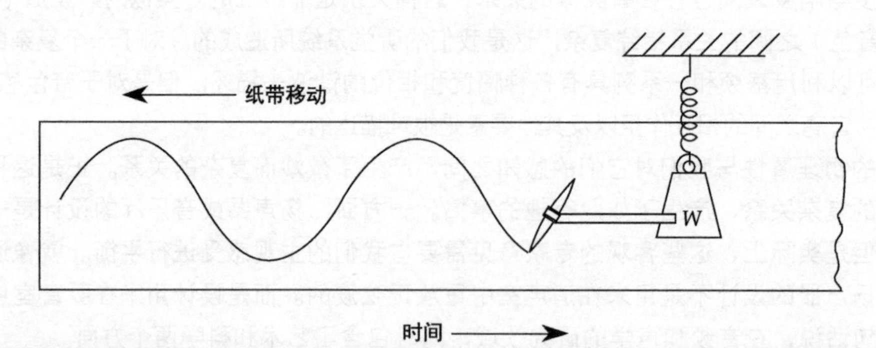

图 1–2 我们把笔绑在质量体上，当纸带以均匀的速度移动时，振动的质量体会在纸带上形成正弦波。这显示了简谐运动与正弦波的基本关系

1.2 介质中的声音

如果一个空气质点从它的初始位置移动，空气的弹力倾向于把质点向初始位置拖拽。由于质点的惯性作用，它会超越原来的静止位置，弹力会在相反的方向产生作用力，以此类推。

声音能够在气体、液体和固体等弹性介质当中传播，例如空气、水、钢铁、混凝土等。设想一下，一个站在与你有一段距离外的朋友，用石头敲击铁轨，你将会听到2个声音，一个声音是从铁轨传播过来的，而另一个声音是通过空气传播过来的。经过铁轨传播的声音会首先到达，因为在高密度钢铁当中声音的传播速度快于密度较稀薄的空气。类似地，在海洋当中，声音能够传播到数千英里以外。

在没有介质的情况下，声音是不能够被传播的。在实验室中，我们把电子蜂鸣器悬挂在一个厚重的玻璃罩内。当按钮被按下，蜂鸣器的声音可以较容易地透过玻璃罩传播出来。而随着玻璃罩中的空气逐渐被抽走，声音会变得越来越微弱，直到不能被听见。这时耳朵与声源之间的声音传播介质——空气，已经被彻底移除。由于对于声音的传导来说，空气是如此普遍，以至于我们会忘记其他气体、固体以及液体也是声音的传播介质。外太空是一个几乎完全真空的环境。没有声音能够在其中传播，除了在一些有空气的小空间，例如宇宙飞船或者航天服当中。

1.2.1 质点运动

当微风掠过麦田时会产生波动，随着波的传播每个茎杆仍旧牢固地站立在那里。同样，在空气质点传播声波的时候，单个质点的移动，离开其无位移位置也不会很远，如图1–3所示。这种波动传播出去，但传播质点仅在局部区域移动（或许最大位移仅为1英寸的万分之一，1英寸约为5.4mm），其中，在平衡位置的速度最大，而在最大位移处的速度为零（钟摆有着相同的特性）。最大速度被称为速度振幅，最大位移被称为位移振幅。质点的最大速度是非常小的，即使对于非常大的声音来说，这个速度也会小于0.5英寸每秒。正如我们所看到的，为了减小声压级，必须降低质点的速度。

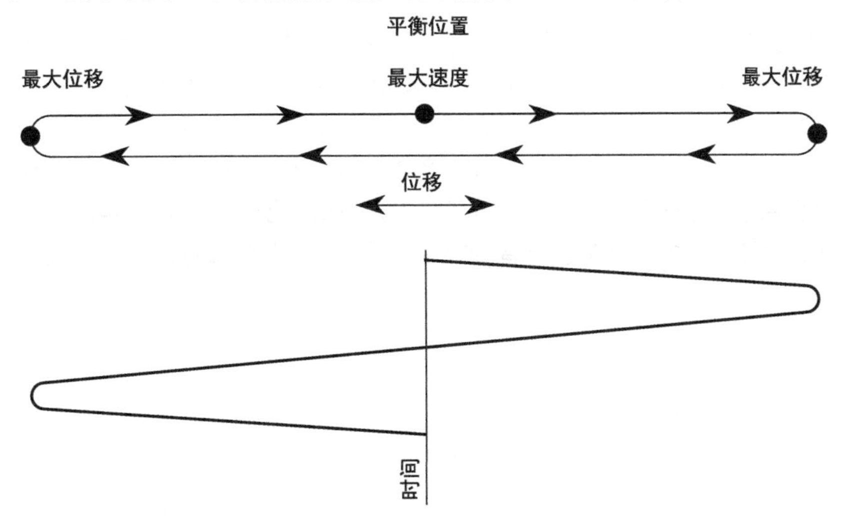

图1–3 由于空气质点的惯性以及空气的弹力相互作用，一个空气粒子会在其平衡位置附近进行振动

质点的运动有着三种独特的方式。如果我们把石头丢向平静的水面，会以冲击点为圆心的波向外传播，而水粒子的运动轨迹是圆形（至少对于深水来说），如图 1-4A 所示。另一种波的运动方式，可以通过琴弦来展示，如图 1-4B 所示。琴弦上的质点横向运动，或者垂直于琴弦上波的传播方向。对于在气态介质的声音传播，例如空气，其质点在声音传播的方向上运动。这些波被称为纵向波，如图 1-4C 所示。

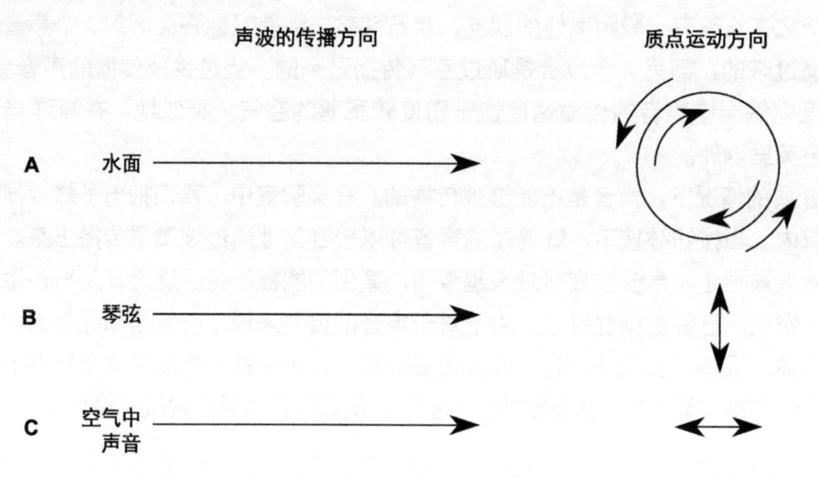

图 1-4 在声波传播过程中，质点的运动方式包括圆形运动（A），横向运动（B），或纵向运动（C）

1.2.2 声音的传播

空气质点是如何通过前后轻微的移动，把扬声器的音乐声迅速传递到我们耳朵的呢？如图 1-5 所示的点，展现了空气分子不同的密度变化。在现实当中，1 立方英寸（1 立方英寸约为 16.39cm^3）的空气当中会存在数以百万计的分子。这些分子簇拥在一起，表现出压力区域（波峰），在这个区域当中空气压力要比大气压高一点（在海平面上，通常约为 14.7 磅 / 平方英寸，1 磅约为 0.454kg，1 平方英寸约为 6.45cm^2）。稀疏区域代表气压稀薄（波谷）的地方，在这个区域的压力稍微要比大气压低一点。这些箭头（如图 1-5 所示）显示出，分子正在向右移动到波峰区，同时向左移动到两个波峰之间的波谷区域。由于弹力的作用，任何分子经过初始位置之后，将会向它原来的位置移动。这会让分子向右边移动一段距离之后，再向左边移动相同的距离，而整体的声波是向右移动的。声音的存在，是由于它的动量可以从一个质点传递到另一个质点。

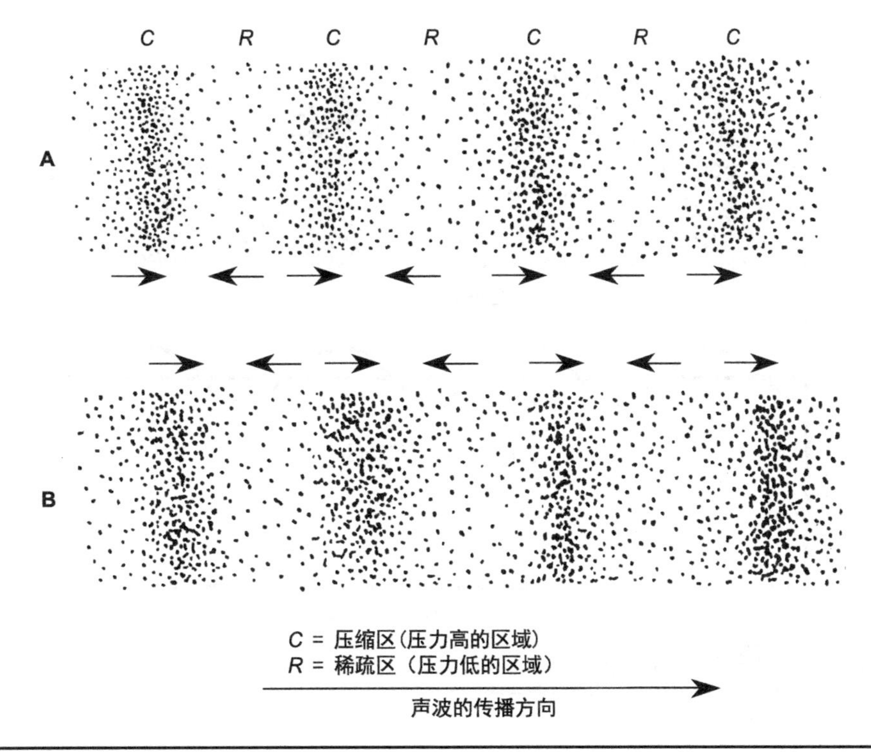

图 1–5 声波通过介质传播改变了空气质点密度的位置。(A) 声波导致了空气质点在一些区域压到一起(压缩)，而在其他区域散开(稀疏)。(B) 之后的瞬间，声波已经向右有了轻微的移动

在这个例子当中，为什么声波是向右移动的呢？通过更近距离的观察(如图 1–5 所示)，我们得到了答案。当两个箭头彼此相对时，分子倾向于聚成一团，这个聚集区域发生在每个压力区域偏右的地方。当箭头相背而指的时候，分子的密度降低。因此，较高压力的波峰和较低压力的波谷之间的运动，产生了声波向右的传播。

如前面所提到的那样，波峰的压力会高于大气压，波谷的压力会低于大气压，如图 1–6 所示的正弦波。这些压力的波动的确非常小。我们的耳朵能够听到非常微弱的声音 (20 μPa)，会比大气压小 500 亿倍。普通的讲话和音乐信号，是通过在大气压上叠加相应较小的声音能量来实现的。

1.2.3 声音的速度

在普通大气压和温度环境下，空气中的声速约为 1 130 英尺 /s(344m/s)。它约为 770 英里 /h(1 240km/h)，而相对我们所熟悉的东西来说，这不是一个特别快的速度。例如，播音 787 喷气式飞机的速度为 561 英里 /h(903km/h，0.85 马赫)。相对于光速来说，声音的速度是非常慢的。它传播 1 英里需要 5s 的时间。我们可以利用闪电和雷声之间的时间差，来估算雷暴的距离。在可听范围内的声音速度，不会受到声音大小和频率的明显影响，也不会随着大气压的变化而

改变。

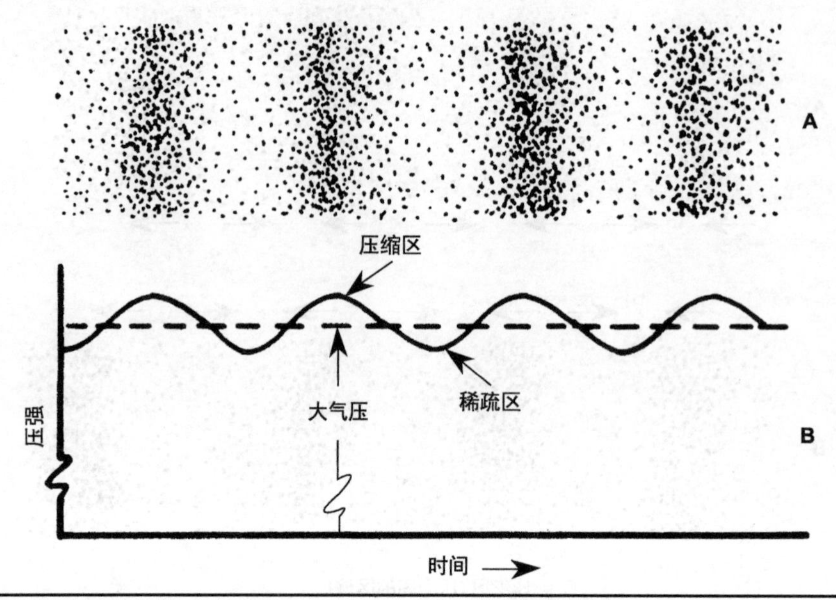

图 1-6 被叠加在标准大气压上的声压变化。（A）在空气中，声波压缩区和稀疏区的瞬间形态。（B）压缩区的比大气压略微高一些，稀疏区比大气压略微低一些

声音的传播速度取决于介质以及其他因素。对于分子结构来说，分子密度越高越容易传递能量；相对空气来说，声音在更密的介质当中传播速度更快，例如液体和固体。在水中声音的传播速度约为 4 900 英尺 /s（1494m/s），而在钢铁当中其速度约为 16 700 英尺 /s（5090m/s）。随着空气中温度的增加，声音的传播速度也会加快 [对于每华氏度来说，会有约 1.1 英尺 /s(0.34m/s）的速度增加]。最后，在空气当中的湿度，会对声音的传播速度造成影响。空气越湿，声音传播速度越快。需要注意声音的传播速度与质点的速度不同，声音的传播速度决定了声音能量通过介质传播得有多快；质点速度是由声音大小所决定的。

1.3 波长和频率

图 1-7 所示为一个正弦波，其波长 λ 为声波在一个完整周期内的传播距离。波长能够通过连续的峰值或者一个周期内任意两个对应点来获得。这个方法也适用于其他周期波，而不仅是正弦波。频率 f 定义为每秒的周期数，用赫兹（Hz）来衡量。频率和波长之间的关系如下。

$$\text{波长(m)}=\frac{\text{声速(m/s)}}{\text{频率(Hz)}} \qquad (1\text{–}1)$$

也可以被写成

$$\text{频率}=\frac{\text{声速}}{\text{波长}} \qquad (1\text{–}2)$$

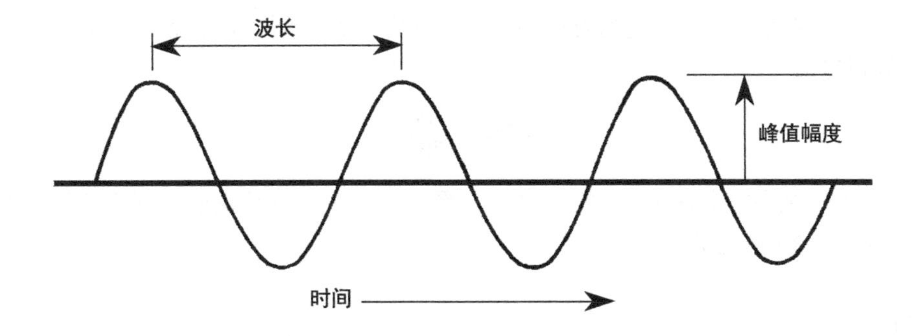

图 1-7 波长是声波完成一个周期所对应的传播距离。它也可以表示为周期波上一点到下一个周期波相同位置的距离

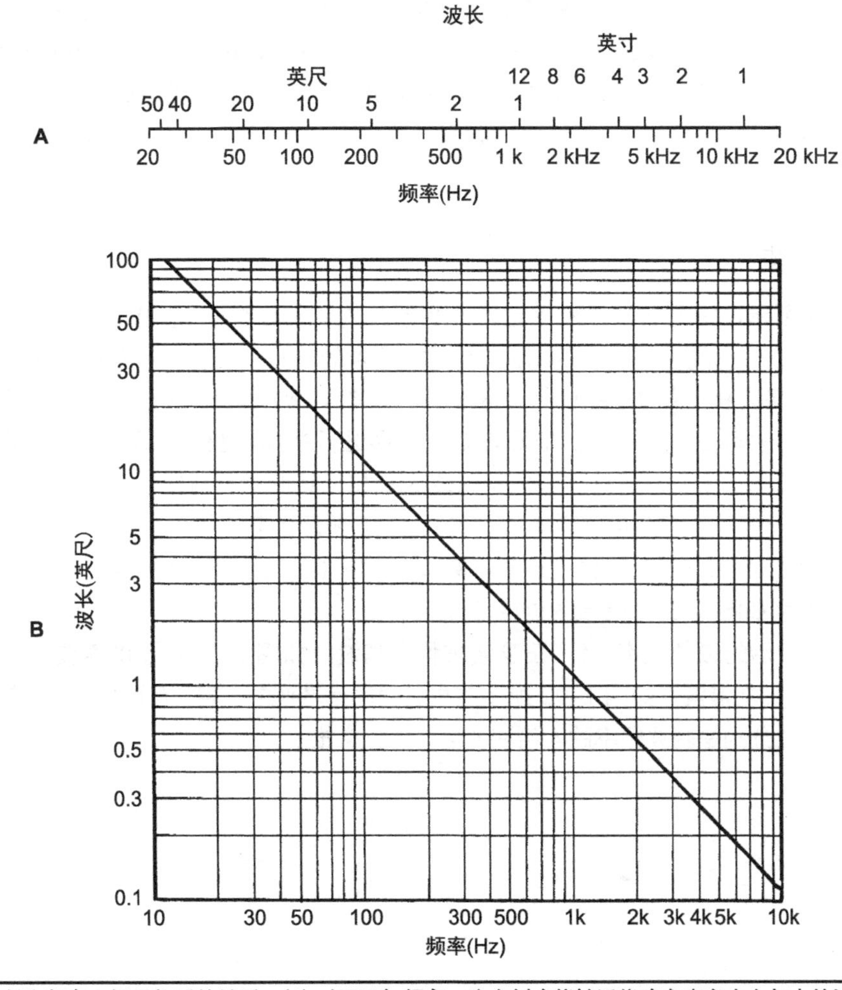

图 1-8 波长和频率之间是相反的关系。(A) 对于已知频率，这个刻度能够近似确定声音在空气中的波长，反之亦然。(B) 该图表能够确定空气中不同频率的声波波长 (以上两个图表，都是基于声速为 1130 英尺 /s 的情况)

由上可知，在空气中常温下的声速约为344m/s（1 130英尺/s）。所以对于空气中传播的声音来说，式（1–2）可以变成

$$波长=\frac{344}{频率} \quad (1–3)$$

在音频领域，这个关系是非常重要的基本关系。图 1–8 给出了两个图表，利用它我们可以较为轻松的获得式（1–3）的结果。

1.4 复合波

语言和音乐的波形与简单的正弦波非常不同，它们被认为是复合波。无论波形有多复杂，只要它是周期波，就能够被分解成正弦分量。在这个陈述当中，任何复杂的周期波能够利用不同频率、不同幅度以及不同时间关系（相位）的正弦波叠加而成。Joseph Fourier 是第一位证明它们之间关系的科学家。从概念上来说，这个想法是非常简单的，但是在特定语言和音乐的应用当中常常变得复杂。让我们看看一个复杂的波形是如何被分解成简单正弦曲线分量的。

1.4.1 谐波

如图 1–9A 所示，它是一个有着固定幅度和频率的单一正弦波 f_1。图 1–9B 展示了另一个频率为 f_2 的正弦波，它的幅度是 A 的 1/2，而频率是 A 的 2 倍。把 A 和 B 对应相同时间的每一个点进行叠加，将会获得如图 1–9C 所示的波形。如图 1–9D 所示，另一个正弦波 f_3，它的振幅是 A 的 1/2，而频率是 A 的 3 倍。把 f_3 与 C 的波形进行叠加，获得如图 1–9E 所示波形。如图 1–9A 所示的单一正弦波，随着与其他正弦波的叠加，其形状逐渐发生改变。这个过程不论是对声波还是电子信号，都是可以逆转的。如图 1–9E 所示的复杂波形能够通过声学或电子滤波器，分解成简单的 f_1、f_2、f_3 正弦波分量。例如，如图 1–9E 所示的波形通过只允许 f_1 通过的滤波器，就会产生如图 1–9A 所示最初的 f_1 正弦波。

如图 1–9A 所示的最低频率（f_1）正弦波被称为基波，如图 1–9B 所示的声波有着基波 2 倍频率（f_2）被称为二次谐波，如图 1–9D 所示的声波频率是基波的 3 倍（f_3）称为三次谐波。而四次谐波和五次谐波分别是基波频率的 4 倍和 5 倍，以此类推。

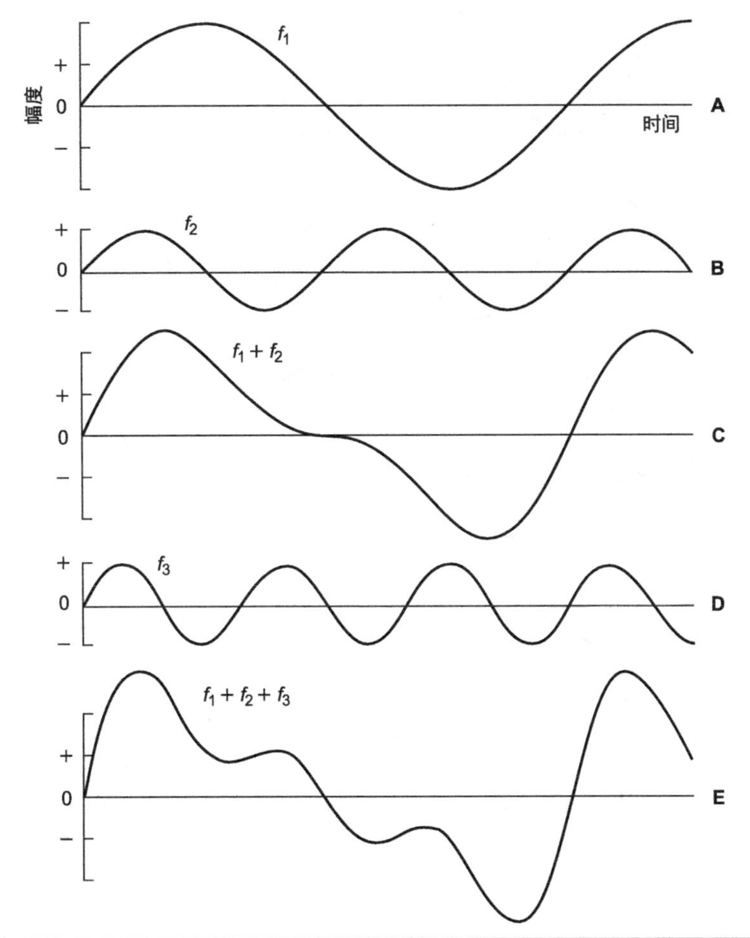

图 1-9 正弦波叠加的研究。（A）频率为 f_1 的基波。（B）频率为 $f_2=2f_1$ 的二次谐波，振幅为 f_1 的 1/2。（C）通过点到点叠加纵坐标，可以获得 f_1 与 f_2 的和。（D）频率为 $f_3=3f_1$ 的三次谐波，振幅为 f_1 的 1/2。（E）f_1，f_2，f_3 叠加的波形。所有 3 个分量是同相位的，也就是说，它们同时从零开始振动

1.4.2 相位

如图 1–9 所示，f_1, f_2, f_3 3 个频率分量都是从零开始的。这种情况被称为同相。在某些情况下，谐波之间或者谐波与基波之间的频率关系与它非常不同。我们可以看到，汽车发动机轴的旋转 (360°) 与活塞简谐振动的周期相同。活塞的上下运动，可以在时间线上展开成为一个正弦波，如图 1–10 所示。一个完整的正弦波周期，表现出 360° 的循环。如果有着相同频率的正弦波被延时 90° ，它与第一个正弦波在时间关系上有着（1/4）波长的延时（时间向右增加）。半波长的延时将会为 180° ，依此类推。对于 360° 的延时来说，如图 1–10 所示最下面的波形与最上面波形同步，它们同时到达正向峰值以及负向峰值，并产生了同相的状态。

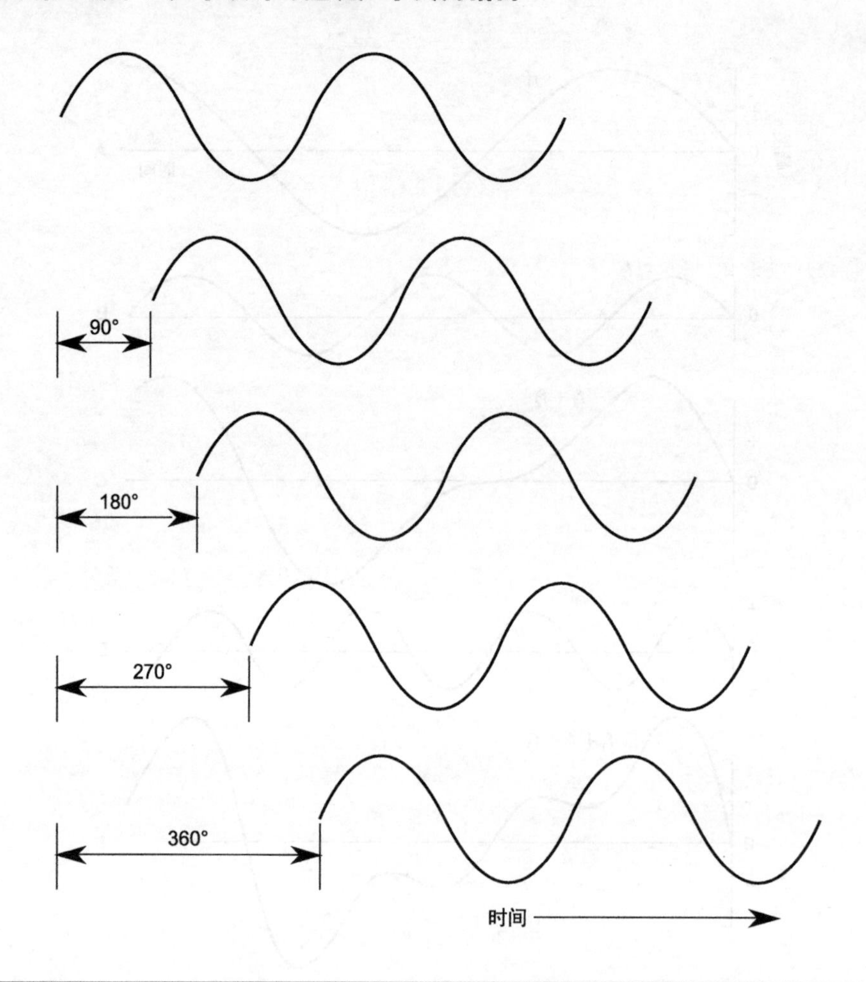

图 1-10 相同幅度及频率波形之间相位关系的展示。360° 的旋转类似一个完整的正弦波

如图 1-9E 所示复杂波形的所有三个分量都是同相位的。也就是说，基波 f_1、二次谐波 f_2、三次谐波 f_3，它们同时从零处开始。如果谐波与基波之间不是同相位的，将会发生什么呢？图 1-11 展示了这样的情况。二次谐波 f_2 提前了 90°，三次谐波 f_3 推迟了 90°。通过对每个瞬间的 f_1，f_2，f_3 进行叠加，并考虑正负号，会得到如图 1-11E 所示较为弯曲的波形。

图 1-9E 与图 1-11E 所示的唯一不同在于，向基波 f_1 以及谐波 f_2，f_3 之间加入了相位的变化。这就是导致波形发生剧烈变化的所有原因。有趣的是，即使波形产生了如此大的变化，我们的耳朵对此并不敏感。换句话说，图 1-9 与图 1-11 所示的波形 E 听起来将会非常相似。

我们通常会把相位与极性混淆。相位是两个信号之间的时间关系，而极性要么是 +/−，要么是 −/+，它是一对信号线之间的信号关系。

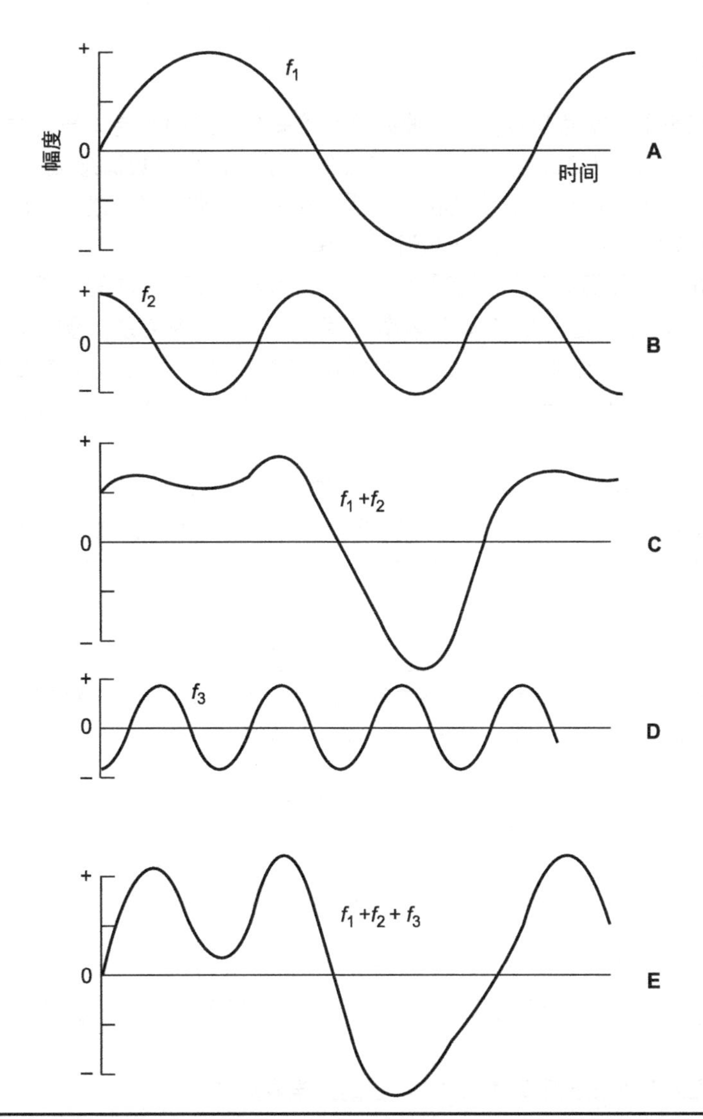

图 1-11 不同相的正弦波叠加研究。(A)基频 f_1。(B)二次谐波 $f_2=2f_1$，同时波幅是基频的 1/2，相位比基频提前 90°。(C)通过点到点叠加 f_1，f_2 的纵坐标获得的波形。(D)迟于 $f_1$90° 的三次谐波 f_3，其幅度是 f_1 的 1/2。(E)f_1，f_2，f_3 的叠加。把这个波形与图 1-9E 相比。波形的差异完全是由于谐波相对基频相位变化所导致的

1.4.3 泛音

音乐家们更加倾向于使用泛音这个术语来代替谐波，不过这两个术语之间是有区别的，因为许多乐器的泛音相对基频不是谐波关系。也就是说，泛音与基频之间不是确切的整数关系。例如，铃、钟及钢琴的泛音，常常与基频之间是非谐波关系。

1.5 倍频程

音频工程师和声学专家通常会使用谐波的整数倍概念，这很容易与声音的物理方面相联系。音乐家们常常提及倍频程（OCT），由于耳朵特征的关系，这个对数概念被广泛应用到音乐刻度和术语当中。音频工作者也经常会涉及和人耳听觉相关的工作，因此他们通常会使用频率的对数刻度、对数测量单位，以及一些基于倍频程的设备。

如图 1–12 所示，我们比较了谐波和倍频程。谐波是相对线性的，下一个谐波是前一个谐波的整数倍。倍频程的定义是指两个频率之间比为 2：1 的关系。例如，中央 C（C4）的频率接近于 261Hz。下一个更高 C（C5）的频率约为 522Hz。在音乐刻度当中，有着很多的频率比值。频率比为 2：1 是 1OCT。频率比为 3：2 是（1/5）OCT。频率比为 4：3 是（1/4）OCT 等。

100~200Hz 的间隔为 1OCT，就像 200~400Hz 的间隔一样。100~200Hz 的间隔，听起来要大于 200~300Hz。这表明我们耳朵对频率间隔的判断是按照比值而不是算术差来进行的。特别是，我们对频率的感知也是对数的。在声学工作当中，倍频程是非常重要的概念，所以倍频程的计算对我们是很有帮助的。

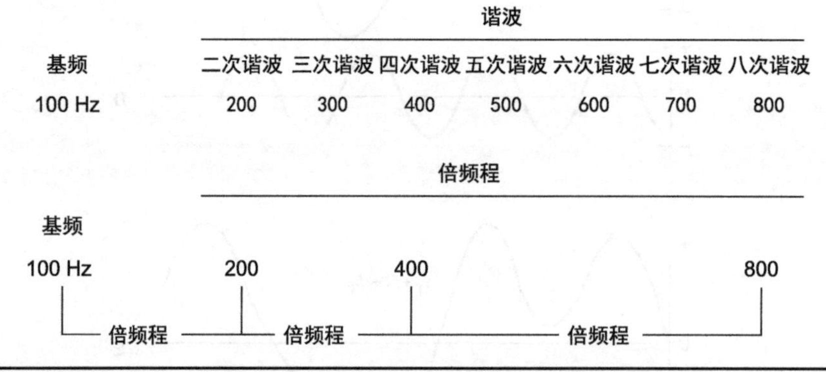

图 1–12 谐波与倍频程的比较。谐波之间是线性的关系，而倍频程之间是对数的关系

由于倍频程之间频率比被定义为 2：1，它的数学表达式为

$$\frac{f_2}{f_1}=2^n \tag{1-4}$$

其中 f_2 = 频率间隔的上边沿，单位 Hz。

f_1 = 频率间隔的下边沿，单位 Hz。

n= 倍频程数。

对于 1OCT 来说，n=1 时，式（1–4）变为 $\frac{f_2}{f_1}=2$，这就是倍频程的定义。

式（1–4）的其他应用如下所示。

例 1

某带宽的低频下限是 20Hz，那么该带宽的 10OCT（倍频程）的高频上限是多少？

$$\frac{f_2}{20\text{Hz}}=2$$

$$f_2=20\times2^{10}$$

$$f_2=20\times1\,024$$

$$f_2=20\,480\text{Hz}$$

例 2

如果 446Hz 是某（1/3）OCT 频带的低频下限，那么它的上限频率是多少？

$$\frac{f_2}{446}=2^{1/3}$$

$$f_2=446\times2^{1/3}$$

$$f_2=446\times1.259\,9$$

$$f_2=561.9\text{Hz}$$

例 3

中心频率为 1 000Hz 的（1/3）OCT 频带的下限频率是多少？f_1 为 1 000Hz，而最低下限频率将比（1/3）OCT 低（1/6）OCT，所以 n=1/6。

$$\frac{f_2}{f_1}=\frac{1\,000}{f_1}=2^{1/6}$$

$$f_1=\frac{1\,000}{2^{1/6}}$$

$$f_1=\frac{1\,000}{1.122\,46}$$

$$f_1=890.0\text{Hz}$$

例 4

中心频率为 2 500Hz 的倍频程频带的低频下限频率是多少？

$$\frac{2\,500}{f_1}=2^{1/2}$$

$$f_1=\frac{2\,500}{2^{1/2}}$$

$$f_1=\frac{2\,500}{1.414\,2}$$

$$f_1=1\,767.8\text{Hz}$$

其上限频率是多少？

$$\frac{f_2}{2\,500}=2^{1/2}$$

$$f_2=2\,500\times 2^{1/2}$$

$$f_2=2\,500\times 1.414\,2$$

$$f_2=3\,535.5\text{Hz}$$

在许多声学应用当中，声音通常被认为是落在 8OCT 之内，其中心频率分别为 63，125，250，500，1000，2000，4000 以及 8000Hz。在一些例子当中，声音被以（1/3）OCT 来划分，其中心频率落在 31.5，50，63，80，100，125，160，200，250，315，400，500，630，800，1 000，1 250，1 600，2 000，2 500，3 150，4 000，5 000，6 300，8 000 以及 10 000Hz。

1.6 频谱

通常观点认为可听频率范围是 20~20kHz。在这个范围内有着人耳明确的听觉特征。在了解了文章中的正弦波以及谐波之后，在这里我们需要建立频谱的概念。光线当中的可见频谱与声音当中的可听频谱是极为相似的，其中可听频谱是落在人耳的感知极限范围之内的。由于对于我们的眼睛来说，紫外线电磁能量的频率非常高，所以我们不能看到它。而红外线的频率很低，我们也不能看到它。这类似于某些声音频率过高（超声）或者频率过低（次声），对于我们的耳朵来说也不能听到一样。

图 1–13 展示了几个在日常生活当中具有代表性的波形。这些波形是从示波器当中获得的。图的右侧是对应信号的频谱。这个频谱能够告诉我们，信号在频域当中是如何分布的。除了图 1–13D 以外，所有信号的频谱是利用有着 5Hz 带宽且非常陡峭的滤波器分析得到的。通过这种方法，我们能够测量和定位能量集中的位置。

对于一个正弦波来说，所有的能量集中在一个频率。这种正弦信号是由特别的信号发生器所产生的，它不是一个真正意义上的正弦波。对于信号发生器来说，它们都有着谐波成分，然而通过观察我们可以看出其谐波分量的频率非常低，不能展现在图 1–13A 当中。

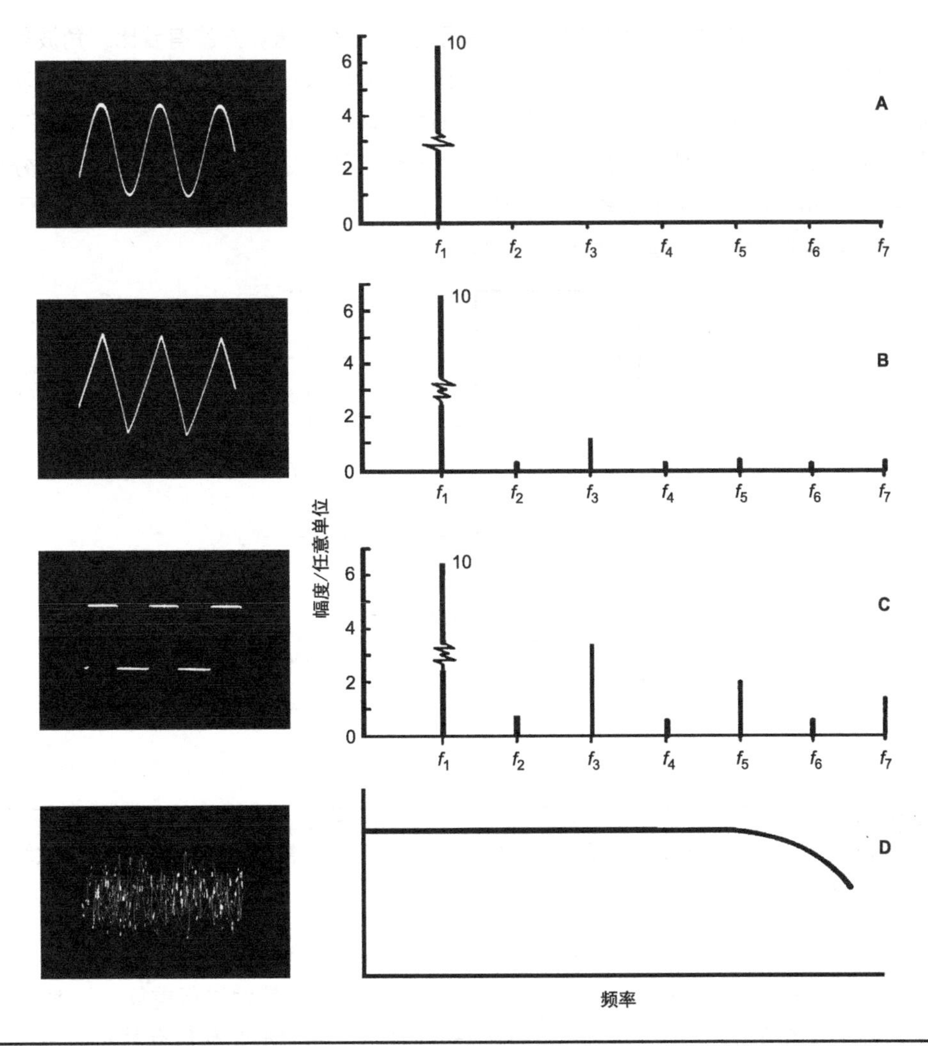

图 1–13 基本波形与噪声之间的比较。（A）一个单一正弦曲线的能量谱，完全包含在一个单一的频率上。三角波（B）以及方波（C）的波形，各自含有一个主要的基频，同时在基频的整数倍含有许多谐波。（D）随机噪声（白噪声）有较为一致的能量分布，随着频率的增加，能量开始在某点衰减，这种衰减是由于信号发生器的限制所造成的。随机噪声通常被认为是具有连续频谱的信号

这个信号发生器所产生的三角波，含有 10 个单位大小的基波成分，如图 1–13B 所示。波形分析仪在 f_2 测得了二次谐波成分，它的频率是基波的 2 倍，幅度为 0.21 个单位。三次谐波的幅度为 1.13 个单位，四次谐波为 0.13 个单位，依此类推。七次谐波有着 0.19 个单位的幅度，十四次谐波（在这个例子中，频率约为 15kHz）有着 0.03 个单位的幅度，但是仍然容易察觉。我们可以看到，在整个可听频率范围当中，三角波有着一定幅度的奇次和偶次谐波成分。如果能够知道这些谐波成分的幅度和相位，我们可以通过合并的方法来还原出最初的三角波。

如图 1–13C 所示，通过一个相似的分析，展示了方波的频谱。方波有着比三角波更大幅度的谐波，它的奇次谐波比偶次谐波更为突出。三次谐波的幅度是基波的 34%。方波的五次谐波为 0.52 单位。图 1–14A 展示了一个方波，我们可以通过把谐波叠加到基波的方法来还原它。然而，这需要大量的谐波来实现。例如，图 1–14B 展示了一个方波，它是由 2 个非零谐波成分与基波叠加所产生的，而图 1–14C 展示了基波与 9 个非零谐波分量进行叠加的结果。这证明了为什么一个频带受到限制的“方波”，其外表不像方波。

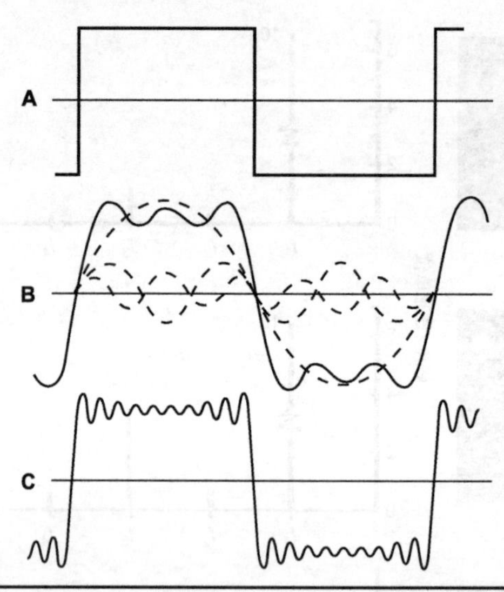

图 1–14 我们可以把谐波叠加到正弦基频来合成方波。（A）拥有无限数量谐波成分的方波。（B）基波与 2 个非零谐波的叠加波形（C）基波与 9 个非零谐波的叠加波形。显然，我们需要许多分量成分来平滑波纹，最后产生图 A 的直角

正弦波、三角波及方波的频谱显示出，它们的能量集中在谐波频率上，而在谐波之间的频率没有能量。以上 3 种波都是周期波，它们一个周期接着一个周期地进行重复。如图 1–13D 所示，第 4 个例子是随机（白）噪声。对于这种信号的频谱，我们不能利用有着 5Hz 带宽滤波器的分析仪来准确测得，因为它波动得太剧烈而不能获得准确读数。因此我们使用有固定带宽的宽带分析仪，它含有各种积分电路，能够帮助设备获得稳定的读数，从而获得信号的频谱。我们可以看出，在整个频域当中，随机噪声信号的能量是均匀分布的。其中在高频部分的衰减，表明了噪声信号发生器已经到达了随机噪声的上限频率。

虽然通过示波器我们可以看到，正弦波与随机噪声之间有着很少的相似性，然而它们之间却有着隐性的关系。平直的随机噪声信号能够被看成是频率、幅度以及相位不断变化的正弦波分量的叠加。如果让随机噪声通过一个窄带滤波器，同时利用示波器观察滤波器的输出波形，我们将会看到类似正弦波的图形，它的幅度仍然继续变化。理论上，一个带宽无穷窄的滤波器，将会过滤出一个单一频率的正弦波。

1.7 电子、机械和声学类比

一个类似扬声器的声学系统，能够用等效的电子或机械系统来表示。工程师能够使用这种等效，借助数学的方法对已知系统进行分析。例如，我们可以通过把封闭空间的空气看作电子线路当中的电容，它通过振膜运动来对能量进行吸收和释放，来分析扬声器箱体的作用。

图 1-15 分别展示了电子、机械以及声学系统的 3 个基本图示。电子线路当中的电感可以等效于机械系统中的质量，以及声学系统中的声质量。电子线路中的电容可以与机械系统中的顺度，以及声学系统中的电容进行类比。电阻在这 3 个系统当中仍然是电阻，无论它是在玻璃纤维空气质点摩擦运动产生的损耗，还是车轮轴承的摩擦损耗，又或者在电子线路中对电流的阻力。

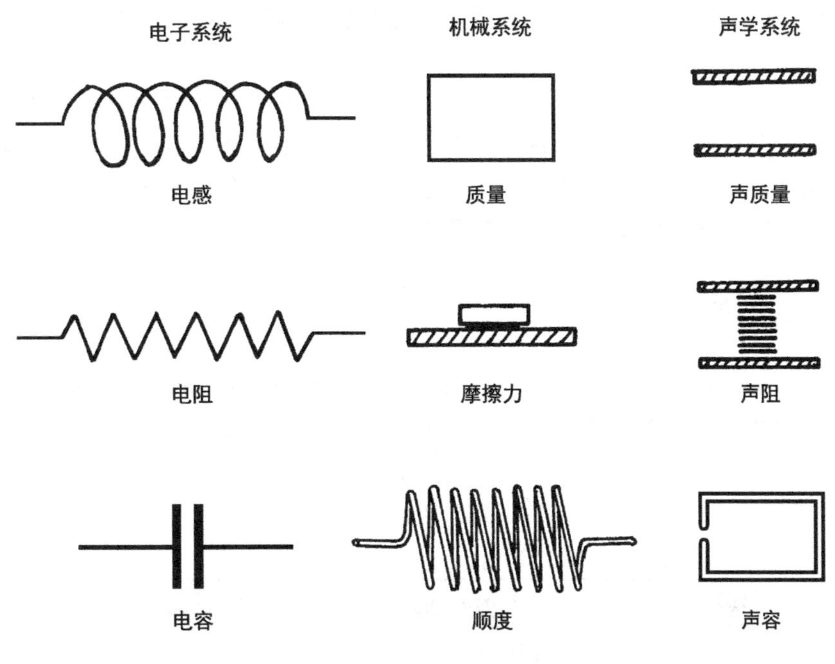

图 1-15 电系统中 3 个基本的元素，以及它们在机械和声学系统中的等效

2 声压级和分贝

在声学领域，分贝是最为重要的单位之一。分贝是描述声音现象以及我们对声音感知方面非常有效的方法。在本章当中，我们主要目的是介绍分贝的概念，以及展示分贝的不同使用方法。特别是，我们将会看到在各种应用场景当中，如何测量声压级。

用分贝表示的声压级，可以显示出人类在听觉方面有着较大的灵敏度范围。听阈与空气中声音感知的下限相匹配，它是由空气分子撞击鼓膜所产生的噪声。在这个范围的另一端，是人耳能够忍受的最大声压级。用分贝表示声压级是一种较为方便的方式，它能够包含人类耳朵所觉察到的，数以十亿倍的声压范围。

2.1 比值与差值

假想一下，一个在房间里放置的声源，我们把它完全与外界噪声隔离。当声源被调节到一个较低的声音，有着 1 个单位的声压，且响度被仔细地记录下来。

在实验 A 中，随着声压逐渐增加，直到其响度增加 1 倍，声压的读数为 10 个单位。对于实验 B，声源的声压增加到 10 000 个单位。为了使响度加倍，我们发现声压必须从 10 000 增加到 100 000 个单位。这个实验的结果总结如下。

实验	2 个声压的差	2 个声压的比
A	10−1	10 ：1
B	100000−10000	10 ：1

实验 A 和实验 B 都使感知响度增加了 1 倍。在实验 A 中，仅通过增加 9 个单位就可以实现，而在实验 B 中，需要增加 90 000 个单位。我们可以看出，对于响度变化的描述，使用声压的比值要比差值更好。Ernst Weber，Gustaf Fechner，Hermann von Helmholtz，以及其他的早期研究人员指出在这种测量当中使用比值的重要性。比值同样被较好地应用到视觉感知、听力、振动以及电击当中。激励的比值要比差值更加接近于人类的感知。这种比值不是完美的，但是用分贝所表达的声压级是可以足够接近的。

功率比、强度比、声压比、电压比、电流比或者其他任何比率都是没有量纲的。例如，1W

与 100W 的比率是 1W/100W，在分子和分母中的“W”被抵消，成为 1/100=0.01，这是一个没有量纲的数字。这一点非常重要，因为对数运算仅仅能够在非量纲数字中使用。

数字的表达

表 2–1 列出了 3 种不同的数字表达方式。十进制和算术形式是我们日常生活中经常用到的。而指数形式是不常用的，它有着独特的能力可以简化很多关系的表达。当我们表示“十万”瓦特时，能够用 100 000W 或者 10^5 来表示。当用十进制表达“百万分之一的百万分之一”瓦特时，小数点后的一连串的零显得非常笨拙，故而用 10^{-12} 表示非常简便。工程计算器在科学注释当中使用指数公式，在其中非常大或者非常小的数值都能够被表示。不仅如此，前缀 p 意味着 10^{-12}，所以数值可以被表示为 1pW（见表 2–4）。

进制法	算术法	指数法
100 000	10×10×10×10×10	10^5
10 000	10×10×10×10	10^4
1 000	10×10×10	10^3
100	10×10	10^2
10	10×1	10^1
1	10/10	10^0
0.1	1/10	10^{-1}
0.01	1/(10×10)	10^{-2}
0.001	1/(10×10×10)	10^{-3}
0.000 1	1/(10×10×10×10)	10^{-4}
100 000	(100)(1 000)	$10^2\times10^3=10^{2+3}=10^5$
100	10 000/100	$10^4/10^2=10^{4-2}=10^2$
10	100 000/10 000	$10^5/10^4=10^{5-4}=10^{-1}=10$
10	$\sqrt{100}=\sqrt[2]{100}$	$100^{1/2}=100^{0.5}$
4.641 6	$\sqrt[3]{100}$	$100^{1/3}=100^{0.333}$
31.622 8	$\sqrt[4]{100^3}$	$100^{3/4}=100^{0.75}$

表 2–1 数字的表示方法

我们能听到的最小声音强度（听阈的下限）约为 10^{-12}W/m^2。非常响的声音（导致疼痛的感觉）大概在 10W/m^2。（声强是在特定方向单位面积的声功率。）从最小声音到产生疼痛感的声音范围为 10 000 000 000 000。很明显，使用指数来表达这个范围，10^{13} 是更加明显的。此外，把 10^{-12W/m^2} 的强度作为参考声强 I_{ref} 是有用的，把其他的声强 I 表示为 I/I_{ref} 的比率。例如，10^{-9}W/m^2 声音强度将会被记作 10^3 或者 1 000（这个比率是无量纲的）。我们看到 10^{-9}W/m^2 是参考强度的 1 000 倍。

2.2 对数

把 100 表示成 10^2，简单的意义为 10×10=100。类似的，10^3 的意义为 10×10×10=1 000。但是如何表达 267？这就是为什么对数是有用的了。对数是一个成比例的数字，而一个对数刻度则是成比例被校准的。通过定义我们可以知道，以 10 为底 100 的对数等于 2，通常写为 $\log_{10}100=2$，或者简化为 lg100=2，因为常用对数是以 10 为底的。数字 267 能够被表示为 10 的 2~3 次方。为了避免数学运算，我们可以使用计算器并输入 267，按“log”按钮，而显示出 2.426 5。因此，$267=10^{2.426\,5}$ 且 lg267=2.426 5。见表 2–1，对数是非常方便的，因其把乘法变成了加法，同时把除法变成了减法。

对于音频工程师来说，对数是特别有用的，因其能够把测量与人耳的听觉联系起来，且允许大范围的数字有效表达。对数是用分贝表达声压级的基础，其中声压级是比率的对数。特别是，用分贝表达的声压级是以 10 为底 2 个数值比率的 10 倍。

2.3 分贝

我们看到用比率来表达声强是有效的。而且，我们能够用比率的对数来表达强度。以 I_{ref} 为参考的强度 I 能够表示为

$$\log_{10}\frac{I}{I_{ref}}\text{B} \qquad (2\text{–}1)$$

强度测量是无量纲的，但是为了说明这个值，我们使用 B（bel，来自于 Alexander Graham Bell）来作为它的单位。然而，当用 B 来表示时，数值的范围多少会有点小。为了让这个范围更加容易表达，我们通常用分贝来表示。分贝（dB）是（1/10）B。1 分贝是以 10 为底 2 个强度（或功率）比值对数的 10 倍。因此，在分贝中强度的比率变成

$$IL=10\log_{10}\frac{I}{I_{ref}}\text{dB} \qquad (2\text{–}2)$$

这个值被称为声音强度级（IL 单位为 dB），且它不同于强度（I 单位为 W/m^2）。使用分贝是较为方便的，且分贝值更加接近我们对声音响度的感受。

当我们要把声压而不是声强，用分贝表示时，会出现一些问题。式（2–2）使用的是等效于声音强度，或者声功率、电功率，以及任何其他的功率。例如，我们能把声功率级表示为

$$PWL=10\log_{10}\frac{W}{W_{ref}}\text{dB} \qquad (2\text{–}3)$$

其中，PWL= 声功率级（dB）。

W= 声功率（W）

W_{ref}= 参考功率（10^{-12}W）。

声音强度是比较难测量的。在声学测量当中，声压是最容易获得的参数（就像对于电子线路当中的电压测量一样）。基于这个原因，我们常常使用声压级（SPL）。*SPL* 是声压的对数值，同样，声音强度级（IL）对应声音强度。*SPL* 近似等于 *IL*。这2个常常作为声压的参考值。声强（或功率）与声压 p 的平方成正比。我们可以稍微改变一下定义公式。当参考声压为 20 μPa，声压 p 的测量用微帕斯卡，有着如下 SPL 表达式。

$$SPL=10\log_{10}\frac{p^2}{p_{ref}^2}$$

$$=20\log_{10}\frac{p}{20\mu Pa}dB \tag{2-4}$$

其中，SPL= 声压级（dB）。

p= 声压（μPa）。

p_{ref}= 参考声压（μPa）。

表 2–2 列出了什么情况下使用式（2–2）或式（2–3）或式（2–4）。

	式（2–2）或（2–3）	式（2–4）
参数	$10\log_{10}\frac{a_1}{a_2}$	$20\log_{10}\frac{b_1}{b_2}$
声学		
声强	X	
声功率	X	
空气粒子速度		X
声压力		X
电学		
电功率	X	
电流		X
电压		X
距离 （距离声源的声压级；平方反比）		X

表 2–2 10 lg 及 20 lg 的用法

2.4 参考声压级

正如我们所看到的那样，参考声压级被广泛用做建立测量的基准。例如，我们使用声级计来测量声压级。如果所对应声压用普通的压力单位来表示，将会导致测量数字在最大值和最小值之间有着较大的变化范围。正如我们所看到的那样，比值与线性数字相比更加接近于人耳的感受，利用分贝表示的声压级，能够把较大和较小的比率压缩到一个更加方便且易懂的范围内。基本上，声级计的读数是某个 *SPL*，即 20lg（p/p_{erf}），如式（2–4）所示。参考 p_{erf} 必须是标准的，以便于相互比较。多年以来，有好多这种参考声压被使用，但是对于空气来说，标准的参考声压为 20μPa。这或许看起来与 0.000 2mPa 或者 0.000 2 达因 /cm²（1 达因＝10^{-5}N）非常不同，但是它们是相同的标准值，仅在单位的表示上不同。这是一个非常小的声压（0.000 000 003 5 磅每平方英寸，1 磅约为 0.454kg），且它对应人耳在 1kHz 处的听阈。帕、磅 / 平方英寸以及声压级之间的关系，如图 2–1 所示。

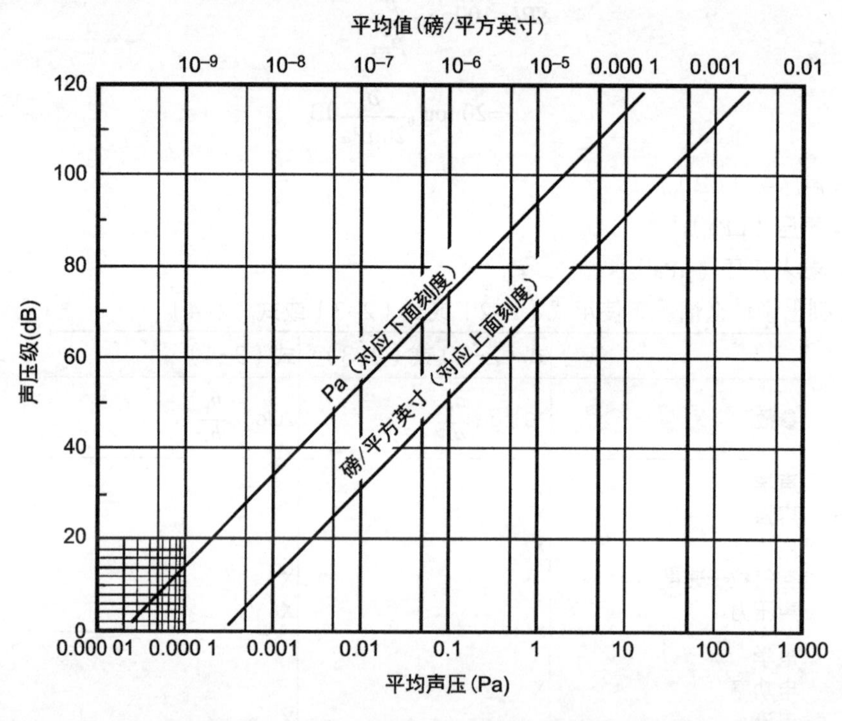

图 2–1 该图表展示了，用 Pa 或磅 / 平方英寸表示的声压与声压级（参声压为 20μPa）之间的关系。这个图表接近于式（2–2）的解

当我们遇到类似“声压级为 82dB”的表达时，82dB 声压级通常用来与其他声压进行比较。但是，如果我们需要声压的数值，可以通过式（2–4）进行倒推获得，如下所示：

$$82=20\ \lg\frac{p}{20\mu\text{Pa}}$$

$$\lg\frac{p}{20\mu\text{Pa}}=\frac{82}{20}$$

$$\frac{p}{20\mu\text{Pa}}=10^{\frac{82}{20}}$$

在计算器中的“y^x”按键，可帮助我们对 $10^{4.1}$ 的值进行计算。输入 10，然后输入 4.1，最后按下“y^x”按键，就可以获得数值 12 589。

$$p=(20\mu Pa)(12\ 589)$$

$$p=251\ 785\mu Pa$$

还要讲一点，82 有 2 位有效数字，而 251 785 有 6 位有效数字，这里没有考虑精度的问题，仅是因为计算器没有考虑精度所造成的，最佳的答案应该是 252 000 μPa 或者 0.252Pa。

2.5 对数与指数公式的比较

见表 2–1，我们可以看到对数公式与指数公式是等效的。当用分贝进行工作时，对这种等效的理解是重要的。

比如说有一个功率的比值为 5，即有　　　　等效于

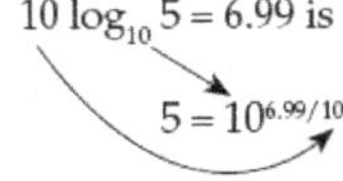

在指数上，这里有 2 个 10，但是它们来自不同的地方，如箭头所示。现在处理一个声压的比值为 5，即有

$$20\log_{10}5=13.98$$

$$5=10^{13.98/20}$$

在空气中的声压级，压力比值的参考声压（p_{erf}）为 20 μPa。这里有其他的参考量，一些通常使用的数值，见表 2–3。当我们处理非常大和非常小数字时，表 2–4 列出的前缀是常常被使用的。这些前缀是希腊文字，是以 10 为底的幂指数。

分贝级	参考量
声学	
空气中的声压级 (SPL，dB)	20 μPa
功率级 (LP，dB)	1pW（10^{-12}W）
电子学	
参考电功率 1mW	10^{-3}W（1mW）
参考电压 1V	1V
音量级，VU	10^{-3}W

表 2–3 常用的参考量

前缀	符号	指数
太	T	10^{12}
吉	G	10^{9}
兆	M	10^{6}
千	k	10^{3}
毫	m	10^{-3}
微	μ	10^{-6}
纳	n	10^{-9}
皮	p	10^{-12}

表2–4 前缀、符号和指数

2.6 声功率

产生非常大的声音，并不需要很大的声功率。当我们用100W的功率放大器（简称功能）来驱动扬声器时，或许它的效率（输出相对输入）很低，在10%左右。普通的扬声器或许只辐射1W的声功率。如果我们通过增加功放的功率来提高声压级，或许会让人感到失望。例如我们把功放的功率从1W增加到2W，其功率级只增加了3dB(10lg2=3.01),这在响度上的增加是不明显的。类似地，我们把功率从100W增加到200W，或者从1 000W增加到2 000W，同样也会增加3dB。

一些常见声音的声压和声压级见表2–5。从0.000 02Pa(20μPa)~100 000Pa有着很大的差距，但是当我们用声压级来表示时，这个范围会被缩减到一个合理的范围。图2–2也展现了同样的信息。

除了发射火箭之外，在10英尺处点燃50磅的TNT炸药也会产生194dB的声压级。在稳态的大气压中，声波会产生很小的波动。194dB的声压级接近于大气压，因此它与大气压波动的量级相同。194dB的声压是一个平均值（RMS）。峰值声压是它的1.4倍，这是非常大的。

声源	声压（Pa）	声压级（dB，A计权）
土星火箭	100 000	194
喷气式飞机	2 000	160
螺旋桨飞机	200	140
铆钉枪	20	120
重型卡车	2	100
吵闹的办公室或者拥堵的马路	0.2	80
对话	0.02	60
宁静的住所	0.002	40

（续表）

声源	声压（Pa）	声压级（dB，A计权）
落叶	0.00 02	20
听阈，完美耳朵频率内所能听到的最小声音	0.000 02	0

表 2-5 声压和声压级的例子

参考声压（这些是一致的）：
20μPa(微帕)
0.000 02Pa（帕斯卡）
2×10^{-5}N/m^2
0.0002 迭因 /cm^2 或微巴（1 巴＝ 10^5Pa=10N/cm^2）

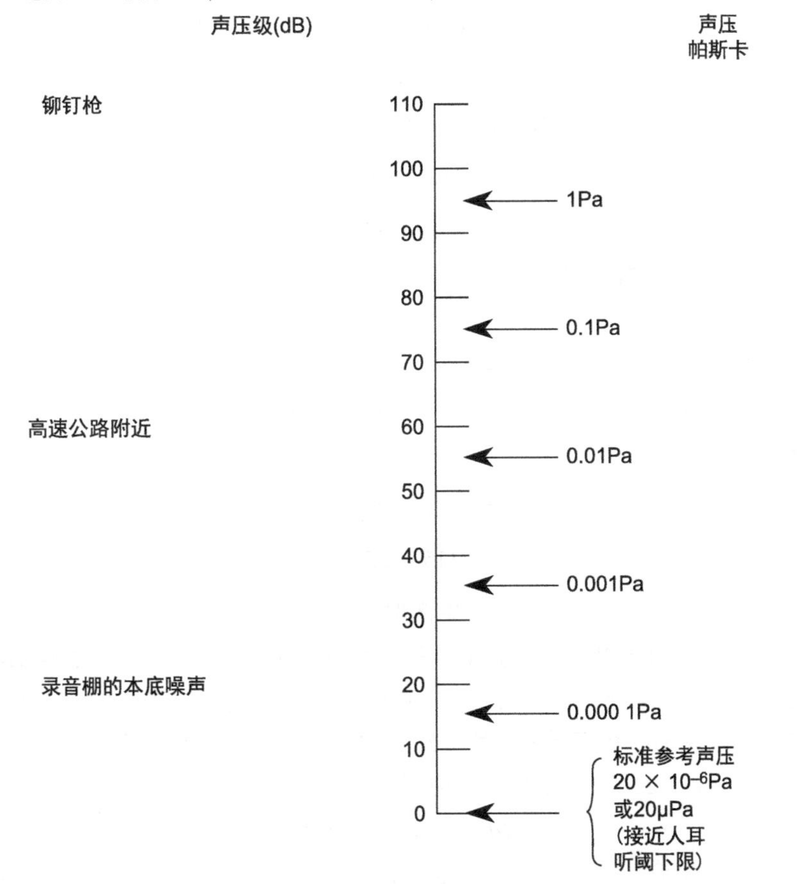

图 2-2 1Pa 声压相对幅度的表示，它能够通过与已知声压的对比来获得。在空气中，声音的标准参考声压为 20 μPa，它接近于人耳能听到的最小声压

2.7 分贝的使用

正如我们所看到的那样，分贝是2个功率的比值。当分贝的数值来自功率比以外时，我们可以看到它存在某些规律。对于式（2–4）来说，其规律为声功率与声压的平方成正比；对于功放的电压增益来说，用分贝可以表示为20lg（输出电压/输入电压），其中忽略了输入及输出阻抗的影响；但是对于功率级的增益来说，如果输入、输出阻抗不同，那么这些阻抗我们是必须要考虑的。清晰地标明分贝的种类是很重要的，否者我们只能把分贝的增益看作“相对增益，dB”。下面的例子展示了，我们通常对分贝的使用。

2.7.1 例1：声压级

当一个声音的声压级（*SPL*）为78dB。那么其声压为多少？

$$78\text{dB}=20\lg[p/(20\times10^{-6})]$$

$$\lg[p/(20\times10^{-6})]=78/20$$

$$p/(20\times10^{-6})=10^{3.9}$$

$$p=20\times10^{-6}\times7\,943.3$$

$$p=0.159\text{Pa}$$

其中声压级的参考声压为20μPa。

2.7.2 例2：扬声器的声压级

扬声器的输入为1W，它将会在1m处产生115dB的声压级。那么在6.1m（20英尺）处的声压级是多少？

$$SPL=115-20\lg(6.1/1)$$

$$=115-15.7$$

$$=99.3\text{dB}$$

在公式当中，因子20lg6.1是建立在扬声器处于自由声场的假设当中的，在这种情况下平方反比定律才是有效的。如果扬声器远离反射表面，对于20英尺距离处的这种推断是合理的。

当输入功率为1W时，扬声器的标称阻抗为8Ω，它在轴向1m处有115dB的声压级。如果输入功率从1W减小到0.22W，在1m处的声压级将会是多少？

$$SPL=115-10\lg(0.22/1)$$

$$=115-6.6$$

$$=108.4\text{ dB}$$

其中我们使用了10lg，这是因为它们是2个功率在比较。

2.7.3 例 3：话筒特性

一只全指向的动圈话筒，其阻抗为 150Ω，开路电压为 –80dB。我们会标明 0dB=1V/ 微巴。那么该开路电压是多少伏？

$$-80\text{dB}=20\lg(v/1)$$

$$\lg v/1=-80/20$$

$$v=0.000\,1\text{ V}$$

$$=0.1\text{ mV}$$

2.7.4 例 4：线性放大器

一个线性放大器（输入阻抗为 600Ω，输出阻抗为 600Ω）有 37dB 的增益。当输入电压为 0.2V 时，输出电压是多少？

$$37\text{dB}=20\lg(v/0.2)$$

$$\lg(v/0.2)=37/20$$

$$=1.85$$

$$v/0.2=10^{1.85}$$

$$v=0.2\times 70.79$$

$$v=14.16\text{V}$$

2.7.5 例 5：通用放大器

一个功放有 10 000Ω 的桥接输入阻抗，以及 600Ω 的输出阻抗。当输入电压为 50mV 时，其输出电压为 1.5V。那么这个功率放大器的增益是多少？

电压增益为

$$\text{电压增益}=20\lg(1.5/0.05)$$

$$=29.5\text{dB}$$

我们必要强调，由于阻抗的不同，该增益不是一个功率的增益。但是，电压增益在某些情况下是有着实际用途的。

2.7.6 例 6：音乐厅

在音乐厅中，座椅距离定音鼓为 84 英尺。定音鼓敲击出一个单音。在座位处，所测得单音的直达声压级为 55dB。从最近侧墙反射的一次反射声，在直达声到达座位处 105ms 后到达。（A）反射声到达座椅处的距离有多远？（B）假如墙面发生的是完美反射，那么座位处的反射声压级

（*SPL*）是多少？（C）在直达声到达座椅之后，反射声还要多久才能到达？

（A）

$$距离 = (1\,130\ 英尺)(0.105s)$$

$$=118.7\ 英尺$$

（B）首先，我们要估算距离定音鼓 1 英尺处的声压级 *L*。

$$55=L-20\lg(84/1)$$

$$L=55+38.5$$

$$L=93.5dB$$

在座位处，反射声的声压级为

$$dB=93.5-20\lg(118.7/1)$$

$$=93.5-41.5$$

$$=52dB$$

（C）在直达声到达座椅后，反射声到达将会经历的时间为

$$延时 = (118.7-84)/1\,130\ 英尺/s$$

$$=30.7\ m$$

2.7.7 例 7：分贝叠加

在录音棚当中，有暖气、通风、空调（HVAC）系统以及落地风扇。如果 HVAC 和风扇都被关掉，噪声会非常低，这种噪声可以在计算中忽略。如果仅仅有 HVAC 运行，在固定点的声压级为 55dB。如果仅仅风扇运行，其声压级为 60dB。那么如果这两个噪声源同时运行，将会有多大声压级的噪声？答案肯定不是 55+60=115dB，而是

$$叠加的分贝 =10\lg(10^{\frac{55}{10}}+10^{\frac{60}{10}})$$

$$=61.19dB$$

我们可以看到，55dB 的声音与 60dB 的声音叠加，整体声压级仅仅有着较小的增加。在另一个例子当中，如果两个噪声源叠加之后的声压级为 80dB，其中一个声源的声压级为 75dB，当把它关闭之后另外一个声源的声压级是多少？

$$分贝差 =10\lg(10^{\frac{80}{10}}-10^{\frac{75}{10}})$$

$$=78.3\ dB$$

换句话说，78.3dB 与 75dB 声压级相加，将会产生 80dB 的声压级，我们假设 HVAC 系统与风扇都产生宽带噪声。要记住仅仅当声源有着相同或者类似的频谱特征时，它们之间的声压级才能够

比较，这一点是非常重要的。

2.8 声压级的测量

声级计是用来读取声压级的设备。通常用分贝表示的声压，其参考声压为 20μPa。在整个频带当中，人类的听觉响应是不平直的。例如，我们的听觉灵敏度在低频和高频部分都衰减得比较快。并且，这种衰减在较小的声压环境下会更加明显。针对这种现象，为了模仿人类的听觉系统，我们通常在声级计上提供 A，B，C 3 种计权网络，它们的频率响应如图 2-3 所示。在这种网络。A 计权网络是 40 方听觉响应曲线的反转，B 计权网络是 70 方听觉响应曲线的反转，C 计权网络是 100 方听觉响应曲线的反转。计权网络的选择是根据所要测量的对象（背景噪声、飞机引擎等）声压级大小来确定的，举例如下。

（1）对于声压级在 20~55dB 的声音来说，使用 A 计权网络。

（2）对于声压级在 55~85dB 的声音来说，使用 B 计权网络。

（3）对于声压级在 85~140dB 的声音来说，使用 C 计权网络。

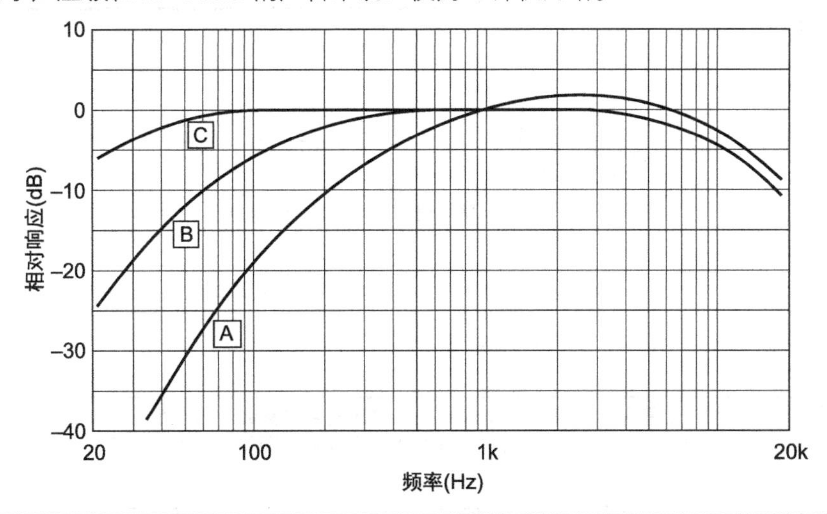

图 2-3 声级计的 A、B 和 C 计权所对应的特征（ANSI S1.4–1971.）。通常来说使用 A 计权的机会更多一些

这些计权网络会让声级计的读数更加贴近声音的相对响度。然而，B 和 C 计权网络，通常与人耳的听觉不是完全一致的。所以，A 计权网络更加常用。当使用 A 计权网络进行测量时，最终的测量值会标明 dBA。通常 dBA 的读数会低于未计权的 dB 读数。由于 A 计权在 1kHz 以上是基本平直的，所以 dBA 与未计权读数的差别，主要体现在信号的低频部分。假如这两种读数有着较大差别，表示信号有着明显的低频成分。

以上这些简单的频率计权，不能准确地表示响度。故带有简单计权的声压测量，不能代替响度级的测量，而只能够用于进行声压级的比较。我们推荐可以使用倍频程或者（1/3）倍频程，对声音频率进行分析。

2.9 正弦波的测量

正弦波是一种特定的交流信号，它的描述是通过自身一套术语来进行的。我们通过示波器可以看到这种信号，它最容易读的数值是以电压、电流、声压或者任何正弦形式出现的峰 – 峰值，如图 2–4 所示。如果该波形是对称的，那么峰 – 峰值是峰值的 2 倍。

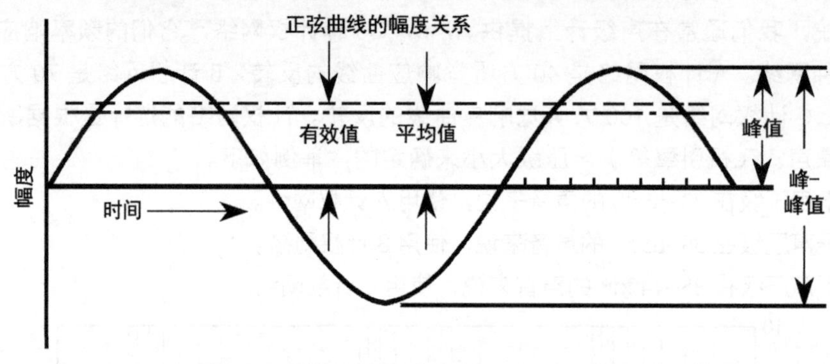

$$\text{有效值} = \frac{\text{峰值}}{\sqrt{2}} = 0.707\times\text{峰值}$$

$$= \frac{\pi}{2\sqrt{2}}\times\text{平均值} = 1.1\times\text{平均值}$$

$$\text{峰值} = \sqrt{2}\times\text{有效值} = 1.414\times\text{有效值}$$

$$= \frac{\pi}{2}\times\text{平均值} = 1.57\times\text{平均值}$$

图 2–4 适用于电压、电流的正弦幅度关系，也适用于类似声压的声学参数。另一个在声学领域使用的术语叫作峰值因数，或者是峰值除以平均值。这些数学关系适用于正弦波，而不适用复杂的波形

通常情况下，交流电压表是一个配有整流器的直流工具，它能够把不断变化的正弦波电流转化为单一指向的脉冲电流。这时直流表的数值，对应如图 2–4 所示的平均值。然而，这种表几乎都是依据 RMS（均方根，将会在下一章介绍）进行校准的。对于单纯的正弦波来说，这是非常准确的，然而对于非正弦的曲线波形来说，读数将会存在误差。

RMS 为 1A 的交流电与 1A 的直流电，它们通过已知电阻所产生的热量是相同的。毕竟，无论是什么方向的电流都能够让电阻产生热量。这只是我们如何评估它的问题。在如图 2–4 所示右侧，数值为正的曲线上，对应每个时间刻度的纵坐标（对应曲线的高度）能够被读出。我们首先把这些纵坐标中的每一个值进行平方。其次把平方的数值相加。然后得出平均值。最后把平均值进行开平方处理。我们把这个平均值的开平方，作为如图 2–4 所示正向曲线的 RMS 值。同

样，我们可以对负向曲线进行同样的处理（把纵坐标的负值进行平方，获得与正值相同的数值），不过简单地把对称波形的正向曲线进行加倍看起来更加容易。通过这种方法，任何周期波的 RMS 或者“热功率”的数值都可以被确定，无论这种周期波形是电压、电流或者声压。非常重要的是，我们要记住这种简单的数学关系能够对正弦波进行准确的描述，但是它们不能被用在复杂的声音当中。

3 自由声场的声音

许多实际当中的声学问题，总是会与建筑、房间结构以及飞机和汽车等交通工具有关。这些通常能够归于物理学方面的问题。在物理学领域，这些声学问题是非常复杂的。例如，在一个声场当中，或许包含着成千上万的反射声成分，或者温度梯度会以某种不可预测的方式让声音传播方向发生改变。相对于这种实际问题，我们了解声音的最简单方式是把它置于一个自由声场当中，在那里声音的表现是可以预知的，且分析起来非常简单。这种分析是对我们非常有帮助的，因为它允许我们在一种理想的状态下了解声波的特征。之后，这些基本的特征可以被用作解决更加复杂的问题。

3.1 自由声场

自由声场当中的声音，是直线传播的且不受阻碍。这种不受阻碍的声音，将不会受到我们后面章节将会讲到的作用影响。在自由声场当中的声音，是没有反射、吸声、散射、衍射及折射作用的，同时也没有受到共振作用的影响。在大多数实际的应用当中，以上这些所有因素确实会影响离开声源的声音。一个近似的自由声场存在于消声室当中，它是一个特别的房间，其内表面被大量的吸声体所覆盖。但是通常来说，自由声场只是一个理论假设，在这个自由声场当中，我们允许声音不受任何干扰地传播。

请不要把自由声场与宇宙空间相混淆。因为声音在真空当中是不能传播的。它需要类似空气这种传输介质。这里的自由声场意味着其声音的表现与理论中自由声场的表现一样。在这种独特的环境当中，我们必须考虑声源的声音是如何辐射的，以及它的强度是如何随着声源的距离变化而变化的。

3.2 声音的辐射

如图 3–1 所示的点声源，它以一个固定的功率进行辐射。声源能够被看成是一个点，因为它的最大尺寸与所测得的距离相比都很小（可能为 1/5 或者更小）。例如，如果声源的最大尺寸为 1 英尺，当测得的距离在 5 英尺或更远时，就可以把它看成是一个点声源。用另一种方式来看，我们距离声源越远，它的表现越像点声源。在一个自由声场当中，如果远离反射物体，点声源的声音是向各个方向均匀传播的球面。另外，随着与声源距离的增加，声音强度会减小，我们会在下面对其进行描述。

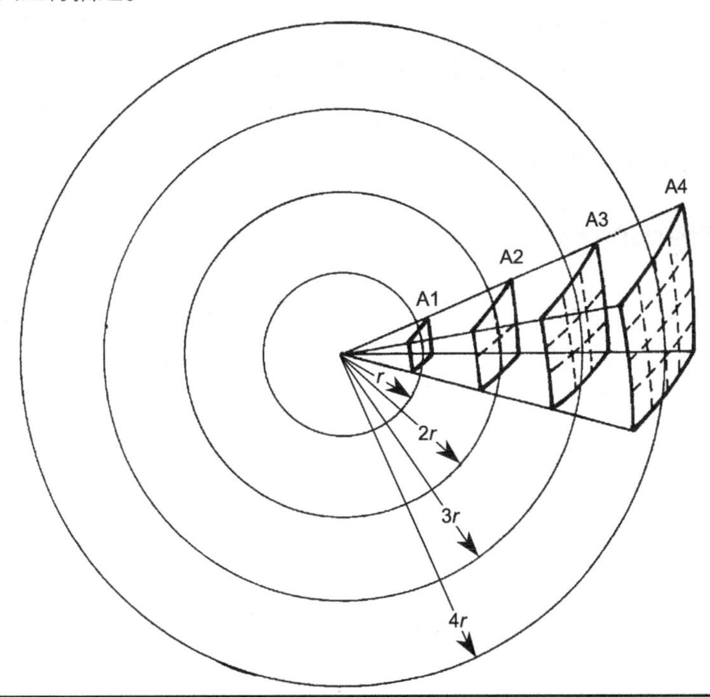

图 3-1 在一个固定角度的展示中，相同的声音能量分布在这些球形表面上，表面的面积会随半径 r 的增加而增加。声音强度与到点声源距离的平方成反比

这个声音在各个方向都有着均匀的强度（每单位面积的功率）。这些圆圈代表球面，它们的半径之间有着简单的倍数关系。所有声音能量穿过正方形区域 A1，其半径为 r，同时也穿过 A2，A3 以及 A4 的区域，它们分别对应的半径为 $2r$，$3r$，$4r$。相同的声功率会穿过 A1，A2，A3 以及 A4 区域，然而随着半径的增加，相同的声功率会分布到更大的区域。因此，声音强度会随距离的增加而减小。这种衰减是由于声音能量的几何扩展所导致的，这不是严格意义上的损耗。

3.3 自由声场中的声强

基于以上的讨论（再次参照图 3-1 所示）我们可以看出，点声源是以球面的形式向外传播的。球面的面积是 $4\pi r^2$。因此，在球面任何一个较小的分割面，都会随着半径的平方而变化。这意味着声强（每单位面积的声功率）会随着半径的平方而减小。这就是平方反比定律。在自由声场当中，点声源的声音强度与到声源距离的平方成反比。换句话说，声强与 $1/r^2$ 成正比，如下所示。

$$I=\frac{W}{4\pi r^2} \tag{3-1}$$

其中，I= 单位面积的声强。

W = 声功率。

r= 到声源的距离（半径）。

在这个等式当中，W 和 4π 是常数。把到声源的距离从 r 变为 $2r$，其声强会从 I 减小到 $I/4$。这是因为距离增加 1 倍，声音所穿过面积是原来的 4 倍。同样地，当距离 r 增加到原来的 3 倍时，声强减小为 $I/9$；当距离 r 增加到原来的 4 倍时，声强变为 $I/16$。类似地，我们把到声源的距离从 $2r$ 缩短到 r，其声强增加为 $4I$。

3.4 自由声场中的声压

声音强度（每单位面积的声功率）是一个较难测量的参数。然而利用话筒，我们可以较为容易地测量到声压。由于声强与声压的平方成正比，所以声强的平方反比定律，就成为针对声压的距离反比定律。换句话说，声压与距离 r 成反比。特别是

$$p=\frac{k}{r} \tag{3-2}$$

其中，p= 声压。

k= 常数。

r= 到声源的距离（半径）。

到声源的距离 r 每增加 1 倍，其声压将会减半（而不是变为原来的 1/4）。如图 3-2 所示，用分贝展示了声压级与距离之间的关系。它展示了距离反比定律的基本原理，即当到声源的距离加倍，声压级衰减 6dB。这个原理仅仅适用于自由声场。不过它也为我们在许多实际环境中，对声压级估算提供了依据。

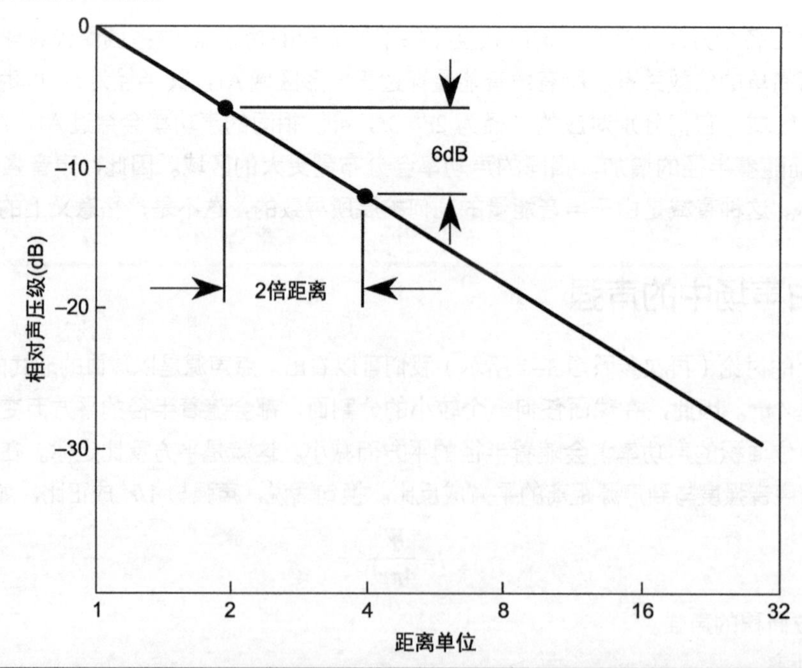

图 3-2 声强的平方反比定律等效于声压的距离反比定律。这意味着当距离增加 1 倍时声压减小 6dB

例：自由声场中声音辐射

当距离声源 r_1 处的声压 L_1 为已知时，那么距离声源 r_2 处的声压 L_2 是可以计算出来的。

$$L_2=L_1-20\lg\frac{r_2}{r_1}\text{ dB} \tag{3-3}$$

换句话说，距离声源 r_1 和 r_2 这 2 点的声压差为

$$L_2-L_1=20\lg\frac{r_2}{r_1}\text{ dB} \tag{3-4}$$

例如，在 10 英尺（1 英尺＝ 12 英寸＝ 30.48cm）处，测得的声压级为 80dB，那么在 15 英尺处的声压级是多少？

20 lg（10/15）=−3.5dB, 并且声压级为 80−3.5=76.5 dB。

那么在 7 英尺处的声压级又是多少？

20 lg（10/7）=+3.1dB，并且声压级为 80+3.1=83.1 dB。

虽然这只适用于自由声场，且辐射形状为球面的声音，但是这个步骤也有助于对其他条件下的声音进行大致的判断。

如果话筒距离歌手 5 英尺时，控制室内的 VU 表指示在 +6dB，当增加话筒到歌手间的距离为 10 英尺时，VU 表的读数下降约为 6dB。这 6dB 的数值是一个近似值，因为这些距离关系仅对自由声场才有效。实际上，由于受到墙面反射声的影响，当距离增加 1 倍时声压级的衰减不到 6dB。

通过对上述关系的认识，有助于我们对声场环境的估算。例如，在自由声场当中，从 10 英尺增加到 20 英尺所造成的声音衰减，与从 100 英尺增加到 200 英尺所产生的声音衰减相同，且都为 6dB。这就是为什么户外声音需要巨大能量的原因。

即使在相同的距离，也不是所有的声源都可以被看成点声源。例如，在繁忙路段的交通噪声，它能够被模拟成有着许多点声源的线性声源。声音是按照以直线为中心的柱面形式传播出去的。在这个例子当中，声强与到声源的距离成反比。我们把到声源的距离从 r 增加到 $2r$，声压从 L 减少到 $L/2$。对于线性声源来说，距离每增加 1 倍，声压衰减 3dB，或者距离每缩短 1/2，声压会增加 3dB。

3.5 密闭空间中的声场

在封闭空间中的自由声场，仅存在于消声室中。在大多数房间当中，直达声与来自表面的反射声，影响了声压随距离的衰减变化。平方反比定律或者距离反比定律，它们都不能够对整个声场进行描述。在一个自由声场当中，我们可以通过距离来计算声压级。而在一个完美的混响声场当中，每一个位置的声压级都是相同的。在实际环境中的声场，介于以上 2 个极端环境之间，在这种声场当中会有直达声和反射声。

例如，假设密闭空间中的扬声器，在距离其 4 英尺的位置能够产生 100dB 的声压级，如图

3–3 所示。在非常靠近扬声器的区域，声场被认为是非常紊乱的。在这个区域的扬声器，不能被看成点声源。这个区域被称为近场区域。在这个区域当中，距离每增加 1 倍，声压级衰减约 12dB。这个近场区域（不要把这个“近场”与监听音箱的“近场”混淆）没有实际意义。

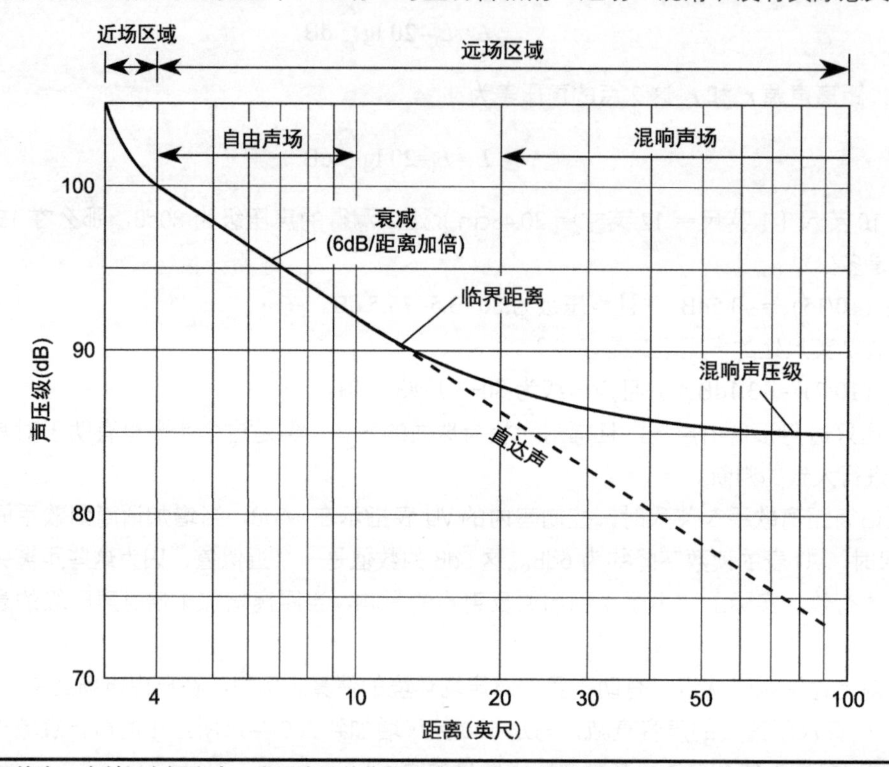

图 3–3 即使在一个封闭空间当中，靠近声源的位置也会存在一个近似的自由声场，在那里声压级会随着距离的加倍而衰减 6dB。我们定义临界距离是直达声压级与混响声压级相等的位置。当远离声源时，声压级变为常数，而这取决于房间的吸声量

当与扬声器的距离是其本身尺寸的几倍时，我们可以在这个远场区域进行有效的测量。这个远场是由自由声场、混响声场以及它们之间的过渡区域组成。自由声场的区域在靠近扬声器的部分，该距离下我们刚刚可以把扬声器看成点声源。直达声是主要成分，在这个有限的空间中球面发散是有效的，由于直达声的声压级较大，我们可以忽略来自表面的反射声。在这个区域，距离每增加 1 倍，声压级减少 6dB。

继续远离扬声器，来自房间表面的反射声将会产生作用。我们定义了临界距离，在房间的该位置上直达声与反射声的声压级相等。作为一个描述声学环境的数字来说，临界距离是非常有用的。当到扬声器的距离继续增加时，混响声场占主导。即使距离声源更远的地方，它的声压级也保持不变。这个声压级取决于房间的吸声量。例如，在一个吸声较大的房间当中，混响区域的声压级将会很低。

半球面声场及传播

真正的球面辐射需要没有任何反射表面。由于这很难实现，通常我们近似地把声源（例如扬声器）朝上，放置在一个坚硬的反射面上。这就产生了一个向上辐射的半球面声场。可以用它来测量扬声器的频率响应。在这种情况下，声源的辐射是在面积为 $2\pi r^2$ 的平面上进行的。因此，它的强度是根据 $I=W/(2\pi r^2)$ 进行变化的。当在一个球面声场当中，距离每增加 1 倍，其半球区域的声压级衰减 6dB。然而，在半球面声场当中，其声压级要比在球面声场高 3dB。

在地球的表面，我们是如何描绘半球面声音传播的呢？利用“每增加 1 倍距离，衰减 6dB”的准则，仅仅能够粗略地对其进行估计。来自户外的地面反射声，通常会让声音随距离的衰减小于 6dB 的近似值。地面的反射效率，会随着地点的不同而不同。我们再来思考一下，到声源 10 英尺和 20 英尺的距离，声压级所发生的变化。在实际情况当中，这两个点之间的声压差，或许更接近于 4dB，而不是 6dB。对于这种户外声压级的测量，距离法需要改为“每增加 1 倍距离，声压级衰减 4dB 或 5dB”。通常的环境噪声也会对特定声源的测量造成影响。

4 声音感知

我们对耳朵物理结构的研究，是在生理学当中开展的。而对人类声音感知的研究，则是在心理学以及心理声学之间进行的。心理声学所涵盖的科学，包括耳朵的物理结构、声音的路径以及它们之间的相互作用、声音的感知，以及它们之间的相互关系。在许多方面，心理声学是整个音频工程领域的基础，它在感知编码设计（例如 MP3 和 WMA）方面的作用是非常明显的。同时，心理声学也在建筑声学当中起到重要作用，它能告诉听众对房间声场的感受。

声波撞击到耳朵产生机械振动，这种振动形成电流并传递到大脑当中，最终形成声音的感觉。那么声音是如何被鉴别和解释的呢？这个问题看起来或许很简单，然而我们需要对人耳听力的各个方面进行详细研究，到目前为止我们对它的了解仍旧不够全面。在音频工程领域，人类的耳朵是我们目前所知最为复杂的装置。

当听交响乐的时候，我们可以首先关注小提琴，然后大提琴和低音大提琴。这时再集中到单簧管，然后双簧管、巴松、长笛。这是人类听觉系统的非凡能力所在。在外耳道当中，所有的声音都混合在一起，我们的大脑可以有效地从这些复杂的声波当中把各个声音分辨出来。通过严格的训练，一个听觉灵敏的听音者可以辨识小提琴的各种泛音。

4.1 耳朵的灵敏度

我们可以通过一个思想实验（Thought Experiment）来说明其耳朵的灵敏度。当消声室厚重的大门打开后，我们可以看到非常厚的墙，它有着 3 英尺深，且指向房间内部的玻璃纤维尖劈，分布在墙面、天花板，以及可以被看成是地板的地方，而你走在一张不锈钢网上。

当你坐在椅子上，就可以开始进行实验。这个实验需要花费一些时间，请倚靠着靠背，然后耐心等待。慢慢的你会感觉到一种怪异现象。通常我们生活在噪声的海洋中，它们通常是被忽略的。在这里，噪声的缺失让我们感觉异样。

沉浸在这种坟墓般寂静的环境之中，几分钟之后，你会发现新的声音，它们是来自你身体内部的。这时可以听到心脏的跳动、血液在血管里流动的声音。如果耳朵足够灵敏，你可以在心脏跳动的间隙听到嘶嘶声，这是由于空气分子撞击到耳朵鼓膜所产生的。

人的耳朵不能感受到比它更小的声音，这就是人耳的听阈。我们没有理由相信耳朵会比这更加灵敏，因为任何更低的声音将会被空气分子产生的噪声所淹没。这意味着我们听觉的最终灵敏度与空气介质中最小的声音刚刚匹配。

当我们离开消声室，然后进入一个能够想象到的嘈杂环境中。在这个极端的环境下，我们的耳朵可以听到加农炮的响声、火箭的噪声以及全力前进飞机的轰鸣声。耳朵的生理学特征，帮助我们保护这个灵敏的系统在痛阈位置（感受到耳鸣的时候）免受伤害，但是突然或者强烈的噪声还是非常容易导致听觉响应的临时改变。在极端的痛阈条件下，或许会产生一些不可避免的永久损伤。

4.2 耳朵解剖学

人耳的听觉系统主要由三部分组成，它们分别为外耳、中耳和内耳，如图 4–1 所示。外耳是由耳廓、外耳道和咽鼓管组成的。外耳道的末端与鼓膜相连。中耳是一个充满空气的腔体，其内部有 3 块较小的骨头，称为听小骨。根据它们形状的不同，这 3 块骨头有时也分别被称为锤骨、砧骨、镫骨。其中，锤骨与鼓膜相连，镫骨与内耳的卵圆窗相连。这 3 块骨头组成了一个机械结构，它在空气填充的鼓膜与液体填充的耳蜗之间，起到了杠杆作用。内耳是听觉神经的末端，它可以把电脉冲信号传递给大脑。

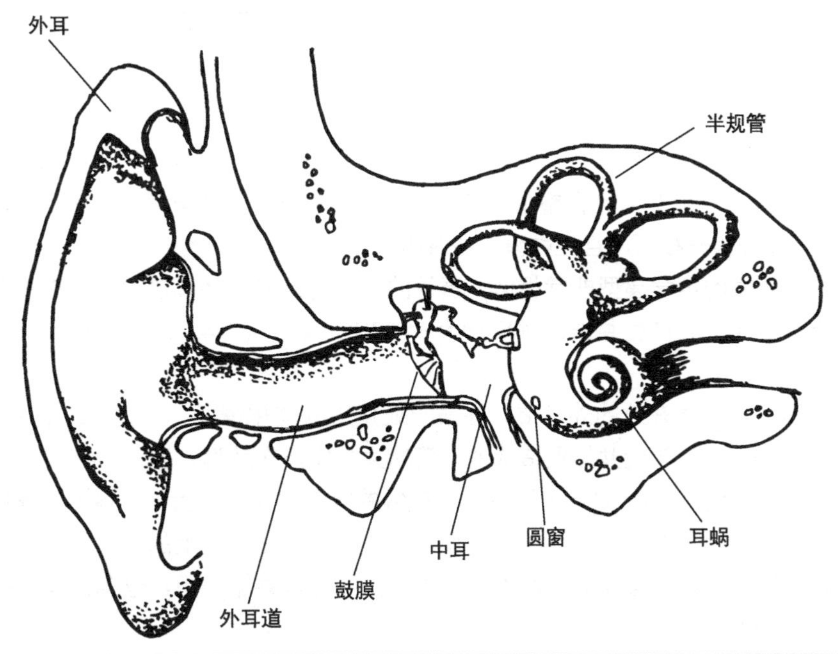

图 4–1 我们的耳朵从外耳开始接收声音，并通过外耳道到达中耳。中耳是连接鼓膜与充满液体耳蜗的中间部位。内耳的耳蜗把声音能量转换成电脉冲传到大脑

4.2.1 外耳

外耳的耳廓起到了声音收集的作用。当我们把手罩在耳朵后方，可以增加耳廓的尺寸，从而会明显地感受到各频率声音的响度变化。对于语言的主要频段（2 000~3000Hz）来说，它在鼓膜上的声压增加了约5dB。一些动物可以通过让耳朵指向声源，帮助它们放大声音。人类的耳朵没有这种功能，但是可以通过轻微移动头部来获得更加清晰的声音，且更加容易来判断声源位置。

耳廓在获取声源方向信息方面也起到了重要的作用。也就是说，声源的指向性信息是叠加在声音分量上的，它们在鼓膜上合成的声音能够让大脑感受到声音的内容及方向。耳廓的形状让从前面来的声音与后面来的声音之间产生了差别。它也让听音者周围的声音产生了差异。至少在自由声场当中，我们闭上眼睛可以较为容易地指出声源的位置。

4.2.2 指向性因素：一个实验

一个简单的心理声学实验向我们展示出，通过对耳朵上声音的轻微改变，能够让我们产生主观的方向感。把耳机戴在一个耳朵上，然后播放倍频程带宽的随机噪声，且噪声的中心频率可以调整。我们把滤波器调节到7.2kHz，这将会让噪声听起来像来自水平方向。当调节滤波器到8kHz，声音听上去像来自上方。当滤波器调节到6.3kHz，声音听上去像来自下方。这个实验证明了，人们的听觉系统能够从鼓膜上的声音频谱当中获得方向信息。

4.2.3 外耳道

外耳道也增加了传播声音的响度。如图4–2所示，外耳道的平均直径约为0.7cm，长度约为2.5cm，我们可以把它看成笔直且在整个长度上直径均匀的物体。从声学的角度来说，这个假设是合理的。外耳道成为一根管，且在鼓膜一端封闭。

外耳道与风琴管的声学模型非常相似。当管的一端封闭时，外耳道的共振作用会增加鼓膜处某些频率声音的声压。产生共振的频率约为3 000Hz，它的（1/4）波长与管的长度相等，为2.5cm。

图4–3展示了，一端开放的外耳道，在鼓膜处声压的变化情况。主要的峰值在3 000Hz附近，这是由于（1/4）波长管的共振所造成的。管的共振作用在鼓膜处放大了约12dB，主要的共振频率在4 000Hz附近。在9 000Hz附近有一个较低的第二共振峰。另外，撞击到我们头部前方的平面波将会发生衍射。这种衍射也增加了耳朵在中频的声压。以上的作用，会让耳朵对中频变得更加敏感，且这个频段与我们语言的频段相同。而这些共振作用，也会让耳朵在这些频率更加容易产生听力损失。

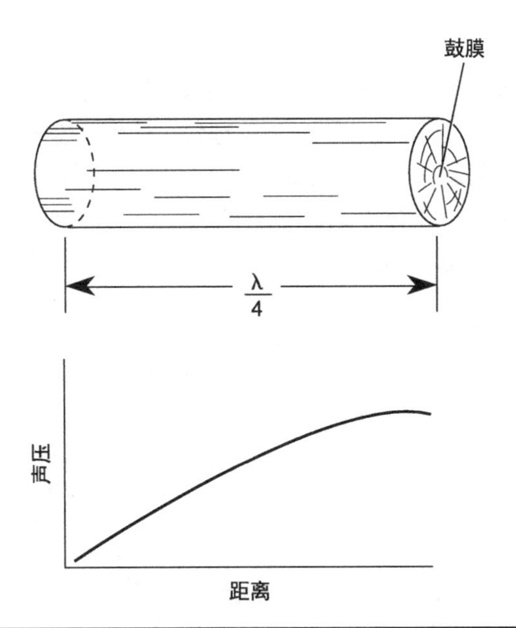

图 4-2 一端被鼓膜封闭的耳道，其作用类似一根（1/4）波长的管。管中的共振对语言频率提供了声学放大作用

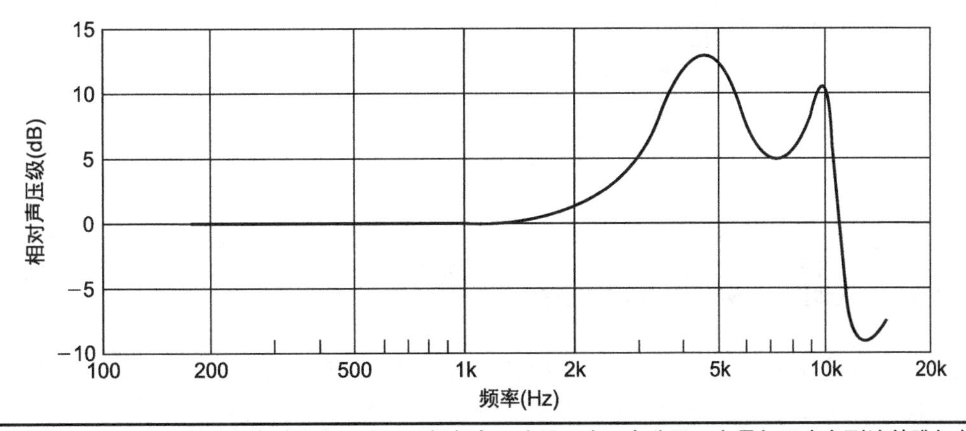

图 4-3 外耳道的传输函数（频率响应）展现了共振频率。这是一个固定分量，它叠加了声音到达鼓膜各个方向的信息。也可以从图 4-15 和图 4-16 所示中看到（Mehrgardt 和 Mellart）

4.2.4 中耳

声音能量从密度较为稀薄的空气，传播到高密度的介质（例如水）是比较困难的。没有能量转换结构，空气中辐射的声音能量会被水反射回来，这就像光线从镜子反射回来一样。为了提高能量转换效率，不同密度介质之间的阻抗必须要匹配。在这个例子当中，它们的阻抗比约为 4 000：1。用输出阻抗为 4 000Ω 的功放，来驱动输入阻抗为 1Ω 的扬声器将会是非常困难的，这会导致较少的能量被转换。类似地，耳朵必须要提供一种方法，把空气中的能量有效地传播

到内耳的液体当中去。

耳朵是通过鼓膜的振动来获得能量，并以最大的效率传送到内耳的液体当中。图4–4展示了这种结构。在骨膜和卵圆窗之间，3个听小骨（锤骨、砧骨、镫骨，如图4–4A所示）形成了一个机械联动装置，其中卵圆窗与内耳的液体部分紧密相连。3块骨头当中的第1块，锤骨与鼓膜相连。而它们当中的镫骨实际上是卵圆窗的一部分。这个联动装置有着杠杆的作用，其杠杆比在1.3：1~3.1：1变化。也就是说，鼓膜的运动通过内耳的卵圆窗后，会有所减缓。

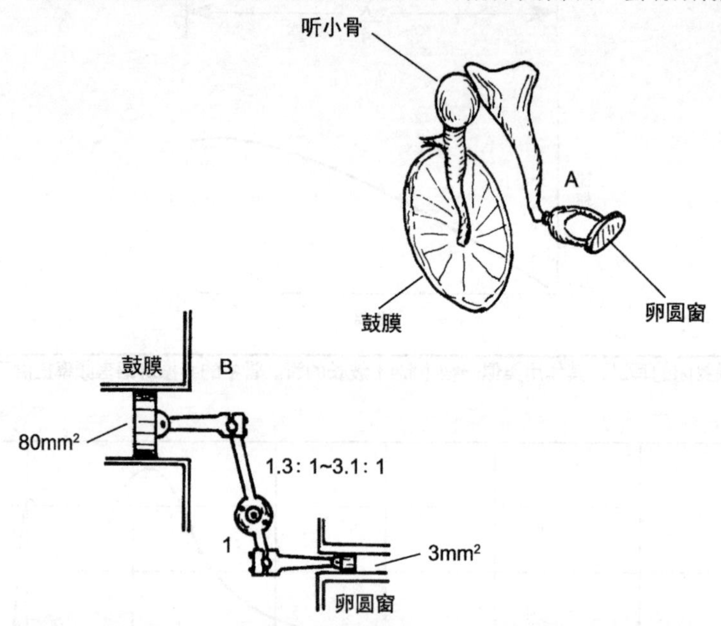

图4–4 中耳起到了阻抗匹配作用。（A）中耳的听小骨（锤骨、砧骨、镫骨）是传播鼓膜的机械振动到耳蜗卵圆窗的部件。（B）中耳阻抗匹配作用的机械类比。鼓膜与卵圆窗之间的面积差别，再加上机械联动缓冲装置，使得卵圆窗的液体负载与鼓膜的空气运动相匹配

这种杠杆系统仅仅是机械–阻抗–匹配装置的一部分。鼓膜的面积约为80mm^2，而卵圆窗的面积仅仅为3mm^2。因此，在鼓膜处的受力会以80/3的比例增加约27倍。

如图4–4B所示，中耳的表现非常类似于2个面积比为27：1的活塞，它们之间是由活节连杆相连接的，杠杆比率为1.3：1~3.1：1，使得总的机械力增加35~80倍。在空气与水之间的声学阻抗比近似为4 000：1，需要匹配这2个介质的压力比将会为$\sqrt{4000}$，或者约为63.2。可以看到，在35~80范围内的衰减，可以通过如图4–4B所示的中耳机械系统来匹配。非常有趣的是，听小骨在我们的婴儿时期已经完全形成，并且不会随着时间的增加有明显的增大。听小骨在任何尺寸上的变化，都将会减小这种能量的转化效率。

空气与内耳液体之间的声音匹配，可以通过中耳的机械装置得到解决。阻抗匹配以及如图4–3所示的共振放大现象，实质上是相对分子大小的膜运动，它形成了我们的感知阈。

如图4–5所示为耳朵的原理图。外耳道末端的圆锥形鼓膜，与中耳的一侧相连。中耳与喉

咙上部的咽鼓管相通。鼓膜作为一个“声学悬挂”系统，保持着与中耳内空气的平衡。咽鼓管相对较小且紧凑，所以不会破坏这种平衡。卵圆窗把充满空气的中耳与内耳分开，内耳中的液体是几乎不可压缩的。

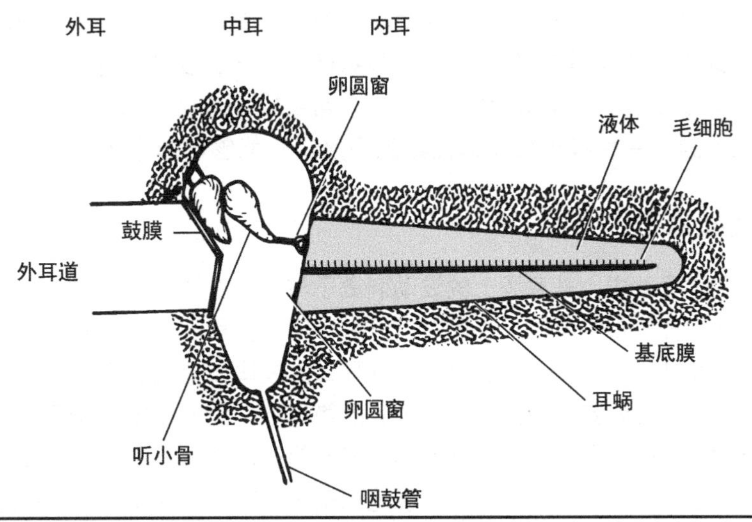

图 4–5 为人耳理想化的模型，上面展示了没有卷曲的耳蜗。声音进入外耳道让鼓膜产生振动，并通过中耳的机械联动装置传递到耳蜗。声音的频谱可以通过基底膜上的驻波装置来分析

咽鼓管完成的第 2 个功能，是保持中耳内空气与外部大气压的平衡，这样，鼓膜与内耳的高敏感性细胞可以正常工作。每当我们吞咽的时候，咽鼓管都会打开，这时中耳内的压力得到了平衡。通过改变外部压力（例如，一个没有密闭的飞机迅速改变高度），或许能够导致耳聋或者疼痛，只有通过这种吞咽才能实现耳朵内部的压力平衡。最后，咽鼓管还具有第 3 个功能，那就是当中耳感染时，可以通过它来排出感染的液体。

4.2.5 内耳

到目前为止，我们已经比较充分地了解了声学的放大作用以及中耳的阻抗匹配特征，但还未对错综复杂的耳蜗进行描述。

耳蜗中的声音分析器官是由 3 个近似相互垂直的部分组成。前厅结构当中的半规管，是一个平衡器官（如图 4–1 所示）。它们沉浸在相同的液体当中，但是功能各不相同。耳蜗的大小与豌豆类似，它是被骨头包裹起来的，卷曲着像海扇类贝壳。为了展示，我们把这个 2 ¾ 的圆圈拉伸，其长度约为 1 英寸，如图 4–5 所示。充满液体的内耳，被赖斯纳膜（Reissner's Membranes）和基底膜这两个细胞膜纵向分开。作用更为直接的是基底膜，它会对液体中的声音振动产生响应。

鼓膜的振动激励了听小骨。与卵圆窗连接镫骨的运动，导致内耳液体的振动。卵圆窗的向内运动，让基底膜末端附近的液体流动，导致卵圆窗的膜向外运动，因此卵圆窗提供了压力抵

消。声音激励卵圆窗产生的驻波，分布在基底膜上。而基底膜上面驻波的峰值位置，会随着激励声音频率的改变而改变。

低频声音会在基底膜末端附近产生峰值。高频声音会在卵圆窗附近产生峰值。对于类似音乐或者语言这种复杂的信号，会产生很多短暂的峰值，它会沿着基底膜不断变化幅度和位置。起初，人们认为这些在基底膜上的共振峰，由于太宽而不能被人耳所分辨。最近的研究发现，在较低的声压下，基底膜会产生非常尖锐的峰值，较宽的峰值仅针对较大的声压。我们可以看到，基底膜机械调谐曲线的锐度，它能够与单个听觉神经的锐度相比拟。

4.2.6 静纤毛

在充满液体的内耳管中，基底膜上的波动刺激了与毛发一样细的神经末梢，这些神经末梢以神经放电的形式把信号传给大脑。这里有 1 行内耳毛细胞和 3~5 行外耳毛细胞。每个毛细胞包含一束细小的毛发被称为静纤毛。当声音激励耳蜗内液体和基底膜产生运动时，静纤毛会根据周围的波动而摇摆。沿着基底膜方向各个位置的静纤毛，会被相应位置频率的声音刺激。内耳毛细胞的作用类似话筒，它能把机械振动转换成电信号，并向听觉神经和大脑放电。外耳毛细胞产生了额外的增益或衰减，能够更加尖锐地调整内耳毛细胞的输出，让我们的听觉系统更加灵敏。

当声音触动内耳的液体时，其基底膜和毛细胞受到激励，并通过周围的组织向外放电。这些被称为话筒电位的信号被拾取并放大，从而还原了落在耳朵上的声音。它的电位与声压成正比，且在 80dB 范围内的响应是线性的。这个话筒电位与听觉神经的电位不同，听觉神经的电位向我们的大脑中传递了信息。

静纤毛的弯曲产生了神经脉冲，它通过听觉神经传递到大脑。话筒电位是模拟信号，但是由神经元放电所产生的是脉冲信号。一个神经纤维要么有信号，要么没有信号，它以二进制的形式来进行信号传递的。当一个神经纤维放电，它会让附近的神经纤维也产生放电，依此类推。生理学家们把这个过程比成一个正在燃烧的导火线。它的传播速度与如何点燃导火线是没有关系的。据推测，声音的响度与放电神经的数量以及这种激励的重复次数有关。当所有神经纤维被激励，这就是我们能够感知的最大声音响度。听觉灵敏度的阈值可以用单个纤维的放电来表示。我们听觉系统的灵敏度非常高。在听阈方面，我们能够听到最微弱的声音，对应静纤毛的移动约为 0.04nm——约为氢原子的半径。

目前还没有一个内耳与大脑如何作用的理论被广泛接受。在这里我们仅仅非常简单地展示了这个复杂的理论。以上所讨论的部分原理，仍然没有被广泛接受。

4.3 响度与频率

贝尔实验室的 Fletcher 和 Munson，做了一些关于响度方面的基础研究，并于 1933 年发表。从那时开始，其他科学家们对这个报告进行了多次修正。如图 4–6 所示为一组等响曲线，它是由 Robinson 和 Dadson 所完成的，并被国际标准化组织（ISO226）所采用。

每一条等响曲线都是由 1kHz 参考频率数值所定义，响度级用“方”来表示。例如，穿过 1kHz 处声压级为 40dB 的等响曲线被称为 40 方等响曲线。类似的，100 方的等响曲线是穿过 1kHz 声压级为 100dB 的位置。40 方等响曲线展示了声压级在不同频率是如何变化的，曲线上任何频率处所对应的响度与 1kHz 处 40 方的参考响度是相同的。每一个等响曲线都是通过主观音质评价方法获得的。在实验中，通过把不同频率的声音与 1kHz 的参考声，进行响度对比，并让被试者从中找到与参考声响度相同的那个声音，每一组有 13 个不同的声压级。这些数据是利用纯音来获得的，故不能直接用于音乐或其他复杂的声音信号的评判。响度是一个主观术语。声压级是一个严格意义上的物理术语。响度级也是一个物理术语，它在声音响度（所用单位为“宋”）的评价当中是非常有用的。然而，响度级与声压级（SPL）的读数是不一样的。等响曲线的形状包含了主观的信息，这是因为这是通过与 1kHz 单音的响度对比所获得的。

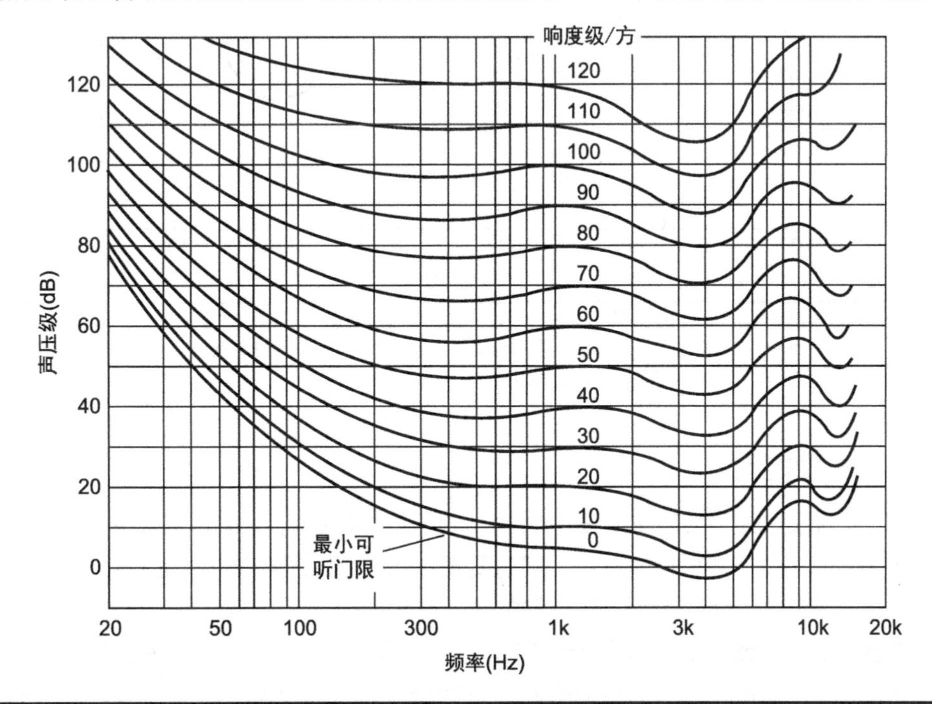

图 4-6 展示了人耳针对纯音的等响曲线。这些曲线显示出耳朵对于低频的灵敏度不高，特别是在声压级较低的情况下。把这些曲线反转，将会获得人耳在响度级上的频率响应曲线。以上这些数据是通过双耳听音实验来获得的，被试的年龄在 18~25 岁之间（Robinson 和 Dadson）

从图 4-6 所示曲线，可以看出人们对响度的感知会随着频率和声压级产生剧烈的变化。例如，在 1kHz 处，30dB 的声压级会产生 30 方的响度级，但是对于 20Hz 来说，需要大于 58dB 的声压级才能获得相同的响度级，如图 4-7 所示。这些曲线在较大声压级的位置更加平直，这表明我们耳朵的响应在较高声压级会更加一致。对于 90 方的等响曲线来说，1 000~20Hz 仅有 32dB 的提升。请注意，当把如图 4-7 所示的曲线进行反转，会产生人耳在响度级方面的频率响应。在较低的声压下，耳朵对低音音符会更加不灵敏。耳朵在低频方面的这种缺陷，使得音乐的重放质量会受到音量设置的影响。在低声压级下听到背景音乐，与在高声压级下听到的有着不同的频率响应。同时这种差别也会体现在耳朵的高频响应部分，但是这相对不明显。

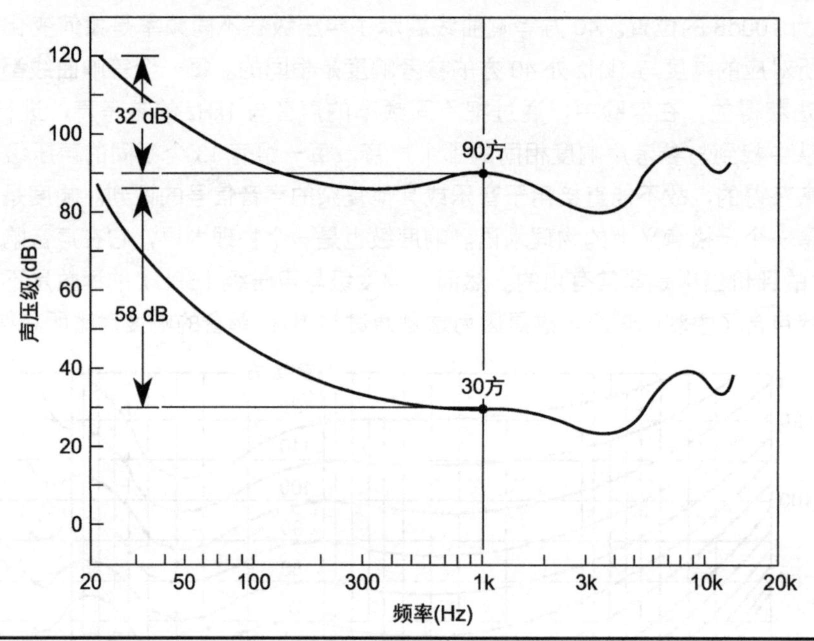

图 4-7 在 20Hz 耳朵响应与 1kHz 的比较。在一个 30 方的响度级曲线中，相同响度下 20Hz 声音的声压级会比 1kHz 高 58dB。在 90 方等响曲线中，这个差别仅有 32dB。在高声压级的情况下，人类耳朵的响应会更加平直。响度级只是对于真正主观响度的一个中间过程

4.3.1 响度控制

假设要在非常安静的环境下（假设为 50 方），重放一段录音。如果音乐最高的演奏及录制是在一个较大响度级环境下（假设 80 方），就需要增加低频和高频声音，以达到合适的声音比例。响度控制是通过许多音频设备的补偿来实现的，这种补偿基于不同响度级的人耳频率响应的变化。但是对应响度控制的设置，或许仅适用于特定响度级的重放。大多数响度控制提供了针对该问题的不完全解决方案。想象一下所有影响音量控制的设置。扬声器的输出会随着输入功率的变化而变化。功放的增益不同。听音室的环境会从较干到较大混响各有不同。为了能够让响度控制更为恰当，系统必须要有一定的校准，同时响度控制必须要针对特定声压级，对听音者位置的频率响应进行相应的改变。

4.3.2 可听区域

图 4-8 展示的曲线 A 和 B，它们是从一群受过培训的听音者当中获得的。听音者们面对声源，并判断已知频率的单音是否能够刚刚听到（曲线 A）或者已经开始感觉疼痛（曲线 B）。因此，

这两条曲线代表了我们对声音响度感知的 2 个极端。

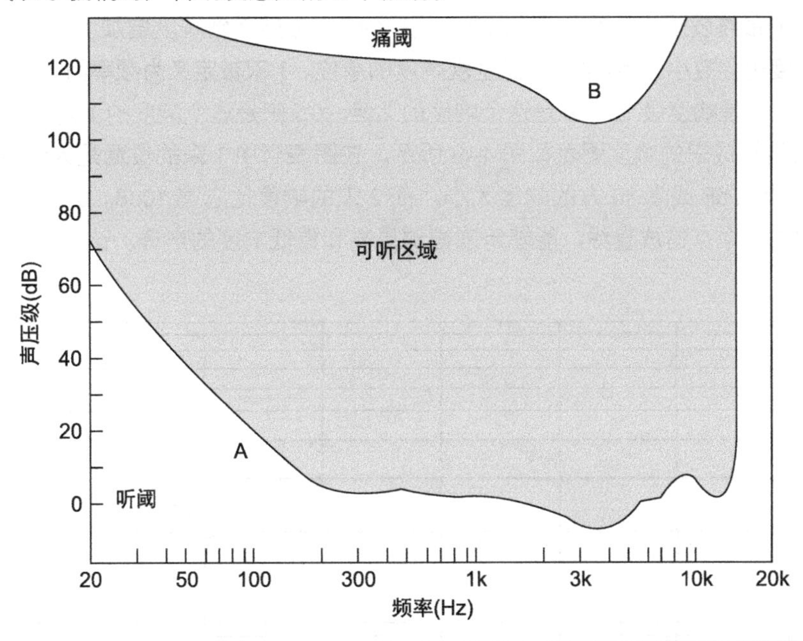

图 4-8 人耳的可听区域限制在这 2 个临界曲线之间。（A）听阈描绘了人耳可以感知的最低声压级。（B）痛阈描绘了人耳的听觉上限。我们所有的听觉经历都发生在这个范围内

曲线 A 代表了每个频率的声音刚刚能够听到时的声压级。从这个曲线也可以看出，在 3kHz 附近的频率是人耳最为灵敏的部位。换句话说，在 3kHz 附近一个较低的声压级能够引起比其他频段更大的阈值反应。在这个最敏感的区域，把声压级定义为 0dB，它的声音刚刚能够被拥有平均听力敏感度的人所听到。我们选择 20 μPa 作为 0dB 的参考声压级。

曲线 B 代表了，在每个频率，耳朵刚刚有着发痒感觉所对应的声压级。在 3kHz，发生这种情况的声压级约为 110dB。如果再进一步增加这个声压级，将会产生疼痛感。感觉到痒的阈值是声音变得危险的一种警告，它对耳朵的损害可能即将来临或者已经发生。

在听阈与痛阈之间的区域，即为我们耳朵可以听到的区域。在这个区域中会有两个维度，即垂直区域为声压级，水平区域为我们能够感受到的频率范围。人类所能感受的所有声音一定是落在这个区域内的。

人耳的可听区域与许多动物的不同。蝙蝠专门发出超声波，它的频率远远高于人耳能够感受到的频率。狗所能够听到的频率也远高于人耳，因此超声波狗哨对它们来说是有用的。相对人类听力的次声和超声，仍然是物理意义上的声音，它们不能让人们产生感觉。

4.4 响度与声压级

方是响度级的物理单位，它参照的是 1kHz 处声压级。虽然这非常有用，不过它很少能够反

映出人类对声音的响度感受。我们需要一些主观的响度单位。通过对数以百计的科目和众多类型的实验，我们最终发现声压级每增加 10dB，大部分人会感受到响度增加 1 倍。当声压级减小 10dB，主观响度也会减小一半。“宋”是主观响度的单位。1 宋被定义为频率为 1kHz 响度级为 40 方的响度大小（不是响度级）。2 宋是这个响度的 2 倍，0.5 宋是这个响度的 1/2。

把声压级转换成宋的响度图表如图 4–9 所示。在图表当中 1 宋的位置是人们听到声音频率为 1kHz，声压为 40dB 或者 40 方的响度大小。而 2 宋的响度比它高 10dB。0.5 宋的响度比它低 10dB。通过把这 3 个点连成直线，能够用来推测更高和更低响度的声音。该图仅针对 1kHz 的单音有效。

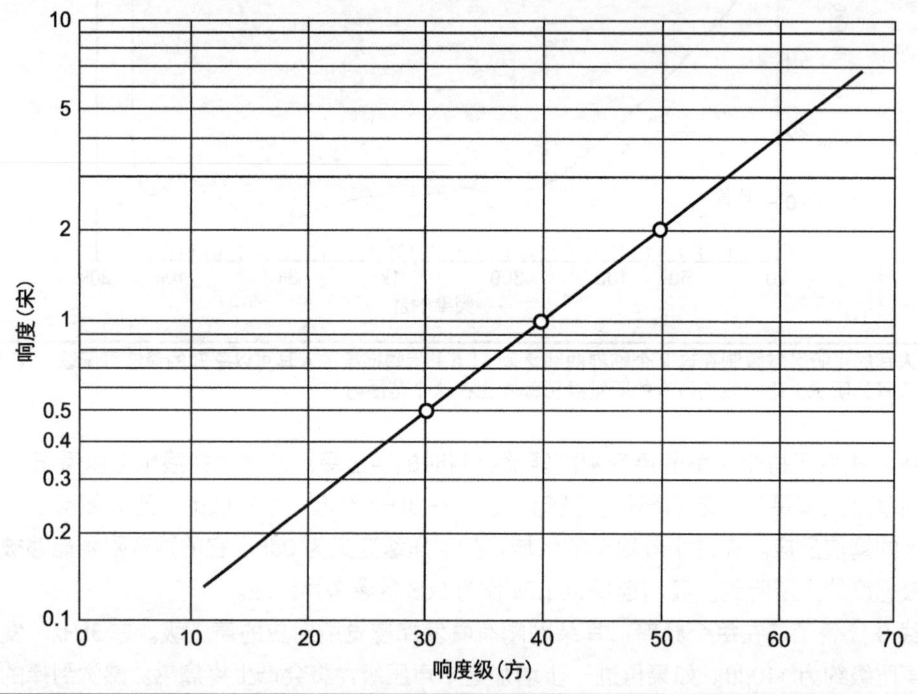

图 4–9 该图展示了主观响度（宋）与客观响度级（方）之间的关系。此图仅适用于 1kHz 声音频率

响度有着很大的实际意义。例如，专家需要为法庭提供一个工业噪声响度大小的意见，超过该响度会对周边环境造成影响。专家能够对噪声进行（1/3）OCT 的分析，把每个频带的声压级转换成宋（使用如图 4–9 所示曲线），并把每个频带的噪声叠加到一起，完成对噪声响度的估计。我们把宋进行相加是非常方便的。而对于声压级的分贝来说，相加或许会令人困惑。

响度级（方）与主观响度（宋）之间的关系见表 4–1。虽然大多数音频工程师很少会用到方或者宋，但是能够意识到一个真正的主观响度单位（宋）与响度级（方）之间的关系是有好处的，反过来，通过定义可以联想到我们用声级计测量的是什么。对于人类主观声音响度的计算，我们有一些经验方法，它们来自于纯物理的声音频谱测量，诸如这些利用声级计或者（1/3）OCT 滤波器的测量。

响度级 /（方）	主观响度 /（宋）	典型实例
100	64	重型卡车通过
80	16	大声讲话
60	4	轻声讲话
40	1	安静的房间
20	0.25	非常安静的录音棚

表 4-1 响度级（方）与响度（宋）

4.5 响度和带宽

到此，我们已经讨论了很多单个频率声音的响度问题，但是这些单音不能给予我们所有的信息，我们需要把主观响度与仪表读数联系起来。例如，喷气式飞机的噪声听起来比相同声压级的单音的响度大。噪声的带宽影响着声音的响度，至少在某些条件下是这样的。

图 4-10A 展示了 3 个有着相同 60dB 声压级的声音。它们的带宽分别为 100Hz、160Hz 和 200Hz，但是它们的高度（代表了声音强度 /Hz）不同，以使它们的面积相同。换句话说，这 3

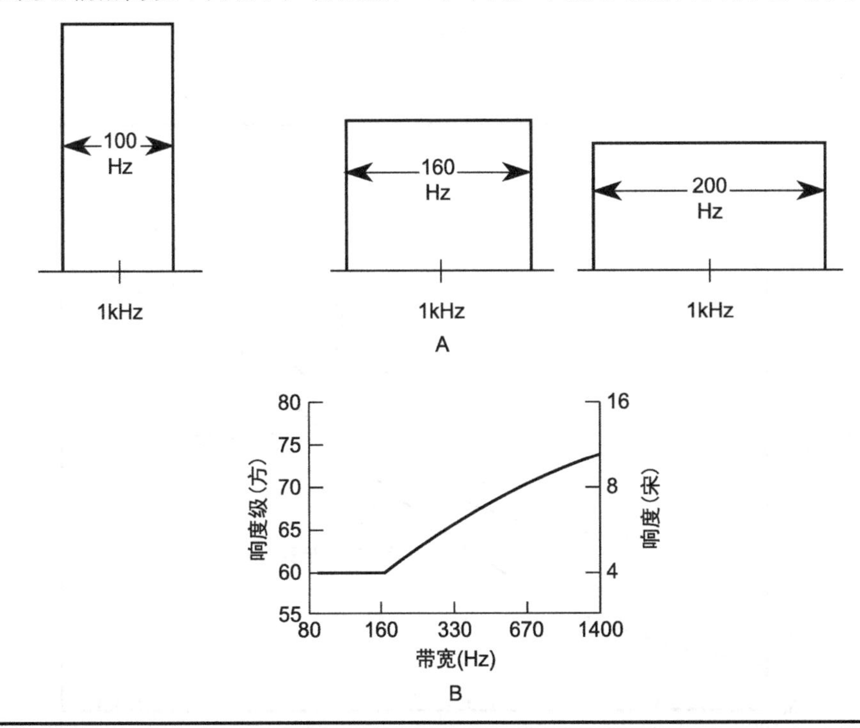

图 4-10 带宽影响着声音的响度。（A）不同带宽的 3 个噪声，拥有着 60dB 相同的声压级。（B）带宽为 100Hz 和 160Hz 噪声的主观响度相同，不过带宽为 200Hz 时声音变得更响，因为它超出了人耳在 1kHz 处 160Hz 的临界带宽

个声音有着相等的强度。（在声学当中，声音强度有着特定的意义，它不等同于声压级。对于连续的平面波来说，声音强度与声压的平方成正比。）然而，图4–10A所示的3个声音有着不同的响度。图4–10B展示了中心频率为1kHz，且有着恒定60dB声压级的噪声，其带宽与响度之间的关系。带宽为100Hz噪声的响度级为60方，且响度为4宋。带宽为160Hz的噪声有着与其相同的响度。但是当带宽超出160Hz，一些出人意料的事情发生了。160Hz以上，随着带宽的增加，响度开始增加。例如，带宽为200Hz的噪声响度更大。为什么响度会在160Hz的带宽处产生拐点？

其原因在于，人耳在1kHz处的临界带宽为160Hz。如果一个1kHz的单音夹杂在随机噪声当中，仅带宽为160Hz的噪声能够有效掩蔽单音。换句话说，耳朵的作用类似于一组分布在可听频率范围内的带通滤波器。这种滤波器与我们在电子实验室所看到的不同。普通的（1/3）OCT滤波器，或许会有28个相邻的滤波器，它们的中心频率是固定的，且在–3dB点处相互重叠。而耳朵的临界带宽滤波器是连续的。无论选择什么频率，该频率都是临界带宽的中心频率。

研究能够显示出临界带宽滤波器的宽度是如何随频率变化的。这种带宽作用如图4–11所示。它显示出临界带宽会随频率的增加而变宽。有人用方法来测量临界带宽，并提供了相应的衡量标准，特别是在500Hz以下。例如，等效矩形带宽（ERB）（适用于中等声压级下的年轻听音者）是基于数学的方法。ERB是一种利用公式计算较为方便的方法。

$$ERB=6.23f^2+93.3f+28.52\text{Hz} \quad (4\text{–}1)$$

其中，f=频率，kHz。

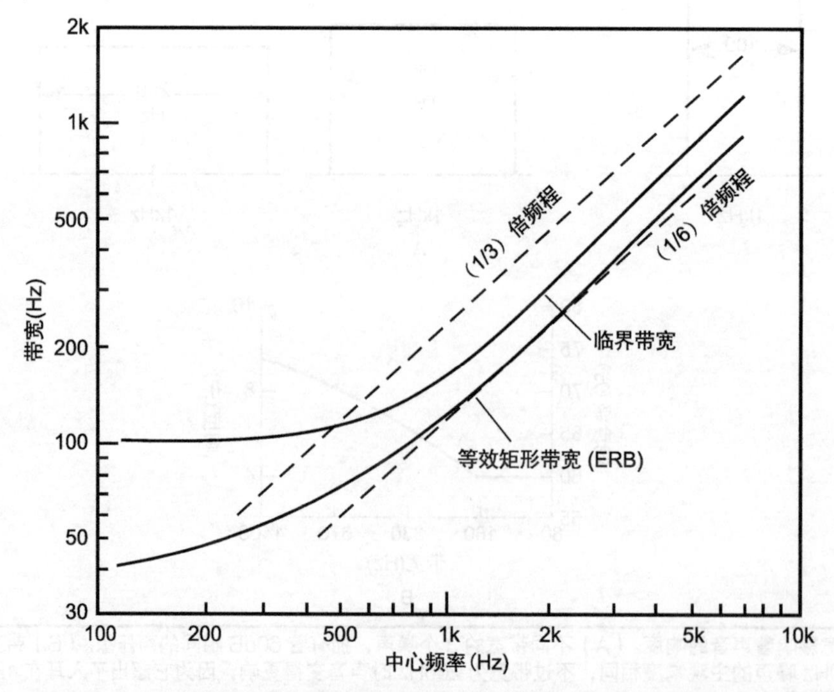

图4–11 （1/3）OCT，（1/6）OCT，耳朵的临界带宽及等效矩形带宽（ERB）之间的比较

在某些测量当中，1/3OCT 滤波器已经被调整，调整之后滤波器的带宽更加接近于耳朵的临界带宽。作为比较，图 4-11 所示包含了 1/3OCT 的带宽。1/3 倍频带的宽度是中心频率的 23.2%。临界频带的作用约为中心频率的 17%。ERB 函数则为中心频率的 12%。它接近于 1/6 倍频带 11.6% 的宽度。这就说明 1/6OCT 滤波器的设置至少与 1/3OCT 滤波器相关。

在许多音频领域，临界频带是非常重要的。例如，类似于 AAC，MP3，WMA 等编码是基于掩蔽原理的。一个单音（音乐信号）将会掩蔽量化噪声，这种噪声存在于以单音的频率为中心的临界频带当中。然而，如果噪声扩展到临界频带以外，它将不会被单音所掩蔽。1 个临界带宽被定义为有着 1 巴克（Bark，取自物理学家 Heinrich Barkhausen 名字的后面部分）的宽度。

4.6 脉冲的响度

到目前为止，我们所关注的案例都是稳态的单音和噪声信号。那么人耳对较短的瞬态声音响应如何呢？这是非常重要的，因为音乐和语言本质上就是由瞬态信号所组成。我们集中精力去关注语言和音乐的瞬态部分，反向播放一些音轨。最初的瞬态现在展现在音节和音符的末尾，且明显地显现出来。

具有 1s 长度的触发音，一个 1kHz 单音听起来像 1kHz。而一个同样的，但是极其短的单音听起来像一个“咔哒”声。像这种触发的时间长度也会影响我们对响度的感知。短的触发和较长的声音有着不同的响度。图 4-12 展示了较短的触发声需要增加多少声压级才能与较长或者稳态单音有着相同的响度。一个 3ms 的冲击必须要有约 15dB 的增益，才能与一个 500ms 的冲击有着相同的响度。单音和随机噪声在响度与冲击长度之间有着类似的关系。

如图 4-12 所示，小于 100ms 的区域有着较为明显的差别。仅当触发噪声或者单音短于这个数值，需要增加声压级来确保它与较长时间的脉冲或者稳态单音及噪声有着相同的响度。这个 100ms 看上去好像人耳的最大积分时间或者时间常数。特别是，在 35ms 以内，类似声音从墙面反射，通过耳朵的积分可以被看作是声压级。这表明耳朵对声音能量的响应是时间的平均。

图 4-12 表明耳朵对较短的瞬态时间有着较低的灵敏度，诸如声压级的峰值。它与语言可懂度有着直接的关系。语言中的辅音决定了好多字的意思。例如，在 bat，bad，back，bass，ban，bath 之间唯一的不同就是末端的辅音。而 led，red，shed，bed，fed，wed 中所有的重要的辅音在开头部分。无论它们发生在什么位置，辅音都有着 5~15ms 的时间长度。如图 4-12 所示，它显示出当声音的瞬态时间较短时，必须要比较长且更响的发音，才能听起来有着相同的响度。如上所述，每一个辅音不仅会比剩下的字有着更短的持续时间，同时也有着较低的声压级。因此需要较好的听音环境来区分这些字。太多的背景噪声或者太多的混响，能够严重破坏语言的可懂度，因为它们能够掩蔽重要且声压较低的辅音。

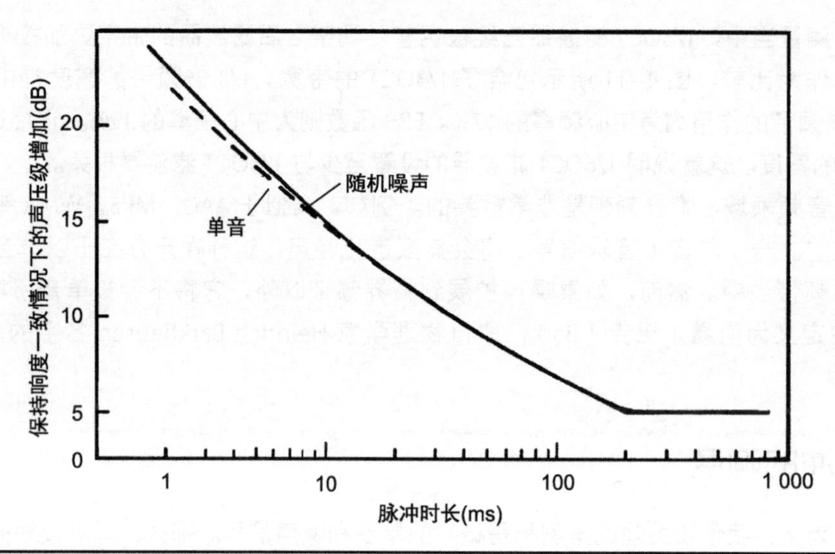

图 4–12 单音或者噪声的短脉冲比长脉冲更难听到。曲线在 100~200ms 的不连续与人耳的积分时间有关

4.7 可察觉的响度变化

正如我们所看到的那样，耳朵对较宽动态范围的声音较为灵敏。在这个范围里面，耳朵对微小响度变化的灵敏度如何呢？ 5dB 的跨度是明显可以觉察的，而 0.5dB 的跨度或许觉察不到，这取决于周边环境。我们所能觉察到响度感知的差别，某种程度上会随着频率和声压级的不同而不同。

对于非常低的响度极来说，在 1kHz 处 3dB 的响度变化是很难被人耳所察觉的，但是在一个高响度级的地方，耳朵能够觉察到 0.25dB 响度的改变。在一个非常低的响度级环境下，35Hz 单音需要 9dB 的改变才能被察觉到。而在普通的响度级环境下，对于中频段来说，耳朵最小可以察觉到 2dB 左右响度级的变化。在大多数情况下，响度级的改变小于这个增量是没有意义的。

4.8 音高与频率

音高是主观术语。它是频率的函数，但是它们之间不是线性关系。因为音高多少与频率不同，它需要另外的主观单位美（mel）来衡量。而频率是一个物理术语，用 Hz 来衡量。虽然一个较小响度 1kHz 的信号仍旧是 1kHz，如果你增加它的音量，声音的音高或许会与它的声压级有关。定义 1 000 美的音高，为 1kHz 处声压级为 60dB 的单音。音高与频率之间的关系，是由一组主观实验所确定的，如图 4–13 所示。在实验的曲线当中，1 000 美对应 1kHz。因此对于这个曲线的声压级为 60dB。如图 4–13 所示的曲线形状与基底膜随频率变化的曲线相似。这意味着音高与基底膜的作用有关。

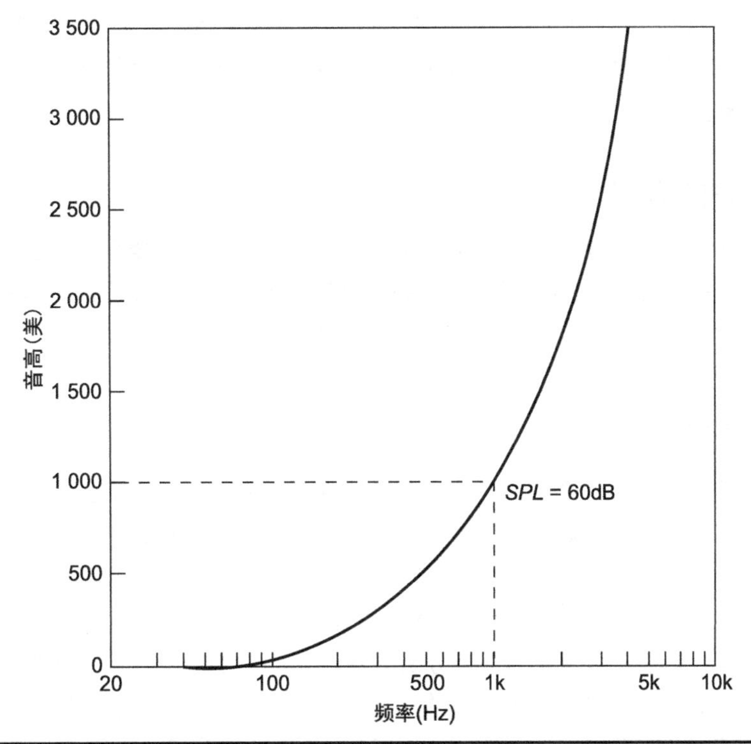

图 4-13 根据这条曲线可以获得音高（mel，一个主观单位）与频率（Hz，一个物理单位）之间的关系，该曲线是通过听众的主观评价所获得的（Stevens 和 Volkman）

研究工作表明，人耳可以觉察到大约 280 个可辨别强度层级，以及 1 400 个可辨别音高层级。声音强度和音高的变化，会对声音的交流起到重要的作用，因此了解它们有多少组合的可能性是一件非常有趣的事情。或许马上可以看到，会有 280×1 400=392 000 个可以由耳朵觉察的组合。这是非常乐观的推断，因为这个实验是通过快速连续地对两个单一频率进行比较来实现的，同时这些声音与我们通常听到声音的复杂度也有所不同。其他实验表明，耳朵仅能觉察到响度的 7° 和音高的 7° ，或者仅有 49 个音高 - 响度的组合。它远远低于语言当中可以察觉的音素（语言中，它是用来区分一个发音与另一个发音的最小单位）数量。

4.8.1 音高实验

声音的大小影响了我们对音高的感知。对于低频来说，随着声压级的增加音高会降低。对于高频来说，刚好相反。音高会随着声压级的增加而提高。

以下是由 Fletcher 所进行的实验。它需要两个信号发生器，以及一个频率计数器。信号发生器用在重放系统的其中一个通道，而另一个信号发生器用在另一个通道。把一个信号发生器的频率调节到 168Hz，另一个调节到 318Hz。在较低的声压下，这两个单音非常不和谐。增加声压级，直到 168Hz 和 318Hz 的音高降低到 150~300Hz 的倍频程关系，我们就可以听到愉悦的声音。它展示了低频音高降低的现象。一个类似的实验，将会展示较高频率的单音，音高会随声压的增加而提高的现象。

4.8.2 消失的基频

如果把诸如 1 000Hz、1 200Hz 和 1 400Hz 的频率一起重放，将会听到 200Hz 的声音。我们可以认为 1 000Hz 是基频的第 5 次谐波，1 200Hz 是基频的第 6 次谐波，依此类推。听觉系统认为较高的单音是 200Hz 的谐波成分，并能感受到这个基频的存在。

4.9 音色与频谱

音色描述了我们对复杂声音的质量感知。这个术语主要是针对于乐器的。长笛和双簧管听起来是不同的，即使它们同时演奏相同的音高。每个乐器的单音都有它自己的音色。音色是由乐器泛音的相对大小以及数量所决定的。

音色是一个主观术语，与之相关的物理术语是频谱。乐器产生 1 个基波以及一系列的泛音（谐波），可以用波形分析仪对其进行分析。假设基频是 200Hz，二次谐波是 400Hz，三次谐波是 600Hz，依此类推。与 200Hz 相关的主观音高，会随声压级有一点轻微的改变。耳朵也会有着自己对谐波的主观判断。因此，耳朵对乐器音色的感知，或许与通过复杂方法测得的频谱有着很大的不同。换句话说，音色（一个主观的描述）和频谱（一个客观的测量）是不同的。

4.10 声源的定位

我们对声源位置的感知，开始于外耳和耳廓。声音从耳廓的隆起、卷曲以及曲面产生反射，并与直达声一起在外耳道的入口处进行叠加。这种叠加会对方向信息进行编码，它通过外耳道到达鼓膜、中耳以及内耳，最终通过大脑来进行解码。

图 4–14 所示为声音信号指向性的编码处理。声音波阵面可以被看成是来自特定水平和垂直角度声源的许多声线。随着这些声线撞击到耳廓，并会在其表面发生反射，有些反射会朝向外耳道的入口。在这一点处，反射声与直达声成分产生叠加。

对直接来自听音者前方的声音（方位角和垂直角 =0°），它在外耳道开口处叠加后的“频率响应”，如图 4–15 所示。这种类型的曲线被称为传输函数，它描绘了包含角度信息的矢量叠加。

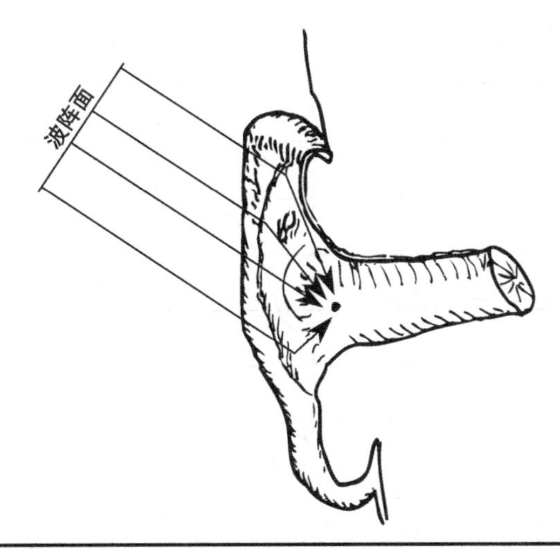

图 4-14 声音的波阵面可以被看成是许多垂直于它的声线。这种声线撞击到耳廓，被各种凸起和凹陷的表面反射。这些携带矢量（根据相对幅度和相位）的反射声指向耳道开口处。用这种方法，耳廓把所有落入耳朵声音信号的方向信息进行了编码，并通过大脑来解码从而感知到方向信号

对于从耳朵入口处到鼓膜的声音，必须要经过外耳道。当把外耳道入口处的传输函数（如图 4–15 所示）与耳道内的传输函数（如图 4–3 所示）合并之后，到达鼓膜处传输函数的形状就发生了巨大变化。图 4–3 所示为单独外耳道的典型传输函数。它是一个静态的、固定的函数，不会随着到达声音指向性而发生变化。外耳道的表现类似于（1/4）波长且一端封闭的管，它存在两个主要的共振峰。

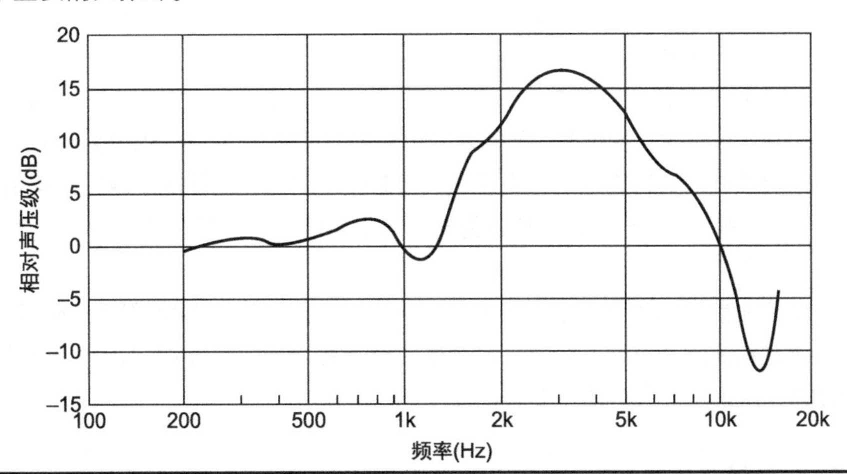

图 4–15 展示了在耳道开口处声压测量（传输函数）的一个例子，对应声源来自被试正前方的一个点。这种传输函数的形状，会随着声音到达耳廓水平和垂直角度的变化而变化（Mehrgardt 和 Mellert）

我们把代表特定方向声源（如图 4–15 所示）的传输函数，与外耳道固定的传输函数（如图 4–3 所示）进行合并，将会产生如图 4–16 所示鼓膜处的传输函数。大脑把这些声音信号转换成

为声音并产生来自观察者前方的感知。

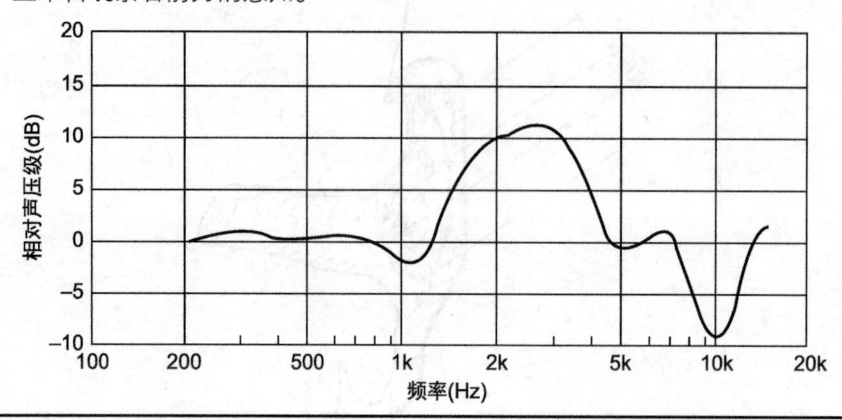

图 4-16 在耳道开口处（如图 4-15 所示）的传输函数，与外耳道的传输函数进行叠加，到鼓膜处被改变成这个形状。换句话说，声源在观察者前方直接进入外耳道开口处的传输函数（如图 4-15 所示），与在鼓膜处的传输函数（如图 4-16 所示）非常相似。这是由于它叠加了外耳道自身的特征（如图 4-3 所示）所导致的。大脑可以从到达声音的变化中剔除这一固定的影响

在外耳道入口处的传输函数，会随着入射声音在水平和垂直方向上的变化而变化。这就是耳廓如何对声音进行编码，并让大脑产生不同方向感知的方法。到达鼓膜处的声音，是一个包含所有方向信息的原始材料。大脑会忽略掉外耳道的固定成分，然后把不同形状的传输函数转化成方向信息。

另一个更加明显的耳廓定向作用，就是它对声源前后的辨别能力，这不是依赖于编码和解码技术的。对于一个较高频率（较短波长）来说，耳廓是一个有效的障碍物。大脑使用这种前后的差异，来实现对声音方向的判断。

耳朵对垂直方向的声音定位不敏感。居中平面是一个垂直的平面，它对称地穿过头部中心的位置和鼻子。在这个平面上的声源，能够表现出对 2 只耳朵来说一致的传输函数。人耳的听觉结构会使用另一套系统来进行定位，它是通过判断某些不同频率区域的一致性来实现的。例如，在 500Hz 和 8 000Hz 附近的信号成分，被认为直接来自头顶，而对于 1 000Hz 和 10 000Hz 附近的信号被认为来自后方。

直接来自听音者前方的声音，会在鼓膜位置传输函数曲线的 2~3kHz 附近产生峰值。对于人声录音来说，通过均衡器来提升这个频段会产生“临场感”。通过在语言的频率响应当中增加这种峰值，会让语言从音乐背景中突显出来。

4.11 双耳定位

在双耳听觉当中，2 只耳朵的共同作用会让水平方向的声源定位成为可能。来自 2 只耳朵的声音信号在大脑中合成并产生定位。因此，定位作用主要发生在大脑当中，而不是在单只耳朵里。其中有 2 个因素包含在里面，那就是声音到达双耳的声压差和时间差（相位）。如图 4-17

所示，靠近声源一侧的耳朵会比另外一只耳朵接收到更大的声音，这是由于头部的遮挡所造成的。由于声音衍射作用，这种遮挡对低频声音有着较小的影响。然而，对于高频来说，这种遮挡与路程差叠加起来，使得靠近声源一侧的耳朵有着更高的声压级。

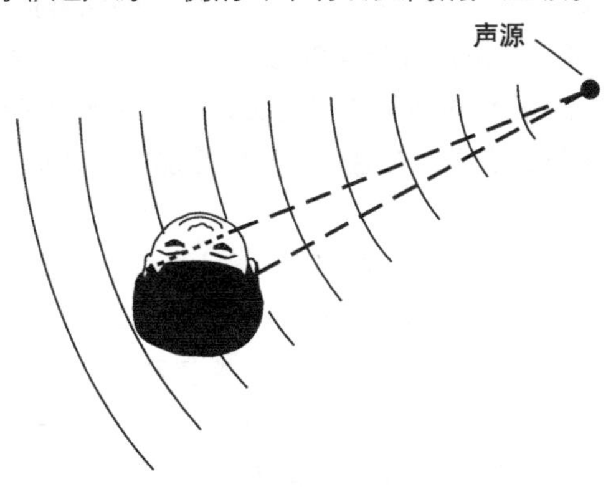

图 4-17 双耳的指向性感知，部分取决于落在双耳上的声压差和相位差

由于双耳与声源的距离差别，靠近声源的耳朵会比另外一只更早获得声音。在 1kHz 以下频率，相位（时间）差起主要作用，而在 1kHz 以上，声压差起主要作用。这里有一个定位盲区，在那里听音者不能判断声音是来自前方或者后方，因为声音到达每一只耳朵有着相同的声压和相位。利用这些线索，人耳能够在水平面上定位声源误差为 1° 或 2° 。

4.12 第一波阵面定律

最先到达的声音会让听音者产生方向感。它被称为第一波阵面定律。设想一下，在一个小房间当中的 2 个人，一个人说话，另一个人聆听。由于直达声有着最短的传播距离，所以它首先被听到。这个直达声产生了声音的方向感，即使紧跟在它后面有很多反射声，这种方向感仍然会被保留，且倾向于减小次级反射声所产生的方向感。这就是第一波阵面定律。这种对声源方向的判断，会在几毫秒的范围内完成。

4.12.1 法朗森效应

我们的耳朵相对擅长识别声源位置。然而，这也会产生一种听觉记忆，有时会让我们混淆声源的方向。法朗森（Franssen）效应描述的这一问题。在一个混响较强的房间中，2 只扬声器分别放置在听音者左边和右边。2 只扬声器距离听音者约 3 英尺，且成 45° 夹角。正弦波从左边扬声器发出，且信号立刻衰减，同时右边扬声器声音逐渐增加，故整个声压级没有明显的改变。大多数听音者仍将会继续感觉到声源在左边的扬声器上，即使它已经完全没有声音。他们常会惊讶于，当连接左边扬声器的线被断开时，仍然能够继续听到来自左边扬声器的信号。这就体现出人耳听觉记忆在声源定位当中的作用。

4.12.2 优先效应

人耳的听觉系统会在空间上合并一些间隔非常短的声音，在某些情况下，倾向于把它们看成来自同一方向的声音。例如，在一个礼堂当中，耳朵和大脑能够把直达声之后 35ms 以内的声音合并，使其产生所有声音来自原始声源方向的感觉，即使这里面可能包含来自其他方向的反射声。首先到达的声音，确定了我们对声源位置的感知，这种现象被称为优先效应（Precedence Effect）、哈斯效应或者第一波阵面定律。在这个周期内叠加的声音能量，也增加了我们对响度的感觉。

人耳能够合并某个时间窗内到达声音的现象是不足为奇的。因为在电影当中，我们的眼睛也会对一系列静止的图片产生融合，它会给我们一种连续运动的感觉。其中，静止图片的显示频率是非常重要的，为了避免看到一系列的静止图片或者闪烁，其频率必须要在 16 幅 /s（62ms 的间隔）以上。听觉的融合作用在 35ms 以内表现得非常好。超出 50~80ms，这种融合将会被破坏，并且随着时间的延长，逐渐可以听到离散的回声。

Haas 把被试者放置在距离两只扬声器 3m 的位置，且被试者与两只音箱之间的夹角为 45°，观察者的对称线分割这个夹角（实验在相关角度的说法上，有些含糊不清）。屋顶是接近全吸声的。两只扬声器以相同的声压级重放语音，而其中一只扬声器相对另一只有一定的延时。显然，来自没有延时扬声器的声音会首先到达听音者。如图 4-18 所示，Haas 发现在 5~35ms 的延时范围内，来自延时扬声器所发出的声音被完全认为是来自非延时的那只扬声器。换句话说，听音者把两个声源都定位在没有延时的扬声器上。

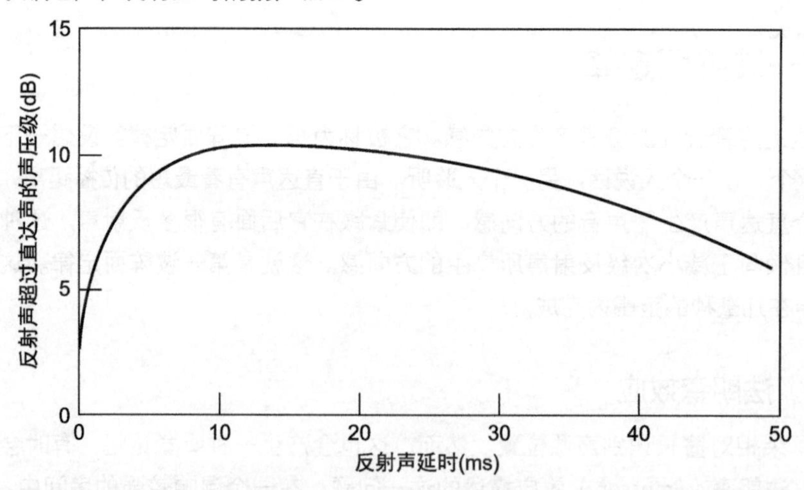

图 4-18 在人耳听觉系统的优先效应（哈斯效应）描述了这种暂时融合。在 5~35ms 的区域时，反射声压的声压级必须大于直达声 10dB 以上，才能区分出来。在这个区域内，耳朵所获得来自各方向的反射声会让声音听起来更响，因为在这个范围内的反射声听起来似乎像直达声。延时在 50~100ms 及更长时，我们可以觉察到反射声的存在（Haas）

此外，如果延时声的声压比未延时声大 10dB 以上，就能够区分出这两个声音。在一个房间中，35ms 以内的反射声音到达耳朵，会从空间上与直达声融合，并被认为是直达声的一部分。有时这被称为融合域或哈斯域，这些融合的早期反射声增加了直达声的响度，且能够改变声音的音色。正如 Haas 所说的那样，它们会产生“……当回声在听觉上不能被感知时，从对原始声源拓宽的意义上来说，这种效果是令人愉悦的。”

在小于 35ms 延时的融合作用与可察觉延时声之间的过渡是逐步的，因此多少会有些不确定。有些研究人员把 62ms[（1/16）s] 作为分界线，有些人则选择 80ms，还有人选择 100ms，超出这个时间无疑是延时声的区域。如果延时声被衰减，这个不确定区域会增加。例如，如果相对直达声的延时声衰减 3dB，融合时间分界线将会扩展到约 80ms 附近。房间反射声会比直达声低，所以我们预料它的融合将会有更长的时间。然而，当延时非常长时，或许为 250ms 甚至更长，这时我们会听到非常清晰的回声。

在此之前其他研究者发现，可以通过到达双耳微小的时间差来辨识声源方向，它所需要的延时是非常短的（<1ms）。大于这个延时，对我们的方向感知是没有影响的。

优先效应是非常容易被展示的。当你站立在距离水泥墙面 100 英尺的位置拍手，可以听到一个清晰的回声（177ms）。随着你向墙面方向移动，且不断地拍手，回声将会到达得更早，且会更大声。但是当你进入融合区，耳朵将会在空间上把直达声与回声融合在一起。

4.13 反射声的感知

在前面的章节，我们对“反射”声音的认知是在相当有限的方法当中进行的。在本章当中我们将会介绍一种更加通用的方法。Haas 所使用的扬声器摆位，也会被其他人员使用，这就是我们所熟悉的立体声设置，即两只扬声器分开摆放，听音者位于这两只扬声器的对称中轴线上。来自一只扬声器的声音被指定为直达声，而对另一只扬声器进行延时（反射声）。两只扬声器之间的延时以及相对声压级是可以调节的。

直达声扬声器设置在一个较为舒适的声压级，有着 10ms 延时的反射声扬声器从一个非常低的声压级缓慢增加。当听音者第 1 次察觉到声音差别，所对应反射声的声压级即为可察觉反射声的阈值。低于这一声压级的反射声是听不到的。高于这个声压级的反射声是可以明显听到的。

随着反射声压级逐渐增加并超过阈值，叠加声音的空间感开始呈现。即使实验是在无反射空间当中进行的，这种空间感也会呈现出来。随着反射声压的增加，并高于阈值 10dB 左右，声音会发生另一种改变，向直达声扬声器方向移动的声像变宽，此时产生了空间感的增加。随着反射声压级再增加 10dB，或者在声像加宽的阈值之上，我们可以注意到另外一种改变，即可以听到离散的回声。

这有多少实际意义呢？假设一个听音室，被用来重放音乐。图 4–19 展示了侧向反射声与来自扬声器直达声叠加后的效果，使用语言作为测试信号。在感知阈以下的反射声是没有用的，可以感知的独立回声同样不能使用。有用的区域只是这两个阈值曲线 A 和 C 之间的阴影部分。我们可以通过计算来估计任何特定反射声的声压级和延时，这是通过已知声音速度、传播距离，以及应用平方反比定律所获得的。图4–19也展示了在叠加反射声和直达声之后听音者的主观反应。

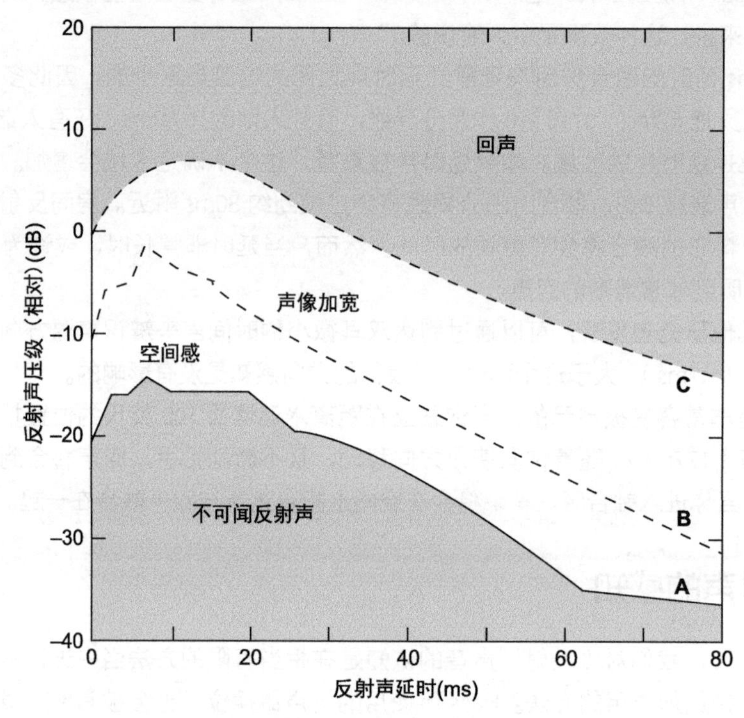

图4–19 展示了在一个模拟的立体声摆位当中，侧向反射声对直达声感知的影响。这些测量是在一个无反射的环境下进行的，侧向角度为45°~90°，使用语言信号作为测试信号。（A）可听反射声的绝对门限。（B）声像移动或加宽的临界值。（C）侧向反射声被作为独立的回声（曲线A和曲线B，Oliver和Toole，Toole提供）（曲线C，由Meyer和Schodder，Lochner和Burger提供）

为了辅助前面所提到的计算，我们可以利用下面的公式，即

$$反射声延时=\frac{反射声路径-直达声路径}{1\,130} \tag{4–2}$$

它假设了反射面的反射率为100%。两个路径都以英尺度量。声速是以英尺/s来衡量。

$$在听众位置的反射声压级=20\lg\frac{直达声路径}{反射声路径} \tag{4–3}$$

它假设声音是以平方反比的规律传播。两个路径都以英尺度量。

例如在一个礼堂当中，我们可以通过计算房间几何尺寸来进行设计，让它的延时在50ms以内，从而让声众区落在融合区域内。假设直达声的路径长度为50英尺，早期反射声的路径长度为75英尺，当两个声音都到达听音者位置时，所产生的延时为22ms，这样就很好地落在融合区域内。类似地，通过限制直达声与早期反射声之间的延时在小于50ms的范围内（路程差约为55

英尺），听音者将不会听到独立的反射回声。如果考虑反射声的衰减，对于语言来说这个差距大于 50ms 是可以被接受的。对于语言来说，通常情况下 50ms 的时间差是可以接受的，而对于音乐来说这个时间差可以达到 80ms 左右。更短的差距是受到大家欢迎的。在后面的章节我们将会看到，优先效应也能被应用在 LEDE（Live End–Dead End）控制室的设计当中。

4.14 鸡尾酒会效应

人类的听觉系统有着强大的能力，它可以在许多声音当中专注于其中一个声音。这有时被称为“鸡尾酒会效应”或者“听觉场景分析”。想象一下，自己置身于一场有着音乐表演，同时许多人讲话的派对当中。能够听到他们任何一个人的讲话，同时排除许多其他的对话和声音。但是如果有人在对面房间叫你的名字，你将会马上注意到他。有迹象表明，音乐家和指挥家在这种听觉辨识方面有着较高的技能，他们能够同时独立分辨多个乐器的声音。

这种可以辨识特定声音的能力，对我们的声音定位有着很大的帮助。如果通过一只扬声器来重放两位讲话者的声音，我们很难分辨他们。然而，利用两只独立的扬声器，每只扬声器重放一个人的声音，我们就能够非常容易地分辨他们（例如相关语言、性别和讲话者的音调等因素，也会起着一定的作用）。虽然人们在鸡尾酒会中能够很好地区分各种声源，但是用电子信号处理系统来实现这种功能是比较困难的。在信号处理领域，它被归类于声源分离或盲源分离的范畴。

4.15 听觉的非线性

当多个频率输入到线性系统当中，其输出会有相同的频率。而我们的耳朵是非线性系统，当多个频率输入进去的时候，输出包含一些额外的频率。这是听觉系统引入失真的一种形式，它不能被普通的仪器所测量。这个主观作用需要一种不同的方法来测量。下面的实验展现了耳朵的非线性以及听觉谐波（Aural Harmonics）的输出。它可以通过一个重放系统和两个音频信号发生器来完成。我们把一个信号发生器插入到左声道，另一个插入到右声道，调节这两个通道音量，使其在一些中频段产生较为舒适的音量。设置一个信号发生器在 23kHz，另一个为 24kHz，不改变音量设置。每个单独的信号发生器都不会听到声音，因为这个信号的频率已经超出耳朵的听力范围。然而，如果喇叭的高音单元足够好，你或许能够听到一个清晰的 1kHz 单音。

这个 1kHz 单音就是 23kHz 与 24kHz 之间的差值。它们的和为 47kHz，这是另外一个边带。当两个纯单音信号混合在一个非线性单元中，将会产生这种“差”以及“和”的边带。在这个例子当中，非线性单元就是中耳和内耳。除了相互调制的产物以外，耳朵的非线性所产生新的谐波是在鼓膜上面没有的声音。

我们可以利用上面相同的设备，外加一付耳机，来对听觉系统的非线性进行另外的展示。首先，一个 150Hz 的单音被输入到耳机的左声道。如果我们的听力系统是完全线性的，那么将不会听到在二次、三次以及其他谐波的声音。正因为它的非线性，我们可以通过拍频的产生来证明听觉谐波的出现。当把 150Hz 的声音用在左耳，而右耳处的单音在 300Hz 附近缓慢变化时，通过这两只耳朵之间的拍频可以表明二次谐波的存在。如果改变信号发生器的频率到 450Hz 附近，将可以通过拍频显现出三次谐波。研究人员可以通过这种拍频的力度，对谐波幅度的大小进行估计。如果使用更高声压级的单音来进行上面的实验，听觉谐波将会变得更加明显。

4.16 主观与客观

声音的主观音质评价和客观测量之间，仍然有着很大的差别。思考一下我们常常用在音乐厅声学当中的如下词语：温暖、低沉、清晰、有回响、丰满、现场感、响亮、明晰、宏伟、共鸣、浑浊和亲切。我们没有工具能够直接测量诸如温暖感和宏伟感。但是，我们有一些方法可以把主观术语与客观测量联系起来。例如，让我们思考一下术语“清晰”，德国的研究人员采用术语“清晰度（Deutlichkeit）”来表示，它的意义为清晰的（Clearness）或者清楚的（Distinctness）。我们可以通过把前 50~80ms 音响测深图的能量，与音响测深图的总能量进行比较来衡量。它是把直达声和早期反射声与整个混响声进行比较。这是对一个来自手枪或者其他冲击声源的直接度量。

虽然测量是非常重要的，但是我们的耳朵才是最后的仲裁者。通过人们的主观感受，提供了许多对于声学评价来说有价值的东西。例如，在对响度的调查当中，一组听音者面前会有各种声音，每个听音者被要求把 A 的响度与 B 的响度进行比较。听音者把数据提交上去，并进行统计分析，我们可以把诸如响度这种人类感知因素，与声压级这种物理量之间的关系进行对应。如果能够保证实验的正确进行，同时包含足够多的听音者，其分析结果是可信的。利用这种方法，我们发现在声压级与响度、音高与频率或者音色与音质之间没有线性关系。

4.17 职业性及娱乐性耳聋

由工作噪音造成的神经性耳聋，被认为是严重的健康问题。在工业当中，工人的听力是受到法律保护的。越高的环境噪声，将会有着越短的允许暴露时间，见表 4–2。听力学家们想知道在不同的环境下，工人们遭受着怎样的噪声。由于噪声级的变化以及工人的四处移动，这是非常不容易的。我们通常使用可穿戴剂量计，来对整个工作日的暴露噪声进行积分。公司通常会在大噪声的设备周围安装隔声装置，同时要求工人们佩戴防护耳塞。专业的音频工程师，常常在高监听声压级的环境中工作，这很可能对他们听力造成不可逆的伤害。大多数情况下，他们的工作没有涵盖在职业噪声保护法当中。

危险的噪声暴露不仅仅是一个职业性问题，也存在于娱乐当中。一个人或许在高噪声环境下工作一天，然后去欣赏汽车或者摩托车比赛，继续听高声压级的音乐，或者在酒吧当中花费数小时。随着高频听力损失的蔓延，我们会通过提高音量来进行补偿，这时听力损失速度会加快。

声压级（dB，A 计权，缓慢响应）	每日最大暴露时间（h）
85	16
90	8
92	6
95	4
97	3
100	2
102	1.5
105	1
110	0.5
115	0.25 或更少

* 参考：OSHA 2206 (1978)。

表 4-2 OSHA 可允许的噪声暴露时间 *

在听力保护当中，听力敏度图（Audiogram）是一个重要的衡量工具。我们把之前的听力敏度图与今天的进行比较，将会产生一个趋势。如果向下，它的步幅能够被记录并核对。图 4-20 展示了一位在录音棚当中有着严重听力损失录音师的听力敏度图。他的听力损失主要集中在 4kHz，或许这是由于长年暴露在控制室的高声压环境中所造成的。

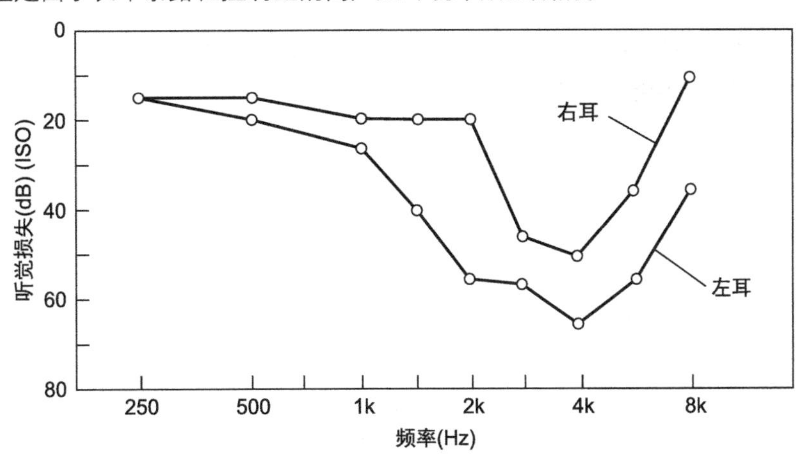

图 4-20 听力敏度图展示了在 4kHz 听力的严重损失，这或许是长期工作在高声压级录音棚的控制室所导致的

4.18 总结

- 外耳道可以被看作一端由鼓膜封闭的（1/4）波长的管，它对声音有着约 10dB 的放大作用，同时头部的延时作用产生了在 3kHz 附近 10dB 的增益。它们是重要的语言频率。
- 中耳内听小骨的杠杆作用，以及鼓膜与卵圆窗之间的面积比率，让空气与内耳中的液体产生了有效的阻抗匹配。
- 声波导致了内耳卵圆窗的振动，这刺激了敏感的毛细胞，该细胞能引导信号通向大脑。这有一个位置作用，即对于高频产生的毛细胞在卵圆窗附近，而对于低频产生的毛细胞在末端。
- 听觉阈是以两条阈值曲线为边界的，即在最低声压可以听到的门限，以及最大声压导致疼痛的门限。我们的听觉经历都是在这两个极端之间发生的。
- 猝发声的响度会随其长度的减少而减小。大于 200ms 的猝发声有着完整的响度，这表明耳朵的时间常数约为 100ms。
- 我们的耳朵有着在水平方向对声源精确定位的能力。然而，在垂直的居中平面上，定位能力不够精确。
- 音高是一个主观术语。频率是物理术语，这两个术语是有区别的。
- 主观的音色或音质与物理上的声音频谱相关，但是不相等。
- 耳朵的非线性产生了相互调制的产物以及伪谐波。
- 哈斯或者优先效应描述了人耳具有融合前 50ms 以内所有声音的能力，所感觉到的声向是早期到达的声音所决定的，且让声音听起来更大。
- 虽然人耳在作为测量工具方面不是非常有效，但是它在频率、声压级以及音质的比较方面非常敏锐。
- 职业性以及娱乐性的噪声能够导致永久的听力损失。因此建议，要提前做好防护工作，来减少这种由环境所导致的耳聋。

5

信号、语言、音乐和噪声

语言、音乐和噪声等信号，存在于每个人的日常生活当中。语言声音是我们非常熟悉的。实际上，我们生活的每一天都能听到语言信号。它是人类交流的关键因素之一，较差的语言清晰度是一件令人非常沮丧的事情。如果足够幸运，或许我们每天都可以听到音乐声。它是人类日常生活当中，非常令人愉悦和必要的东西。很难想象一个没有音乐的世界是什么样子。噪声是我们通常不需要的东西，它会对语言、音乐以及安静的环境造成破坏。语言、音乐和噪声之间的密切关系是本章介绍的重点。

5.1 声谱

为了了解声音是如何产生的，我们对语言声音的关注是十分必要的。在自然界中的语言是不断变化的，它所构成的能量在时间、声压级以及频率三个维度不断变化。声谱能够显示出所有这三个变量。每个普通的噪声都有它自己的声谱特征，这可以揭示出声音的许多细节。在日常生活当中的声谱，如图 5–1 所示。在这些声谱当中，时间是水平向右进行的，频率从原点向上增加，声压级用轨迹的密度来描述——越黑的轨迹说明声音在那个频率和瞬间的能量越大。随机噪声在这种声谱当中展示出灰色，在可听范围内所有频率形成有斑驳的矩形，所有密度随时间推移展现出来。小军鼓在某些点有着随机噪声，但是它是断断续续的。口哨声以一个上升的音符开始，紧跟着一个间隙，然后有着类似的上升音符，这时频率开始下降。警笛是一个单音，并稍微伴有一点频率调制。

人类能够发出各种声音而不仅仅是语言。图 5–2 展示了若干这种声音的声谱。在这个声谱当中显现出一系列的谐波成分，它们是一些多少不等的水平线，在频率方向垂直间隔。这些特征在女高音和婴儿哭的声谱当中特别明显，同时在其他声谱当中也有体现。

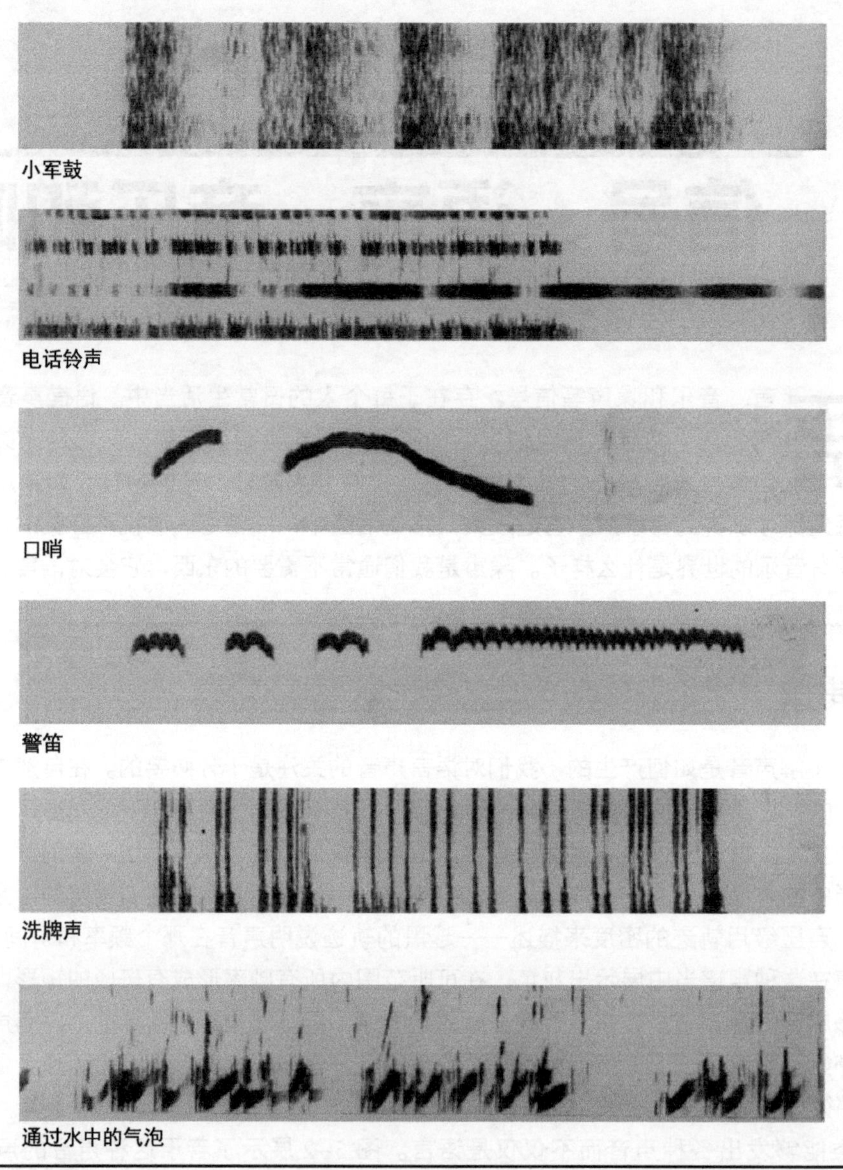

图 5-1 常见声音的声谱，时间向右推进，垂直刻度为频率，声音的大小通过踪迹的密度来表示（AT&T Belies 实验室）

5.2 语言

在语言产生的过程中，有两个相对独立的结构，即声源和发声系统。通常语言产生有着一系列的过程，如图 5-3A 所示，首先，原始声音通过声源产生，随后在声道中形成语言。为了更加准确，我们展示了三个不同的来源通过声道所形成的声音，如图 5-3B 所示。首先，这有一些由声带发出的声音，它形成了浊音。这些声音是由来自肺部的空气，经过声带（声门）产生振动所发出的。这种间断的空气脉冲产生了可以被称为周期的声音，换言之，它是一个周期跟着另一周期重复进行的。

歌声（受过训练的女高音）

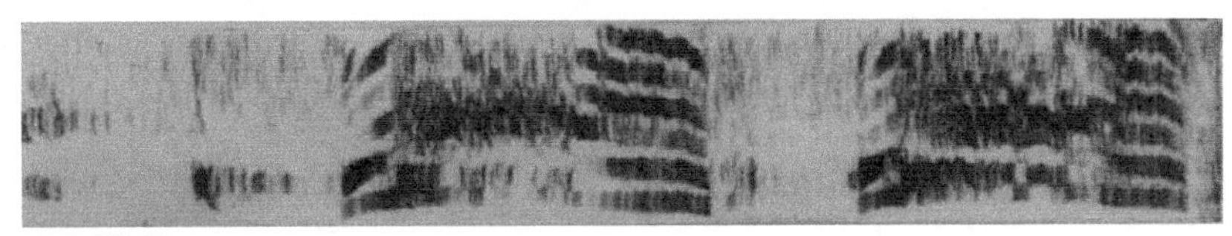

哭声（婴儿）

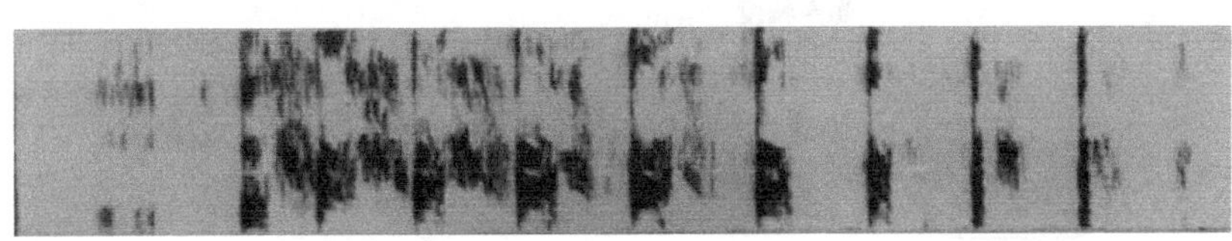

笑声

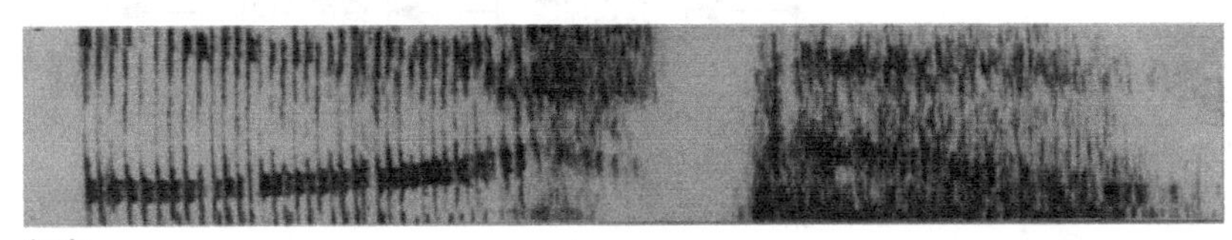

鼾声

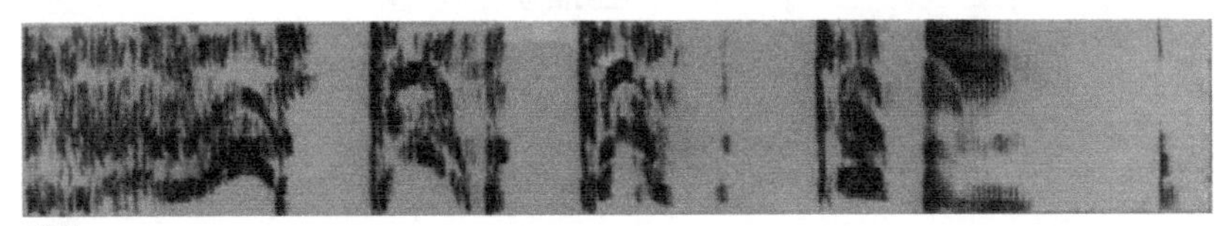

咳嗽

漱口声

图 5-2 人声非语言类的声音频谱（AT&T Bell 实验室）

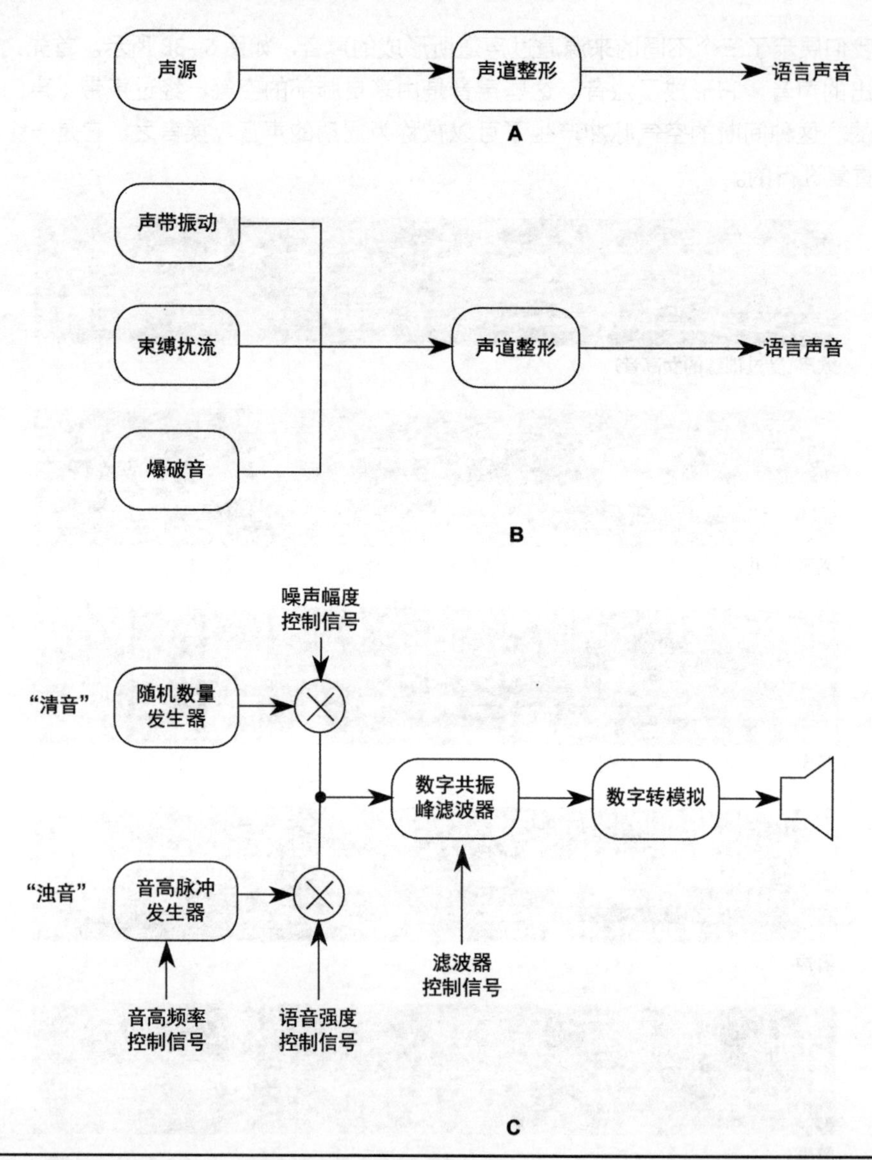

图5-3 （A）人类语言是通过2个本质上相对独立的结构相互作用而产生的，它包括声源和一个在声道中随时间变化的滤波器。（B）声源是由声带振动和气流扰动所产生的摩擦音及爆破音组成。（C）一个被用来同步人类语言的数字系统

语言的第二个来源是在声道内由牙齿、舌头、嘴唇等共同形成的压缩物，它驱使空气在一个足够高的压力下通过，产生明显的湍流。湍流的空气产生噪声。这个噪声通过声道形成语言的摩擦声，例如辅音f、s、v和z。我们尝试发出这些声音，会感觉到里面包含着高速的气流。

语言的第二个来源是由呼吸的完全停顿来产生的，通常我们向前施加压力，然后突然释放呼吸，试着发出辅音k、p、t，你将会感觉到这种爆破音的力量。它们后面通常跟随着一

阵摩擦音或者湍流声。这三种类型的声音——浊音、摩擦音、爆破音都是我们说话时形成单词的来源。

这些声源和信号能够通过数字化的硬件或者软件来实现。图 5–3C 所示为一个简单的语言综合系统。随机信号发生器产生了一个类似 s 的清音成分。我们用计数器产生的脉冲，来模仿声带振动产生的浊音成分；同时用随时间变化的数字滤波器对其进行整形，来模仿千变万化的声道共振；利用信号来控制这一切，就形成了数字化的语言，最后把它转换为模拟的信号。

5.2.1 语言的声道模型

声道可以被看成是一个声学的共振系统。从嘴唇到声带的这个声道，大约有 6.7 英寸（17cm）长。它的断面面积由嘴唇、颌、舌头以及软腭（一种活动的门，它可以打开或者关闭鼻腔）的位置所决定的，并在 0~3 平方英寸（$20cm^2$）的范围内变化。鼻腔大约有 4.7 英寸（12cm）长，其容积约 3.7 立方英寸（$60cm^3$）。这些尺寸与声道的共振位置以及语言的作用有关。

5.2.2 浊音的构造

如果我们把图 5–3 所示的内容被详细描述，则会分成声音频谱和调制作用两部分，这就到达了音频领域的重要部分——语言的能量谱分布。同时这也让我们有机会了解混响和噪声环境中，语言清晰度的问题。图 5–4 展示了产生浊音的步骤。首先，通过声带的振动产生声音。这是一些声音的脉冲，该声音随频率增加有着以 10dB/oct 斜率衰减的频谱，如图 5–4A 所示。声带的声音通过声道，而声道的作用类似随时间变化的滤波器。图 5–4B 所示的隆起是由声学共振所引起的，它被称为管状器官的共振峰，这是在嘴巴的一端打开，同时在声带一端闭合时所产生的。这种声学管道有 6.7 英寸长，在（1/4）波长处产生共振，这些共振峰产生的频率约为 500Hz、1 500Hz 和 2 500Hz。由声道共振产生的声音，如图 5–4C 所示。它被应用到语言的浊音当中。

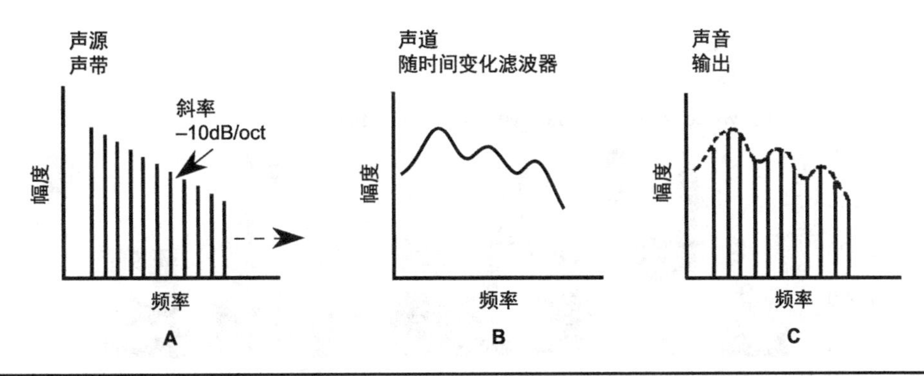

图 5–4 浊音的产生可以分为几个阶段。（A）声音首先通过声带振动产生出来。这些声音脉冲的频谱以 10dB/oct 的斜率衰减。（B）声带声音穿过声道，声道是一个随时间变化的滤波器。声学共振，称作共振峰，具有声管的特性。（C）语言的浊音输出是声管共振整形过的信号

5.2.3 辅音的构造

辅音以类似的方式形成，如图 5–5 所示。辅音从分散的几乎类似随机噪声的湍流空气开始，产生摩擦声。图 5–5A 所示的频谱分布，是在嘴巴末端的声道产生，而不是声带的末端。因此，图 5–5B 所示共振的形状多少有些不同。图 5–5C 展示了通过图 5–5B 所示滤波器的声音形状。

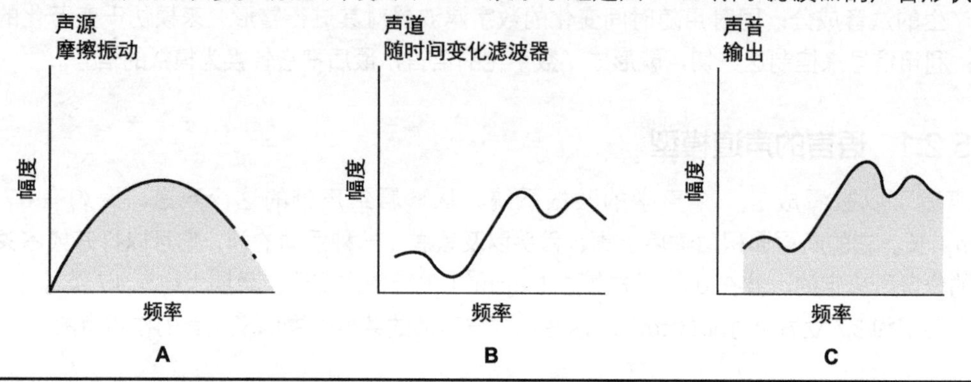

图 5–5 产生类似 f、s、v 和 z 等辅音的图表。（A）由于空气扰动受声道摩擦所产生噪声的分布频谱。（B）声道的滤波作用。（C）声音 A 与滤波器叠加的输出频谱分布

5.2.4 语言的频率响应

从声带振动发出的浊音，湍流产生的辅音以及在嘴唇附近产生的爆破音，一起形成了我们的语言。当我们说话时，随着嘴唇、颌、舌头以及软腭的位置改变，使得共振峰在频率上发生改变，从而形成我们想要的词语。图 5–6 所示的声谱表明了人类语言的复杂性。我们通过语言所传递信息的过程，是频率以及密度随时间迅速变化的过程。请注意，在图 5–6 所示的 4kHz 以上有着较少的语言能量。虽然在声谱当中没有展示，但是在 100Hz 以下也有着较少的语言能量。这就可以理解为什么滤波器的峰值是在 2~3kHz 的区域。因为这是人类发声器官的共振频率。

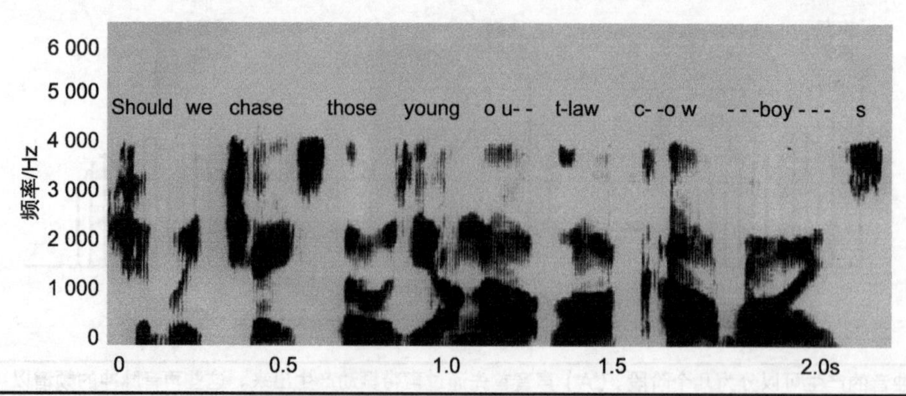

图 5–6 男声语句声音频谱 (AT&T Bell 实验室)

5.2.5 语言的指向性

语言在各个方向的能量是各不相同的。这主要是由于嘴巴的指向性，以及受到头和躯干声学阴影影响所导致的。图 5–7 展示了两个语音指向性的测量结果。因为语言是复杂且不断变化的，所以我们有必要对其指向性进行平均分配。

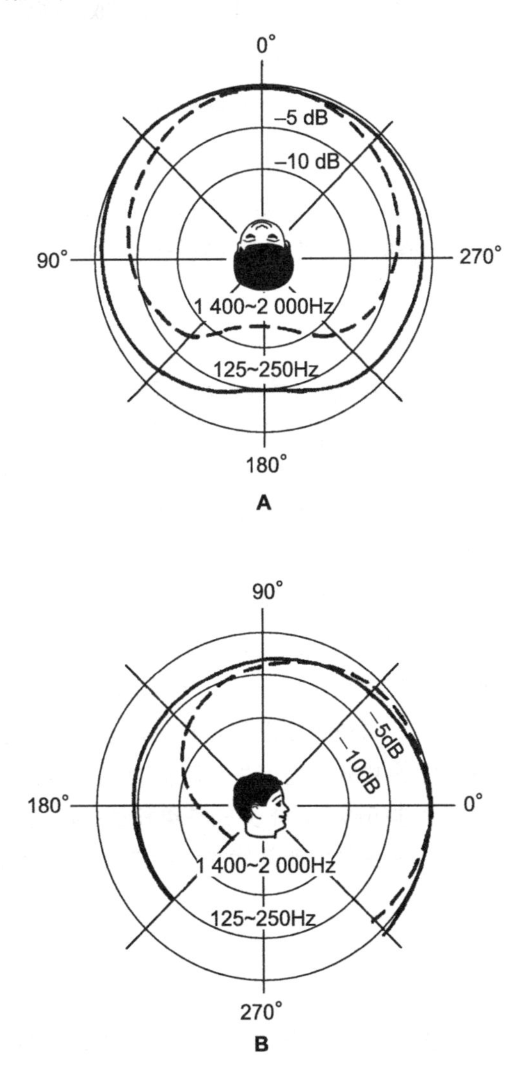

图 5–7 人类语言是有很高指向性的。(A) 前后指向性作用，对于重要的语言频段大约相差 12dB。(B) 在 1 400~2 000Hz 频带的前后指向性作用，垂直平面与水平平面的指向性作用大致相同 (Heinrich Kuttruff and Applied Science Publisher Ltd, London)

从图 5–7A 所示的水平指向效果可以看到，在 125~250Hz 频带仅有约 5dB 的指向作用。这是可以预料的，因为头的尺寸与这个频段声音波长 (4.5~9 英尺) 比起来，会显得相对较小。而对于 1 400~2000Hz 的频带来说，其指向性较为明显。对于这个频段来说，它包含着重要的语言频率，前后之间的声压相差约 12dB。

在图 5–7B 所示的垂直平面上，125~250Hz 的频带展示了约 5dB 的前后声压差距。对于 1 400~2 000Hz 频带来说，前后之间的声压差与水平平面相同，除了躯干的作用之外。虽然在接近 270° 的角度没有进行测量，但是相对于在西服翻领上所拾取较高语言频率的区别是非常明显的（如图 5–7B 所示）。

5.3 音乐

音乐声是较为复杂且剧烈变化的，它可能是一个乐器或人声，也可能是交响乐团复杂的混合声。每个乐器和人声，所对应的音符都有着不同的音调结构。

5.3.1 弦乐器

诸如小提琴、中提琴、大提琴或者低音大提琴这类乐器，它们通过弦的振动产生单音。在一根拉紧的弦上，泛音是基音频率的整数倍，它是由最低的单音产生出来的。因此这些泛音被称为谐波。如果弦的中间被激励，由于基频和奇次谐波有着最大的幅度，因此奇次谐波被加强。因为偶次谐波在弦的中央有结点，如果激励那个地方将会减少偶次谐波。我们通常会激励弦的末端附近，在这里奇次谐波和偶次谐波将会较好地混合。在大多数音乐当中第 7 次谐波是令人厌恶的。通过激励（或者打击或者撞击）距离末端（1/7）距离的位置，能够减少这种谐波。针对这个原因，在钢琴中的琴锤通常位于第 7 谐波的结点附近。

小提琴 E 和 G 音调的谐波成分，如图 5–8 所示。音调 E 较高频率谐波的间隔更加宽，因此有着较薄的音色。而音调 G 有着较近间隔的频谱分布和更加丰满的音色。小提琴的尺寸与 G 弦的低频比起来较小，这意味着琴体的共振不能产生与较高音调一样的基频成分。这些谐波成分和频谱形状，取决于琴体的共振尺寸和形状，木头的种类和状态，同时包含了琴面的上漆情况。这就是为什么在许多提琴当中，只存在极少非常优秀提琴的原因，这个问题至今仍旧没有完全解决。

5.3.2 木管乐器

在许多乐器当中，管中的共振可以被看成一维振动（房间的三维共振将会在以后的章节中讨论）。在这种管中，驻波起到主要作用。如果空气被封闭在一根两端闭合而狭窄的管当中，将会产生基频（管长的两倍）和所有谐波。在一端开口的管当中也会形成共振，它的共振频率所对应波长是管长的 1/4，且会产生奇次谐波。管乐器就是通过这种方法来产生声音的。当滑动长号时，其空气柱的长度是连续变化的，而对于小号及法国号来说，它们的空气柱是跳跃变化的，又或者像萨克斯、长笛、单簧管、双簧管那样，空气柱的长度会沿着乐器长度方向打开、闭合的圆孔而变化。

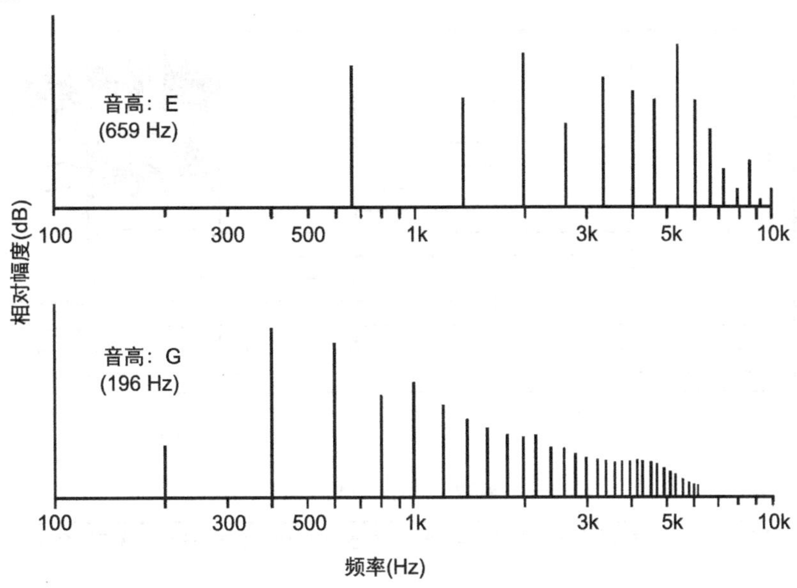

图 5-8 提琴空弦的谐波成分。音高较低的单音有着丰富的谐波

在图 5–9 所示的声谱当中，比较了管乐器与小提琴的谐波成分。每个乐器都有着自己的音色特征，这是由谐波的大小、数量以及共振峰排列形状所决定的。

5.3.3 非谐波泛音

一些乐器将会产生非谐波泛音，它们的结构较为复杂。钟声就是一种泛音的混合。鼓的泛音也不与谐波相关，虽然它听起来非常丰满。三角铁和大镲有着混合的泛音，它与其他乐器有着较好的泛音混合。钢琴弦是刚性的，且它的振动类似于杆和弦的混合。因此，钢琴的泛音也不是严格意义上的谐波。非谐波泛音让管风琴和钢琴之间的声音有了差别，且赋予普通音乐声以不同的变化。

5.4 音乐和语言的动态范围

语言的动态范围是相对有限的。从最小的语言声到最大的语言声变化不是很大，通常情况的说话声或许只有 30~40dB 的动态范围。通过更大的努力，较大演讲声的动态范围或许在 60~70dB。即使这种动态范围，我们许多音频系统都能够轻松达到。然而，音乐的动态范围对于录音和传输来说带来了更大的挑战。

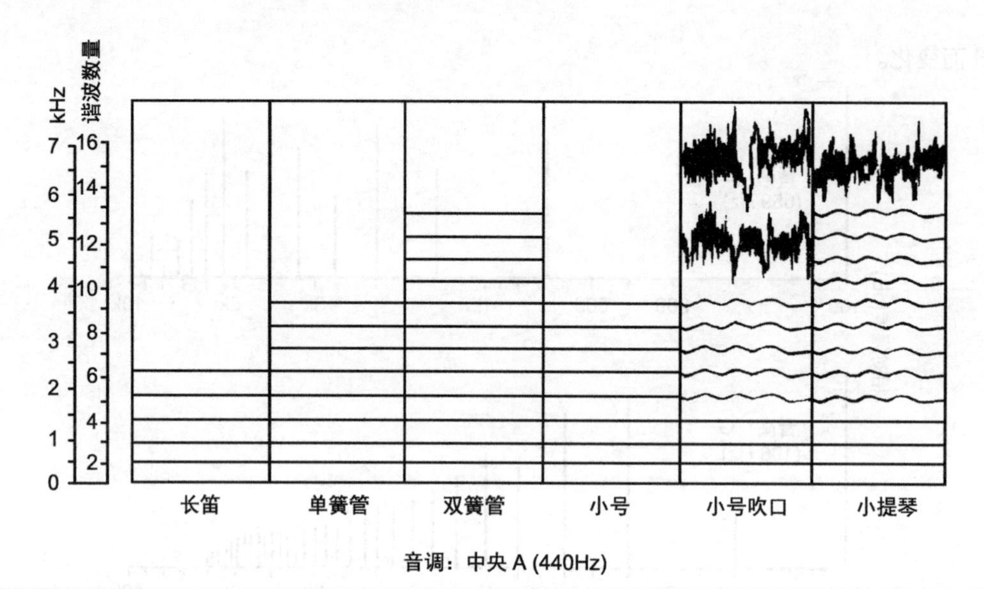

图 5–9 木管乐器谐波成分与小提琴演奏中央 A（440Hz）的频谱比较。由于许多乐器在音色上的不同，它们的区别显现出来

在一个音乐厅当中，一支满配的交响乐团能够产生非常大的声音，同时也能产生非常小的声音。由于人耳有着巨大的动态范围，故坐在观众席的人们可以完全欣赏到这种声音的变化。最大和最小声音之间的动态范围或许达到 100dB（耳朵的动态范围约为 120dB）。为了实际起作用，在厅堂当中最小的声音必须在环境噪声之上。因此我们需要关注厅堂的隔声结构，从而阻止外部的交通和户外噪声进入到房间当中，同时也要确保空调设备的噪声在一个比较低的水平。

对于这些不在音乐厅的人们来说，现场广播或电视广播以及录音可以满足需求。传统的模拟电台广播不能支撑乐团的整个动态范围。在较低电平时将会受到系统噪声的限制，而较高的电平会产生失真。另外，在管理上也禁止对邻近的无线电通道进行干扰。

理想的数字音频有着音乐所需要的动态范围和信噪比。在数字系统的动态范围直接与字节里的比特数有关，见表 5–1。例如，一张光盘的量化比特数为 16bit，因此它能够存储音乐的动态范围是 96dB。如果信号适当的抖动（Dither），能够扩展这个动态范围。例如，SACD、DVD 音频等民用格式，以及一些专业录音机能够提供 24bit 的量化，从而避免由于较低量化值所造成的数字噪声。当我们充分利用数字技术时，在很大程度上把录音介质动态范围限制并转移到重放环境当中。换句话说，例如 AAC、MP3 以及 WMA 等数字格式，提供的动态范围和保真度是非常不同的。它们的质量取决于录音的比特率或者文件的码流。

比特数	动态范围（dB）
4	24
8	48

（续表）

比特数	动态范围（dB）
12	72
16	96
24	144

表 5-1 数字字长所对应动态范围的理论值

5.5 语言和音乐的功率

在许多应用当中，人们必须要考虑声源的功率。对于普通的对话来说，它的平均功率或许在 20 μW，但是峰值或许达到 200 μW。语言的大多数功率集中在中、低频，有 80% 在 500Hz 以下，但是只有很少的功率在 100Hz 以下。换句话说，在辅音区域以及影响语言清晰度的高频部分有着较少的能量。高于或者低于这个范围会增加语言的音质，但是不能提高语言的清晰度。

乐器有着比语言更高的功率。例如，长号能够产生 6W 的峰值功率，一支满编制的交响乐团的峰值功率可以达到 70W。各种乐器的峰值功率见表 5-2。

乐器	峰值功率（W）
满编制交响乐团	70
低音大鼓	25
管风琴	13
军鼓	12
镲	10
长号	6
钢琴	0.4
小号	0.3
低音萨克斯	0.3
低音大号	0.2
低音提琴	0.16
短笛	0.08
长笛	0.06
单簧管	0.05
法国号	0.05
三角铁	0.05

（来自 Sivian 及其他人。）

表 5-2 不同乐器的峰值功率

5.6 语言和音乐的频率范围

把各种乐器的频率范围与语言进行比较是非常有益的，我们可以很好地用图表的形式来描述它。图 5–10 展示了不同乐器和语言的频率范围。我们会注意到，在图表当中仅展示了声音的基频部分，没有包含泛音成分，这很重要。因为对于非常低的管风琴音符来说，我们感受的主要是它们的谐波成分。同时一些伴随乐器发出的噪声也不包含在内，例如木管的簧片噪声、弦乐运弓的噪声、键盘的咔哒声以及打击乐器和钢琴的捶击声。

5.7 语言和音乐的可听范围

语言、音乐，以及其他声音的频率范围和动态范围，随着人耳需求不同而发生变化。语言仅仅占用了耳朵听觉能力的很小一部分。在语言上所使用的听觉区域，如图 5–11 所示的阴影部分。这个区域位于听觉范围的中心位置。声音既不十分小也不十分大，频率既不十分低也不十分高，这个范围被应用在普通的语言当中。图 5–11 所示的语言区域是在长时间平均的过程当中获得的，其边界是较模糊的，我们用这种方法来表示声压级和频率的瞬间偏离。以上所描绘的语言区域，有着约 42dB 的平均动态范围。170~4 000Hz 的频率范围，涵盖了约 4.5 个倍频程。

图 5–12 所示的音乐区域，比图 5–11 所示语言区域的范围要大。音乐占用了我们耳朵听觉更大的区域。正如我们预期的那样，它在声压级和频率方面的偏离相对语言来说会更大。在这里，我们再次使用长时间平均的方法来确立音乐的边界区域，同时其边界也应该是模糊的，用来表示一些极端情况。我们所展示的音乐区域是非常保守的，它有着 75dB 的动态范围，以及 50~8 500Hz 的频率范围。相比人耳 10oct 的可听频率范围，音乐的频率跨度约为 7.5oct。高保真的标准需要比这更宽的频率范围。如果不对语言和音乐区域进行平均处理，其动态范围和频率范围将会更加大，这样可以容纳那些对整体平均贡献较小的短期瞬态，这些短期瞬态仍旧是非常重要的。

5.8 噪声

“信号”一词意味着信息正在被传递。噪声也可以被看成是一种信息的载体。打断噪声形成点和线，就是一种把它转化成信息的方式，我们也将会看到窄带噪声的衰减是如何为房间提供声音质量信息的。另一方面，这有各种令人厌恶的噪声，例如水管的水滴声和交通噪声等。有时我们很难区分这些令人讨厌的噪声与合法信息载体之间的区别。例如，汽车的噪声传递了它运行状态好坏的信息。音频重放系统能够产生对于听音者来说非常悦耳的声音，但是对于邻居来说这种声音或许会被认为是噪声。响亮的救护车及消防车的声音是特别设计的，它既令人讨厌同时也携带了重要的信息。社会设立规则让这些令人厌恶的声音保持最小，同时也确保这些携带信息的声音能够被需要的人们所听到。

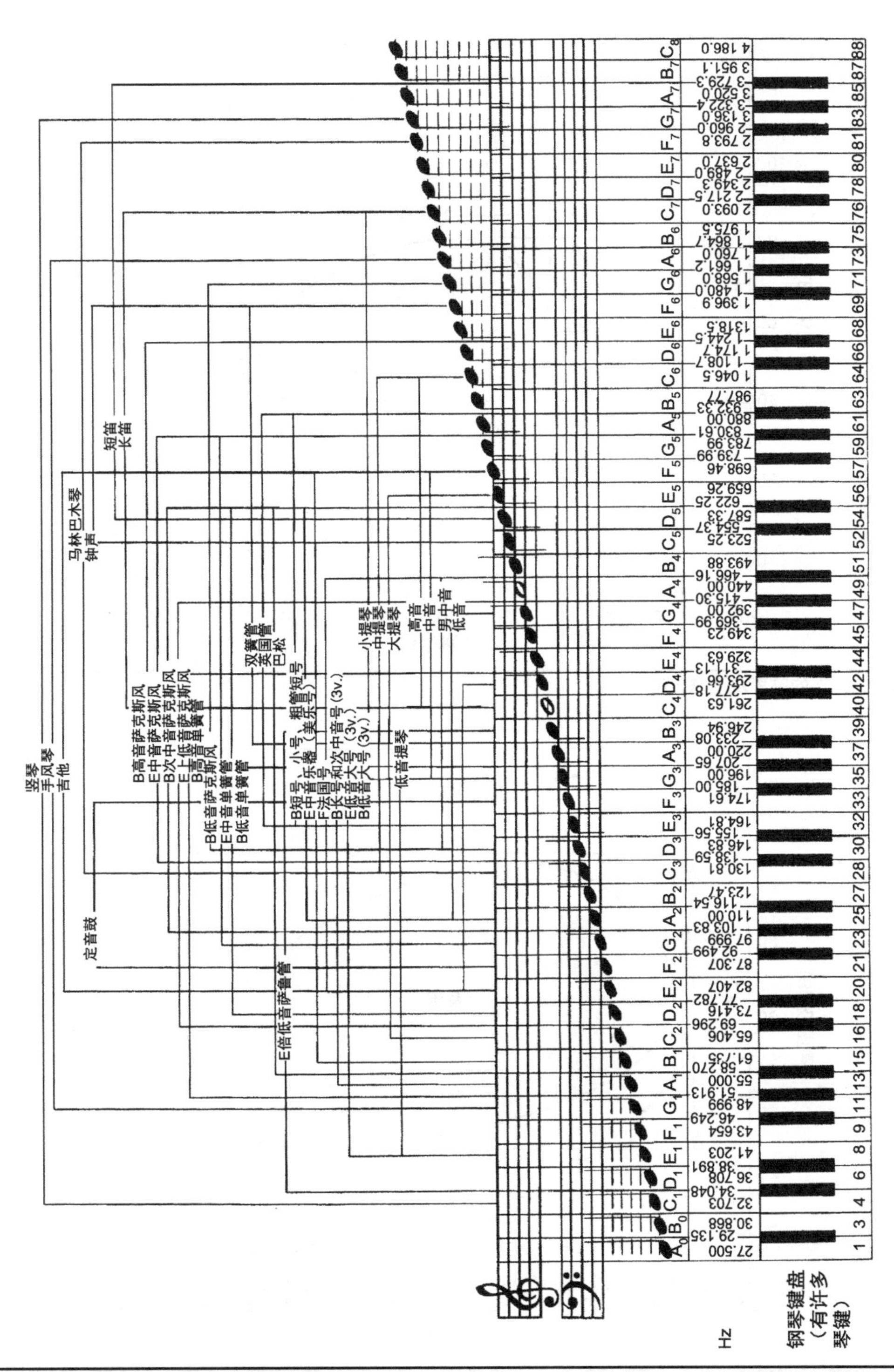

图 5-10　各种乐器和人声的可听频率范围。仅包含了基频部分。泛音（没有展示）扩展到很高的地方。本图中也没有展示许多高频的附带噪声 (C.G.Conn, 有限公司)

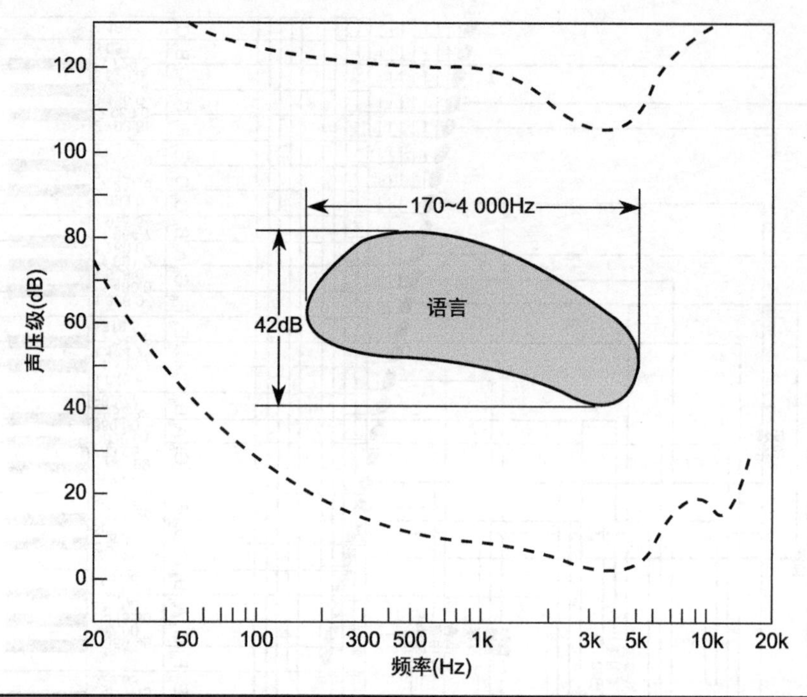

图 5-11 语言声的频率及动态范围

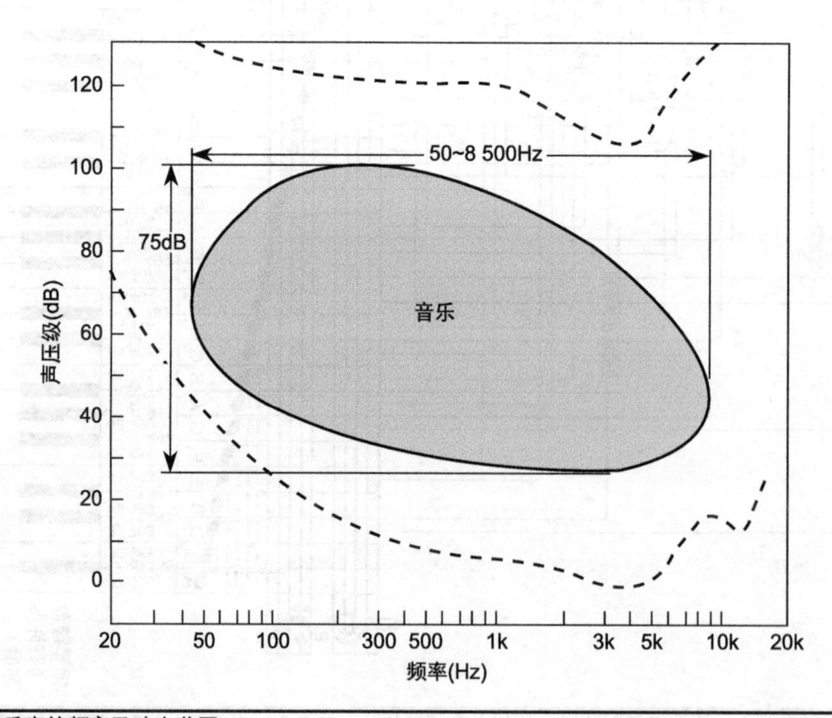

图 5-12 音乐声的频率及动态范围

我们对噪声的评价是非常主观的。通常情况下，高频噪声比低频噪声更加令人讨厌。断断续续的噪声比稳态噪声更加令人讨厌。移动以及不固定位置的噪声比固定位置的噪声更加令人讨厌。无论它被如何评价，噪声的入侵都是可以减小的，它会对人耳的听觉系统造成损伤，必须引起我们的注意。

5.8.1 噪声测量

有人把噪声定义为一种不想要的声音，从某种意义上是合适的，然而噪声也是声学测量当中重要的工具。这种噪声与不想要的那种噪声之间没有必然的区别，只是因为该噪声被用在特殊的用途当中。

在声学的测量当中，我们很难使用纯净的单音作为测量信号，而使用有着相同中心频率的窄带噪声会有着较为满意的测量结果。例如，用一只录音话筒拾取扬声器 1kHz 的单音信号，在不同的测量位置将会有不同的测量结果，这是由于受到房间共振作用的影响。然而，如果使用中心频率为 1kHz 的倍频程噪声作为测量信号，那么从该扬声器辐射出来声音，在房间不同位置的测量结果将会趋于一致，而且测量将会包含 1kHz 附近的信息。这种测量技术是比较贴合实际的，因为我们通常关心的是录音棚或者听音室对复杂信号记录和重放的表现，而不是稳定的单音信号。

5.8.2 随机噪声

在任何一个模拟电路当中都会有随机噪声的产生，而减小它的影响通常是比较困难的。图 5-13 展示了在示波器上所显示的正弦波和随机噪声信号。其中正弦波的规则性与噪声的随机性形成了对比。如果示波器在水平扫频范围被充分扩展，那么捕捉到的随机噪声信号将会是如图 5-14 所示的那样。

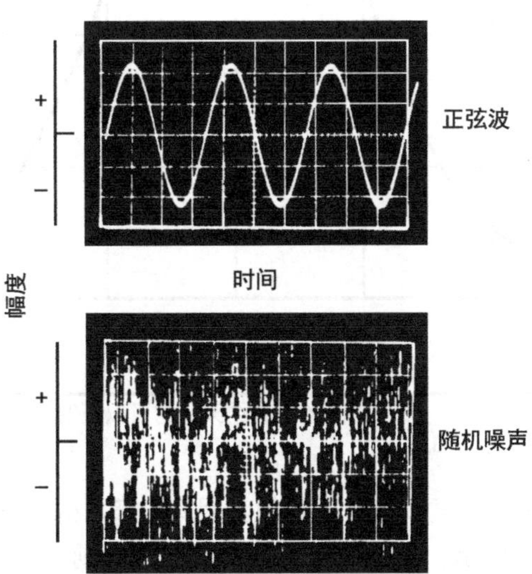

图 5-13 正弦波和随机噪声的波形图。随机噪声连续地在幅度、相位以及频率上变动

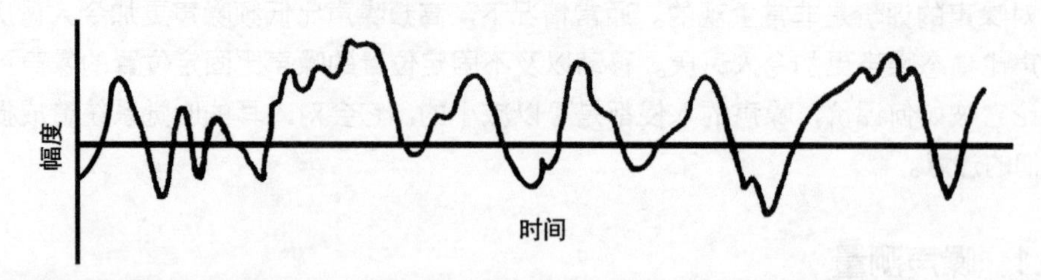

图 5-14 为图 5-13 当中一部分随机噪声信号沿时间轴的扩展。图中噪声的非周期特性明显，其波动是随机的

如果噪声的幅度符合高斯分布，那么它可以被看成是在特征上完全随机的。也就是说，如果以相同的间隔进行采样，其电压的读数有些将会为正值，而另一些为负值，一些读数是较大的，而另一些较小。这些采样分布将会如图 5-15 所示的那样，是我们所熟悉的高斯分布曲线。

5.8.3 白噪声和粉红噪声

白噪声和粉红噪声都通常作为测试信号。白噪声可以与白色的光谱进行类比，它的能量分布，在整个频率范围是一致的。换句话说，白噪声在每 1Hz 的带宽当中有着相同的平均功率。

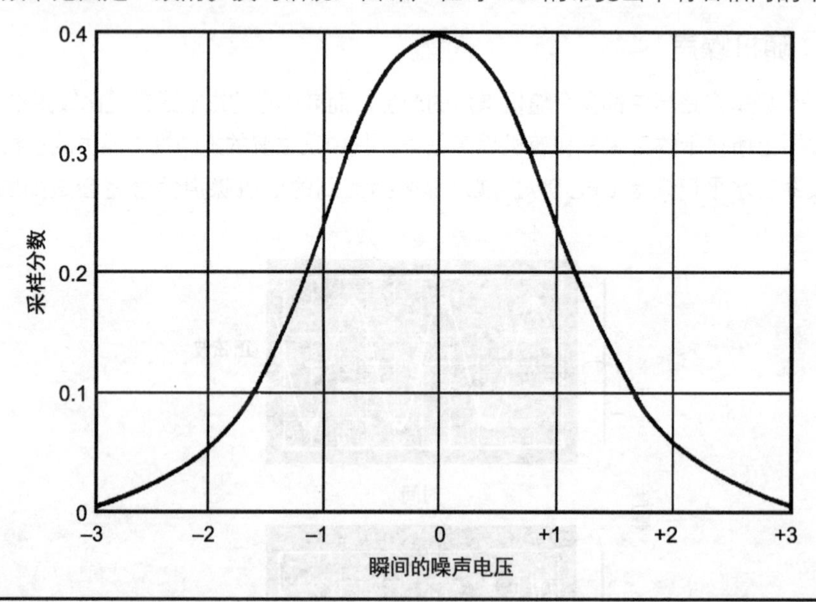

图 5-15 为 1 000 个等时间间隔采样点，对应电压的测量结果。它可以证明噪声信号是否随机。如果信号是随机的，就会看到大家熟悉的高斯分布曲线

有时也可以认为白噪声在每 1Hz 有着相同的能量。因此，在对数频率刻度中，白噪声有着随频率的水平分布，如图 5-16A 所示。由于每个更高的倍频程是前一个倍频程带宽的两倍，因此，其更高倍频程的白噪声能量会增加一倍。听起来，白噪声会有着高频的嘶声。

白光经过一个棱镜可以分解出一系列的颜色。红色光有着较长的波长，也就是说，它在光谱的低频部分。粉红噪声在每个倍频程 [或者（1/3）oct] 有着相同的平均功率。由于连续的倍频程包含了逐渐增多的频率范围，所以粉红噪声有着更多的低频能量。从听感上来说，粉红噪声有着比白噪声更多的低频。粉红噪声被定义为特殊的噪声，它在低频部分有着更多的能量，且以 3dB/oct 的斜率向下倾斜，如图 5–16C 所示。粉红噪声通常被用在声学测量当中，而白噪声常作为电子设备的测试信号。粉红噪声的能量分布更接近于人耳的主观听声音方式。

之所以使用这些“白”或者“粉红”的术语，是因为通常有两种频谱分析仪会被使用。一种是固定带宽的分析仪，它在整个频谱范围内都有着固定的滤波器带宽。例如，使用 5Hz 的固定带宽。如果使用固定带宽分析仪来测量白噪声，将会产生一个水平频谱，这是因为使用固定带宽滤波测得的白噪声在各个频带的能量相同（如图 5–16A 所示）。

相反，在固定比例带宽分析仪当中，其带宽是随频率变化的。例如，我们通常使用带宽为（1/3）oct 的分析仪。在整个可听频率范围内，它的带宽与人耳的临界带宽非常相似。在 100Hz 处（1/3）oct 分析仪的带宽为 23Hz，而在 10kHz 处其带宽为 2 300Hz。很明显，中心频率在 10kHz 处的（1/3）oct 比 100Hz 处，有着更多的噪声能量。使用固定比例带宽分析仪，对白噪声进行测量将会产生一个斜率为 3dB/oct 向上的直线（如图 5–16B 所示）。

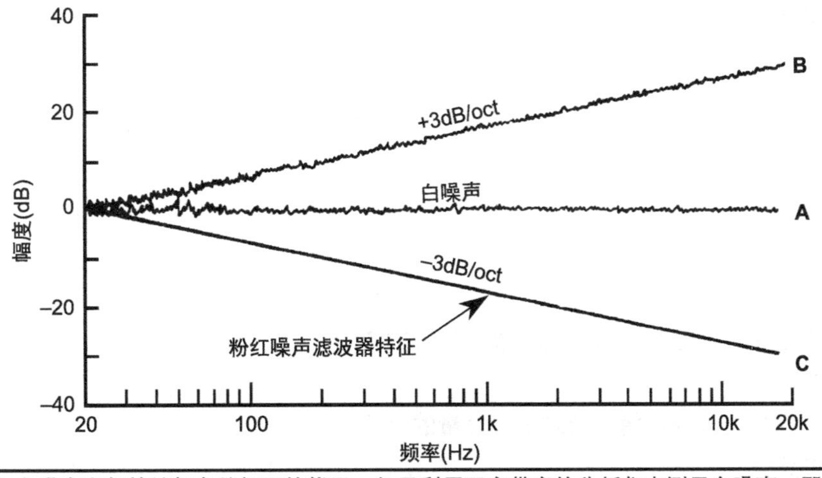

图 5–16 （A）白噪声在每赫兹都有着相同的能量。如果利用固定带宽的分析仪来测量白噪声，那么所测得的频谱将会是一条沿频率方向水平的直线。（B）如果利用固定比例带宽的以分析仪进行测量，其频谱将会是一条上升的直线，斜率为 3dB/oct。（C）粉红噪声是利用以 3dB/oct 衰减的低通滤波器对白噪声进行过滤所获得的。当使用粉红噪声进行测量时，使用固定比例带宽滤波器，例如 1 倍倍频程或者 1/3 倍频程滤波器，会获得平直的频率响应曲线。在测量一个系统时，如果使用粉红噪声作为输入信号，若系统响应平直的，则通过类似（1/3）oct 的滤波器可以获得平直的输出响应

在许多频率的测量当中，整个频率范围内的水平响应是许多乐器和房间所需要的。假设被测量的系统有着几乎平直的频率特性。如果这个系统使用白噪声以及固定比例带宽分析仪来进

行测量，其结果将会产生斜率为 3dB/oct 向上的直线。我们更加希望测量结果为水平直线，以便可以让偏离水平的响应更加明显，这可以利用斜率为 3dB/oct 向下的噪声来实现这一目标，也就是粉红噪声。我们可以让白噪声通过一个低通滤波器，如图 5-17 所示，来获得这种斜率向下的噪声。一个接近平直的系统（例如功放或者房间），使用粉红噪声进行测量将会产生一个接近平直的响应曲线，这可以让偏离水平的响应更为明显地显现出来。

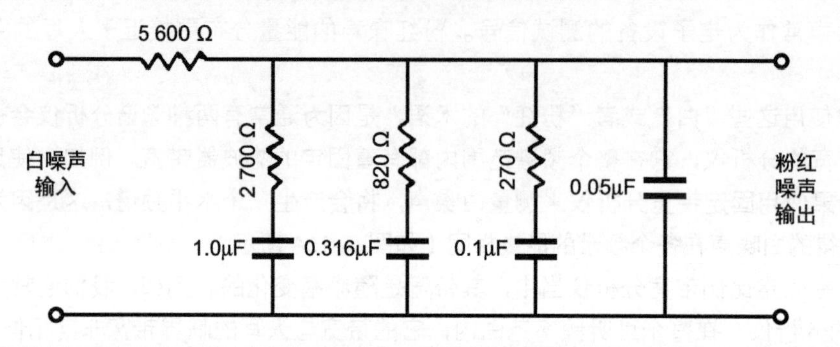

图 5-17　一个可以把白噪声转化成粉红噪声的滤波器。实际上是把每赫兹相同能量的白噪声转变为每倍频程能量相等的粉红噪声。在声学测量当中，利用固定比率带宽的分析仪来进行粉红噪声测量是非常有用的

5.9　信号失真

在了解信号经过话筒、功放，以及其他信号处理工具之后变成什么样子之前，我们对音频信号的讨论还是不够完整的。在这里特别列出了一些可能出现的失真形式。

1. 带宽限制

如果一个功放的滤波带通会对较低或较高频率产生衰减，那么通过带通的输出信号会与输入信号不同。

2. 不均匀响应

在滤波带通中的峰值和谷值，也会改变信号的波形。

3. 相位失真

引入的任何相位改变，将会影响信号分量的时间关系。

4. 动态失真

压缩器或者扩展器改变了原始信号的动态范围。

5. 交越失真

在 B 类放大器当中，其输出信号仅有（1/2）周期，任何在零附近的不连续输出会导致所谓的交越失真。

6. 非线性失真

如果功放是真正线性的，输入和输出信号之间是一一对应的。反馈有助于控制非线性的趋势。人类的耳朵也不是线性的，当一个单音信号作用在耳朵上，可以听到谐波信号。如果两个较响单音同时出现，在耳朵本身会产生它们的相加和相减信号，且这些信号可以作为谐波被听到。在功放当中的交扰调制测试也是相同的道理。如果功放（或者耳朵）是完美线性的，将不会产生相加、相减的谐波信号。那些没有在输入信号中呈现的频率成分，就是由非线性失真所导致的。

7. 瞬态失真

当我们敲击一只钟时，它会发出声音。如果把有着较陡波阵面的信号应用到功放当中，也会产生铃声。由于这种原因，类似钢琴音符这种信号很难被重放。可用猝发音信号来分析设备的瞬态响应特征。瞬态互调失真（TIM）、转换引起的失真（Slew Induced Distortion），以及其他测量技术可以用来评价失真的瞬态形式。

8. 谐波失真

用谐波失真的方法来评价电路的非线性是普遍被接受的。在这种方法中，被测设备是用较高纯度的正弦波来驱动的。如果信号遇到任何非线性，输出波形都会发生改变，也就是说，谐波分量让信号显现的不再是一个较纯的正弦波。通过对输出信号的频谱分析，我们可以获得这些产品的谐波失真。一台使用带宽为 5Hz 带通滤波器的波形分析仪，并在整个声音频谱范围内进行扫频。图 5-18 展示了这种测量结果。首先波形分析仪被调节到基频 f_0=1kHz 处，同时电平设置为较为方便观察的 1.00V。波形分析仪展示了二次谐波 $2f_0$，它在 2kHz 处测得的电压为 0.10V。三次谐波在 3kHz 位置，有着 0.30V 的读数，四次谐波的读数为 0.05V，依此类推，数据见表 5-3。

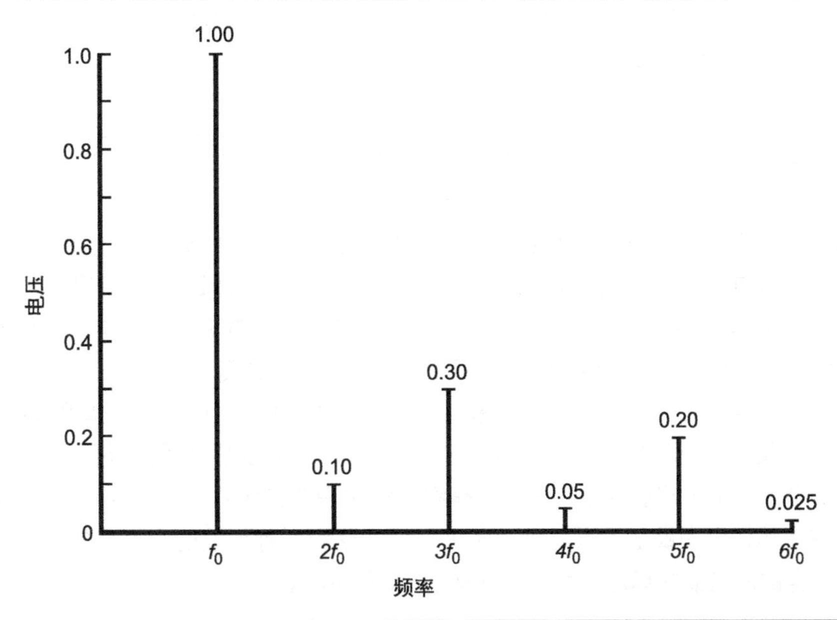

图 5-18 一个失真的周期波，通过固定带宽分析仪进行测量。其中基频 f_0 的电压被设为参考电压，它的数值为 1.00V。利用波形分析仪器，可以测得二次谐波 $2f_0$ 处的电压，其幅度为 0.10V。波形分析仪同样可以获得其他谐波幅度的数值，如图中所示。谐波的均方根电压与 1.00V 的基频电压相比，即可获得用百分比表示的总谐波失真

总谐波失真（THD）可以用下式表示，即

$$THD=\frac{\sqrt{e_2^2+e_3^2+e_4^2+\cdots+e_n^2}}{e_2}\times 100 \qquad (5-1)$$

其中，e_2，e_3，e_4，…，e_n= 二次谐波、三次谐波、四次谐波……的电压。

e_0= 基频电压。

见表 5–3，谐波电压被平方并相加。使用的公式为

$$THD=\frac{\sqrt{0.143\ 125}}{1.00}\times 100$$
$$=37.8\%$$

37.8% 的总谐波失真是一个非常高的失真数值，无论什么种类的输入信号都会让功放的音质变差，但是这个例子达到了我们的目的。

谐波	电压	（电压）^{2}
第二次谐波 $2f_0$	0.10	0.01
第三次谐波 $3f_0$	0.30	0.09
第四次谐波 $4f_0$	0.05	0.002 5
第五次谐波 $5f_0$	0.20	0.04
第六次谐波 $6f_0$	0.025	0.000 625
第七次谐波和更高	（可以忽略的）	—
		和 0.143 125

表 5–3 谐波失真（基频 f_0=1kHz，1.00V 幅度）

有时我们也会使用一种获得总谐波失真的简化方法，再次对图 5–18 进行思考。如果基频 f_0 被调节到一些已知的数值，且把陷波滤波器调节到 f_0 位置，并抵消基频，仅剩下谐波成分。使用均方根（RMS）电平表测量这些谐波，完成式（5–1）中的平方根部分。把这个谐波成分的 RMS 测量值与基频成分进行比较，并用百分比来表示，即为总谐波失真。

把一个没有失真的正弦波作为功放的输入信号，它产生的正峰值削波，如图 5–19 所示。在左侧部分，正峰值的总谐波失真为 5%，它正下方的图为去除基频之后，所有谐波成分的总和。在右边展示的是削波更为严重的正弦波，它有着 10% 的总谐波失真。图 5–20 展示了通过功放的正弦波，它在正峰值和负峰值有着对称的削波。对于这种对称削波的失真在外表上多少有点不同，但是所测得的总谐波失真是相同的，分别为 5% 和 10%。

未失真正弦波

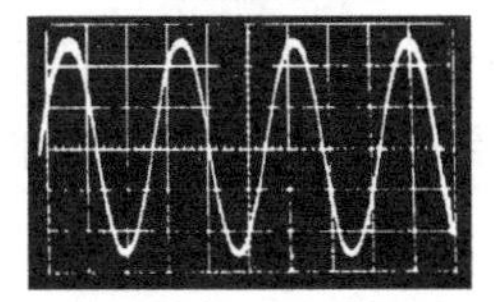

正波峰削波

5%总谐波失真

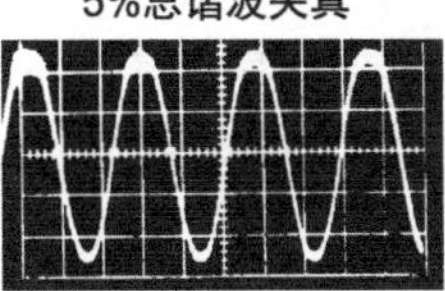

10%总谐波失真

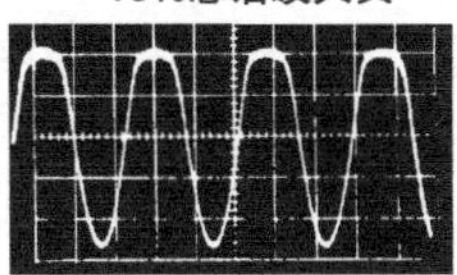

5%除去基频总谐波失真

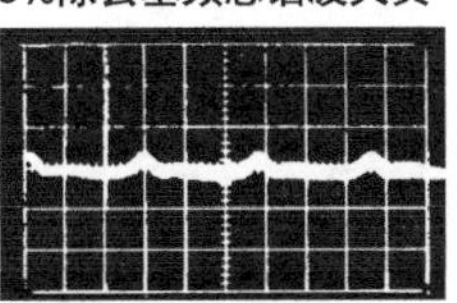

10%除去基频总谐波失真

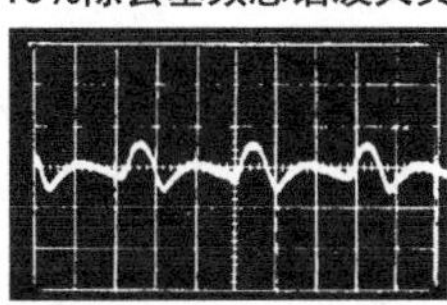

图 5-19 波形图显示一个没有失真的正弦波，它被用于功放的输入信号，经过功放之后的正波峰产生削波。具有 5% 和 10% 谐波失真的削波正弦波如图中所示。滤除基频之后的谐波成分图片也被展示出来

未失真正弦波

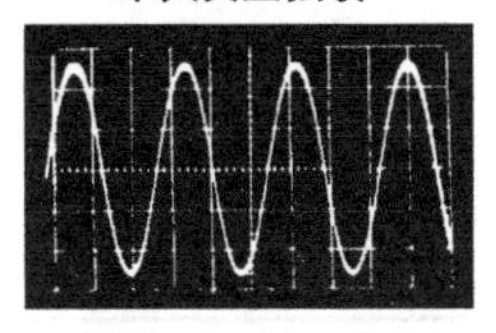

正负波峰对称削波

5%总谐波失真

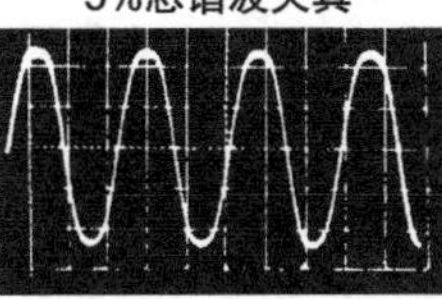

10%总谐波失真

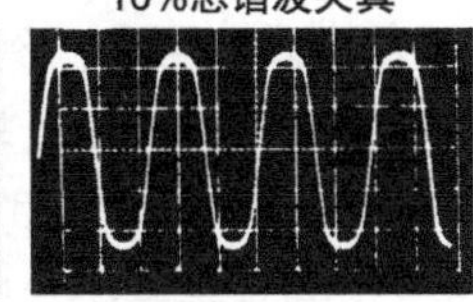

5%除去基频总谐波失真

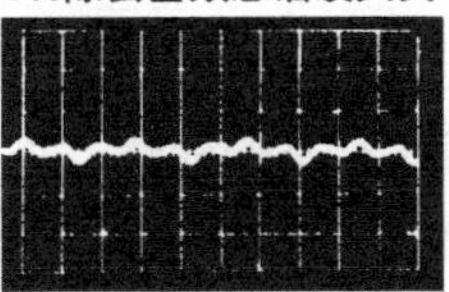

10%除去基频总谐波失真

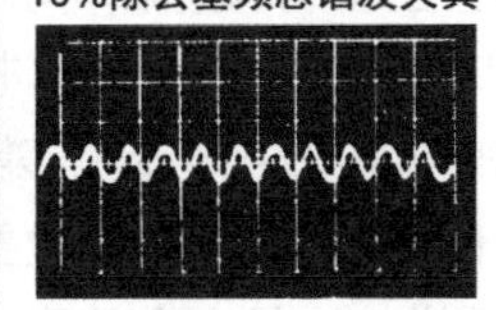

图 5-20 波形图中显示的是一个没有失真的正弦波，它用于功放的输入信号，经过功放之后正负波峰产生对称削波。具有 5% 和 10% 谐波失真的削波正弦波如图所示。滤除基频且只有谐波成分的图片也被展示出来

消费级功放通常会标明总谐波失真，它的数值在 0.05% 附近，而不是 5% 或 10%。在一系列的双盲主观评价实验中，Clark 发现 3% 的失真是可以在不同声音中被听到的。通过仔细地挑选素材（例如长笛独奏），我们也可以感受到 2% 或者 1% 以下的失真。而有着 1% 总谐波失真的正弦波，是容易被感受到的。

5.10 共振

任何共振系统的振动幅度，都会在固有频率或者共振频率 f_0 处产生最大值，并在这个频率以下和以上部分幅度逐渐变小。在共振频率处，一个适当的激励将会产生较高的振动幅度。如图 5-21 所示，振动幅度会随着激励频率的变化而变化，在共振频率处产生峰值。或许最简单的共振系统就是一个悬挂重物的弹簧系统。

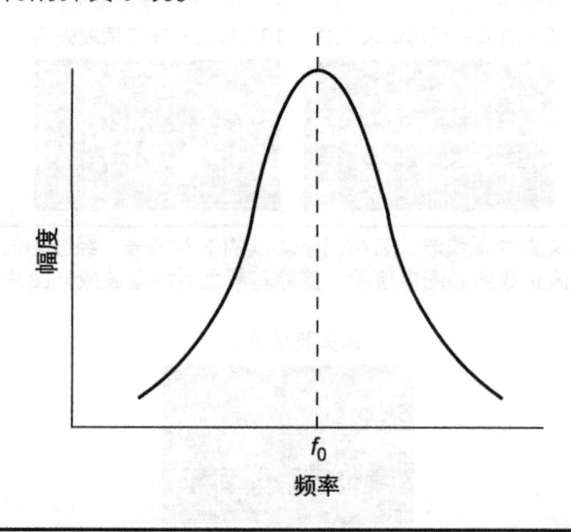

图 5-21 在任何共振系统的幅度变化当中，只有在固有频率或共振频率 f_0 处的幅度最大，而低于和高于该频率所对应的振动幅度都会减少

这种共振作用广泛存在于各个系统当中，例如音叉，就是质量和机械系统的刚性所组成的共振系统。而瓶子中的空气，是瓶颈处空气质量与瓶体内空气弹力所组成的共振系统。

共振作用也会出现在电子线路当中，它是电感的惯性作用与电容的蓄电作用所形成的系统。一只电感（它的电子学符号为 L）通常是一个线圈，而电容（C）是由非导电的薄片隔离一些导电材料所制成的。能量可以存储在线圈的磁场当中，也可以存储在电容极板之间。在这 2 个存储系统当中的能量交换，能够产生系统的共振作用。

图 5–22 展示了电容和电感所构成的共振电路。假设交流电的幅度不变，而在并联电路当中，其频率发生改变（如图 5–22A 所示）。随着频率的变化，终端电压在 LC 系统的固有频率处达到了最大值，在高于或低于该频率的位置，电压都会减少。通过这种方式，形成了一条典型的共振曲线。换句话说，这是一个并联共振电路，它在共振处存在着最大的阻抗（与电流相对）。

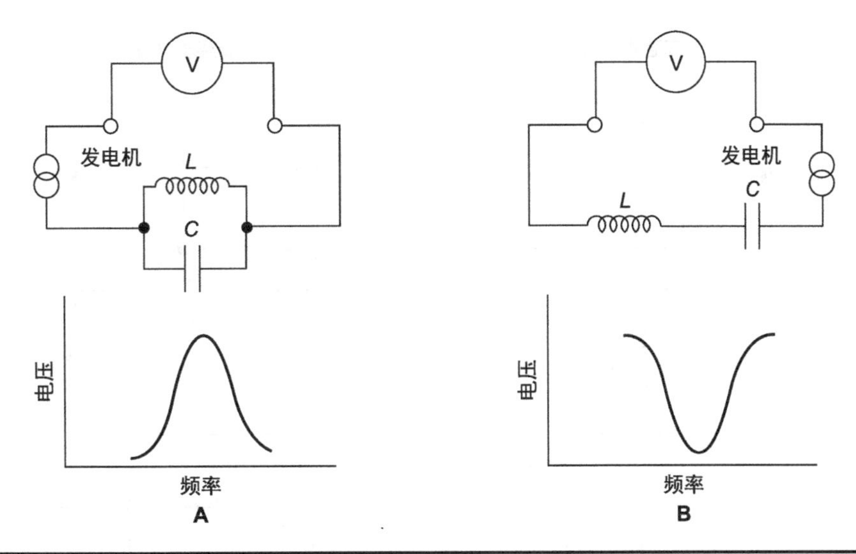

图 5-22 并联共振（A）与串联共振（B）的比较。对于一个恒定的交流电来说，它在通过并联谐振电路时产生电压最大值，而在通过串联谐振电路时电压产生最小值

在一个串联的共振电路当中（如图 5-22B 所示），也使用了电感 L 和电容 C。假设交流电的幅度不变，而电路中的电流频率发生了变化，终端会产生与共振曲线相反的曲线，在固有频率处电压最小，而低于或高于该频率，电压逐渐升高。也就是说，串联共振电路在共振频率处存在着最小的阻抗。

5.11 音频滤波器

滤波器会在均衡器和喇叭的分频器上使用。通过调节电阻、电感以及电容的数值，可以构建出任何模拟的滤波器，并可以达到几乎所有的频率和阻抗匹配特征。滤波器的形式通常为低通滤波器、高通滤波器、带通滤波器以及带阻滤波器。这些滤波器的频率响应如图 5-23 所示。图 5-24 展示了在各种无源电路当中如何用电感和电容来构造简单的高通和低通滤波器。图 5-24C 所示的滤波器将会比 A 和 B 有着更加陡峭的边界。这有许多具有明确特征的专业滤波器，利用它们，可以对语言或者音乐信号进行随意改变。

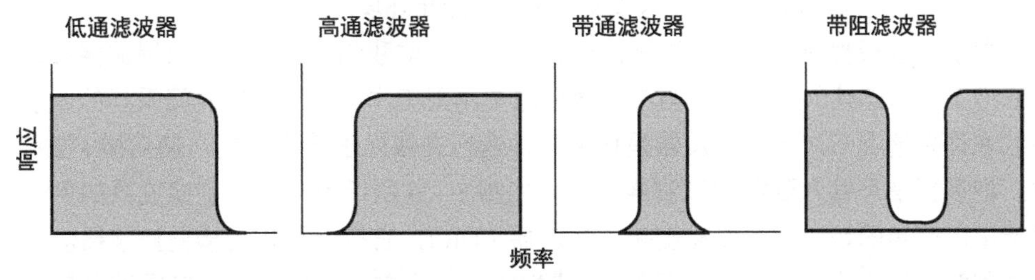

图 5-23 低通、高通、带通和带阻滤波器的频率响应特征

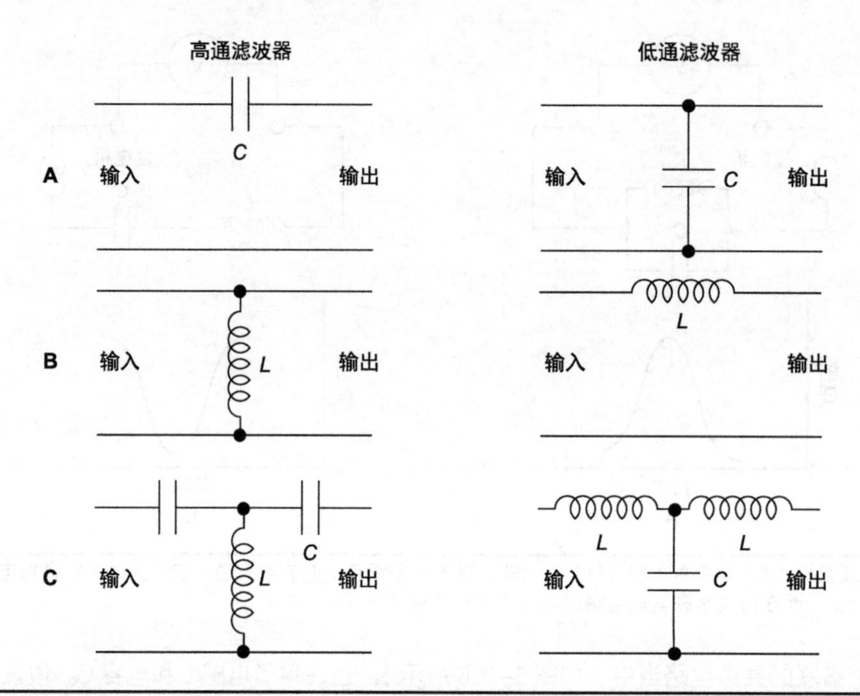

图5-24 电感和电容可以用来构成无源高、低通滤波器。（A）利用电容的滤波器。（B）利用电感的滤波器。（C）利用电容和电感的滤波器，它们比A或B具有更陡峭的边沿

可调节滤波器的频率能够在其设计频带内任意改变。其中一种类型为固定带宽滤波器，它能够在任何频率提供相同的带宽。例如，一个有着5Hz带宽的频谱分析仪，无论它调节到100Hz或者10kHz，或者操作频带内的任意其他频率都有着相同的带宽。另一种为可调节滤波器，它提供恒定比例的带宽。（1/3）oct滤波器就是这种设备。如果它被调节到125Hz，（1/3）oct的带宽是112~141Hz。如果它被调节到8kHz，（1/3）oct的带宽是7 079~8 913Hz。在每个例子当中，带宽约为调节频率的23%。

无源滤波器不需要电源。有源滤波器需要依靠带电的电路，例如分立式晶体管或者集成电路。一个无源的低通滤波器，如图5-25A所示，它是由电感和电容组成的。一个有源的低通滤波器，则是基于放大器集成电路的，如图5-25B所示。无论是有源滤波器还是无源滤波器都被广泛地使用。它们有着各自的优点，这取决于实际的应用环境。

滤波器能够以模拟或者数字的形式来进行构建。之前我们所讨论的所有滤波器都是模拟类型的，它们工作在连续的模拟信号当中。数字滤波器则工作在具有离散时间采样的数字音频信号当中。在许多情况下，数字滤波器是作为软件运行在微处理器当中的，使用模/数和数/模转换器，把模拟信号输入到数字滤波器当中。如图5-26所示为一个数字滤波器的例子。在这个例子当中，使用的是一个有限冲击响应滤波器（FIR），它有时被称为横向滤波器。数字采样信号输入到滤波器当中，并应用顶部的z^{-1}模块组成一个抽头的延时线。中间部分展示了它与

滤波器系数的相乘关系。把这些输出相加，便产生了滤波器的输出。通过这种方法，我们可以改变信号的频率响应。

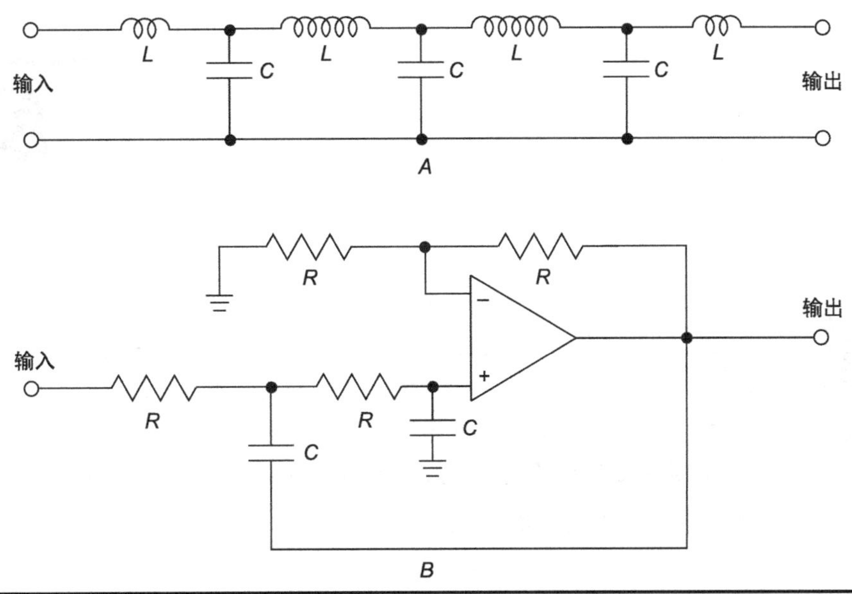

图 5-25 展示了 2 个模拟低通滤波器。(A)无源模拟滤波器。(B)利用集成电路的有源模拟滤波器

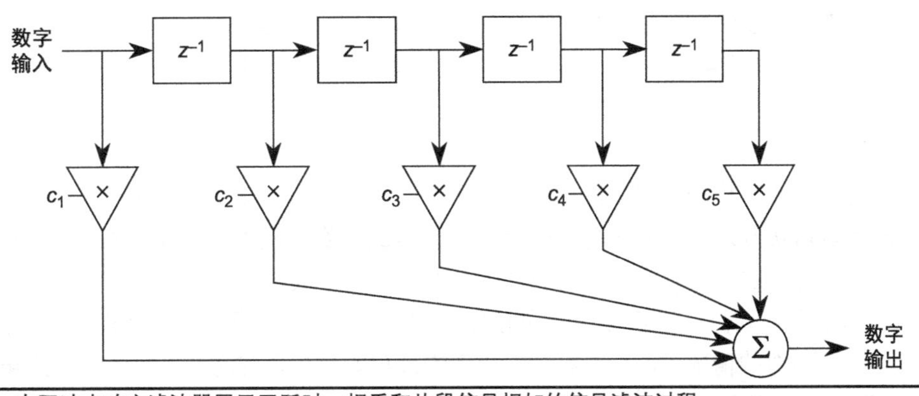

图 5-26 有限冲击响应滤波器展示了延时、相乘和片段信号相加的信号滤波过程

数字滤波器是数字信号处理（DSP）技术的一部分。从针对重放音乐的信号处理到房间声学的信号分析，它被广泛应用在整个音频工业的不同领域。例如，数字信号处理能够用于处理扬声器 - 房间 - 听音者之间的问题。我们可以在听音位置放置话筒，从而获得扬声器在听音室的频率及相位响应，通过对其响应的反向均衡来实现补偿扬声器和房间声学缺陷的作用。

6 反射

假设声源在自由声场，或者在一个较为空旷的地方，声源会向各个方向辐射声音。在这个过程当中，经过你身边的直达声是绝对不会反射回来的。如果现在把该声源放置在房间内，当声音从你身边经过，然后撞击到房间边界就会反射回来。直达声在经过你身边之后，会有许多反射声再次经过，直到声音完全消失。由许多反射声所组成的声音，与自由声场中的声音是完全不同的。反射声当中包含了房间尺寸、形状及边界构成等重要信息，它帮助我们了解了房间的声音特征。

6.1 镜面反射

来自水平表面的反射原理是非常简单的。如图 6–1 所示，它展示了一个点声源发出的声音，撞击到坚硬墙面后发生反射的情况。当球形波阵面（实线）撞击到墙上之后，反射波阵面（虚线）会朝声源方向反射回来。这就是声音的镜面反射，它的表现与“司乃耳（Snell）定律”所描述的光线在镜面上的反射相同。

声音与光线有着一样的规律，即反射角等于入射角，如图 6–2 所示。通过几何学原理，我们可以知道反射角 θ_r 与入射角 θ_i 相等。这就像镜子里的影像，反射声的效果像是声音从虚拟声源处辐射出来一样。虚拟声源位于反射表面的后面，这就像我们在镜子中看到的影像一样。其中虚拟声源到墙面的距离与真实声源到墙面的距离相同。在这个例子当中，只有 1 个反射面。

在有多个反射面的情况下，声音将会产生多次反射。例如，它将会产生声像的声像。如图 6–3 所示，这是 2 个平行墙面的例子。我们能够对位于 I_L 处的虚拟声源（一阶声像）进行建模。类似地，它将会有位于 I_R 处的虚拟声源。声音将会继续在 2 个平行墙面之间发生反射。例如，声音将会依次撞击左墙、右墙，然后再次撞击左墙，它好似位于 I_{LRL} 处的（三阶声像）虚拟声源。在这个例子当中，我们观察到墙面之间距离为 15 个单位。因此，第一阶声像之间的距离为 30 个单位，二阶声像之间的距离为 60 个单位，三阶声像之间的距离为 90 个单位，依此类推。使用这种建模技术，能够忽略墙体本身的作用，并把声音看成是来自与实际声源有着一定距离的虚拟声源。由于它们之间的距离不同，故彼此之间将会产生一定的时间延迟。

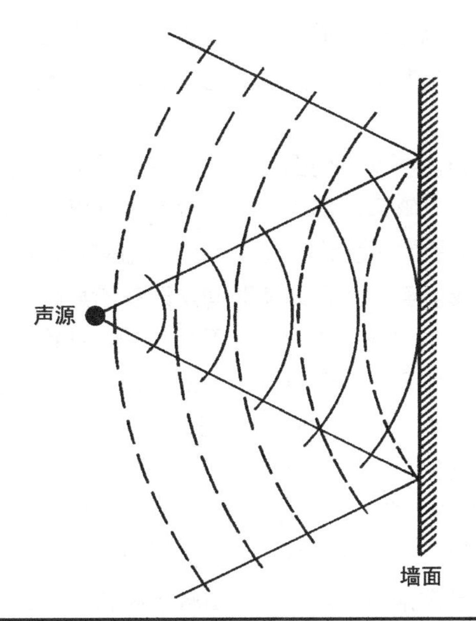

图 6-1 点声源所发出的声音，在平面上发生反射（入射声，实线；反射声，虚线）。反射声看上去好像来自虚拟声像

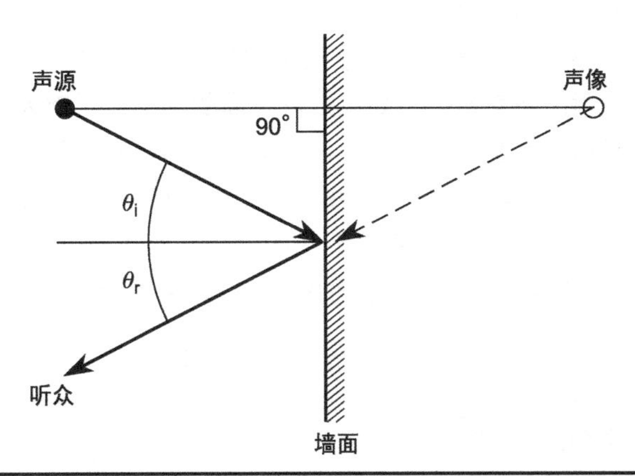

图 6-2 在一个镜面反射当中，入射角 θ_i 与反射角 θ_r 是相等的

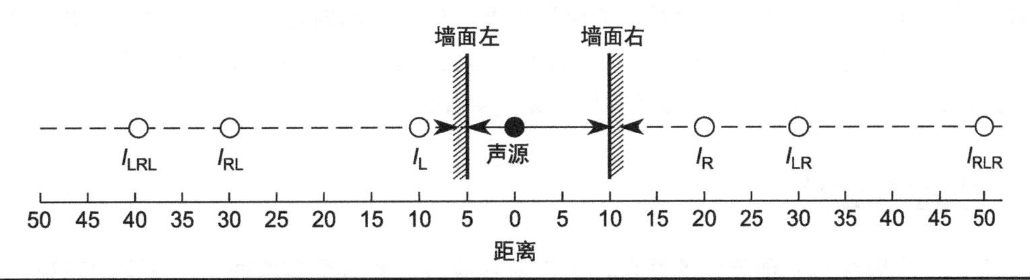

图 6-3 当声音碰撞多于一个表面时，它将会产生许多反射。这些反射可以被看成是虚拟声源。平行墙面可能会造成类似颤动回声的声学问题，同时由于回声的规律性，这种反射声是非常容易被听到的

在一个矩形的房间当中，有 6 个表面并且声源在这六个表面都具有声像，它们把能量共同辐射到接收点，就产生了一个非常复杂的声场。为了计算该接收点处的声音总强度，要考虑所有这些声像的作用。

这里要重点介绍颤动回声。再次回到图 6–3 中，我们注意到类似这些会产生声学问题的平行墙面。如果它们之间的距离足够远，那么其反射时间会超出哈斯融合区（Haas Fusion Zone），随着声音从一面墙到另一面墙的前后跳跃，将会产生一定的颤动回声。由于这种反射的规律性，会让我们对这种效果非常敏感。实际上，即使时间延时在哈斯融合区内，我们可能仍然会听到这种回声。它或许在其他声场当中非常明显，且不受欢迎。理论上，有着完美反射的墙面，将会产生无数个声像。这种声学作用与 2 个镜面之间的作用类似，可以看到一系列的声像。事实上，由于墙面的扩散及吸声作用，连续的声像会产生衰减。如果有可能，应当尽量避免这种 2 个相互平行的墙面。如果不能避免，我们需要在墙面上覆盖吸声材料或者扩散材料，又或者把墙面展开一个较小的角度，例如 5° 或 10° ，这也能避免颤动回声的产生。

当声音撞击到墙体表面时，一部分声音能量会穿透过去，另一部分会被表面吸收，又有一些会被反射回来。反射声能量常常小于入射声。由较重材料（用面密度来衡量）制成的反射表面，通常会比轻质材料有着更好的反射效果。当声音在房间中跳跃时，或许会经历多次反射。每一次反射都会产生能量的损失，最终会导致声音消失。

声波是否发生反射，从一定程度上取决于反射物体的尺寸。当物体大于入射声音波长时，声音就会从物体上发生反射。通常来说，如果矩形平面的 2 个边长都大于入射声波的 5 倍，那么声音将会在这个矩形平面上发生反射。因此，反射物体的声音反射与频率有关。这本书的尺寸对于 10kHz 的声音（波长约 1 英寸）来说，将会是一个较好的反射体。由于声学阴影的作用，当前后移动这本书的时候，会产生明显高频响应的差别。在可听频率范围较低的频率，20Hz 的声音（波长约 56 英尺）将会擦肩而过，人们举着这本书，不会产生明显的声学阴影，就好像它不存在一样。

6.2 反射表面的双倍声压

一个入射声波在表面法线上的声压，与辐射到表面的能量密度相等。如果该表面是一个全吸声体，那么该处的声压等于入射声音的能量密度。如果该表面是一个全反射体，那么该处的声压等于入射声与反射声的能量密度之和。因此在全反射表面处的声压是全吸声表面处声压的 2 倍。在驻波现象的研究当中，这种双倍声压现象则更加明显。

6.3 凸面的反射

把声音看成射线是一种简化的观点。每条射线应该被看成是有着球状波阵面的声束，它遵循平方反比定律。来自点声源的球形波阵面，在距离声源很远的地方会变成平面波。由于这个原因，对于许多表面的入射声音来说，通常能够看成平面波。当平面波从凸面扩散体反射回来时，会指向各个方向，如图 6–4 所示。这种反射回来的声音，就把入射声音扩散开来了。多圆柱体吸声单元，在房间中同时具有吸声和扩散作用。其扩散作用是由于多圆柱的凸面形状所导致的。

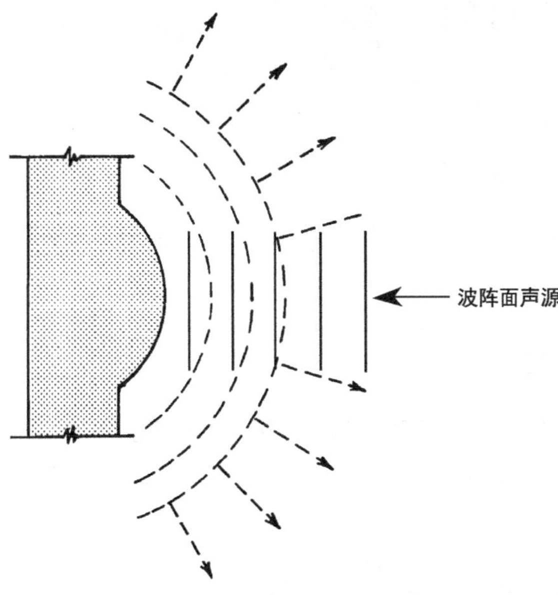

图 6–4 平面声波撞击在凸面不规则体上，如果它的尺寸远大于入射声波的波长，则反射声波会趋于宽角度扩散

6.4 凹面的反射

平面波阵面碰撞到凹面会趋向于汇聚到一点，如图 6–5 所示。声音聚焦的位置取决于凹面的形状以及相对尺寸。由于这些球形凹面是比较容易形成的，所以非常常见。我们通常把话筒放置在球形凹面的聚焦点上，用来让话筒具有更强的指向性。这种话筒会被用来拾取体育赛事的声音，或者记录大自然当中动物的声音。这种凹面反射体的性能，取决于它与声波波长的相对尺寸。例如，一个直径为 3 英尺的球形反射体，会对 1kHz（波长约为 1 英尺）的声音有着良好的作用，但是对于 200Hz 的声波（波长约为 5.5 英尺）来说几乎没有指向性。例如，教堂或礼堂当中凹形穹顶和拱门，将会产生较为严重的声聚焦问题，这与房间内具有一致声音分布的设计目标相违背。

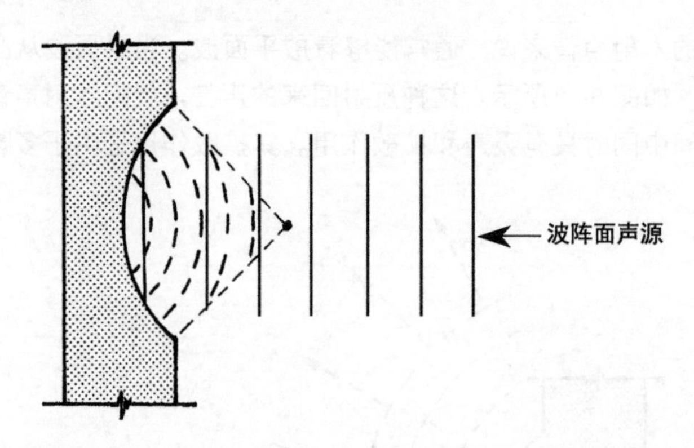

图 6-5　如果不规则凹面体的尺寸大于声波的波长，那么平面声波入射到该凹面体后会产生声聚焦

6.5　抛物面的反射

抛物线的公式为 $y=x^2$，它能够把声音精确地聚焦到一点。例如图 6-6 所示，这是一个非常“深”的抛物面，它有着与较浅抛物面相比更好的指向性特征，而它的指向性特征也取决于它与声波波长相对的开口尺寸。

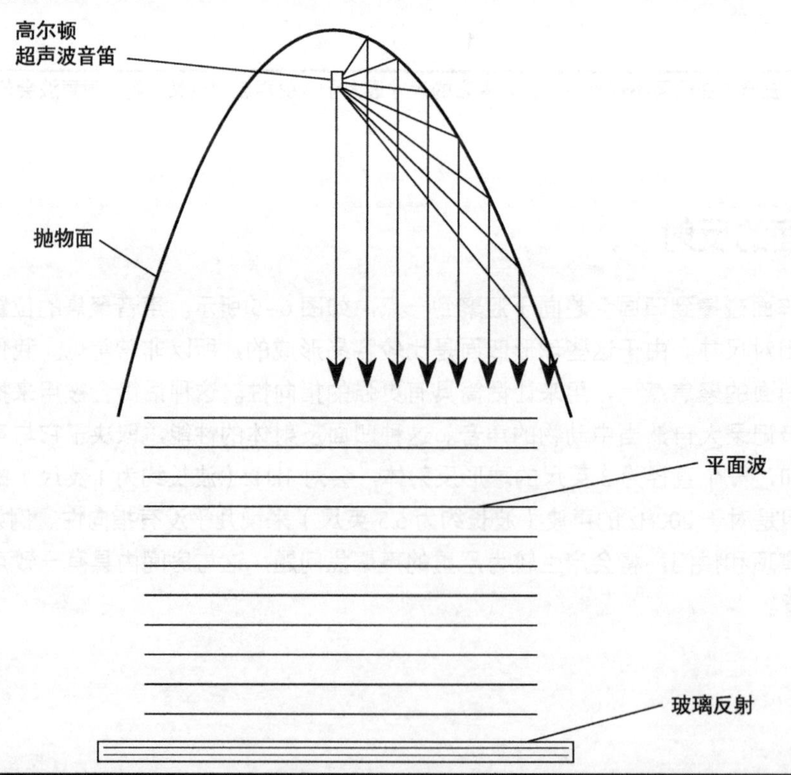

图 6-6　一个抛物面可以精确地把声音汇聚到一个点上，或者相反地，放置一个声源在聚焦点上可以产生相互平行的平面波。此图中的声源是一个由压缩空气驱动的超声波高尔顿音笛

当平面波撞击到这种反射体上时会聚焦到一点。而在抛物面反射体焦点上进行辐射的声音能够产生平面波。例如，图 6-6 所示的抛物面被作为指向性声源，在它内部的聚焦点处放置一个较小的超声波高尔顿音笛。它所产生的平面波会被较重的玻璃板反射回来，形成驻波。在一个高尔顿音笛当中，中心点两侧的空气质点所产生的振动，足以让软木片悬浮起来。

回音壁就是一个典型的应用实例。伦敦圣保罗大教堂、梵蒂冈城的圣彼得大教堂、北京的天坛公园、美国国会大厦雕像馆、纽约中央车站，以及其他包含回音结构的地方，它们的声学原理如图 6-7 所示。圆柱形状外表面的反射，我们已经在多圆柱吸声体的部分提及。在这个例子当中，声源和接收体都在巨大且坚硬的圆柱形房间内部。

图 6-7 回音壁的图例展示了对称的声音聚集点。我们对着抛物面表面的低声细语可以很容易地被在房间中另一处的人听到。在大多数情况下，凹面都会产生一定的声学问题

在声源处，一个很小的声音都能够清晰地在接收端听到。这种现象是由抛物线形状的墙面所造成的。这意味着切切私语中向上部分的声音，经过反射聚焦之后，倾向于向下反射，同时声音的损耗较小。虽然这种现象看上去比较有趣，但是这类建筑结构通常是不受欢迎的。除了非有特殊用途，类似圆柱体、球体、抛物面和椭圆体的凹面部分，不应使用在声学要求较高的建筑中。声聚焦现象与我们所需要的均匀扩散声场的目标是相反的。

6.6 驻波

驻波的概念直接取决于声音的反射。假设两个平行墙面之间保持一定距离（如图 6-3 所示），且它们都是平滑而坚硬的。在墙面之间使用一个声源，并辐射特定频率的声音。我们通过观察可以看到，波阵面撞击到右墙，并向声源方向反射回去，然后撞击到左墙产生另一次反射，依次往返。一个声波向右传播，而另一个声波向左传播。这两个声波的相互作用会形成驻波。如果仅是两个声波之间相互作用，那么所产生的驻波是静止的。声音辐射的频率决定了声波的波长以及两个表面之间的共振状态。这种现象完全取决于两个平行表面的声音反射。如其他章节所讨论的一样，驻波是需要仔细设计的，特别是在房间低频响应的部分。

6.7 墙角反射体

我们通常考虑的反射都是来自周边墙面的法线（垂直的）反射，然而反射也会在房间

的角落产生。而且，反射声会跟随声源环绕在房间四周。如图 6–8 所示的墙角反射体接收到来自声源 1 处的声音，声音会直接朝声源方向反射回去。如果仔细观察它的入射角和反射角，在声源 2 处的直达声，也会经过两个表面反射回声源。类似地，在法线另一侧的声源 3 有着相同的效果。因此，一个墙角反射体有着把来自各个方向声源声音反射回去的特性。墙角反射的声音能量受到了两个反射表面的损耗，其反射声有着比经过一个反射表面更小的声压。

图 6–8 所示的墙角反射体包含两个表面。相同的原理也适用于由天花板和墙面组成的三面墙角（Tri–Corners）的情况，或者由地面和墙面组成的三面墙角的情况。根据相同的原理，声纳和雷达系统有着捕获较远目标的能力，它们是由反射材料组成的三个圆盘，彼此垂直地组装起来的。

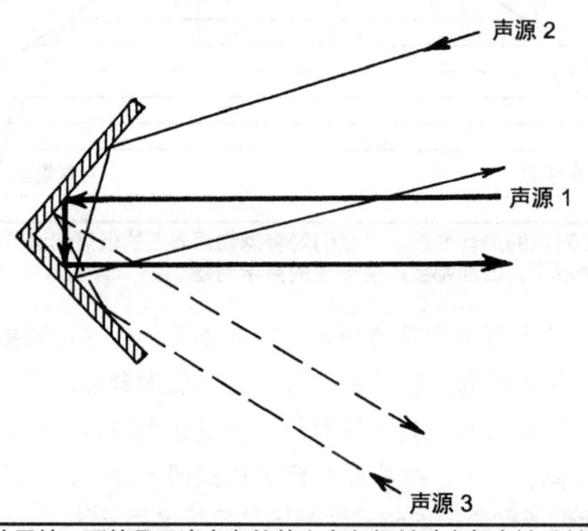

图 6–8 角反射体具有一定的属性，那就是无论声音从什么方向辐射过去都会被反射回去

6.8 平均自由程

在连续反射声音之间，它们传播的平均距离被称为平均自由程。这个距离表达公式为

$$MFP=\frac{4V}{S} \qquad (6\text{–}1)$$

其中，MFP= 平均自由程。

V= 空间的体积，立方英尺或者 m^3（1 立方英尺＝ $0.028m^3$）

S= 空间的表面积，平方英尺或者 m^2。

例如，在一个尺寸为 25 英尺 ×20 英尺 ×10 英尺的房间，反射声之间的平均传播距离为 10.5 英尺。声速为 1.13 英尺 /s。以这个速度经过 9.3ms 的时间将会到达 10.5 英尺的平均距离。从另一个角度来看，在该空间中 1s 内将会发生 107 次反射。

图 6-9 所示展示了反射声的音响测深图，它显示出容积为 16 000 立方英尺录音棚前 0.18s 反射声的情况，该房间在 500Hz 处的混响时间为 0.51s。在房间内，我们依次把话筒放置在四个不同的位置。而冲击声源始终是固定放置的。我们使用的冲击声源为信号枪，它可以利用空气冲击来刺破纸张，从而获得一个小于 1ms 的脉冲信号。在四个测试位置处测得的反射特征是各不相同的，它们各自的反射痕迹被清晰地记录下来。这些音响测深图展示出房间内前 0.18s 的瞬态声场，它与稳态状况形成对比。这些早期反射声，在我们对房间声学的感知过程中，起到了重要的作用。

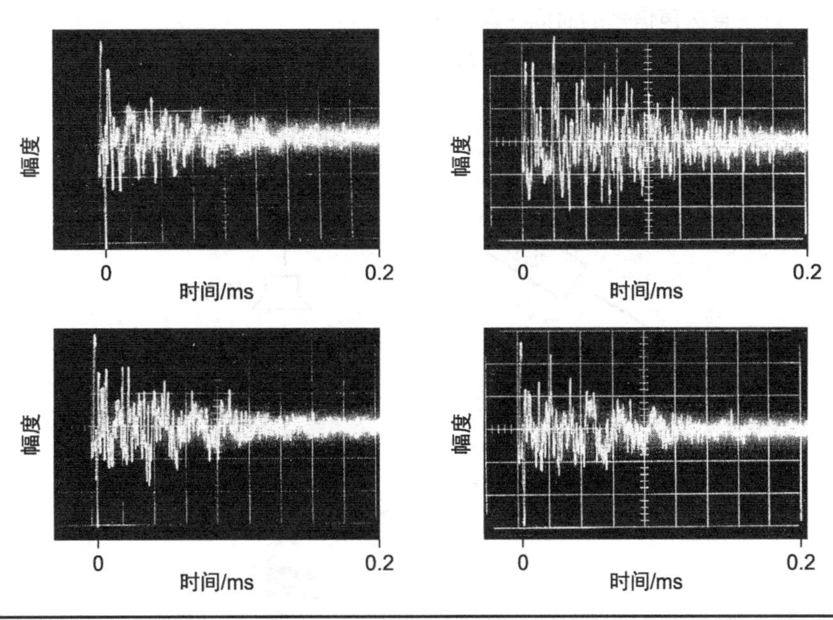

图 6-9 回声图是在容积为 453m^3 录音棚当中四个不同位置所获得的。在这些回声图当中，显示了各自独立的反射。房间的混响时间为 0.51s，水平时间刻度为 20ms/div（格）

6.9 声音反射的感知

当在听音室中重放声音，或者在音乐厅中欣赏音乐，又或者是任意空间中的活动，我们所听到的声音都会受到房间反射声的影响。我们所感知到的反射声就是声音反射的重要表现形式。

6.9.1 单个反射作用

在模拟反射声的可听性研究当中，常常使用类似传统立体声重放系统的扬声器摆放来进行，如图 6-10 所示。观察者坐在两只扬声器夹角为 60° 的顶点位置（这个角度随着研究者的不同而变化）。单声道信号被送到其中一只扬声器，作为直达声信号。同时，我们把到达另一个扬声器的相同信号进行时间延迟，并代表侧向反射声。我们所研究的两个变量，是与直达声相对的反射声压级，以及对应直达声信号的反射声延时时间。

Olive 和 Toole 对小房间的听音环境展开了调查，例如录音棚的控制室以及家庭当中的听音室。在一个实验当中，在消声室的环境下，他们对模拟的侧向反射声进行研究，所使用的测试信号为语言。这个研究工作的结果，如图 6–11 所示。该图中曲线描绘了反射声压级与反射延时的对应关系，这两个变量已经在上面进行了详细说明。0dB 的反射声级意味着反射声与直达声信号有着相同的声压级。–10dB 的反射声压级意味着反射声比直达声压级低 10dB。在所有的例子当中，反射延时迟于直达声信号的时间在毫秒量级。

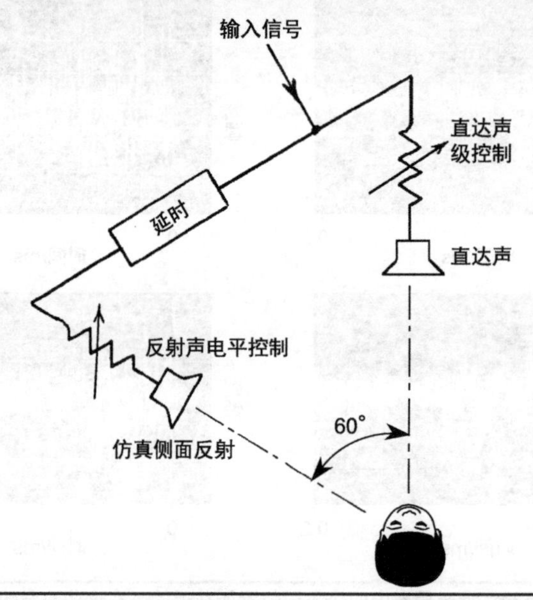

图 6–10 许多研究者用一些特别的设备来研究侧向反射声，其中反射声压级（相对直达声）和反射延迟的变化都是可以控制的

如图 6–11 所示，曲线 A 是可察觉回声的绝对阈值。这意味着在这个曲线以下，我们不会听到任何的特定延时的反射声。请注意在前 20ms，这个阈值基本上是没有的。随着延时的增长，对于刚刚可以听到的反射声来说，所需要的反射声压级越来越低。对于小房间来说，延时在 0~20ms 的范围是有着重要意义的。在这个范围内，可听反射声的阈值随着延时的变化较小。随着延时的不断增加，只需要较低的反射声压级，我们就能满足刚好感知反射声的需求。对于小房间来说，在 0~20ms 范围的延时是最为明显的。在这个范围内反射声的听阈随延时变化很小。

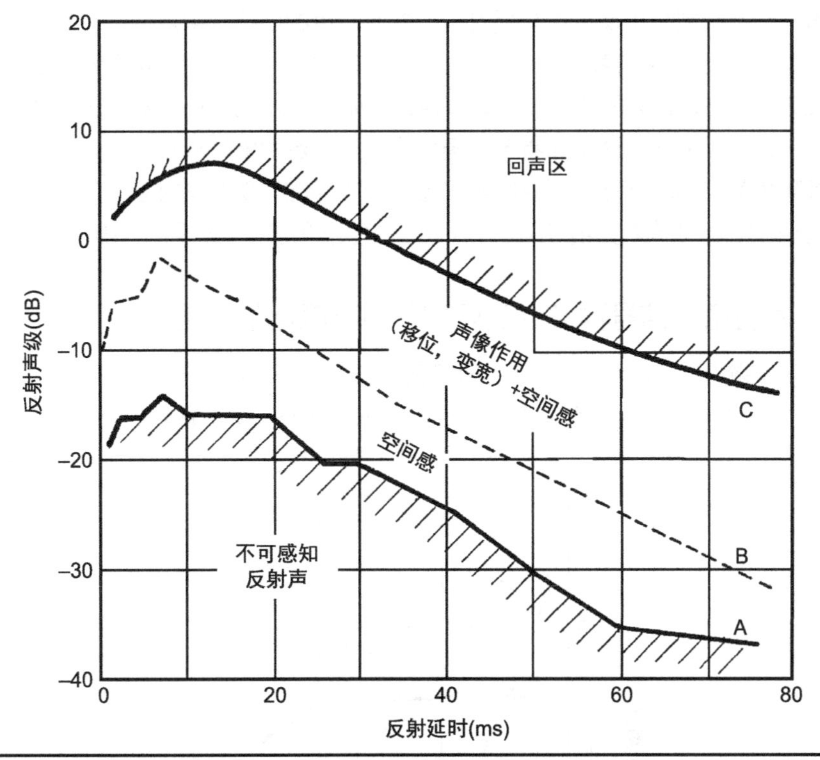

图 6-11 显示了一间消声室内侧向反射声仿真效果的调查结果，在该实验当中使用的测试信号为语言。曲线 A 是可察觉反射声的绝对阈值。曲线 B 是声像发生改变的阈值。曲线 C 所代表的是反射声成为独立回声的阈值（结果中：曲线 A 和 B 来自 Olive 和 Toole，曲线 C 来自 Meyer 和 Lochner）

6.9.2 空间感、声像以及回声的感知

假设来自侧面的反射延时为 10ms。反射声压级从非常低的位置开始增加，起初该声音是完全不能被听到的。随着反射声压级的不断增加，当反射声低于直达声 15dB 的时候，其声音开始可以听到。当反射声压级继续增加并超过该位置时，我们会感受到空间感，这时消声室内，产生了普通房间的声音感觉。听音者还不能意识到反射声是一个独立的声音，或者有任何指向作用，而仅能够感受到空间感的存在。

随着声压级的进一步增加，其他声音效果也开始可以被感受到。在反射声达到听阈值之上约 10dB 的位置处，我们开始有房间尺寸以及声像定位的感觉。更长的延时，会导致声像变得模糊。

回顾一下在 10~20ms 的延时范围发生了什么，随着在听阈值之上反射声压级的增加，空间效果开始占据主要地位。而随着反射声压级的继续增加，当在听阈值之上约 10dB 的位置，就开始产生声像的作用，包括声像的尺寸以及声像位置的移动。

反射声压级在声像移动阈值之上，另外增加 10dB 将会产生另一个感知阈值。这时反射声可以被认为是中央声像的回声。这种分离的回声破坏了声音的音质。针对这一问题，我们必须在

实际的设计当中，尽量减少由反射声与延时声合并所产生的回声现象。

侧向反射声在声场当中为我们提供了重要的感知因素。它能够影响声像的空间感、尺寸以及位置。Olive 和 Toole 对两只固定安装的扬声器进行研究，发现从单只扬声器所获得的结论与立体声扬声器有一定的相关性。这意味着单只扬声器的实验数据能够应用到立体声重放当中。

那些高保真发烧友将会看到这些反射作用研究结果的实用性。听音室的空间感以及立体声声像，可以通过对侧向反射声细致调节来改善。不过，侧向反射声仅仅能够在早期反射声被减弱之后来使用。

6.9.3 入射角、信号种类以及可闻反射声频谱的作用

研究表明，反射声的方向对反射声的实际感知是没有影响的，仅有一种例外的情况，那就是当反射声与直达声来自同一个方向时候，其增益会比直达声高 5~10dB。这是由于反射声被直达声掩蔽所造成的。如果反射声与直达声信号一起被记录，并且通过扬声器进行重放，它将会被掩蔽 5~10dB。

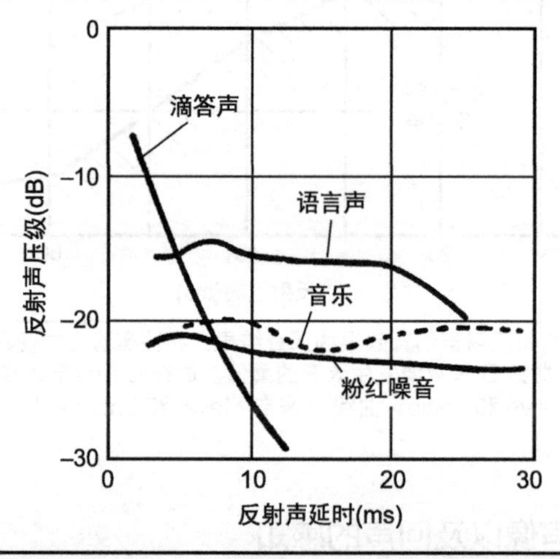

图 6–12 不同种类反射声信号的绝对感知阈值，其范围是从 2 次 /s 的滴答声（非连续）到粉红噪声（连续）。其中粉红噪声与古典音乐（Mozart）的门限较为接近，从图中可以看出在测量当中，粉红噪声是音乐的理想替代品（Olive 和 Toole）

信号的种类对反射声的可闻度起到重要作用。考虑到连续和非连续声音的差别。我们把两次每秒嘀嗒声的冲击声，作为一种非连续种类的声音。而把粉红噪声作为一种连续声音的例子。语言和音乐介于这两种声音之间。图 6–12 展示了连续声音和不连续声音之间听阈值的差别。无回声的语言比音乐或粉红噪声更加接近于非连续声。在小于 10ms 的延时当中，冲击声的听阈值一定会高于连续声。音乐声（Mozart，莫扎特）的阈值曲线与粉红噪声是非常接近的。这从某一方面，验证了粉红噪声是一种替代音乐声合适的测量信号。

对于直达声和反射声的仿真实验来说，大多数研究人员都使用相同的频谱。而在日常生活当中，反射声与直达声之间的频谱是不同的，这是因为吸声材料对高频和低频有着不同程度的影响。另外，扬声器离轴部分的频率响应，其高频部分也会有所减少。听阈实验显示出对反射信号低频成分的滤除，它仅会对阈值产生较小的影响。其结论是，反射声频谱的改变对阈值的影响不明显。

7 衍射

通过观察，我们可以看到声音的传播会绕过障碍物。例如，在家里的其中一个房间播放音乐，我们可以在客厅和其他房间听到音乐声。然而，在其他房间我们所听到音乐的声音特征是不同的。其中低频部分会更加明显。这是由于较长的波长在障碍物以及角落附近更加容易发生衍射。衍射让通常直线传播的声音，可以弯曲且向其他方向传播。

7.1 波阵面的传播和衍射

声音的波阵面是沿着直线传播的。声线的概念通常适用于中、高频，它能够被看成垂直于波阵面直线传播的一束声音。声音波阵面和声线是直线传播，除了受到阻碍，障碍物能够让最初直线传播的声音改变方向。这种方向发生改变的现象被称为衍射。顺便说一句，衍射一词来自拉丁语 Diffringere，它的意思是破裂成一片一片。

剑桥的声学专家 Alexander Wood，解释了牛顿是如何衡量微粒子与光的波动理论之间的优缺点。起初，牛顿所推断的微粒说是正确的，因为光是沿着直线传播的。之后，有实验证明光线不一定沿直线传播，衍射能够让光线改变其传播方向。实际上，所有种类的波动包括声音，都会受到相位干涉所引起衍射作用的影响。

Huygens 系统地阐述了这一原理，他的阐述是建立在衍射数学分析的基础上。相同的原理也简单地解释了，声音能量是如何从主声束转移到阴影区域的。Huygens 的原理可以解释为，声音波阵面的每个点穿过孔或者衍射边界时，可以被看成是一个点声源把能量辐射到阴影区域。在阴影区域内任何一点的能量，可以通过用数学方法对这些点声源波阵面进行叠加来获。

7.2 波长和衍射

频率较低的声音（波长较长）比频率较高的声音（波长较短），有着更加明显的衍射（弯曲）。也就是说，高频衍射作用要小于低频。对于光线来说，它的衍射作用相对于声音更为不明显，这是因为光线的波长比声音更短的缘故。因此，光学阴影相对声学阴影来说更加不明显。你或许没有看到过光线从房间衍射到走廊，但是你或许很容易听到从房间传出来的音乐声。

我们用另一种方法来对其进行观察，一个障碍物在声音衍射方面的作用取决于它的声学尺寸。声学尺寸是用声音波长来进行衡量的。如果声波波长较长，这个障碍物的声学尺寸或许较小，但是对于同一个障碍物来说，如果声波波长较短则声学尺寸就会变大。下面将会对这种关系进行更加详细的描述。

7.3 障碍物的声音衍射

如果一个障碍物声学尺寸相对波长很小，声音将会较为容易地发生衍射。声音将会在小障碍物周围发生较小的弯曲，这会产生较小的阴影或者没有阴影。当一个障碍物的尺寸更小，或者与声波波长相当时，几乎所有的声音将会发生衍射。另一方面，如果一个障碍物声学尺寸相对波长较大，一部分声音倾向于反射回来。因此，我们可以看到障碍物是一个与频率相关的反射体。

如上所述，障碍物对声音的衍射作用，取决于障碍物的声学尺寸。图 7–1 所示的两个物体，它们处在相同波长的声音当中。图 7–1A 所示的障碍物相对声音波长很小，以至于它对声音没有明显的阻碍作用。但是，图 7–1B 所示的声波穿过障碍物会在它后面产生阴影。每个波阵面通过障碍物，都变成了一列新的点声源，它们通过衍射作用把声音辐射到阴影当中。虽然在图中没有显示，但是仍然有一部分声波会从障板的表面反射回来。

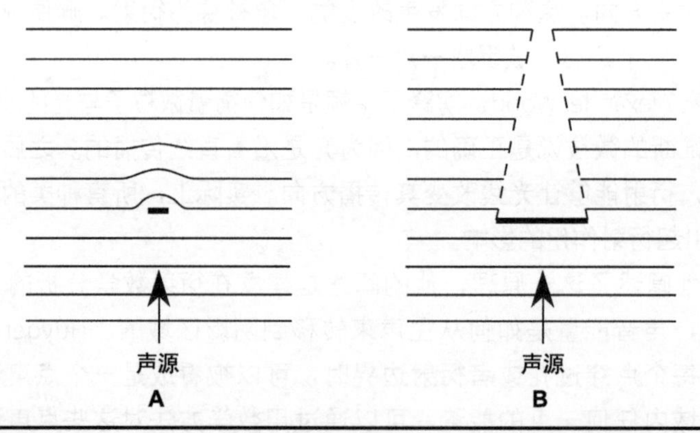

图 7–1 衍射取决于声波波长。（A）比声波波长小很多的障碍物，可以让声波波阵面不被破坏地通过。（B）一个大于声波波长的障碍物投射出的声影，经过障碍物的声音波阵面倾向于重新辐射

我们也可以通过另一种方法来观察声波与衍射之间的关系，那就是通过改变声波的波长来实现，相信大家仍然记得声学尺寸取决于声音波长。如图 7–2A 所示，障碍物的物理尺寸与图 7–2B 所示的相同。但是，图 7–2A 所示的声音频率会比图 7–2B 所示的高。我们可以看到，对于相同的障碍物来说，频率高的声音有着较大的阴影区域，而频率低的声音通过障碍

物后阴影部分变得不明显。

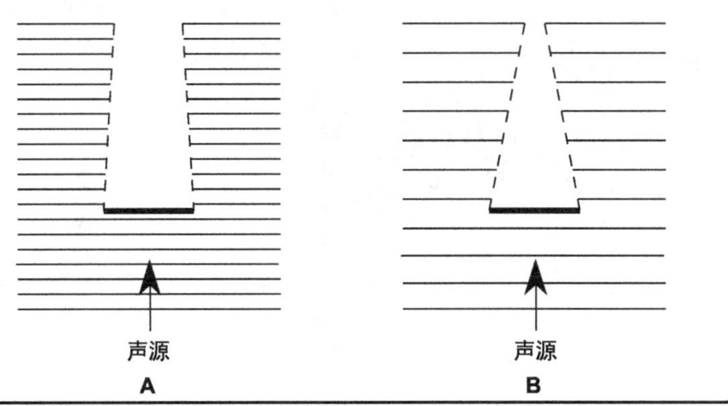

图 7–2 由于声音频率的不同，相同尺寸的障碍物将会显示出不同程度的衍射作用。（A）当一个高频声音入射到障碍物时，会有着相对较小的衍射。（B）当一个低频声音入射到相同大小的障碍物时，会有较大的衍射。当波阵面撞击到障碍物边沿时，会在该处产生新的声源并辐射到声影区域内

最后一个例子，假设一个直径为 0.1 英尺的障碍物和一个直径为 1 英尺的障碍物。如果入射第一个障碍物的声音频率为 1 000Hz（波长为 1.13 英尺），而入射第二个障碍物的声音频率为 100Hz（波长为 11.3 英尺），那么这两个声波会发生相同的衍射。

噪声屏障是我们沿着高速公路常见到的设施，这就是一个声音障碍物的实际案例，它被用来隔绝公路到达听音者（如在家里）的交通噪声，如图 7–3 所示。声音波阵面的间隔表明了声源（如汽车）更高或者更低的频率。对于更高的频率，如图 7–3A 所示，障碍物变得更加有效，同时也成功地遮挡住了到达听音者处的噪声。即使这不是对声音的完全隔离，但至少会对交通噪声的高频部分进行衰减。对于较低的频率，障碍物在声学上变得更小，如图 7–3B 所示。低频声音在障碍物上发生了衍射，故听音者是可以听到噪声。由于噪声频率响应的改变，听音者最终听到了有着较重低频的交通噪声。

我们应当重视来自墙面的声音反射。它可以看成墙面另一侧虚拟声源所辐射出来的声音。穿过墙面上部边沿的波阵面，可以把它们看成一列点声源。这些就是渗透到阴影区域的声源。

图 7–4 展示了高速公路不同高度障碍物的衰减效果。高速公路的中心位置距离墙体一侧为 30 英尺，而生活区或者其他对声音敏感区域距离该墙体为 30 英尺。墙体的高度为 20 英尺，它在 1 000Hz 处对交通噪声有着 25dB 的衰减。但是，对于 100Hz 处交通噪声的衰减仅为 15dB。墙体对较低频率的隔声作用明显差于较高频率。在墙后面的阴影区域更倾向于对高频部分的交通噪声进行遮蔽。通过衍射作用，噪声的低频部分会渗透到这个阴影区域。为了提高墙体的隔声作用，其高度必须足够高，长度要足够长从而阻止障碍物末端以及侧面的声音。任何障碍物的隔声作用与声音频率有着密切的关系。

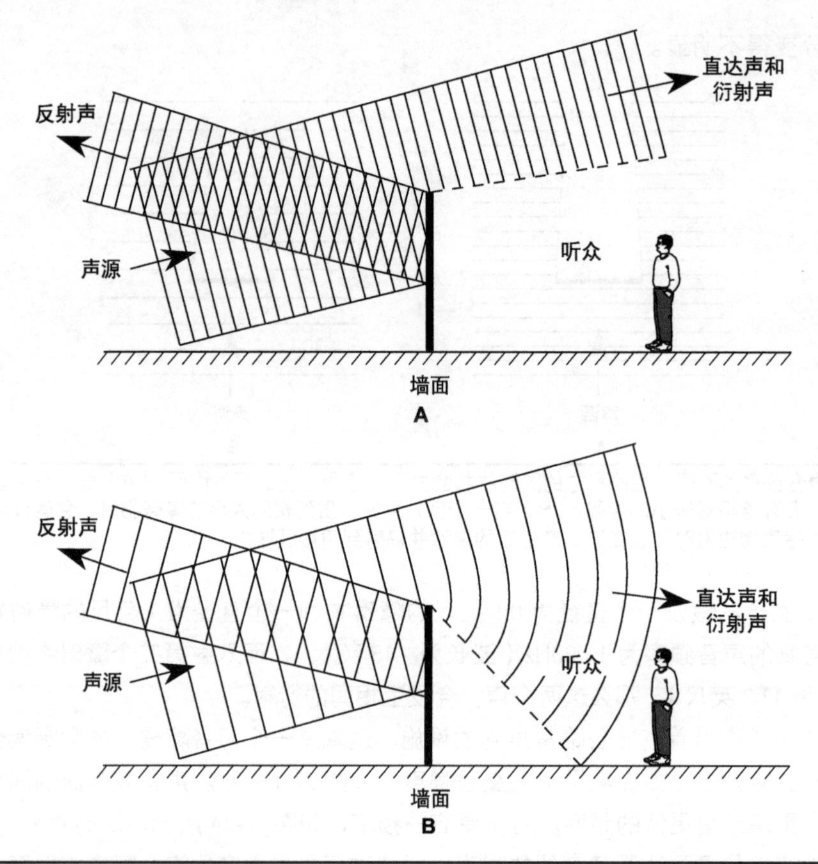

图 7-3 声音撞击到一个交通屏障之后，将会有部分声音反射回来，而部分声音会发生衍射。（A）由于衍射条件的限制，交通噪声的高频部分会被屏障衰减。（B）由于低频有着更加突出的衍射作用，故低频交通噪声的衰减较少。声音通过屏障的顶边时，其波阵面会在该处产生线性的声源，并把声音能量辐射到声影当中去

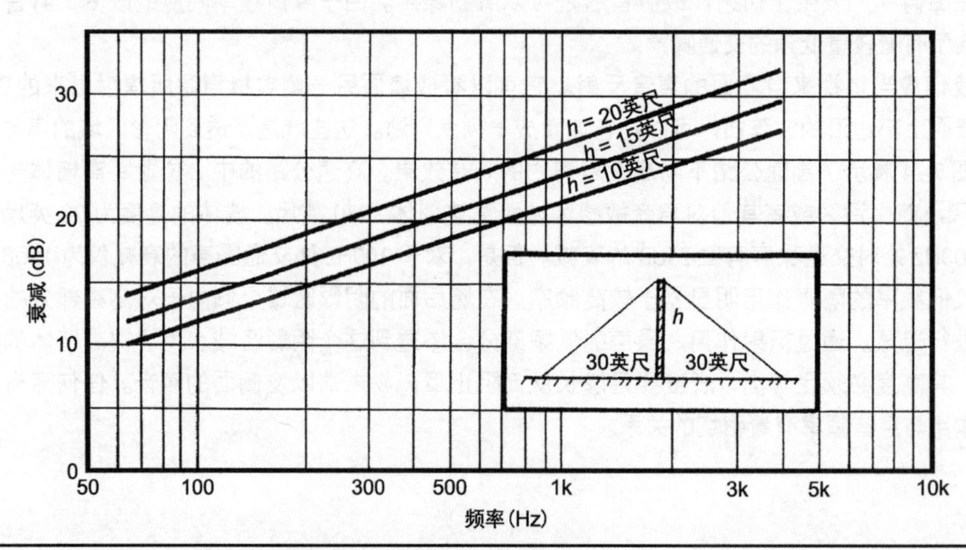

图 7-4 不同高度的交通屏障，随频率变化的衰减作用（Rettinger）

7.4 孔的声音衍射

孔的声音衍射作用取决于开孔的大小以及声音的波长。声音衍射的大小与通过孔的声音总量有关，并随着开孔尺寸的增加而减小。与障碍物的衍射一样，孔的衍射作用与波长相关。衍射随着频率的增加而减少。因此，开孔通常在低频有着更多的声学穿透性。

图 7–5A 展示了孔的声音衍射作用，其中孔的直径是多个波长的宽度。声音波阵面撞击到固体障碍物。一些声音穿过开孔，一些声音反射回来（虽然这没有展示出来）。通过衍射作用，主声束的声音能量被转移到阴影区域。穿过开孔的每个波阵面变成一列点声源，它们把声音辐射到阴影区域当中去。相同的原理如图 7–5B 所示，其中孔的直径与声波的波长相比更小。大多数声音能量被从墙面反射回来，仅有较少的能量通过。穿过开孔的有限波阵面排列非常紧密，以至于其辐射迅速发生偏离，并以半球状展开。穿过小孔的大多数能量是以衍射的形式传播的。由于衍射作用，即使很小的开孔也能够传输相对较多的声音能量，特别是在低频部分。

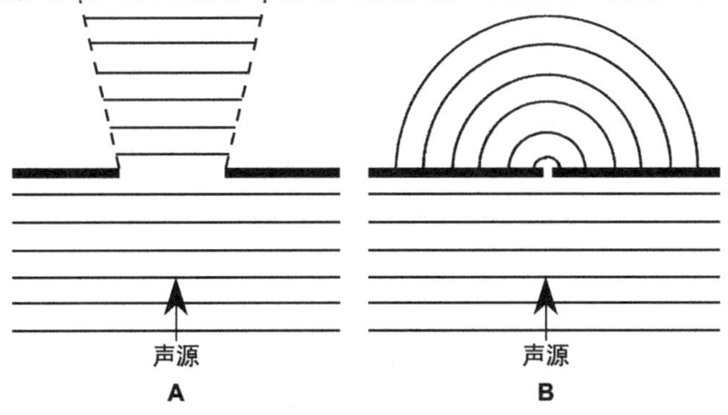

图 7–5 当平面声波撞击到带孔的障碍物时，所产生衍射作用的大小取决于开孔的相对尺寸。（A）一个相对声波波长很大的孔，它对波阵面的通过有着极小的影响。这些波阵面表现出新的线性声源特征，并把声音能量辐射到声影区（B）如果开孔大小相对声波波长来说很小，那么通过小孔的波阵面将会表现出点声源的特征，它会辐射出一个半球状声场到声影区域

7.5 缝隙的声音衍射

图 7–6 所示描绘了一个经典的实验，它是由 Pohl 发明的，并由 Wood 做了进一步的改进。它与图 7–6A 所示的设备布局非常相似。声源和缝隙围绕着缝隙的中心旋转，测量使用的声级计放置在距离声源 8m 处。缝隙宽度是 11.5cm，测量声波波长为 1.45cm（23.7kHz）。图 7–6B 展示了声压与偏离角度之间的关系。X 的尺寸标明了射线的几何边界。任何宽于 X 的响应都是声束在缝隙的衍射作用所产生的。更窄的缝隙会对应产生更多的衍射作用，产生更宽的声束。声束的增宽，也就是说明衍射作用的增加，也就是本次实验的显著特征。

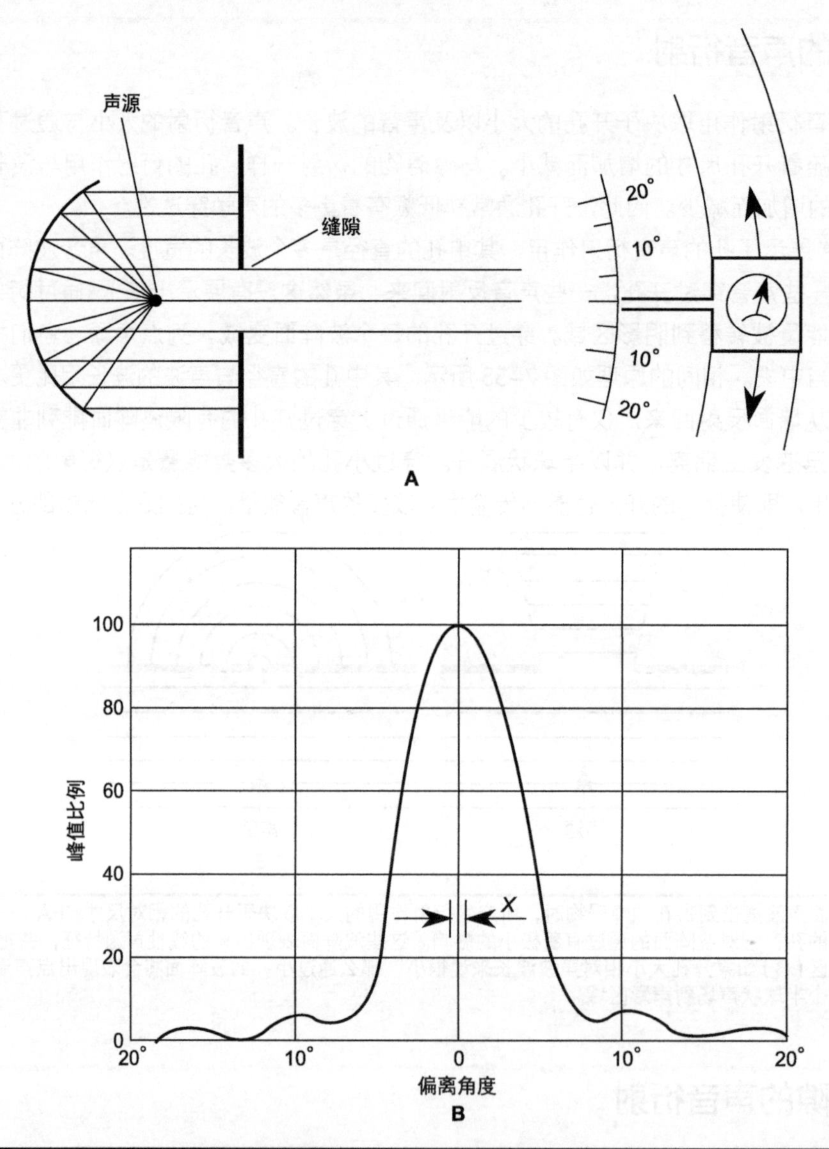

图 7–6 波尔（Pohl）在衍射方面所做的经典实验。（A）设备的摆放位置，其中包括一个声源和一个缝隙。（B）衍射导致了声束的特征变宽。缝隙越窄，声束越宽（Wood）

7.6 波带板的衍射

图 7–7 展示的波带板（zone plate）可以被看成一种声学透镜。它是一种带有特定半径环形缝隙的板。如果聚焦点距离波带板为 r，那么下一个更长的路径一定是 $r+\lambda/2$，其中 λ 是落在波带板上的声音波长。连续的路径长度为 $r+\lambda$，$r+3\lambda/2$ 和 $r+2\lambda$。这些路径长度的差值为 $\lambda/2$，它意味着所有穿过缝隙的声音将会同相到达聚焦点，也就意味着它们是相长干涉，在聚焦点处的声音会增强。

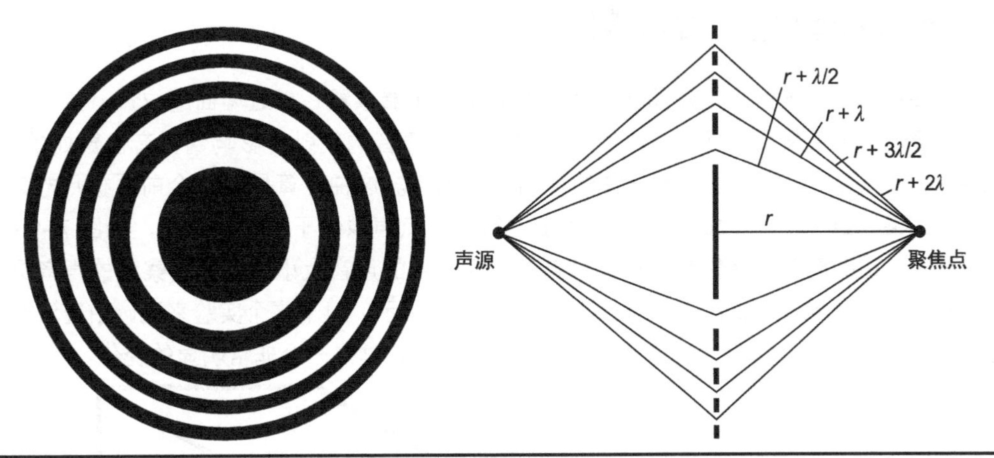

图 7–7 波带板能够起到声透镜的作用。它们之间的缝隙是有序排列的，而它们之间的路径相差半波长的整数倍，以便所有衍射线到达聚焦点都是同相位的，它们之间的合并是能量增强的

7.7 人的头部衍射

图 7–8 展示了人的头部所产生的衍射作用。这种由头部产生的衍射，以及来自肩部和躯体上半部分的衍射和反射，都影响了我们对声音的感知。通常对于 1~6kHz 的声音来说，头部的衍射作用倾向于提高前面的声压，而降低头部后面的声音。正如我们所预期的那样，对于较低频率的声音来说，其指向性特征倾向于圆形。

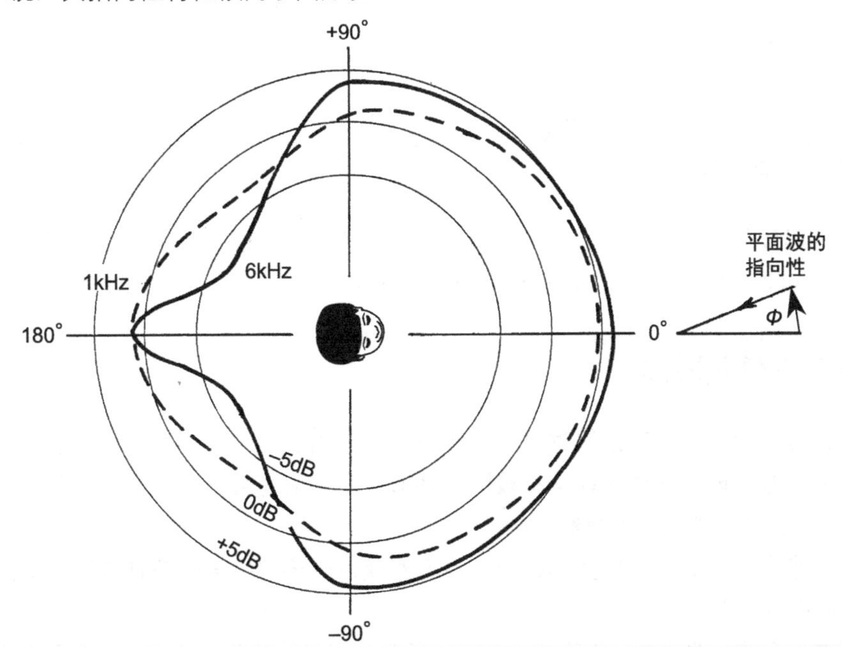

图 7–8 衍射发生在实心球周围，它的大小与人类头部尺寸类似。对于 1~6kHz 范围的声音，通常其前半球的声压是增加的，而后方的声压是减少的

7.8 扬声器箱体边沿的衍射

扬声器箱体的衍射作用是众所周知的。如果把扬声器放置在靠近墙面的位置，并向外辐射声音，其墙体部分会受到音箱衍射作用的影响。这种声音的反射会影响到听音位置处的音质。Vanderkooy 和 Kessel 计算了扬声器箱体边沿衍射的大小。这种计算是在一个前面板尺寸为 15.7 英寸 ×25.2 英寸且深度为 12.6 英寸的箱体上进行的。点声源位于障板的上部，如图 7–9 所示。在距离箱体一定距离处，我们开始计算来自这个点声源的声音大小。到达观察点的声音是直达声与箱体边沿衍射声的叠加。它的响应结果如图 7–10 所示。对于这个实验来说，由边沿衍射所产生的波动接近 ±5dB。在整个重放系统的频率响应当中，这是一个非常明显的变化。

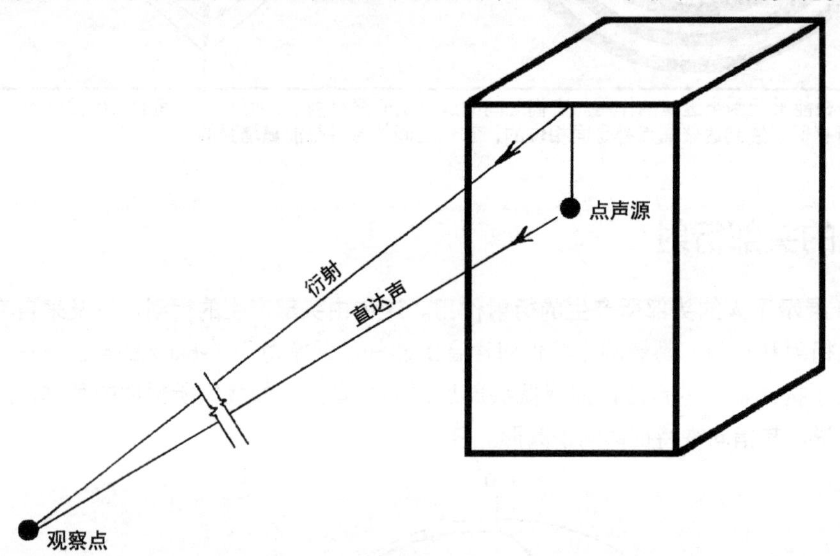

图 7–9　扬声器箱体边沿衍射测量的实验装置，其测量结果如图 7–10 所示。到达观察点的声音是直达声与箱体边沿衍射声的叠加（Vanderkooy 和 Kessel）

对于这种箱体的衍射作用，我们可以通过把扬声器嵌入一块更大的障板上来进行控制。通过让箱体边沿变圆，以及在箱体前面使用泡沫或其他吸声材料，也可以减少这种衍射作用。

7.9 各种物体的衍射

早期的声级计仅是一只带话筒的盒子。来自盒子边沿及角落的衍射作用，会严重影响到声压高频部分的读数。现代的声级计有着较圆的外形，同时话筒会安装在一根光滑、纤细的圆形杆上，从而减小声级计外壳的衍射影响。

类似地，来自录音棚话筒外壳的衍射，也会对获得想要的平直响应造成破坏。这些一定要在设计话筒时进行考虑。

当我们在一个较大的厅堂测量吸声系数时，通常会把材料放置在地面上一个尺寸为 8 英尺 ×

9 英尺的框架内。来自这个框架的衍射作用，可能会让吸声系数偏大。也就是说，声音的衍射作用会让样品表现出比它自身更大的吸声作用。在实际使用过程当中，材料的吸声作用会因其边沿的衍射作用而增加。基于这个原因，我们更加倾向于让吸声板之间具有一定距离，而不是让它们连接起来成为一体。这就利用了材料边沿的衍射作用，提高材料的吸声作用。

观察窗周围的小裂纹以及隔声墙上的配电箱，这些都将会破坏录音棚之间或者录音棚与控制室之间的隔声效果。通过穿孔或者缝隙到达另一侧的声音，将会受到衍射作用的影响而向各方向扩散。由于这个原因，在设计隔声的时候，一定要密封隔断墙体上的任何缝隙。

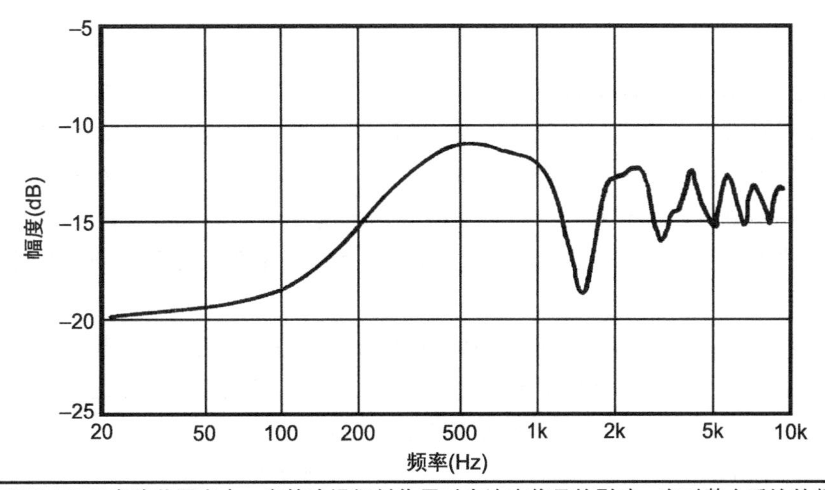

图 7-10 展示了图 7-9 实验装置当中，音箱边沿衍射作用对直达声信号的影响。它对整个系统的频率响应有着较为明显的改变（Vanderkooy 和 Kessel）

8 折射

20世纪初，Lord Rayleigh 对一些大功率的声源非常困惑，例如加农炮这种大功率声源，有时仅在较短的距离才能被听到，而有时又会在非常远距离被听到。通过计算，他发现，如果用一个 600 马力（1 马力＝ 0.746kW）驱动的汽笛，所转换的声音能量以均匀半球面的形式传播出去，在理论上我们可以在 166 000 英里（1 英里＝ 1.61km）的距离听到它的声音，这个距离是地球周长的 6 倍。然而，在实际生活当中，这种声源的传播距离仅为几英里。

当我们面对声音传播问题的时候，特别是在户外，声音的折射起到了重要作用。折射是由于传播介质发生变化所引起声音传播方向发生改变的现象。特别是，介质的改变会使得声音的传播速度发生改变，从而引起声音的传播路径发生弯曲。

为什么 Rayleigh 的估计是错误的，为什么声音不能在很远的距离被听到，我们有很多理由去解释它。首先，大气层的折射将在很大程度上影响声音传播的距离。其次，声音辐射的效率通常是非常低的。在 600 马力中，实际上只有很少一部分被转化为声能辐射出去。当波阵面掠过粗糙的地球表面时，声音能量也会遭受损失。还有一些损耗是由大气层所造成的，这特别会对高频声音产生影响。 Rayleigh 以及其他人的早期实验，加快了我们对温度及风力梯度是如何对声音传播产生影响的了解。本章将会让大家更加深入地了解声音的折射作用。

8.1 折射的性质

吸声和反射之间的差别是较为明显的，但是我们有时会混淆衍射和折射现象（以及扩散，这将会在下一章提到）。

由于声音传播速度的不同，会造成传播方向发生改变，这就是折射现象。衍射则是由于声音遇到尖锐边沿或者障碍物时，声音传播方向发生改变的现象。当然，在实际情况中，这两种作用完全有可能同时影响声音传播。

图 8-1 所示是我们通常可以看到的例子，当木条的一端浸没在水中时，它会产生明显的弯曲。这就是光的折射现象，这种现象是由空气和水的折射系数不同所造成的，在这两种介质当中，光线有着不同的传播速度。声音折射是与之相类似的一种波动现象。在水和空气当中，声

音的折射系数发生了巨大的变化，如同光线的弯曲一样。声音的折射程度能够非常突然，或者较为平缓，这一切都取决于介质对声音速度的影响。

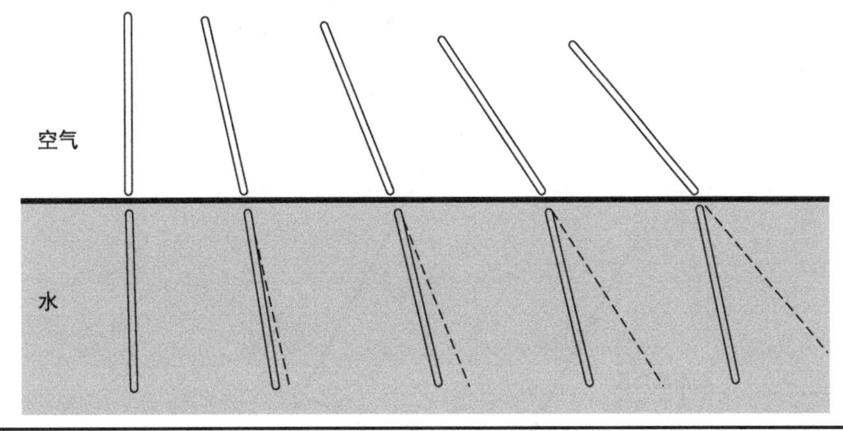

图 8–1 一根部分浸泡在水中的棍子展示了光的折射现象，这是由于光在空气和水中传播速度不同所造成的。声音折射是另一种波动现象，它也是由于声音速度在介质中的变化所造成的

8.2 声音在固体中的折射

声线的概念可以帮助我们理解声音的传播方向。它常常是垂直于波阵面的。图 8–2 展示了两条声线从高密度介质到低密度介质传播的例子。其中在高密度介质中的声音传播速度大于低密度介质，见表 8–1。当一条声线到达两个介质之间的边界 A 时，另一条声线仍旧有一定的路程要走。当它从 B 到 C 传播时，另一条声线已经开始在新的介质当中从 A 点到 D 点传播。波阵面 A–B 代表了一个时间瞬间，波阵面 D–C 代表了另一个时间瞬间，而这两个波阵面不再平行。声音射线在介质的交界处发生了折射，在这两个介质中有着不同的声音传播速度。在这个例子当中，高密度介质中的声音传播速度要大于低密度介质。

介质	声速（英尺 /s）	（m/s）
空气	1 130	344
海水	4 900	1 500
木头（冷杉）	12 500	3 800
钢筋	16 600	5 050
石膏板	22 300	6 800

表 8–1 声速

下面我们用一个类比来帮助理解。假设图 8–2 所示的阴影区域是铺砌的道路，非阴影区是耕地。再假设波阵面 A–B 是一排士兵。士兵们收到命令之后在铺砌的道路上快步前进。当士兵 A 到达耕地时，他的速度慢了下来，并开始在粗糙的表面上缓慢地前行。在士兵 A 到达耕地 D 点的同时，士兵 B 在铺砌道路上到达 C 点。这时士兵队列倾斜到一个新的方向，这就是折射。在任何均匀的介质当中，声音是沿直线传播（在相同方向）。如果它遇到了不同密度的介质就会发生折射。

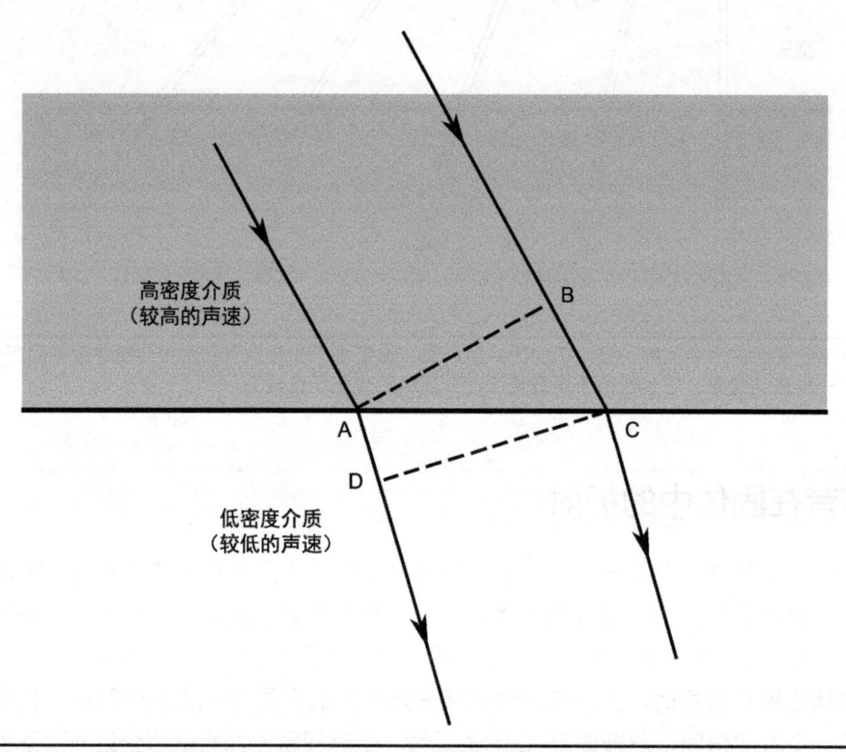

图 8-2 当声音从一种密度高的介质（拥有较高的声速）传播到密度低的介质（拥有较低的声速）会发生折射。A-B 的波阵面与 C-D 的波阵面不是平行的，因为声音传播方向会随着折射现象的发生而改变

8.3 空气中的声音折射

对于声音的传播来说，地球上的空气是一种稳定而均匀的介质。靠近地球表面的空气比在较高位置的空气更加温暖，或者更加寒冷。在同一时刻这种垂直层面的差异是存在的，其他变化或许也会发生在水平方向上。对于声学专家（以及气象学家）来说，这是一个非常复杂且多变的系统，要弄清它的变化极具挑战性。

在没有热力梯度的情况下，声音是沿直线传播的，如图 8-3A 所示。如上所述，声线是垂直于声音波阵面的。

图 8-3B 所示为地球表面的冷空气与其上部暖空气所形成的热力梯度，影响了声音的波阵面。声音在暖空气中的传播速度会快于冷空气，这使得波阵面上部的传播速度要大于下部。波

阵面的改变让声线向下倾斜。在这种情况下，来自声源 S 的声音会不断向地球表面弯曲，并会沿着地球的曲线传播，因此声音能够在相对较远的地方被听到。

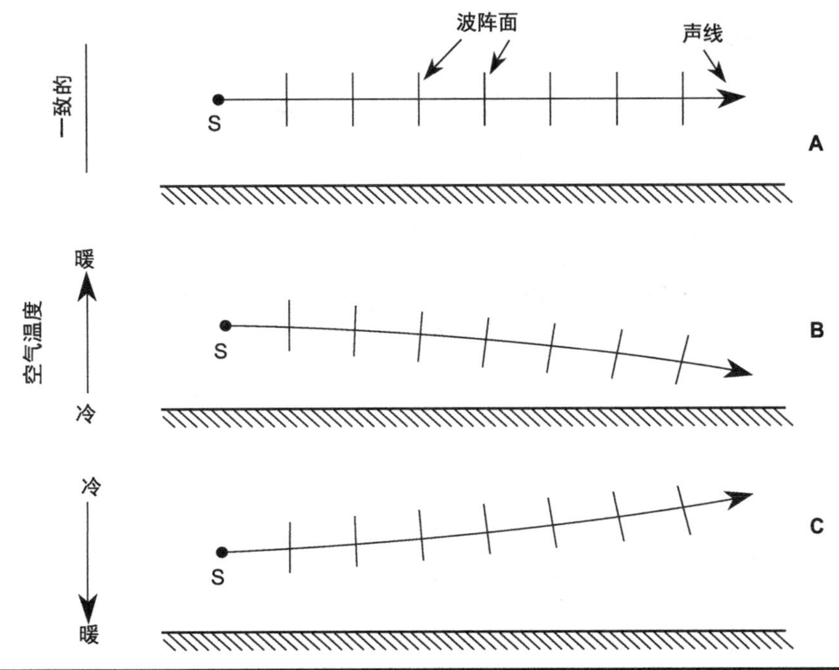

图 8-3 大气中由温度梯度所产生的声音路径折射现象。(A) 空气温度在各个高度不变。(B) 接近地球表面为冷空气，较高的地方为暖空气。(C) 接近地球表面为暖空气，较高的地方为冷空气

图 8-3C 所示的热力梯度刚好相反，地球表面附近的空气温度比较高地方更高。在这种情况下，底部空气的传播速度要快于顶部，则产生了向上的声线折射。来自声源 S 相同的声音能量，将会传播到空气的上部，这样就减少了声音在地球表面被听到的概率。

图 8-4A 展示了图 8-3B 所示向下折射的远景图。来自声源 S 直接向上传播的声音，垂直穿过温度梯度时将不会产生折射。当它穿透温暖及寒冷的空气层时，其传播速度会发生轻微的加快或减慢，但是仍然会在垂直方向传播。所有声线，除了垂直方向，将会向下折射。折射会有所不同，靠近垂直方向的声线折射会小于这些平行于地面方向的声线。

图 8-4B 展示了图 8-3C 所示向上折射的远景图。在这个例子当中，阴影部分完全在我们的意料当中，且垂直声线是唯一不发生折射的地方。

风可以对声音的传播产生明显的影响，特别是在较远距离的噪声污染分析当中。例如，我们都知道通常在下风向会比在上风向能更好地听到声音。因此，在有风的天气当中，交通噪声能够穿透道路上的隔声屏，而在没有风的时候隔声屏会具有良好的隔声效果。然而，这种现象不是由于风把声音吹向了听音者，而是，接近地面的风速会比更高的位置慢，这种风力梯度影响了声音的传播。所以随风传播过来的平面声波将会向下弯曲，而逆风传播的平面声波将会向上弯曲。图 8-5 展示了图 8-4A 所示受到风的作用向下折射的例子。从图中我们可以看到，在顺

风处有益于声音向下传播，而在逆风处会产生声学阴影。这不是真正的折射现象，但是它所起到的作用是相同的，并且也会对声音的传播方向产生显著影响。

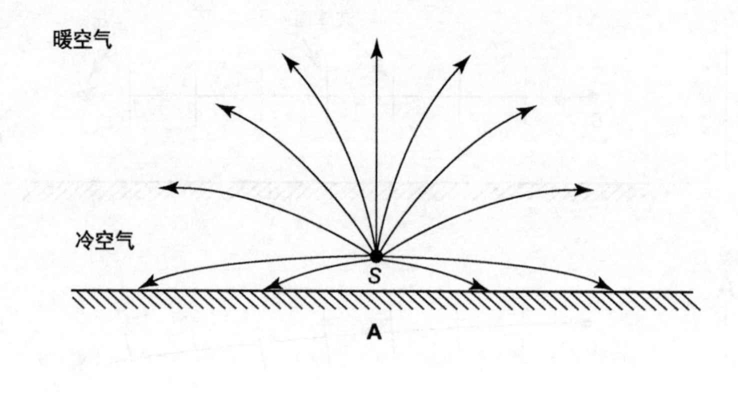

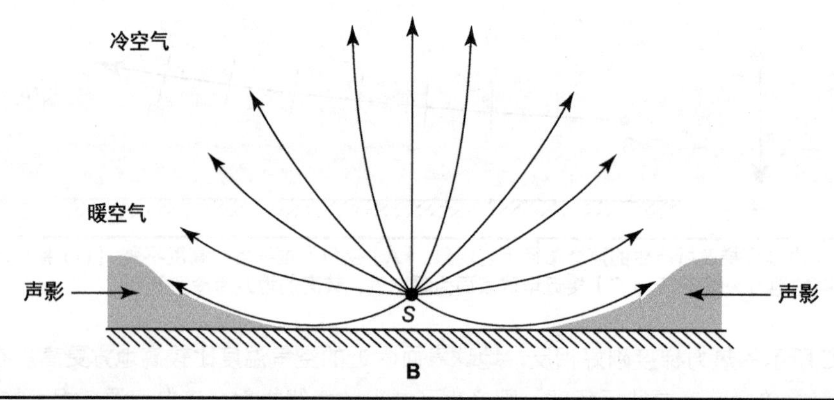

图 8-4 声音折射的综合展示。（A）地面冷空气和上空暖空气。（B）地面暖空气和上空冷空气；请注意由声音向上折射产生的阴影区域

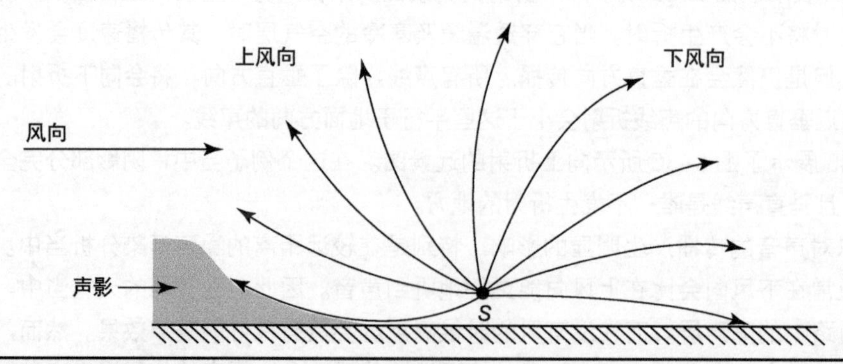

图 8-5 风力梯度能够影响声音的传播方向。声音的阴影区域产生于上风向，同时在下风向有着较好的听音条件

在一个更小的区域，如果风速以一定的速度传播，我们可以预测它对声音传播速度的影响。例如，如果声音以 1 130 英尺 /s 的速度传播，同时风速为 10 英里 / h，逆风的声音速度相对地面将会增加约 1%，而顺风的声速将会减少相应的数量。这是一个较小的变化，但是也会对声音的传播造成影响。

有可能在一些特殊的环境下，逆风向传播会更受欢迎。例如，逆风向会保证声音在地面之上传播，从而减少了地面对声音的损耗。

在一些情况下，温度和风速会同时对声音的传播方向造成影响，共同作用可能会产生较大的影响，或者我们也可以忽略它们当中影响较小的因素，因此，结果是不可预测的。例如，灯塔所发出的声音或许会在附近，又或者很远的地方被听到，但是不可思议的是我们有可能在这两个区域之间的某些位置听不到声音。1862 年在密西西比艾尤卡（luka）的南北战争中，由于与风力相关的声学阴影使得联邦士兵听不到下风向 6 英里以外的激烈战斗，从而错过了这场战斗。

8.4 封闭空间中的声音折射

对于户外以及长距离传播的声音来说，折射有着重要的作用。在室内其声音折射的作用不是非常明显。一个多用途体育馆，有时也会作为礼堂来使用。其内部有着标准的加热以及空调系统，我们要尽量避免水平或者垂直方向上的较大温度梯度。如果体育馆具有均匀的温度，且没有声学设计缺陷，声音的折射作用将会被降低到一个可以忽略的水平。

同样的一个多用途体育馆，如果仅有较为简单的空调系统。假设加热装置是安装在天花板上的。那么将会在天花板附近有着较热的空气，我们要依靠缓慢的对流把这些热空气传递到观众区域。

这种在天花板附近的热空气以及下面的冷空气，会对扩声系统的声音传播以及室内声学造成较小的影响，然而扩声系统中的啸叫点或许会发生改变，同时由于折射使得声音在纵向和横向的传播路径有所增加，从而会导致房间中驻波的轻微变化，其颤动回声的路径也会发生改变。安装在房间一端高处的扩声系统，其声音传播路径或许被向下弯曲。这种向下弯曲实际上改善了声音对听众的覆盖，而这种改变取决于扩声系统的指向性。

8.5 声音在海水中的折射

1960 年，Heaney 带领一组海洋学家进行了实验，他们对水下声音的传播进行监听。在远离澳大利亚佩斯的海洋中，600 磅重的电容在不同的深度进行放电。这种放电的声音会在 12 000 英里外的百慕大群岛附近被听到。声音在海水中的传播速度比空气快 4.3 倍，但是仍然需要 3.71h 才能到达。

在这个实验当中，海水的折射起到了重要作用。海水的深度或许超过 5000 英寻（30 000 英尺）。而在大约700英寻（4 200英尺）的深度处，会产生一种有趣的现象。声速的概况如图8–6A所示，它非常接近于我们所阐述的原理。在海洋的上游，声速随着深度的增加而减少，这是因为水温的降低所导致的。而在更加深的区域，压力效应起了主要的作用，由于海水的密度会随深度的增加而增大，从而导致了声音速度的增加。声速表现出一个V形的轮廓，而从一种作用到另一种作用的转变发生在700英寻（4 200英尺）的深度附近。

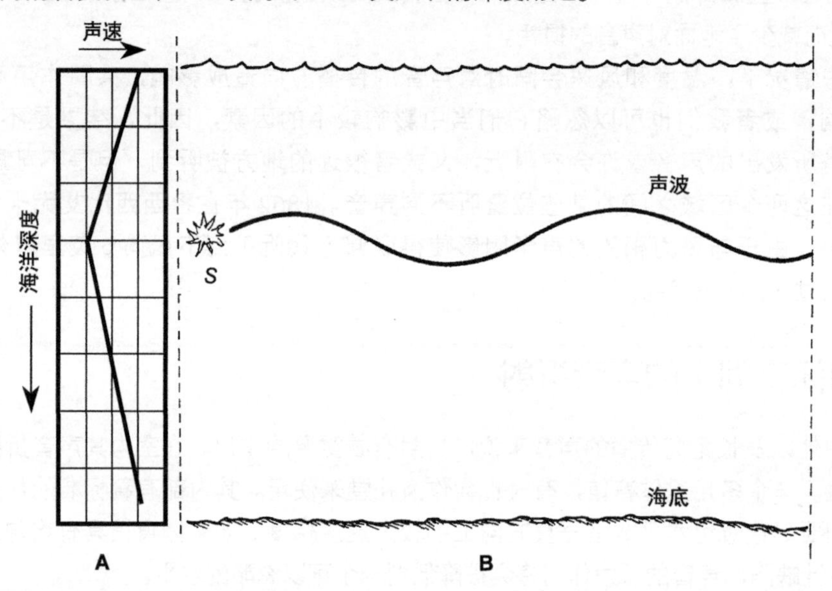

图8–6 展示了海水的折射是如何影响水中声音传播的。（A）在较浅的海水部分（温度起主要作用）声速随着深度的增加而减少，而在更加深的海水区域（压力起主要作用）声速随深度的增加而增加，它在曲线的转折点处产生了一个声通道（大约700英寻）。（B）在声通道中的声音受到折射作用，一直保持在该深度。由于有着较小的损耗，声音可以在这个通道当中传播较远的距离

从这个V形声速轮廓中产生了一条声音通道。在这个声音通道所发出的声音，趋向于向各个方向传播。任何向上的声线将会被向下折射，同时任何向下的声线将会被向上折射。因此，在这个通道的声音能量能够传播到较远的地方。

由于垂直温度/压力梯度的原因，在垂直平面的折射是明显的。水平的声音速度改变相对较小，因此在水平方向上的折射非常小。声音倾向于在这个700英寻的深度进行传播。在这个特殊的深度，声音的三维球状扩散被改变成二维。

这些长距离声音通道的实验，让我们可以通过监测海洋平均温度的改变来监测全球气候的变化。而声速是海洋温度的函数，我们可以通过对一个固定路程声音传播时间的精确测量，来获得海洋的温度信息。

9 扩散

为了让计算更加容易，科学家们通常假设声场是完全扩散的，即声场是各向同性且均匀的。也就是说，在声场中任何一点的声音是来自任何方向的，且声场在整个房间内都是一致的。实际上，这种声场是很少的，特别是在较小的房间当中。在大多数房间当中，它们的声音特征都会显著不同。有些情况下这是受欢迎的，因为它可能会帮助听音者来确定声源的位置。在大多数房间的设计当中，扩散能够让声音的分布更加有效，同时也能够为沉浸在声场当中的听音者提供更加均衡的响应。大多数情况下，获得足够的扩散声场是比较困难的，特别是对于低频部分或者较小的房间来说，这是因为它受到了房间模式的影响。在大多数房间的设计当中，我们需要在房间的可闻频率范围内获得一致的声音能量分布。虽然这是无法完全实现的，但是扩散从很大程度上对这种一致的能量分布起到帮助作用。

9.1 完美的扩散场

虽然完美的扩散声场是无法达到的，但是我们了解扩散声场的特征还是非常有益的。Randall 和 Ward 给出如下建议。

（1）必须要忽略稳态测量中频率及空间的不规则因素。

（2）必须要忽略衰减特征中的拍频。

（3）声音的衰减必须是完美的（它们将会在对数刻度上展现为直线）。

（4）在房间内所有位置的混响时间要一致。

（5）所有频率的声音衰减特征必须要相同。

（6）其衰减特征要不依赖于测量话筒的指向性特征。

这六个特征是用来判断声场是否是扩散声场的依据。更加理论化的扩散声场，将会用诸如能量密度、能量流和无限数量叠加的平面声波等术语来界定。然而以上这六个特征，让我们在实际当中有了判断扩散声场的方法。

9.2 房间中的扩散评价

通常我们可以通过输入频率变化的信号，并且观察其输出信号的方法，来获得功放的频率响应。这同样也可以应用到房间的重放系统当中，即通过让扬声器重放一个频率不断变化的信号，同时利用摆放在房间中的话筒拾取该信号来实现。但是房间内重放系统的频率响应，绝对没有电子设备那么平直。在这些偏差当中，部分是由于房间没有扩散环境所导致的。如上所述，扩散之所以受到人们的欢迎，是因为它能够帮助听音者来提高声场的包围感。但是，过多的扩散也会让声源的定位变得较为困难。

评价房间中扩散的主要方法就是稳态测量。图 9–1 展示了容积为 12 000 立方英尺录音棚的稳态响应。在这个例子当中，扬声器被放置在房间内较低且具有三个表面的角落中，而话筒则放置在它的对角位置，其距离三个表面的距离约为 1 英尺。我们选择这些位置是因为所有的房间模式都会终止于角落处，而所有模式都应该展现在该曲线当中。30~250Hz 范围的线性扫频信号，其波动范围约为 35dB。谷值的位置非常狭窄，这说明房间内存在单个共振模式，因为该房间的模式带宽接近于 4Hz。峰值越宽表明其包含了越多的邻近共振模式。30~50Hz 处的提升主要是由扬声器的频率响应造成的，而 50~150Hz9dB 的峰值是由其辐射位置在 1/4 空间所导致的。因此，这些人为的测试误差不能包含在房间响应当中。

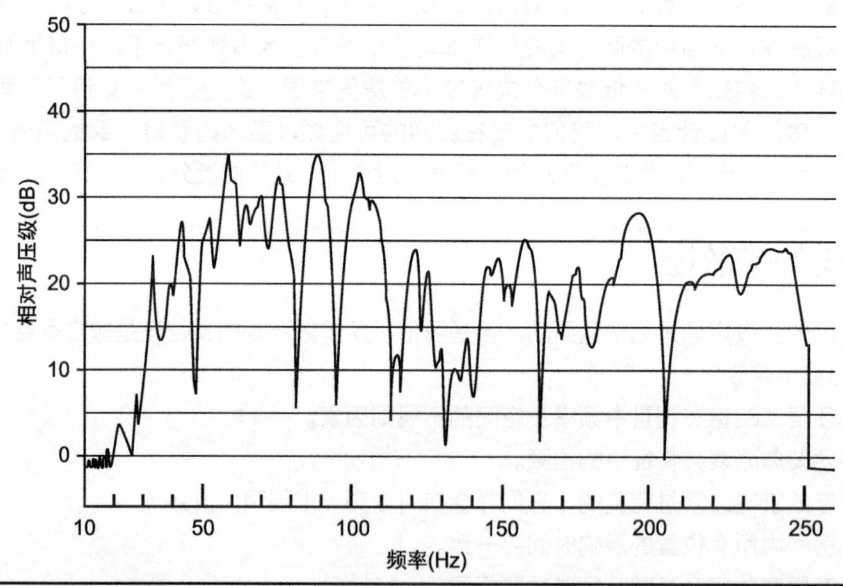

图 9–1 容积为 340m³ 录音棚正弦扫频信号的传输响应。这种幅度的波动就是声场扩散状况不良的很好证明，它代表了许多录音棚的声学特征

图 9–1 所示，一个典型的房间频率响应。这个响应的波动，表明房间中的声场不是完美扩散的。在消声室中所获得的房间稳态响应仍然会有波动，只是其幅度会更低一些。在一个类似混响室的房间当中，将会表现出更大的房间响应波动。

固定测量是获得房间稳态响应的一种方法。而在不同平面，旋转强指向性话筒，保持扬声器的频率响应不变，并记录下房间在恒定激励下的话筒输出，也是评价房间扩散的一种方法。

这种方法对于大空间来说较为有效，而把它应用到存在较大扩散问题的小房间是不恰当的。如果整个声场是均匀的，那么强指向性话筒指向任何方向都会拾取恒定的信号。固定测量方法和旋转测量方法，在真正均匀的声场当中有着相同的测量结果。然而我们会看到忽略频率以及空间不规则的特征是现实中。

9.3 衰减的拍频

通过参考图 11–9 所示，我们能够在 63Hz~8kHz 的频率范围内，比较 8oct 混响衰减的平滑程度。在通常情况下，衰减的平滑程度会随着频率的增加而增加。其中的原因是倍频程跨度内的房间模式数量会随着频率的增加而迅速增加，而模式密度越大，它们平均之后就越平滑，在第 11 章当中会对其进行详细讨论。在这个例子当中，衰减的拍频在 63Hz 和 125Hz 处最大。如果所有频率的衰减都有着相同的特征，且衰减较为平滑，那么这种声场完全是由扩散场主导。而在实际当中，衰减特征有着明显改变的情形（类似图 11–9 所示的那样）是更加常见的，特别是频率在 63Hz 和 125Hz 处的衰减。

通过观察低频混响衰减的拍频信息，让我们对声场扩散程度的判断成为可能。从图 11–9 所示的衰减可以看到，这个录音棚的声音扩散是我们用传统方法所能达到最好的程度。混响时间测量设备仅能提供声场衰减的平均斜率，这不是实际声音衰减的形状，它忽略了多数声学专家所关心的，用来评价空间扩散声场的重要信息。

9.4 指数衰减

一个真正的指数衰减能够被看成一条声压与时间对应的直线，同时它的斜率能够用“dB/s”的衰减率来表示，或者用混响时间“s”来表示。中心频率为 250Hz 的倍频程噪声，其衰减如图 9–2 所示，它有两个斜率。初始斜率的混响时间为 0.35s，后面斜率的混响时间为 1.22s。这种在声压级变低之后的缓慢衰减，可能是由于一个或一组特定的房间模式所引起的，或者是由声音从贴地角的位置入射到吸声体，又或者撞击到某些吸声系数较小的物体上产生的。这是一种典型的非指数衰减，或者称之为双指数衰减。

另一种非指数衰减如图 9–3 所示。这种偏离直线的斜率偏差是值得思考的。它是中心频率在 250Hz 处的倍频程噪声所产生的，测量的是一个有着 400 个座位数，且隔声较差的礼堂。该衰减发生在一个声学耦合的空间当中，并形成了一条典型向上凹形的曲线（类似图 9–3 所示）。当衰减曲线是非指数时，也就是说，当它们偏离声压对应时间图表中的直线时，我们可以推断该声场不是扩散占主导的声场。

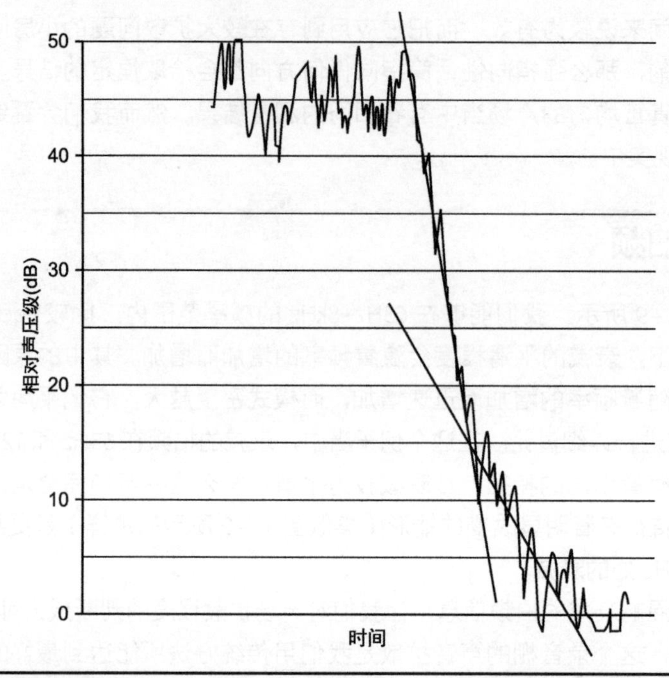

图 9-2 一个典型的双斜率衰减，它显示出缺少扩散声场的情况。后面斜率的缓慢衰减或许是遇到了低吸声的房间模式所导致的

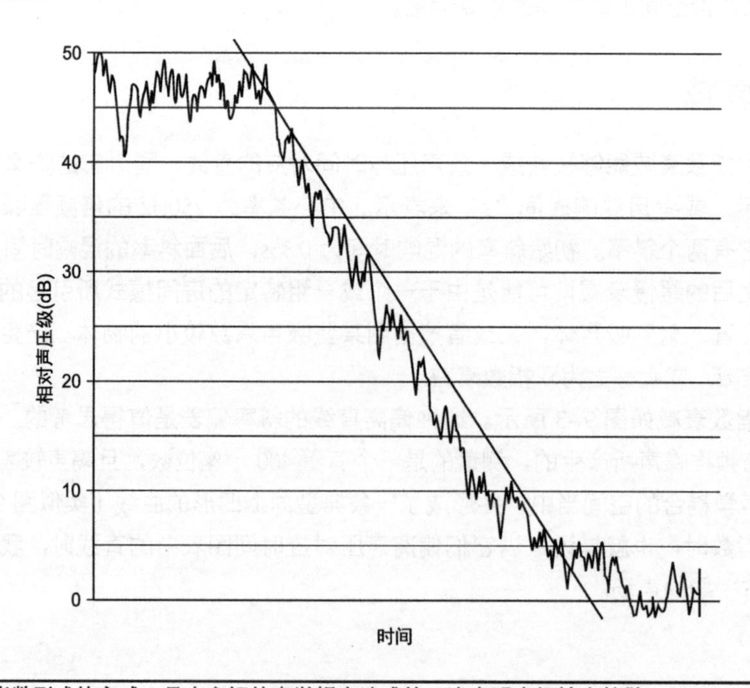

图 9-3 这种非指数形式的衰减，是由空间的声学耦合造成的，这表明声场缺少扩散

9.5 混响时间的空间均匀性

我们所记录房间内已知频率的混响时间，实际上是房间内多个位置处混响时间的平均值。这是因为在实际的房间当中，不同位置处的混响时间是不同的。图 9–4 展示了在一间容积为 22 000 立方英尺的小视听室所测得的混响时间。空间多用途的要求，要房间内的混响时间有所变化，这可以通过悬挂带有折页的墙板来实现。这些墙板能够闭合，分别露出吸声面和反射面。针对“反射面”和“吸声面”的不同情况，我们在相同的三只话筒位置处记录了多个混响时间的衰减，其中空心圆和实心圆，分别代表了反射和吸声状况下的混响时间平均值。实线、虚线以及点画线，分别代表三只不同话筒位置的平均混响时间。很明显，从图中可以看到混响时间之间有着较大的变化，这意味着在瞬态衰减周期当中，房间内的声场不是完全均匀的。声场的非均匀性为我们解释了，混响时间从房间的一点到另一点变化的原因，不过这也会受到其他因素的影响。衰减拟合直线的不确定，是受到了数据分散的影响，但是从一点到另一点，这种作用应该是相对恒定的。我们推断混响时间在不同位置的变化与空间扩散程度有关（至少是部分相关），看上去是合理的。

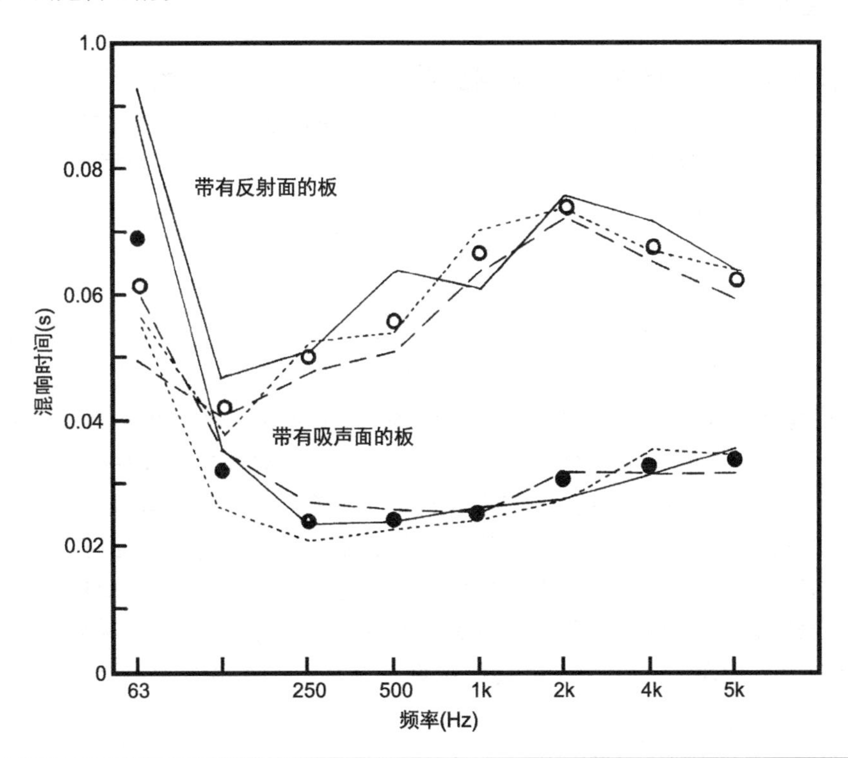

图 9–4 一间容积为 623m³ 录音棚的混响时间特征，房间是利用一面吸声另一面反射的可闭合墙板来调节混响时间的。在每一个频率，三个不同位置平均混响时间的变化，都说明了声场的非扩散性，特别是在低频部分

倍频程中心频率（Hz）	带有反射面的板			带有吸声面的板		
	RT_{60}	标准差	标准差与平均值的百分比（%）	RT_{60}	标准差	标准差与平均值的百分比（%）
63	0.61	0.19	31	0.69	0.18	26
125	0.42	0.05	12	0.32	0.06	19
250	0.50	0.05	10	0.24	0.02	8
500	0.56	0.06	11	0.24	0.01	4
1 000	0.67	0.03	5	0.26	0.01	4
2 000	0.75	0.04	5	0.31	0.02	7
4 000	0.68	0.03	4	0.33	0.02	6
8 000	0.63	0.02	3	0.34	0.02	6

表 9-1 小视听室的混响时间

混响时间的标准差，给我们提供了衡量房间内不同位置数据分布的一种方法。当我们计算一个平均值时，会丢失数据的分布特征。标准差能够用来衡量数据的分布。如果数据分布是正态（高斯）的，我们从平均值中加上或减去一个标准差，会包含 68% 的数据点，且混响数据应该限制在合理的范围。表 9-1 列出了对于较小录音棚的混响时间分析，如图 9-4 所示。对于“板的反射面”的情况，在 500Hz 处的平均混响时间为 0.56s，标准差为 0.06s。对于一个正态分布来说，68% 的数据点将会落在 0.50~0.62s。0.06s 的标准差是 0.56s 的 11%。列在表 9-1 中的比例，给出了平均值精度的粗略估计。

把表 9-1 中各列的比例绘制成图 9-5 所示曲线。其较高频率的混响时间变化趋于一个常数，它的变化范围为 3%~6%。由于在较高频率的倍频程当中包含着大量的房间模式，它会让混响时间的衰减变得平滑。所以我们推断在可闻频率的较高频段存在着更好的扩散环境，而 3%~6% 的变化是实验测量中正常的变化。然而在低频部分，较高的标准差（更高的可变性）是由房间模式的较大间隔所导致，它会让混响时间从一个位置到另一个位置有着较大变化。这些较大的偏差包含了直线拟合的不确定性，以及低频的不均匀衰减特征。因此对于该录音棚来说，在两种不同的吸声状况（板打开/闭合）下，频率为 63Hz 处混响时间都有着比较大的偏差，在 125Hz 处会稍微好一些，而在 250Hz 及以上频率有着较好的扩散效果。

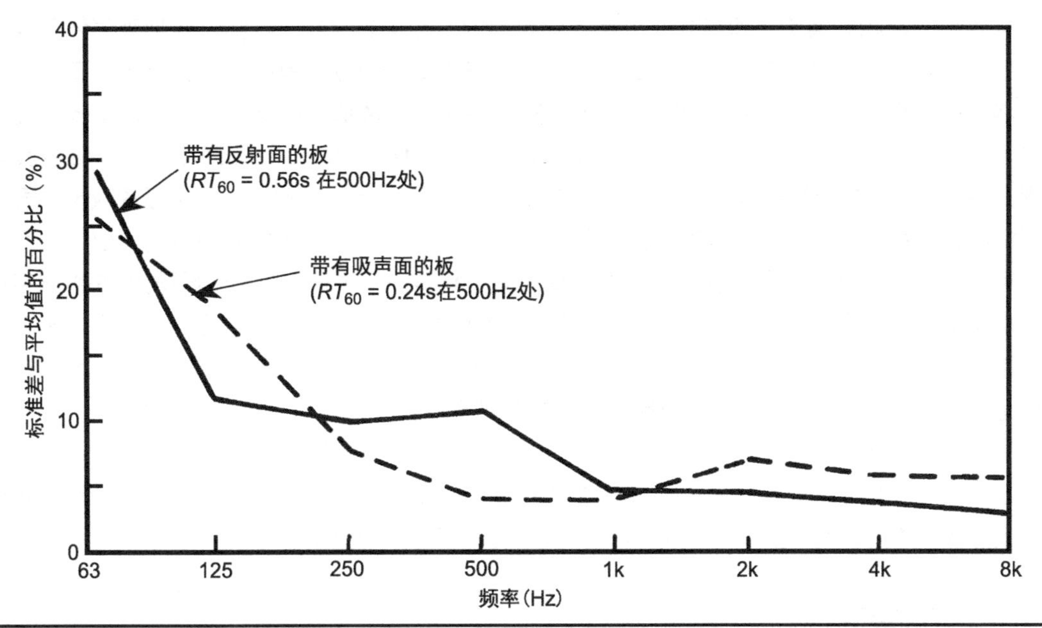

图 9-5 展示了表 9-1 当中混响时间的变化近似曲线。标准差与平均值的百分比显示出该声场缺少扩散，特别是在 250Hz 以下

9.6 几何不规则

通过研究我们已经知道选用什么类型的墙面突起，可以提供最佳的扩散作用。Somerville 和 Ward 发现了几何扩散单元是如何减少正弦稳态扫频传输实验中波动的。这种几何扩散体的深度，至少为 1/7 波长，它们的效果才能体现出来。他们对圆柱形、三角形以及矩形扩散单元进行了研究，并发现矩形扩散体的直角边，对稳态和瞬态声场都有着较大的扩散作用。其他经验表明，具有良好主观声学特性的录音棚和音乐厅，通常会使用矩形的装饰物，它们广泛采用平顶镶板的形式。

9.7 吸声体的分布

把房间内所有的吸声体放置在一个或两个平面上，既不能产生有效的扩散声场，也不能有效地提供较好的吸声作用。我们通过下面的实验，来展示吸声体分布的作用。实验房间是一个边长近似 10 英尺的立方体，其内部贴满了瓷砖（它不是一间理想的录音棚或听音室，但是它对于本实验来说是可以被接受的）。在实验 1 当中，我们对空房间进行测量，2kHz 处的混响时间为 1.65s。在实验 2 当中，我们使用一个普通的商业吸声体，用它铺满一面墙的 65%（65 平方英尺），测得相同频率处的混响时间为 1.02s。在实验 3 当中，我们把相同面积的吸声体分成四部分，分别把它们铺设在房间的四个表面，此时 2kHz 的混响时间降低到 0.55s。

吸声体的面积在实验 2 和实验 3 中是完全相同的。在实验 3 当中，我们仅把吸声体分成了四个部分，其中三个部分在三个墙面上，第四部分在地面。通过简单的分开吸声体分布，房间的混响时间下降将近一半。我们把 1.02s 和 0.55s 的混响时间数值、容积以及房间面积代入赛宾公式（参见第 11 章），会发现房间的平均吸声系数从 0.08 增加到 0.15，同时吸声量从 48 赛宾增加到 89 赛宾。这种吸声量的增加是由于声音散射的边界作用所造成的，它让实际的吸声体表现出更好的吸声特性。从另一个角度来看，面积为 65 平方英尺吸声材料的吸声作用，仅约为四个面积为 16 平方英尺的吸声材料作用的一半，四片吸声材料的总边长约为单个面积为 65 平方英尺的吸声材料总边长的 1 倍。所以，在房间中分开摆放吸声材料的一个优势就是可以极大地提高吸声效率，至少在某些频率是有效的。以上所关注的是 2kHz，但是在 700Hz 和 8kHz，一大片吸声材料与四个小片吸声材料之间吸声作用的差距就变得非常小了。

另外从吸声体分布的结果来看，它对声音的扩散也有着较为明显的作用。有着反射墙面的吸声模块，在它们之间有着改变声音波阵面的作用，这就改善了声音的扩散作用。沿着墙面分布的吸声模块，不但提高了吸声的效果，同时也改善了声音扩散作用。

9.8 凹形表面

如图 9-6A 所示，为一个凹形表面，它趋向于对声音能量产生聚焦，由于这种聚焦与我们所需要的扩散效果相反，所以应当尽量避免。凹形表面的曲率半径决定了声音聚焦的距离。越平坦的凹形表面，声音聚焦的距离越远。这种表面常常会对话筒的拾音造成影响。凹形表面或许能够在回音长廊中产生一些令人振奋的效果，但是这些表面应当避免使用在听音室和小录音棚当中。

9.9 凸状表面：多圆柱扩散体

多圆柱扩散体是一种有效的扩散单元，同时它也相对容易建造。这种扩散体利用了圆柱体的凸面部分。当声音落在由夹板或者硬纸板做成的圆柱体表面时，会产生三种作用，即声音会像图 9–6B 所示那样发生反射；声音会被吸收；或者再次辐射。这种多圆柱体单元常常用作低频吸声体，在小房间当中起到吸声和扩散的作用。其中的辐射部分是由膜振动作用产生的，其辐射角度接近 120°，如图 9–7A 所示。一个类似的平面扩散体，其辐射角度仅约为 20°，如图 9–7B 所示。因此，反射、吸声和扩散特征倾向于应用在圆柱体表面。一些实际的多面体以及它们的吸声特征，我们会在第 12 章当中详细讨论。这种扩散体的尺寸不是非常重要，虽然为了增加扩散作用，会要求它们的尺寸与所扩散的声音波长相当。在 1 000Hz 处的声音波长稍微大于 1 英尺，而在 100Hz 处的波长约为 11 英尺。一个横截面长度为 3 或 4 英尺的多面体单元，与 100Hz 声音相比，会在 1 000Hz 处产生更好的扩散作用。对于多圆柱扩散体来说，通常需要其弦长在 2~6 英尺，深度为 6~18 英寸。在房间中不同表面之间的多圆柱体其对称轴应该是正交的。

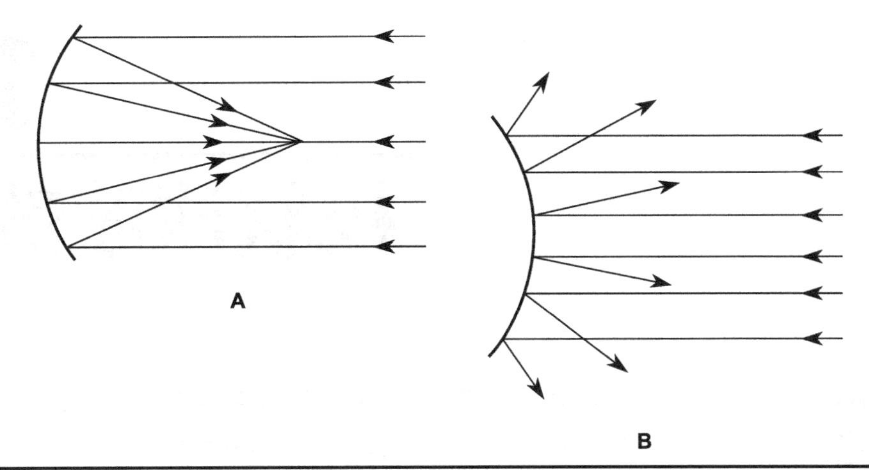

图 9-6　凹形表面通常是不受欢迎的，而凸形表面是令人十分满意的。(A) 凹形表面趋向于声音聚焦。如果想要实现良好声音扩散的作用，应该尽量避免凹形表面的出现。(B) 凸形表面趋向于让声音扩散

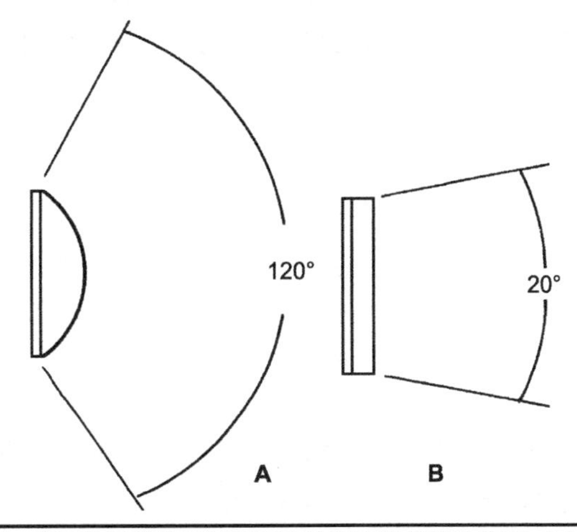

图 9-7　在合理设计的前提下，多圆柱扩散体可以起到有效的宽频带扩散作用。(A) 一个多圆柱扩散体辐射声音能量的角度约为 120° 。(B) 一个类似的平面扩散体单元，其声音的辐射角度要小得多，约为 20°

扩散单元的随机性特征是非常重要的。墙面使用多圆柱扩散体，它所有的弦长为 2 英尺，且深度相同，这看起来或许很漂亮，但是对应扩散效果来说并不是十分理想。结构的规则性将会导致衍射格栅作用的产生，会有许多不同的方式来影响同一个频率而不是不同的频率，这就不能起到宽频带扩散体的作用。

9.10　平面扩散体

平面扩散体单元是使用两个平面所制成的三角形横截面，或者使用三或四个平面制成的多边形横截面。通常它们的扩散作用差于圆柱形扩散体。

10 梳状滤波效应

延时的反射声对声音频率响应的影响，通常被称为梳状滤波效应。梳状滤波是一种稳态效应。它对音乐和语言这种瞬间万变信号的影响是非常有限的。在瞬间声音中，延时声的可闻程度，更多的是其连续部分作用的结果。达到稳态的语言和音乐，或许能够产生梳状滤波作用。虽然，我们已经很好地了解了延时反射声音一般的阈值。但是，去了解梳状滤波器的本质也是一件非常重要的事情，只有这样我们才能够知道什么时候将会产生声学问题，而什么时候则不会。

10.1 梳状滤波器

滤波器会改变信号的频率响应或传递函数。例如，一个电子滤波器能够衰减信号的低频部分，以减少不必要的振动或噪声。这种滤波器也可以是一个管和空腔组成的系统，它被用来改变声学信号的频率响应，例如，它会被加在话筒上用来调节其指向性。

在多轨录音的时代，多磁头录音机可以用来产生声音延时，我们可以把它与原始声音信号混合在一起，来产生相位和镶边效果。现在这些效果也可以利用电子器件或者算法来实现。不管怎样，这些可以听到的效果都是由梳状滤波器来产生的。

10.2 声音叠加

让我们想象一下，实验室中有着一个较浅的水面。我们向水中同时丢下两块石头。每块石头会产生一个圆形波纹，且向外扩散。每一组波纹都会扩展，且穿过其他波纹。在水中的任何点，都是两个波纹的叠加。正如我们之后会看到的那样，它们将会产生相长和相消干涉。这就是一个叠加的例子。

叠加的原理为，每一个无穷小体积的介质有着向不同方向传递离散扰动的能力，所有扰动同时进行，且对其他扰动没有影响。在同时有许多扰动的情况下，如果你能够对单个质点的运动进行观察和分析，将会发现它的运动是许多质点运动的矢量和。在那一瞬间，空气质点的振动幅度和方向能够满足每个扰动的需求，这就像池塘里水质点一样。

在一个已知的空间当中，假设一个空气粒子对应一个扰动，其幅度为 A 方向为 0°。在相同的瞬间，另一个扰动也需要幅度 A，但是方向为 180°。在那一瞬间，满足这 2 个扰动的空气粒子所对应的位移为零。

10.3 单音信号和梳状滤波作用

话筒是一种被动的设备，它的振膜会随其表面空气压力的变化而产生振动。如果振膜的振动频率在工作范围之内，那么它会产生与压力幅度相对应的电压输出。例如，一个 100Hz 的单音信号，如果它在自由声场中驱动话筒振膜，会产生 100Hz 的电压输出。如果存在第二个 100Hz 的单音，其压力大小与上一个 100Hz 相同，只是相位相差 180°，那么这两个信号同时作用在话筒振膜处，将会产生声学抵消现象，也就是说话筒的输出电压为零。如果通过调整，两个 100Hz 声音信号的大小一致，且相位相同，那么话筒的输出将会增加 6dB。话筒所对应的压力表现在振膜上，也就是说，话筒与入射到它表面空气扰动的矢量和相对应。话筒的这种特征，可以帮助我们理解声学上的梳状滤波作用。

如图 10–1A 所示，为 500Hz 正弦单音信号的频率成分。从图中我们可以看到，单音的所有能量都集中在该频率。图 10–1B 展示了一个相同的 500Hz 单音信号 B，它与 A 之间有着 0.5ms 的延时。这两个信号之间有着相同的频率和幅度，只是时间不同。如果在话筒振膜处，把这两个信号叠加。A 信号是直达声，而 B 信号可能是 A 信号在附近墙面的反射声。那么由话筒输出的叠加信号是什么样的呢？

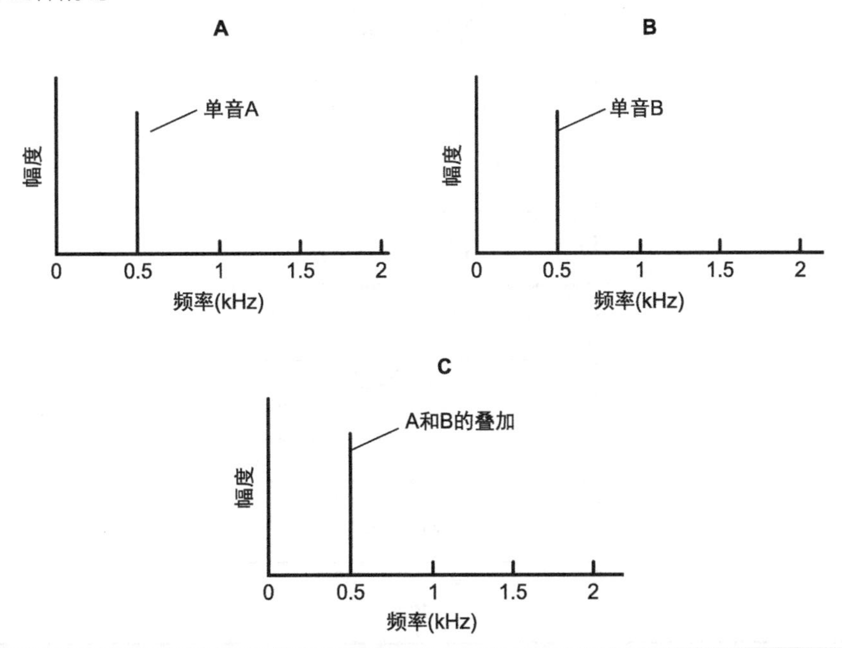

图 10–1 单音信号与延时信号。(A) 500Hz 的正弦信号。(B) 另一个 500Hz 的正弦信号，它与 A 之间有着 0.5ms 的延时。(C) A 和 B 的叠加信号。500Hz 信号与它的延时信号到达峰值的时间，有着一些差别，但是把它们叠加到一起产生了另一个正弦波。这里没有出现梳状滤波作用。图中使用了线性频率刻度

因为信号 A 和 B 是 500Hz 的正弦信号，它们从正的峰值变化到负峰值的次数为 500/s。由于它们之间有 0.5ms 的延时，所以这两个信号不是在同一瞬间到达正负峰值。在时间轴方向，这两个信号有时同时为正，有时同时为负，有时一个信号是正值而另一个是负值。当把信号 A 和 B 的正弦波进行叠加时（对应各自的正负值），它们会在相同频率处产生一个新的幅度，从而形成新的正弦波。

图 10–1 展示了两个 500Hz 单音在频域中的图形。图 10–2 展示了两个频率为 500Hz 的原始信号和延时信号在时域中的情形。延时信号是通过把 500Hz 单音信号送到延时设备而产生的，同时图中显示了原始信号与延时信号叠加的情形。

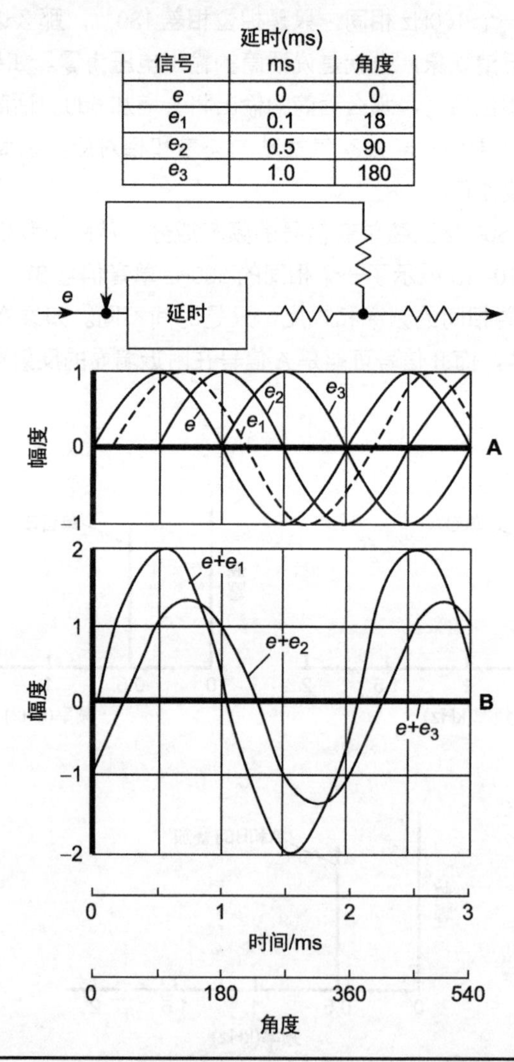

图 10–2 正弦波叠加结果的展示。（A）展示了有着 0.1ms，0.5ms 和 1ms 延时的正弦波，它符合图 10–4 所示的频谱分布。（B）合并这些正弦波不会产生梳状滤波作用，它仅产生新的正弦波。产生梳状滤波作用需要一个宽带的频谱当中。本图所使用的是线性频率刻度

如图 10–2A 所示，500Hz 的直达信号从时间零点处开始振动。它的一个周期为 2ms（1/500=0.002s）。一个周期也等价于 360°。在图的下方，500Hz 的信号 e 所对应的时间和度数图形被描绘出来。

0.1ms 延时相当于 18°，0.5ms 的延时等效于 90°，1ms 的延时相当于 180°。这三个延时在单音信号中的作用，如图 10–2B 所示。（在此之后，我们将会用相同的延时与音乐和语言信号进行比较。）e 和 e_1 合并之后的峰值将会接近 e 的 2 倍（+6dB）。18° 的变化是一个较小的变动，这时 e 和 e_1 几乎是同相位的。有着 90° 相位差的曲线 $e+e_2$，幅度更加低，但仍旧是正弦波形。当把 e 叠加到 e_3 当中时（延时 1ms，相移 180°），由于这两个波形的幅度和频率一致，且相位相差 180°，其波形会被完全抵消，幅度为零。

当叠加相同频率的直达声和延时声正弦波信号时，将会产生另外一个相同频率的正弦波信号。叠加不同频率的直达声和延时声正弦波信号，将会产生不规则波形的周期信号。直达声和延时声进行叠加，不会产生梳状滤波作用。梳状滤波作用需要信号有一定的能量分布，例如语言、音乐和粉红噪声。

10.3.1 音乐和语言信号的梳状滤波作用

图 10–3A 所示的频谱可以被看成是音乐、语言或者其他信号的瞬间片段。图 10–3B 所示是一个与图 10–3A 所示频谱完全相同的信号，只是相对 A 信号有着 0.1ms 的延时。如果单独来看这两个信号，延时对它们来说没有任何影响，但是当它们叠加在一起，将会产生新的频谱。图 10–3C 所示是信号 A 和 B 在话筒振膜处的叠加频谱。它的频率响应与上面单音信号叠加的结果不同，展示出梳状滤波效应，它有着在频率上的峰值（相长干涉）和谷值（相消干涉）特征。把其绘制在一个频率为线性的刻度上，看起来就像把梳子，因此取名为梳状滤波效应。

10.3.2 直达声和反射声的梳状滤波作用

图 10–3 所示 0.1ms 的延时信号可以来自数字延时设备，又或者来自墙面等其他物体的反射。信号的频谱形状会随着反射声的变化而发生改变，这取决于声音的入射角度以及反射表面的声学特征等。当直达声与反射声进行合并时，将会产生梳状滤波作用，它会在频率响应当中产生典型的结点（也称作波谷）。当 2 个信号反相时就会产生结点，它们在时间上相差（1/2）波长。结点（和峰值）的频率取决于直达声和反射声之间的延时时间。第 1 个结点频率发生在周期是延时时间 2 倍的位置。可以通过 $f=1/(2t)$ 来表示，其中 t 为延时时间，用 s 来表示。每一个连续的结点，发生在该频率的奇数倍位置，表示为 $f=n/(2t)$，其中 $n=1, 3, 5, 7, \cdots$。第一个峰值发生在 $f=1/t$ 的位置，同时连续的峰值发生在 $f=n/t$，其中 $n=1, 2, 3, 4, 5, \cdots$。两个相邻结点或者峰值之间的频率间隔为 $1/t$。

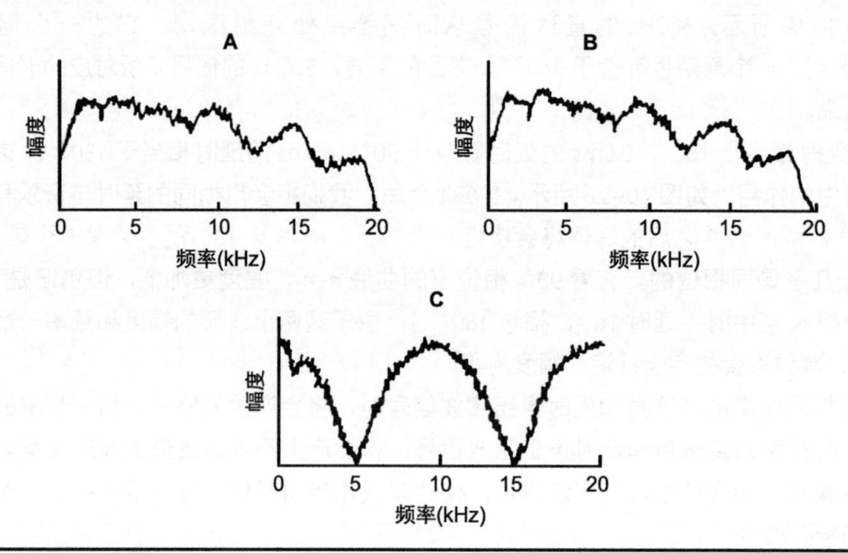

图 10–3 梳状滤波信号的频谱分布。(A)音乐信号的瞬态频谱。(B)A 信号的复制品，但是它与 A 之间有 0.1ms 的延时。(C)A 和 C 的叠加信号产生了典型的梳状滤波效应。图中频率坐标使用的是线性刻度

具有 0.1ms 延时的反射声将会落后直达声（1 130 英尺 /s）(0.001s)=1.13 英尺。这 1.34 英寸的路程差，可能是由于声源与听众之间的贴地角（Grazing Angle），或者话筒附近的反射表面所造成的。如图 10–4 所示，大多数延时对频率响应的影响是可以预知的。图 10–4A 所示的频谱是无反射环境下由全指向话筒所拾取的随机噪声，该信号是由扬声器发出的。由于这种噪声信号是一种连续且能量在整个可听频率范围分布的信号，故它比正弦或者其他周期波形更加接近语言和音乐信号，从而被广泛应用于声学测量当中。

图 10–4B 所示扬声器正对着一个反射表面。话筒放置在距离反射表面约 0.7 英寸的位置。在话筒位置，来自扬声器的直达声与来自表面的反射声之间形成了干涉。话筒的输出，显示出 0.1ms 延时的梳状滤波特征。

我们把话筒放置在距离反射表面 3.4 英寸处，将会产生 0.5ms 的延时，其梳状滤波特征如图 10–4C 所示。当延时从 0.1ms 增加到 0.5ms 时，峰值和结点的数量已经增加了 5 倍。如图 10–4D 所示，话筒与反射表面之间的距离为 6.75 英寸，产生了 1ms 的延时。从图中看出，当延时增加 1 倍时，其峰值和结点的数量也增加 1 倍。

增加直达声和反射声之间的延时，相长干涉和相消干涉的数量会成比例增长。从图 10–4A 所示的平直频谱开始，到被 0.1ms 的反射延时声所破坏，并形成频谱 B。这种响应的变化是可以被听到的。频谱 D 的改变是很难被察觉的，因为峰值和结点之间的间隔非常近，倾向于对整个畸变进行了平均。

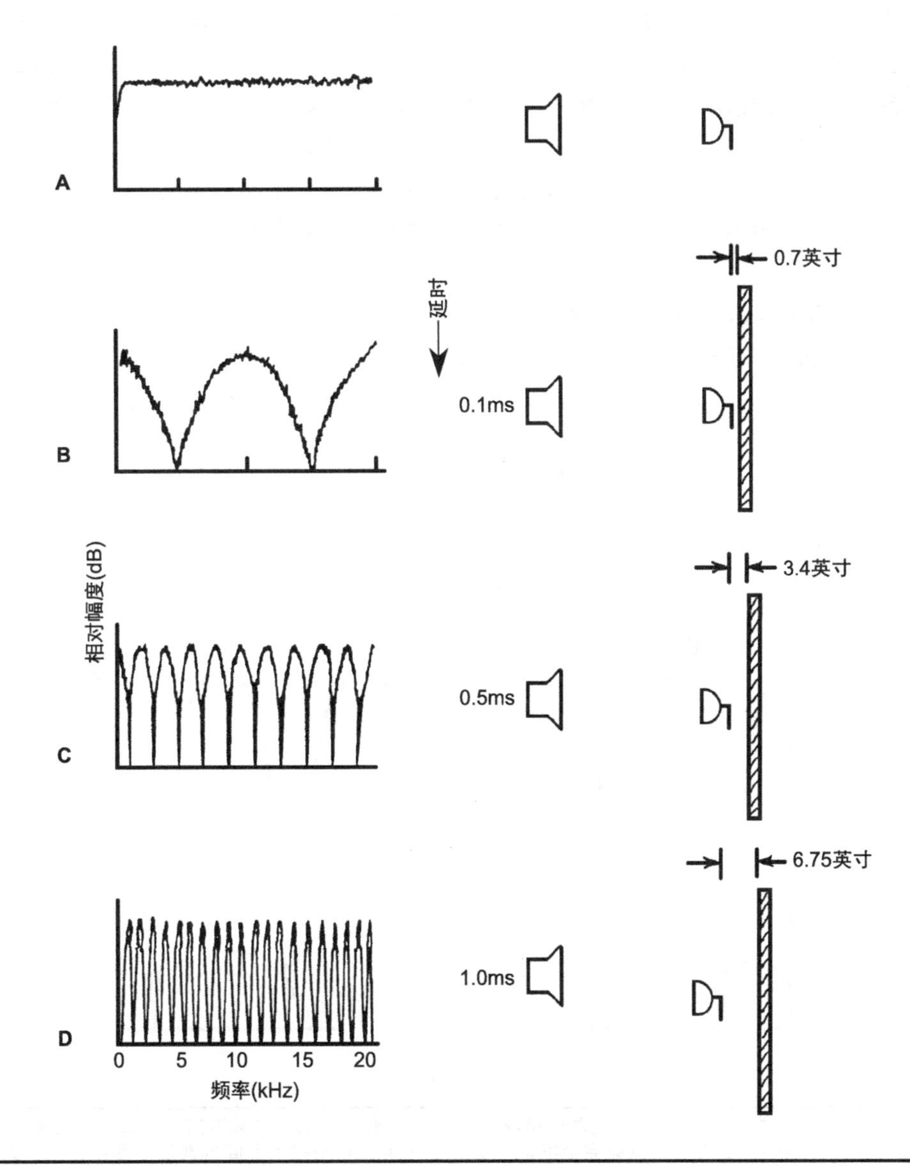

图 10-4 一个梳状滤波效应的展示，其中扬声器产生的直达声与墙面的反射声在话筒振膜处叠加在一起。(A) 没有反射表面的情况。(B) 把话筒放置在距离反射表面 0.7 英寸的地方，产生了 0.1ms 的延时，同时直达声和反射声的叠加显示出在 5kHz 和 15kHz 处的结点。(C) 0.5ms 延时所产生的结点间隔更加紧密。(D) 1ms 延时会产生更加紧密的结点间隔。如果延时 t 是以 s 来计量的，那么第 1 个结点位置在 $1/(2t)$ 处，且 2 个结点之间的间隔或者 2 个峰值之间的间隔为 $1/t$。图中频率使用的是线性刻度

我们知道在较小的房间当中，反射声与直达声之间的间隔将会更小，这是由房间尺寸的限制造成的。与此相反，在较大的空间当中，反射声将会有更长的延时，会使梳状滤波作用产生间隔更加紧密的峰值和结点。因此，梳状滤波作用通常与小房间的声学特征有着更加紧密的联

系。由于音乐厅及礼堂的尺寸较大，故会对人耳能觉察的梳状滤波失真有着相对较好的免疫作用。如此多且紧密的峰值和结点，可以让响应趋于平直。图 10–5 展示了音乐信号通过 2ms 延时梳状滤波器所产生的频谱。响应的峰值与结点之间的关系，以及其对应的音符如图所示。中央 C（C_4）的频率为 261.63Hz，它接近于第一个结点 250Hz 的位置。下一个更高的 C（C_5），有着 $C_4$2 倍的频率，其幅度比 C_4 高 6dB。在钢琴键盘上其他的 Cs，其频率响应要么受到结点抵消，要么被峰值提高，又或者在两者之间。无论我们把它们看作基频还是谐波，声音的音色最终都受到了影响。

图 10–3、图 10–4 以及图 10–5 展示的梳状滤波响应是在线性频率刻度下完成的。在这种线性关系的刻度下，所产生梳状外观的可视性更加形象。而在电子和音频工业当中对数刻度更为常用，它更能代表人们的听觉感受。如图 10–6 所示，为对数刻度下 1ms 延时的梳状滤波作用。

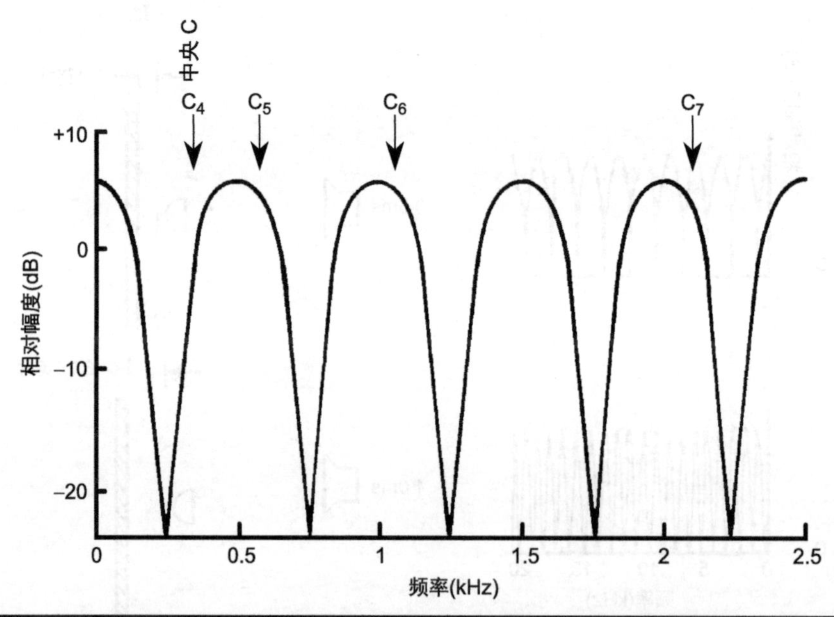

图 10–5 让一个音乐信号经过有着 2ms 延时的梳状滤波器，会影响该信号的频率成分。间隔 1 倍频程信号能够在峰值处提升 6dB，或者在结点处完全抵消，又或者产生这两个极值之间的数值。图中使用的是线性频率刻度

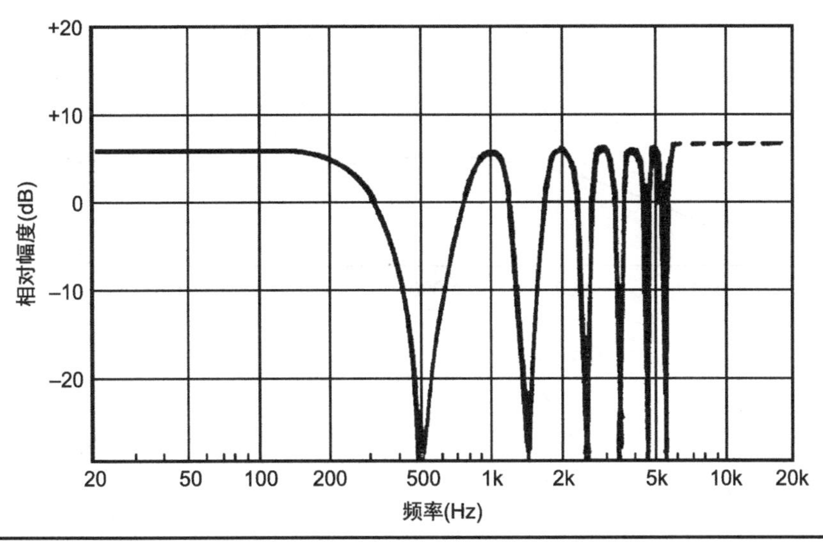

图 10-6 使用更熟悉的对数刻度，能够帮助我们对信号的梳状滤波作用进行评价

10.4 梳状滤波器和临界带宽

人耳的临界带宽是一种用来评价梳状滤波作用可闻度的方法。临界带宽所对应的频率，见表 10–1。临界带宽是随着频率变化而变化的。例如，人耳在 1kHz 处的临界带宽约为 128Hz。而一个峰值频率间隔为 128Hz 的梳状滤波器，所对应的延时约为 8ms，1/0.008=125Hz，它所对应直达声与反射声之间的路程差约为 9 英尺（1 130 英尺 /s × 0.008s=9.0 英尺）]。如图 10–7B 所示为一个延时为 8ms 梳状滤波的例子。图 10–7A 展示了一个有着更短延时 0.5ms 的例子。图 10–7C 展示了一个有着更长延时 40ms 的例子。

中心频率（Hz）	临界频带宽度（Hz）
100	38
200	47
500	77
1 000	128
2 000	240
5 000	650

* 计算等效矩形带宽，它是由 Moore 和 Glasberg 共同提出的。

表 10-1 耳朵的临界频带

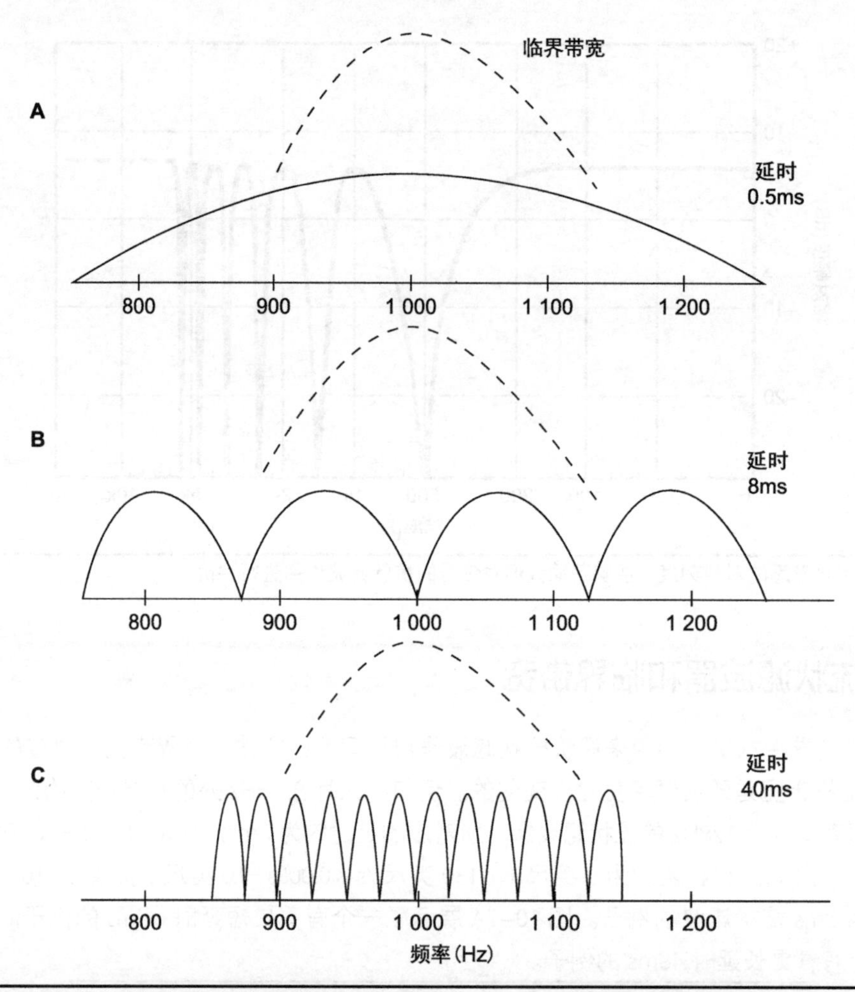

图 10-7 为了评价梳状滤波作用对感知的影响，我们将其与 1 000Hz 处的可闻临界带宽进行比较。（A）延时为 0.5ms 所产生的梳状滤波峰值，与可闻临界带宽的比较。（B）延时为 8ms，其中有两个梳状滤波峰值落在临界带宽内。（C）当延时为 40ms 时，临界带宽相对梳状滤波峰值的宽度变得很大，以至于我们不能觉察到这种梳状滤波作用。这似乎验证了在大空间（有着较长延时）当中，所产生的梳状滤波不会被人耳觉察到的事实，而梳状滤波对小空间（有着较短的延时）的影响是很大的。同时，在较低频率的临界带宽会更加窄，这意味着在低频处的梳状滤波会更加明显。图中所使用的是线性频率刻度

相对粗糙的临界带宽，让我们的耳朵对有着 40ms 延时梳状滤波器（如图 10-7C 所示）的峰值和结点相对不敏感。因此，或许人耳不能够感知 40ms 及更长延时所产生的梳状滤波效应。换句话说，0.5ms 延时所产生的梳状滤波峰值（如 10-7A 所示）宽度大于人耳在 1 000Hz 处的临界带宽，从而产生了可感受到它的变化。图 10-7B 展示了一个中间的例子，在这个例子当中人耳或许能够少量地感受到 8ms 延时所产生的梳状滤波信号。听觉系统的临界带宽会随频率的增加而迅速增加。我们很难想象得到临界带宽与不断变化音乐信号之间的相互作用，以及和大量反射声所产生的梳状滤波作用有多么复杂。只有利用心理声学实验进行仔细验证，才能确定这种结果是否能够被听到。

10.5 多通道重放当中的梳状滤波作用

在类似于立体声的多声道重放当中，到达每个耳朵的输入信号是来自两只扬声器的。由于两只扬声器之间的间隔，这些信号到达耳朵处会有一定的时间差。其结果将会产生梳状滤波作用。Blauert 指出梳状滤波失真通常是听不到的。随着音色感知的形成，听觉系统会忽略这种失真。然而，我们还没有一种普遍被接受的理论，可以解释人耳的听觉系统是如何实现这种功能的。我们可以通过塞住一只耳朵的方法来听到这种失真。但是，这样破坏了立体声的效果。通过把两只扬声器（产生梳状滤波失真）与一只扬声器（没有失真）的音色进行对比，我们会发现立体声的梳状滤波失真对音色的影响很小。以上这两种声音的音色，基本上是相同的。此外，随着头部的转动，音色也会有非常小的改变。

10.6 反射声和空间感

到达听音者耳部的直达声与反射声会有些不同。反射墙面的特征会随着频率而变化。穿过空气的直达声和反射声成分都会有点轻微的改变，这是由于空气的吸声特性随频率变化而引起的。直达声和反射声的幅度及时间是不同的。人耳对前方直达声的感受与侧向反射声也不相同。幅度与时间之间是有关联的，但是它们与两耳之间的相关性小于最大值。

到达双耳信号的较弱相关性让我们产生了空间感。例如在户外这种没有反射声的环境是没有空间感可言的。如果房间提供“合适的”声音信号到达耳朵，听音者将会完全感受到被包围和沉浸在声音当中。较弱相关性是产生空间感的先决条件。

10.7 话筒摆放当中的梳状滤波作用

当两只话筒分开一定的距离来拾取同一个声源时，将会有少许的时间差，我们把这两个信号叠加在一起，类似于话筒同时拾取了直达声和反射声的情况。因此，有一定间隔的话筒摆放很有可能会产生梳状滤波问题。在某些情况下，这种梳状滤波作用是可以被听到的，在整个声音重放当中它增加了相位信息，有些人认为这就是房间的周围环境。实际上这不是环境声，而是在话筒位置处由时间和强度所引起的失真。显然有人喜欢这样的失真，因此录音师喜欢使用一定间隔的话筒对声源进行拾音。

10.8 在实践中的梳状滤波作用：6 个例子

例 1

如图 10-8 所示，它展示了三个不同话筒摆放位置所产生的梳状滤波作用。假设我们使用的地面都是坚硬的，同时忽略其他的房间反射。声源与话筒距离较近的位置，直达声传播距离为 1 英尺，地面反射声的传播距离为 10.1 英尺（见表 10–2）。它们之间的路程差（9.1 英尺）意味着直达声与反射声之间产生了 8.05ms 的延时（9.1/1 130=0.00 805s）。因此，梳状滤波的第一个结点频率在 62Hz 处，后面峰值之间或者结点之间的频率间隔为 124Hz。反射声相对直达声的声压衰减为 20dB（20lg(1.0/10.1)=20dB）]。从而直达声比地面反射声大 10 倍。故本例中的梳状滤波作用可以被忽略。

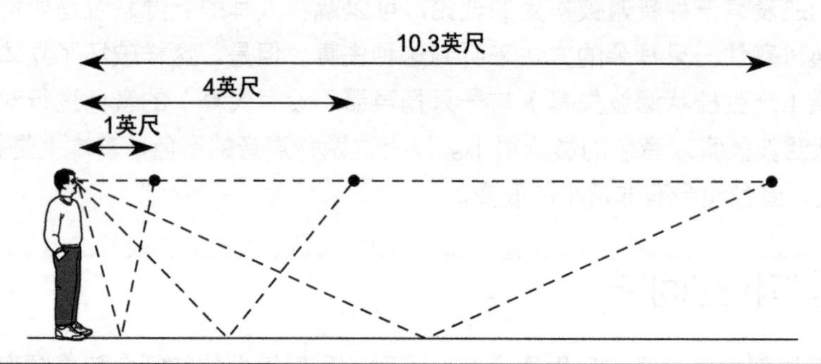

图 10-8 通常话筒摆放会产生梳状滤波作用（参见表 10–2）。在距离声源 1 英尺处，–20dB 的反射声产生了较小的梳状滤波作用。当距离增加到 4 英尺时，–8dB 的反射声或许会产生一定的梳状滤波作用。（C）而当距离为 10.3 英尺时，反射声压级几乎与直达声相同，因此必然会产生较大的梳状滤波作用

路径长度（英尺）		差值		第 1 个结点 1/（2t）	峰值 / 结点 间隔 1/t	反射声压级
直达声	反射声	距离（英尺）	时间（ms）	（Hz）	（Hz）	（dB）
1.0	10.1	9.1	8.05	62	124	–20
4.0	10.0	6.0	5.31	94	189	–8
10.3	11.5	1.2	1.06	471	942	–1

表 10-2 来自话筒摆位的梳状滤波作用（如图 10–8 所示）

类似的表 10–2 包含了另两个声源到话筒距离的计算。声源到话筒距离为 4 英尺是一个中间距离的例子，其中反射声压级低于直达声信号 8dB。梳状滤波效应刚刚进入临界值。当声源和话筒之间的距离增加到 10.3 英尺时，反射声与直达声之间的声级差仅为 1dB。这时反射声与直达声几乎一样强。梳状滤波作用将不能被忽略。与以上这些话筒摆位形成对比，如果话筒放置在地面上，考虑一下将会发生什么。这或许会产生较小的地面反射，然而这种技术实质上消除了直达声和反射声之间的路程差。

例 2

图 10–9 展示了讲台上的两只话筒。由于在礼堂当中的立体声重放系统相对较少。大多数情况下，两只话筒信号会进入一个单声道系统，从而产生了梳状滤波作用。我们摆放两只话筒的理由，通常是为了给演讲者更大的移动自由度，或者为话筒提供备份。假设话筒具有指向性，

而讲话者也站立中间位置，讲话的声压级将会有 6dB 的提升。又假设两只话筒之间的距离为 24 英寸，讲话者的嘴唇与两只话筒连线的距离为 18 英寸。如果讲话者向旁边移动 3 英寸，将会产生 0.2ms 的延时，这会对重要的语言频段造成衰减。如果讲话者不移动，语言质量也不会很好，只是会较为稳定。通常讲话者的移动，会改变梳状滤波所对应的结点和峰值位置，从而产生较为明显的音质变化。

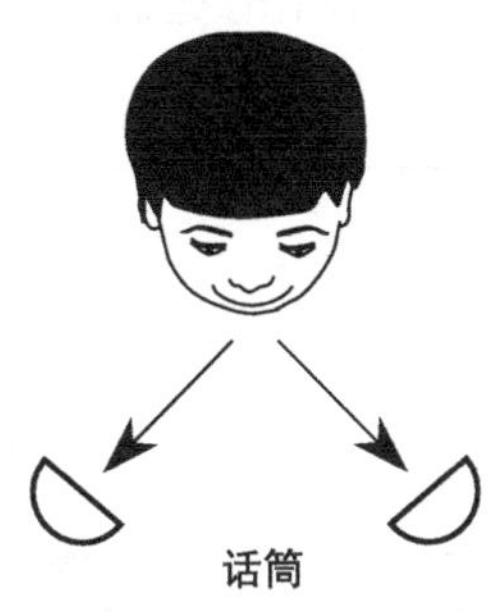

图 10-9 一个产生梳状滤波作用的例子，随着声源的移动，两只话筒的信号会进入 1 台单声道功放。

例 3

图 10-10 展示了合唱团中，每人使用一只话筒进行拾音的情景，这可能会产生梳状滤波作用。图中的每只话筒都会用独立的声道记录，但是最终会混合在一起。每个歌手的声音都会被所有话筒所拾取，而只有相邻的歌手会产生较为明显的梳状滤波作用。例如，歌手 A 的声音会被两只话筒拾取，在混合的过程中这会产生由路程差所引起的梳状滤波作用。但是，如果歌手 A 的嘴部与歌手 B 前面话筒的距离，大于 A 到自己话筒距离的 3 倍，那么梳状滤波作用将会被弱化。这就是“3：1 准则”，因为在这个比例当中，延时声会小于直达声至少 9dB。梳状滤波的峰值和结点在幅度上的差将会小于 1dB，这种差别基本上不会被察觉。

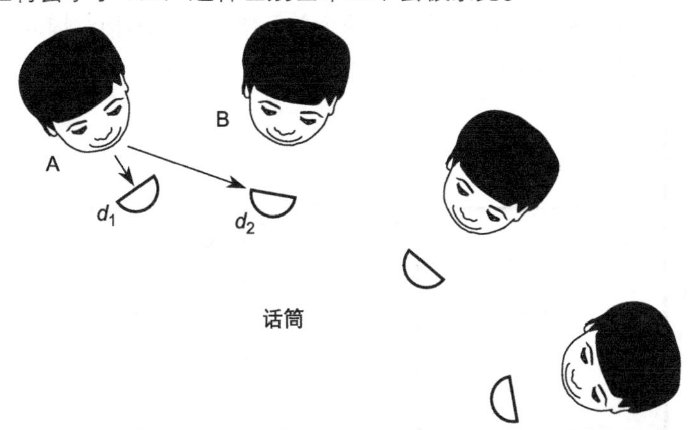

图 10-10 对于一组合唱来说，如果 d_2 是 d_1 的 3 倍以上，那么梳状滤波作用会较小。

例4

图10–11展示了一个立体声扬声器系统，其中一只扬声器在舞台的左侧，另一只在右侧。当这两只扬声器重放相同信号时，会在听众区域产生梳状滤波作用。在对称直线上（常常在舞台下面的中心走廊），这两个信号会同时到达，故不会引起梳状滤波作用。在听众区域中有着相同延时的等高线会从对称直线向外延伸开来，1ms延时的等高线是最靠近对称直线的，具有更多延时的等高线分布在听众区的两侧。

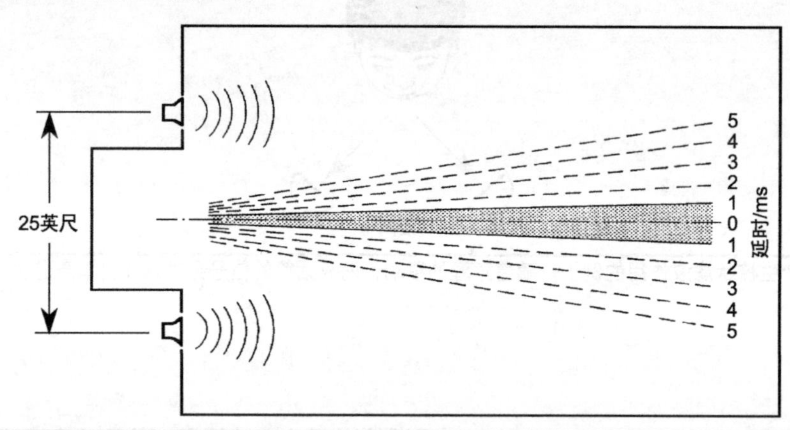

图10–11 一个普通的扩声系统，其中两只扬声器重放相同的声音信号，在听众区域会产生相长和相消干涉，它会降低重放声音的音质

例5

图10–12展示了一只三分频扬声器的频响曲线。频率f_1是由低音和中音单元共同驱动的，这两个单元的输出在大小上是相同的。但是它们之间有着一定的物理距离。这些都是产生梳状滤波作用的前提条件。相同的过程也会在中音与高音单元之间的频率f_2处产生。这种梳状滤波作用仅会影响一个较窄的频带，它的宽度是由两个单元辐射声音的相对幅度所决定的。越陡的分频曲线，所受影响的频率范围越窄。

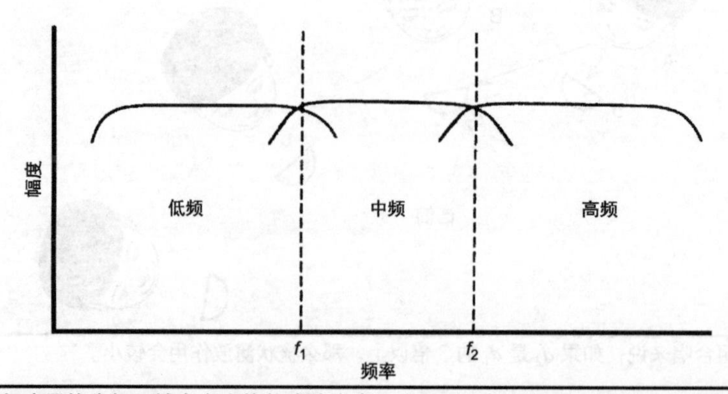

图10–12 多单元扬声器的分频区域会产生梳状滤波失真，这是因为相同的声音信号会从各自独立的扬声器单元辐射出来，而这些单元之间有着一定的距离

例 6

图 10–13 展示了一个与桌子表面齐平的话筒安装示例。这样做的好处在于，由于桌子表面的声压会增加，会提升话筒的灵敏度并接近 6dB。另一个好处在于，它可以减少桌面反射造成的梳状滤波失真。由于振膜与桌面齐平，这样就接收不到来自桌面的反射声信号，只有直达声信号进入话筒振膜。

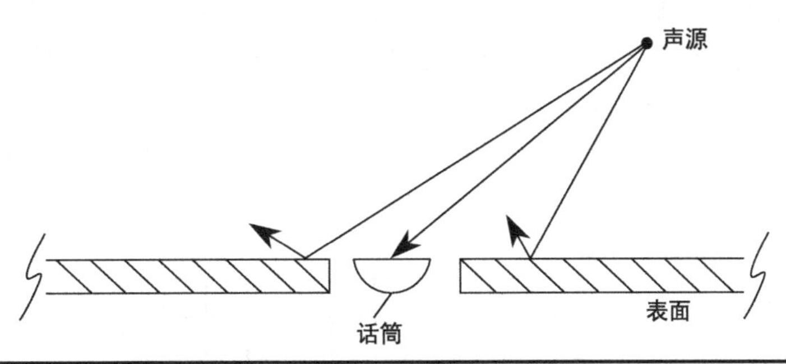

图 10–13 当话筒与桌面架设在同一平面时，来自声源的声音撞击到表面所产生的反射无法进入话筒，从而避免了梳状滤波作用。由于反射表面附近的声压会有所提升，因而这种架设会增加话筒的灵敏度

10.9 梳状滤波响应的评价

我们很少能够使用较为简单的关系来对系统响应中的梳状滤波作用进行评价。如果延时是 ts，峰值之间的间隔以及结点之间的间隔是（1/t）Hz。例如，延时为 0.001s（1ms），有着 1 000Hz 的峰值间隔，以及相同频率宽度的结点间隔，见表 10–3。

延时（ms）	最低结点频率（Hz）	结点之间间隔以及峰值之间间隔（Hz）
0.1	5 000	10 000
0.5	1 000	2 000
1.0	500	1 000
5.0	100	200
10.0	50	100
50.0	10	20

表 10–3 梳状滤波的峰值和结点

我们可以看到在第一个结点的频率（例如最低频率的结点）将会发生在 [1/（2t）]Hz 处。对于相同的 1ms 延时，第一个结点将会发生在 1/（2×0.001）= 500Hz 处。对于这个 1ms 延时，第一个结点发生在 500Hz，峰值之间的间隔为 1 000Hz，而结点之间的间隔也为 1 000Hz。当然，在两个邻近结点之间有 1 个峰值，它是两个信号同相位叠加产生的。两个相同频率、幅度和相位的正弦波叠加，会产生 1 个幅度为原来 2 倍的正弦波。这会产生比它自身分量大 6dB 的峰值（$20\lg2=6.02$dB）。当这两个信号的相位相反时，结点在理论上应该为最小值。通过这种方法，随着这两个信号在整个频谱范围内相位的不断变化（同相和反相），我们可以描绘出整个响应曲线。

其中重要一点在于上面 1/(2t) 的表达式，它给出了结点位置在 500Hz，在这个位置受到延时的影响，其信号能量为零。当音乐或语言通过具有 1ms 延时的系统时，一些重要的成分会被移除或减小。这就是梳状滤波失真。

如果 1/t 和 1/(2t) 的数学公式看起来太费劲，图 10–14 和图 10–15 所示提供了图表的解决办法。

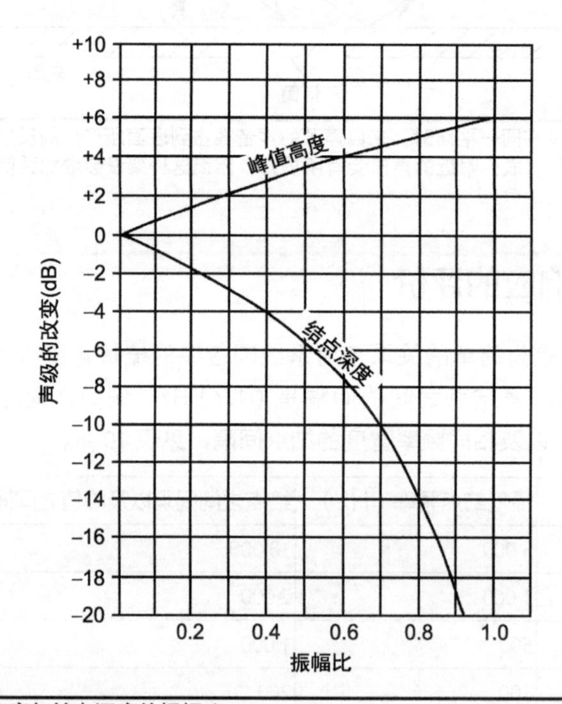

图 10–14　梳状滤波峰值高度与结点深度的振幅比

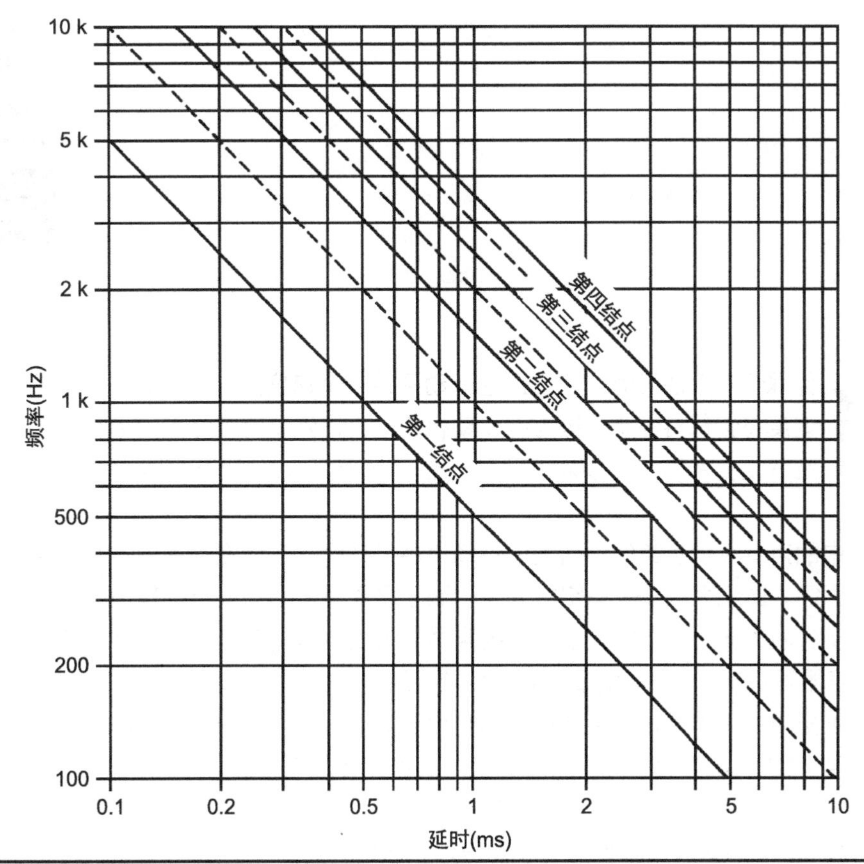

图 10-15 延时的大小决定了相消干涉（结点）和相长干涉（峰值）发生的频率。虚线表明了相邻结点之间的峰值

11 混响

当你踩住汽车油门时，它会加速运动到某一个速度。如果马路是平滑的，那么这个速度将会保持恒定。因为有发动机的动力，汽车有足够的马力来克服由摩擦力和空气阻力所造成的损耗，这就产生了平衡。如果放松油门，汽车将会缓慢减速，最后停止。

在房间中的声音表现也类似，当我们把扬声器打开时，它会在房间中产生噪声，并迅速增长到某个声压级。这个声压级是稳定的或者达到了平衡点，即从扬声器辐射出的声音能量，足以克服空气及房间边界对声音的吸收。从扬声器辐射出越多的声音能量，将会产生越高的声压级，而从扬声器辐射较少的声音能量将会产生较低的声压级。

当我们把扬声器关闭时，将会在房间内产生一定时间长度的声音衰减。当激励声源消失之后，这种在房间当中的声音效果就是混响，它与房间的音质有着密切的关系。

如果把交响乐团放在一间几乎没有混响的大消声室当中进行录音，这将会产生一段比普通听音环境更差的声音效果。这种录音将会比户外音乐录音更加“单薄”和“微弱”。显然交响乐和其他音乐需要利用混响来产生一个可以接受的音质。类似地，我们需要利用房间混响，让音乐和语言听起来更加自然，这是因为大家已经习惯在混响环境下欣赏它们。

在过去，混响被看成是对语言和音乐来说，封闭空间中最重要的特征。而现在，混响被看成是描述声学空间音质的重要参数之一。

11.1 房间声音的增长

当在房间中产生一个声音时，它将会包含一定的能量，随着能量的逐渐增加会达到一个稳态值。到达这个稳态值所需要的时间，取决于房间中声音的增长率。

让我们考虑房间中声源 S 和听众 L 的情形，如图 11–1A 所示。当声源突然开始激励，从 S 发出的声音会朝四面八方进行传播。我们可以把声音直接到达听众 L 的时间看成是 0（如图 11–1B 所示）。在 L 处立刻显示出一个声压值 D，由于球形波阵面的发散作用以及空气的损耗，实际中这个数值会小于理论值。在 L 处的声压保持这个值，直到反射声 R_1 的到来，这时声压数值立刻跳转到 $D+R_1$。随着 R_2 的到达，使得该处的声压继续增加。每一个反射声成分的到达，都会让该处的声压级产生一个阶梯式增长。以上这些叠加，实际上是幅度和相位的矢量叠加，但是为了简化计算过程，我们把它们进行了简单相加。

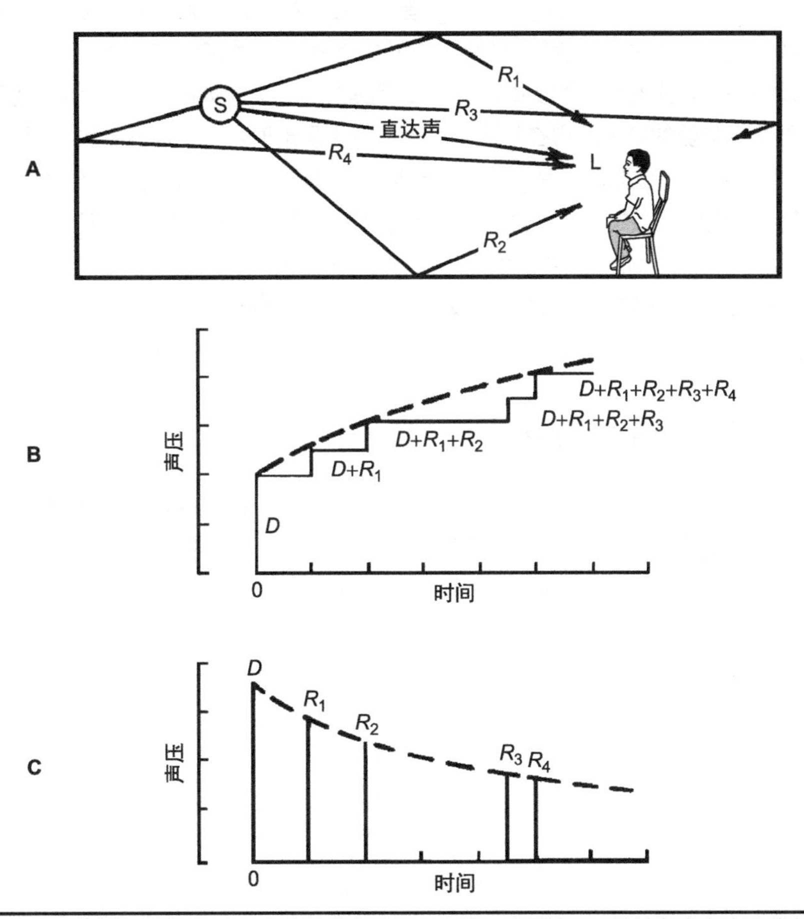

图 11–1 房间中声音的增加和衰减。（A）直达声在时间 t=0 第 1 次到达 L，反射声成分随后到达。（B）在 L 处的声压级阶梯式增长。（C）当声源停止时，声音呈指数型衰减

在听众处的声压，会随着一个接一个的反射声，逐步叠加到直达声分量当中。原因在于 L 处的声压不是立刻达到最终值，这是由于声音会经过不同的路径到达此处。当我们已知声速时，反射声的延时时间与直达声和反射声之间的路程差成正比。在实际当中，声音的增长是非常快的，以至于听音者认为是瞬间完成的。而声音的衰减相对来说是非常缓慢的，通常它是可以被听音者所听到的（作为混响）。因此，在实际的声学设计当中，声音的衰减特征更为重要。

在房间当中，声音的最终大小取决于声源辐射的能量。这些能量会被作为热能，在墙面或者其他边界以及空气当中损耗掉。随着声源 S 的辐射，声压级的增长达到一个稳态的平衡，如图 11–1B 所示。增加声源 S 的辐射能量，会让房间声压级与房间损耗之间产生新的平衡。

11.2 房间内的声音衰减

当关闭声源 S 之后，房间暂时仍旧充满声音，不过这种稳定状态将会受到破坏，因为来自声源 S 的能量不能够与房间内的损耗相平衡。房间内传播声线的来源被切断。

例如当声源消失后，天花板上的反射声 R_1 的命运是什么呢？（如图 11–1 所示）当声源 S 被切断之后，R_1 还在到达天花板的途中。它在到达天花板并发生反射时，产生能量损失，同时反射到 L 处。当穿过 L 后，它传播到后墙位置，然后是地面、天花板以及前面的墙，并再一次到达地板，在此期间的每一次反射都会产生能量损失。不一会儿，它就会衰减得非常厉害，以至于我们几乎感受不到它的存在。对于 R_2、R_3、R_4 以及其他反射声来说，都会有同样的过程。图 11–1C 展示了反射声的指数衰减，它也可以应用在没有展示出来的墙面反射，以及许多不同的反射声分量当中。因此在房间内的声音最终会消失，但是由于声音速度、反射损耗、空气吸收以及声音扩散等原因，这个消失过程需要一段时间。

11.3 理想的声音增长和衰减

从几何声学的观点来看，房间声音的衰减及增长是一个阶梯式的过程。然而在实际当中，大量的小阶梯让声音的增长和衰减变得较为平滑。在房间当中，声音理想的增长和衰减形式，如图 11–2A 所示。在这里声压展示在线性刻度下，横坐标描述了所对应的时间。图 11–2B 展示了相同的声音增长和衰减情况，只是它的声压级使用分贝来表示，也就是说，它是在对数刻度下表示的。

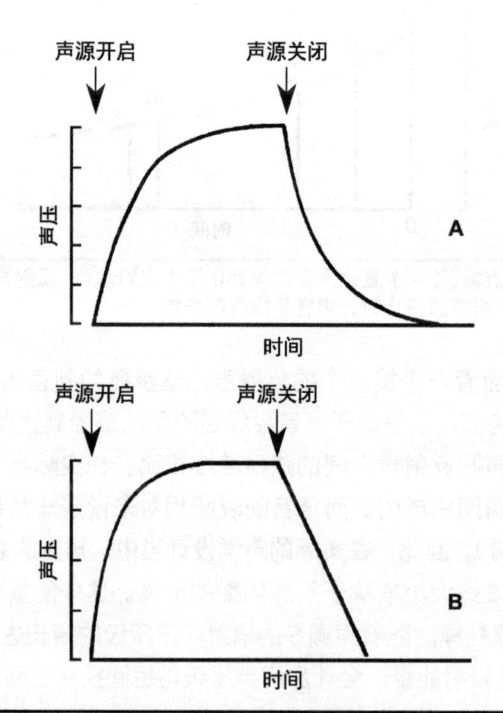

图 11–2 房间内声音的增长和衰减。(A) 声压在垂直刻度的测量（线性刻度）。(B) 声压级在水平刻度的测量（对数刻度 dB）

在房间声音增长的过程中，功率被应用到声源当中。在衰减的过程中，声源的功率被切断，因此会产生不同形状的增长和衰减曲线。在这个理想的状态下，图 11–2B 所示的衰减是一条直线，这成为测量一个封闭空间混响时间的基础。

11.4 混响时间的计算

混响时间（RT）是对声音衰减率的测量。它的定义是房间内稳态声压级衰减 60dB 所需要的时间，用 s 来表示。它代表了声音强度的改变，或者是 100 万的声功率（10lg1000 000=60dB），或者是 1 000 声压级（20log1 000=60dB）的改变。这种情况下所测量的混响时间被称为 RT_{60}。这个 60dB 的数字是被随意选择的，但是它大概能够描述一个声音衰减直到听不到所对应的时间。人们的耳朵对大多数混响衰减的起始部分最为灵敏。20 世纪 80 年代，工作在哈佛大学的物理学教授 Wallacecle Ment Sabine，设计出第一个混响时间计算公式。他使用一个便携式风箱和管风琴作为声源，并用秒表和敏锐的耳朵来测量声源被打断直到听不见所用的时间。虽然在今天我们有更好的测量技术和设备，但是它也可以用来让我们更好地理解混响时间的基本概念。用来计算混响时间的等式常被称为赛宾（Sabine）公式，见下文。

用这种方法来测量的混响时间，如图 11–3A 所示。我们用录音设备来记录声音的衰减轨迹，可以较为简单地测得 60dB 衰减所对应的时间。虽然根据理论来测量混响时间是较为简单的，但实际上我们会遇到一些问题。例如，在实际生活当中，获得图 11–3A 所示 60dB 笔直的衰减曲线是非常困难的。如果背景噪声为 30dB，我们有可能获得这样的曲线（如图 11–3A 所示），因为声源的声压级达到 100dB 是可能的。但是，如果噪声声压级接近 60dB，如图 11–3B 所示，那么声源的声压级就需要达到 120dB。如果功率为 100W 的功放来驱动扬声器，并且在固定距离处提供 100dB 的声压级，声源功率增加 1 倍，该处的声压级仅提高 3dB。因此，在固定距离处 200w 的功放会产生 103dB 的声压级，400W 会产生 106dB 的声压级，800W 会产生 109dB 的声压级，以此类推。由于受到尺寸和成本的限制，在实际使用当中重放的最大声压级是受到限制的。

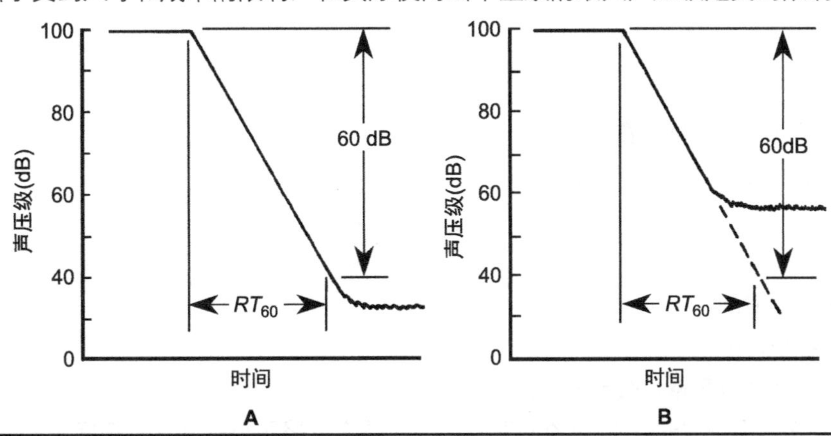

图 11–3 衰减的时间长度取决于声源的大小和噪声级。（A）在实际环境中很少能达到 60dB 的衰减。（B）有限衰减的斜率被用来作为推断混响时间的依据

图 11–3B 所示是通常我们会遇到的情况，在这种情况下就产生了一条衰减小于 60dB 的曲线。我们可以通过对衰减曲线有效部分的延长来推断混响时间。例如，把衰减 30dB 的声音曲线进行延伸，用来估算 60dB 衰减所对应的时间。

实际上，尽量去获取更大的衰减范围是非常重要的，因为我们关心的是整个衰减的过程。例如，研究表明，在语言或者音乐的评估过程中，前 20dB 或者 30dB 的衰减对于人耳来说是更为重要的。另一方面，较为明显的双斜率现象，仅会在衰减的末端出现。实际上，我们可以通过降低声源的最大幅度，以及使用滤波器，来改善信噪比。

11.4.1 赛宾公式

赛宾的混响时间等式，发布于 1900 年，它完全是根据经验建立起来的。当时赛宾有两间报告厅可以使用，他通过增加或者减少相同种类弹性坐垫的数量，阐明了房间混响当中的吸声问题。通过观察，赛宾发现，混响时间取决于房间的容积和吸声量。吸声量越大混响时间越短。同样，由于大房间声音撞击吸声边界没有那么频繁，所以房间容积越大混响时间越长。

$4V/S$ 描述了在 2 个连续反射声之间，声音传播的平均距离，我们通常把它称为平均自由程。在公式当中，V 代表房间容积，S 代表房间的表面积。例如，房间的尺寸为 23.3 英尺 ×16 英尺 ×10 英尺。其容积为 3 728 立方英尺，表面积为 1 533 平方英尺。房间的平均自由程为 $4V/S$ 或 4×3 728/1 533=9.7 英尺。当声音速度为 1 130 英尺 /s 时，在撞击到其他房间表面之前，声线平均传播时间为 8.5ms。在这个声线能量完全消失之前，或许会碰撞 4~6 个表面，整个衰减过程将会需要 42.5ms 的时间。但是边界的实际数量取决于房间的吸声情况。例如，在混响较大的房间当中，衰减将会需要更多的边界，从而需要更长的时间。另外，由于在大房间里平均自由程更长，故其衰减过程也将会更长。

利用这种统计学以及几何声学原理，赛宾建立起自己的混响公式。特别是他构建了以下关系。

$$RT_{60}=\frac{0.049\,V}{S} \tag{11–1}$$

其中，RT_{60}= 混响时间，s。

V= 房间容积，立方英尺。

A= 整个房间的吸声量，赛宾。

赛宾公式也可以用公制公式为

$$RT_{60}=\frac{0.161V}{A} \tag{11–2}$$

其中，RT_{60}= 混响时间，s。

V= 房间容积，m^3。

A= 整个房间的吸声量，公制赛宾。

使用赛宾公式是一个较为直接的处理过程，但是它忽略了很多因素。房间中的总吸声量 A。

例如，这涉及房间表面的吸声量。（在许多情况下，听众的吸声也是必须被考虑的，如果有必要，空气的吸声或许也要包含进来，这将会在以后章节来讨论。）如果所有房间表面的吸声一致（不过这种情况很少存在），是非常容易获得总吸声量的。但是通常墙、地板和天花板常常会使用不同的材料，而且门和窗户也必须要分别考虑。

对于总吸声量 A 来说，我们可以通过衡量每一种表面对总吸声量的贡献来统计。为了获得房间的总吸声量 A，必须叠加各种材料所对应的吸声量，通过把每种材料面积 S_i（平方英尺）与对应的吸声系数 α_i 相乘，并把所有的值相加来获得总的吸声量。即 $A=\sum S_i\alpha_i$，其中 i 对应每个表面及吸声系数。$\sum S_i\alpha_i/\sum S_i$ 的数值对应平均吸声系数 $\alpha_{average}$。

例如，假定区域 S_1（表示为平方英尺或平方米）的吸声系数为α_1，它可以从附录表格中查得。这时这个区域贡献的吸声量为 $S_1\alpha_1$，单位用赛宾来表示。同样，另一个区域 S_2 使用另一种吸声系数为 α_2 的材料覆盖，它对房间总吸声量的贡献为 $S_2\alpha_2$ 赛宾。房间的总吸声量为 $A=S_1\alpha_1+S_2\alpha_2+S_3\alpha_3+\cdots$。随着总吸声量 A 的获得，利用式（11–1）、式（11–2）来计算混响时间，成为一件较为简单的事情，在本章的末尾部分，会通过例子来进一步展示。

在实际当中，材料的吸声系数会随着频率的变化而变化。所以有必要针对不同频率的吸声量进行计算。混响时间典型的参考频率是 500Hz，其中 125Hz 和 2kHz 也会被使用。确切地讲，任何混响时间的数值都应该标明所对应频率。例如，在 125Hz 的混响时间，可以表示为 $RT_{60/125}$。当混响时间没有指定频率时，我们会假设其参考频率为 500Hz。注意，1 赛宾 =0.093 公制赛宾。

赛宾公式是有一定局限性的，对于“活跃”的房间来说，统计作用占主导地位，我们能够通过赛宾公式获得准确的结果。但是，在一个非常“干”的房间当中，利用这个公式进行计算会产生出错误的结果。例如，一个房间的测量尺寸为 23.3 英尺 ×16 英尺 ×10 英尺。它的容积为 3 728 立方英尺，而总面积为 1 532 平方英尺。如果假设所有表面是完全吸声的（α=1.0），那么整个吸声量将会为 1 532 赛宾。把这些数值代入公式，有

$$RT_{60}=\frac{0.049\times 3\ 728}{1\ 532}=0.119\ \text{s}$$

非常明显，一个完全吸声房间的 RT_{60} 数值应该为零，那么也说明这个公式所计算出来的结果是错误的。完全吸声的墙面是没有反射的。这种错误的结果是由赛宾公式所造成的。尤其，它假设了房间内的声音是完全扩散的，类似混响室一样。结果显示，在平均吸声系数低于 0.25 的房间当中，利用赛宾公式是非常准确的。

11.4.2 艾林 – 诺里斯公式

艾林 – 诺里斯（Eyring–Norris）和其他人所建立的公式解决了这一问题，它可以应用在吸声作用更强的房间当中。对于平均吸声系数在 0.25 以下的情况，其他公式都与赛宾公式等效。

艾林 – 诺里斯提出一个适用于吸声作用更强房间的替代公式，为

$$RT_{60}=\frac{0.049V}{-S\ln(1-\alpha_{average})} \tag{11–3}$$

其中，V= 房间容积，立方英尺。

S= 整个房间表面区域，平方英尺。

ln= 自然对数（以“e”为底）。

$\alpha_{average}$= 平均吸声系数（$\sum S_i\alpha_i/\sum S_i$）。

Young 指出，所有的材料吸声系数都已经由材料制造商进行了发布（诸如附件上的清单），这些赛宾系数可以被直接应用在公式当中。在工程计算中，Young 推荐使用式（11–1）或者式（11–2），而不是艾林–诺里斯以及它的许多衍生公式。这是因为，这 2 个公式具有简便性和一致性。在许多科技文章当中，使用了艾林–诺里斯或者其他公式。对于吸声较强的空间，我们建议使用艾林–诺里斯公式，而通常情况下仅使用赛宾公式就可以了。基于这个原因，我们在这个空间当中使用了赛宾公式。其他研究者们，包括 Hopkins–Striker、Millington 和 Fitzroy 等人建议交替使用混响时间公式。

11.4.3 空气吸声

在大房间当中，声音传播会经历较长的路径，空气能够有效增加房间的吸声，从而降低混响时间。空气吸声仅对 2kHz 以上的频率有效。空气吸声在小房间当中的作用不明显，从而可以忽略。我们把 $4mV$ 加入到混响时间公式的分母当中，其中，m 是空气的衰减系数，使用赛宾/英尺（或者赛宾/m）来表示，而 V 是房间的容积，用立方英尺（或者/m^3）来表示。例如赛宾和艾林–诺里斯公式分别变为

$$RT_{60}=\frac{0.049V}{A+4mV} \quad (11\text{–}4)$$

$$RT_{60}=\frac{0.049}{-S\ln(1-\alpha_{average})+mV} \quad (11\text{–}5)$$

一些用赛宾/英尺表示的 m 值，在 2kHz 为 0.003，4kHz 为 0.008，8kHz 为 0.025；用赛宾/m 来表示分别为 0.009，0.025 和 0.080。m 值受到空气相对湿度影响，以上这些值适用于相对湿度为 40%~60% 的环境。空气的吸声作用，在湿度较低的环境下会有所增加。

11.5 混响时间的测量

测量混响时间会有许多方法，同时有很多工具可以应用到混响时间的测量当中。例如，声学承包商在安装扩声系统时，需要知道其空间环境的混响时间，且对其进行也许比计算更加准确的测量，这是由吸声系数的不确定性所造成的。声学顾问要去纠正有问题的空间，或者要核对一个被设计且新建的空间，通常我们倾向于采用记录众多声音衰减的方法来完成测量。这些声音的衰减会向有经验的人们展现出来有意义的声音细节。

11.5.1 冲击声源

冲击声源和稳态声源都可以用来测量房间响应。任何用来激励封闭空间的声源，在整个频谱当中必须具有足够的能量，从而确保在本底噪声之上有着足够的动态范围。火花放电、手枪射击和气球爆炸，这些都是具有较大能量的冲击声源。对于更大的空间，我们甚至会用小的加农炮来作为冲击声源，以保证可以提供足够的能量，特别是在低频部分。无论实际当中我们用什么方法来产生冲击，它的衰减都会随时间变化，从而可以用来检验房间的声学特性。例如，有着更多扩散的房间，其声音衰减会更为平滑。相反，如果房间有很多回声，能量会集中在回声出现的时间段，这将会产生不均匀的衰减。

图 11–4 展示了一间小录音棚的冲击衰减过程。声源是一支气手枪，它可以让纸片破裂发出声音。这种声源在 1m 处的峰值声压可以达到 144dB，主脉冲的时间长度小于 1ms。对于音响测深图的记录来说，这是一个理想的声源。图 11–4 所示的脉冲衰减，是由这种声源所激励的。

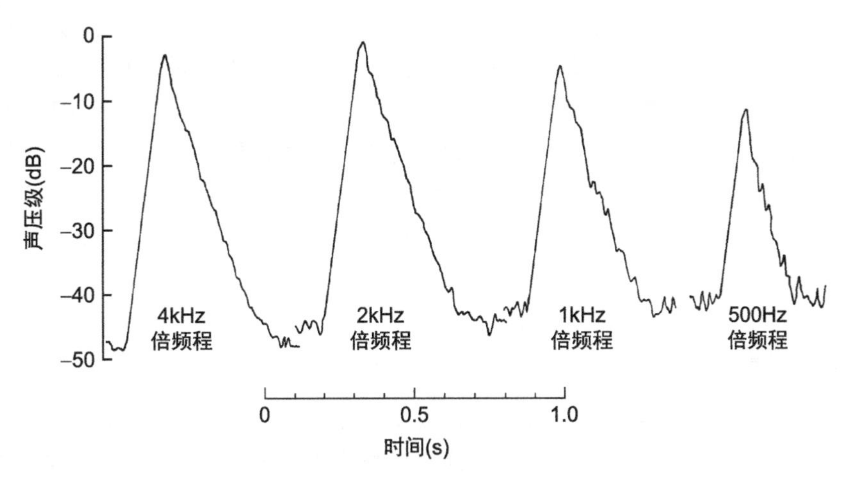

图 11–4 小录音棚的脉冲激励所产生的混响衰减。每个曲线左边上升斜率是由设备的限制所造成的。右侧的下降部分为混响的衰减

在如图 11–4 所示波形当中，所有衰减的左侧是笔直向上的，它们有着相同的斜率，这是受到设备的响应限制导致的。对混响时间测量有用的部分是右侧向下衰减的部分，它有着不同的斜率。仿效图 11–3，从这种斜率当中我们可以获得混响时间。请注意，对于较低频率来说，其倍频程带宽的噪声会更高一些。对于 250Hz 以及更低频段，冲击声几乎都被噪声所淹没。这就是用脉冲法获得混响时间的局限性。

11.5.2 稳态声源

正如前面所提到的那样，稳态声源可以用来测量房间响应。例如，赛宾使用风箱和管风琴

作为他早期的测量声源。然而我们必须更仔细选择一个稳态声源，利用它来提供准确的响应数据。单一频率的正弦波声源，会给出非常不规则的且难以分析的衰减。有着较窄频带产生能量的颤音，能够改善固定频率声源所造成的问题。然而随机噪声（白噪声或者粉红噪声）的带宽内会更加稳定、可靠，在特定频率范围内它会产生声学作用的平均。我们通常会使用倍频程和（1/3）oct带宽的随机噪声。稳态声源对房间内声音增长的测量，以及衰减响应的测量都是非常有用的。

11.5.3 测量设备

图11–5所示为混响时间测量设备的布局图，我们可以用它来对房间内混响时间的衰减进行测量。从图中可以看到，粉红噪声信号被功率放大器放大，同时驱动扬声器单元。在整个链路当中提供了一个开关，可以用它来切断噪声信号。因为所有的房间模式的终端都会集中在角落处，故我们会把扬声器指向房间的角落（特别是小房间），激励出所有的共振模式。

听音室中，我们在话筒架上放置一只全指向话筒，高度与耳朵齐平，或者是平时使用话筒录音的高度。通常来说，话筒振膜越小，其指向性越小。一些大振膜话筒（例如，直径为1英寸膜片）可以配置一个随机入射矫正器，以减少其指向性，不过使用较小振膜的话筒[例如，直径为（1/2）英寸的膜片]会有着对各个角度入射声音更加一致的灵敏度。如图11–5A所示，一只高质量的电容话筒配有B&K（Brüel & K;aer）的声级计，话筒与声级计之间通过一条延长线进行连接。该装置提供了前置放大器、倍频程滤波器、矫正装置以及一个用来记录线路输出信号的录音机。

11.5.4 测量步骤

当房间充满宽带粉红噪声时就可以开始测量了，首先要让信号的声压级足够大，这也就需要我们在房间内的每一个人都佩戴听力防护器。当测量噪声达到顶部时，房间内的声音开始衰减直到零。在所选择位置的话筒拾取到这个衰减，并记录下来，用于以后分析。

信噪比决定了混响衰减曲线的有效长度。如上所述，获得RT_{60}所定义的60dB衰减是比较困难的。但是可以通过图11–5所示的滤波器，获得45~50dB的衰减曲线。例如，为了获得500Hz处RT_{60}的值时，声级计内中心频率为500Hz的倍频程滤波器被用在记录和重放的过程当中。

图11–5B展示了混响时间分析过程的大概流程。我们使用录音机进行重放，同时使用B&K声级计，它有着额外的图表声级显示器。录音机的线路输出与声级计线路的输入之间，连接一个4odB的衰减器。这样声级计的话筒就被移除了，同时在这里安装了一个特别的专用配件。声级计的输出被直接与图表声级显示器的输入相连，这就完成了设备间的连接。随着衰减信号的重放，会使用对应的倍频程的滤波器。

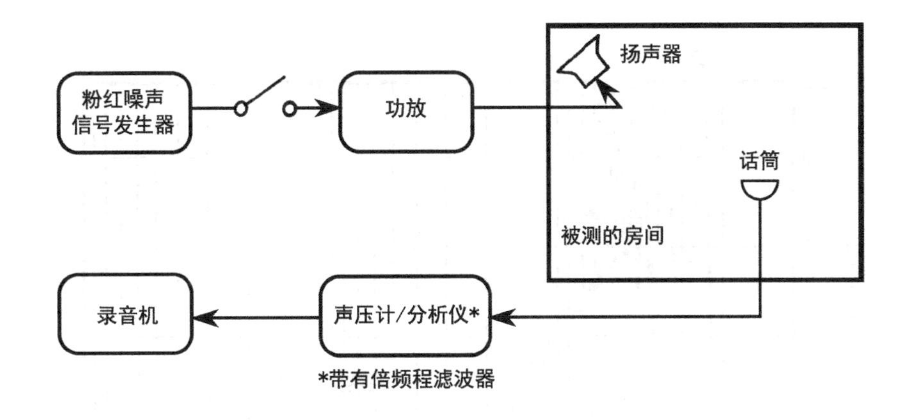

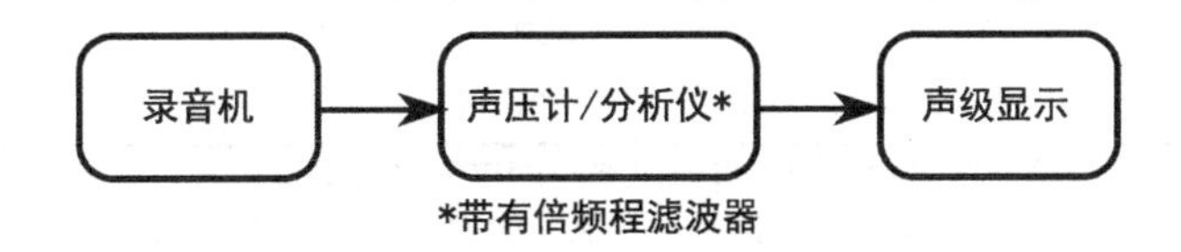

图 11-5 封闭空间混响时间测量设备系统框图。(A)在固定位置记录衰减。(B)衰减重放用来分析

11.6 混响和简正模式

如第 13 章所描述的那样，房间的共振显现在它的简正模式当中。我们有必要提前对这个话题进行讨论，以便了解这些房间共振与混响之间的关系。现在对其进行简单的陈述，在大多数房间当中都有着自己特定的共振频率，它们会让对应频率的声音能量增强。

在描绘房间混响时间方面，赛宾公式及其替代公式被广泛使用。然而，对于单个点的混响时间计算或者测量，不能完全描述房间的混响特征，特别是考虑到房间的简正作用。当对小房间混响时间进行描述时，房间模式对其造成了较大的影响。

假设在一间没有进行声学处理的小录音棚当中，开始我们把信号发生器设置在约 20Hz 的位置，它低于房间的第 1 个轴向模式。房间的声学效果不能被扬声器激励，即使功放的增益调到最大（即使，假设使用最好的低频扬声器），也只能产生相对较弱的声音。然而，随着信号发生器频率向上调节，当达到（1，0，0）模式（在这个例子中，为 24.18Hz）的时候，声音会变得非常大，如图 11-6 所示。当继续向上调节信号发生器的频率，声音会逐渐变弱，但是当达到（0，1，0）模式（频率为 35.27Hz）时，又会产生较大的声音。类似的峰值会建立在（1，1，0）切向模式（频率为 42.76Hz），（2，0，0）的轴向模式（频率为 48.37Hz），以及（0，0，1）的轴向模式（对应频率 56.43Hz）。

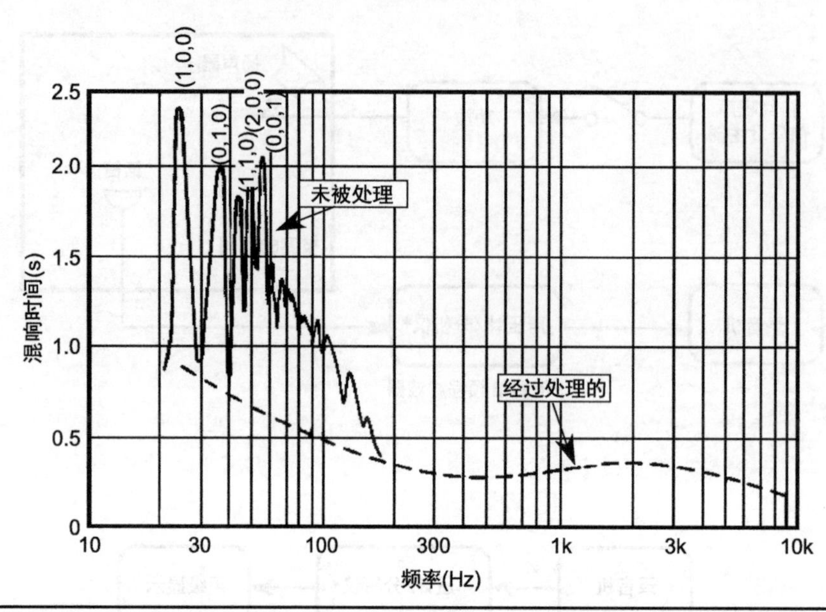

图 11–6 在低频使用正弦信号测量混响时间，显示出简正频率声音的较慢衰减（较长的混响时间）。这些峰值仅针对特定的模式，不能代表整个房间。高的简正密度，使得能量分布更加一致，且传播方向更加随机，这些对混响公式来说是必要的（Deranek 和 Schultz）

房间模式的峰值和谷值已经被记下，让我们来对声音的衰减进行分析。在激励于 24.18Hz 的模式（1，0，0）达到稳态后，关闭声源，测得它所产生混响时间为 2.3s。类似的衰减会分别在 35.27Hz，42.76Hz，48.37Hz 和 56.43Hz 处产生，在这些模式之间的频率会有着较快的衰减（更短的混响时间）。在模式频率处较长的衰减时间是独立模式的衰减特征，而不是整个房间所有模式存在的衰减。

较长的混响时间意味着会有较低的吸声量，较短的混响时间意味着具有较高的吸声量。非常有趣的是，对于墙面、地板和天花板来说，吸声量在几赫兹的范围内能够产生剧烈变化。对于（1，0，0）模式，仅仅房间的两端会产生吸声作用，而其他四个表面没有包含进来。对于（0，0，1）模式，仅仅地板和天花板的吸声作用被包含进来。对于房间的低频部分，我们已经对单个模式的衰减率进行了测量，但是这不是房间的平均状态。

由于房间尺寸与声波波长比较接近，所以我们能够体会到为什么把混响时间的概念应用到小房间当中是比较困难的。Schultz 认为混响时间是一个统计学概念，它在数学上的一些不合理细节会得到平均。而在小房间当中，这些细节是不能得到平均的。

赛宾、艾林 – 诺里斯以及其他混响时间公式，都是在假设封闭空间内有着均匀的声音能量分布和随机传播方向的基础之上进行的。在房间的低频部分，如图 11–6 所示，它的能量分布是非常不均匀的，且传播方向也不是随机的。当我们对该房间进行声学处理之后，所测量到的混响时间结果如虚线所示。即使我们通过一些有效措施对简正频率进行了控制，然而频率在 200Hz 以下声音的统计随机性仍不占主导地位。

11.6.1 衰减曲线分析

在示波器当中，1oct 带宽粉红噪声，除了由随机噪声属性所导致的幅度和相位不断变化之外，形状看起来与正弦波类似。随机噪声的这种特性会反应在混响衰减曲线的形状当中。我们来看一下，这种不断变化的随机噪声信号会对房间简正模式有哪些影响。当我们同时考虑轴向、切向和斜向共振模式的时候，它们在频率上靠得很近。例如，中心频率为 63Hz 的倍频程，在 –3dB 衰减点之间包含了四个轴向、六个切向和两个斜向模式。如图 11–7 所示，较高的直线展示了主要的轴向模式，中间高度的直线为切向模式，较短的直线为斜向模式。

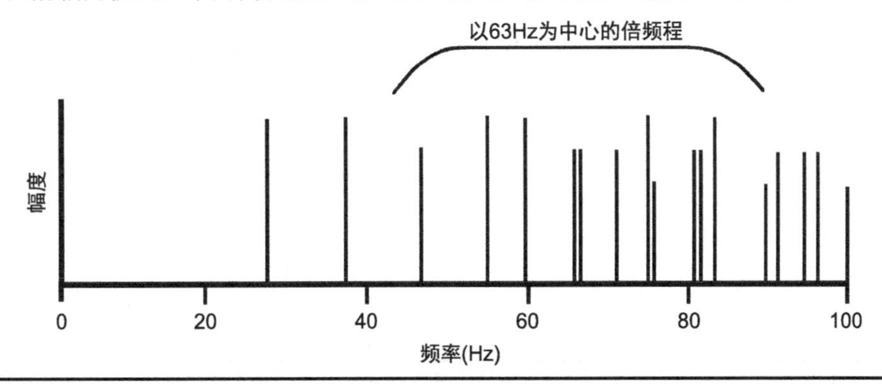

图 11–7 包含在中心频率为 63Hz（ –3dB 点 ）倍频程内的简正模式。最高的线代表轴向模式，中等高度的线代表切线模式，最短的线代表斜向模式

扬声器的噪声激励了房间时，就会产生一个房间模式，且瞬间转化为其他模式。当响应转换到第二个模式时，第一个模式开始衰减。不过在它有很大衰减之前，随机噪声的瞬态频率会再一次回到第一个模式位置，产生另外一次提升。房间内所有模式都在不断变化，其幅度会在高和稍微低一点的声压级之间不断交替。这是一种完全随机的状况，我们可以非常确定的是每当激励噪声停止时，其模式激励特征多少会有些不同。例如，在中心频率为 63Hz 的倍频程带宽内的 12 个模式将会被很好地激励，但是噪声停止时它们当中的每一个都将会有着不同的声压级。这样能够有助于减少简正作用对小房间混响时间的影响，但是不能完全解决这一问题。

11.6.2 模式衰减的变化

为了方便对此进行讨论，让我们假设一个真实房间的情形。一个用于语言录音的矩形房间，其尺寸为 20 英尺 6 英寸 ×15 英尺 ×9 英尺 6 英寸，其容积为 2 921 立方英尺。使用如图 11–5 所示的测量设备，并利用上述的测量技术。如图 11–8A 所示，为中心频率为 63Hz 的倍频程噪声四条连续的衰减曲线。这些衰减曲线之间不是完全一致的，而这种差别可以归因于噪声信号自身的随机特性。特别是频率间隔较为接近的房间模式，会产生由拍频所引起的波动。由于模式的激励声压级是不断变化的，所以从一个衰减到另一个衰减所产生拍频的幅度及形状变化，取决于随机噪声停止的位置。

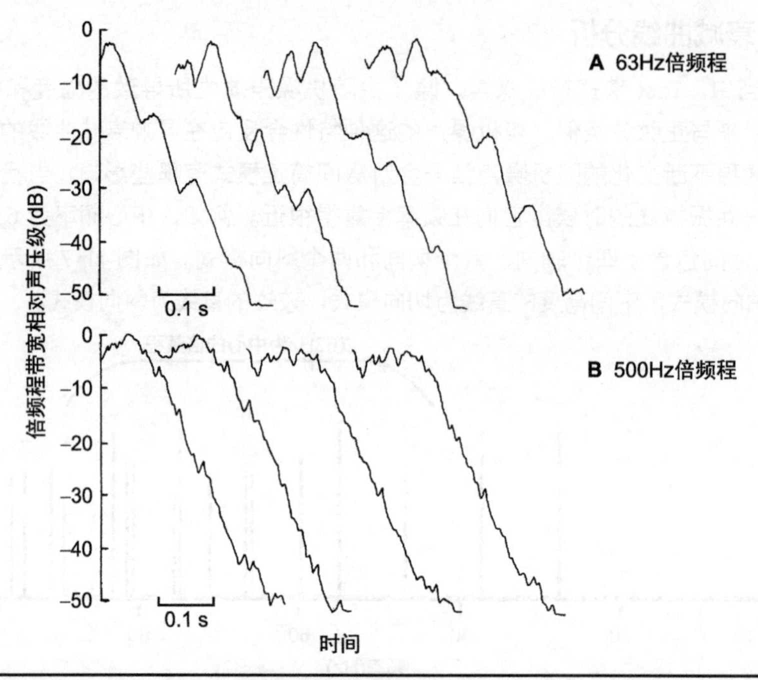

图 11-8 在一间容积为 2 921 立方英尺小录音间中随机噪声的衰减记录。（A）四个连续 63Hz 倍频程的噪声衰减，在相同的环境下记录。（B）四个连续 500Hz 倍频程的噪声衰减，也在相同的环境下记录。它们之间的不同是由于声源开始衰减时，即时的随机噪声不同所引起的

即使这四个衰减是相似的，利用直线来评估每个衰减的混响时间，也会受到拍频特征的影响。基于这个原因，在相同话筒位置的每个倍频程上获得五个衰减曲线是实际应用当中较好的方法。整个测量频带有 8oct（63Hz~8kHz），每个倍频程需要记录五条衰减曲线，且在三个不同话筒位置进行记录，意味着需要记录 120 条衰减曲线，这是非常辛苦的工作。

不过，以上方法产生了随频率变化的统计学观点。我们可以利用一台手持式混响时间测量设备来完成，只不过它不能提供每个衰减曲线的形状细节。而每一条衰减曲线会包含有更多的信息，我们能够从这些衰减曲线形状的异常当中发现声学缺陷。

图 11-8B 所示为 500Hz 的四条衰减曲线，它是在同一个房间相同话筒位置处获得的。500Hz 处倍频程频带内（354~707Hz）包含约 2 500 个房间模式，如此密集的房间模式使得 500Hz 倍频程处的衰减曲线比 63Hz（仅有 12 个房间模式）更加平滑。即便如此，在如图 11-8B 所示曲线当中，500Hz 处的四条衰减曲线依然不规则。请注意一些模式的衰减是快于其他模式的，图 11-8 所示的两个倍频程的衰减是由所有模式衰减共同作用形成的。

11.6.3 频率作用

图 11-9 所示为 63Hz~8kHz 倍频程噪声的衰减曲线。在最低的两个频率有着最大的波动，最小的波动在最高的两个频率。正如我们所料，倍频程带宽的频率越高，就会有越多的简正模式

被包含进来，统计结果就会越平均。但是我们不要期望它们会有相同的衰减率，这是因为不同频率的混响时间各不相同。在这间语言录音棚（如图 11-9 所示）当中，不同频率有着相同混响时间的要求，它只是我们的设计目标，而在实际当中这个目标只能无限接近。

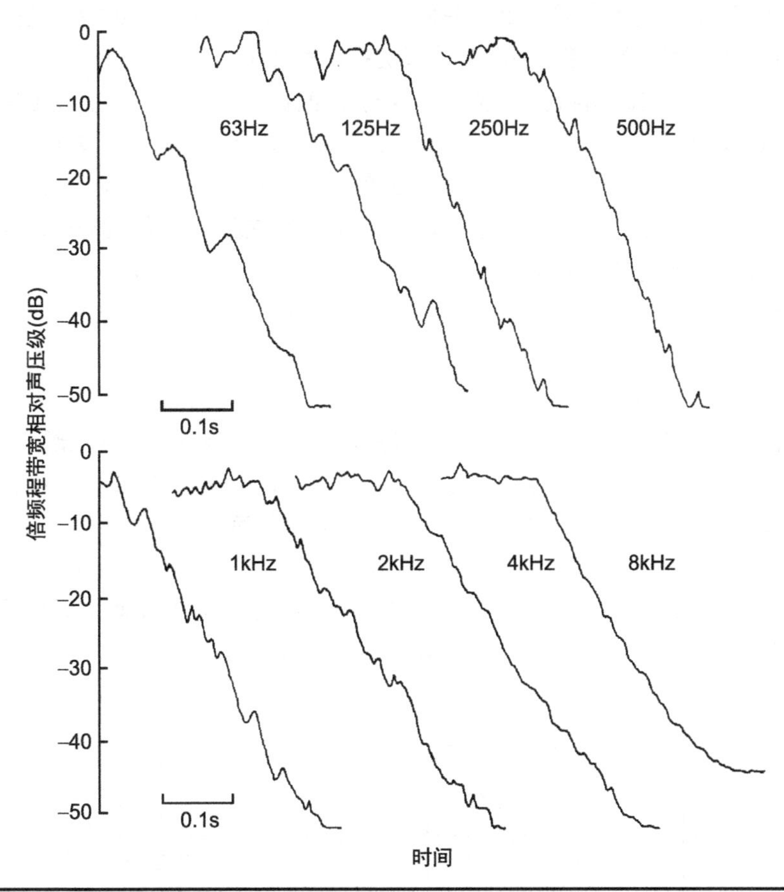

图 11-9 容积为 2 921 立方英尺小录音间倍频程噪声衰减。波动是由于模式的干扰所造成的，特别是在低频处，波动更大，这是由于在低频有着较少的简正模式所造成的

11.7 混响特征

房间在不同频率的吸声率不同，它会产生不同的混响时间，这在很大程度上影响了房间的声音特征。例如，对于一个在高频有着较长混响时间，而低频有着较短混响时间的房间，我们或许会用“薄”或“刺耳”来形容它的声音。因为混响时间在不同频率将会发生变化，通常的做法是对不同倍频程的混响时间进行测量。这种分析描述的是混响时间与频率之间的关系，而不是把幅度与对应的时间来作为混响时间图表。这就是我们经常提到的混响时间特征。

这个混响对应时间的分析与实时分析非常不同，实时分析展示了声压级与频率的关系。例如，假如在一个房间当中，如果在低频部分有着过多的混响时间，这会导致较差的低频清晰度。如果我们利用均衡器来处理这个问题，衰减低频部分之后会在实时分析图表上产生一个平直的低频响应。但是通过混响时间测量得到的响应，低频部分仍旧有着较长的混响时间，同时低频部分的清晰度仍旧很差。这个问题仍然没有解决，因为均衡不能改变混响的特征。为了解决混响时间在频率方面的均衡问题，我们必须对房间进行声学处理。

为了测量房间的混响时间特征，我们可以利用倍频程带通滤波器生成各频带的粉红噪声。例如，可以生成中心频率为 63Hz、125Hz、250Hz、500Hz、1 000Hz、2 000Hz、4 000Hz 和 8 000Hz 的噪声。打开声源，激励房间使声场达到稳态，然后关闭。RT_{60} 为声压衰减 60dB 所需要的时间。如上所述，由于动态范围的限制，我们可以利用衰减曲线的前半部分来推断整个混响时间。其测量可以通过记录稳态噪声及衰减来实现。声压低频部分的波动，使得我们要对其进行多次测量。由于窄带噪声的时间衰减是相对的，所以扬声器和话筒的频率响应相对来说没有那么重要。同时由于房间模式的存在，也会让声源和话筒位置对低频部分的混响时间测量造成影响。

如上所述，测量结果可以描绘成混响时间与频率之间的对应关系。图 11–10 展示了对房间进行声学处理前后，混响时间特征的变化。如图所示，房间混响时间在低频部分的上限以及中频部分的下限，有着较为明显的改善。通过声学处理之后，房间内混响时间曲线更加平直，它在低频部分有着令人满意的提升。通常来说，房间倾向于具有一个较为平滑的混响特征，在低频部分的 RT_{60} 会稍微高一些。混响时间特征的过度改变可以通过增加对该频段的吸声处理来实现。我们通过对房间的声学处理，来获得较好混响时间的例子将会在本章的末尾来展现。

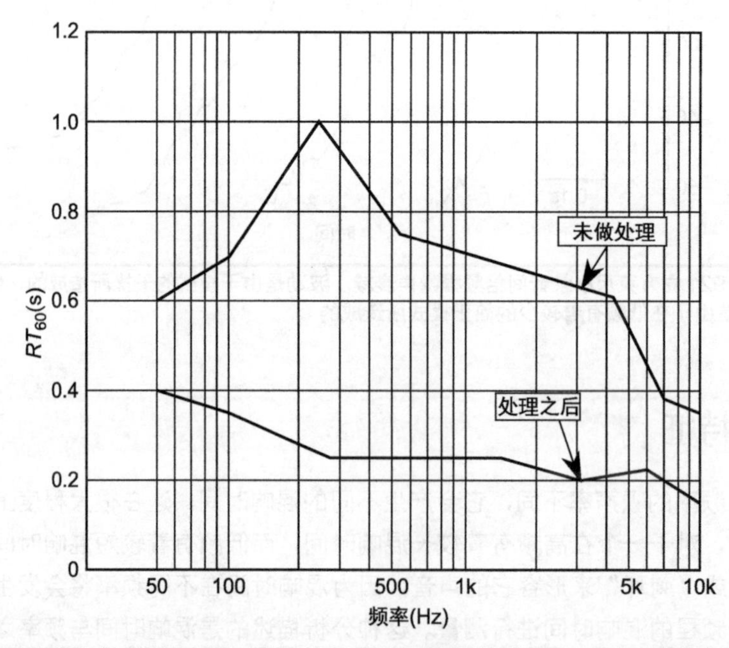

图 11–10 在声学处理前后，房间混响特征的对比。混响时间在中低频部分的明显提升被处理平直，处理之后在低频部分的混响时间有着适当提升。

我们需要注意混响时间随位置的变化问题。在大多数房间，从一个位置到另一个位置，混响时间会有较大的变化，我们可以通过对不同位置混响时间的测量来证明。这时使用平均会让房间声场有着较好的统计描述。如果房间形状是对称的，我们把所有测量点都放在房间对称轴的一侧可以提高测量效率。

11.8 衰减率以及混响声场

我们对混响时间的定义，是以声场能量分布的一致性，以及声音传播方向的随机性为前提的。在较小的房间当中不存在以上理想条件，由于模式作用让房间有了吸声效果。所以严格来说，我们对小房间的测量不应该称为混响时间。它更加适合称为衰减率。0.3s 的混响时间等效于 60dB/0.3s=200dB/s 的衰减率。在小房间当中的语言和音乐，即使模式的密度太低而不能满足混响时间定义所需要的条件，也会有某些吸声的衰减。

在较小且相对干的房间当中，比如录音棚、控制室以及家庭当中的听音室，声源的指向性通常占主要地位。一个真正的混响声场或许在环境噪声以下。然而，混响时间等式所针对的环境仅是混响声场。从某种意义上来说，混响时间的概念不适用较小，且相对较干的房间。我们测量的混响时间通常是针对较大，且更加活跃空间的。对于较小且较干的房间来说，我们所测量的是房间简正模式的衰减率。

每个轴向模式的衰减率，都会取决于墙面之间的吸声以及它们之间的间隔。而每个切向和斜向模式的衰减率，会取决于它们的传播距离、所包含表面的数量，以及反射表面吸声系数的变化等。对于 1oct 的随机噪声来说，无论测量什么样的平均衰减率，都将会代表音乐和语言信号的平均衰减率。虽然我们所使用的混响时间计算公式是基于混响声场的，如果把它应用到这个缺乏混响声场的环境或许会受到质疑，但是实际上所测量的衰减率非常适用于这种空间及信号。

11.9 声学耦合空间

混响衰减曲线的形状能够揭示出空间中存在的声学问题。通常衰减曲线形状的改变，是由空间的声学耦合作用所造成的。这在较大的公共空间当中是非常普遍的，不过我们也会在办公室、家庭，以及其他较小的空间当中发现这种现象，其原理如图 11-11 所示。在这个例子当中，主要空间为一个礼堂，它的混响非常干，其混响时间如斜率 A 所示。临近的厅堂有着较硬的表面，并与礼堂相连，对应的混响时间如斜率 B 所示。一个人坐在大厅靠近耦合位置的区域，可以很好地感受到一个双斜率的混响衰减。当礼堂中的声压级降到一个较低的水平时，其混响时间将会被混响衰减缓慢的邻近房间所主导。如果由斜率 A 所描述的是主要房间的混响时间，那么靠近斜率 B 房间门口的人们将会听到这种衰减的声音。

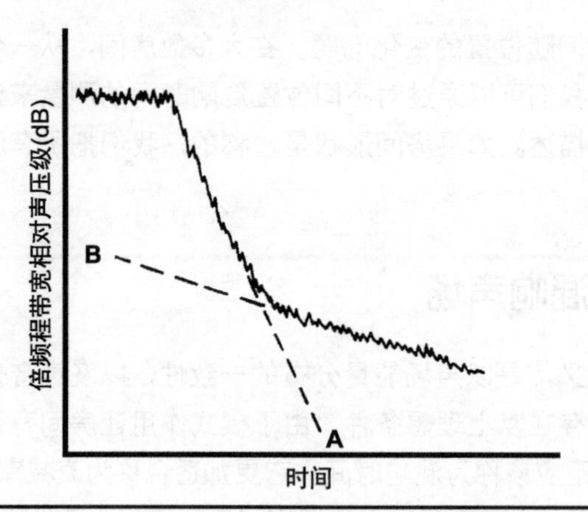

图 11-11 有着两个斜率的混响衰减，这是由于声学耦合空间造成的。较短的混响时间斜率 A 代表的是主房间。它与高反射的空间通过一扇打开的门进行耦合。更长混响的时间通过斜率 B 来体现。在门口位置的混响会首先受到主房间的影响，然后是耦合空间衰减的影响

11.10 电声学的空间耦合

当音乐在一间录音棚当中录制之后，会把它放到有着不同混响时间的房间中重放，整体的混响效果是什么样子的呢？的确在听音室重放的声音，会受到录音棚和听音室混响时间的共同影响其作用如下：

(1) 叠加后的混响时间大于它们之间的每一个混响时间。

(2) 叠加后的混响时间接近两个房间混响时间当中较长的那一个。

(3) 叠加的衰减曲线多少会从直线偏离。

(4) 如果一个房间有着非常短的混响时间，那么叠加之后的混响时间将会非常接近于较长的那一个。

(5) 如果两个房间的混响时间完全一样，那么叠加之后的混响时间会比它们中的任何一个高出 20.8%。

(6) 由立体声系统传输的声场传输特征和质量，比单声道系统更加接近上述的数学推断。

(7) 前 5 条可以被应用到录音棚和混响室一起的情况，以及录音棚和听音室一起的情况。

11.11 消除衰减波动

上面所讨论的传统混响时间测量方法，需要针对每个位置记录很多条衰减曲线。施罗德发明了一种可以替代的方法，这种方法能够在一条单独的衰减曲线当中获得大量衰减曲线的平均值。以下为一种能够实际完成的数学方法：

（1）通过普通方法记录一个冲击声（猝发噪声或者手枪射击声）。

（2）把衰减声音反转并重放。

（3）把反转之后的衰减信号电压进行平方。

（4）用电阻电容电路对该平方信号进行积分。

（5）记录这个积分信号，并对它进行反转。这条曲线将会与大量普通衰减曲线的平均一致。

11.12 混响对语言的影响

如果我们在一个混响空间当中，发出“back”这个字的时候会发生什么呢。它是从“ba”开始，而终止于辅音“ck”这个更低的声音。当我们在图表记录仪中进行测量时，“ck”的声级通常会低于“ba”的峰值 25dB，而到达峰值通常会在“ba”之后 0.32s。

仿效图 11–2 所示曲线，“ba”和“ck”的声音也是瞬间增长和衰减的。把这些绘制到坐标当中，即产生了图 11–12 所示曲线。假设“ba”增长到峰值，在 t=0 处所对应的声压级为 0dB，在此之后，根据房间混响时间 RT_{60} 的衰减，我们假设它为 0.5s。“ck”辅音的峰值迟于“ba”峰值 0.32s，且声压级比它低 25dB。根据我们所假设的混响时间 RT_{60} 为 0.5s，它有着与“ba”相同的衰减率。如果混响时间增加到 1.5s，如图中虚线部分所示，辅音“ck”完全被“ba”所掩蔽。同样，一个字的末尾音节或许被下一个字的开始音节所掩蔽。

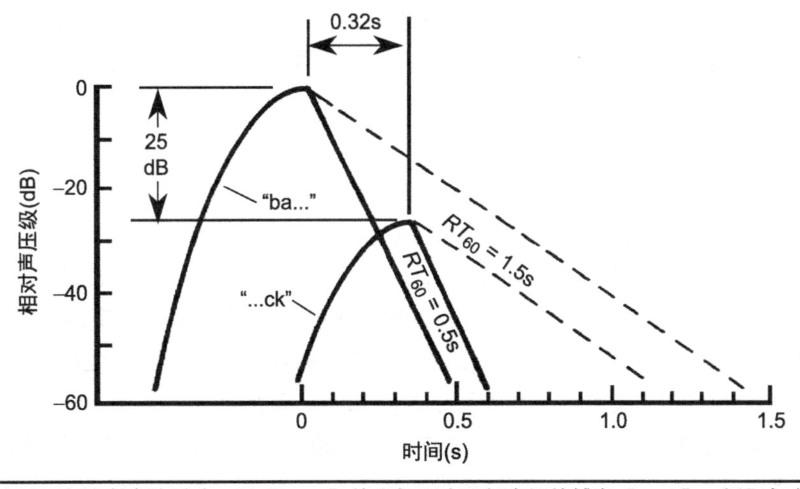

图 11–12 混响对语言清晰度的影响。对“back”的理解取决于低声级的辅音“…ck”，当混响时间太长时，它可能被混响掩蔽掉

过多的混响会使得较低声压级的辅音部分被掩蔽，从而影响到语言的清晰度。对于“back”来说，如果我们不能清晰地听到“ck”部分，那么这个字就变得不清晰。从“bat”“bad”“bass”“ban”或者“bath”中区分“back”的唯一方法就是分辨出尾部的“ck”。用这个简单的方法，可以看到混响时间对语言可懂度的影响，同时也解释了语言在较低混响时间房间当中变得更加清晰的原因。类似地，在较高混响时间的房间当中，讲话者或许不得不用

更加慢的讲话速度来提高语言的可懂度。我们可以通过获得空间的几何因素以及混响时间信息，来较为准确地预测语言清晰度。

而对于一个完全吸声的房间或者户外环境，也不能提供较好的语言清晰度。因为在某个距离之外，我们或许就不能清楚地听到来自扬声器的声音。在一个较为活跃的房间当中，反射声的叠加可以增强原始声音的功率，让声音变得更加清晰且悦耳。一个较为寂静的房间，会有较少的反射声增加到原始声音当中，声音的整体会变得更加模糊。因此在一个较好的房间设计当中，我们必须平衡声学增益与清晰度之间的关系。在某种程度上，这意味着不同的混响时间就决定了房间所适合的声音类型，例如语言或音乐。

11.13 混响时间对音乐的影响

混响时间对语言的影响，我们可以利用语言清晰度来衡量。而厅堂的共振作用以及混响对音乐的影响，虽然我们可以比较直观地体会，但是很难去量化。例如，混响时间或许适合一种类型的音乐，或许它不适合其他种类的音乐。无论如何，混响时间对音乐的影响是不确定的，并且非常主观。这种主观的感受得到了科学家及音乐家更多的关注。Beranek 尝试对世界上的剧院和音乐厅进行总结，希望能够找到它们的基本特征，但是我们对这个问题的了解仍旧不够全面。音乐厅中混响时间的衰减，可以说是在影响厅堂音质众多因素当中最为重要的一个，另外一个因素是房间早期声的回声特征。如果我们在这里非常详细地讨论这个问题，就超出了本书的范围，但是我们会对两个通常被忽视的观点进行简单讨论。

简正模式在任何房间的声学响应当中都有着很大的作用，所以它们也会对音乐厅和听音室造成较大影响。一个有趣的现象是音高会在混响的衰减过程中变化。例如，在混响时间较长的教堂当中，我们发现管风琴的音高会在衰减的过程中有半个音程的改变。这种现象的产生受到两个因素的影响，即简正模式能量的变化，以及声音强度对感知音高的影响。Balachandran 在混响声场中利用快速傅里叶变换（FFT）技术以及 2kHz 脉冲信号，展示了实际中的一个物理现象（与心理物理学相对）。在他的研究当中，频谱的主峰值在 1 992Hz，在 3 945Hz 处产生了另一个峰值。由于在 2kHz，一个 6Hz 的改变是人耳刚刚可以被感知的，而在 4kHz，一个 12Hz 改变是刚刚可以感受到的。我们可以看到，在中心频率为 1 992Hz 的倍频程当中，39Hz 的改变能够让我们感受到音调的改变。产生这种作用的厅堂，其混响时间约 2s。

11.14 最佳混响时间

对于整个混响时间的变动范围来说，在户外过干的状况与混响室之间，看上去会存在一个最佳的混响时间，并且在石制大教堂当中，过长的混响时间会产生较为明显的问题。由于最佳混响时间是一个主观问题，它会随着文化和美学的不同产生较大的差异。这个最佳数值不仅仅需要判断，也与声源的种类有关。

通常，较长的混响时间会让音乐的清晰度降低，从而降低了语言的可懂度。针对语言所设计的空间，会比音乐有着更短的混响时间，因为清晰度主要是由直达声所提供的。在强吸声的空间当中，由于混响时间非常短，会破坏音乐中响度与音调之间的平衡。我们不可能根据不同的应用情况来精确地指定混响时间，但是图 11–13~ 图 11–15 展示了一些由专家所推荐的近似范围。

在测量吸声系数的混响室当中，我们通常会设计实际能达到的最长 RT_{60}，以获得最高的准确度。在这里实际能够获得最长的混响时间就是最佳混响时间。

对于音乐演奏的空间来说，最佳混响时间取决于空间的尺寸以及音乐的类型。没有一个最佳混响时间可以适用于所有种类的音乐。我们只能基于主观判断来建立一个最佳混响时间的范围。缓慢、庄严、曲调优美的音乐，例如一些管风琴音乐，适合较长的混响时间。快节奏音乐则需要类似室内乐一样较短的混响时间。

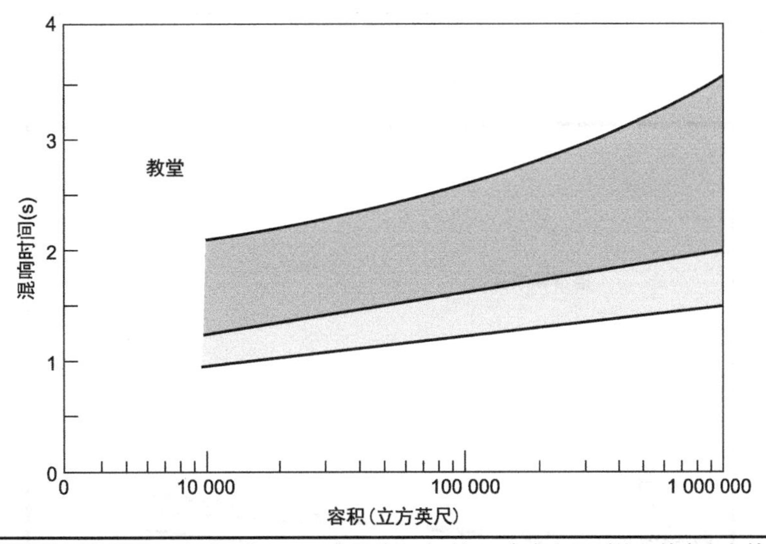

图 11–13　对于教堂来说的最佳混响时间范围。上边界的混响时间更多会应用到礼拜教堂和大教堂，较低的混响时间主要应用在语言为主的房间。大多数教堂都需要对音乐和语言的应用进行妥协

对于教堂的混响时间来说，图 11–13 所示给出了一个范围，它从具有较大混响时间的礼拜教堂，到以布道为目的具有较短混响时间的教堂。教堂通常体现了音乐与语言之间的折中。

图 11–14 展示了不同音乐厅的混响时间推荐范围。交响乐团在接近顶部位置，而轻音乐稍微低一些。更低的阴影区域则是针对歌剧和室内乐使用的。

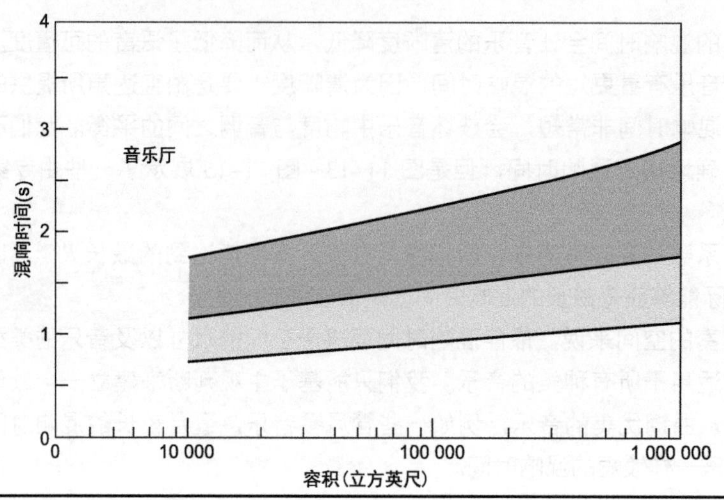

图 11-14 音乐厅混响时间的适宜范围。交响乐团是在整个阴影区域的顶端，轻音乐次之。更低的阴影区域应用在歌剧和室内乐

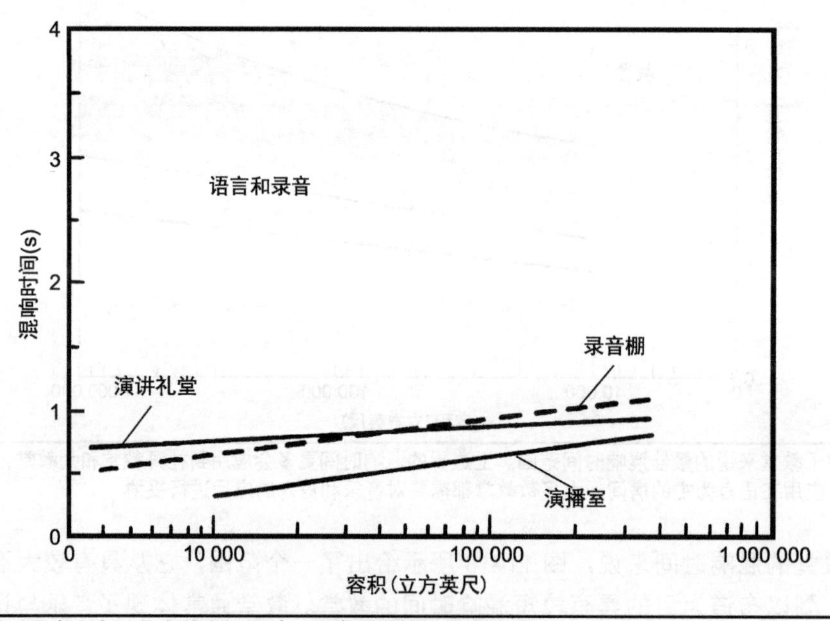

图 11-15 针对语言和音乐录音的空间设计，通常需要较短的混响时间

对于录音棚来说，我们不能使用简单的标准来进行衡量。把乐器分别录制到独立轨道的多轨录音技术，通常需要较强的吸声，这会让轨道之间有着更加充分的声学隔离。音乐创作者常常会针对不同乐器，提出不同的混响时间要求。因此我们可能会在同一间录音棚当中发现强反射区域和强吸声区域。虽然使用这种方法所能够改变的混响时间是有限的，但是它的确起到了部分效果。

通常来说，以语言为主的空间所需要的混响时间类似，如图 11–15 所示。演播室甚至需要更短的混响时间，以减少一些与设备有关的声音，包括拉线以及在生产过程中所产生的其他噪声。我们应该留意，观众电视机附近的声学状况将会受到座位以及部分家具的影响。

在如图 11–15 所示的许多空间当中，使用了语言扩声系统。电影院通常有着较强的吸声。在声轨当中已经加入了足够的混响，实际中增加房间的混响将会降低语言清晰度。对于有着听力损伤的听众来说，为了获得更好的语言清晰度更应该减少房间混响。对于那些有着多功能应用的空间来说，我们可以利用可调节混响的方法来满足需求。

11.14.1 低频混响时间的提升

在语言录音棚的目标是让整个可听频率范围内有着一致的混响时间。这在现实当中是比较困难的，特别是在低频部分。我们可以通过增加或者减少吸声材料，来实现对混响时间高频部分的调节。而对于低频的吸声来说，由于吸声体的体积较大、不易于安装，同时难于预测，故情况会非常不同。

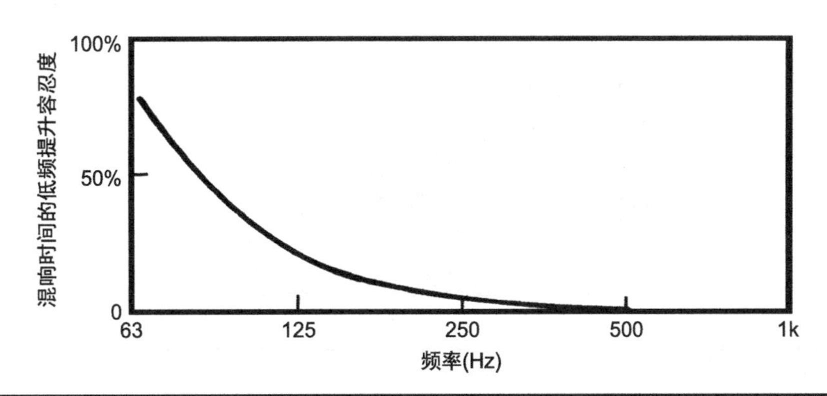

图 11–16 对于语言录音棚来说低频混响时间的提升是被允许的，以上结果是由 BBC 研究人员（Spring 和 Randall）通过主观评价实验获得的。

英国广播公司（BBC）的研究人员通过主观评价实验，得出了我们对低频混响时间提升的容忍曲线。Spring 和 Randall 进行了一些实验，如图 11–16 所示，他们通过对语言信号的主观评价实验，获得了可以容忍的低频提升曲线。从图中可以看到，以 1kHz 作为参考信号，在 63Hz 提升 80%，或者在 125Hz 提升 20% 是可以接受的。这些实验是在尺寸为 22 英尺 ×16 英尺 ×11 英尺（容积约为 3 900 立方英尺）的录音棚中获得的，房间的中频混响时间为 0.4s（它与图 11–15 所示曲线非常吻合）。

对于音乐表演来说，低频混响时间的提升通常是可以接受的，它增加了音乐厅中音乐的响亮程度及温暖感。低频的提升能够帮助我们弥补人耳对低频的不敏感，也或许仅仅是文化上的偏好。针对古典音乐的厅堂设计来说，增加比语言更多的低频是有必要的。低频比（BR）是一个用来衡量低频提升的度量标准，其中 $BR=(RT_{60/125}+RT_{60/250})/(RT_{60/500}+RT_{60/1000})$。换句话说，$BR$

为声音在 125Hz 和 250Hz 处所对应混响时间（RT_{60}）总和，除以它在 500Hz 和 1 000Hz 处所对应混响时间的总和。*BR* 值大于 1 表明低频混响时间更长。一些设计者建议，对于混响时间小于 1.8s 的大厅来说，其低频比要在 1.1~1.45，而对于混响时间更长的大厅，其低频比要在 1.1~1.25。我们不推荐低频比小于 1 的设计，这将在第 22 章中有更加详细的讨论。

11.14.2 初始时延间隙

通过研究世界上不同的厅堂，Beranek 发现了音乐厅中一个重要的自然混响特征。在一个座位上，因为直达声有着最短的传播距离，故它首先到达座位处。在直达声到达之后，很快混响声也会到达。直达声与混响声之间的时间间隔称为初始时延间隙（ITDG），如图 11–17 所示。如果这个间隔小于 40ms，我们的耳朵会感觉它们之间是连续的，初始时延间隙是我们必须要考虑的另一个重要指标。特别是，在音乐厅的设计（和人工混响算法）当中，因为它为人耳提供了厅堂的尺寸信息。

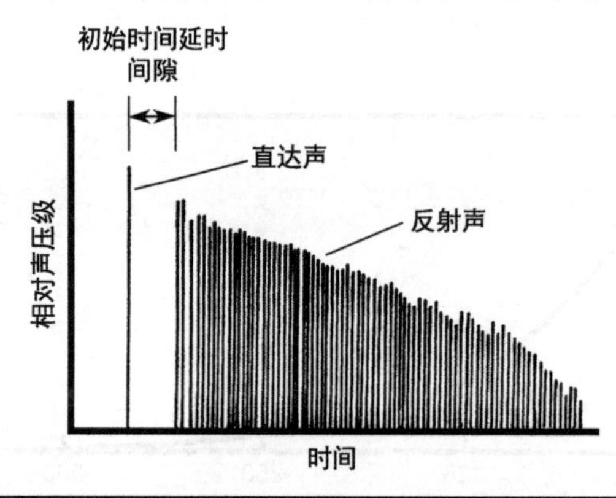

图 11–17 初始时延间隙在房间混响时间当中起着重要的作用。直达声和第一反射声之间的时间间隙，帮助我们来判断房间的尺寸

11.14.3 听音室的混响时间

对于发烧友、播音员和录音师来说，听音室的混响特征是非常有意义的。演播室和录音棚的监听房间，需要有与终端用户所处房间更加相似的混响时间。通常，这种房间听起来会比听音室干，我们可以向录音或广播作品当中添加一定的混响。

图 11–18 展示了英国 50 间听音室的平均混响时间，它是由 Jackson 和 Leventhall 使用倍频程窄带噪声测量得来的。平均混响时间从 125Hz 的 0.69s 减少到 8kHz 的 0.4s。这个测量结果比之前 BBC 工程师所测量的平均混响时间（0.35~0.45s）要长。很显然，由 BBC 工程师测量的听音室，比 Jackson 和 Leventhall 所测量房间有着更好的装修。

Jackson 和 Leventhall 研究的 50 间房子，在尺寸、形状和装修程度上各不相同。它们的容积在 880~2 680 立方英尺变化，其平均容积为 1 550 立方英尺。对于这个容积的房间来说，针对语言的最佳混响时间约为 0.3s（如图 11–15 所示）。仅在阴影区域下方的房间可以达到这个要求，在这个房间当中我们往往会发现较厚的地毯以及有着厚软垫子的家具。这些所测量的混响时间对我们发现潜在的房间声学缺陷起到很小或者完全没有帮助。而 BBC 工程师对他们所关注听音室的声音缺陷进行了检查，并列出了存在的问题。

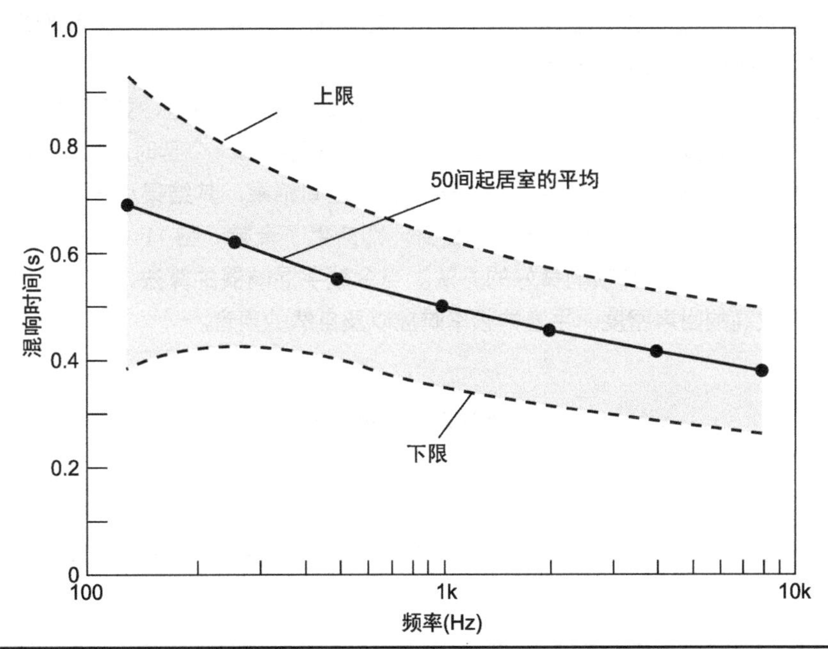

图 11–18 50 间英国人的起居室，以及其平均混响时间（Jackson 和 Leventhall）

11.15 人工混响

在信号处理当中，人工混响被认为是必不可少的。音乐录音通常是在声场环境较干的（没有混响）录音棚当中进行的，它缺少音乐厅的丰满度。对于这种录音来说，加入人工混响成为行业标准，故我们对有着合理价格，且能够产生较好混响声音的设备有着很大的需求。

产生人造混响有着很多方法，但是最大的挑战在于，在提供真实的音乐厅混响的同时不能引入频率响应的畸变。在过去，我们会使用一间专门的混响室来产生人工混响。利用话筒拾取房间内的重放声音，同时把混响信号叠加到原始信号当中，来完成我们所需要的混响效果。在较小的混响室当中，简正频率间隔比较大，从而会产生严重的声音缺陷。但是较大的混响室，其造价非常昂贵。即使较大的混响室有着令人满意的混响效果，但是它所突显的问题也仍旧大于好处，不过现在这种产生混响的方法已经成为历史。

大多数人工混响是利用数字硬件和软件来实现的。图 11–19 所示为数字混响的信号流程。它的输入信号被延时，同时有 1 份延时信号反馈回来，并与原始信号进行混合，然后这些混合信号会再次被延时，以此类推。

Schroeder 发现为了避免颤动回声作用，同时让声音听起来更加自然，至少需要每秒 1 000 个回声。如果使用一台 40ms 的延时器，它一秒中仅能产生 1/0.04=25 个回声，这与我们所期望的每秒 1000 个回声有着很大差别。其中一个解决办法是并排放置许多个简单的混响器。四台这种简单的混响器并排放置，或许能够每秒产生 4×25=100 个回声。为了实现我们想要的回声密度，则需要 40 台这种混响器并排放置。

一种能够产生必要的回声密度，同时又有着平直频率响应的方法，如图 11–20 所示。许多延时反馈给它自身，并叠加了其他的反馈延时，然后再送回到第一个延时。图 11–20 所示的“+”代表着混合（相加），“×”代表了相乘。小于 1 的数之间相乘，其结果小于它们当中的任何一个，所以这些延时之间相乘的增益小于它们自身，即产生了衰减。图 11–20 所示的数字混响器，仅展示了获得更高密度混响且频响良好的方法。当今数字混响器的算法，要比这复杂得多。当今的混响都有着较高的回声密度、平直的频率响应以及自然的声音。

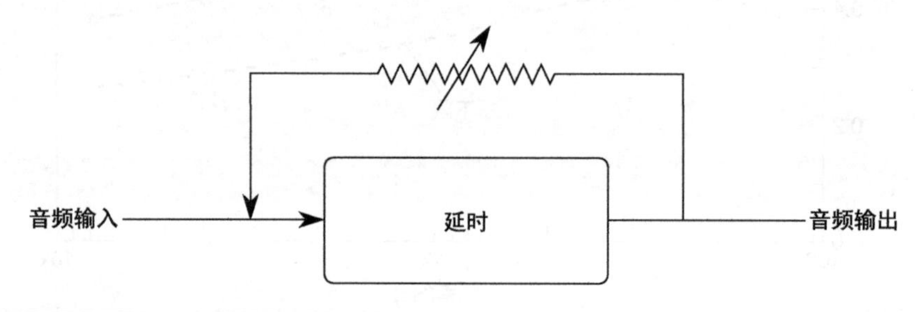

图 11–19 一种使用线性延时反馈的简单数字混响算法

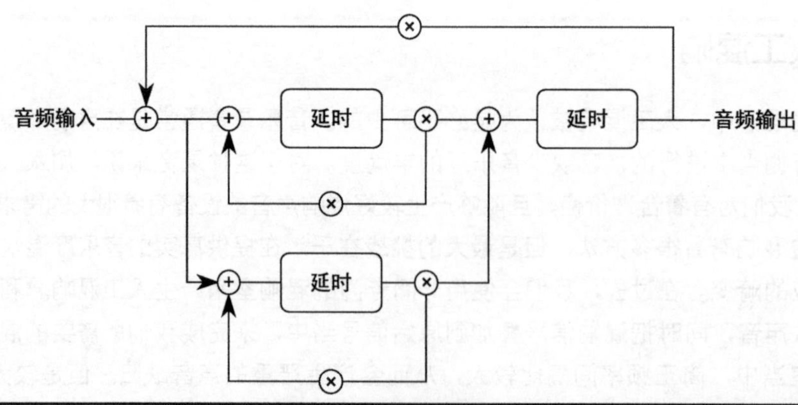

图 11–20 我们需要的回声密度通过大量的延时和信号再循环的算法获得。实际的数字混响算法比这个要复杂很多

11.16 混响时间的计算

如上所述，混响时间被定义为房间内稳态声压衰减 60dB 所需要的时间。本章中的赛宾公式 [式（11–1）] 可以用来计算混响时间。

11.16.1 例 1：未做声学处理的房间

本例阐明了如何利用赛宾公式来对混响时间进行计算。未做声学处理房间的尺寸为 23.3 英尺 ×16 英尺 ×10 英尺。房间有着水泥地板，同时墙面和天花板使用 1/2 英寸厚石膏板的框架结构。为了简化计算，房间的内门和窗的作用可以被忽略。图 11–21 展示了未做声学处理的情况。水泥地面的面积为 373 平方英尺，石膏板的面积为 1 159 平方英尺，把它们输入到表格当中。所对应的吸声系数 α 可以从附录中查到，它显示了材料在 6 个频段内所对应的吸声系数。地面面积 S=373 平方英尺与对应的吸声系数 α=0.01 相乘，可以得到吸声量为 3.7 赛宾。所输入的 $S\alpha$ 是针对 125Hz 和 250Hz 的。我们可以标出材料所对应频率的吸声量（赛宾）。在每个频率的赛宾总数是通过把水泥地板和石膏板的吸声总量相加来获得的。每个频率的混响时间是通过 0.049V=182.7 除以每个频率的总吸声量来获得的。

尺寸　23.3英尺×16英尺×10英尺
声学处理　无
地板　水泥
墙、天花板　(1/2)英寸石膏板，框架结构
容积　23.3×16×10= 3 728立方英尺

材料	S(平方英尺)	125 Hz		250 Hz		500 Hz		1 kHz		2 kHz		4 kHz	
		α	$S\alpha$	α	$S\alpha$	α	$S\alpha$	α	$S\alpha$	α	$S\alpha$	α	$S\alpha$
水泥	373	0.01	3.7	0.01	3.7	0.015	5.6	0.02	7.5	0.02	7.5	0.02	7.5
石膏板	1 159	0.29	336.1	0.10	115.9	0.05	58.0	0.04	46.4	0.07	81.1	0.09	104.3
总吸声量(赛宾)		339.8		119.6		63.6		53.9		88.6		111.8	
混响时间(s)		0.54		1.53		2.87		3.39		2.06		1.63	

S = 材料面积
α = 材料对应频率的吸声系数
$A = S\alpha$，吸声量，赛宾

$$RT_{60} = \frac{0.049\times3728}{A} = \frac{182.7}{A}$$

例：对于125 Hz, $RT_{60} = \frac{182.7}{339.8} = 0.54$ s

图 11–21 例1当中房间状况及混响时间的计算

为了展示混响时间随频率变化的情形，图 11–22A 描绘了它的数值。混响时间在 1kHz 处产生了一个 3.39s 的峰值，这说明在这个频段存在着过多的混响，将会产生较差的声场环境。相距 10 英尺的两个人，可能很难听明白对方的讲话声，这是因为混响时间会让一个词把另一词掩蔽掉。

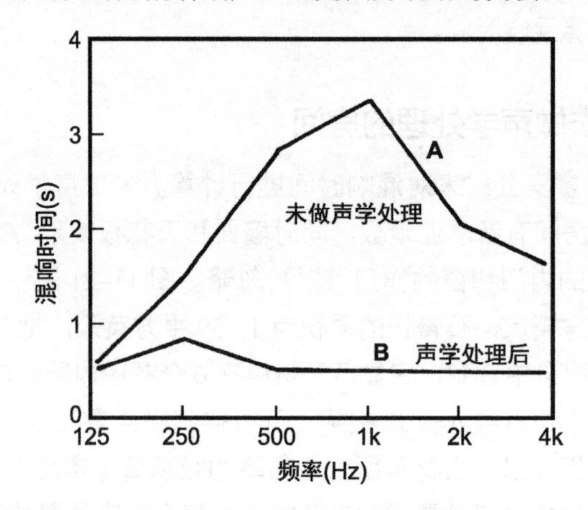

图 11–22 尺寸为 23.3 英尺 ×16 英尺 ×10 英尺房间的混响特征计算。（A）例1，未做声学处理的状况。（B）例 2，做声学处理的状况

11.16.2 例 2：声学处理之后的房间

在这个例子当中，我们主要目的是要矫正图 11–22A 所示的曲线。很明显，这需要对中频段进行更多的吸声，处理对较高频率采取适当的吸声，而对低频部分进行较少的吸声处理。我们所需要材料的吸声特征，要与混响曲线 A 的形状相似。厚度为 3/4 英寸的吸声砖，有着相应的吸声分布。我们还没有考虑在房间内吸声材料的摆放以及所需要的面积。

如图 11–23 所示，我们对混响时间展开了计算。它的每一个参数都与图 11–21 所示一致，除了从附录当中加入了厚度为 3/4 英寸吸声砖的吸声系数之外。如图 11–21 所示，1kHz 处的吸声量共有 53.9 赛宾，而在 125Hz 处的吸声量为 339.8 赛宾，所对应的混响时间为 0.54s。如果要在 1kHz 增加 286 赛宾的吸声量，需要多少块吸声砖？这种材料在 1kHz 处的吸声系数为 0.84。它在这个频段要获得 286 赛宾的吸声量，所需要的面积为 286/0.84=340 平方英尺。把它代入图 11–23 所示进行计算。描绘出的混响时间曲线，如图 11–22B 所示，它的混响时间随着频带有着较好的一致性。整体的系数和测量精度是受到限制的，所以曲线 B 在水平方向的波动不明显。

容积为 3 728 立方英尺房间的平均混响时间为 0.54s，它对于音乐听音室来说是可以接受的。如果需要把 250Hz 的混响时间降到接近 0.54s，这将需要面积约为 100 平方英尺的吸声体来进行吸声。

那么面积为 340 平方英尺，厚度为 3/4 英寸吸声砖的分布又将如何呢？为了使扩散作用最大化，应该沿着房间的三个轴向不对称分布。作为第一种方法，340 平方英尺吸声砖的面积可以在房间的三个轴向按比例分布，如下所示。

南、北墙的面积 =2×10×16=320 平方英尺（21%）

东、西墙的面积 =2×10×23.3=466 平方英尺（30%）

天花板、地面的面积 =2×16×23.3=746 平方英尺（49%）

我们将会在天花板部分放置 0.49×340=167 平方英尺的材料，0.3×340=102 平方英尺分布在东、西墙，而在南、北墙有 0.21×340=71 平方英尺的面积。这种分布将会为我们提供想要的结果，但是一些实验、主观评价应该包含在这个项目当中。

尺寸　23.3英尺×16 英尺×10英尺
声学处理　声学瓷砖
地板　水泥
墙、天花板　1/2英寸厚石膏板，框架结构
容积　23.3×16×10=3 728立方英尺

材料	S(平方英尺)	125 Hz		250 Hz		500 Hz		1 kHz		2 kHz		4 kHz	
		α	$S\alpha$	α	$S\alpha$	α	$S\alpha$	α	$S\alpha$	α	$S\alpha$	α	$S\alpha$
水泥	373	0.01	3.7	0.01	3.7	0.015	5.6	0.02	7.5	0.02	7.5	0.02	7.5
石膏板	1 159	0.29	336.1	0.10	115.9	0.05	58.0	0.04	46.4	0.07	81.1	0.09	104.3
吸声砖	340	0.09	30.6	0.28	95.2	0.78	265.2	0.84	285.6	0.73	248.2	0.64	217.6
总吸声量(赛宾)		370.4		214.8		328.8		339.5		336.8		329.4	
混响时间(s)		0.49		0.85		0.56		0.54		0.54		0.55	

S=材料面积
α=材料对应频率的吸声系数
$A=S\alpha$，吸声量，赛宾

$$RT_{60}=\frac{0.049\times3728}{A}=\frac{182.7}{A}$$

图 11-23 例 2，房间状况和混响时间计算

12 吸声

能量守恒定律告诉我们，能量既不能被创造也不能被消减。但是能量可以从一种形式转换成另外一种形式。如果在房间内有着过多的声音能量，它自身是不能被消减的，除非能把这些能量转化成其他无害的形式，这就是吸声材料的作用。通常来说，吸声体能够被看成以下形式当中的一种，即多孔吸声体、板吸声体和共振吸声体。通常来说，多孔吸声体是对于高频来说最为有效的吸声材料，而板及共振吸声体对低频的吸声更为有效。

以上这些吸声体，它们的工作原理是相同的。声音是由空气质点振动而产生的，我们可以利用吸声体把质点的振动能量转化为热能。从而，达到消减声音能量的作用。吸声体所产生的热量是非常小的。即使有成千上万的人说话，它所产生的能量也只能用来煮一杯茶，所以不要期望声能可以温暖我们的房间——即使人们在利用声音加热的问题上还有很多争议。

12.1 声音能量的损耗

声波 S 在空气中传播，撞击到有着声学材料覆盖的水泥墙面，如图 12–1 所示。它在能量方面将会发生什么变化？当声波在空气中传播，它在空气中将会有较小的热量损失 E，这个损失仅仅是在高频部分。当声波撞击到墙面，它将会有一个反射分量 A 从声学材料的表面反射回来。

更加有意思的是，一些声波会进入声学材料，如图 12–1 所示的阴影部分。声音的传播方向会被向下折射，这是因为声学材料的密度大于空气所导致的。这会有一部分的热量损失 F，它是由于声学材料的摩擦阻力，阻碍了空气质点振动所导致的。当声线撞击到水泥墙面，又会产生两种情况，即 B 分量被反射；同时当部分声线进入密度更大的水泥墙面时，会向下产生较大的弯曲。这时在水泥墙内部会有更多的热能损失 G。随着声音继续传播，其能量变得更加弱，当它撞击到水泥和空气的边界处，产生了另一个反射 C 和折射 D，声线在这三种介质（I，J 和 K）当中都会产生热量损失。

声线 S 在通过这个障碍物过程当中，经历了许多复杂的过程，且每一次反射以及穿过空气或者声学材料，都损耗了它的能量。折射使得声线弯曲，但不一定损耗热能。幸运的是，在实际的吸声处理当中不包含这类细节。我们通常仅会考虑它们的总体表现。

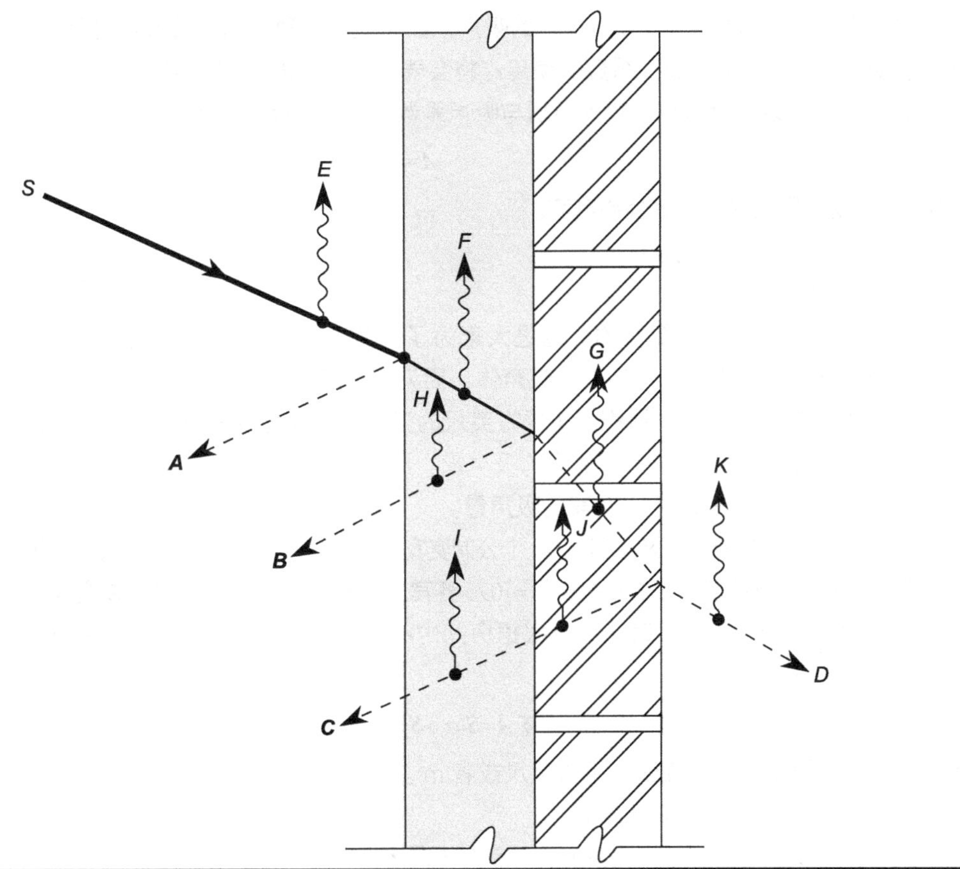

图 12-1 声线撞击到吸声材料、石质墙面经历了三个不同的反射，以及被空气和其他两种不同材料吸收，还伴随着在每个表面不同角度的折射。在本章当中，吸声作用是我们主要关注的问题

12.2 吸声系数

吸声系数是用来评估材料吸声效率的指标。它会随着声音入射角度的变化而变化。在一个房间的扩散声场当中，声音是在各个方向传播的。在许多计算当中，我们所需要的吸声系数是所有可能入射角度的平均值。我们通常把它作为材料的吸声系数，用 α 来表示。在吸声的过程当中，它是衡量材料吸声效率的指标。在一些频率上，如果入射声音能量的 55% 被吸收，那么该频率的吸声系数 α 为 0.55。一个理想的吸声体，将会吸收 100% 的入射声能量，因此 α 为 1.0。一个理想的反射表面，它的 α 为 0.0。

在不同的参考书当中，或许有着不同的吸声系数的表示方法，例如，α 有时被 a 所替代。在一定程度上，这是由于不同的吸声系数所导致的。如上文所提到的，吸声系数会随着声音入射角度的不同而发生变化（吸声系数也会根据频率的不同而变化）。其中一种吸声系数的测量方法是在特定的入射角度进行的。而另一种方法则是在扩散声场当中进行的，这意味着声音的入射角度是随机的。在本书当中，α 所提及的吸声系数都是在扩散声场（所有入射角度平均）当中获得的。如果在特定角度的吸声系数被使用，将会表示成 α_θ，θ 为入射角度。

吸声量 A 可以通过吸声材料的面积与吸声系数的乘积来获得，因此有

$$A=S\alpha \tag{12-1}$$

其中，A= 吸声量，赛宾或者公制赛宾。

S= 表面积，平方英尺或者 m^2。

α= 吸声系数。

吸声量 A 是用赛宾来衡量的，这是大家为了向 Wallace Sabine 致敬而特此命名的。一个打开的窗户，可以被看成是一个完美的吸声体，因为声音经过它绝不会被返回。一个打开的窗户，它的吸声系数被定义为 1.0。面积为 1 平方英尺的窗户，可以提供 1 赛宾的吸声量。面积为 10 平方英尺打开的窗户，可以提供 10 赛宾的吸声量。再看另一个例子，假设地毯的吸声系数为 0.55，20 平方英尺的地毯能够提供 11 赛宾的吸声量。

我们可以使用赛宾或者公制赛宾。一个公制赛宾的吸声量，等于面积为 $1m^2$ 打开的窗户所提供的吸声量。$1m^2$=10.76 平方英尺，1 公制赛宾 =10.76 赛宾。或者说，1 赛宾 =0.093 公制赛宾。

当计算房间的总吸声量时，可以根据房间内不同材料的面积与对应吸声系数的乘积相加来获得总的吸声量，即

$$\sum A=S_1\alpha_1+S_2\alpha_2+S_3\alpha_3+\cdots \tag{12-2}$$

其中，S_1，S_2，S_3，…= 表面积，平方英尺或者 m^2。

α_1，α_2，α_3，…= 对应的吸声系数。

此外，平均吸声系数可以用总吸声量除以总面积来获得，为

$$\alpha_{\text{average}}=\frac{\sum A}{\sum S} \tag{12-3}$$

当吸声材料放置在一个表面时，我们必须考虑原表面所提供的吸声作用。在该区域吸声量的增长净值为新材料的吸声系数减去原有表面材料的吸声系数。

材料的吸声系数会随着频率的变化而变化。吸声系数会标出特定的频段，它们通常为 125Hz、250Hz、500Hz、1 000Hz、2 000Hz 和 4 000Hz。在某些情况下，材料的吸声量可以使用一个数字来表示，它被称为降噪系数（NRC）。NRC 是 250Hz、500Hz、1 000Hz 以及 2 000Hz（125Hz 和 4 000Hz 没有被用）吸声系数的平均值。要记住 NRC 是一个平均值，这一点非常重要，并且该指标仅会关注中频的吸声作用。因此，对于语言来说 NRC 是非常有效的。当我们考虑较宽频带的音乐时，应该使用有着更宽频率范围的单一指标。

有时，我们会在特定的吸声当中使用平均吸声量（SAA）。它与 NRC 类似，SAA 是一个算术平均值，其频率范围是 200Hz~2.5kHz，它使用了这个频段当中 12 个 1/3oct 的吸声系数。我们把这些吸声系数平均后就会得到 SAA 的值。最终，ISO11654 标准为材料定义了一个加权的吸声系数，它使用了 ISO354 的测量标准。

12.2.1 混响室法

我们可以利用混响室法，来获得吸声材料的吸声系数。它所测量的是平均值。混响室是一个容积比较大的（大约要 9 000 立方英尺）房间，在房间当中有着较高反射的墙面、地板和天花板。它的混响时间非常长，而混响时间越长则测量的数据越准确。通常所测试的材料样本，其尺寸为 8.9 英尺，把它放到地面上，就可以开始对混响时间的测量。通过把所测得的混响时间与空房间混响时间进行比较，可以获得样本放置到房间之后的吸声量。从而可以知道面积为 1 平方英尺材料的吸声量，进而得到赛宾吸声系数（$1m^2$ 的材料获得公制赛宾吸声单位）。

房间的结构是非常重要的，要确保房间内有着大量的简正频率，同时它们之间的间隔要尽量均匀。声源的位置和话筒的位置及数量，都是我们需要考虑的问题。在混响室内，我们会使用很大的旋转叶片，以确保它有足够的声音扩散。建筑声学当中那些由厂家提供的吸声系数，多数是使用混响室法测得的。

面积为 1 平方英尺且打开的窗户，它是一个吸声系数为 1.0 的吸声体，而一些在混响室测得的吸声系数会大于 1。这是由于声波在样品边沿发生了衍射，从而让样品在声学上所显现的面积大于实际面积。我们没有标准的方法对此进行调节。如果测量值大于 1，一些制造商会发布真实测量结果，有些制造商则会武断地把值调节到 1 或者 0.99。

12.2.2 阻抗管法

阻抗管 [也被称为驻波管或者孔特管（Kundt Tube）] 会被用来测量材料的吸声系数。通过这种方法，可以较为快速而准确的获得材料的吸声系数。它的另外一个好处在于体积较小，对设备的需求不大，且仅需要一个较小的样本就可以完成测量。这种方法主要用于多孔吸声材料的测量，因为它不适合那些依赖结构的吸声体，例如振动板和大的板式吸声体。

图 12–2 所示为阻抗管的结构及应用。阻抗管通常有着圆形的横截面以及坚硬的管壁。测量样品被剪切，并紧密地放置于管中。如果在实际使用当中，样品是放置在固体表面的，那么要把材料紧靠在阻抗管末端的金属背板上。而如果材料在实际使用当中是与后面有一定间隔的，那么我们会把材料放置在与金属背板保持适当距离的位置来测量。

阻抗管的另一端是一只小的扬声器，通常在扬声器的磁体上钻一个小孔，然后把带有话筒的细长探针穿入其中。由于入射波和反射波之间的相互作用，扬声器所激励的频率会产生驻波。这个驻波的形态，会反映出所测吸声材料的重要信息。

在样品表面的声压是最大的。随着带有话筒的探针远离样品，其声压第一次降到最小值。之后随着探针的不断远离样品，我们将会获得相互交替的最大值和最小值。如果 n 是最大声压级与相邻最小声压级的比，那么垂直吸声系数 α_n 为

$$\alpha_n=\frac{4}{n+(1/n)+2} \qquad (12\text{–}4)$$

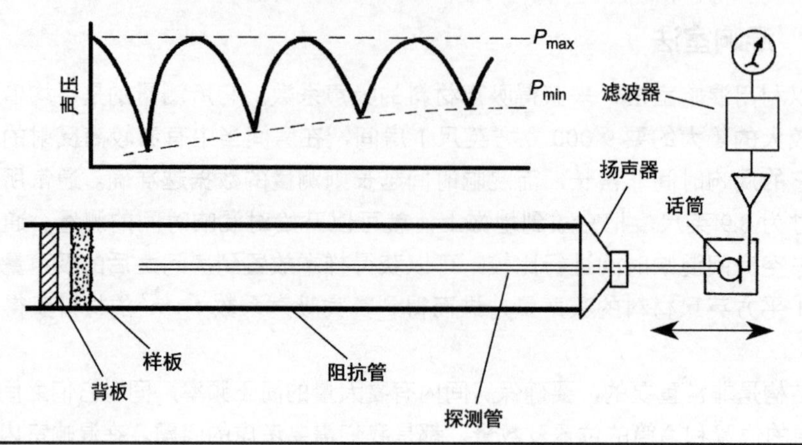

图 12-2 利用阻抗管法来测量材料的吸声系数，其中入射角度是垂直的

图 12-3 描绘了这一结果。

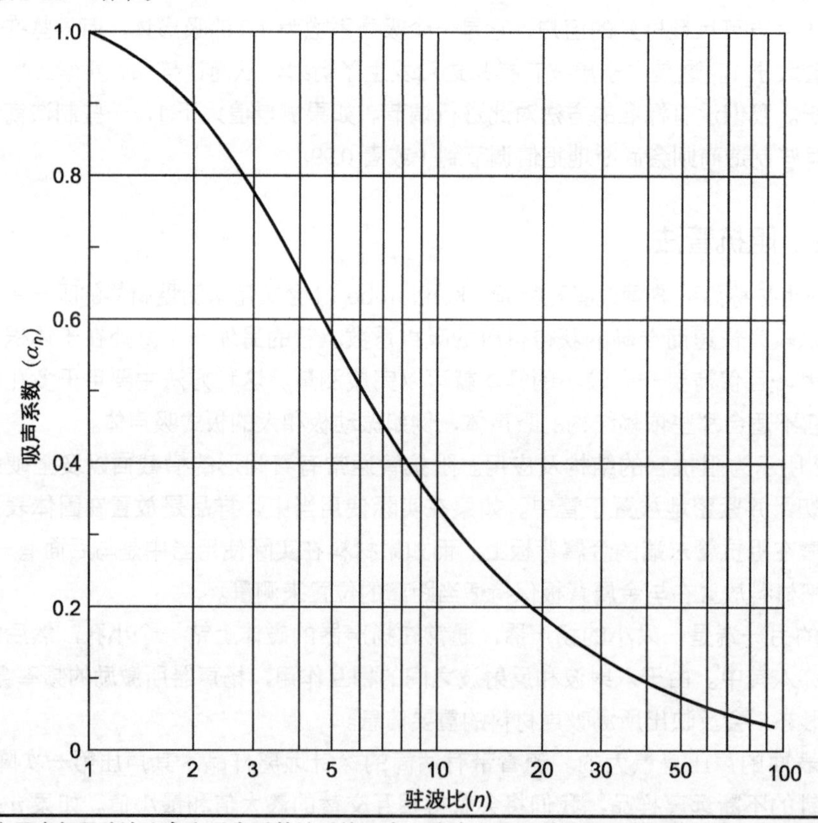

图 12-3 一个用来解释驻波比率和吸声系数关系的图表，驻波比可以利用最大声压除以临近的最小声压来获得（如图 12-2 所示）

虽然阻抗管法有着一定的优势，但它的吸声系数仅对声音垂直入射有效。而在实际当中，声音对材料的撞击是来自各个方向的。图 12-4 所示为两种测量方法所得吸声系数的近似关系图

表，图中标明了随机入射的吸声系数与通过阻抗管法获得的垂直入射吸声系数之间的关系。随机入射的吸声系数通常会比垂直入射吸声系数高。

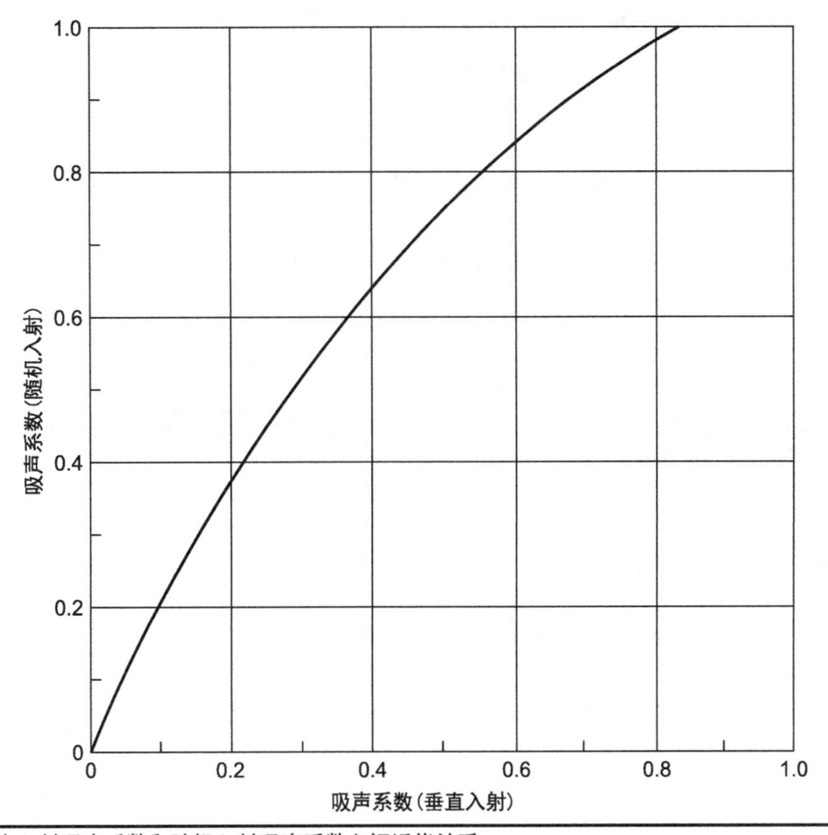

图 12-4 垂直入射吸声系数和随机入射吸声系数之间近似关系

个别反射声会对音质造成影响。特别是那些被称为早期声的垂直反射。虽然在房间的混响时间计算当中，我们所关注的是随机入射吸声系数，但是对于声像控制问题来说，垂直入射的反射系数也是需要关注的。

12.2.3 猝发声法

在普通的房间当中，我们可以利用较短的脉冲来获得无反射声的测量结果。因为从墙面和其他表面反射到达测量位置的声音是需要时间的。我们可以调节时间门限，让它仅在较短脉冲到达的时候打开，从而排除掉其他的干扰声。这种猝发声法能够用来测量材料任何入射角度的吸声系数。

这种方法的测量原理，如图 12-5 所示。声源与话筒所组成的系统在距离 x 处得到矫正，如图 12-5A 所示。然后，如图 12-5B 所示，我们让扬声器通过被测材料反射到话筒的总路径也为 x。最后，把 x 处没有反射的脉冲强度与经过反射的脉冲强度进行比较，从而获得样本的吸声系数。

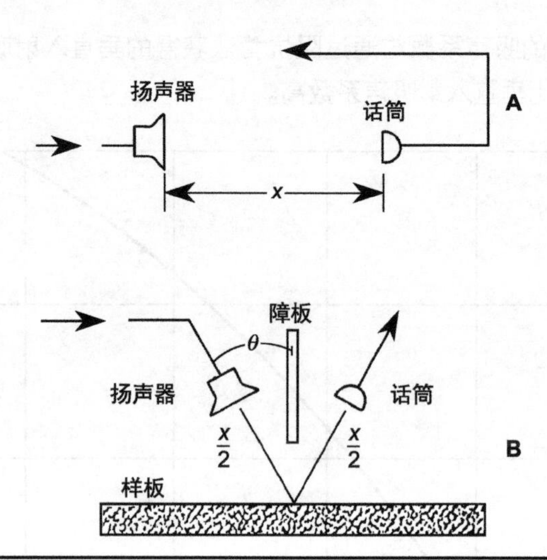

图 12-5 利用猝发声法来获得材料的吸声系数。（A）声源和话筒系统之间的距离被校准为 x。（B）从被测材料反射整个脉冲路径长度等于距离 x

12.3 吸声材料的安装

混响室地面测试材料的安装方式，倾向于和实际使用当中的安装方式一致。表 12–1 列出了 ASTM（美国材料与试验协会），以及更早期 ABPMA 组织的标准安装方式。

美国试验材料学会（ASTM）安装标注 *		声学板材产品制造商协会（ABPMA）安装标注 *
A	材料直接放置在坚硬表面	#4
B	材料粘合在石膏板	#1
C–20	穿孔材料展开或者其他开放表面蓬松 20mm[（3/4）英寸]	#5
C–40	同上，蓬松 40mm[（1½）英寸]	#8
D–20	材料蓬松 20mm[（3/4）英寸]	#2
E–400	材料距离坚硬表面 400mm（16 英寸）	#7

* 美国试验材料学会（ASTM）标注：E 795-83。
* 由声学板材产品制造商协会（ABPMA）安装形式列表。

表 12–1 在吸声材料测量中常用的安装方式

安装方式会对材料的吸声特性有着较大影响。例如，多孔材料的吸声，在很大程度上取决于材料与墙面之间的距离。（1/4）波长法表明，对于垂直入射的声音来说，多孔吸声体的厚度必须是我们所关注频率波长的 1/4。例如，对于 1kHz 的声音来说，吸声体的厚度最少应该为 3.4 英寸。吸声系数表格当中常常会标明安装方式，或者描述材料在测量时的安装方式。否则，这些吸声系数是没有任何价值的。一种吸声材料与墙面之间没有间隙的安装方式 A 被广泛使用。另一种通常所使用的安装方式为 E-400，它是在天花板空间不断变化时使用的一种常用方法，如图 12-6 所示。

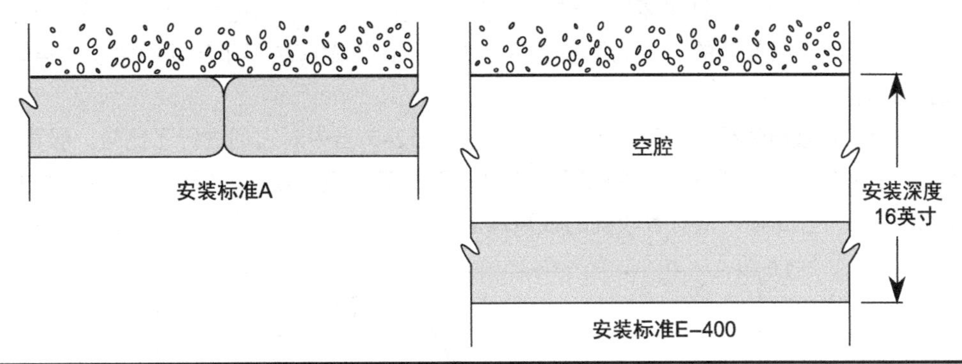

图 12-6 与吸声系数相关的常用安装标准。安装标准 A，材料水平地倚靠在背面。安装标准 E-400 应用于吊挂天花板，它是利用嵌入式面板来实现的（见表 12-1）

12.4 中、高频的多孔吸声

有着多孔构造的材料，说明在材料当中有很多间隙，它可以作为多孔吸声体。在这个多孔吸声体的讨论当中，关键词是间隙，它是多孔材料当中的小裂纹或空隙。如果声音撞击到一块棉絮，声音能量会使得棉花纤维产生振动。由于摩擦阻力的作用，纤维的振动幅度绝不会像空气质点的振动幅度那样大。这种振动会让一些声音能量随着纤维的振动转变成热能。声音渗透到棉花的空隙当中，能量随着纤维的振动而逐渐消失。棉花和许多开孔的泡沫（例如聚氨酯和聚酯）都是完美的吸声体，因为声波可以通过材料的这些开孔渗透进来。而诸如一些被用作隔热材料的闭孔材料（例如聚苯乙烯），声音是不能渗透到这些材料当中去的，所以有着相对较差的吸声作用。越多的空气流入多孔材料，那么它的吸声能力就越强。

在多孔吸声材料当中，最为常用的吸声体是有绒毛的纤维材料，它们会以板、泡沫、纤维、地毯以及垫子的形式存在。如果纤维过于松散，将会有较少的能量转化成热能。但是，如果纤维被压缩得太紧，则声音的渗透受到了阻碍，同时空气运动不能产生足够有效的摩擦。在这 2 种极端情况之间，许多材料都是非常好的吸声体。这些吸声体通常是由植物纤维或矿物纤维组成。它们的吸声效果取决于材料的厚度、空气的间隙以及材料的密度。

材料的吸声效率取决于微孔中声音能量进入的多少，如果其表面的气孔被堵塞，会阻碍声音的渗透能力，从而大大降低其吸声效率。例如，有微孔的粗糙水泥块就是一个良好的吸声体。如果我们在它表面绘画，那么就会填充了它的微孔，从而在很大程度上减少了声音的渗入，影响了材料的吸声效果。但是，如果我们使用水性漆（Nonbridging Paint）进行喷涂，仅会适当降低吸声量。在工厂中着色的吸声砖，将会减少着色对吸声效果的影响。在某些情况下，一个刷上油漆的表面能够减少材料的多孔性，但是作为膜振动来说，它实际上变成了另外一种吸声体，即带有阻尼的振动膜。

在一些房间的声学处理当中，或许使用了过多的地毯和褶皱窗帘，这些材料对低频的吸声表现较差。表面有着穿孔的纤维素吸声砖，也会对低频有着较差的吸声作用。过度的使用多孔吸声体，能够导致高频部分的声音能量被过多地吸收。这样做解决不了房间中主要的声学问题，即低频驻波问题。

为了展示多孔吸声体相似的吸声特征，我们在图 12–7 当中对它们进行了比较。吸声砖、窗帘和地毯，在 500Hz 以上都有着更高的吸声效率，而在房间模式较多的低频部分吸声能力较差。粗糙的水泥砖在一些高频区域有着较高的吸声峰值，同时也在 200Hz 附近有着良好的吸声表现。

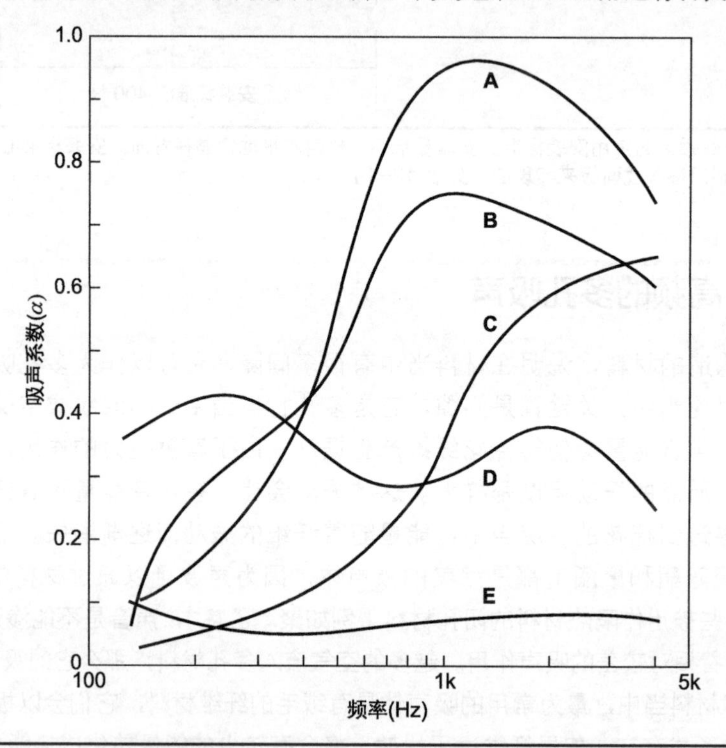

图 12–7 吸声材料 A，B，C 的吸声系数显示出相似的形状。良好的高频吸声能力以及较差的低频吸声能力是多孔吸声材料的特征。（A）高级吸音砖。（B）中等密度（14 盎司 / 平方码，1 盎司 = 28.35g，1 码 = 0.91m）丝绒窗帘。（C）水泥地上较厚的地毯，无衬底。（D）粗糙的水泥地面，无油漆。（E）粗糙的水泥地，有油漆

12.5 玻璃纤维隔音材料

大量的玻璃纤维材料被用在录音棚、控制室，以及公共场所的声学处理当中。这些玻璃纤维包含两种类型，高密度材料以及普通的低密度建筑保温材料。非常明显，有着后空腔较厚的板材优于较薄板材，同时低密度材料比高密度材料更受欢迎。在木质或者钢质龙骨的框架墙体结构中，我们通常使用交错龙骨墙体、双层墙体以及保温材料。

这种材料通常有着约 1 磅 / 立方英尺的密度，并常用 R–11，R–19 或者其他数字来表示。这些 R 的前缀描述了保温材料的质量，同时与厚度有关。标称为 R–8 的材料厚度为 2.5 英寸，R–11 的厚度为 3.5 英寸，而 R–19 的材料厚度为 6 英寸。

玻璃纤维隔音材料的后面通常会有牛皮纸。如果把这层纸朝向声音入射的方向，那么它的吸声作用是不明显的。但是如果我们把牛皮纸面向内，而具有纤维的一面朝向声源，那么它会起到明显的吸声作用。如图 12–8 所示，比较了两种单面具有牛皮纸的玻璃纤维板，它们分别为 R–19（6 英寸）和 R–11（3.5 英寸）。从图中可以明显看出声音从两个不同表面入射的吸声效果差异。当牛皮纸面向声音时，吸声板对 500Hz 以上的吸声作用明显减弱，而这对 500Hz 以下吸声作用影响较小。它们的主要吸声作用分别存在于 250Hz（R–19）和 500Hz（R–11），这是声学处理当中的重要频段。而当有着玻璃纤维的一面暴露在外时，在 250Hz（R–19）或者 500Hz（R–11）以上都有着

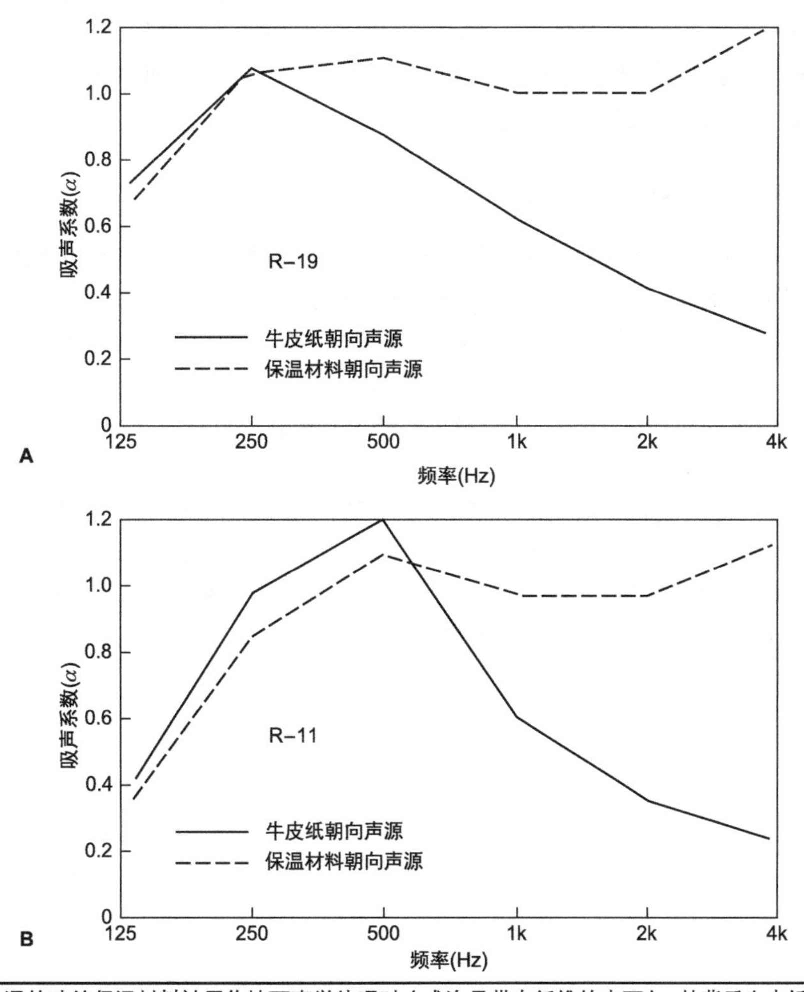

图 12–8 当普通的建筑保温材料被用作墙面声学处理时（或许是带有纤维的表面），其背后牛皮纸的朝向变得非常重要。（A）R–19 玻璃纤维保温材料。（B）R–11 玻璃纤维保温材料 A 类安装标准

良好的吸声效果。

玻璃纤维是一种完美且廉价的吸音材料。当我们把它当作平板来使用时，通常需要安装饰面以及保护面，而这也适用于高密度材料。织物、金属网、穿孔乙烯基墙面，这些都可以用来作为保护面。通过使用玻璃纤维板，我们可以获得大于 1 的吸声系数。

12.5.1 玻璃纤维：板

半钢性的玻璃纤维板，可以用在听音室的声学处理当中。这种型号的玻璃纤维，在密度上通常要比建筑上所使用的隔音材料高。最典型的是 Johns–Manville1000 系列丝状玻璃纤维以及 Owens–Corning 型的 703 玻璃纤维，两者的密度都是 3 磅 / 立方英尺。不同的厚度（例如，1~4 英寸）会产生不同的 *R* 值（例如，4.3~17.4）。也可以使用其他密度，例如，701 号的密度为 1.5 磅 / 立方英尺，705 号的密度为 6 磅 / 立方英尺。这些半钢性玻璃纤维板的外表不是非常好看，因此通常要在其上面覆盖一层织物。但是，它们的确是很好的吸声材料，并且被广泛应用在房间内部的声学处理当中。

12.5.2 玻璃纤维：吸声砖

声学材料制造商提供了具有竞争力的吸声砖，它的尺寸为 12 英寸 ×12 英寸。吸声砖表面的处理包括间隔相同的孔、随机孔、狭槽、裂缝或者其他材质。这些材料都可以从建筑材料供应商那里获得。对于噪声控制和混响控制来说，这种吸声砖是一种非常优秀的产品。在使用的过程中，我们已非常了解它们的局限性。使用这种吸声砖的其中一个问题在于，吸声系数对于某一特定的吸声砖来说不一定有效。图 12–9 所示为 8 块吸声砖的平均吸声系数，这些吸声砖是由纤维素和矿物纤维制成的，其厚度为 3/4 英寸。吸声系数的范围显示在纵轴。对于厚度为 3/4 英寸的吸声砖来说，我们可以使用它们的平均值作为吸声砖的吸声系数。对于厚度为 1/2 英寸的吸声砖来说，可以把低于平均吸声系数 20% 的数值作为吸声砖的吸声系数。当吸声砖被安装在吊顶天花板时，它们主要以多孔吸声材料的作用被使用。但是，吸声砖上面的空腔让它们起到一定的板吸声作用。

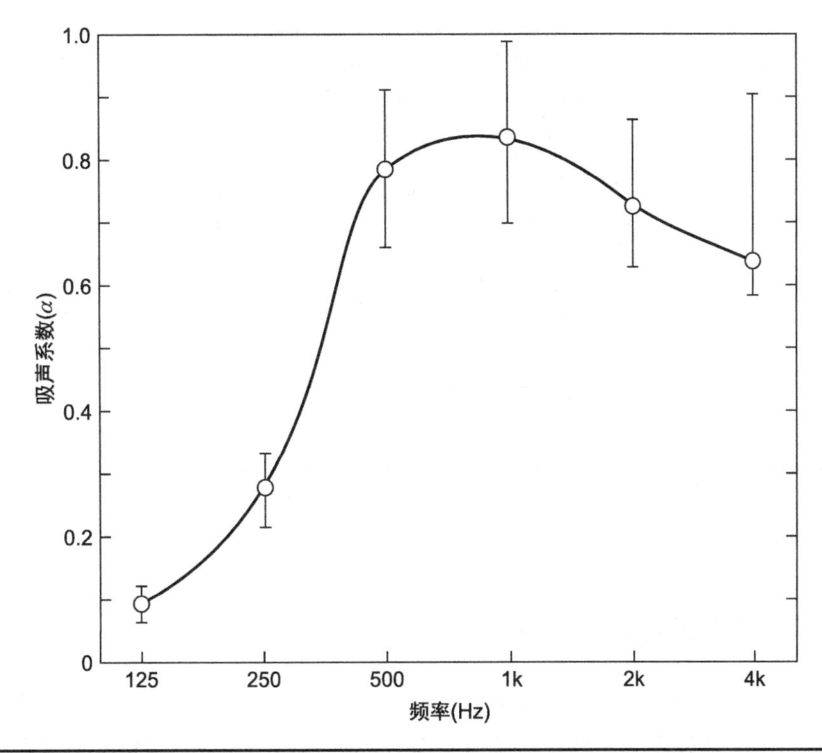

图 12-9 8 块厚度为 3/4 英寸吸声砖的平均吸声特征。垂直线展示了数据的分布范围

12.6 吸声体厚度的作用

想要从更厚的多孔材料当中获得更大的吸声量是符合逻辑的，但是它主要是针对较低的频率。当把多孔吸声材料放置到距离反射表面 1/4 波长处（或者这个尺寸的奇数倍）时，会有着最大的吸声作用。这是因为在该位置处，空气质点的振动速度最大。然而在实际当中，这样做是非常困难的。图 12-10 展示了吸声体厚度变化对吸声作用的影响，所有的吸声体都是在紧贴固体表面的情况下测得的（安装方式 A）。当把吸声体的厚度从 2 英寸增加到 4 英寸时，吸声量在 500Hz 以上增加得非常少，但是在 500Hz 以下吸声量随厚度有明显的增加。吸声体的整体吸声量也有相应的增加，其中厚度从 1 英寸增加到 2 英寸时吸声量的增加值，大于其厚度从 2 英寸增加到 3 英寸，或者从 3 英寸增加到 4 英寸时的。厚度为 4 英寸，密度为 3 磅 / 立方英尺的玻璃纤维，在 125Hz~4KHz 有着非常完美的吸声作用。

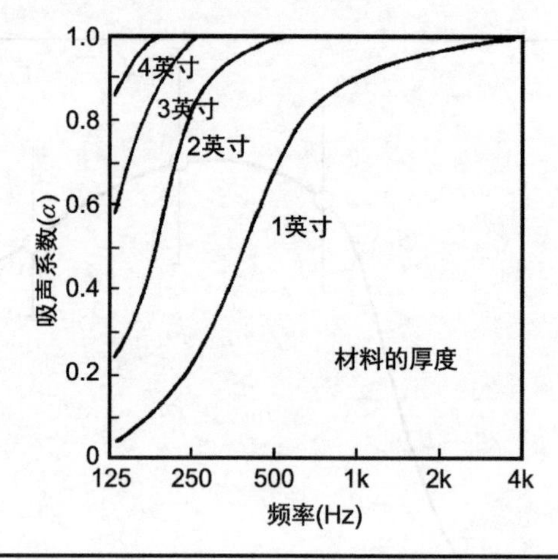

图 12-10 玻璃纤维材料的厚度（密度为 3 磅 / 立方英尺）决定了低频的吸声效果。这些材料被直接安装在坚硬的表面上

12.7 吸声体后面空腔的作用

我们也可以把多孔材料与墙面之间间隔一定的距离，从而实现对低频有效的吸声。间隔的多孔吸声材料与相同厚度没有间隔材料都有着有效的吸声作用。这种廉价的方式可以在有限范围内改善吸声效果。图 12–11 展示了 1 英寸厚的玻璃纤维与水泥墙面不同间隔的吸声效果。1 英寸厚的吸声材料放置在距离墙面 3 英寸处，其吸声效果接近图 12–10 所示，直接贴在墙面 2 英寸厚吸声材料的效果。

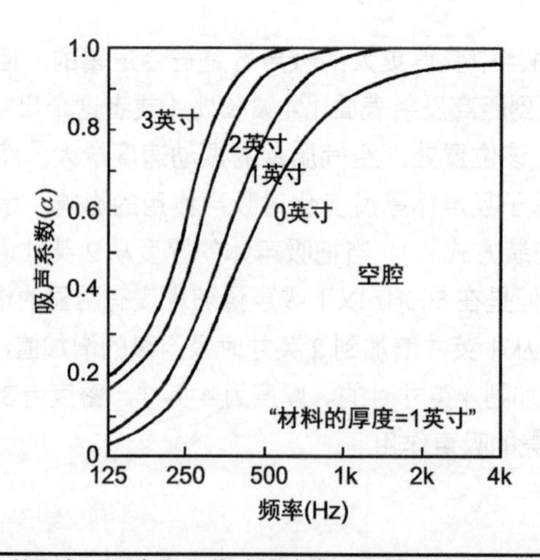

图 12-11 通过与墙面间隔一定的距离，厚度为 1 英寸的玻璃纤维板，其低频吸声效果得到改善

12.8 吸声材料密度的作用

从柔软的保温棉到半钢性或者钢性的板材，玻璃纤维材料有着不同的密度。所有这些材料都会在声学处理当中，有着自己合适的位置。普通的声音可以穿过高密度材料、有着坚硬表面的材料以及柔软材料。如图 12–12 所示，随着密度的变化，吸声系数有相对较小的改变。对于密度非常低的吸声材料来说，由于纤维之间的空隙较大，导致吸声效果减弱。而对于密度非常大的吸声板来说，它的表面反射会增大，导致较少的声音穿透吸声板，从而影响了它的吸声效果。

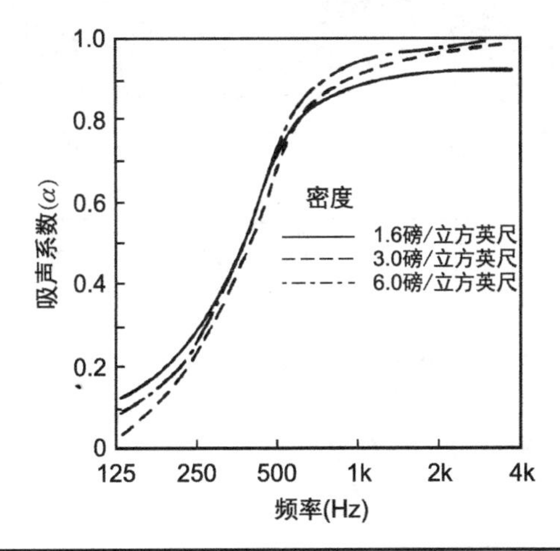

图 12–12 当玻璃纤维的密度在 1.5 磅 / 立方英尺 ~6 磅 / 立方英尺变化时，它对材料吸声作用的影响较小。材料被直接安装在墙面上

12.9 开孔泡沫

聚氨酯和聚酯泡沫被广泛应用于汽车、机械、航空以及各种工业领域的降噪当中。在建筑领域我们也可以发现它们的踪影，其中包括在录音棚以及听音室当中。图 12–13 所示为一种 Sonex 吸声材料的图片，它用波浪的外形来模仿消声室中尖劈的作用。它们有公、母模块，可以啮合在一起。这种材料可以用胶水或钉子固定在需要做声学处理的表面上。

对于厚度分别为 2 英寸、3 英寸、4 英寸的 Sonex 吸声材料，其吸声系数如图 12–14 所示，它们都使用了 A 类安装方式。如图 12–10 所示，厚度为 2 英寸的玻璃纤维的吸声作用明显优于厚度为 2 英寸的 Sonex 产品，但是在这种比较当中必须要考虑一些其他因素，第一，703 型号的密度为 3 磅 / 立方英尺，而 Sonex 密度为 2 磅 / 立方英尺。第二，在 2 英寸厚 Sonex 材料当中，其楔子的高度和平均厚度都非常小，而 703 的厚度从头到尾都是一致的。第三，Sonex 的外观设计有着明显的优势，同时它的安装也非常便捷，选用这种产品不仅仅是对声学的考虑。

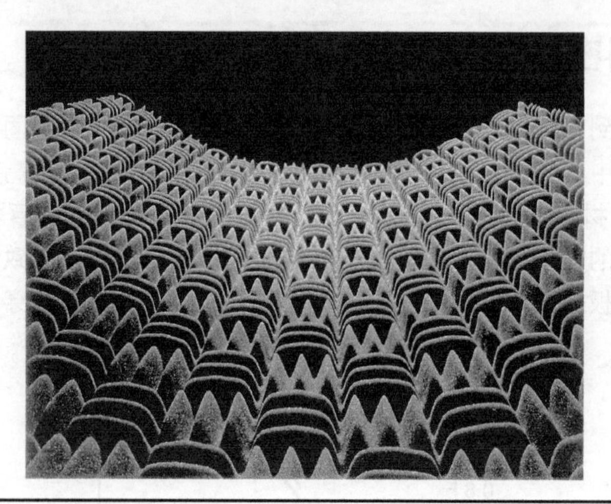

图 12-13 Sonex 吸声泡沫，模仿吸声尖劈的形状。这是一种开孔类型的泡沫

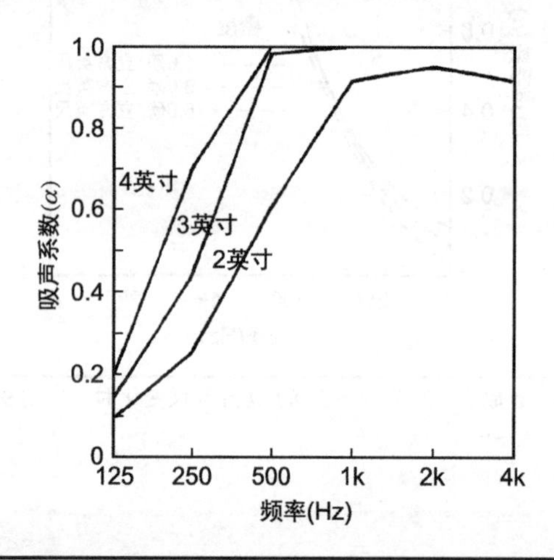

图 12-14 不同厚度 Sonex 吸声泡沫的吸声系数

12.10 窗帘作为吸声体

窗帘是一种多孔吸声材料，因为空气可以穿过纤维而流动。这种流动就产生了吸声作用。许多因素会影响它的吸声效果，其中包括材料的种类、重量、折叠的程度以及与墙面间的距离。越重的纤维对声音的吸收会越多。较重的丝绒窗帘可以提供良好的吸声效果，而较轻的窗帘实际上只提供了非常有限的吸声效果。如图 12–15 所示，比较了密度为 10 盎司 / 平方码、14 盎司 / 平方码以及 18 盎司 / 平方码丝绒的吸声系数，它们在距离墙面有一定距离处整齐悬挂。我们很难解释密度从 14 盎司 / 平方码增加到 18 盎司 / 平方码时，窗帘吸声系数的增加量，远大于其密度从 10 盎司 / 平方码增加到 14 盎司 / 平方码时的原因。这种作用主要集中在 500~1 000Hz 的范围。

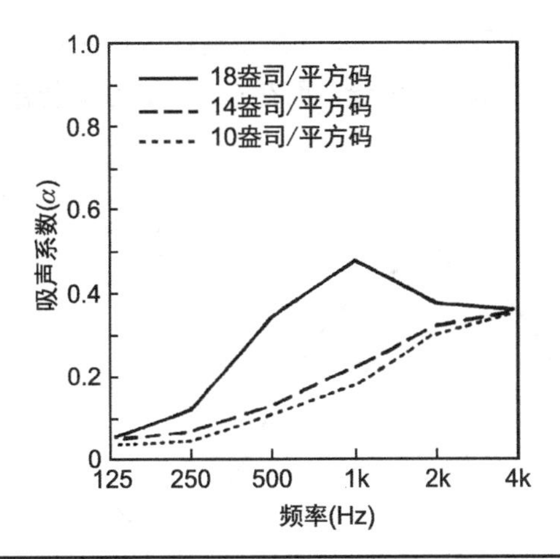

图 12-15 悬挂三种不同密度丝绒织物的吸声系数（Beranek）

窗帘的折叠率越高，其吸声效果越好。这主要是因为，窗帘折叠会增加它暴露在声音当中的面积。如图 12-16 所示，“打褶到 7/8 面积”意味着，在整个 8/8 面积从平坦的状态仅缩小了 1/8。从图中可以看到，窗帘打褶越深其吸声效果越好。

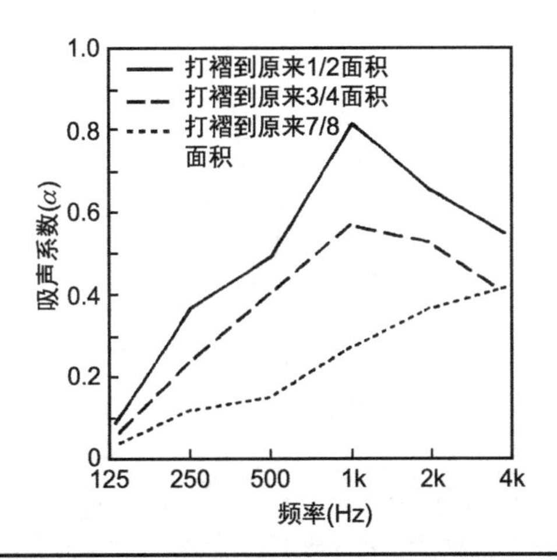

图 12-16 窗帘中褶裥对吸声作用的影响。“打褶到原来面积的 1/2”意味着折叠面积是平直织物的 1/2。（Mankovsky）

窗帘悬挂的位置与反射面之间的距离，会在很大程度上影响它的吸声作用。如图 12-17A 所示，一个类似窗帘的多孔吸声材料，它与墙面之间平行悬挂，它们之间的距离 d 是变化的。频率为 1kHz 的声音入射到多孔材料表面，且保持不变。当我们对多孔材料的吸声效果进行测量时，会发现它的吸声作用随距离 d 的变化而发生很大改变。实验表明，声音的波长会影响材料吸声系数的最大值和最小值。声音波长 λ 可以通过声速除以频率来获得，故 1 000Hz 的波长 λ 为 1 130/1 000=1.13 英尺，或者约为 13.6 英寸。该波长的 1/4 为 3.4 英寸，1/2 波长为 6.8 英寸。我们发现在 1/4 波长处吸声系数最大。如果对图 12–17A 所示波形进行深入研究，会发现当 d 在 1/4 波长的奇数倍位置时，会产生吸声系数的最大值，而在 1/4 波长的偶数倍位置，会产生吸声系数的最小值。

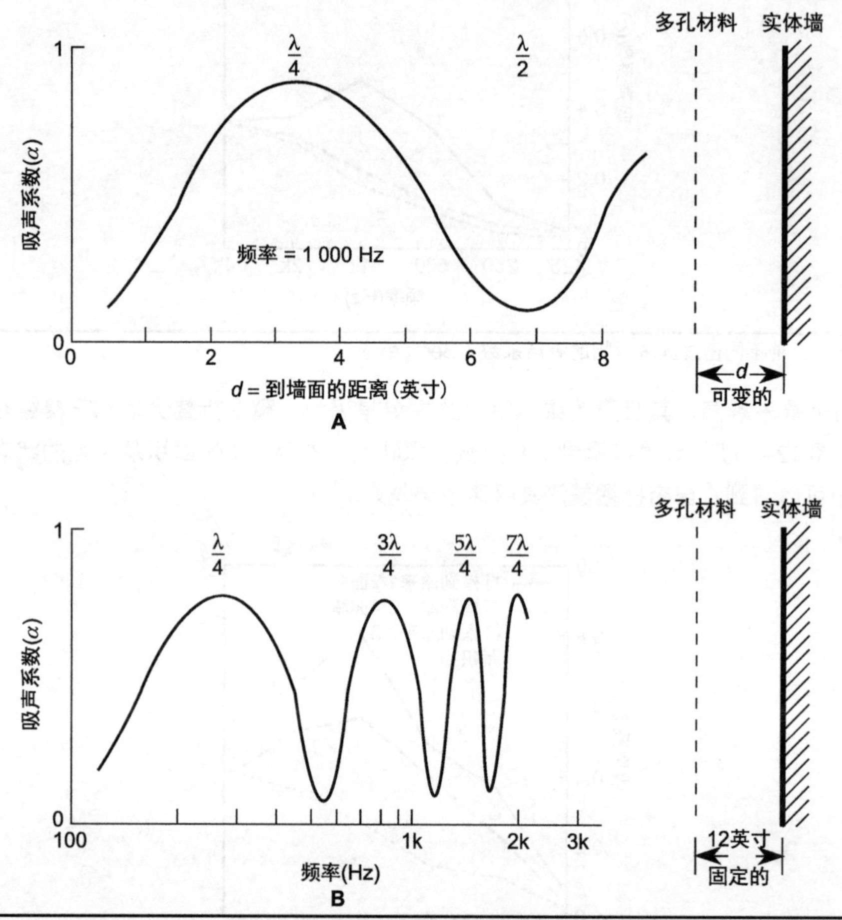

图 12–17 类似窗帘这种多孔吸声材料，其吸声系数与到墙面距离的变化情况。（A）当窗帘距离墙面的距离为波长的 1/4 时，会获得最大吸声量，而最小的吸声量是在 1/2 波长处。（B）悬挂多孔吸声材料到墙面的距离是固定的，它的最大吸声量将会发生该距离所对应的 1/4 波长以及 1/4 波长奇数倍处

这种作用可以通过声音从墙面反射来进行解释。由于声波不能让墙面移动，所以在墙面处的声压最高，而空气粒子的速度为零。而在距离墙面 1/4 波长处的声压为零，其空气粒子的速度最大。通过在距离墙面 1/4 波长处放置多孔吸声材料，例如窗帘，将会在所对应频率处产生最大的吸声作用，因为这时多孔吸声材料与空气粒子之间能量有着最大摩擦损耗。相同的作用发生在 $\lambda/4$ 的奇数倍位置，例如 $3\lambda/4$，$5\lambda/4$，$7\lambda/4$ 等。在距离为 1/2 波长处，粒子的速度最小，因此吸声也最少。实际上，由于窗帘通常有不同程度的折叠，所以距离墙面 1/4 波长的位置有所不同。因此，频率的峰值和谷值会被拓宽，这在整个响应当中有着较小的影响。

如图 12–17B 所示，窗帘距离墙面的距离为 12 英寸，保持不变，对它不同频率的吸声系数进行测量。从图中可以看到，吸声系数会随着频率的变化而变化：当到墙面的距离为 1/4 波长的奇数倍时，吸声系数最大，当距离为 1/4 波长的偶数倍时，吸声系数最小。距离为 12 英寸（1 英尺）所对应的频率为 1 130/1=1 130Hz，其 1/4 波长对应频率为 276Hz，半波长对应频率为 565Hz。以上所提到的 1/4 波长，都是假设它为正弦波。而对于吸声系数的测量来说，通常使用的是窄带噪声。因此，我们必须使用这个频带对图 12–17B 所示的变化进行平均。

图 12–18 展示了密度为 19 盎司 / 平方码丝绒在混响室中测得的吸声系数。实线显示的是把所有窗帘拿走情况下的吸声系数曲线。其他 2 条非常接近的曲线，是相同材料距离墙面 4 英寸和 8 英寸时所测得的吸声系数。波长为 4 英寸所对应的频率为 3 444Hz；波长为 8 英寸所对应的频率为 1 722Hz。间隔为 4 英寸以及 8 英寸所对应 1/4 波长的奇数倍，在图 12–18 的上半部分显示。

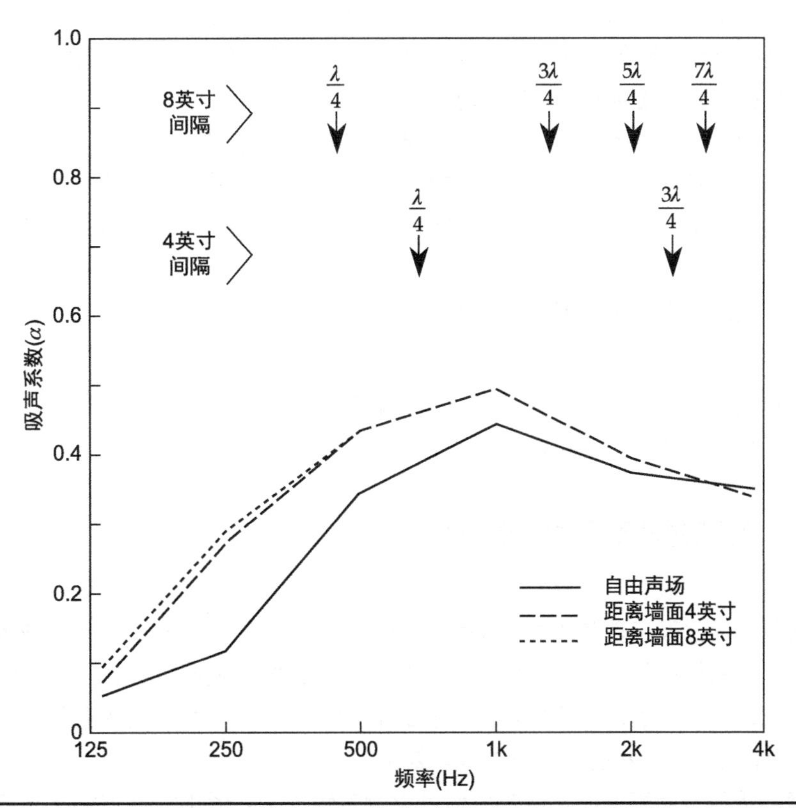

图 12–18 在自由声场当中，距离墙面 4 英寸以及 8 英寸的丝绒材料（19 盎司 / 平方码）吸声系数的测量。同时该图也显示出，由于墙面的反射作用，其吸声量会有一定的增加（Mankovsky）

当丝绒距离墙面一定距离时，其吸声量会有所增加，特别是在 250~1 000Hz 频率范围内。在频率为 125Hz 的地方，窗帘距离墙面 10cm 或者 20cm 是没有明显吸声效果的，这是因为 125Hz 的 1/4 波长为 2.26 英尺。

12.11 地毯作为吸声体

在许多类型的空间当中，地毯通常会主导整个声学环境。它是房主经常会使用的材料，这是一个令人感到舒适的物品，人们选择地毯的理由通常出于舒适和美观上的考虑，而非声学上的。而地毯及其衬底会为声音的中高频部分提供明显的吸声效果。假设我们把地毯放置在录音棚当中，它的面积为 1 000 平方英尺。同时假设房间的混响时间约为 0.5s，那么在这个房间需要有 1060 赛宾的吸声量。在声音的高频部分，地毯的吸声系数约为 0.6，它在 4kHz 约有 600 赛宾的吸声量，那么它对整个房间所需要的吸声量贡献率达到 57%，这时还没有考虑墙面以及天花板的吸声作用。声学设计在它开始之前就有了非常多的限制。

还有另外一个更加严重的问题。这种高吸声量的地毯仅对高频有效。地毯在 4kHz 的吸声系数约为 0.6，而对于 125Hz 来说，其吸声系数仅为 0.05。换句话说，面积为 1 000 平方英尺的地毯，在 4kHz 所贡献的吸声量为 600 赛宾，而对 125Hz 声音所贡献的吸声量仅为 50 赛宾。这是我们在许多声学处理当中所要面对的问题。我们可以通过其他方式，来对地毯吸声的不均衡进行补偿，这主要是利用共振类型的低频吸声体来实现。

为了解决地毯吸声不平衡的问题，我们需要获得较为准确的吸声系数，但这是很难实现的。由于地毯的种类各式各样，同时衬底材料的不同也会增加吸声系数的不确定性。所以在决定使用哪种吸声系数的时候，必须要利用经验进行判断，特别是对于那种墙到墙铺设地毯的情况。

12.11.1 地毯类型对吸声的影响

不同种类地毯之间的吸声变化是非常大的。图 12–19 展示了较厚重的 Wilton 绒毯，以及背面有没有乳胶衬底时吸声系数的差别。我们可以看到背面具有乳胶增加了地毯在 500Hz 以上的吸声量，同时在 500Hz 以下的吸声量所有下降。

12.11.2 地毯衬底对吸声的影响

泡沫橡胶、海绵橡胶、毡、聚氨酯，或者其他复合材料，它们通常都可以作为地毯下面的衬底。泡沫橡胶是通过鞭打乳胶水并添加胶凝剂，然后把它倒在模子中制作而成的。通过这种制作方法，所获得的材料常常是开孔结构。但是，海绵橡胶则是通过把化学制剂添加到橡胶当中，让其产生气体所生成的，它可以产生开孔或者闭孔的结构。开孔所带有的缝隙，能够提高材料的吸声作用，而闭孔材料有着较差的吸声效果。

对于地毯的吸声作用来说，它的衬底对其影响是较大的。图 12–20 展示了在混响室当中测得的，具有不同衬底的 Axminster 绒头地毯吸声系数的变化情况。曲线 A 和 C 分别展示了密度为 80 盎司 / 平方码以及 40 盎司 / 平方码的毛毡对地毯吸声作用的影响。曲线 B 展示了毛毡和泡沫混合物对地毯吸声作用的影响。虽然这 3 条曲线有着明显的不同，但是他们都与曲线 D 形成了明显的对比，曲线 D 是地毯直接放置在裸露水泥地上的吸声系数。从而可以看到，地毯下面的衬底会对它的吸声作用产生显著影响。

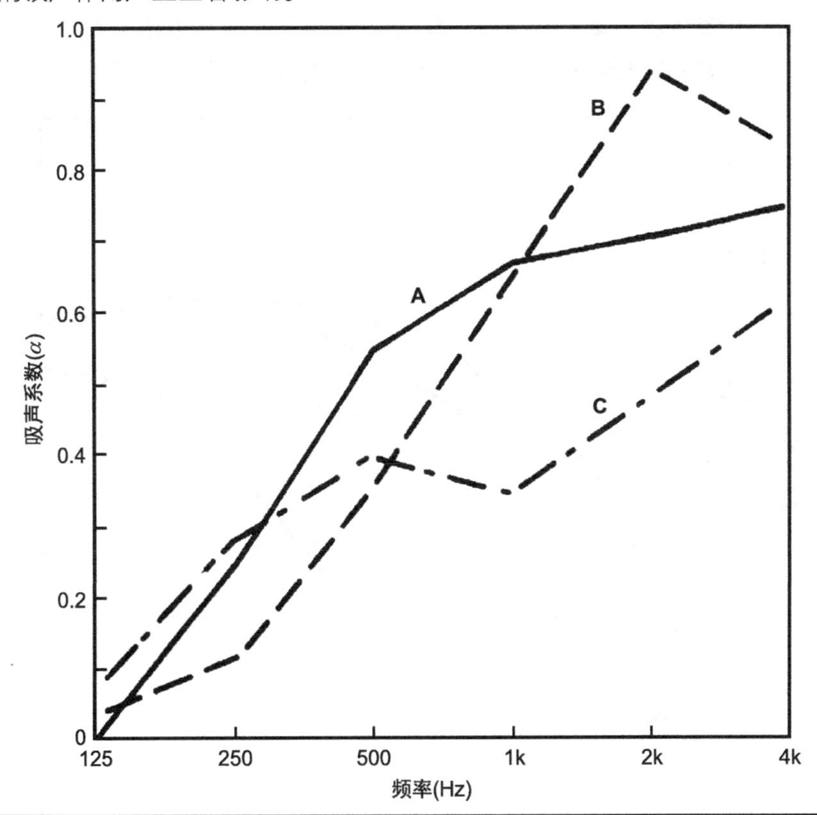

图 12-19 3 个不同种类地毯的吸声特征比较。(A)Wilton 机织绒头地毯，绒毛高度为 0.29 英寸，密度 92.6 盎司 / 平方码。(B)背面有乳胶的丝绒，绒毛高度 0.25 英寸，密度 76.2 盎司 / 平方码。(C)相同的丝绒没有乳胶背面，密度为 37.3 盎司 / 平方码，所有都地毯下面都有 40 盎司毛毡衬底(Harris)

12.11.3 地毯的吸声系数

图 12-19 和图 12-20 所示的吸声系数曲线都是从 Harris 1957 年的文章当中获得的，他对地毯特征的研究成果至今有效。如图 12-21 所示，附录中的系数被绘制出来，并用来与图 12-19 和图 12-20 进行比较。地毯的样式及衬底有着各种变化，这种变化能够导致地毯吸声系数的巨大变化，这是声学系统设计师需要注意的问题。

12.12 人的吸声作用

音乐厅当中的人会对房间的吸声有着显著影响——或许达到整个房间的 75%。在一个较小的监听室，1 个或多个人会造成声学差异。问题是如何衡量人们的吸声作用，以及如何对其进行计算。其中一种方法是利用听众所坐的区域面积来衡量。或者，简单地考虑房间内的人数。

无论如何，都需要考虑由听众所产生的吸声量（赛宾），同时要把它与地毯、窗帘，以及房间内其他吸声体在该频率的吸声量进行相加。表 12–2 列出了在教室中每个人的吸声量，他们分别是在教室中非正式着装的大学生，以及在礼堂环境中有着更加正式着装人的吸声范围。

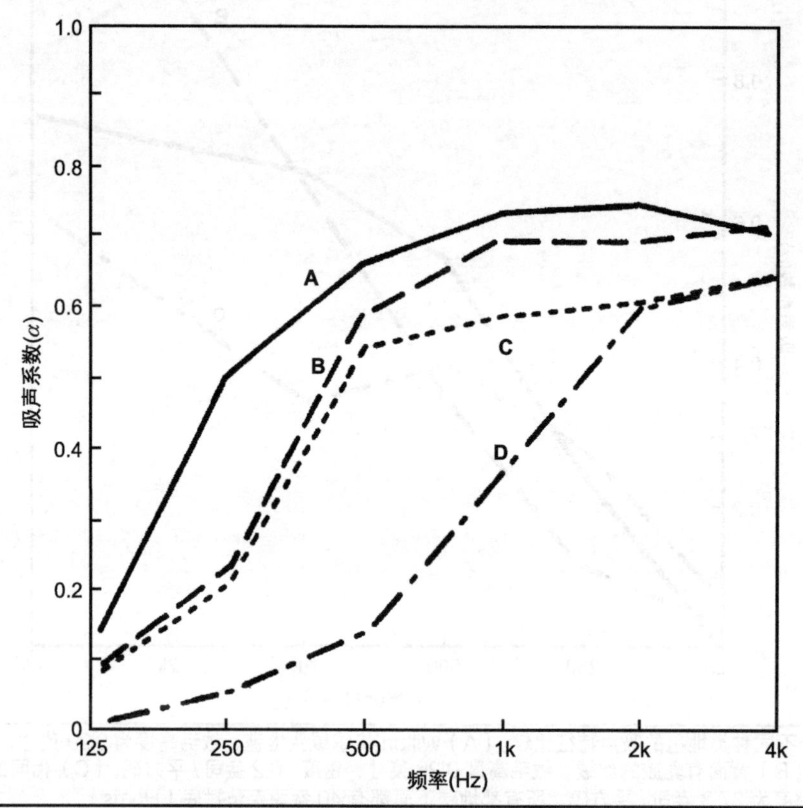

图 12–20 相同的 Axminster 地毯，随着衬底变化而产生的不同吸声特征。（A）80 盎司毛毡。（B）毛毡和泡沫。（C）40 盎司毛毡。（D）直接铺在水泥地上，没有衬底（Harris）

对于 1KHz 以及更高频率来说，在教室中非正式着装的大学生所提供的吸声量，下降到有更多普通听众的吸声量范围下沿。然而，学生的低频吸声量是低于那些正式着装人群的。一些声学专家可以通过经验判断，500Hz 处每个座椅上人的吸声量仅为 5 赛宾。

在一个礼堂或者音乐厅当中，声音穿过一排排的人会产生不同类型的衰减。除了声音离开舞台之后的正常衰减之外，它将会在 150Hz 附近额外产生 15~20dB 的衰减，并且扩展到 100~400Hz 的范围。实际上，这不完全是由听众所引起的，因为即使座位是空置的，也会存在这种现象。声压级上类似的低谷，影响了来自侧墙的早期反射声。这种现象明显是由干涉作用所导致的。声音的入射角度也发挥着重要的作用。当听众座椅在相对较平的地面上时，声音入射的角度较低，它的吸声量也较大。伴随着更高的入射角度（例如，体育场的座椅），这将有着更小的吸声量。

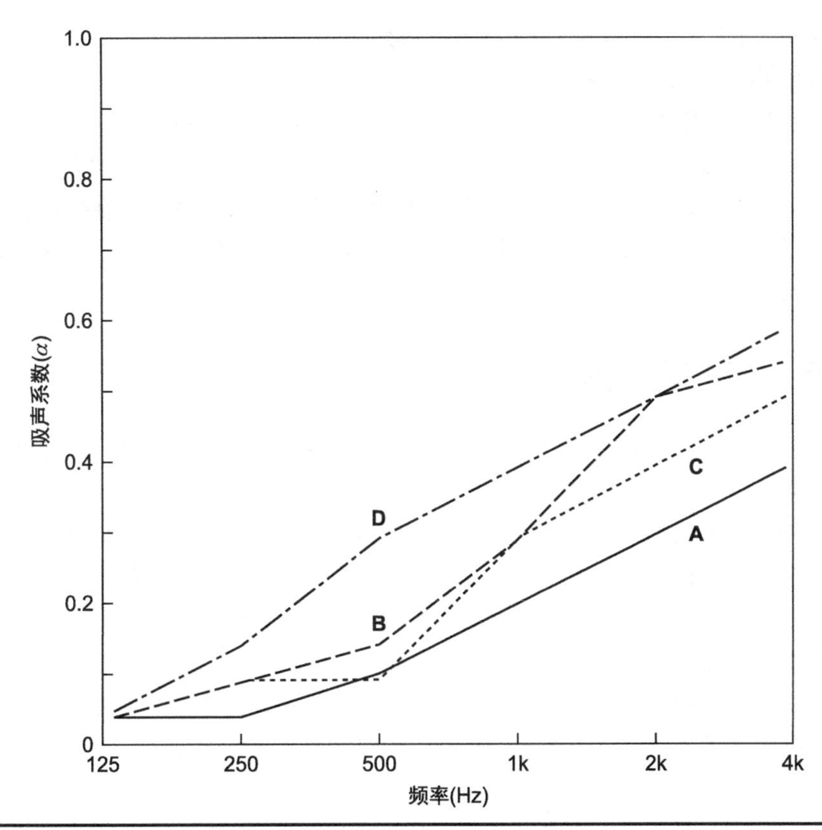

图 12-21 来自通常使用表格当中的地毯吸声系数。(A)绒毛厚度为 1/8 英寸。(B)绒毛厚度为 1/4 英寸。(C)3/16 英寸厚复合绒毛和泡沫。(D)5/16 英寸厚复合绒毛和泡沫。把这些图表与图 12-18 以及图 12-19 所示进行比较

	频率(Hz)					
	125	250	500	1 000	2 000	4 000
非正式着装的大学生，坐在带有扶手的椅子上	NA	2.5	2.9	5.0	5.2	5.0
听众区，它取决于座椅的衬垫物及间隔	2.5~4.0	3.5~5.0	4.0~5.5	4.5~6.5	5.0~7.0	4.5~7.0

表 12-2 人体的吸声作用(赛宾/人)

12.13 空气中的吸声

对于较大的厅堂，频率在 2kHz 以上声音，空气吸声作用变得重要起来。空气吸声作用可以占据整个空间总吸声量的 20%~25%，它是一个较为重要的参数。空气的吸声量的计算公式为

$$A_{air}=mV \tag{12-5}$$

其中，m =空气衰减系数，赛宾 / 立方英尺或者赛宾 /m^3。

V =房间容积，立方英尺或者 m^3。

空气衰减系数 m，会随着湿度的变化而变化。当湿度在 40%~60% 时，2kHz，4kHz 以及 8kHz 所对应的 m 值分别为 0.003、0.008 和 0.025 赛宾 / 立方英尺，或者 0.009、0.025 和 0.080 赛宾 /m^3。

例如，一个可以容纳 2 000 人的教堂，它的容积为 500 000 立方英尺。在相对湿度为 50% 的情况下，2kHz 的空气吸声系数为 0.003 赛宾 / 立方英尺。在这个教堂当中，在 2kHz 处，空气会有 1 500 赛宾的吸声量。

12.14 板（膜）吸声体

对于低频部分的吸声，我们可以通过共振（或电抗性）吸声体来完成。玻璃纤维和吸声砖是常用的多孔吸声材料，它们的吸声作用是通过声音能量在纤维间隙当中摩擦生热来完成的。但是玻璃纤维和其他多孔吸声体，对低频的吸声作用极为有限。为了更好地吸收低频，多孔材料的厚度必须与其波长相当。当声音为 100Hz 时，其波长为 11.3 英尺，而对于任何一种多孔吸声体来说，实现这种厚度都是不现实的。出于这种原因，我们通常使用共振吸声体来达到对低频声音进行吸收的目的。

一个悬挂在弹簧上的质量体，它将会以固有频率进行振动。板的后面留有空腔，这也有着类似的效果。板的质量以及空腔中空气的弹性，一起组成了一个共振体。由于板内材料摩擦生热的损耗，声音会随着板的弯曲而被吸收。（类似地，在弹簧上的质量块将会受到阻力作用而最终停止振荡。）通常板吸声体所提供的吸声量不会太多，因为它们的共振运动也会辐射一部分声音能量。通常我们会选择高阻尼且柔软的板，以便提供更多的吸声。

板的阻尼作用会随着速度的增加而增加，在共振频率处的速度最高。当达到结构的共振频率时，声音的吸声量是最大的。如前所述，在平板后面封闭的空腔会表现出弹簧的特性。空腔的深度越大，弹簧的刚性越小。同样的，一个较小的空腔会表现出较大的刚性。对于一块没有穿孔的平板来说，共振频率的计算公式为

$$f_0=\frac{170}{\sqrt{md}} \tag{12-6}$$

其中，f_0= 共振频率，Hz。

m= 板的面密度，磅 / 平方英尺或 kg/m^2。

d= 空腔的深度，英寸或 m。

注意，在使用公制时，需要把 170 改为 60。

例如，假设一块 1/4 英寸厚的夹板，固定在 2×4 的龙骨边沿，它后面有着一个接近的 3^3/4 英寸空腔。1/4 英寸厚夹板的面密度为 0.74 磅 / 平方英尺，该参数可以通过测量获得，也可以在参考文献当中查到。把以上这些数字代入公式，我们可以计算得出共振频率约为 102Hz。

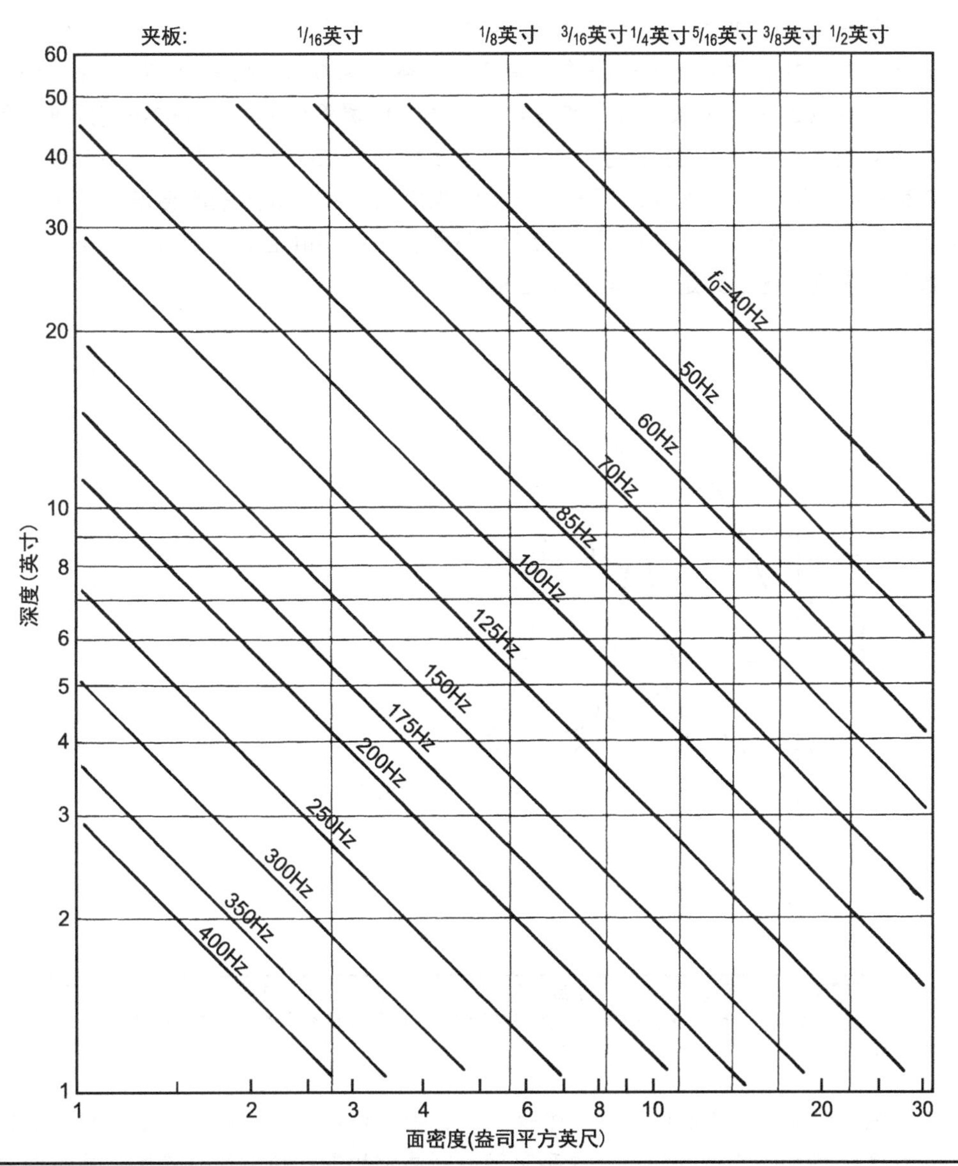

图 12-22 共振板吸声体的设计图表（也可以查看图 12-34 所示）

图 12-22 展示了平板的共振频率、空腔深度（英寸）以及面密度（盎司 / 平方英尺）之间的关系。如果知道夹板的厚度以及空腔的深度，我们可以通过图中的斜线查得共振频率的大小。式（12-6）可以应用到薄膜及板的共振计算当中，而类似 Masonite 纤维板、木丝板（Fiberboard）以及牛皮纸的夹板除外。除了夹板之外，其面密度必须是确定的。我们可以通过测量已知面积材料的重量，较容易地获得材料的面密度。板吸声体的表面积应该不低于 5 平方英尺。

式（12-6）与图 12-22 所示，哪一个会更加准确？图 12-23 所示为我们对三个夹板吸声体的实际测量曲线。曲线 A 展示了 3/16 英寸厚的夹板固定在 2 英寸板条上的例子。我们估计这种结构的共振频率在 175Hz 左右。其峰值系数约为 0.3，这是我们对这种结构所能期望的最高值。曲线 B 是 1/16 英寸厚的夹板，在它的内侧覆盖有 1 英寸厚的玻璃纤维，且在玻璃纤维后面有着 1/4 英寸深的空腔。曲线 C 是与 B 相同的结构，只是把（1/16）英寸厚的板改为 1/8 英寸厚。当我们向其内部填充了玻璃纤维之后，会让吸声的峰值增加约 1 倍。玻璃纤维也改变了峰值位置，使它降低了约 50Hz。这种共振吸声峰值频率的计算并不完美，但对于大多数应用来说，这已经是一个较好的近似值。

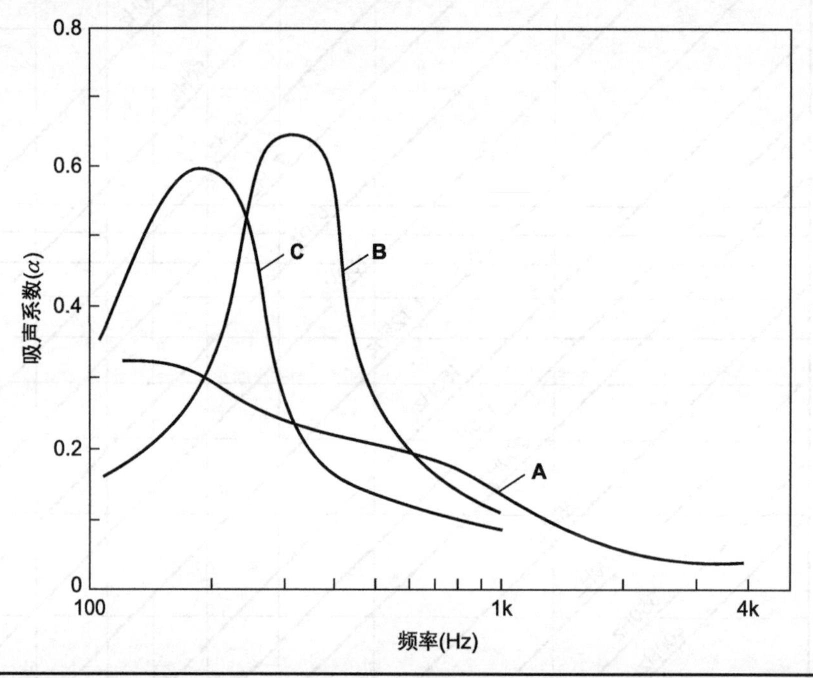

图 12-23 3 个板吸声体吸声系数的测量。（A）厚度为 3/16 英寸夹板，后面有 2 英寸空腔。（B）厚度为 1/16 英寸夹板，后面有 1 英寸厚的矿物棉，以及 1/4 英寸的空腔。（C）与 B 有着相同的材料，但是使用厚度为 1/8 英寸的夹板

当我们向空腔当中填充类似玻璃纤维这种多孔吸声材料时，它的吸声量会增加。这是因为吸声材料能够增加吸声体的阻尼。这种吸声材料或者松散的填满整个空腔，或者附着在板的背后。当我们把吸声体放置在所要吸声频率声压最大处时，其吸声效果最佳。这个位置或许是墙壁的末端、中点或者房间的角落。当我们把吸声板放置在声压最小的地方时，它的吸声效果相对不明显。

一些音乐教室把它们优秀的声学环境，归功于大量墙板提供的低频吸声作用。夹板、舌片和槽沟连接的地板或者底层地板会产生膜振动，它对低频吸声有着较大的贡献。墙面和天花板的石膏结构也有着同样的效果。所有这些吸声部件都必须包含在大小房间的声学设计当中。

纸面石膏板或者石膏板，它们在家庭、录音棚、控制室，以及其他空间结构当中起到了重要作

用。纸面石膏板的吸声作用是通过膜振动来实现的，它们形成了一个共振系统。纸面石膏板在低频声音的吸声方面，起到了特别重要的作用。通常来说，这种低频吸声是受到欢迎的，但是在为音乐设计的较大空间当中，纸面石膏板表面会吸收过多的低频，从而阻碍了我们想要实现的混响环境。把（1/2）英寸厚的纸面石膏板固定在间隔为 16 英寸的龙骨上，它在 125Hz 处的吸声系数为 0.29，在 63Hz 处有着更高的吸声系数（这对音乐录音棚来说是非常有益）。我们必须要考虑小房间当中纸面石膏板的吸声作用，在计算当中要包含它低频部分的吸声量。由于所使用石膏板厚度的不同，同时吸声的峰值频率会随着石膏板厚度以及空腔深度的变化而改变，所以这种计算有时是比较困难的。一张（1/2）磅 / 平方英寸厚的纸面石膏板，它的面密度为 2.1 磅 / 平方英寸，而两张（5/8）英寸厚的纸面石膏板，它的面密度为 5.3 磅 / 平方英寸。对于后面（3 3/4）英寸有空腔的结构来说，使用（1/2）英寸厚的石膏板其共振频率在 60.6Hz，而两张（5/8）英寸厚的石膏板，它的共振频率则为 38.1Hz。

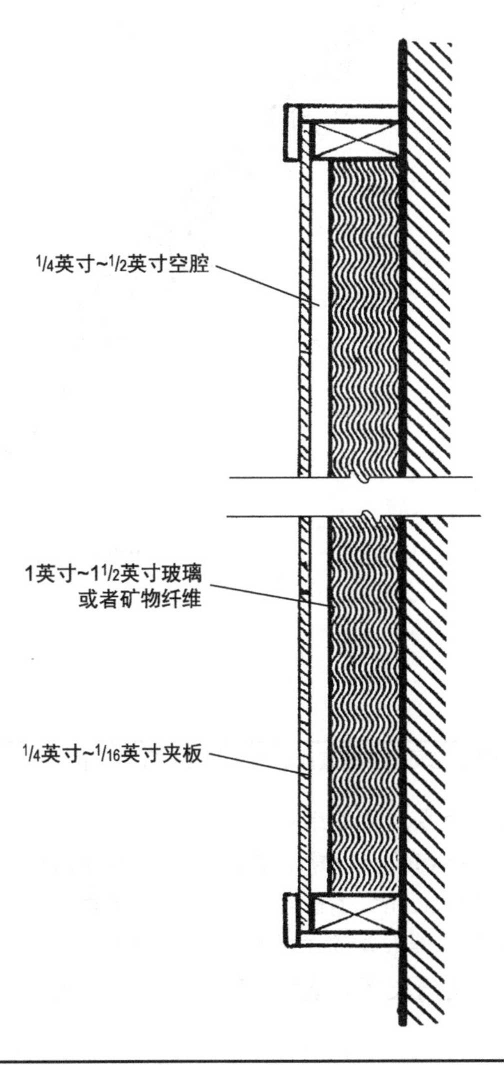

图 12-24 在墙面上固定安装的平板共振吸声体

我们已经注意到，多孔吸声材料通常在高频区域有着很大的吸声作用，而板振动吸声体常常能够表现出良好的低频吸声效果。对于面积较小的听音室和录音棚来说，我们发现有增加两个低频吸声结构吸声体，可以有效控制房间的简正模式。

板吸声体是非常容易建造的。图 12–24 所示为一个板吸声体的例子，把板吸声体安装在墙面或者天花板上。一张（1/4）英寸厚或者（1/16）英寸厚的夹板，紧紧固定在木质龙骨上，它与墙面之间保持适当距离。一张（1½）英寸厚的玻璃纤维或者矿物纤维板，被粘在墙的表面。在夹板后表面与吸声材料之间，应该保留（1/4）英寸或者（1/2）英寸的空腔。

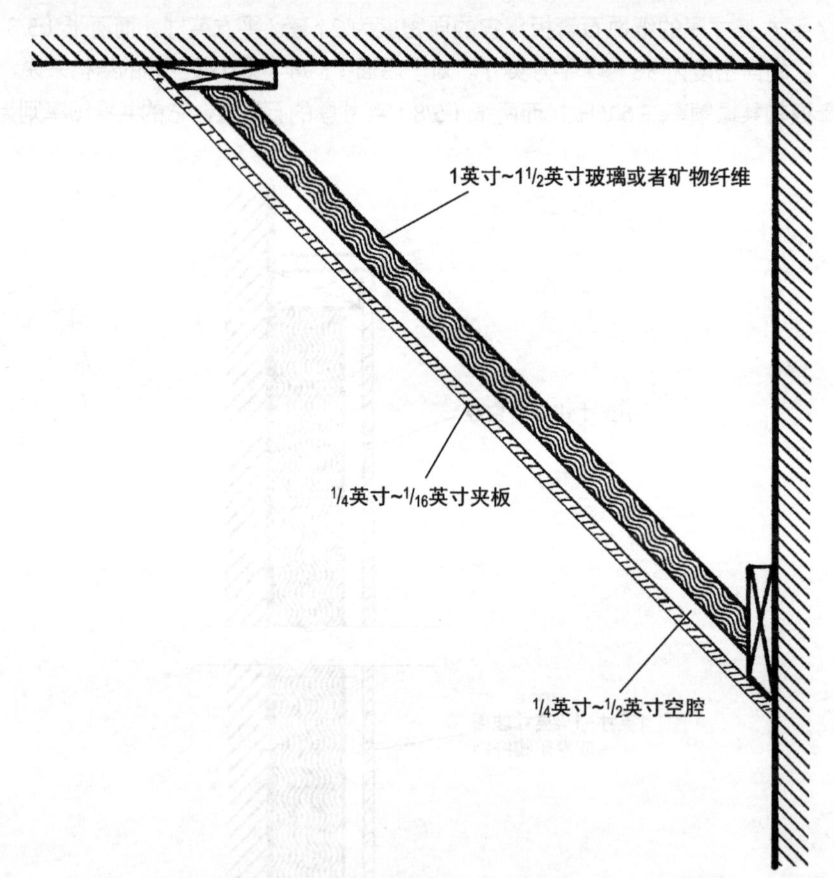

图 12–25　典型的平板共振吸声体，它可以被垂直或者水平架设在角落当中

图 12–25 展示了墙角处板吸声体的结构。为了方便计算，我们通常会使用一个平均深度。它的深度大于或者小于平均值，仅意味着该吸声体的峰值比深度相同的吸声体有着更宽峰值。如果使用类似于“Tectum”的矿物纤维板，在吸声体的夹板后面间隔一个（1/4）英寸到（1/2）英寸的空腔是一件非常简单的事情。如果使用柔软的玻璃纤维，就需要使用较为坚硬的织物或者铁丝网进行支撑。这种处理对于吸声体上所反射的中、高频来说或许

存在问题，而如果这种间隔是为了避免夹板振动的阻尼，那么玻璃纤维板的表面不会影响低频的吸声表现。房间内所有的振动模式都会终止在墙角处。墙角平板吸声体可以被用来控制这种模式。

12.15 多圆柱吸声体

房间当中的平板有助于声学环境改善，而包裹夹板或者硬纸板的半圆柱体，能够提供一些非常吸引人的特征。有着多圆柱体的元素（多边形），在声学上能够提供较好的扩散作用，这可以让声音听起来更加明亮和活跃，而平面吸声体则不具备这些特征。多圆柱体的弦杆尺寸越大，低频吸声能力越强。在 500Hz 以上，不同尺寸多圆柱之间没有明显的吸声差别。

多圆柱体的总长度不是非常重要，在实际的安装当中，它从一张夹板的长度到房间整个长、宽、高都是可以的。然而，我们建议使用随机间隔的隔板来打断多圆柱体后面的空腔。图 12–26 所示的多圆柱包含了这种隔板。

多圆柱体的表现是各不相同的，这取决于它们内部是空的，还是被填充了吸声材料。图 12–26C 和 D 展示了在空腔内部填充吸声材料对低频吸声性能的提升效果。如果有需要，我们可以向多圆柱体内部填充玻璃纤维，来提高其低频吸声能力。如果不需要低频吸声，可以使用中空的多圆柱体。在听音室以及录音棚的声学设计当中，这种可调节性是非常有益的。

多圆柱吸声体的结构是相当简单的。垂直多圆柱体的框架结构，如图 12–27 所示，它被安装在低频吸声槽的上方。弦杆尺寸的变化是较为明显的，隔板被随机放置，以便让隔断内的空腔容积不断变化，这会产生不同的空腔共振频率。我们希望每个空腔都是不漏气的，这可以通过仔细固定隔断和框架来实现。我们可以使用非硬化的声学密封剂来对不规则墙面进行密封。每一张多圆柱体的隔板可以使用带锯切割成相同的半径。我们使用一边带有粘合剂的橡胶挡风雨条来黏住每一张隔板，从而确保它与夹板或硬纸板之间的紧密结合。如果不采取诸如此类的防范措施，空腔之间会产生耦合以及咯咯的响声。

图 12–28 所示的多圆柱体，使用了（1/8）英寸厚的 Masonite 纤维板作为外表面。一些提示可以简化这种表面拉伸工作。如图 12–28 所示，我们利用转向锯对木条 1 和 2 整个的长度进行了开槽，并让槽的宽度与 Masonite 纤维板紧密贴合。假设多圆柱体 A 已经安装，且被木条 1 所固定，它是被钉在或者用螺丝拧在墙面上的。整个拉伸工作是从左向右进行的，下一步工作是安装多圆柱体 B。Masonite 纤维板 B 的左边被插入木条 1 的另外一个槽。其右侧插入到木条 2 的左面槽中。如果之前所有的剪切和测量都是准确的话，那么弯曲木条 2 到墙面，应该会与隔板 3 以及挡风雨条 4 之间有紧密的贴合。固定木条 2，则完成了多圆柱体 B 的制作。多圆柱体 C 采用类似的方式进行安装，直到一系列的多圆柱体制作完成。在一些设计当中，侧墙面上多圆柱体的对称轴，应当与后墙多圆柱体垂直。如果在天花板上使用多圆柱体，那么它们的对称轴应当与侧墙和后墙上的多圆柱体垂直。

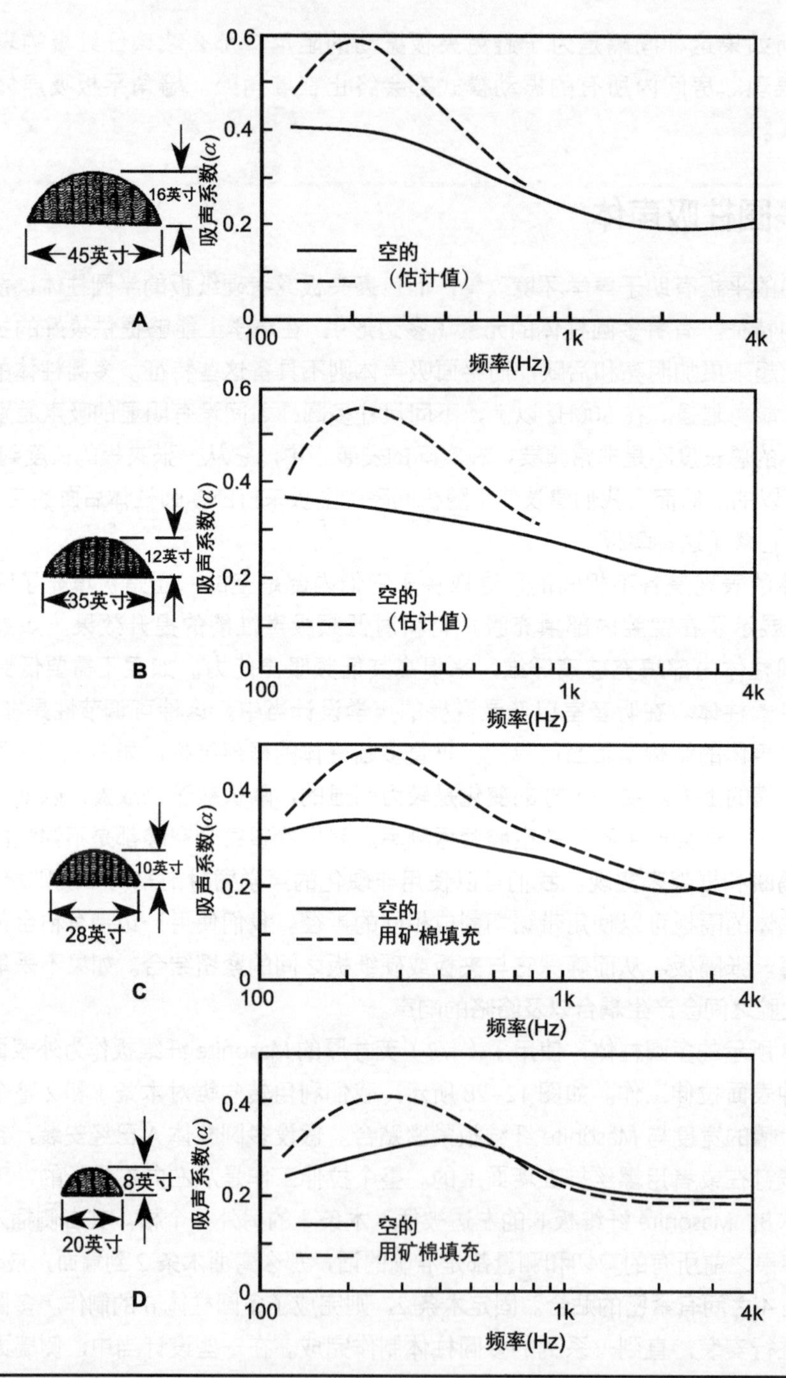

图 12-26 不同弦长和高度的多圆柱吸声体的吸声系数变化情况。（A 和 B）仅实线数据是实际测量数据；虚线部分是向腔体内填充矿棉后的估计值。（C 和 D）显示了空心多圆柱吸声体与用矿棉填充之后多圆柱吸声体的吸声特性（Mankovsky）

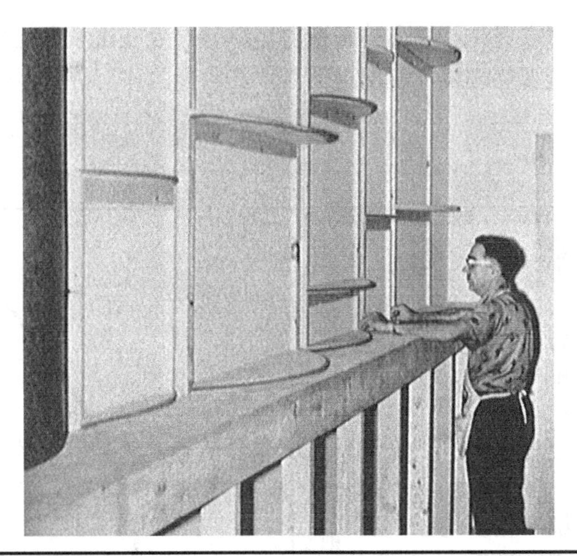

图 12-27 在电影混音棚中多圆柱体吸声结构。泡沫橡胶条被放置在每一隔板的边缘，以避免咯咯的噪声。我们也注意到隔板之间的随机间隔（Moody 科学院）

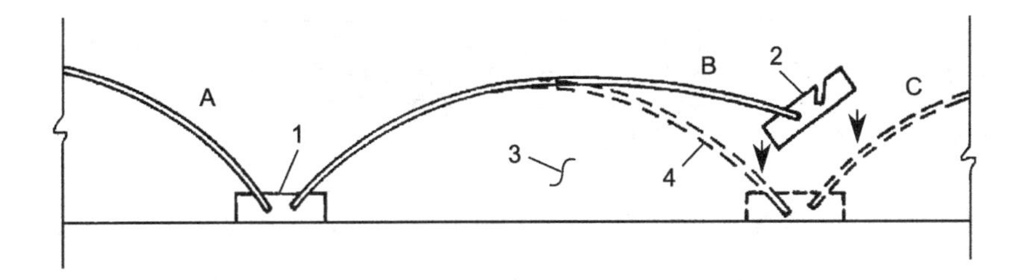

图 12-28 在图 12-27 所示制作多圆柱吸声体的过程中，拉伸夹板或者硬纸板的方法

实际应用中，我们通常把每个多圆柱体制作成一个完全独立的结构，而不是把它们直接建造在墙面上。这种独立的多圆柱体能够被随意进行间隔。

12.16 低频陷阱：通过共振吸收低频

低频陷阱描述了许多种类的低频吸声体，其中也包括板吸声体，然而这个术语或许应当为抗性吸声体所使用。在可听频率范围内，很难对最低的两个倍频程进行吸声处理。低频陷阱通常可以用来减少录音棚控制室内低频驻波的数量。图 12-29 所示为一个真正的低频陷阱。这是一个有着一定开口以及深度的空腔或箱体。其深度是所设计吸声频率波长的 1/4（在该点处有着最大的质点速度），这时该低频陷阱有着最大的吸声作用。

墙面反射以及（1/4）波长（在图 12-17 所示中详细描述）的概念，也适用于低频陷阱。在空腔的底部，有着所设计频率的最大声压值，而在此处的空气质点速度为零。在开口处，声压为零而空气质点的运动速度最大，这就形成了两种现象。首先，经过开口处的半钢性玻璃纤维

板，为快速振动的空气质点提供了较大的摩擦力，从而导致在该频率处的声音有着最大的吸声作用。另外，开口位置的真空区域，表现出类似声音水池的作用。这时低频陷阱的作用远大于它的开口区域。

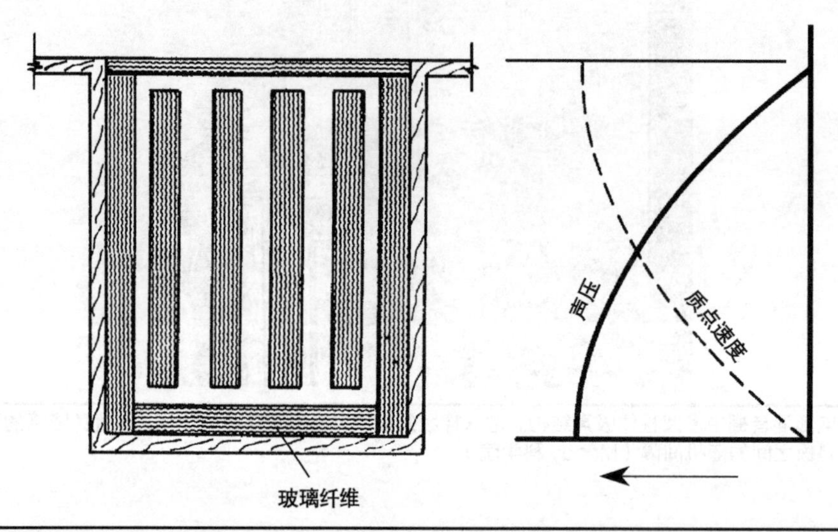

图 12–29 低频陷阱的作用，取决于其底部所反射的声音。某个频率的声压在低频陷阱的底部最大，且空气质点的振动速度为零，该频率所对应声波波长的 1/4 与低频陷阱的深度相同。在低频陷阱开口处，声压为零（或者非常低），而空气质点的振动速度最大。我们把吸声体放在质点速度最大的地方，将会有较好的吸声效果。相同作用也发生在（1/4）波长奇数倍所对应的频率上

低频陷阱的作用，和距离墙面一定间隔窗帘的作用类似，它的吸声作用不仅发生在（1/4）波长的深度，也在（1/4）波长的奇数倍位置起作用。较大的陷阱深度，会对应非常低的吸声频率。例如，对于频率为 40Hz 的声音来说，它的（1/4）波长为 7 英尺。在控制室内天花板上方的空间以及内外墙之间的空间，常常被用来安装此类低频陷阱。著名的 Hidley 低频陷阱设计，就是这种类型吸声陷阱的例子。

12.17 赫姆霍兹（容积）共鸣器

赫姆霍兹（Helmholtz）种类的共鸣器，被广泛应用在低频吸声方面。我们可以较为容易地展示共鸣器的使用。通过对瓶口吹气，会在它固有共振频率处产生单音。腔体当中的空气是有弹力的，与瓶颈处的空气共同构成了一个共振系统，这与具有固定振动周期的弹簧质量体的表现非常类似。在共振频率处的吸声最大，同时其周围频率也会有着一定的吸声作用。有着方形孔的赫姆霍兹共鸣器的共振频率为

$$f_0=\frac{c}{2\pi}\sqrt{\frac{S}{V(l+2\Delta l)}} \qquad (12\text{–}7)$$

其中，c= 声音在空气中的速度，1 130 英尺 /s 或者 344m/s。

S= 共鸣器开口的截面积，平方英尺或者 m^2。

V= 共鸣器的体积，立方英尺或者 m^3。

l= 共鸣器的开口长度，英尺或者 m。

$2\Delta l$= 共鸣器开口的矫正因数 =0.9α，其中 α 是正方形开口的 长。

对于圆形开口的赫姆霍兹共鸣器，其共振频率为

$$f_0=\frac{30.5R}{\sqrt{V(l+1.6R)}} \tag{12-8}$$

其中，R= 圆形开口的半径，英尺或者 m。

V= 共鸣器的容积，立方英尺或者 m^3。

l= 共鸣器的开口长度，英尺或者 m。

注：对于公制单位，把 30.5 改为 100。

当改变空腔的容积、长度或者颈部直径时，它的共振频率都会发生改变。吸声频带的宽度取决于系统的摩擦力。玻璃瓶对振动空气有着较小的摩擦力，因此它将会有着非常窄的吸声频带。当我们在瓶口处增加一点纱布，或者在颈部位置填充一点棉花，那么它的振动幅度会减小，且吸声带宽会增加。为了让赫姆霍兹共鸣器有最大的吸声效率，应该把它放置在对应吸声频率，且有着较高模式声压的位置。

为了展示连续扫频窄带吸声系数的测量技术，Riverbank 声学实验室测量了可口可乐瓶子的吸声系数。它是由 1 152 个容积为 10 盎司的空瓶阵列所组成，把它放置在尺寸为 8 英尺 ×9 英尺的混响室地板上。一个瓶子在其共振频率（185Hz）附近的吸声量为 5.9 赛宾，但是带宽仅有 0.67Hz（−3dB 衰减）。5.9 赛宾的吸声量约是 1 个人在 1kHz 处的吸声量，或者面积为 5.9 平方英尺玻璃纤维（2 英寸厚，3 磅 / 立方英尺密度）在中频段的吸声量。这种吸声特征有着非常高的 Q 值（品质因数），为 185/0.67=276。

没有被完全吸收的声音，会从赫姆霍兹共鸣器中重新辐射出来。被辐射出来的声音，其指向性倾向于半球状。也就是说，赫姆霍兹共鸣器对没有被吸收的声音能量有着扩散作用，而这种扩散恰恰是录音棚或者听音室当中所需要的。

在赫姆霍兹共鸣器中含有的人工声学装置远早于赫姆霍兹本人。青铜材质的广口瓶是在古希腊罗马露天剧场当中发现的。大的广口瓶起到对低频进行吸收的作用。而一组组较小的广口瓶，会对较高频率的声音进行吸声。在中世纪，共鸣器被大量用在瑞典和丹麦的教堂当中。图 12−30 所示的罐子是埋藏在墙内的，我们可以推测它是用来减少低频振动的装置。在一些罐子当中还发现了灰，这或许是用来降低陶瓷罐子的 Q 值所做的处理，从而拓宽了吸声的有效频率。

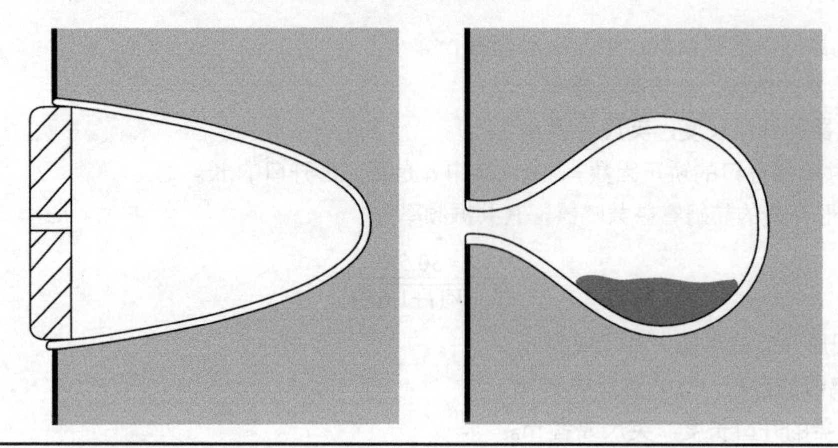

图 12-30 在瑞典和丹麦的中世纪教堂中，嵌入墙体的罐子作为赫姆霍兹共鸣器起到吸声作用。在一些罐子当中发现了灰尘，这是被用来调节吸声带宽的介质（Brüel）

赫姆霍兹共鸣器通常以声学模块的形式进行使用。这些模块是由水泥构成的，开口槽面向封闭的腔体。一个双腔单元会有两个槽。在一些情况下，会在每个空腔内部放置金属间隔，或者在腔体内放置一些多孔吸声体。图 12-31 展示了一个有管的方瓶，其中管与空腔之间是连通的。把这些方瓶堆积在一起，可以增强吸声作用。假设一个盒子的长度为 L、宽度为 W、深度为 H，其中，盖子的厚度与瓶颈的长度相同。在这个盖子上钻上与瓶颈有着相同直径的孔。每个部分之间的间隔能够被移走，同时不会对赫姆霍兹共鸣器产生明显影响。

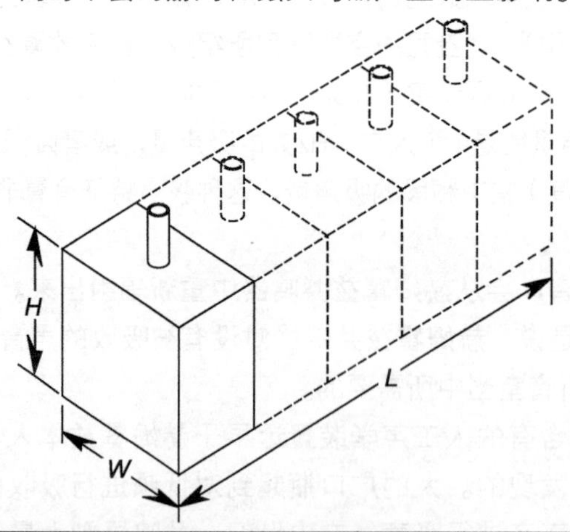

图 12-31 以单个矩形瓶状共鸣器为基础，所改进的排孔赫姆霍兹共鸣器

如图 12-32 所示，在方瓶子上面有一个狭长的瓶颈。这些方瓶也可以多排堆放。这种设计与狭槽类型的共鸣器作用类似。它们空腔之间的间隔可以被忽略，并且丝毫不会破坏共鸣器的吸声作用。值得注意的是，这种空腔的分隔可以从一定程度上改善穿孔或者狭缝共鸣器的效果，但是这种改善仅仅是因为它减少了空腔内不必要的振动。

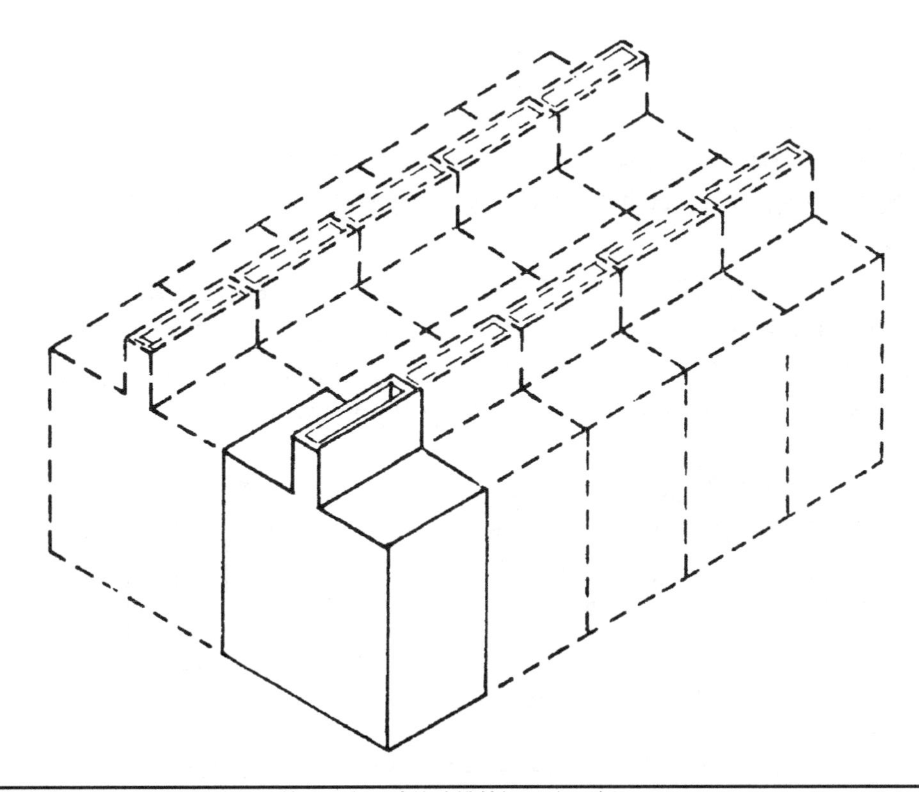

图 12-32 以单个矩形瓶状共鸣器为基础，来设计的狭槽赫姆霍兹共鸣器

类似灰渣砖等水泥声学砌块以及它的衍生品，已经从 1917 年开始被使用。由 Proudfoot 所制造的 SoundBlox 和 SoundCell 单元，提供了相应的承载能力以及隔声作用，并且也利用狭缝及空腔所形成的赫姆霍兹共鸣器增加了对低频的吸收作用。

12.18 穿孔板吸声体

穿孔板通常使用硬纸板、夹板、铝板或者钢板材料，把它们与墙面间隔一定距离，就构成了共振类型的吸声体。每个孔都可以作为赫姆霍兹共鸣器的颈部，而后面共享的空腔可以类比为赫姆霍兹共鸣器的腔体。实际上，可以把这些结构看成许多耦合的共鸣器。如果声音是垂直表面入射到穿孔板上的，那么所有小的共振体是同相的。而如果声音以一定的角度入射到穿孔板上，那么它的吸声效率多少会有一些降低。我们可以利用蛋架型木质分割器或者瓦楞纸分割物，来对穿孔板后面的空腔进行划分，从而减少这种损失。

穿孔平板吸声体的共振频率近似计算公式如下所示，这些吸声体有着圆形穿孔，同时后面空腔被分割。

$$f_0=200\sqrt{\frac{p}{dt}} \qquad (12-9)$$

其中，f_0= 共振频率，Hz。

p= 穿孔率 = 孔面积 / 平板面积 ×100（如图 12–33A 和图 12-33B 所示）。

t= 有效的孔长度，英寸，其中应用的矫正因子 = 板厚度 +0.8× 孔直径，英寸。

d= 空腔深度，英寸。

从字面上来看，我们会对穿孔率 p 有一点迷惑。一些作者使用孔洞面积与平板面积的十进制比率，而不是用孔洞面积与平板面积的百分比，从而产生了 100 这个不确定因子。通过图 12–33 所示，我们可以非常容易地计算出这种穿孔的比率。两种不同排列圆孔阵列的穿孔率，如图 12–33A 和图 12-33B 所示，狭缝吸声体（后面会提到）的比率如图 12–33C 所示。

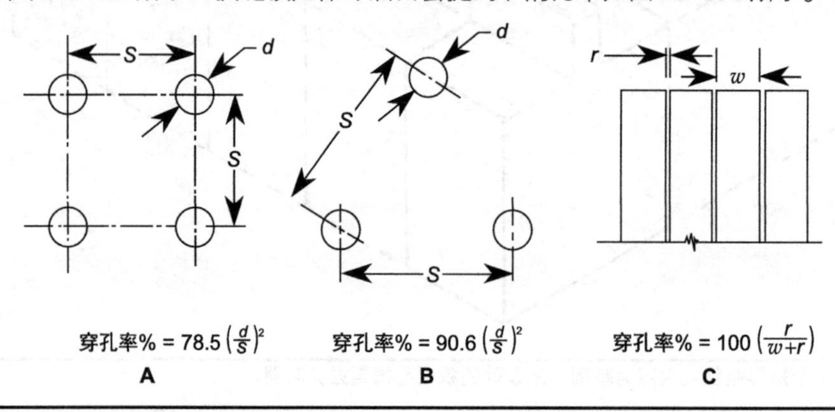

图 12–33 用来计算穿孔板吸声体穿孔率的计算公式，它包含狭槽吸声体。（A 和 B）2 种圆孔型吸声板的穿孔率。（C）狭槽型吸声体的穿孔率

利用式（12–9）所计算的穿孔板共振频率，用图表的形式展现，如图 12–34 所示，穿孔板的厚度为（3/16）英寸，穿孔为圆形。孔直径为（3/16）英寸的普通穿孔板，它有着 2.75% 的穿孔面积，其穿孔为正方形结构，且间距为 1 英寸。如果这种穿孔板固定在 2×4 的龙骨上，并与墙面有一定距离，那么它的共振频率约为 420Hz，且在这个频率附近会产生一个吸声峰值。

在常用的穿孔材料当中，它们的穿孔会非常多，以至于共振仅发生在高频部分。为了获得低频的吸声效果，我们可以手动进行穿孔。在每隔 6 英寸的位置，钻一个直径为（7/32）英寸的孔，其穿孔率约为 1%。当然，如果穿孔率为零，那么该板可以被看成板吸声体。

图 12–35 所示为穿孔率从 0.18% 变化到 8.7% 的吸声效果，其他结构尺寸不变。在厚度为（5/32）英寸的夹板上，所有孔的直径都为（3/16）英寸，只有在穿孔率为 8.7% 的例子当中孔的直径为（3/4）英寸。穿孔夹板与墙面的距离为 4 英寸，一半的空腔填满了玻璃纤维，另一半为空气。

图 12–36 与图 12–35 所示是一致的，除了穿孔夹板与墙面的距离改为 8 英寸，以及使用 4

英寸厚的玻璃纤维板安放在空腔当中。这种变化实际上拓宽了吸声曲线。

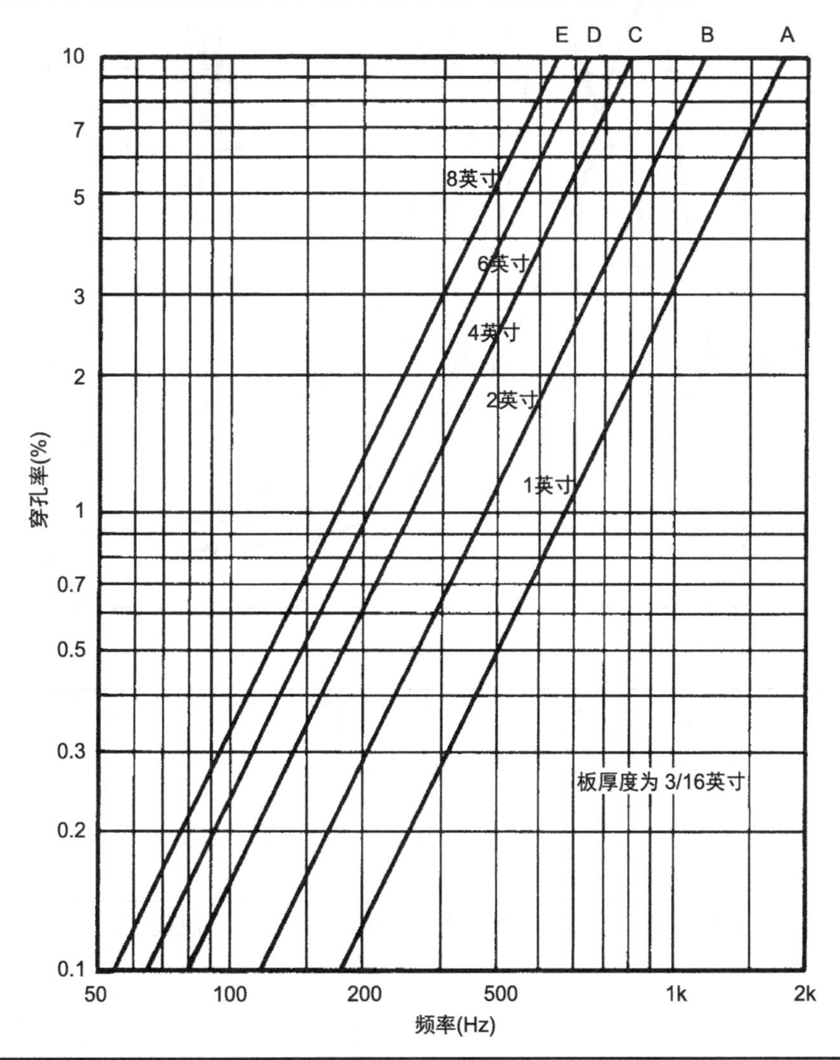

图 12-34 展示了式（12-9），它与穿孔板的穿孔率、空腔深度以及共振频率有关。图表中使用的板厚度为（3/16）英寸（如图 12-22 所示）。（A）厚度为 1 英寸的贴面材料。所画直线与贴面材料相对应。对应 8 英寸的直线实际上后面有着 7 3/4 英寸的空腔。（B）厚度为 2 英寸的贴面材料。（C）厚度为 4 英寸的贴面材料。（D）厚度为 6 英寸的贴面材料。（E）厚度为 8 英寸的贴面材料

在通常情况下，我们会在穿孔板后的墙体内，增加一些玻璃纤维类的阻尼材料。如果没有这些声阻尼材料，吸声频带会变得非常狭窄。然而，这种尖锐吸声体可以被用来控制房间特定的共振模式，同时对信号以及整个房间声学环境有着较小的影响。把一张穿孔板被放置在多孔吸声体上，比只有多孔材料增加了低频吸声的作用。同时，穿孔板或许也减少了多孔材料对高频的吸声作用。

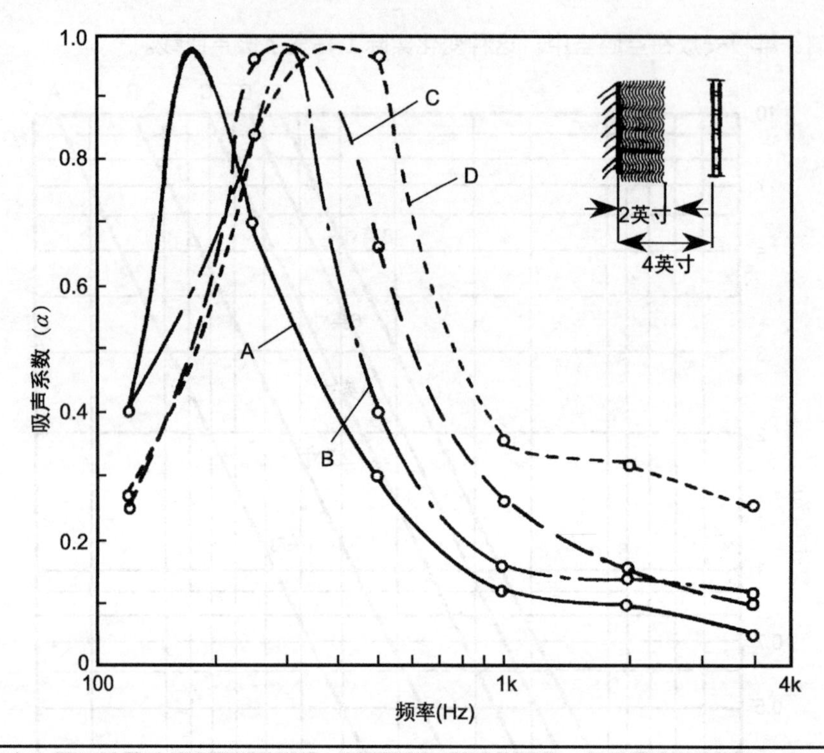

图 12-35 厚度为（5/32）英寸的穿孔板吸声体，后面有着 4 英寸的空腔，其内部填充有 2 英寸厚的岩棉。（A）穿孔率为 0.18%。（B）穿孔率为 0.79%。（C）穿孔率为 1.4%。（D）穿孔率为 8.7%。岩棉的存在明显提高了式（12-9）和图 12-34 中获得的共振频率（数据来源于 Mankovsky）

表 12-3 列出了 48 种不同空腔深度、孔的直径、板的厚度，以及不同孔间隔穿孔板的共振频率计算。这个表格可以帮助我们对想要的声学环境进行粗略计算。

空腔深度（英寸）	孔直径（英寸）	平板厚度（英寸）	穿孔率（%）	孔间隔（英寸）	共振频率（Hz）
3 5/8	1/8	1/8	0.25	2.22	110
			0.50	1.57	157
			0.75	1.28	192
			1.00	1.11	221
			1.25	0.991	248
			1.50	0.905	271
			2.00	0.783	313
			3.00	0.640	384
3 5/8	1/8	1/4	0.25%	2.22	89 Hz
			0.50	1.57	126

（续表）

空腔深度（英寸）	孔直径（英寸）	平板厚度（英寸）	穿孔率（%）	孔间隔（英寸）	共振频率（英寸）
			0.75	1.28	154
			1.00	1.11	178
			1.25	0.991	199
			1.50	0.905	217
			2.00	0.783	251
			3.00	0.640	308
3 5/8	1/4	1/4	0.25%	4.43	89 Hz
			0.50	3.13	126
			0.75	2.56	154
			1.00	2.22	178
			1.25	1.98	199
			1.50	1.81	217
			2.00	1.57	251
			3.00	1.28	308
5 5/8	1/8	1/8	0.25%	2.22	89Hz
			0.50	1.57	126
			0.75	1.28	154
			1.00	1.11	178
			1.25	0.991	199
			1.50	0.905	218
			2.00	0.783	251
			3.00	0.640	308
5 5/8	1/8	1/4	0.25%	2.22	74Hz
			0.50	1.57	105
			0.75	1.28	128
			1.00	1.11	148
			1.25	0.991	165
			1.50	0.905	181
			2.00	0.783	209

（续表）

空腔深度（英寸）	孔直径（英寸）	平板厚度（英寸）	穿孔率（%）	孔间隔（英寸）	共振频率（英寸）
			3.00	0.640	256
3 5/8	1/4	1/4	0.25%	4.43	63 Hz
			0.50	3.13	89
			0.75	2.56	109
			1.00	2.22	126
			1.25	1.98	141
			1.50	1.81	154
			2.00	1.57	178
			3.00	1.28	218

表 12-3 赫姆霍兹低频吸声体穿孔表面的种类（所有尺寸使用英寸）

12.19 条状吸声体

另一种类型的共振吸声体是通过在空腔上方放置间隔紧密的条板来实现的。条板之间缝隙的空气质量，与腔体中空气的弹性组成了一个共振系统，它也可以与赫姆霍兹共鸣器进行类比。通常在条板的后面加入玻璃纤维板，这样可以起到增加阻尼以及拓宽吸声频带峰值的作用。板条之间的缝隙越窄、腔体越深，那么它所能吸收的声音频率越低。条状吸声体的穿孔率如图 12–33C 所示。

条状吸声体共振频率的计算公式为

$$f_0=216\sqrt{\frac{p}{dD}} \qquad (12\text{–}10)$$

其中，f_0= 共振频率，Hz。

p= 穿孔率（如图 12-33C 所示）。

D= 空腔深度，英寸。

d= 条板厚度，英寸。

12.20 材料的摆放

把吸声材料分散放置或者连续放置，会对吸声作用有很大的影响。（这种吸声材料的摆放也能提高扩散作用。）如果使用很多种类的吸声体，那么把每种类型的材料分别放置在侧墙、天花板，以及墙角位置是有必要的，这样每种材料都可以影响到 3 种轴向模式（纵向、横向、切向）。在矩形房间当中，把吸声材料放置在墙角附近，以及沿着房间表面的边沿放置，其吸声效果最佳。在语言录音棚当中，如果要对较高频率声音进行吸声处理，我们应该把吸声材料放置在墙面与头部高度相同的地方。实际上，在很高的墙面，我们把吸声材料放置在较低且与人头部高度相当的位置，可以达到把相同多的材料有意放置吸声效果的两倍，没有做过声学处理的表面，不要彼此相对。

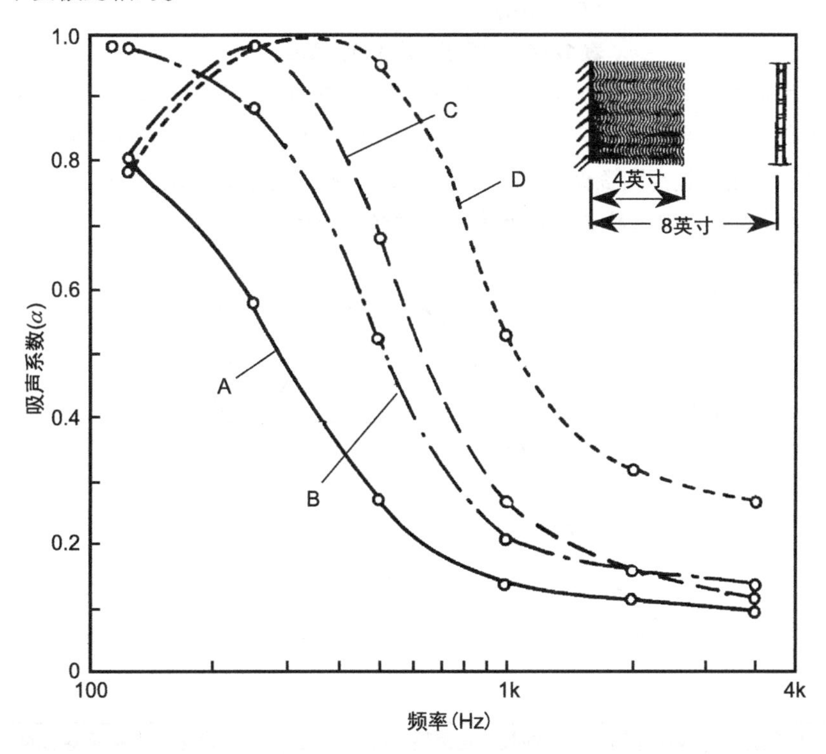

图 12-36 针对图 12-35 所示相同的穿孔吸声板的测量，只是穿孔板后面的空腔增加到 8 英寸，其中空腔的 1/2 用矿物纤维填充。板的厚度为（5/32）英寸。（A）穿孔率为 0.18%。（B）穿孔率为 0.79%。（C）穿孔率为 1.4%。（D）穿孔率为 8.7%（数据来源于 Mankovsky）

12.21 赫姆霍兹共鸣器的混响时间

类似赫姆霍兹共鸣器的共振装置，会在它们自身的混响时间处产生“回响 (Ring)”，这会导致音质的变化。对于任何共振系统来说，例如电子系统或者声学系统，它们都有一个与之相关的时间常数。Q 因子（品质因子）描述了谐振曲线的尖锐程度，如图 12-37 所示。一旦通过实验的方法获得谐振曲线，那么就可以得到它在 –3dB 点的宽度 Δf_0 这时系统的 Q 值为 $Q=f_0/f_r$，其中 f_0 是系统的谐振频率。通过对许多穿孔的以及条状赫姆霍兹共鸣器的测量，我们可以看到 Q 因子可能为 1 或 2，有时会高达 5。表 12-4 列出了一些共振吸声体的 Q 因子与混响时间的关系。

Q	混响时间 /s
100	2.2
5	0.11
1	0.022

*f_0=100Hz。

表 12-4 共振吸声体的声音衰减*

当共振吸声体的 Q 因子为 100 时，我们可能会面临一些问题，即当房间混响为 0.5s 时，共振吸声体重新产生的声音达到了几秒。不过，有着这种 Q 因子的赫姆霍兹共鸣器将会是一种非常特别的装置，它或许是用陶瓷做成的。带有玻璃纤维的木质吸声体，会有着较低的 Q 值，所以在它们内部的声音会比录音棚或者听音室本身声音衰减得更快。

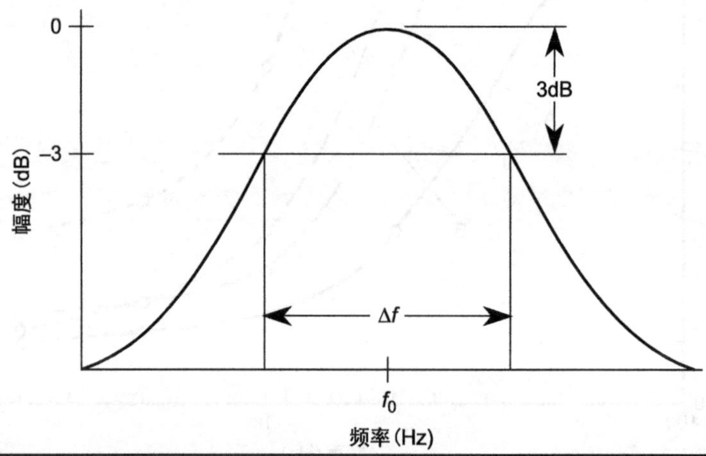

图 12-37 当赫姆霍兹类型吸声体的调谐曲线被确定之后，我们能从 $f_0/\Delta f$ 的表达式当中获得它的 Q 值。对于我们经常遇到的 Q 值来说，这种吸声体的"混响时间"是非常短的

我们可利用吸声体减少房间模式频率。由于共振吸声体有着相对较窄的吸声频带，所以它们成为吸收房间内简正频率的理想装置。例如，利用 ETF（能量、时间、频率）分析房间的低频模式结构可以更加直观，如图 12-38 和 12-39 所示。我们可以看到能够导致听觉失真的模式，在 47Hz 处产生了一个混响拖尾，如图 12-38 最左边所示。我们可以利用共振吸声体来对这部分能量进行衰减，从而让它的表现与房间其他频率相同。

具体解决方法是在 47Hz 的高声压区域，放置一个有着较大峰值因子的吸声体。我们可以利用扬声器发出 47Hz 的正弦波来激励房间，同时用声压计来进行测量，这样可以找出 47Hz 的高声压区域。既方便又有效的位置或许是在墙角位置。图 12-39 展示了使用赫姆霍兹共鸣器前后的房间模式频率的变化。

图 12-40 所示的共鸣器，我们能够利用五金店所卖的混凝土管进行制作。把薄木板紧紧固定在管子的两端。PVC 管两端开口，利用其长度改变，可调节所吸收的共振频率。我们将会在共

振体内部填充一些吸声材料。

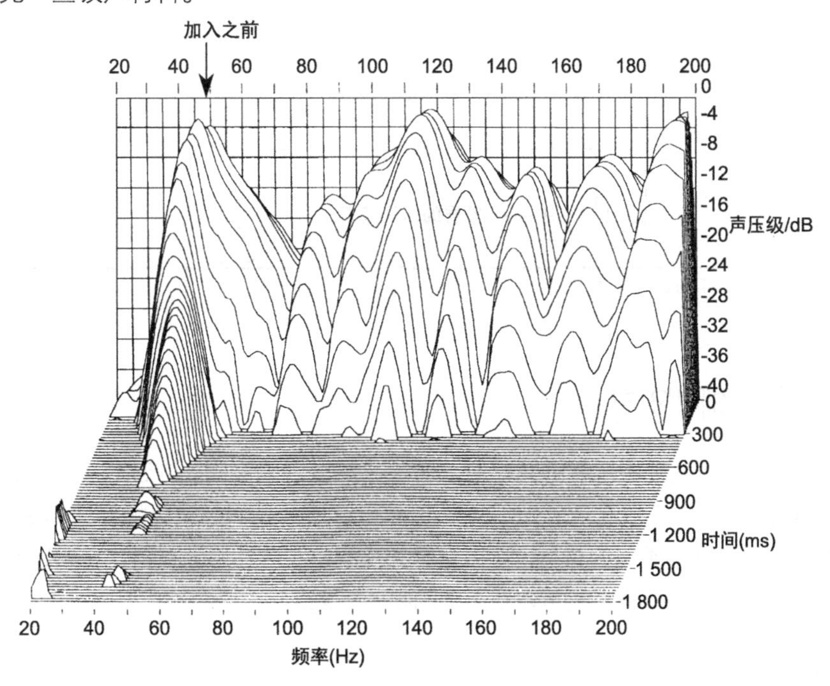

图 12-38 在加入赫姆霍兹共鸣器吸声体之前，小房间声场的低频模式结构

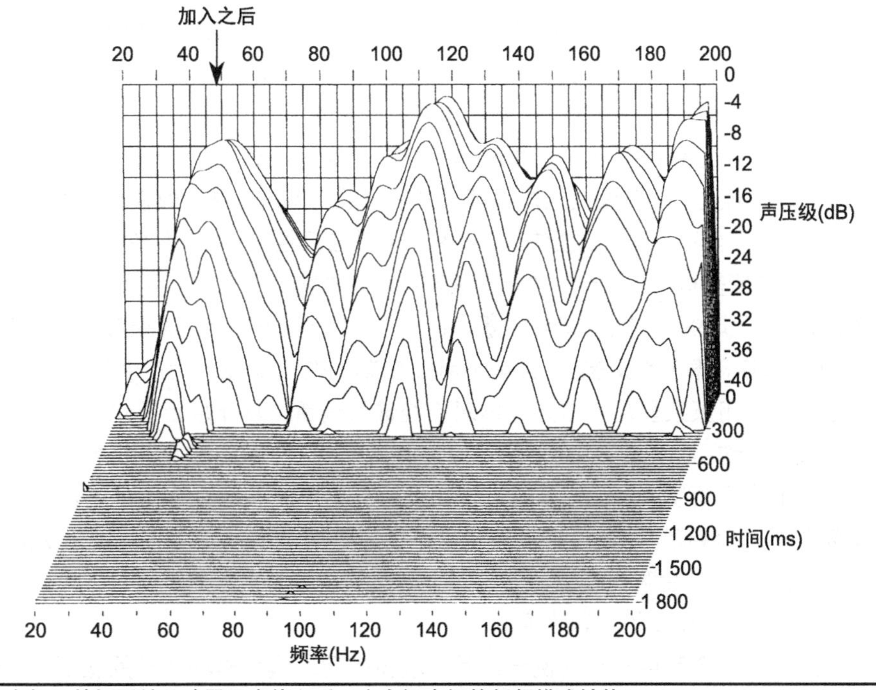

图 12-39 在加入赫姆霍兹共鸣器吸声体之后，小房间声场的低频模式结构

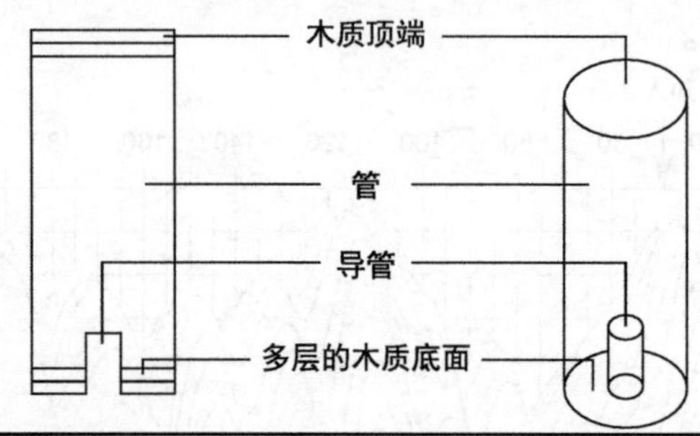

图 12-40　赫姆霍兹吸声体的设计细节

12.22　增加混响时间

低 Q 值的赫姆霍兹共鸣器，能够通过增加吸声来减少混响时间。Gilford 认为，高 Q 值的共鸣器能够通过能量的存储来增加混响时间。为了获得高 Q 值，我们必须要抛弃诸如夹板、颗粒板、Masonite 纤维板，以及其他类似的材料，可以选择如陶瓷、石膏和水泥材料，用来建造此类的共振吸声体。通过适当的调节共鸣器我们可以在需要的频率提高混响时间。

12.23　模块

英国广播公司（BBC）推荐了一种模块方法，我们可以利用它来对小面积的语言录音棚进行声学处理。这种方法已经被应用到很多录音棚当中，同时有着较为满意的声学效果。在这个设计当中，墙面覆盖着标准尺寸的模块，例如尺寸为 2 英尺 ×3 英尺，最大深度为 8 英寸。这些模块可以被固定在墙上，它有着整齐的表面，非常像普通房间，或者也可以做成有格栅布罩的盒子，并规则地安装在墙上。所有模块的外观可以非常一致，但是这种一致仅是表面上的。

这里通常有 3 或 4 个不同种类的模块，每一种都有着自己独特的声学特性。图 12–41 展示了仅通过改变标准模块的覆盖材料，所产生的不同吸声特征。模块的尺寸为 2 英尺 ×3 英尺，深度为 7 英尺的空腔以及 1 英尺厚的半刚性玻璃纤维板，密度为 3 磅 / 立方英尺。宽带吸声体会有着较高穿孔率（25% 或者更大穿孔率）的板覆盖，或者不用板覆盖，它在 200Hz 以上产生了完美的吸声作用。

我们甚至可以利用蛋架型瓦楞纸分隔体对空腔进行隔断，从而阻止不想要的共振模式，以获得更好的低频吸声作用。一个（1/4）英尺厚，有着 5% 穿孔率的饰面，将会在 300~400Hz 产生峰值。一个真正的低频吸声体，可以通过使用低穿孔率（0.5% 穿孔率）的饰面来获得。如果需要一个普通的模块，我们可以通过在外表覆盖厚度为（3/8）英尺或者（1/4）英尺的夹板来完成，这将会在 70Hz 附近产生吸声峰值。使用以上种类模块作为声学建筑材料，可以通过确定模块的数量以及分布来实现想要的声学效果。

图 12–42 展示了一个来自 BBC 的例子，其中墙体被用来作为模块盒子的底部。在这个例子当中，模块的尺寸为 2 英尺 ×4 英尺。这些模块被固定在 2 英寸 ×2 英寸的安装架上，并依次固定在墙上。录音棚的墙高 10 英尺，且长度为 23 英尺或者 24 英尺，我们或许要使用 20 个模块，

其中四个模块为高，五个模块为长。在对立的墙面使用不同模块是较好的选择。BBC 的经验显示出，我们可以通过对不同种类模块的摆放来实现充分的扩散。

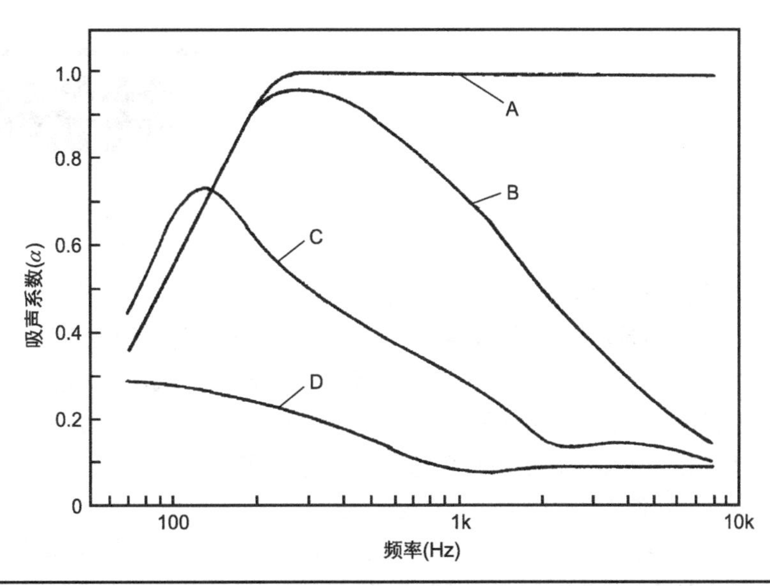

图 12-41 模块化吸声体带有 7 英寸空腔，并在穿孔板之后有着 1 英寸厚的半刚性玻璃纤维板（密度为 9~10 磅 / 立方英尺）。（A）没有任何穿孔板覆盖，或者穿孔率在 25% 以上。（B）5% 穿孔率覆盖。（C）0.5% 穿孔率覆盖。（D）（3/4）英寸厚的夹板覆盖，实际上成为低频吸声体（数据来自 Brown）

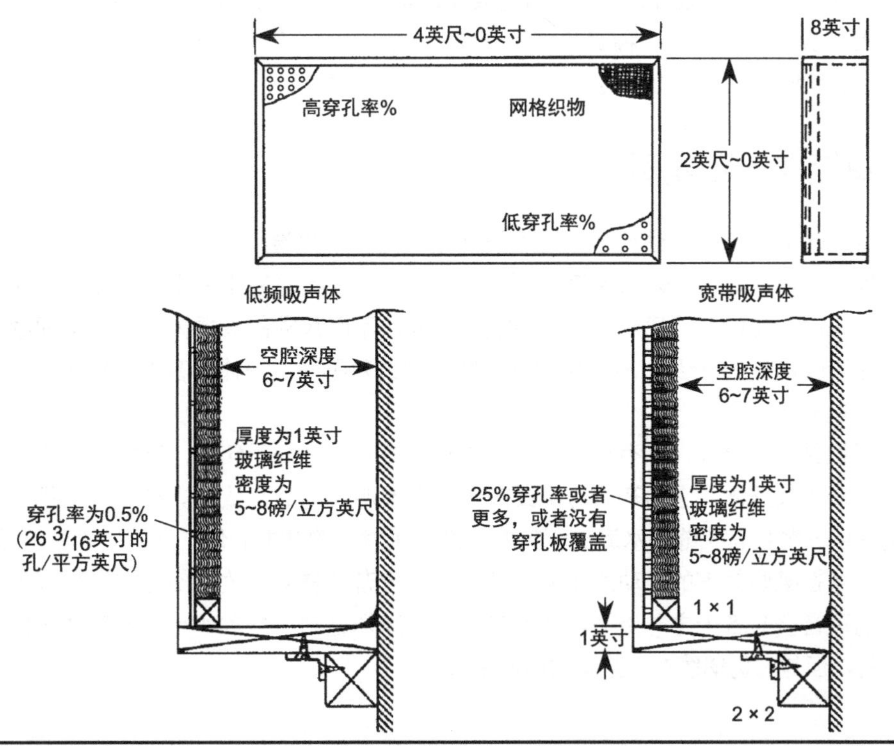

图 12-42 实际吸声体的平面图，它利用墙面作为模块的底部。（左边）低频吸声体。（右边）宽频带吸声体

13 共振模式

在封闭空间当中的声音表现，完全不同于自由声场。在自由声场当中，声音离开声源向外辐射是没有阻碍的，我们很容易确定距离声源任何位置的声压级。在大多数密闭的空间当中，从声源发出的声音会在墙面、地板，以及天花板的边界处发生反射。因此，在任何一点的声压级都是直达声与反射声的叠加。特别是，当模式共振建立起来的时候。在封闭的空间当中，声压级将会随着位置的不同而不同，且会随着频率的变化而变化。这些共振频率以及它们所产生的变化，都是封闭空间尺寸的函数。

大多数房间都可以看成是密闭空间，它们本质上是一个空气的容器。类似的，房间内存在的共振模式，在其所对应频率处会有着能量的聚集。同样的这些共振也会产生能量衰减的频率。这些复杂的能量分布存在于整个房间的三维空间当中。许多管乐器也是这种结构，它们在封闭的空间当中会产生一些共振模式。乐器通过改变这些共振模式来改变音高。

我们大多数时间生活在这种封闭空间当中，因此我们的声学经验会受到这些共振的影响。无论如何，当我们在房间内的时候，房间共振会影响到我们所听到的声音。

13.1 早期实验和实例

Hermann Von Helmholtz 进行了早期关于共振体的声学实验，他所使用的共振体是一组不同尺寸的金属球体，每一个球体都带有瓶颈，这有点像化学实验室中的圆底烧瓶。同时，瓶颈上有一个小的开口，我们可以把自己的耳朵放在上面。不同尺寸的共振体，会在不同频率产生共振，在研究的过程中 Hermann Von Helmholtz 能够通过对不同共振体声音响度的判断，来推断每个频率能量的大小。

在赫姆霍兹时代之前，就有很多对这种原理的应用。在一千年前，瑞典和丹麦的教堂墙体内，就埋有一些共振体，它的开口与墙面齐平，有着明显的吸声效果。在一些现代建筑的内墙中，也会使用一些带有狭缝的水泥砖，其内部产生了封闭的共振腔体。房间内声音能量的吸收，是由于共振体在某些频率的振动产生的，其中部分声音能量被吸收，部分被再次辐射出来。被辐射出来的声音会向各个方向传播，这就对房间的声场起到了扩散作用。虽然共振体的原理是非常古老的，但是它仍继续在一些新的领域中被使用。

13.2 管中的共振

图 13–1A 所示为一根两端封闭的管，可以把它类比成两面相对的墙。这个封闭的管为我们展示了简单的一维案例。而在矩形房间当中，相对的墙面之间也会受到其他四个面的反射干扰。当我们用某种方式来激励它时，管会在它本身固有频率处发生共振。考虑到声音的波长大于管的直径，所以声音沿管的长度方向传播。在风琴管的边沿，我们用嘴去吹气，可以让管内的空气振动起来。为了更加准确，我们可以在管中放置一只小扬声器。通过扬声器所重放出来的正弦信号，会随着频率的变化而变化。在与扬声器相对的管子末端，我们可以钻一个小的听音孔，用来去听扬声器所发出的声音。随着扬声器重放频率的增加，并与管子的固有频率达到一致时，就会产生明显的共振现象。在频率为 f_1 的位置，从扬声器出来的能量明显增强，且我们会在听音孔位置听到较响的声音。此时对应频率的波长是管长的两倍。随着频率的增加，响度会再次降低，而到频率为 $2f_1$ 的位置，其声音会再次增强。这种声音增强的现象，也会出现在频率为 $3f_1$，$4f_1$ 等所有 f_1 的整数倍位置出现。

假设在整个管子当中，测量和记录声压的方式是有效的。如图 13–1B 所示，C 和 D 显示了不同频率处，声压沿管长方向的变化情况。声波传播到右边被反射回来，它与原来声波的相位相反 [延时 1/2 个周期]。它们叠加之后会在管子的固有频率，以及整数倍位置产生驻波。该驻波会在 2 个反射面之间的某些区域相互抵消（结点），某些区域相互加强（波腹）。我们注意到封闭管的固有频率 f_n 是由管子的长度所决定的。特别是

$$f_n=\frac{nc}{2L} \tag{13-1}$$

其中，n= 整数≥ 1。

L= 管的长度，英尺或者 m。

c= 声速 =1 130 英尺 /s 或者 344m/s。

例如，如果密封管的长度为 5 英尺，基频模态固有频率 f_1 是 1 130/10=113Hz。第二模态固有频率 f_2 为 2×1 130/10 ＝ 226Hz 等。

如图 13–1B 所示，当声音的频率为 f_1 时，测量探针通过小孔插入管内将会探测到管中心处 0 声压的位置，以及在管两端的高声压位置。类似的结点（最小值）和波腹（最大值）也可以在频率为 $2f_1$ 以及 $3f_1$ 的位置出现，如图 13–1C 和图 13-1D 所示。以此类推，其他共振频率将会出现于 f_1 的整数倍。

使用同样的方法，房间的尺寸也决定了它的频率特征，我们可以把它想象为南北方向的管、东西方向的管以及垂直方向的管，这些管分别对应着长度、宽度和高度。换句话说，房间的表现与封闭管的表现相似，只是房间是在三个维度上而已。另外，房间存在着其他种类的模式，它是经由多个反射面所产生的。

正如图 13–1E，F，G 所示，在任何驻波当中空气质点的位移是非常明确的。特别是，在任何一点的质点位移与声压级之间关系是相反的。也就是说，在位移的结点处对应声压的波腹位

置，而在位移的波腹处对应声压的零点位置。例如，空气质点的位移在管的两端为零。对于最低的模式共振来说（如图 13–1E 所示），空气质点的位移在中间是最大的。对于这个模式来说，中间位置到管末端的距离为 λ/4。类似地，对于其他模式来说，虽然绝对的物理距离各不相同，但是第 1 个最大质点位移（和最小的质点速度）所对应的位置为 λ/4。这就解释了为什么在一根封闭的管中或者房间当中，我们会把多孔吸声体放置在距离边界 λ/4 处有着最佳的吸声效果。

在任何存在墙面反射的房间当中都会产生共振，这会让声音在某些与房间尺寸相关的频率上增强。在这些特定频率以外的部分，声音会变得更弱。

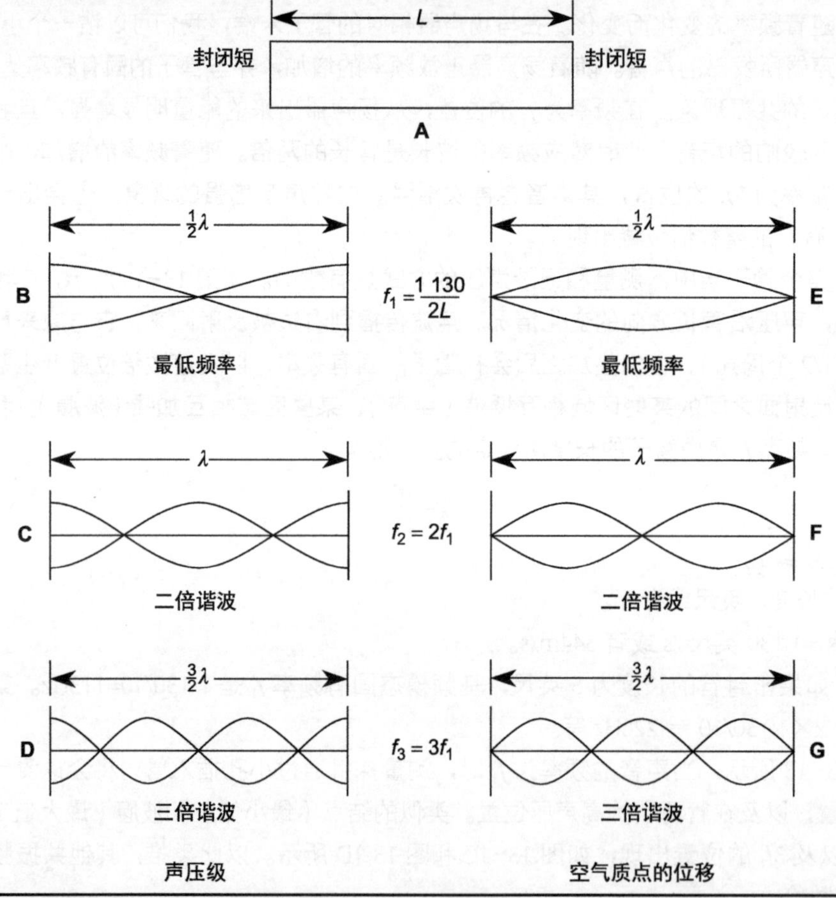

图 13–1 在一根两端封闭的管中，展示了房间中 2 个相对墙面是如何产生共振的。墙面之间的距离，决定了共振频率的特征及谐波。（A）两端封闭的管。（B）频率为 f_1 的声压级曲线。（C）频率为 f_2 的声压级曲线。（D）频率为 f_3 的声压级曲线。（E）频率为 f_1 的空气质点位移曲线。（F）频率为 f_2 的空气质点位移曲线。（G）频率为 f_3 的空气质点位移曲线

设想一下，我们置身于图 13–1D 所示的管内。当沿着管长的方向行走时，我们将会听到声压的升高和降低。从某种意义上来说，在房间中的人就像置身于一个大的风琴管当中。但是，它们之间也有着较大的差别。也就是说，在房间当中的墙面反射是一个三维的系统，而不像风

琴管那样仅是一个一维的系统。当房间的墙面发生反射时，它所对应的共振模式频率有些是与房间长度相关，有些与房间宽度相关，还有一些与房间高度有关。在一个立方体的房间当中，这三种模式相互作用在基本的模式频率和它的倍频率分部，都会有很大的加强。

13.3 室内的反射

任何人都可以感受到，室内和室外声场的差别。户外是一个开放的空间，地面或许是仅有的反射面。如果它被覆盖良好的吸声体，例如 1 英尺厚的雪，我们可能很难听到在 20 英尺以外的讲话声。而在室内，声音能量会被包围起来，它会产生更响的声音效果。在礼堂当中，讲话者在仅有反射面板的情况下，就可以让数百人听到自己的声音。

我们来发挥一下，一堵单面墙的声音反射。如图 13-2 所示，一个点声源 S，它到刚性墙的距离是已知的。球形波阵面（实线，向右传播）被这个表面反射回来（虚线所示）。在图中，反射声波向左传播，这就好像有另一个相同的点声源 I 在发出的声音，其中声源 I 和 S 有着到反射面相同的距离。这是一个包含着声源、声像以及反射面的简单例子，而所有这些都是在自由声场的环境产生的。

现在设想一下，我们把图 13-2 所示的独立反射面作为矩形房间的东墙，如图 13-3 所示。声源 S 在房间的东墙仍旧有它的声像，现在标记为 I_W。在其他反射面也有类似的声像，I_N 是 S 在北墙反射面上的声像，I_W 是声源在西墙反射面上的声像，I_S 是南墙反射面上的声像。我们也可以想象出地板的声像 I_P，以及天花板的声像 I_C。与声源 S 相似，这 6 个声像也会向房间内部辐射声音。由于反射面的吸声作用，它们对房间内点 P 处的作用会稍微弱一些，但是所有这些声像都会对 P 点产生作用。

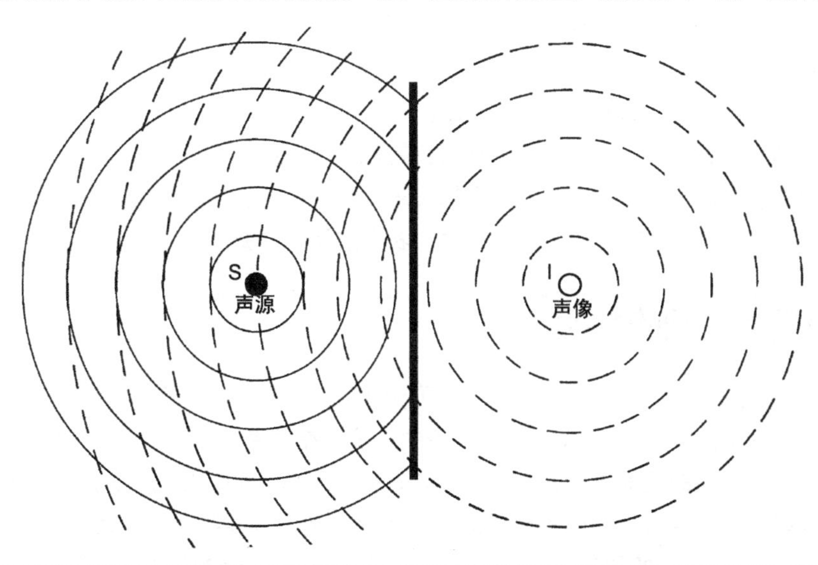

图 13-2 由点 S 所辐射的声音被刚性墙面反射回来。反射声波可以看成是来自声像 I，它是声源 S 的镜像声源

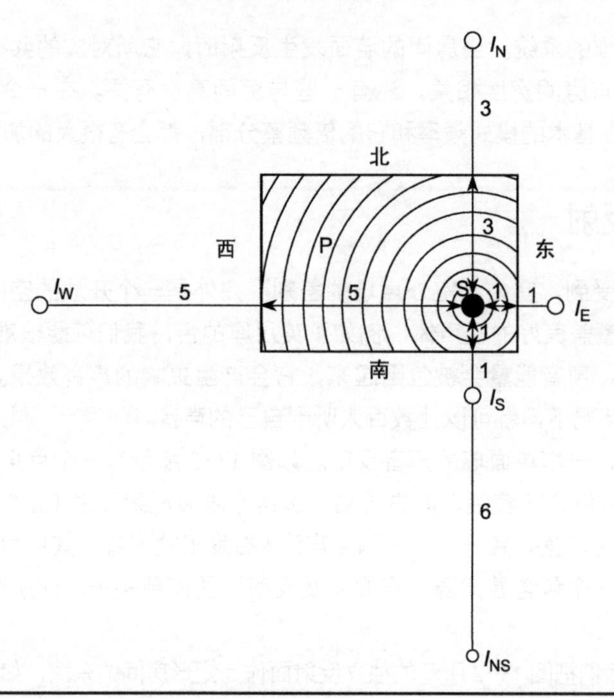

图 13-3 在一个封闭的空间当中，声源 S 有 6 个主要的声像，它们分别位于封闭空间的 6 个表面。通过多次反射能够产生无数多个其他声像，且反射声来自多个表面。在点 P 的声压是由来自 S 的直达声叠加上所有声像所贡献的声音而最终确定的

这也有经过多个表面反射的声像。例如，声像 I_{NS} 为声音离开 S 从北墙反射，然后再反射到南墙所产生的。类似地，其他表面也会产生相同的多次反射。并且这个过程会一直继续，例如，从北到南再到北，永无止境地来回反射。最后，其他声音或许会在其他不同的角度反射，例如，它会从北、西、南、东当中的每一面墙上跳跃。

经过许多表面的反射之后，声音的能量会减少到一个可以忽略的程度。无论如何，在房间内 P 点的声场是由声源 S 以及它的所有声像的矢量和来决定的。也就是说，在 P 点处的声音，它是由来自 S 的直达声与单个或者多个来自这六个表面的反射声叠加而成的。

13.4 两面墙之间的共振

图 13-4 展示了两个相互平行且无穷大的反射墙面。当扬声器向外辐射噪声时，它会对两面墙之间的空间产生激励作用，这个墙-空气-墙的系统，在频率 f_1=1 130/2L 或 565/L 处产生共振，其中，L=2 个墙面之间的距离（英尺），声波的速度为 1 130 英尺 /s。f_1 被认为是两个反射墙面之间的固有频率，它伴随着一系列的模式共振。因此，类似的共振现象会发生在整个频谱当中，这包括 $2f_1$，$3f_1$，$4f_1$，…。各种名称被应用在这种共振当中，这包括驻波、房间共振、本征音、下限频率、固有频率或者简正模式。当增加两对相互垂直的墙面后，就形成一个矩形的密闭空

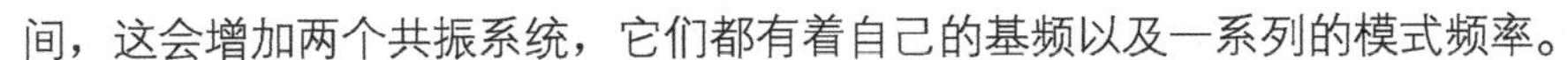

间，这会增加两个共振系统，它们都有着自己的基频以及一系列的模式频率。

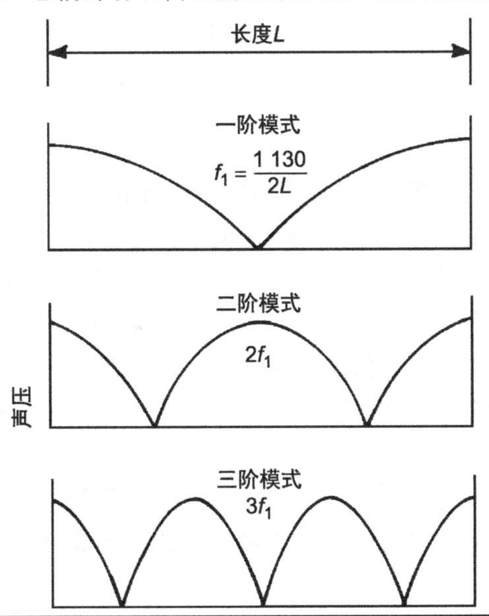

图 13-4 在两个平行反射墙面之间的空腔，可以被看成一个共振系统，它的共振频率为 f_1=1 130/（2L）。这个系统也在频率 f_1 的整数位置发生共振

在实际当中，这种情况会更加复杂。到目前为止，我们仅仅讨论了轴向模式，在每个矩形房间当中，有三个轴向模式，并且每个轴向模式具有一系列的简正模式。轴向模式是由两个相互平行墙面之间反射所产生的，切向模式是由四个墙面之间反射所产生的，斜向模式是由房间内 6 个表面之间反射所产生的。如果轴向模式的相对电平为 0dB，那么切向模式的电平为 −3dB，而斜向模式的电平为 −6dB。在实际中，墙的表面将会对任何特定模式产生较大的影响。这 3 种类型的模式如图 13-5 所示。

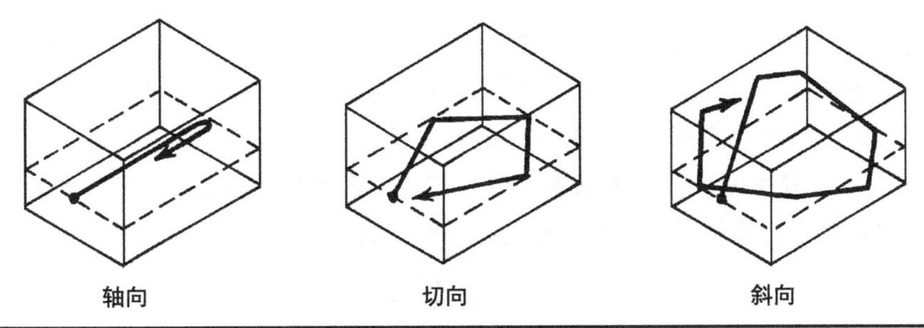

图 13-5 利用声线概念所展示的轴向、切向和斜向房间模式的可视化图形

以上我们所提供的示意图只是为了表述的清晰，而它们是缺乏严谨性的。在这些示意图当中，声线遵循的规则为入射角等于出射角。对于较高的声音频率来说，这种声线概念是非常有用的。然而，当封闭空间的尺寸与声波大小相当时，这种方法出现了问题。例如，在一间长度

为 30 英尺的录音棚当中，它的长度仅是 50Hz 声波长度的 1.3 倍。在这种情况下，声线法失去了作用，我们将会使用波动声学的方法来对其进行分析。

13.5 频率范围

当我们用声波波长来进行衡量时，人们可以听到的频率范围是非常广泛的。16Hz 通常被认为是人耳平均的低频下限，它的波长为 1 130/16=70.6 英尺。而人耳的听力上限，约为 20kHz 处，它的波长为 1 130/20 000=0.056 英尺或者约为 0.7 英寸。声音的表现在很大程度上受到声音波长与所遇物体之间相对尺寸的影响。在一个房间当中，波长为 0.7 英寸的声音在经过几英寸不规则墙面时，会表现出明显的扩散。而这种尺寸的不规则表面，对于波长为 70 英尺的声音来说其扩散作用就比较差。对于声学问题分析来说，没有任何一种单一的分析方法能够涵盖波长如此宽的范围。

考虑到小房间的声学，我们把可闻频率大致分为四个区域，它分别为 A、B、C、D，如图 13−6 所示。房间的尺寸决定了我们如何来划分声音的频率范围，从而对房间的声学问题进行分析。由于在较小房间的共振模式很少，模式频率之间的间隔很大，故很大一部分的可闻频率会受到了模式频率的影响。

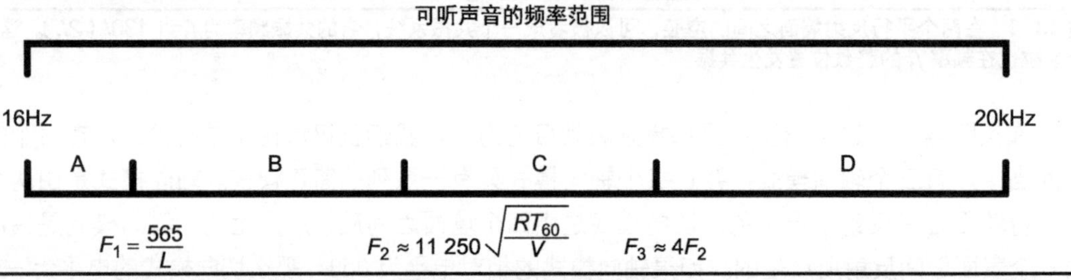

图 13−6 当处理封闭空间内的声学问题时，我们可以把可闻频率范围分成 A，B，C，D 4 个部分，分别用频率 F_1，F_2，F_3 来描述。在区域 A 中没有模式频率的提升。在区域 B 中波动声学占主导地位。在区域 C 中衍射和扩散共同起着主导作用。在区域 D 中，镜面反射和几何声学起主要作用

区域 A 是一个非常低的频率范围，它在 1 130/（2L）Hz 以下，其中，L 是房间的最长尺寸。在这个最低轴向模式频率之下，房间中是没有声音共振的。这并不意味着房间内不存在如此低的声音频率，仅是这个频段的声音没有被房间的共振所提升。

区域 B 可以看作是房间尺寸与波长相当的区域。它与最低轴向模式 565/L 临近。该区域的上限没有被定义，但是它提供了一个近似截止频率的公式

$$F_2=11\ 885\sqrt{\frac{RT_{60}}{V}} \tag{13-2}$$

其中，F_2= 交叉（或者截止）频率，Hz。

RT_{60}= 房间的混响时间，s。

V= 房间容积，立方英尺。

区域 C 是一个在区域 B、D 之间的过渡区域，其中在 B 区域我们通常利用波动声学理论，而

在区域 D 通常使用几何声学进行分析。它的边界下限接近截止频率 F_2，上限频率为 F_3=4F_2。我们对这个区域的分析更加困难，因为该区域所对应的声波波长，用于几何声学，显得太长，而用于波动声学，又显得太短。

区域 D 描述了 F_3 以上的频率区域，它涵盖了更高的声音频率，在此区域中几何声学完全适用。镜面反射（入射角等于出射角）以及声线法会占主导地位。在这个区域内使用统计分析的方法通常是可行的。

作为一个例子，假设房间的尺寸为 23.3 英尺 ×16 英尺 ×10 英尺。其容积为 3 728 立方英尺且混响时间为 0.5s。区域 A 在 565/23.3=24.2Hz 以下，在这个区域房间内没有声音共振的提升。区域 B 在 24.2~130Hz 的范围内。通常使用波动声学法来对共振模式进行分析。区域 C 是在 130Hz~4×130=520Hz 的范围，它是一个过渡区域。区域 D 在 520Hz 以上，其模式密度非常大，统计学占主导地位，也可以使用一些几何声学的方法。

13.6 房间模式等式

对于一个矩形封闭体来说，我们可以使用波动方程式来对房间的模式频率进行计算。房间的几何结构，如图 13-7 所示，它是一个房间内的三维空间，x，y，z 轴之间相互垂直。为了简便起见，把最长的尺寸 L（房间的长度）放置在 x 轴，次长的尺寸 W（宽）放置在 y 轴，且最小的尺寸 H（高）放置在 z 轴。我们的目的是计算出矩形密闭空间模式所对应的下限频率（Permissible Frequencies）。所使用的房间模式等式，首先是由 Rayleigh 提出来的，为

$$\text{频率}=\frac{c}{2}\sqrt{\frac{p^2}{L^2}+\frac{q^2}{W^2}+\frac{r^2}{H^2}} \tag{13-3}$$

其中，L，W，H = 房间长、宽和高，英尺或者 m。

p，q，r = 整数 0，1，2，3，…。

c= 声速，1 130 英尺 /s 或者 344m/s。

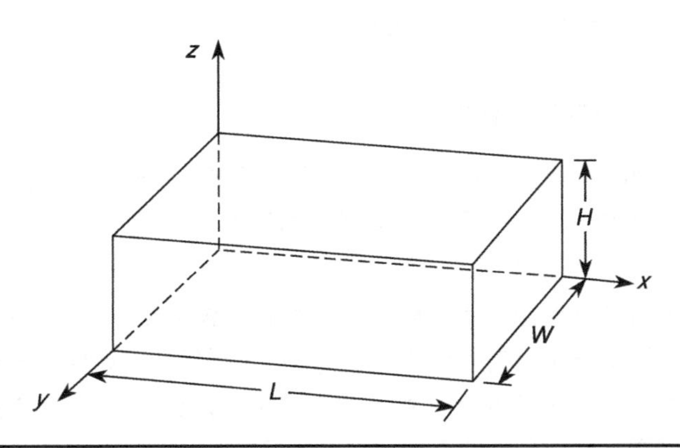

图 13-7 为了方便计算房间的模式频率，我们分别把矩形房间的长 L、宽 W 和高 H，对应到 x、y 和 z 轴上

这个等式给出了房间内每个轴向、切向和斜向模式的频率。当房间 L，W，H 确定之后，整数 p，q 和 r 是仅有的变量。只有当 p，q 和 r 是整数（或零）时，所对应的房间模式是存在的，因为在这种情况下会产生驻波。当基频（与1相关），第二模式（与2相关），第3模式（与3相关）等等被引入时，我们有许多整数的组合。

这些整数被用来确定房间模式是轴向、切向还是斜向，它也确定了房间模式的频率。轴向模式有两个0，例如（1，0，0）或者（0，0，3）；切向模式有1个0，例如（1，1，0）或者（0，3，3）；斜向模式没有0。例如（1，1，1）或者（3，3，3）。此外，模式的数字表明了对应频率的倍数。例如，轴向模式（0，2，0）和（0，0，2）所对应的频率分别是模式（0，1，0）和（0，0，1）的整数倍。它们之间的频率是2倍的关系。类似地，更高的整数值描述了基频模式更高的倍数。对切向模式以及斜向模式的描述也是用相同的方法。

如果当 p=1，q=0 和 r=0 时，其模式为（1，0，0），所对应宽和高的模式消失了，对应等式变为

$$频率=\frac{c}{2}\sqrt{\frac{p^2}{L^2}}=\frac{c}{2L}=\frac{1\,130}{2L}=\frac{565}{L} \quad (13-4)$$

这是一个轴向模式，它所对应的是房间长度。我们注意到这个模式等式与封闭管的模式相同。可以把宽度的轴向模式（0，1，0）和高度的轴向模式（0，0，1）代入对应的尺寸，来进行类似的计算。

房间的尺寸之间的关系决定了它的模式响应。在一个矩形房间当中，如果长、宽、高之间有两个或三个完全相等，或者它们彼此之间成整数倍关系，那么房间的共振频率将会趋于一致，这将导致房间在这些共振频率上会产生峰值，而在其他的频率上会产生谷值。例如，如果一个尺寸为10英尺×20英尺×30英尺（高、宽、长）的房间，在三个轴向将会产生的模式频率为56.5Hz、113Hz、169.5Hz、226Hz、282.5Hz、339Hz，以及其他频率。这些趋于一致的频率将会导致房间频率响应的恶化，同时也会让房间内的能量分布更加不均衡。正如我们将要看到的那样，通过仔细地选择房间尺寸比例，可以在很大程度上改善房间的模式响应。从以上例子当中，可以看到，1：2：3的房间比例是一个比较差的选择。

13.6.1 房间模式的计算案例

我们可以通过一个例子，来对房间模式的计算等式［式（13-3）］进行展示。房间的尺寸为，长度 L=12.46英尺，宽度 W=11.42英尺，以及平均高度 H=7.90英尺。（天花板实际上沿着房间的长度方向倾斜，一端高度为7.13英尺，另一端为8.67英尺）L，W 和 H 的值被代入模式等式，并随着整数 p，q，r 的值进行组合。请注意，该房间不是基础模型公式当中的平行六面体矩形。对于以下的计算，使用平均天花板高度来进行，实际上这样做会对计算结果有一定的影响。

我们以频率上升的方式列出了房间中的一些模式频率，见表13-1。它列出了 p、q、r 的不同组合所对应的模式频率。其中，在每个模式当中，是通过对 p，q，r 中0的数量，来判断该模

式为轴向、切向还是斜向的。最低的房间模式频率为 45.3Hz，它是（1，0，0）的轴向模式，它与房间的长度 L 有关，在此频率之下的声音是没有得到提升的。模式 7 为（2，0，0）模式，它是与长度 L 有关的第二个轴向模式，所对应频率为 90.7Hz。以相同方法，可以看到模式 18 为（3，0，0）模式，它是与长度 L 有关的第 3 个轴向模式，模式 34 是第四个与长度 L 有关的模式。

在录音棚的设计当中，轴向模式以及它们之间的间隔非常重要。不过，这里有更多的声学参数。见表 13-1，在轴向模式频率之间有着许多切向和斜向模式，虽然这些模式的作用较弱，但是它们仍然对房间响应有着一定的影响。

模式数量	整数 p，q，r	模式频率（Hz）	轴向	切向	斜向
1	100	45.3	×		
2	010	49.5	×		
3	110	67.1		×	
4	001	71.5	×		
5	101	84.7		×	
6	011	87.0		×	
7	200	90.7	×		
8	201	90.7		×	
9	111	98.1			×
10	020	98.9	×		
11	210	103.3		×	
12	120	108.8		×	
13	021	122.1		×	
14	012	122.1		×	
15	211	125.6			×
16	121	130.2			×
17	220	134.2		×	
18	300	136.0	×		
19	002	143.0	×		
20	310	144.8		×	
21	030	148.4	×		
22	221	152.1			×
23	301	153.7		×	
24	112	158.0			×
25	311	161.5			×

（续表）

模式数量	整数 p, q, r	模式频率（Hz）	轴向	切向	斜向
26	031	164.8		×	
27	320	168.2		×	
28	202	169.4		×	
29	131	170.9			×
30	022	173.9		×	
31	230	173.9		×	
32	212	176.4			×
33	122	179.7			×
34	400	181.4	×		
35	321	182.8			×
36	231	188.1			×
37	222	196.2			×
38	040	197.9	×		
39	302	197.9		×	
40	330	201.3		×	
41	312	203.5			×
42	032	206.1		×	
43	132	211.1			×
44	003	214.6	×		
45	103	219.3		×	
46	013	220.2		×	
47	322	220.8			×
48	113	224.8			×
49	232	225.2			×
50	203	232.9		×	
51	430	234.4		×	
52	023	236.3		×	
53	213	238.1		×	
54	340	240.2		×	
55	123	240.6			×

（续表）

模式数量	整数 p，q，r	模式频率（Hz）	轴向	切向	斜向
56	332	247.0			×
57	223	253.1			×
58	303	254.0		×	
59	033	260.9		×	
60	323	272.6			×
61	233	276.2			×
62	403	281.0		×	
63	004	286.1	×		
64	043	291.1		×	
65	304	316.8		×	
66	034	322.3		×	

表 13-1 模式频率的计算（房间尺寸：12.46 英尺 ×11.42 英尺 ×7.90 英尺）

房间模式不仅是理论上的，它们在房间的低频响应当中也起到了重要的作用，其中模式频率的间隔越大则更加容易听到，我们可以比较容易展示出它们的作用。如果利用扬声器来对模式频率（例如，在一个房间当中 136Hz 处的正弦波）进行重放，在房间内走动的听音者可以清晰地听到，有着大声压级的波腹位置以及较小声压级的结点位置。这取决于房间的模式，我们可以沿着房间长、宽、高的方向，或者其他方向来听到声音响度的上升或下降。如果听音者坐在一个固定位置，我们可以用另一种方式来展示。利用正弦信号发生器，在低频范围内重放扫频信号，不同频率处可以听到声压级的明显变化，这也是由房间模式所导致的。

设想一下，如果把声源放置在结点位置，那么将会发生什么事情。声压将会在该结点所对应的模式频率上明显减小。又或者一位混音师，他坐在房间模式的波腹位置，在这里将会对模式频率处的声音有所增强。房间模式能够很大程度上对房间的频率响应造成影响，这取决于声源和听音者在房间内的位置。

13.6.2 验证实验

表 13-1 所列模式频率，在很大程度上决定了房间的频率响应。我们可以用正弦扫频传输实验，来对模式频率的作用进行评估。事实上，这是在测量房间的频率响应。我们知道所有的模式都会在房间的角落处终结，我们把扬声器（JBL2135）放置在一个较低的墙角位置，同时把话筒放置在对角线上较高的墙角位置。这时扬声器被缓慢的正弦扫频信号所激励。这个信号的房间响应被记录在话筒当中。其结果记录了 50~250Hz 的线性扫频信号，曲线如图 13-8 所示。

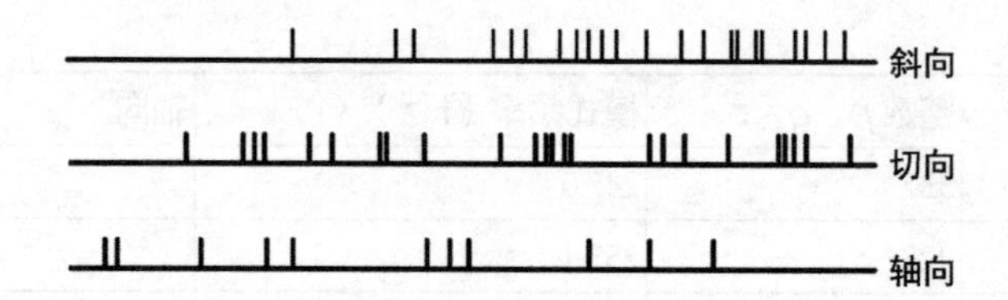

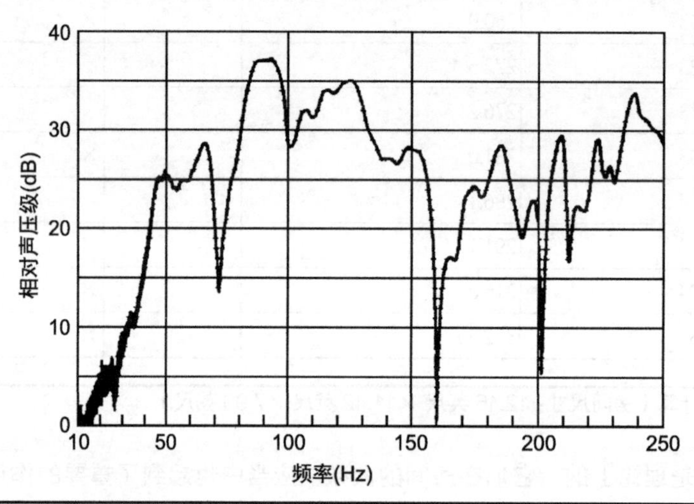

图 13-8 表 13-1 所列测试房间的正弦扫频信号。图中标明了每一个轴向、切向和斜向模式频率的位置

如果在一个墙面坚硬，且具有良好反射的混响室当中，来识别每一个模式的作用。在这种情况下，那些主要的模式响应像钉子一样尖锐。图 13-8 所示记录的实际房间不是混响室。它的墙面覆盖有石膏板的框架结构。地板是由地毯覆盖夹板所组成的，同时门的大小几乎覆盖一面墙。房间内有大窗户，墙面上挂有图片，还有一些家具。很明显这是一个吸声相当好的房间。在 125Hz 处，它的混响时间为 0.33s。这个房间非常接近录音棚和控制室，而不是混响室，这就是为什么我们选择它作为例子的原因。

在 45.3~254.0Hz 的频率响应当中，有 11 个轴向模式，26 个切向模式，以及 21 个斜向模式，图 13-8 所示的传输曲线是所有这 58 个模式的组合。如图 13-8 所示，如果我们试图把房间内的峰值和谷值与其轴向、切向和斜向模式进行对应，这会是令人失望的。房间响应可以看成是模式本身及模式之间的相互作用。例如，间隔较近的几个模式，可以认为对房间响应起到加强作用（如果它们之间是同相位的），或者减弱作用（如果它们之间是反相位的）。实际上，正如我们将会看到的那样，这将需要更多分析来对房间的模型响应进行解释。

由于这三个较深谷值的形状非常窄，所以它们从音乐或者语言当中所带走的能量是有限的。如果忽略了这些波谷，会让整个频率响应显得更加合理。这种波动是在稳态正弦扫频传输实验当中所特有的，即使我们对录音棚、控制室，以及听音室有着非常认真的设计。我们的耳朵通常也会接受这种偏差。空间的模式结构常常会对这种波动有所提升。然而到目前为止，我们更多的会考虑声学特性而不是稳态响应。

13.7 模式衰减

图 13–8 所示的稳态响应，仅体现出一部分问题。我们的耳朵对瞬态作用是非常敏感的，并且语言和音乐几乎完全是瞬态信号。混响的衰减是一种比较容易测量的瞬态现象。当类似语言或者音乐，这种频带较宽的声音对房间进行激励时，我们的兴趣会集中在模式衰减上。图 13–8 所示，频率在 45.3~254Hz 中的 58 个模式是房间混响的微观结构。通常的混响是按照倍频程带来进行测量的。我们所关心的倍频程带宽，如表 13–2 所示。

因此每个倍频程混响的衰减，都包含了许多模式衰减的平均，但是我们可以通过对单个模式衰减的理解，来解释倍频程带宽的声音衰减。倍频程的中心频率越高，它所包含的模式数量越多。

所有的模式不会以相同的斜率进行衰减。它的衰减取决于房间内吸声材料的分布。所测房间中的地毯对（1，0，0）或者（0，1，0）的轴向模式是不起作用的，因为以上两个轴向模式仅包含墙面之间的相互作用。在斜向和切向模式当中，由于包含了更多的表面，会比轴向模式有更快的衰减。在另一方面，轴向模式的吸声作用会比切向模式以及斜向模式更大一些，这是由于声音入射角度的不同所造成的。

房间中对于混响衰减的测量是利用正弦波激励来完成的，如图 13–9 所示。单个模式的衰减会产生平滑的对数曲线。在 240Hz 的双斜率衰减是非常有趣的，因为起初斜率有着较小的数值或许是由包含较多吸声的单个模式所主导的，而后面是由其他有着较少吸声的模式所主导的。

通过表 13–1 来识别这些模式是比较困难的，虽然你或许希望模式 44 消失得慢一些，而在 220Hz 附近的三组模式（45，46，47）有着较大的衰减。通常情况下它会激励周边模式产生振动，然后在它们的固有频率处产生衰减。

范围		模式振动		
倍频程	（–3dB 点）	轴向	切向	斜向
63 Hz	45～89 Hz	3	3	0
125 Hz	89～177 Hz	5	13	7
250 Hz	177～254 Hz	3*	10*	14*

* 部分倍频程。

表 13–2 在倍频程中的模式振动

图 13–10 显示了使用倍频程粉红噪声所测得的结果。125Hz 倍频程的窄带噪声（0.33s）和 250Hz 倍频程的窄带噪声（0.37s），它们的衰减是许多模式衰减的平均，我们或多或少可以认为它是这个频率范围的“真”值。但是，在通常情况下，每个频带的衰减需要具有统计意义。该房间混响时间测量的结果，如表 13–3 所示。

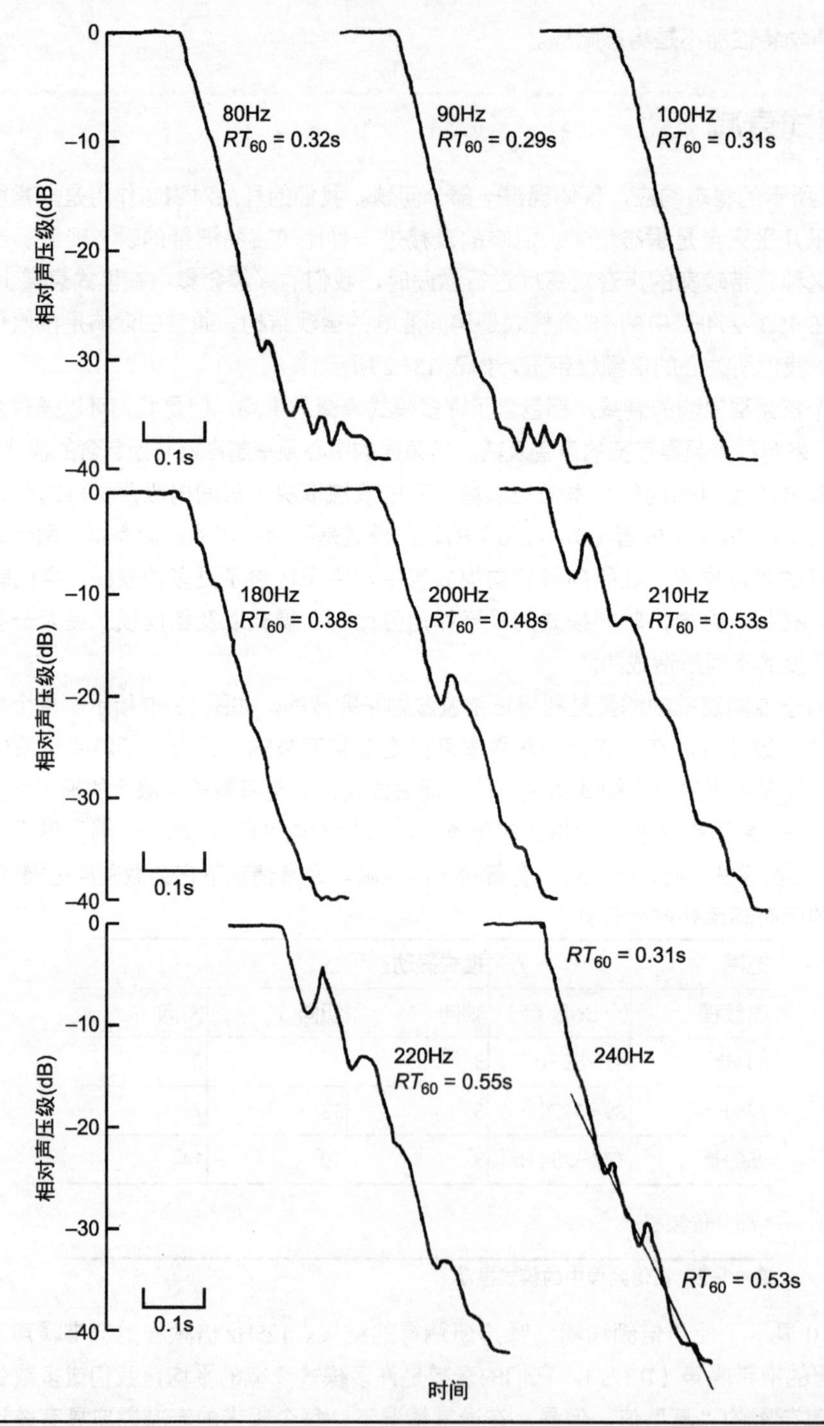

图 13-9 一个测试房间当中纯音混响时间的衰减。我们对每一个模式衰减进行了平滑，并以对数的形式表示。两个相邻模式之间的拍频，导致了不规则的衰减。240Hz 的双斜率特征显示出，对于前 20dB 来说单一的平滑衰减起主要作用，而在此之后，一个或多个轻微的吸声模式起主要作用

频率（Hz）	平均混响时间（s）
80	0.32
90	0.29
100	0.31
180	0.38
200	0.48
210	0.53
220	0.55
240	0.31 和 0.53（双斜率）
125Hz 倍频程噪声	0.33
250Hz 倍频程噪声	0.37

表 13-3 测试房间所获得的混响时间

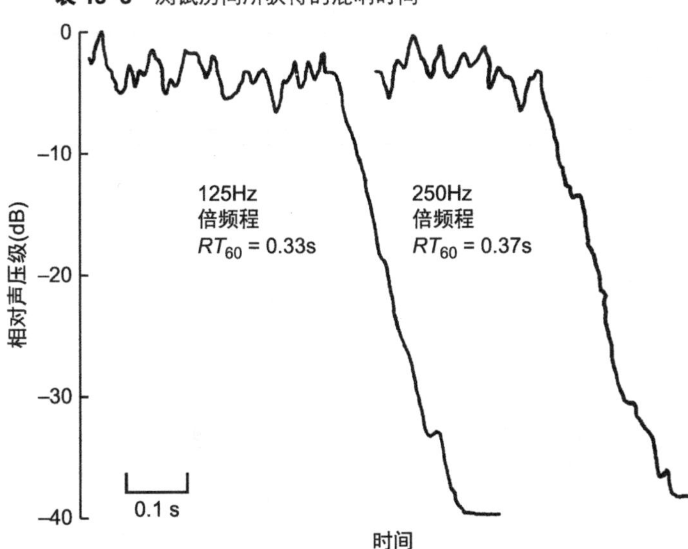

图 13-10 在测试房间中所记录倍频程粉红噪声混响时间的衰减曲线。中心频率为 125Hz 和 250Hz 倍频程的衰减，显示出在这个倍频程当中所有模式衰减的平均

13.8 模式带宽

简正模式决定了房间的共振。每个简正模式都存在着如图 13-11 所示的共振曲线。带宽被定义为在共振峰的两侧功率衰减一半（–3dB）的点所对应宽度。每个模式都有一个带宽，表示为

$$带宽 = f_2 - f_1 = \frac{2.2}{RT_{60}} \tag{13-5}$$

其中，RT_{60} ＝混响时间，s。

从以上公式，我们可以看到带宽与混响时间成反比。也就是说，房间混响时间越短，共振曲线的带宽越宽。在电子线路当中，调谐曲线的尖锐程度取决于电路的电阻。电阻越大，调谐曲线的宽度越宽。在房间声学当中，混响时间取决于吸声量（电阻）。我们也可以把它进行类比（吸声量越多，混响时间越短，且共振模式越宽）。为了便于引用，表 13-4 列出了一些带宽数值与混响时间之间的关系。

混响时间（s）	模式带宽（Hz）
0.2	11
0.3	7
0.4	5.5
0.5	4.4
0.8	2.7
1.0	2.2

表 13-4 模式带宽

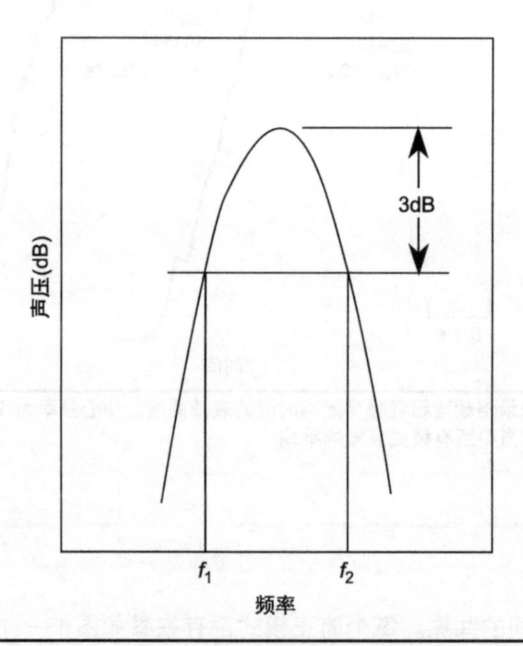

图 13-11 每个房间模式具有一个有限的带宽。这种带宽通常是以衰减 3dB 的点所对应的频率来衡量的。房间有着越多的吸声，其对应带宽越宽

图 13–12 展示了图 13–8 所示 40~100Hz 的细节部分。在这个范围内，表 13–1 所列出的轴向模式被画出来，它在 –3dB 位置有着 6Hz 的带宽。轴向模式峰值处的参考电平为零。切向模式仅有轴向模式一半的能量，所以它们的峰值被画在轴向模式峰值以下 3dB（10lg0.5）处。斜向模式仅有轴向模式 1/4 的能量，所以 98.1Hz 的斜向模式峰值在轴向模式峰值以下 6dB(10lg0.25）处。

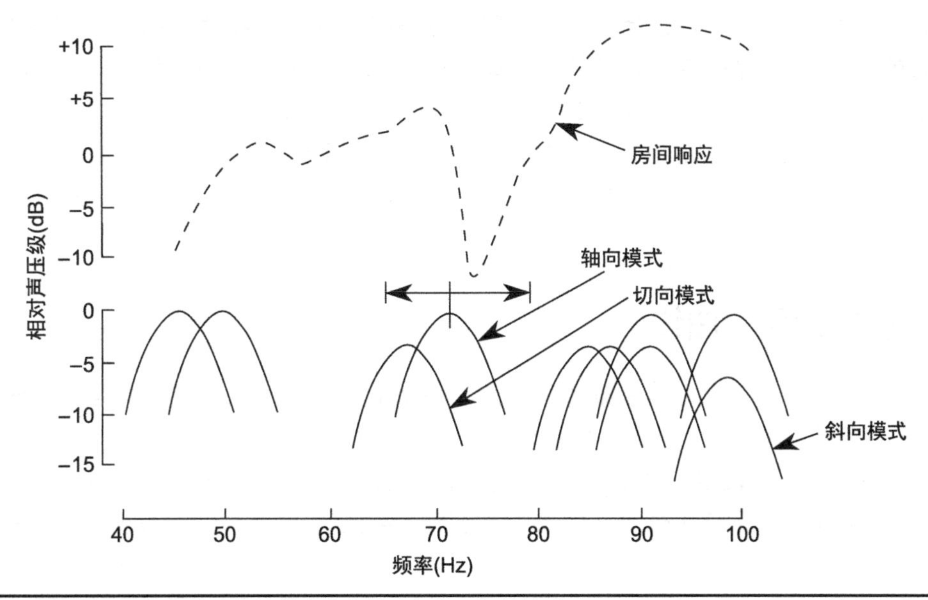

图 13–12 测得的正弦扫频响应与计算出来的模式频率之间的关联。图 13–8 所示 40~100Hz 的房间响应部分被展示出来，并对应画出了轴向、切向和斜向模式。

普通房间的模式带宽约 5Hz。这意味着有着较短混响时间房间内的相邻模式会叠加在一起，这也是我们所希望的。随着临近模式之间共振曲线边沿的重叠（例如，图 13–12 所示标记的轴向和切向模式），在共振频率处激励房间的一个模式也将会对其他模式起到激励作用。当第一个激励频率消失时，在其他模式中储存的能量会在自己的频率处衰减。在它们衰减的过程中将会产生拍频。如图 13-9 所示，80Hz、90Hz 以及 100Hz 处的模式，有着非常一致的衰减，这是由于邻近模式被完全移除，从而没有受到拍频影响所产生的。

被测房间（如图 13–12 所示）的整个频率响应，是由表 13–1 所列出的各种模式共同组成的。我们能否用轴向模式、切向模式和斜向模式的共同作用来对这个频率响应进行解释？80~100Hz 的房间响应的 12dB 峰值，我们可以通过把两个轴向模式、三个切向模式，以及一个斜向模式合并起来去解释，这看上去是合理的。在 50Hz 以下的衰减是由扬声器的频率响应所导致的。这也可以解释 74Hz 处的 12dB 波谷。

71.5Hz 处的轴向模式是被测房间的垂直模式，该房间的天花板有一定的坡度。平均高度所对应的频率是 71.5Hz，但是在较低的天花板处对应的频率为 79.3Hz，而在较高天花板一端对应的频率为65.2Hz。这种模式频率的不确定，在71.5Hz的模式上（如图13-12所示）用双箭头标示。如果这种不确定的轴向模式向较低频率轻微移动，能够更好地解释响应中12dB波谷的问题。看起来在响应中的波谷应该在60Hz附近，但是在那里没有任何东西被发现。

虽然在这个被测试的房间当中，通过实验的方法我们验证了房间模式理论的诸多内容，然而更重要的是它展示了许多有用的实际经验。首先，该房间不是在基础等式模型当中所假设的矩形平行六面体。其次，当通过合并各个模式的作用来获得整个响应时，必须要考虑相位问题。这些分量的合并必须是在矢量上的合并，也就是说要充分考虑幅度和相位问题。最后，更加重要的一点是，每个模式不是完全固定的，它们的幅度会从零到最大不断变化，这取决于它在房间中的位置。沿着房间变化的单条压力曲线，是可能通过把房间某一点处所有幅度简单相加来获得的。例如，在任意一点，一个模式能够是零或者最大值。房间响应可以看成是房间物理空间模式响应分布的叠加，就像下面将要讨论的一样。

13.9 模式的压力曲线

房间的模式特征产生了非常复杂的声场。为了阐明这个声场，我们可以用声压分布图来展示。图13-1所示一维的风琴管能够与图13-13所示三维房间的轴向模式（1，0，0）相类似。在房间末端附近的声压较高（1.0），而沿房间中心位置的声压为零。图13-14展示了只有轴向模式（3,0,0）被激励时的声压分布。在这种情况下，声压的结点和波腹都是直线，如图13-15所示。

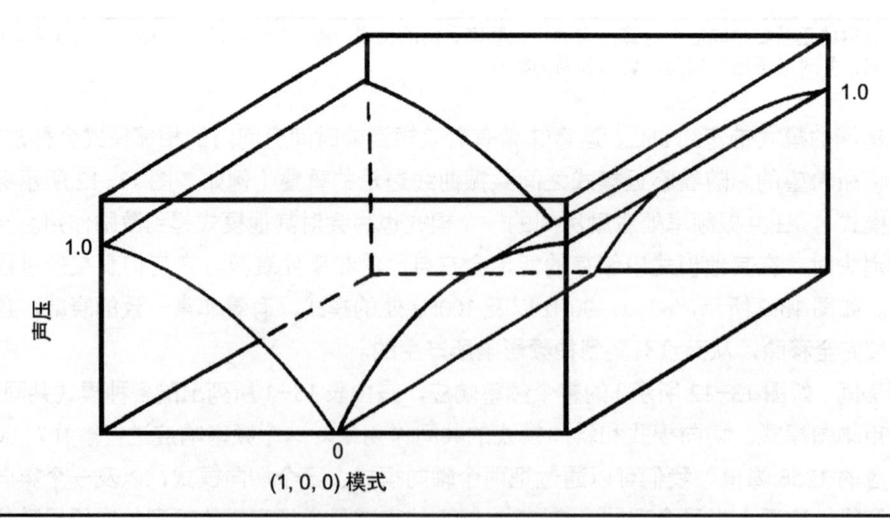

图13-13 房间内（1，0，0）轴向模式的声压分布。在房间中心位置的垂直平面上声压为零，而在房间的两端声压最大。这可以与图13-1所示封闭管的频率 f_1 进行比较

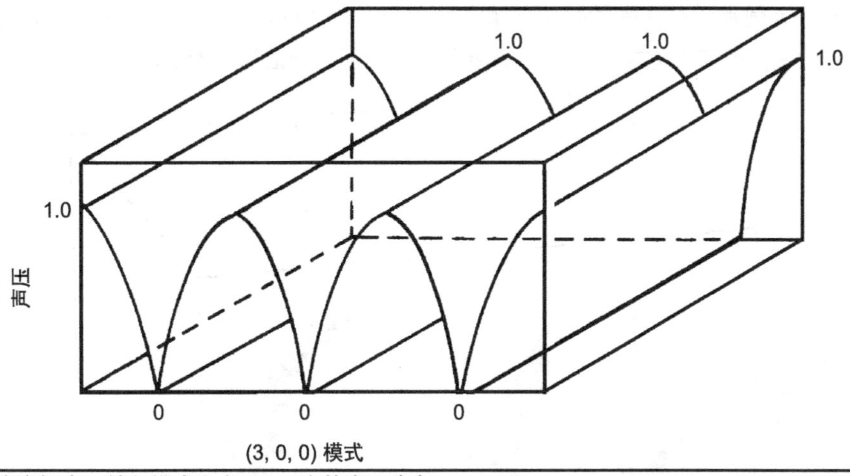

图 13-14 在房间中，轴向模式为 (3，0，0) 的声压分布

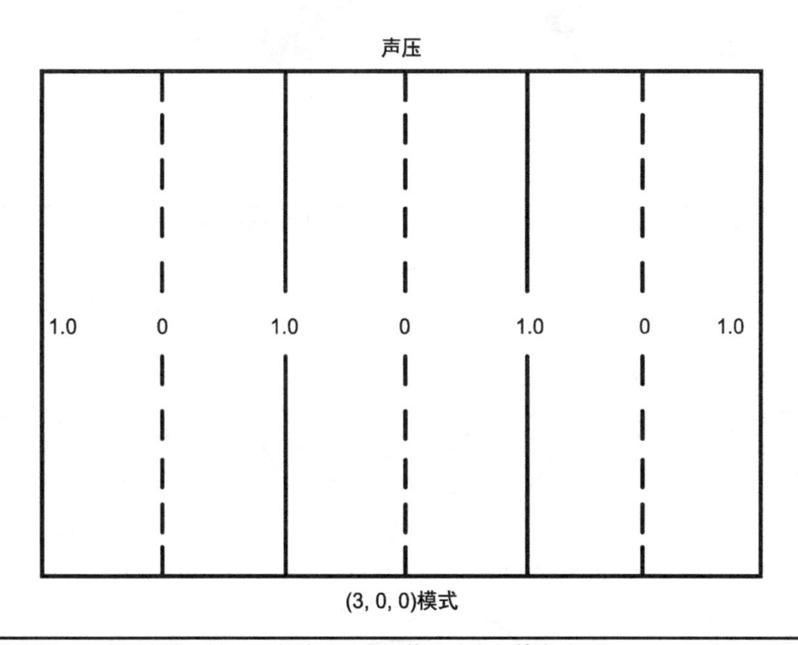

图 13-15 针对（3，0，0）的轴向模式，穿过矩形房间截面的声压等高线

对整个房间内三维声压分布的描述变得更加困难，但是在图 13-16 所示当中，我们试图展示出斜向模式（2，1，0）。从图中可以看到，房间的每个角落位置都有着声压的最大值，并且在房间的中间位置也有两个最大值。如图 13-17 所示，有类似地形图的等压线描述。在声压最大值之间，我们用虚线标记出声压为零的位置。

想象一下，如果房间所有的模式同时被激励，或被强度不断变化的语言或音乐激励，那将是一个多么复杂的声压特征。图 13-17 所示的曲线展示了房间角落位置的最大声压。对于所有的模式来说，这些最大值常常在房间的角落位置。如果要激励房间所有的模式，把声源放置在角落处是一个正确的做法。而如果你想测得房间的所有模式，那么把话筒放置在墙角位置也是正确的。

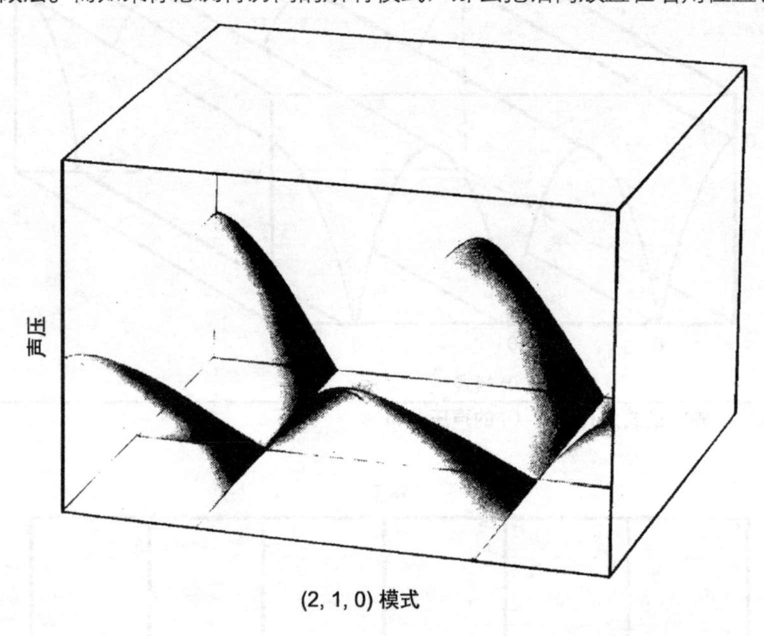

图 13-16 在矩形房间中，切向模式（2，1，0）的三维声压分布 Bruël&Kjaer 仪器有限公司

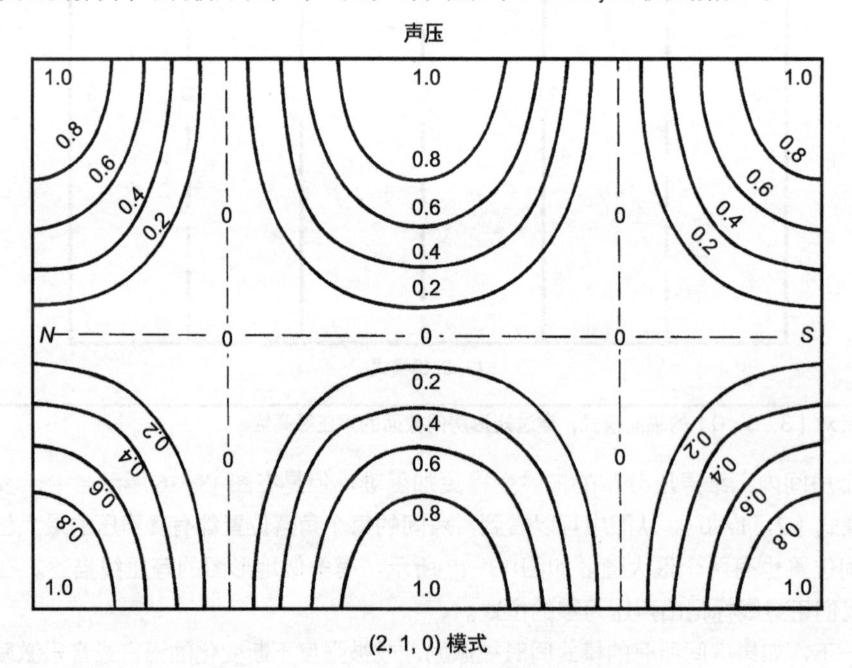

图 13-17 针对（2，1，0）的切向模式，图 13-16 所示的矩形房间声压等高线

13.10 模式密度

模式密度会随着频率的增加而增加。例如，见表 13-1，45~90Hz 的倍频程内，仅出现了八个模式频率。在下一个更高频率的倍频程中包含有 25 个模式。即使在 200Hz 以下的低频范围，也可以看到模式密度是随频率的增加而增加的。如图 13-18 所示，在较高频率处的模式密度会迅速增加。约在 300Hz 以上，模式之间的频率间隔变得非常小，从而房间响应随频率的变化的波动也越来越小。以下公式能够被用来计算，给定中心频率处固定带宽内的模式数量。

$$\Delta N=\left[\frac{4\pi Vf^2}{c^3}+\frac{\pi S_f}{2c^3}+\frac{L}{8c}\right]\Delta f \tag{13-6}$$

其中，ΔN = 模式数量。

Δf = 带宽，Hz。

f = 中心频率，Hz。

$V=(l_x l_y l_z)$ = 房间容积，立方英尺。

$S=2(l_x l_y+l_x l_z+l_x l_z)$ = 房间表面积，平方英尺。

$L=4(l_x+l_y+l_z)$ = 房间边长总和，英尺。

c= 声速 =1 130 英尺 /s。

从以上公式中也可以看到，当带宽已知的情况下，模式密度会随着频率的增加而增加。类似的，模式密度也会随着房间尺寸的增加而增加。

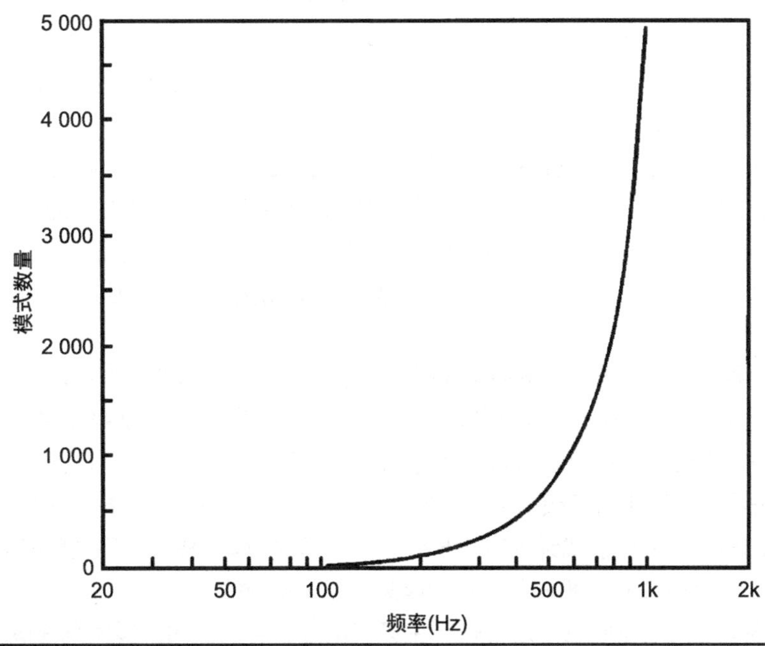

图 13-18 模式数量随着频率的增加而增加

所以对于较小的房间来说，房间模式是非常重要的，因为它的模式密度较低，特别是在低频部分。而在较大房间当中，除了非常低的频率之外，都有着相对较高的模式密度，且房间模式的作用较小。小房间和大房间的截止频率，能够通过施罗德等式进行计算，即

$$f_c=11885\sqrt{\frac{RT_{60}}{V}} \tag{13-7}$$

其中，f_c= 截止频率，Hz。

RT_{60}= 混响时间，s。

V= 房间容积，立方英尺或者 m^3。

注：使用公制单位，需要把 11 885 改为 2 000。

13.11 模式间隔和音色失真

音色失真是由于声音信号在频率响应上的异常所导致的，有些音色失真是可以被听到的。从听音室到音乐厅，音色失真会对任何有声学要求的房间造成影响。我们的任务是从房间内数百个模式频率当中，找到那些可能被听到的音色失真。

音色失真会对录音或其他重要工作产生较大影响。一个落在较宽模式间隔之间的音符或许会非常弱，且它会比其他的音符消失得更快。就好似那个特别的音符听起来在户外，而其他音符都听起来是在室内。

模式之间的频率间隔是一个非常重要的因素。在图 13−6 所示的 D 区域，小房间的模式频率非常接近，以至于它们趋向有益的合并。而在区域 B 和 C 中，约在 300Hz 以下区域，模式之间的频率间隔较大，在这个区域内可能会有更多的声学问题。为了避免音色失真，模式之间既不能间隔太远，也不能彼此简并。

在音色失真产生之前，模式频率之间有多大间隔是合适的呢？Gilford 阐述了他的观点，也就是当两个相邻轴向模式的间隔大于 20Hz 时，就会被认为是两个独立的模式。这时它们之间将不会产生由模式边缘重叠而产生的耦合作用，从而有着更加独立的声学表现。在这种状态下，它能够对它自身频率附近的信号产生作用，从而会让这些分量成比例地提升，因此会有产生音色失真的风险。

Gilford 的主要关注点在于，多宽的轴向模式间隔才能产生非耦合作用引起的频率响应偏差。其他模式间隔的标准是由 Bonello 提出的。他分析了多大频率间隔可以避免简并作用。在这种类型的分析当中，需要一定的频率间隔。同时，他考虑了三种类型的模式，而不仅是轴向模式。他发现在一个临界带宽当中所有模式频率之间的间隔，至少要是它们自身频率的 5%。例如，一个模式频率在 20Hz，而另一模式频率在 21Hz，它们之间的间隔是勉强可以接受的。然而，对于 40Hz(40Hz 的 5% 为 2Hz) 来说，相同的 1Hz 间隔是不能被接受的。

两个模式频率之间的零间隔，通常是产生频率响应偏差的原因。零间隔意味着两个模式频率发生简并，而这种简并会过分加强该频率的信号。模式之间的频率间隔不要太远，也不能彼

此重合。

音色失真的可闻度也是我们必须要了解的。任何人都可能会受到由模式提升，或过大间隔所产生音色失真的困扰，然而即使一名受过训练的听音者也要利用一些工具来辅助辨识和评价这种响应的偏差。在 BBC 研究部门的调查当中，听音者所听到的声音是在录音棚中录制的语言声，它在另一个房间通过高质量系统来重放。听音者的判断可以通过一个高于其他频率 25dB 的窄带（10Hz）选频放大器来完成。在扬声器的输出当中会加入较小比例的窄带信号，这个比例会调节到人们刚好不能听到它对整个声音的影响为止。当选频放大器被调节到一个合适的频率时，其频率响应的偏差可以清晰地被听到。

使用这种方法进行评价，仅会发现 1 个或者 2 个明显的音色失真。图 13–19 所示的音色失真曲线，这是对 61 个样本进行了超过 2 年观察所获得的。大多数失真都落在了 100~175Hz。女声响应的变化集中在 200~300Hz。

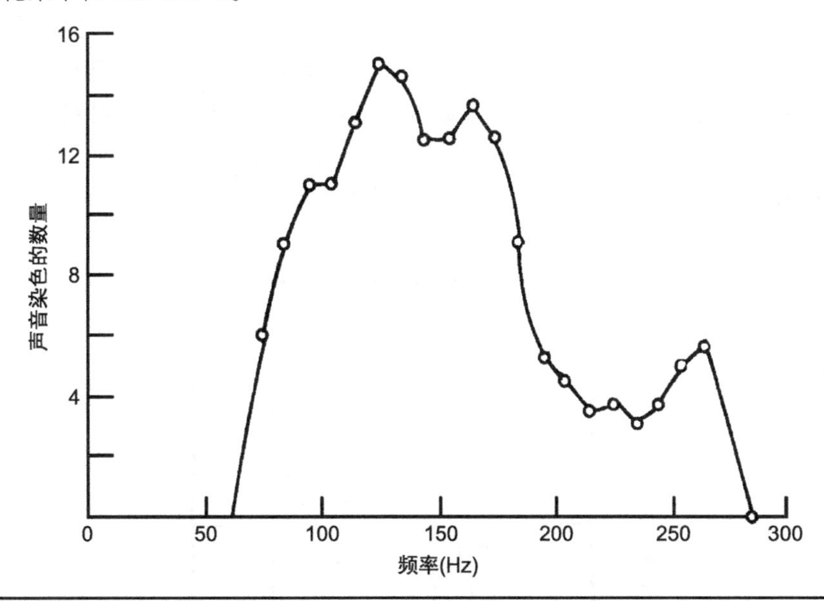

图 13–19 在 BBC 录音棚中，通过 2 年时间对 61 个样本的观察，绘制出音色的缺失曲线。它们大多数发生在 100~175Hz 区域。女声的响应变化大多发生在 200~300Hz 区域（Giford）

13.12 最佳的房间形状

什么样的房间比例，才能实现房间内较为完美的模式分布？这是一个有着激烈争论的领域，它们当中有些观点具有令人信服的实验支撑，有些则没有太多的实验数据来支撑。

房间的几何形状对其声学效果有着较大的影响。我们通常建造的房间为矩形，它在很大程度上受结构经济性的影响，而这种几何结构也有着一定的声学优势。我们可以较为容易的计算出房间轴向、切向和斜向模式，同时它们的模式分布已经被充分地研究。一个较好的方法是只考虑较为主要的轴向模式作为近似。我们可以从中发现简并模式，并且也可以显现出其他的房间缺陷。

对于一个声学敏感的房间来说，其长、宽、高的相对比例是非常重要的。当对这类房间进行设计时，应该从房间的基本比例开始。立方体是一个不好的房间比例，因为这种房间的模式分布非常不理想。

文献中包含了早期准科学的猜测，以及那些有着良好模式分布房间的比例分析，这样的房间比例给出了一个较好的模式分布。Bolt 给出了一个房间比例的范围，在这个范围内的矩形房间中，房间的低频部分可以产生较为平滑的响应特征。我们有时会使用 Volkmann 所提倡的比例 2 : 3 : 5。Boner 建议把 1 : $\sqrt[3]{2}$: $\sqrt[3]{4}$（或者 1 : 1.26 : 1.59）的比例作为最佳选择。Sepmeyer 也建议了许多良好的比例。Louden 按照房间音质好坏，列出了 125 个比例，它们之间是按照降序排列的。

最好的矩形房间比例总结见表 13–5，这些比例是由专家所推荐的。图 13-20 展示了这些由 Bolt 所建议的比例。大多数比例落在“Bolt 区域”或者非常接近的位置。这意味着一个落在 Bolt 区域的比例，将会产生对于轴向模式频率来说可以接受的房间低频。不过针对小房间来说，它们很难产生令人满意的模式响应，任何设计的房间比例必须要经过测试。Bolt 所提出的有效频率范围是随着房间容积的变化而变化的。例如，在容积为 8 000 立方英尺的房间当中，有效频率范围为 20~80Hz。

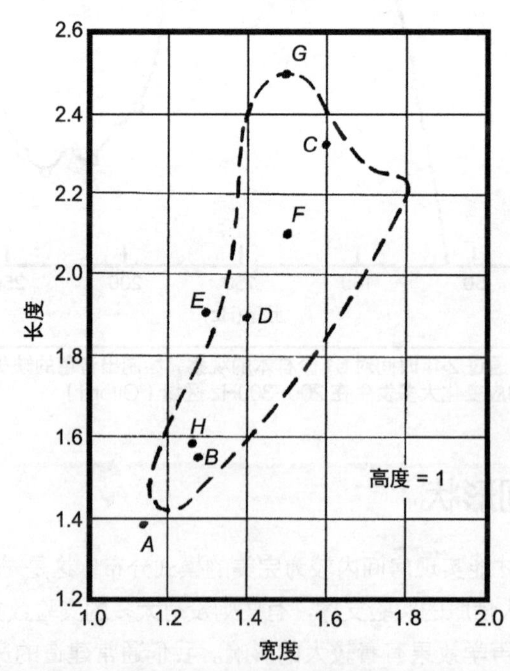

图 13–20 有着较好房间比例的图表，它能让房间内的模式频率有着较为一致的分布。虚线包围的区域为“Bolt 区域”。针对 Bolt 特征的频率范围，会随着房间容积的变化而变化。图中的字母见表 13–5。

创始人		高度	宽度	长度	在“Bolt”区域?
Sepmeyer	*A*	1.00	1.14	1.39	No
	B	1.00	1.28	1.54	Yes
	C	1.00	1.60	2.33	Yes
Louden（3 best ratios）	*D*	1.00	1.4	1.9	Yes
	E	1.00	1.3	1.9	No
	F	1.00	1.5	2.5	Yes
Volkmann（2∶3∶5）	*G*	1.00	1.5	2.5	Yes
Boner（1∶$\sqrt[3]{2}$∶$\sqrt[3]{4}$）	*H*	1.00	1.26	1.59	Yes

表 13-5 较好模式分布，所对应的矩形房间比例

人们不能通过观察房间比例来判断它是不是可行，仍然需要对其进行分析。假设房间的高度为 10 英尺，选择其他 2 个尺寸，组成一个合适的比例，可以对它进行轴向模式分析。从 *A* 到 *H*（见表 13-5）的房间比例，它们所对应的模式如图 13-21 所示。

因此所有相对较小的房间，都有着轴向模式间隔较大的问题，而这种间隔越一致越好。简并是一个潜在的问题，如图 13-21 所示，我们通过在它们的上方标明“2”或者“3”的方式来表示简并频率的数量。模式之间非常靠近，即使不是真正的简并也会产生一些问题。根据以上这些原则，图 13-21 所示的哪一些分布是我们所想要的呢？

在这个例子当中，由于 *G* 中有着两个三重简并频率远离周围模式，故我们会首先排除它。由于三个双重简并频率以及一些间隔，我们也会排除 *F*。在 *C* 和 *D* 当中，我们能够忽略 280Hz 附近的双重简并，因为频率响应的偏差很少发生在 200Hz 以上的区域。除了以上所说的那几个之外，剩下的模式分布区别不大。每一个模式都有它自身的缺陷，但是我们可以避免一些潜在的问题，让它们发挥出良好的效果。这个简单的模式分布分析仅考虑了轴向模式，大家知道较弱的切向和斜向模式仅能够填充在有着较宽轴向模式的频率之间。这可能会改变我们对特殊房间比例偏爱的看法。

如果是新建一个房间，我们或许有着移动墙面或者降低天花板来改善模式分布的自主权。当我们对房间尺寸进行选择时，主要目的是避免轴向模式的简并。例如，如果对一个立方体空间进行分析，三个基频以及所有的谐波将会重合。这会在每个模式频率以及间隙之间产生三重简并。毫无疑问，在这种立方体空间当中将会产生非常差的声学效果。当然，房间模式在频率上也应该尽量均匀分布。

例如，在一个 19 英尺 5 英寸长、14 英尺 2 英寸宽、8 英尺高的房间当中，频率在 29.1~316.7Hz，将会有 22 个轴向模式。如果它们之间的间隔是均匀的，那么间隔的带宽约为 13Hz，而实际上模式之间的间隔是在 3.2~29.1Hz 不断变化的。无论如何，它们之间没有简并的频率。最近

的模式间隔频率是 3.2Hz。虽然这未必是一个最好的房间比例，但是在这个房间当中，进行适当的声学处理之后将会产生良好的声音。合适的房间比例是声学设计当中一个较好的出发点。

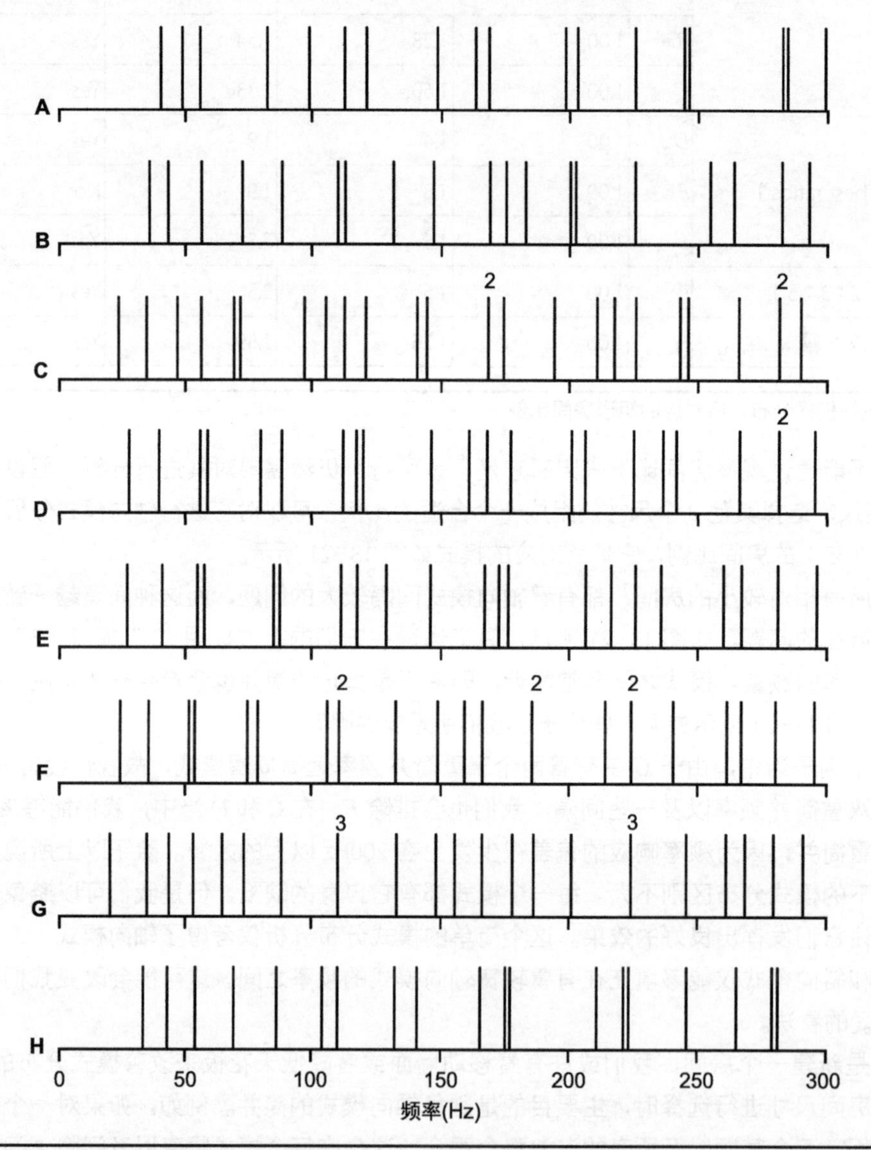

图 13-21 针对表 13-5 列出的 8 个“最佳”房间比例，所对应轴向模式的分布图。较小的数字表明了这些特定频率的简并模式数量。假设房间的高度为 10 英尺

在一个已经存在的空间当中，或许很难对墙体进行改变。但是，对轴向模式的分析仍旧是非常有用的。例如，在空间允许的情况下，可以通过新建一堵墙，来明显改善分析所显现出的问题。如果分析显示出一个简并频率，它与邻近的模式频率间隔较大，可以通过对它所产生原

因的了解，来对这种潜在问题进行处理。例如，作为一种解决办法，或许可以使用赫姆霍兹共鸣器，来吸收这种令人不愉快的简并频率，从而起到控制的效果。

这里要特别介绍博内洛 (Bonello) 准则。纵观各种房间比例之后，我们发现正确地选择房间比例对于获得良好的模式响应来说至关重要。例如，房间任何两个尺寸的比例不应该是整数，或者接近整数。博内洛建议了一种方法，用它可以获得有着较好声学环境的矩形房间比例。他把可听频域的低频部分用 1/3oct 带宽分开，并且考虑 200Hz 以下每个 1/3oct 带宽内的模式数量。之所以选用 1/3oct 带宽，是因为它比较接近人耳的临界带宽。

根据博内洛准则，每个 1/3 oct 应该有比其前一个带宽更多的模式数量，或者至少有着相同的数量。我们不能容忍模式简并现象，除非在那个频段有着 5 个或以上的模式。

一个尺寸为 15.4 英尺 ×12.8 英尺 ×10 英尺的房间是如何通过这个准则来量化的？如图 13–22 所示，我们可以看到这个房间符合以上准则。曲线稳步上升，没有下降的异常情况发生。到 40Hz 开始的水平部分是可以接受的。这显示出较好的模式响应。

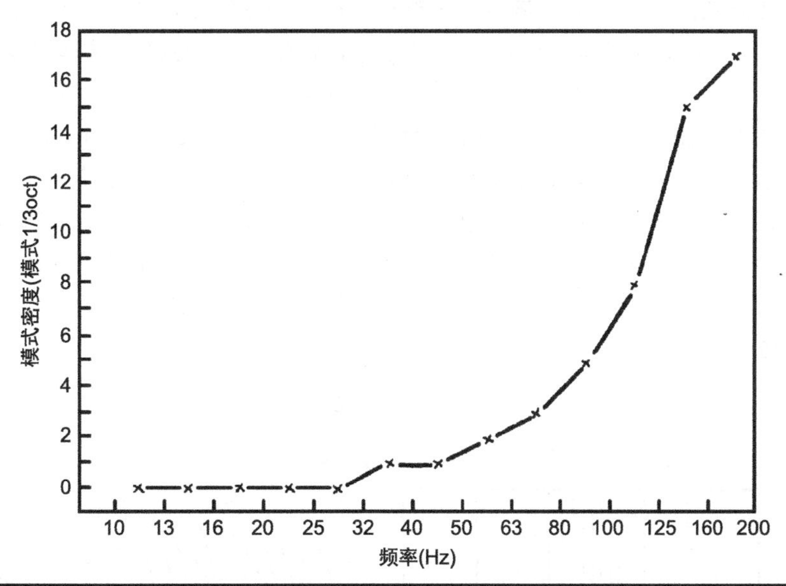

图 13–22 针对一个尺寸为 15.4 英尺 ×12.8 英尺 ×10 英尺的房间，1/3 oct 带宽内所包含的模式数量曲线。该曲线稳步上升，没有异常的下降情况。因此，房间遵循 Bonello 准则

虽然许多作者提出了各种优化模式响应的房间比例，但是请记住没有一个完全理想的房间比例。而且，追求一个完美的比例也是不可能的。在实际的房间当中，低频部分的房间结构是不同的。在一个已知的声源位置，各种模式所受到的激励是不相同的，同时座位处的听众仅能够听到很少一部分的模式。模式响应是一个真实的问题，但是使用通常的假设来对响应进行预测是非常困难的。换句话说，在使用通用的指引和推荐规范的同时，每个房间的模式响应必须具体情况具体分析。

13.13 房间表面的展开

在一个对声学有较高要求的房间当中，展开一面或两面墙不会完全解决模式问题，尽管它或许能够对房间有着轻微的改变，且能够提供稍好的扩散。在新建的结构当中，展开墙面的造价不是很大，但是这对一个已经存在的空间来说则是非常昂贵的。可以通过展开相互平行的两面墙来改善颤动回声。展开的大小通常在 1 英尺 ~20 英尺与 1 英尺 ~10 英尺之间。在一些录音棚的控制室设计当中，会把房间的前面展开，这样可以让监听音箱的反射声指向混音位置以外的地方。这种类型的设计有时会被称为无反射区域。

在录音棚当中，使用非矩形形状获得较好的声学环境是备受争议的。正如 Gilford 描述的那样，通过倾斜墙面来避免平行表面是不能消除音色失真的。它仅让音色失真变得更加难以预测。即使我们通常认为对称的控制室布局是较好的，但是还是会选用梯形作为录音棚控制室的外墙，来提供非对称的低频声场。

基于有限元方法的计算研究，揭示了在非矩形房间当中低频声场的分布。图 13−23 至图 13−26 展示了 Van Nieuwland 和 Weber 的研究成果，他们把矩形几何结构与非矩形结构进行了比较。在 4 个非矩形几何结构当中，有着较大的声场扭曲，展示了相同面积的矩形对称房间驻波频率的改变，在 4 个例子当中其分别为 −8.6%，−5.4%，−2.8% 和 +1%。这证明了展开墙面将会轻微破坏简并的说法，但是我们需要改变 5% 或者更多来避免简并作用。这也可以通过选择矩形房间来避免，或者至少很大程度上可以减少简并作用，而在非矩形房间当中，对于简并频率的提前预测是比较困难的。在设计当中，通过展开墙面所产生的非对称空间的声场是不可预测的。如果确实要在房间当中展开墙面，比如说 5%，我们将会对有着相同容积的矩形房间进行近似分析。

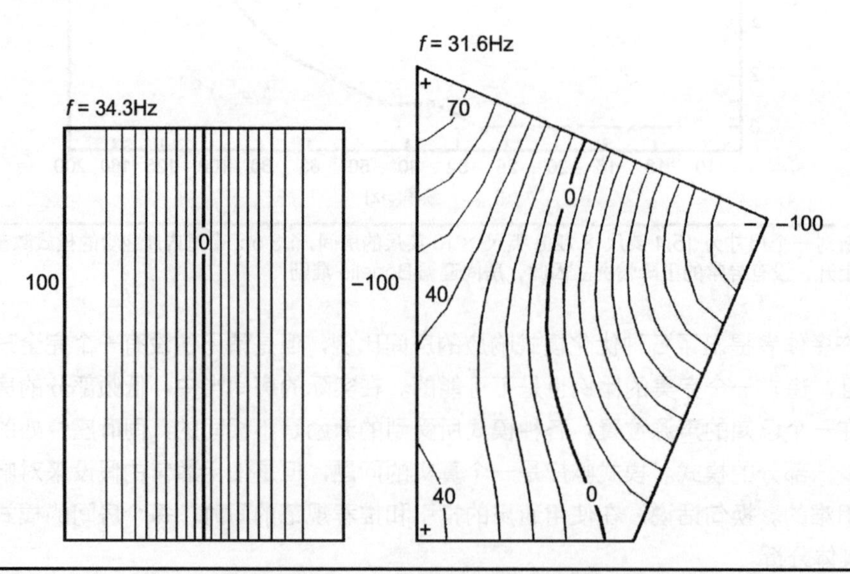

图 13−23 针对一个 5m×7m 的二维矩形房间与一个有着相同面积非矩形房间之间的模式特征比较。在非矩形房间中，模式（1，0，0）的声场受到了破坏，并且模式频率也有着轻微的变化

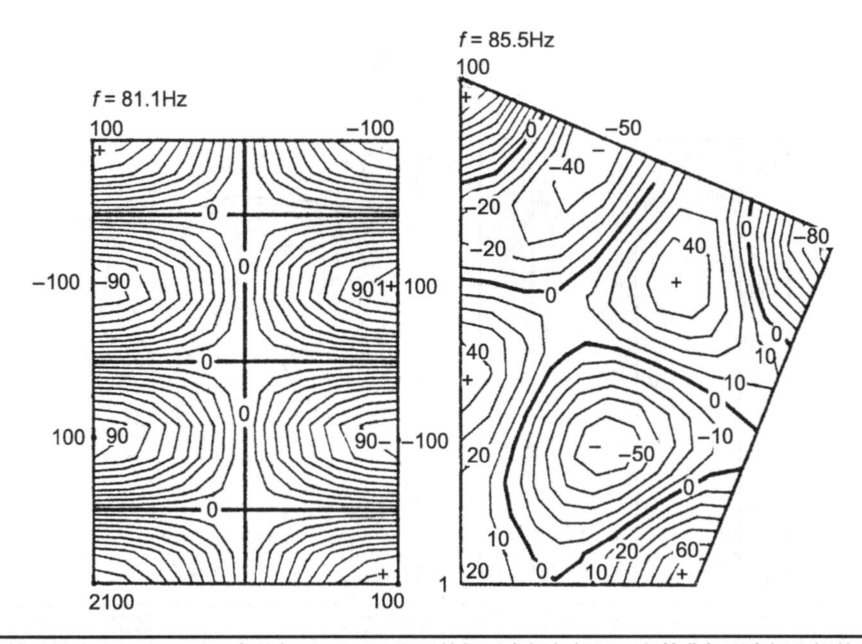

图 13-24 针对模式（1，3，0），有着与图 13-23 所示的矩形房间与相同面积的非矩形房间之间的比较。声场被破坏，且频率有着轻微的改变

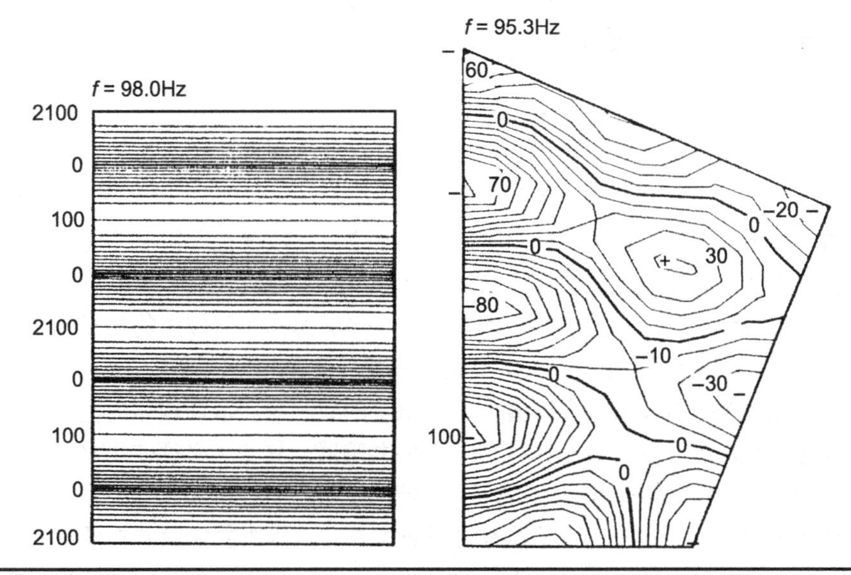

图 13-25 针对模式（0，4，0），有着与图 13-23 所示的矩形房间与相同面积的非矩形房间之间的比较。声场被破坏，且频率有着轻微的改变

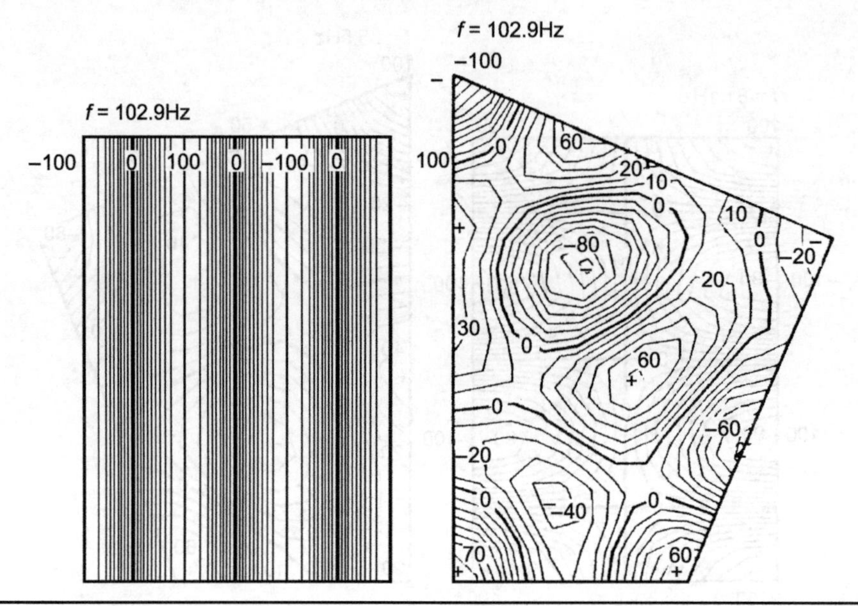

图 13-26 针对模式（3，0，0），有着与图 13-23 所示的矩形房间与相同面积的非矩形房间之间的比较。声场被破坏，且频率有着轻微的改变

13.14 控制有问题的模式

如上所述，赫姆霍兹共鸣器是用来控制房间模式的一种有效解决方法。如果我们的目的是控制较近间隔的一组模式或者一个模式，那么赫姆霍兹共鸣器是非常重要的。假设图 13-17 所示的模式（2，1，0）产生了人声音色的改变，那么在（2，1，0）模式频率处引入一个窄带吸声体是有必要的。为了获得最佳效果，赫姆霍兹共鸣器应该被放置在所需要控制频率的高声压级区域。如果赫姆霍兹共鸣器被放置在声压结点的（零声压）位置，只会有很小的作用。把它放置在其中一个波幅位置（声压峰值），将会与（2，1，0）模式有着较大的相互作用。因此，我们把它们放置在任意角落是可以被接受的，因为在那里将会是声压的峰值位置。

我们需要构建一个有着非常尖锐峰值（高 Q 值）的共鸣器。木质箱体的粗糙内部会产生损耗，从而让 Q 值降低。为了获得真正具有高 Q 值的共鸣器，其空腔必须使用水泥、陶瓷或者其他坚硬的材料，同时可以使用一些方法来改变共振频率。

对可闻频率范围内较低的一两个倍频程进行吸声是较为困难的。通常在录音棚的控制室使用低频陷阱，这样可以对低频共振模式作用进行控制。但是我们需要较大深度的陷阱，来吸收这种频率的声音。在控制室内，天花板上方未使用的空间，以及内、外墙之间的空隙都是常常用做放置低频陷阱的空间。

13.15 简化的轴向模式分析

为了总结轴向模式分析，我们把这种方法应用到一个具体房间当中。该房间的尺寸为 28 英尺 ×16 英尺 ×10 英尺。在长度为 28 英尺方向的共振频率为 565/28=20.2Hz，两面侧墙之间的间隔为 16 英尺，其共振频率为 565/16=35.3Hz，地面到天花板的共振频率为 565/10=56.5Hz。这三个轴向共振频率及其每个方向所对应的一系列频率倍数，如图 13–27 所示。在 300Hz 以下共有 27 个轴向共振频率。对于这个例子来说，较弱的切向和斜向模式可以被忽略。

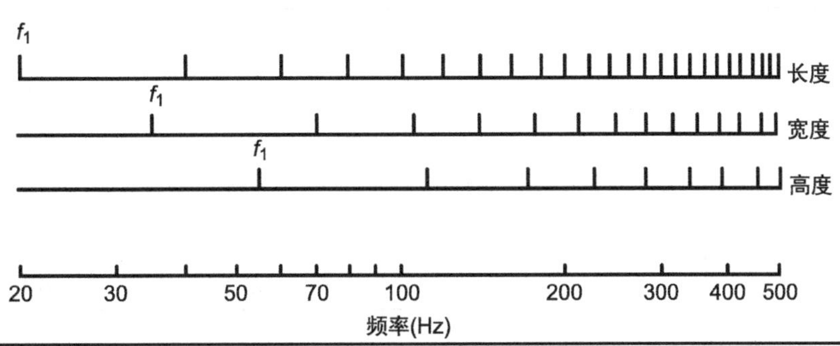

图 13–27 尺寸为 16 英尺 ×28 英尺 ×10 英尺房间内，轴向模式频率及其频率的整数倍

因为许多音色失真主要受到轴向模式的影响，所以我们会对它们之间的间隔进行仔细研究。表 13–6 为一个轴向模式分析的表格，在这当中展示了对轴向模式的简化分析。来自 *L*、*W* 和 *H* 列的共振频率，在第 4 列按照升序排列。这使得我们可以非常容易地检查到轴向模式间隔的临界因子。

L–f_7 的共振频率为 141.3Hz，W–f_4 的共振频率也为 141.3Hz，它们之间产生了频率简并。这意味着这 2 个轴向模式共同作用，从而有可能在该频率产生偏差。这个简并频率与相邻模式频率之间间隔为 20Hz。可以看到在 282.5Hz 处，有着三重简并现象，它是 L–f_{14}，W–f_8，H–$f_5$3 个模式共同作用产生的，这将会被看成是音色失真的来源。它们与邻近模式的间隔也为 20Hz。对于未建成的房间来说，调节尺寸比例是一种合乎逻辑的方法。而对一个已经建成的房间来说，通过合理放置具有较大 *Q* 值的赫姆霍兹共鸣器是比较合理的解决方法。

房间尺寸 = 28 英尺 ×16 英尺 ×10 英尺					
	轴向模式共振（Hz）			按照升序排列	轴向模式间隔（Hz）
	长度 *L*=28.0 英尺 f_1=565/*L*（Hz）	宽度 *W*=16.0 英尺 f_1=565/*W*（Hz）	高度 *H*=10.0 英尺 f_1=565/*H*（Hz）		
f_1	20.2	35.3	56.5	20.2	15.1
f_2	40.4	70.6	113.0	35.3	5.1
f_3	60.5	105.9	169.5	40.4	16.1

（续表）

房间尺寸 = 28 英尺 ×16 英尺 ×10 英尺					
	轴向模式共振（Hz）			按照升序排列	轴向模式间隔（Hz）
	长度 L=28.0 英尺 f_1=565/L（Hz）	宽度 W=16.0 英尺 f_1=565/W（Hz）	高度 H=10.0 英尺 f_1=565/H（Hz）		
f_4	80.7	141.3	226.0	56.5	4.0
f_5	100.9	176.6	282.5	60.5	10.1
f_6	121.1	211.9	339.0	105.9	10.1
f_7	141.3	247.2		80.7	20.2
f_8	161.4	282.5		100.9	5.0
f_9	181.6	317.8	339.0	105.9	10.1
f_{10}	201.8			113.0	8.1
f_{11}	222.0			121.1	20.2
f_{12}	242.1			141.3	0
f_{13}	262.3			141.3	20.1
f_{14}	282.5			161.4	8.1
f_{15}	302.7			169.5	7.1
				176.6	5.0
				181.6	20.2
				201.8	10.1
				211.9	10.1
				222.0	4.0
				226.0	16.1
				242.1	5.1
				247.2	15.1
				262.3	20.2
				282.5	0
				282.5	0
				282.5	20.2
				302.7	

表 13-6 轴向模式分析表

13.16 总结

（1）声学共振，通常被称为简正模式或者驻波，自然存在于封闭的空间当中，会在整个封闭空间当中产生不均匀的能量分布，特别是在大多数房间的低频部分。

（2）当房间尺寸与声音波长相当时，或许会产生模式之间较大的频率间隔。

（3）随着频率的增加，模式的数量也会有较大增长。在大多数房间当中，频率在 300Hz 以上部分的模式平均间隔会变得非常小，以至于房间响应倾向于平滑。

（4）房间模式的频率间隔是由封闭空间的相对尺寸所决定的。通过适当地选择房间比例，可以避免较大的模式间隔。

（5）轴向模式是由两个相对传播方向的声波构成，它们共同平行于一个轴，且仅在两面墙之间反射。轴向模式对房间的声学特征有着非常重要的影响。由于矩形房间有三个轴，所以会产生三个轴向的基频，且每一个基频都有着自己一系列的模式。

（6）切向模式是由四面墙的反射波产生的，它们的运动方向平行于两面墙。切向模式的能量仅是轴向模式的 1/2，但是它们对房间特征的影响也是明显的。每个切向模式都有着自己一系列的模式。

（7）斜向模式包含了来自封闭空间墙面反射的六个反射声波。斜向模式的能量仅有轴向模式的 1/4，它对房间的影响要比其他两个小。

（8）轴向、切向和斜向模式会以不同的斜率衰减。为了提高对模式的吸收效率，吸声材料必须放置在模式声压最高的地方。例如，在地面上的地毯对水平轴向模式没有作用。切向和斜向模式与轴向模式相比，有着更多的反射表面。因此，它们有着相对更多的吸声位置。

（9）我们很难对模式响应有非常精确的估计。每个房间的模式响应必须要具体情况具体分析，而不能仅仅通过一般的指引和推荐规范来判断。

14 施罗德扩散体

在经过大量的思考和实验之后，Manfred R Schroeder 开发了一种非常有效的扩散体。这种二次余数扩散体（QRD）是通过一连串有着恒定宽度凹槽制成的，凹槽之间通过较薄的板隔开。每个凹槽的相对深度是通过计算获得的一串数列，它优化了平面的扩散作用。数列可以周期性重复，以实现扩散体的尺寸延展。与反射相位栅扩散体一样，所扩散声音的最大频率取决于凹槽的宽度，而最小频率取决于它的深度。

14.1 实验

利用数论分析，施罗德假定了一个表面，它有着许多凹槽且按照某种方式进行排列，这会让声音可以达到一些利用其他方法所不能达到的角度。特别是，他发现最大长度序列可以被用来产生伪随机信号，这是通过 +1 和 –1 的某个序列来实现的。这种噪声信号的功率谱（通过傅里叶变换所得）是非常平直的。一个宽且平直的功率谱是与反射系数和角度有关的，并且这意味着扩散可以通过在最大长度序列中的 +1 和 –1 来产生。–1 意味着声音是从墙内有着 1/4 波长深度的凹槽底部反射出来的。而 +1 则意味着声音是从自身没有凹槽的部分反射的。

施罗德利用波长为 3cm 的微波，对一个金属薄板制成的模型进行测试，如图 14–1 所示。这种形状遵循着周期长度为 15 的二进制最大长度序列，即 –++–+–++++–––+–。其中凹槽深度是 1/4 波长。

图 14–2A 所示为该金属薄板的反射特征结果，它显示出良好的扩散效果。反射声音的扩散有着一个较宽的角度。相反，凹槽深度为 1/2 波长的金属薄板，则产生了较强的镜面反射，对声音有着较小的扩散作用，如图 14–2B 所示。

当盖住哪怕仅有 1 个凹槽（–），其多数能量就会朝向声源反射，显现出镜面反射的特性。也就是说，当盖住金属薄板的其中一个凹槽时，它的扩散特性将会大大降低。凹槽深度的特别序列，在提供有效扩散方面是相当重要的，这种序列是通过理论计算得来的。

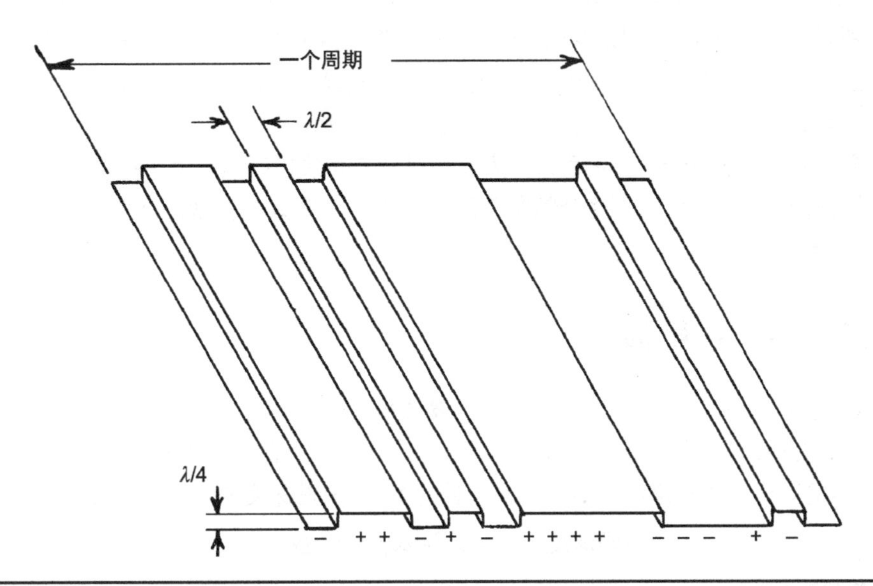

图 14-1 一块金属薄片被施罗德按照最大长度序列顺序进行折叠，并利用波长为 3cm 的微波来检验其扩散效果。凹槽的深度都是波长的 1/4

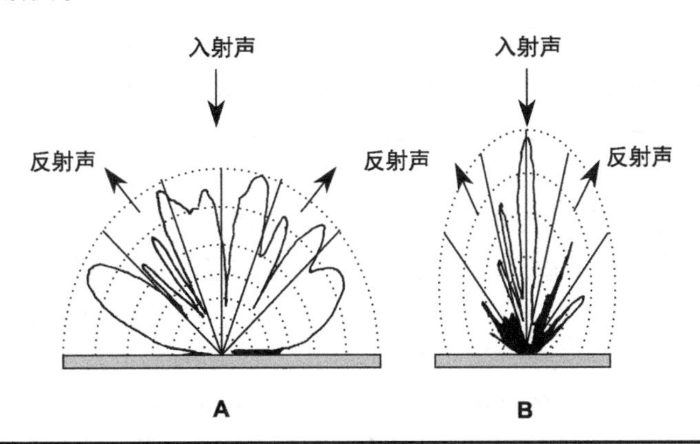

图 14-2 扩散很大程度上受到凹槽深度的影响。(A) 当图 14-1 所示扩散体的凹槽深度为 1/4 波长时，能够获得一个比较理想的扩散特征。(B) 当凹槽的深度为 1/2 波长时，会导致接近镜面反射的效果，它与平滑的金属薄片的反射特征类似 (Schroeder)

14.2 反射相位栅扩散体

施罗德扩散体有着良好的扩散作用，它也被称为反射相位栅扩散体。图 14-2A 所示的扩散特征要比其他扩散体的效果都要好。房间比例的调节、墙面的展开、半球体的使用、多圆柱体、三角形、立方形、矩形的几何凸起、吸声材料的分布，这些都会对房间的扩散作用起到积极的作用，但是都没有施罗德扩散体的效果显著。

反射相位栅扩散体的扩散作用有着一定的局限性。这是因为扩散体所需要的凹槽深度是波长的 1/4，所以扩散表面的性能取决于入射声波的长度。经验表明一个理想的扩散体，它的有效扩散频率是在设计频率 1/2oct 范围内浮动的。例如，假设一个最大长度序列的扩散体，它序列长度为 15。其设计频率为 1kHz，它所对应 1/2 波长的凹槽深度为 7.8 英寸，1/4 波长凹槽深度为 3.9 英寸。这种扩散体的一个周期宽度大约为 5 英尺，其有效扩散频率为 700~1 400Hz。我们需要许多这种扩散体单元，才可以在整个频率范围内提供一个有效的扩散。尽管如此，反射相位栅扩散体仍然有着良好的扩散效果。

14.3 二次余数扩散体

施罗德推断出，落在反射相位栅的入射声波几乎会向所有方向反射。我们可以通过二次余数来确定凹槽的深度，以获得相位的改变（或时间的改变）。最大凹槽深度是由所扩散声音当中最长声波决定的。凹槽的宽度约为最短声波波长的 1/2。凹槽深度的序列产生公式为

$$凹槽深度因子 = n^2 除以 p 的余数 \qquad (14-1)$$

其中，n= 整数≥ 0。

p= 素数。

素数是一个正整数，它仅可以被 1 以及其自身整除。例如 5，7，11，13 等都是素数。模的计算涉及余项或余数。例如，把 n=5 和 p=11 代入上面的等式，得出 25 以 11 为模。以 11 为模的意思是从 25 中不断减去 11 直到留下最后的余数。换句话说，用 25 减去 11 再减去 11 剩下 3，这就是凹槽深度因子。另外一个例子为，当 n=8，p=11 时，结果为（64 以 11 为模）9。通过类似计算，就可以获得二次余数扩散体（QRD）上所有凹槽的深度因子。

我们可以获得素数 p 以及每个凹槽深度因子所对应的整数 n。如图 14–3 所示，它列出了二次余数序列，素数 p 分别为 5，7，11，13，17，19 和 23，每一个素数对应由不同 n 值所产生的余数。我们来验证一下上面的例子，当 n=5，p=11 时，找到 p=11 对应的列，向下查找 n=5 时所对应余数为 3，与我们之前计算的结果相同。如图 14–3 所示，每一列的数字与不同的二次余数扩散体的凹槽深度成比例；在每一列的底部都有一个二次余数扩散体的侧面轮廓图，凹槽深度与序列数值是成比例的；虚线标出各个凹槽之间的细小分割。图 14–4 展示了图 14–3 所示为 p=17 的例子，它是一个二次余数反射相位栅扩散体的模型。在这个例子当中，序列的周期被重复了 2 次。另外，要注意序列的对称性。

通常使用金属作为凹槽之间间隔，这样可以保持凹槽之间声学的完整性。如果没有这些间隔，扩散体的扩散作用会下降。有一定角度的入射声波与垂直入射声波的相移阶梯曲线是不同的，如果没有这些间隔物，它们将会被混淆。

二次余数序列

n	p=5	7	11	13	17	19	23
0	0	0	0	0	0	0	0
1	1	1	1	1	1	1	1
2	4	4	4	4	4	4	4
3	4	2	9	9	9	9	9
4	1	2	5	3	16	16	16
5	0	4	3	12	8	6	2
6		1	3	10	2	17	13
7		0	5	10	15	11	3
8			9	12	13	7	18
9			4	3	13	5	12
10			1	9	15	5	8
11			0	4	2	7	6
12				1	8	11	6
13				0	16	17	8
14					9	6	12
15					4	16	18
16					1	9	3
17					0	4	13
18						1	2
19						0	16
20							9
21							4
22							1
23							0

凹槽深度或比例= n^2除以p的余数
n = 整数 ⩾ 0
p = 素数

图 14–3 针对 5~23 素数的二次余数序列。每一列的底部都有扩散体的侧面轮廓，凹槽的深度与上面序列的数值成比例

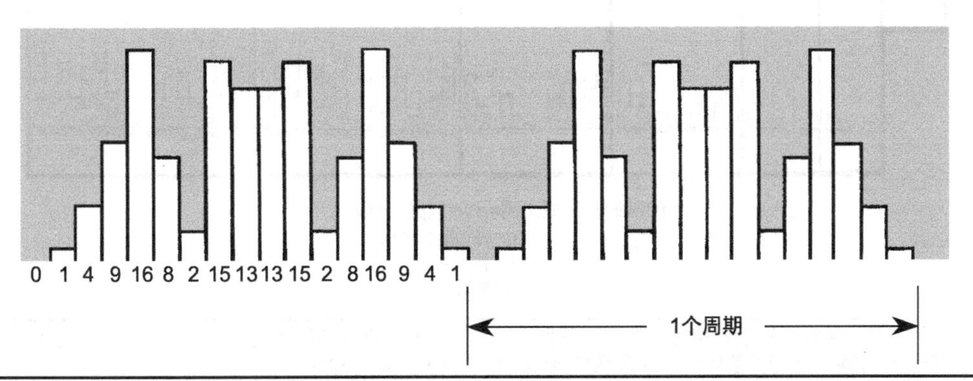

图 14–4 基于图 14–3 所示素数 17 的二次余数扩散体。凹槽的深度与素数 17 对应列中的数值成比例。图中展示了 2 个周期，它展示了相邻周期之间是如何间隔

14.4 原根扩散体

原根扩散体是一种使用数论的序列，它不同于二次余数序列，为

$$凹槽深度因子 = g^n 除以 p 的余数 \quad (14-2)$$

其中，$g=p$ 的最小原根。

n= 整数≥0。

p= 素数。

原根序列

n	$p=5$ $g=2$	$p=7$ $g=3$	$p=11$ $g=2$	$p=13$ $g=2$	$p=17$ $g=3$	$p=19$ $g=2$
1	2	3	2	2	3	2
2	4	2	4	4	9	4
3	3	6	8	3	10	8
4	1	4	5	3	13	16
5		5	10	6	5	13
6		1	9	12	15	7
7			7	10	11	14
8			3	9	16	9
9			6	5	14	18
10			1	10	8	17
11				7	7	15
12				1	4	11
13					12	3
14					2	6
15					6	12
16					1	5
17						10
18						1

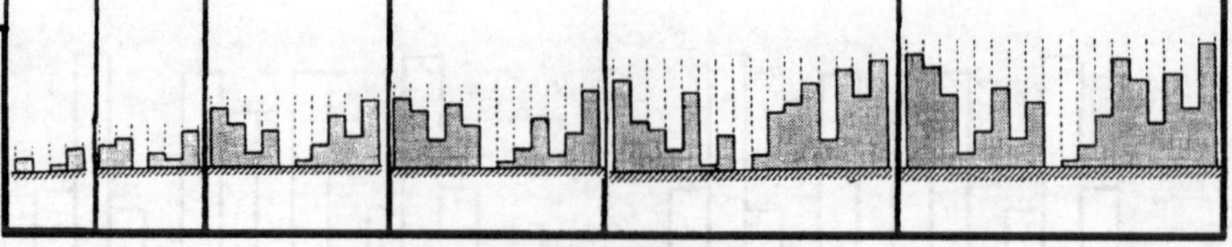

凹槽的深度或比例=g^n除以p的余数

g=p的最小原根

n=整数≥0

p=素数

图 14-5 针对最小原根和素数6种组合的原根序列。在每列下方有声音扩散体的轮廓，它们的深度与上面的数值成比例。请注意，这些扩散体与二次余数扩散体不同，它们不是对称的

图 14-5 所示为 g 和 p 的 6 种不同组合的原根序列。每列的下部展示了原根扩散体的侧面图，它与二次余数序列不同，原根扩散体是非对称的。在大多数情况下这种非对称性都是不利的，然而在某些情况下又是有利的。在那些镜面反射的模式当中，原根扩散体有着一定的声学局限性，使其表现没有二次余数扩散体好。随着商业的发展，我们大量使用的是二次余数扩散体。

14.5 反射相位栅扩散体的性能

在声学设计的过程当中，声学专家们需要涉及 3 个部分的内容，包括吸声、反射和扩散。在许多房间的声学处理当中，我们常常会发现房间内有着太多的反射，而只有很少的扩散。图 14-6 展示了入射声音受到吸声、反射和扩散作用影响之后的比较。图 14-6A 展示了声音入射到吸声体表面的情形。我们可以看到声音能量的大部分都被吸收，只有很少一部分被反射。从瞬态响应可以看出吸声体对入射声音的衰减很大。

图 14-6B 所示为相同的声音落在坚硬的反射表面，它产生了几乎与入射声相同大小的反射，声音在反射表面仅衰减了很小的一部分。从指向性图中可以看到，反射声能量大多被集中在反射角附近，且响应的宽度是反射表面尺寸和波长的函数。

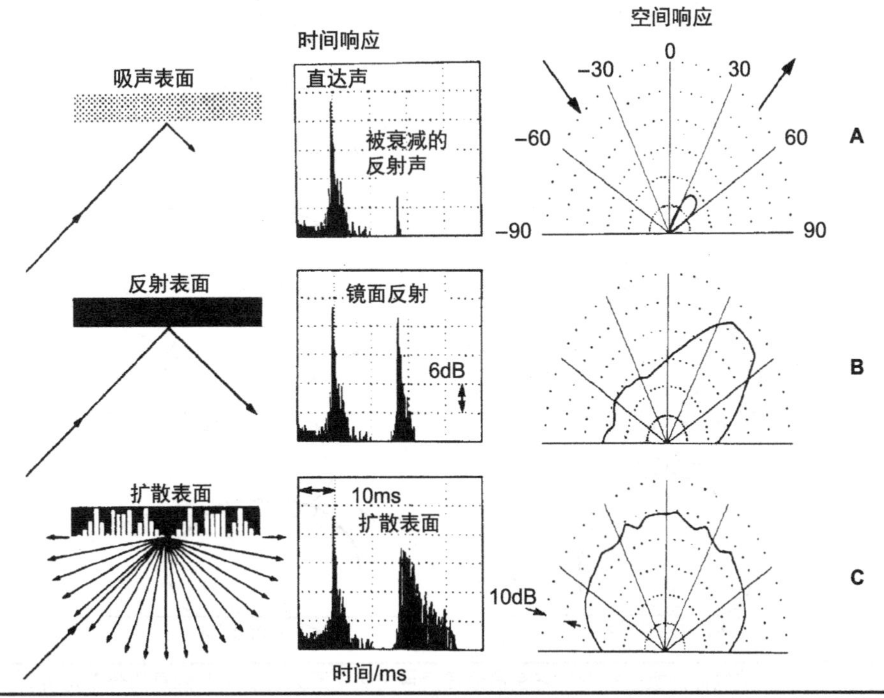

图 14-6 3 种处理表面声学特征的比较，分别展示了表面的时间响应和空间响应。(A)吸声表面。(B)反射表面。(C)扩散表面(D'Antonio，RPG 扩散系统有限公司)

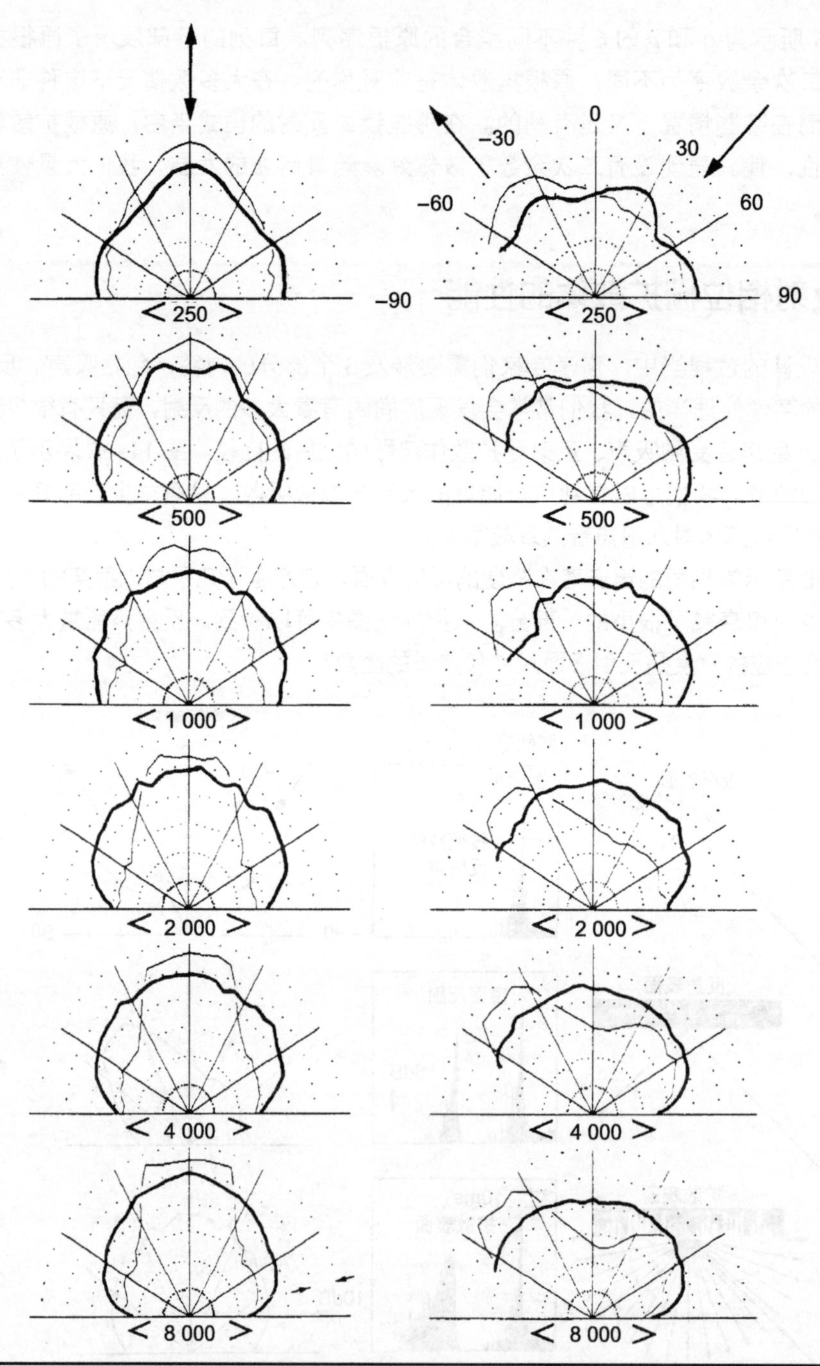

图 14-7 商用二次余数扩散体的极坐标图，它在倍频程频带内被平滑处理。声音能量的分布角度，在 6 个频率，以及 2 个入射角度上被展示。图中细线部分对比显示出平滑表面的扩散作用（D'Antonio，RPG 扩散系统有限公司）

如图 14–6C 所示，当声音落在一个二次余数扩散体上，会被向整个半圆方向扩散。扩散能量是以指数形式衰减的。指向性图中显示出声音能量在 180° 范围内的分布，我们可以看到声音反射较为均匀，但是它在入射的余角方向有一点减少。这种扩散体很好地抑制了声音的镜面反射。

图 14–7 展示了在一个较宽的频率范围内，反射相位栅扩散体扩散声音能量分布的一致性。左边一列展示了中心频率在 250~8 000Hz 倍频程声音垂直入射的指向性分布，它跨越 5 个倍频程。右边一列展示了声音入射角度为 45° 时情形，与之前的声音有着相同的频率。对于所有入射角度的声音来说，最低频率取决于扩散体凹槽的深度，而最高频率直接与每个周期的凹槽数量成正比，与凹槽的宽度成反比。在图中我们用细线部分标出了平板的扩散作用，它与扩散体之间形成了对比。空间扩散的均匀性取决于扩散体周期的长度。一个有着较大带宽和较宽角度的扩散体，需要具备较长的周期，以及较深且较窄的凹槽。例如，一个扩散体或许有 43 个凹槽，它的宽度仅有 1.1 英寸，而最深的凹槽深度为 16 英寸。

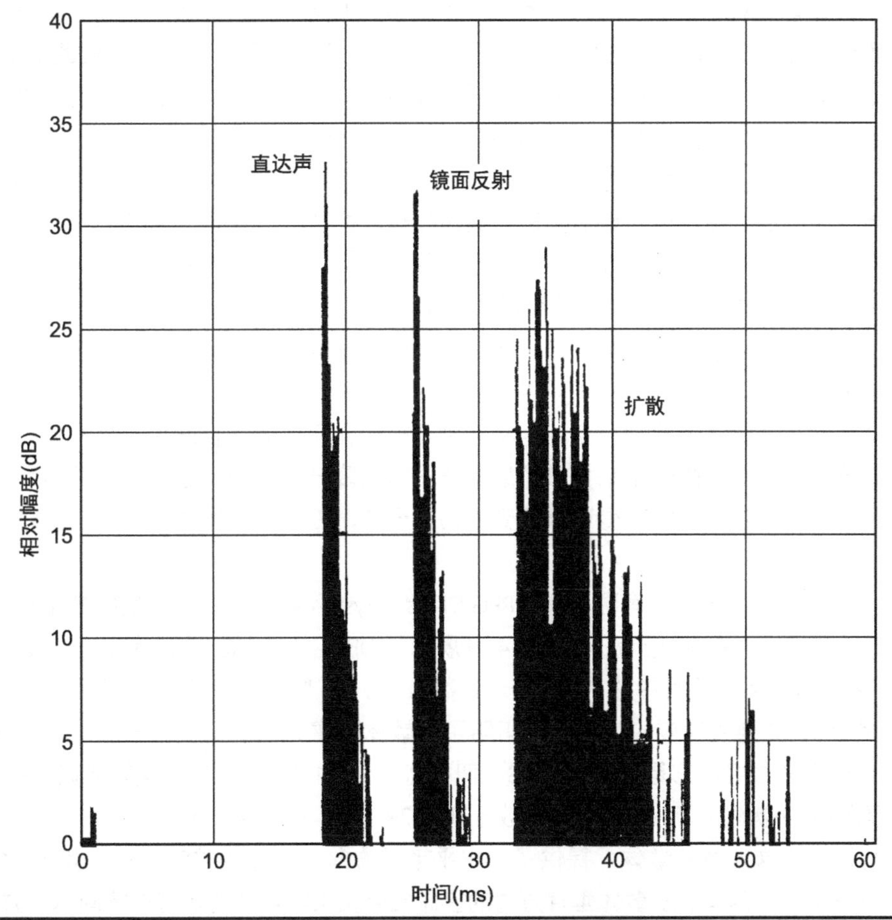

图 14–8 来自平板的镜面反射与来自二次余数扩散体的能量时间曲线的比较。来自扩散体表面的峰值能量多少要低于平面反射体，同时它的反射能量是沿时间轴散开的（D' Antonio,RPG 扩散系统有限公司）

这些指向性图形在倍频程带宽内被平均，其曲线显得更为平滑。对于基于远场扩散理论的单一频率来说，类似的极坐标图形显示出大量的密集波束，它们有着较少的实际意义。近场的Kirchoff衍射理论显示了较少的波束。

如图14–8所示，我们把平面反射与二次余数扩散体的反射进行了对比。左边最大峰值是直达声。第二大峰值是来自平板的镜面反射声。我们注意到这个镜面反射的能量峰值，仅低于入射声能量几个分贝。而扩散体反射出的声音能量，明显在时间轴上散开。更重要的是，指向性图14–7显示了相位扩散体对声音的反射是在180°的方向范围内的，而不像平板的镜面反射。

14.6 反射相位栅扩散体的应用

对于反射相位栅扩散体的声学处理，我们可以应用到大空间和小空间。在大的空间当中，它的简正模式频率间隔非常紧密，基本上避开了低频共振问题。这种大空间包括音乐厅、礼堂以及许多教堂。音乐厅的音质受侧墙反射的影响比较大。侧墙提供了我们所需要的侧向反射声，如果在厅堂中间位置的侧墙上放置反射相位栅扩散体，能够为从舞台到座位处的侧向反射声提供扩散。通过扩散体的摆放，可以解决一些镜面反射的问题。

在教堂当中，音乐的临场感与语言清晰度之间往往存在着冲突。后面的墙壁往往是产生令人讨厌回声问题的反射源。单纯地对其进行吸声处理，往往会对音乐欣赏造成不利的影响。如果对后墙进行扩散处理，会在有效减小回声问题的同时，保留了音乐和语言当中有用的声音能量。对于音乐导演来说，经常会碰到歌手或者乐器演奏者之间，不能较好听到彼此声音的问题。在乐团周围放置一些反射相位栅扩散体，既可以保留音乐的能量，同时也满足了音乐家之间相互沟通的需求。

扩散体也对这些较难处理的小空间声学起到了改善作用。通过合理使用扩散体，我们对展开墙面或者改变吸声材料的分布来提供扩散的要求有所降低。例如，通过合理的声学设计，从较小的录音间里获得完全能够获得可以接受的语言录音，因为扩散体单元能够产生较大房间的声场。

我们可以从RPG扩散系统有限公司（RPG Diffusor Systems,Inc.）获得大量的商用扩散体，其中也包含二次余数理论的商用扩散体。图14–9展示了QRD–1911（最上面）和2个QRD–4311（下面）型号的扩散体。其中型号中的“19”表示素数为19，而“11”表示凹槽宽度为1.1英寸。（图14–3所示的素数19列所对应的序列数，指明了扩散体凹槽深度的比例因子。）QRD–4311在图14–9所示中较低的位置，它是基于素数43，凹槽宽也为1.1英寸。（出于实际原因，图14–3所示列出的素数到23就截止了，23~43的素数分别为29，31，37和41。）

这个特别的二次余数扩散体，提供了在水平半圆方向上良好的扩散特性，如图14–10A所示。图14–10B展示了声音在扩散体垂直方向的镜面反射。QRD–4311的垂直凹槽向水平方向扩散，QRD–1911的水平凹槽向垂直方向扩散。把它们加在一起就产生了半球状的扩散效果。

图 14-9 商用的二次余数扩散体组合，其中架设在上面的为 1 个 QRD-1911 单元，下面为两个 QRD-4311 单元。对于下面的扩散体来说，其扩散是水平方向的半圆平面，而上面单元的扩散是在垂直方向的（D'Ant onio，RPG 扩散系统有限公司）

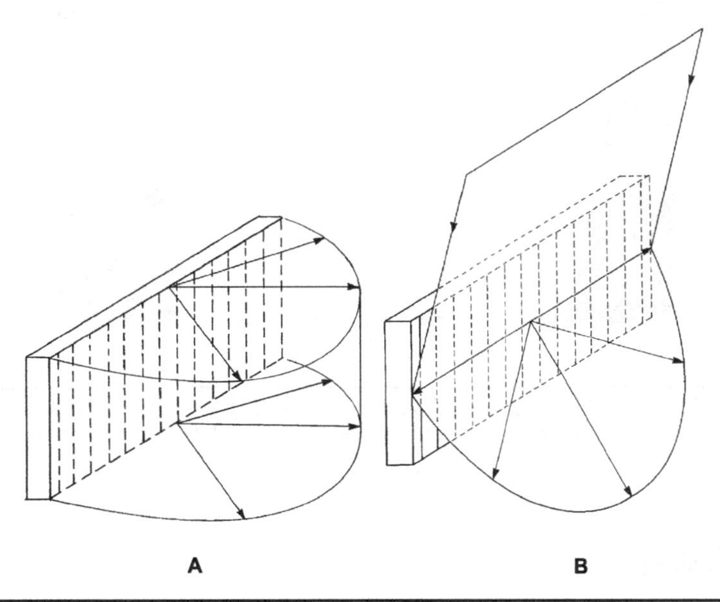

图 14-10 声音是以半圆盘的形状扩散开来的。（A）一个一维二次余数扩散体，对声音的扩散是在一个半圆盘平面方向的。（B）这种半圆盘的扩散方向或许与声源入射方向相对扩散体单元镜面对称

图 14–11A 展示了型号为 QRD–734 扩散体，这是一个 2 英尺 ×4 英尺的模块，它适合与其他物体一起悬挂在天花板的 T 架上。图 14–11C 展示了一个吸声扩散体，它是由宽频带吸声体以及相同单元的扩散体组成的。图 14–11B 展示了一个反射扩散吸声体，它是由反射、吸声和扩散表面构成。把它们放置在墙内，我们可以通过旋转独立单元，为空间提供不同的音质选择。这三个商业产品都是由 RPG 扩散系统有限公司生产的。

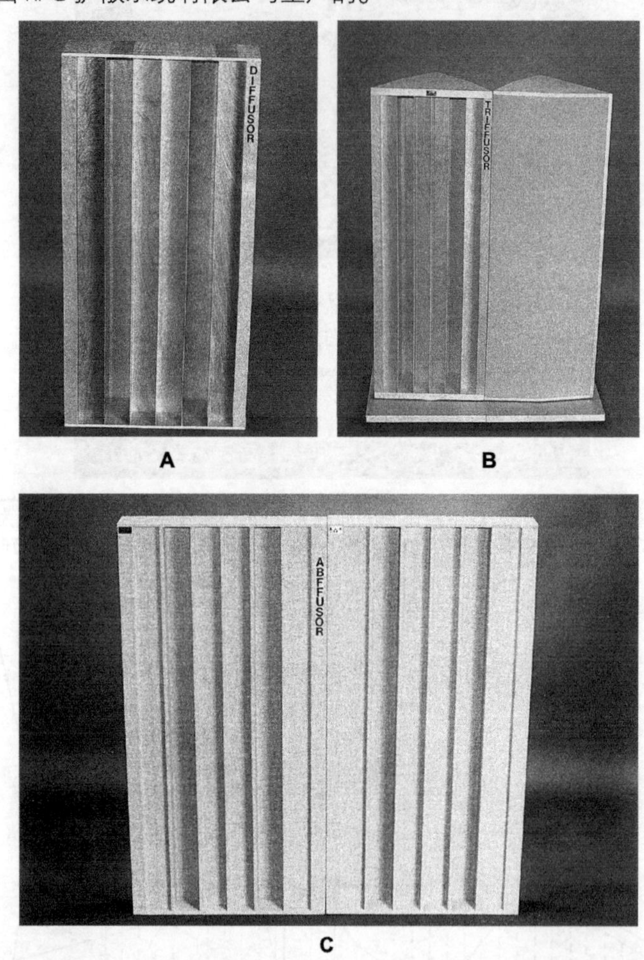

图 14–11　三个具有专利的声音扩散系统。（A）宽频带、广角度扩散体单元 QRD–734。（B）吸声反射扩散体单元，一面吸声、一面扩散、一面反射。（C）有着较宽频带的吸声扩散体单元（D'Antonio，RPG 扩散系统有限公司）

14.6.1　颤动回声

如果房间内两个相对的反射表面是平行的，它有可能存在周期性或者接近周期性的回声，这称为颤动回声。这种颤动回声能在水平或者垂直方向产生。这种连续重复的反射声，在时间上有着相同间隔，会使我们受到干扰，且会降低语言的清晰度以及音乐的音质。当这种回声的间隔很短时，它们会让我们感受到音乐的音高或音调的改变。如果回声的间隔时间大于30~50ms，我们可以明显地听到这种颤动回声。在哈斯融合区域（Hass Fusion Zone）内，或许我们听不到这种声音，不过这种周期性使得它更加容易被听到。在现代建筑当中由于缺少装饰物，所以扩散效果较差，导致了更多产生颤动回声的可能性。颤动回声常常与声源及听众的相对位置有关。

我们可以通过调节吸声材料的摆放位置来减少颤动回声。对于房间中两个相互平行的表面来说，不应该让它们有着较高的反射。这也可以通过展开墙面，让它们之间有5°~10°的夹角，来减少颤动回声。但是，这种展开在许多实际情况下都是不可行的，同时增加过多的吸声也会降低空间的音质。扩散体对墙面的处理则可以利用散射作用来减少反射声。图14–12展示了一块颤动回声消除板（Flutterfree），它是一个建筑硬木模块的商用实例。这个模块可以减少镜面反射，同时提供扩散，它的宽度为4英寸，长度为4英尺或者8英尺。由于凹槽是嵌入到表面内的，因此被作为一维反射相位栅扩散体来使用。凹槽的深度遵循素数为7的二次余数序列。这些模块可以拼接在一起，也可以彼此之间留有一定间隔，它可以水平或者垂直放置。如果垂直放置，那么在水平方向上的镜面反射声得到了控制；如果水平放置，那么在垂直平面上的镜面反射声得到了控制。

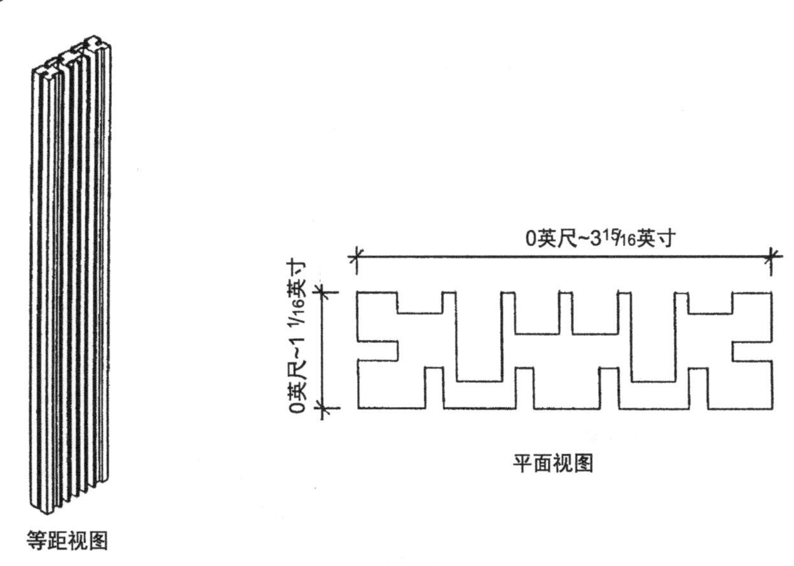

图14–12 颤动回声消除板是一个没有吸声的颤动回声控制模块。它是一个基于素数为7的二次余数扩散体，也可以作为板条类型赫姆霍兹低频吸声体上的面板（D'Antonio，RPG扩散系统有限公司）

对于板条类型的低频吸声体来说，这种模块也是能够被使用的。当低频声音被这种赫姆霍兹吸声体所吸收时，其表面的板条会表现出对中高频声音的扩散作用。这种颤动回声消除板是由RPG扩散系统有限公司生产的。

14.6.2 分形学的应用

在反射相位栅扩散体的发展过程当中，我们发现了某些产品的局限性。例如，低频扩散体的限制主要在于凹槽的深度，而对高频扩散体的限制主要来自凹槽的宽度。由于工业生产工艺的问题，凹槽的宽度被限制在 1 英寸左右，而凹槽深度会被限制在 16 英寸左右，超出这个尺寸的单元将会产生膜振动。

为了有效拓展所扩散声音的频带，我们把自相似性理论应用到扩散体的结构当中，并利用了分形学的原理。例如，我们利用分形学能够设计出一个三层的扩散体单元，扩散体自身是第 1 层，在该扩散体的凹槽中做第二层，在第二层的凹槽中做第三层，如图 14–13 所示的那样。分形扩散体（Diffractal）是一个利用分形学理论所生产出来的商业产品。我们需要三种尺寸的二次余数扩散体，用它们来构成一个完整的分形扩散体。各个扩散体的工作原理，类似于一只三分频扬声器的高、中、低音扬声器单元，它们各自独立工作，并共同产生一个较宽的频率响应。

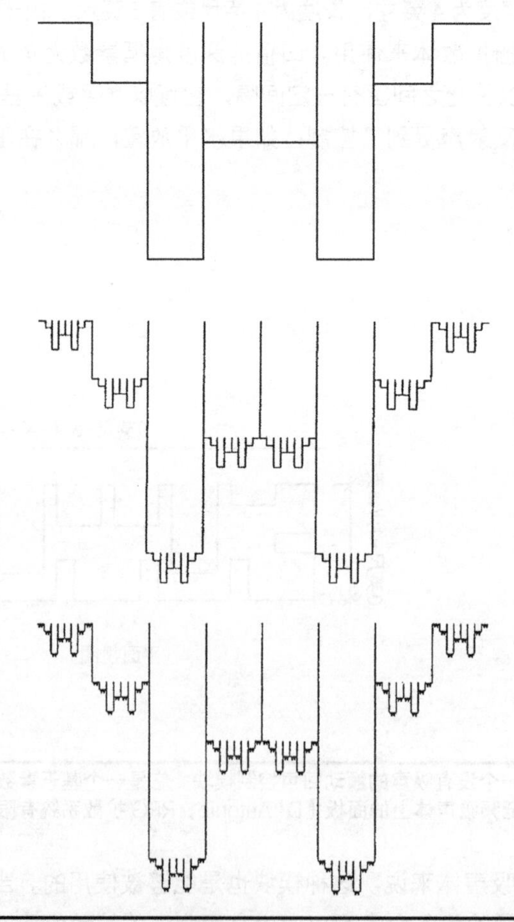

图 14–13 分形理论可以被用于增加扩散体的有效扩散频带。它实质上是在扩散体的内部，进行多扩散体的设计。利用这种方法，高频扩散体可以放置在低频扩散体的内部

图 14–14 展示的是一个型号为 DFR–82LM 的分形扩散体，它的高度为 7 英尺 10 英寸，宽度为 11 英尺、深度为 3 英尺。这种单元的扩散频带在 100~5 000Hz。低频位置是一个素数为 7 的二次余数序列。中频分形扩散体是嵌入在这个大单元的凹槽当中的。每部分的频率范围以及组合单元的频率交叉点都是可计算出来的。

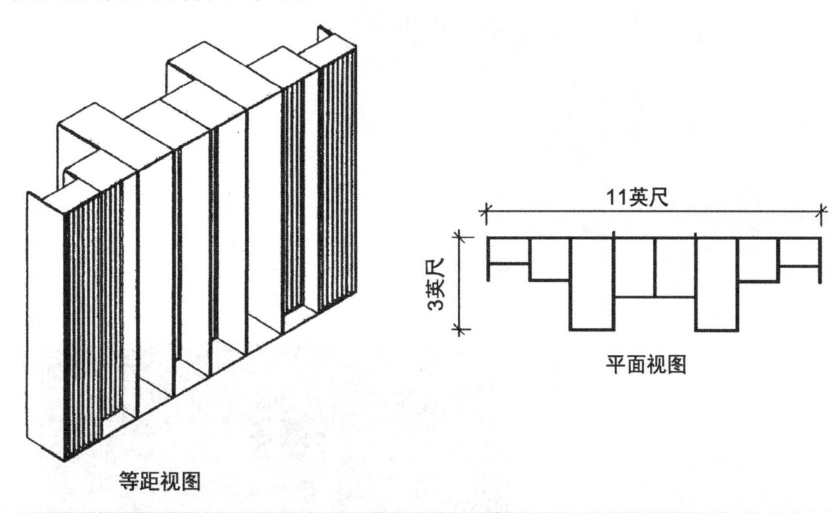

图 14–14 DFR–82LM 分形扩散体是 2 层的宽频带扩散体，它采用了分形设计。它把中频单元放置在低频单元的凹槽中，从而形成一个扩散体中的扩散体（D' Antonio，RPG 扩散系统有限公司）

图 14–15 展示了一个更大的单元，它的型号为 DFR–83LMH，其高度为 6 英尺 8 英寸、宽度为 16 英尺、深度为 3 英尺。它是一个三分频的扩散体单元，覆盖了 100Hz~17kHz 的频率范围。低频单元的凹槽深度是通过素数为 7 的二次余数序列所确定的。分形学单元是嵌入在低频单元凹槽的内部。该扩散体是由 RPG 扩散系统有限公司制造的。

14.6.3 三维扩散

我们之前所讨论的反射相位栅扩散体，有很多行平行的凹槽。这些可以被称作一维扩散体单元，因为声音在一个半圆柱方向发生反射，如图 14–16A 所示。这就让我们产生了对半球状扩散体的需求，如图 14–16B 所示。全指向扩散体（Omniffusor）就是一种能够产生半球状扩散的商用产品，它是由 64 块正方形单元所组成的对称木质阵列，如图 14–17 所示。这些单元的深度是基于相移素数为 7 的二次余数数论序列的。

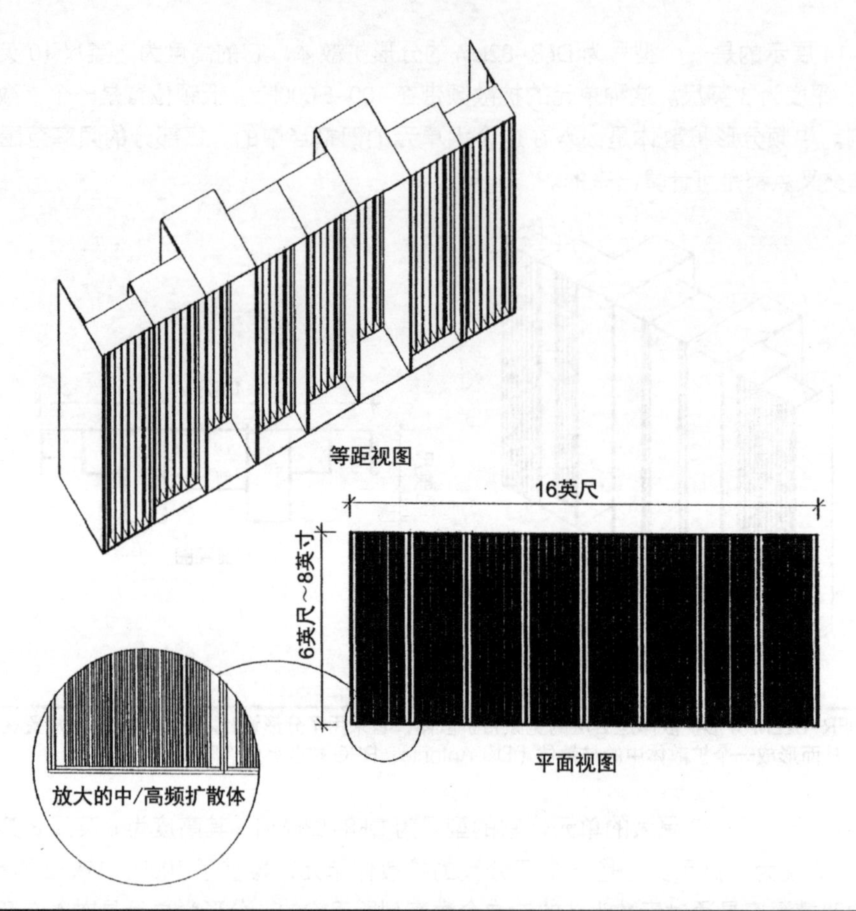

图 14-15 更大的 DFR-83LMH 分形扩散体是一个三层的宽频带扩散体，它采用分形设计。扩散体被放置在凹槽当中，从而在扩散体当中形成了一个扩散体中的扩散体（D' Antonio,RPG 扩散系统有限公司）

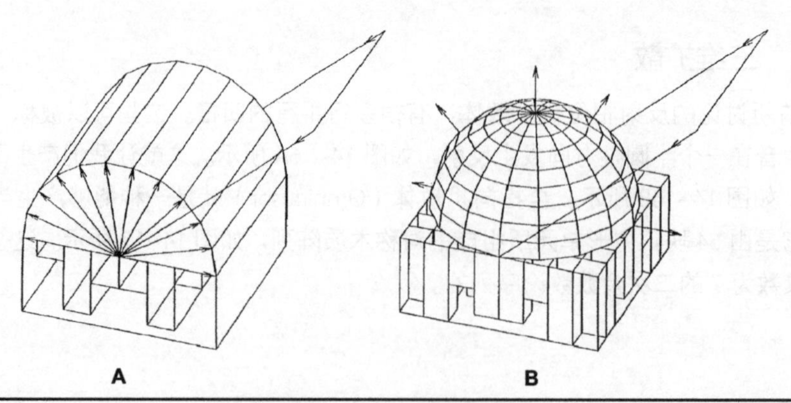

图 14-16 衍射特征的比较。（A）一维二次余数扩散体的半圆柱体形态。（B）二维扩散体半球状形态（D' Antonio，RPG 扩散系统有限公司）

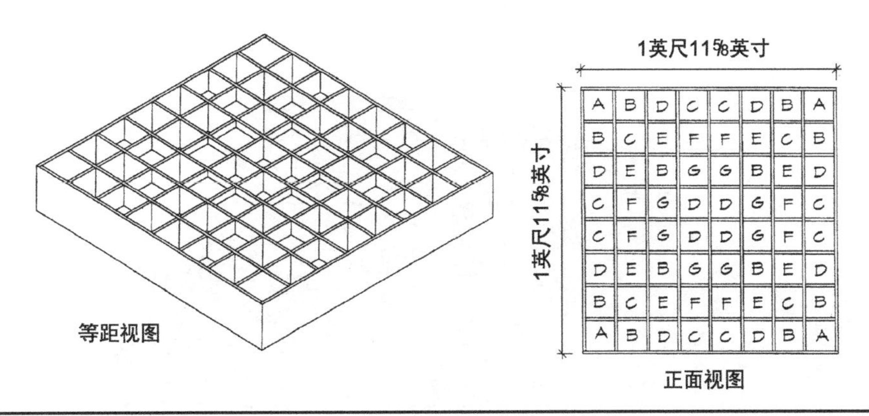

图 14-17 二维全指向扩散体单元，对于所有入射角度的声音来说，其扩散是在水平面和垂直面同时进行的（D' Antonio，RPG 扩散系统有限公司）

类似的，FRG 全方位扩散体是由 49 个正方形单元构成的，它是基于二维相移二次余数数论的。该扩散体单元是由玻璃纤维加固的石膏所构成。由于它的重量轻，因此可以作为大面积的扩散体表面使用。这些单元是由 RPG 扩散系统有限公司制造的。

14.6.4 扩散混凝土砖

混凝土砖被广泛应用在对承载能力和隔声量有要求的地方。扩散模块系统（DiffusorBlox System）提供了较高的承载能力和传输损耗，以及对低频的吸声和扩散能力。

扩散模块系统是由三个独立的部分所构成的，它的尺寸为 8 英寸 ×16 英寸 ×12 英寸。图 14-18 所示为一个典型的模块。这些水泥模块的表面包含凹槽深度变化的一部分序列，它们之间是由分隔物来隔断的。

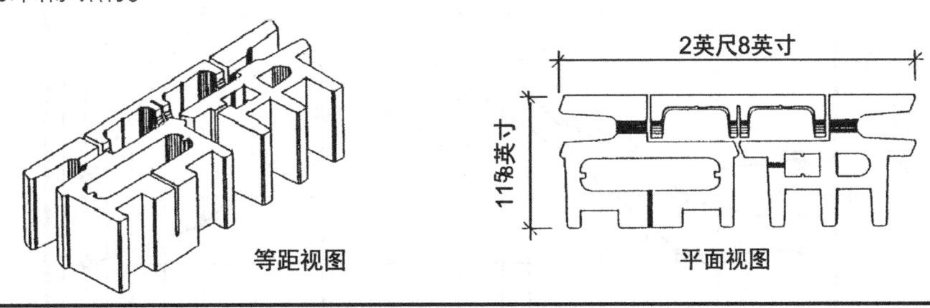

图 14-18 水泥扩散体能够提供较重墙体所带来的传输损失、赫姆霍兹共鸣器的吸声作用和二次余数扩散体的扩散效果。通过使用获得许可的模具，可以在标准的模块机器上对其进行生产（D' Antonio，RPG 扩散系统有限公司）

在这些水泥模块的表面上，有着一些深度变化的凹槽，它们之间是通过水泥来隔断的。一个内 5 边的空腔能够容纳一个玻璃纤维的嵌入体、一个后面半凸的加强结构，以及一个低频吸声槽。典型的扩散体模块组成的墙体，如图 14-19 所示。扩散模块由 RPG 扩散系统有限公司授权制造。

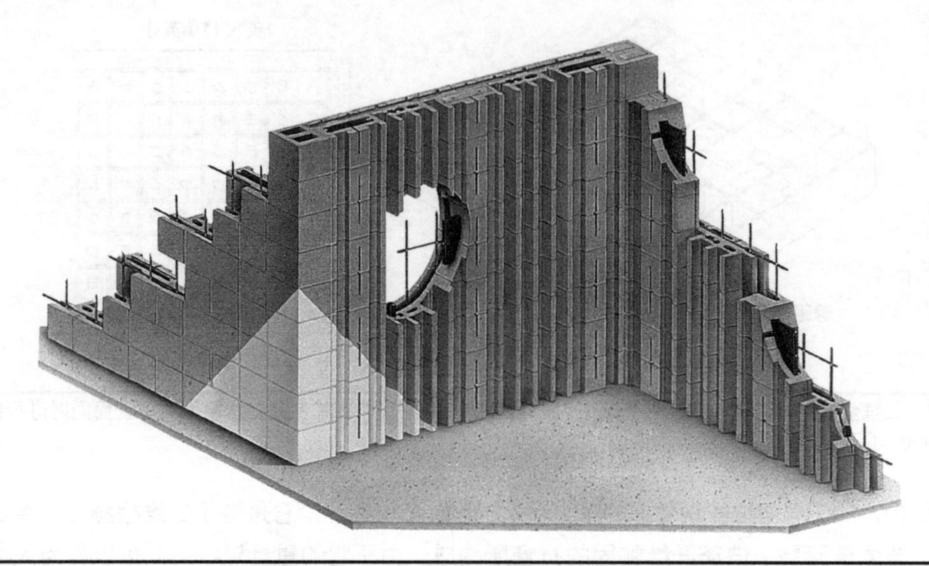

图 14-19 使用水泥扩散体的典型墙体结构（D'Antonio，RPG 扩散系统有限公司）

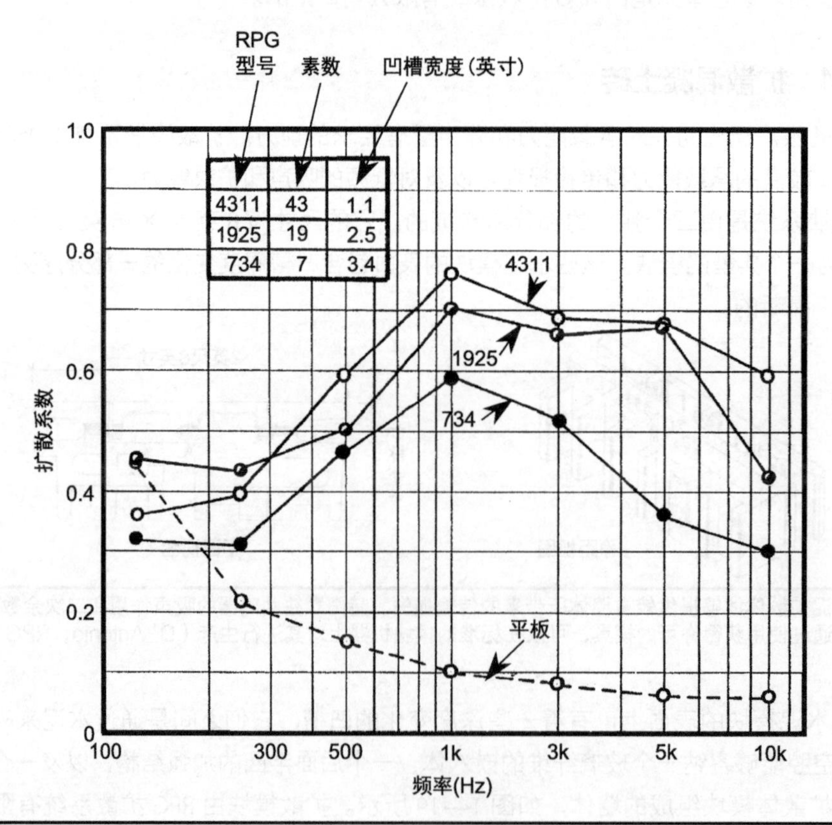

图 14-20 3 个扩散单元（QRD-4311，-1025，-734）和平板之间扩散系数的比较（D'Antonio，RPG 扩散系统有限公司）

14.6.5 扩散效率的测量

扩散体的效率测量可以通过把镜面方向的声音强度与 ±45° 方向的声音强度进行比较来衡量。其表达式为

$$扩散系数\,(\text{Diffusion Coefficient}) = \frac{I\,(\pm 45^\circ)}{I\,(镜像)} \tag{14-3}$$

对于一个完美的扩散体来说其扩散系数为 1.0。扩散系数是随着频率变化而变化的，故通常用图表的方式来表达。对于许多扩散体来说，其扩散系数随着频率的变化情况，如图 14–20 所示。作为比较，图中包含了一个平板的扩散图形，并用虚线来表示。图中所有的测量是在自由声场的环境中进行的，样品的面积为 64 平方英尺，并使用了时间延时谱分析技术。

凹槽的数量和宽度影响着扩散单元的表现。例如，QRD–4311 的扩散体有着相对深的凹槽，同时它的宽度也相对比较窄，这是由于工业生产中的原因所造成的。但是如图 14–20 所示，它在很宽的频率范围仍旧有较高的扩散效果。作为比较，图 14–20 展示了 QRD–1925 和 QRD–734 扩散体单元，它们分别是基于素数与 19 和 7，宽度分别为 2.5 英寸和 3.4 英寸的扩散体。这些扩散体的表现相当好，扩散效果不次于 QRD–4311。

许多方法被设计用来测量扩散系数以及散射系数。AES–4id–2001 的方法对评估扩散体表面以及对扩散系统进行估算提供了指引。类似的，ISO17497 标准也可以用来获得扩散系数。许多制造商都使用这些方法，且公布了其扩散产品的量化指标。关于 AES–4id–2001 中更详细的内容我们将会在第 23 章讨论。

14.7 格栅和传统方法的比较

图 14–21 所示比较了 5 种表面的扩散特性，A 为平板；B 为带有吸声体的平板；C 为单圆柱体；D 为双圆柱体；E 为二次余数扩散体。左边的一列是声音入射角度为 0° 的情况，右边的一列则为声音入射角度为 45° 的情况。纵向刻度是 90°~0°~–90° 的指向角度。水平频率刻度的范围是 1kHz~10kHz。这个三维的图形提供了综合评价扩散体特性的方法。

Peter D，Antonio 对这些测量结果做了如下注释：由于前 6 条能量–频率曲线包含人为因素故应该被忽略，因为它们不是在消声室的环境下测得的。对于 0° 入射的声音，有着吸声分布平板的镜面特性非常明显，在 0° 位置有着明显的峰值。单圆柱空间扩散体显示出较好的空间扩散，它在 90°~–90° 有着相对固定的能量响应。双圆柱扩散体在时间响应中显示出较为接近的 2 个峰值间隔。虽然空间扩散特性表现良好，但是这有着明显的梳状滤波作用以及对高频较宽频带的衰减。这种现象部分是因为圆柱扩散体有着相对较差的表现。甚至在 45° 入射角，二次余数扩散体都保持着良好的空间扩散性。在整个频谱中，波谷的分布密度较为一致，且在不同的散射角度有着相对稳定的能量，这表明它是有较好的扩散作用。

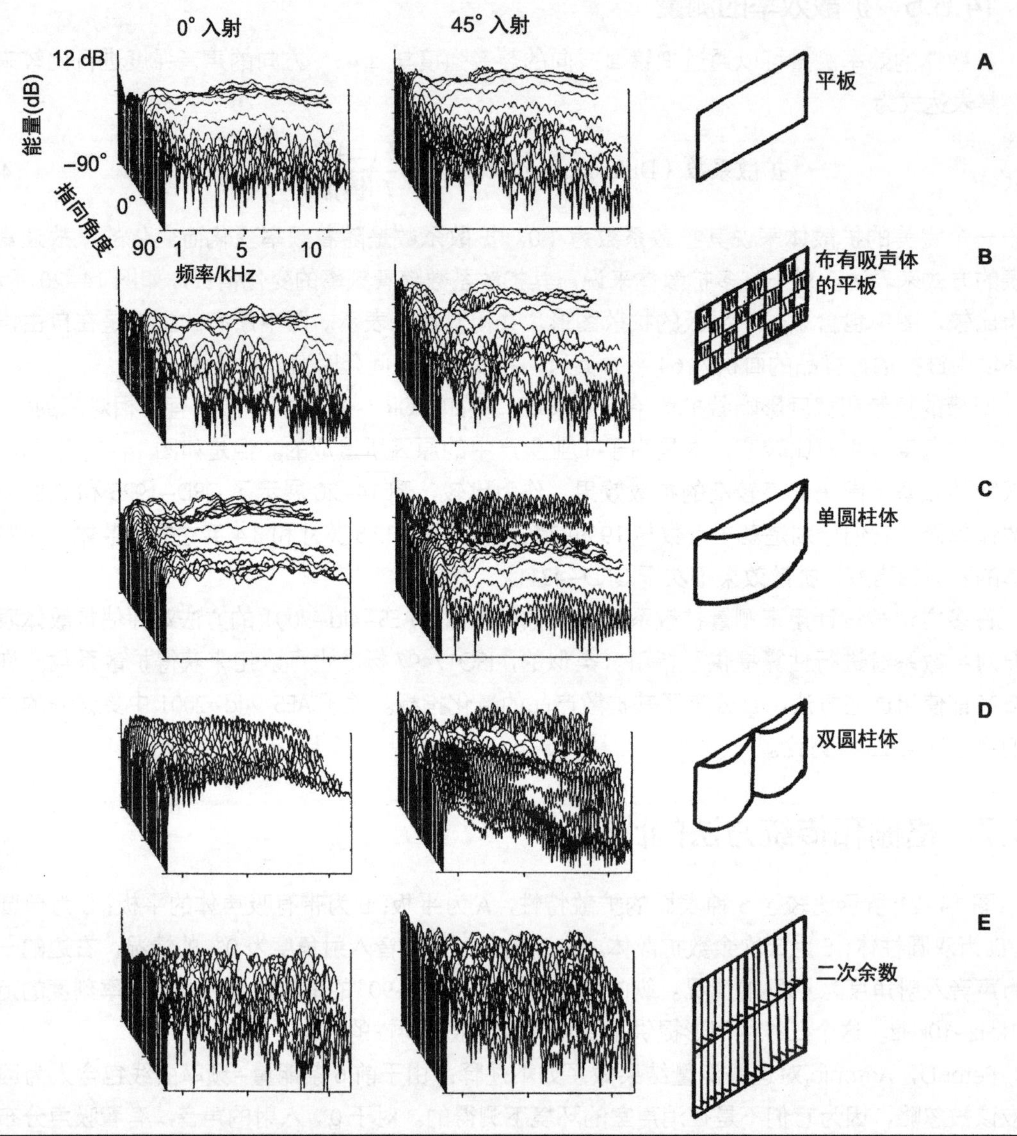

图 14-21　不同扩散表面能量-频率-指向性的比较。（A）。平板（B）带有吸声体的平板。（C）单圆柱体。（D）双圆柱体。（E）二次余数扩散体（D'Antonio，RPG 扩散系统有限公司）

15

可调节的声学环境

如果一间听音室，它只有一种用途且只演奏一种类型的音乐，那么针对这种房间的声学处理会十分精确。不过出于经济方面的考虑，大多数的房间都会有多种用途。为了适应各种功能的需要，这种多用途房间的声学处理会有所妥协。在某些情况下，房间的声学特征需要根据音乐类型的不同而发生变化。例如，在一间录音棚当中，可能早上录制摇滚乐队，下午录制弦乐四重奏。不论哪种情况，我们必须对这种妥协进行权衡，它会对房间的最终音质产生影响。在本章中，我们要抛弃声学处理不可变的印象，从声学的可调节性方面进行考虑。

15.1 打褶悬挂的窗帘

在 19 世纪 20 年代，随着无线电广播事业的发展，墙上打褶的窗帘和地面上的地毯，常常被用在声场“较干”的录音棚当中。这种录音棚的不平衡声学处理变得非常明显，它在中高频部分有着过多的能量吸收，而在低频部分的吸声较少。随着大量带有专利的声学材料被使用，硬地板变得更为普遍而打褶的窗帘逐渐从录音棚的墙面上消失。

在 10 年或 20 年之后，由于声学工程师更加关注录音棚声学环境的可调节性，因而他们对打褶悬挂的窗帘重新产生了兴趣。其中一个较好的应用案例为 1946 年重建的纽约全国广播公司（NBC）3A 录音棚。该录音棚重新设计，目的是为了提供音乐录音和广播录音的最佳环境。针对这两个应用要求，它们的混响频率特征是不同的。通过使用打褶的窗帘以及可折叠的面板（稍后考虑），混响时间可以在大于 2∶1 的范围内进行调节。有着衬里且较重的窗帘被悬挂起来，且与墙面之间有一定距离，可以用来提供低频的吸声（如图 12–15~ 图 12–18 所示）。当窗帘收起来之后，带有塑料表面的多圆柱单元暴露出来。

考虑到打褶窗帘的吸声特征，除了造价之外，我们没有理由不使用它。窗帘的丰满度作用是必须要考虑的。使用窗帘做成的可调节单元，它的声学作用能够通过打开窗帘，或者收起窗帘来改变，如图 15–1 所示。在窗帘后的墙面处理当中，可以使用有着最小吸声作用的硬塑料，也可以使用对低频有着较大吸声作用的结构体，它会对窗帘自身的吸声提供一定的补充作用。如果窗帘收起之后所露出来的材料与窗帘有着相似的声学特征，那么这种声学的调节作用将不会很明显。

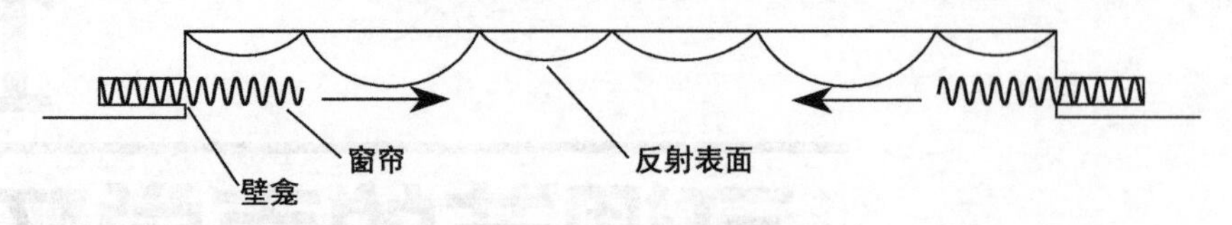

图 15-1　通过在反射区域拖拉吸声窗帘，可以改变房间的声学环境。

15.2　可调节吸声板

在可调节听音室或录音棚当中，便携式吸声板为其提供了一定的灵活性。如图 15–2 所示，为这种吸声板的简单结构。在这个例子当中，吸声板是一只较浅的木箱，它包括硬木穿孔表面、透声织物、玻璃纤维层以及内部空腔。这种吸声板可以较为容易地固定在墙上，并可以根据实际需求随时被移除或挂上。例如，这种板可以用来降低语言录音的混响时间，而在进行音乐录音时，我们可以把它们移除，进而获得更为活跃的声场。

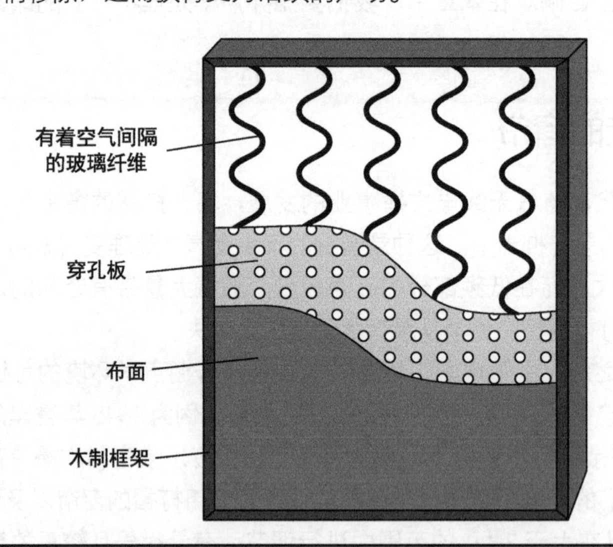

图 15-2　可移动面板能被用于调节房间混响时间的特征。为了让房间具有最大的可变性，未使用的面板应该完全从房间中移除。

图 15–3 展示了一种架设吸声板的方法，它是通过使用斜楔子来实现的。通过把吸声板举起，可以比较容易地把它从墙上拿下。在墙面上悬挂这种吸声板能够增加房间吸声量，同时多少会对声场扩散起到一定的作用。由于这种吸声板的悬挂较松，所以会产生一些低频共振的问题，这也是使用该方法的一种妥协。吸声板与墙面之间缝隙耦合会降低这种共振问题。

独立式的声学平板是一种非常有用的录音棚配件，它有时候被称为声学障板。一种典型的声学障板是由 1 英寸 ×4 英寸（木龙骨的截面长 × 宽）的木龙骨构成，它的背面贴有夹板，在其内部填充了低密度的玻璃纤维，同时外面覆盖有纤维织物。通过在房间当中放置几个声学障板，可以让我们对房间的中高频部分进行控制，同时也在高频上起到一定的隔声作用。

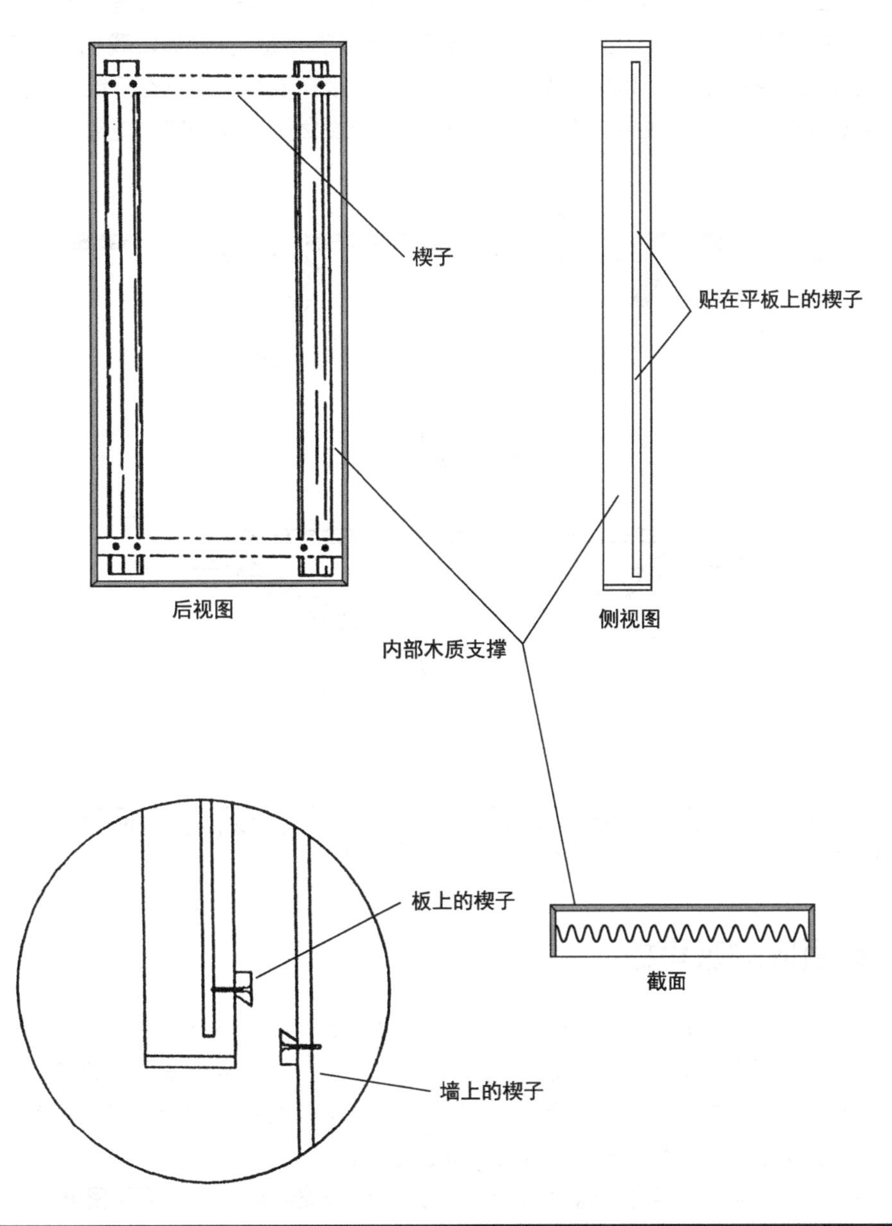

图 15-3 一种使用楔子在墙面固定平板的方法，平板可以较为方便地被拿下来

15.3 铰链式吸声板

其中一种廉价且有效调节房间声学参数的方法是使用铰链式吸声板，如图 15-4A 和图 15-4B 所示。当把它们闭合时，所有的表面（石膏、石膏板或者夹板）都是反射面。当把它们打开时，暴露出来的表面会起到吸声作用（玻璃纤维或者地毯）。例如，我们可以用密度为 3 磅 / 立方英尺的玻璃纤维板（其厚度为 2~4 英寸）作为吸声表面。通过在纤维板上方覆盖透声织物，可以改进它们的外观效果。而把玻璃纤维板与墙面之间间隔一定的距离，可以提高其低频吸声作用。

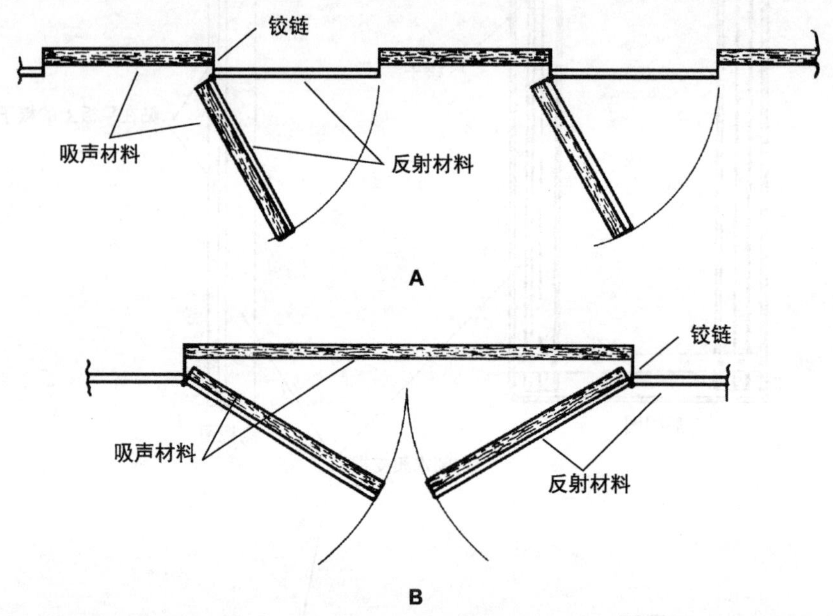

图 15-4 一种经济有效的改变房间音响效果的方法可以通过使用可折面板实现，这种可折叠面板，一面是反射面，而另一面是吸声面。（A）单扇可折面板。（B）双扇可折面板

15.4 有百叶的吸声板

我们能够通过架子上的杠杆来调节多层百叶片的角度，如图 15-5A 所示。百叶片的后面是一层低密度的玻璃纤维板，其宽度取决于百叶片是不要在中间形成一系列的细缝（如图 15-5B 所示）还是紧紧闭合（如图 15-5C 所示）。在图 15-5C 中，轻轻打开百叶片将会获得与图 15-5B 一样的缝隙，但是我们比较难精确调节这些缝隙的宽度。

百叶片吸声板的构造非常复杂。我们可以通过改变玻璃纤维板的厚度和密度，或者改变它与墙面的距离来改变其吸声特性。百叶片可以使用反射材料（玻璃、硬板）或者吸声材料（软木），又或者可以是实心、穿孔以及有缝隙的共振体。换句话说，几乎任何频率特征都能够与有着可调节百叶结构的吸声板匹配。

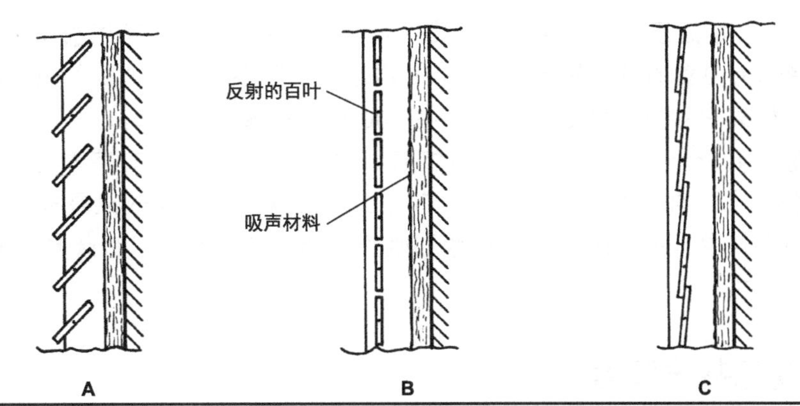

图 15-5 百叶吸声板有着较大范围的声学变化。(A)当百叶吸声板打开时，能够暴露出吸声材料。(B)短百叶可以从一个槽式共振吸声体(关闭)改变成吸声体(打开)。(C)当百叶吸声板闭合时，显现出反射表面

15.5 吸声 / 扩散调节板

吸声扩散体是一种可调节平板类商业产品。它把远场的宽带吸声与近场区域 100Hz 以下所有入射角度的垂直或水平扩散作用结合在一起。这种板基于吸声相位栅理论，使用由小分割体隔开的等宽度凹槽阵列。其中二次余数序列确定了凹槽深度，确定了什么样的声音会被扩散。

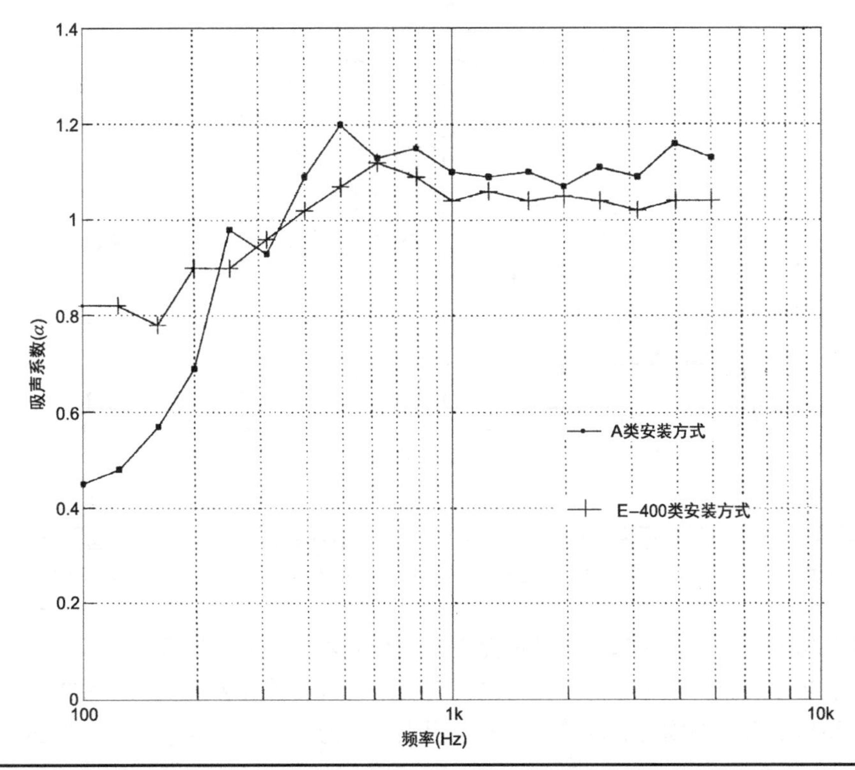

图 15-6 2 种安装方式吸声扩散板的吸声特征。一种安装方式是直接固定在墙上(A 类安装方式)，另一种是距离墙面 400mm(E-400 安装方式)

这种板的尺寸接近于 2 英尺 ×4 英尺或 2 英尺 ×2 英尺。它们可以被固定在天花板的格栅上，或者作为独立的单元使用。图 15-6 展示了两种不同安装方式的吸声扩散体各自的吸声特征。如果它被直接固定在墙上，在 100Hz 处的吸声系数约为 0.42。当平板和墙面之间的间隔为 400mm 时，它在该频率的吸声系数加倍。后一种安装方式的吸声特征与悬挂在天花板格栅上的吸声扩散板类似。它在 250Hz 以上的吸声效果是非常好的。因此这种单元起到了对中、高频段声音的扩散和吸声作用。这种吸声扩散体是由 RPG 扩散系统有限公司生产的。

15.6 可变的共振装置

有着共振结构的吸声单元被广泛应用。如图 15-7A 所示，它是一个使用悬挂穿孔板的例子。通过改变平板的位置，可以改变吸声的共振峰频率，如图 15-7B 所示。在这个例子当中的近似尺寸分别为，板宽 2 英尺，板厚 3/8 英寸，穿孔直径 3/8 英寸，孔之间的圆心间隔 $1^3/_8$ 英寸。

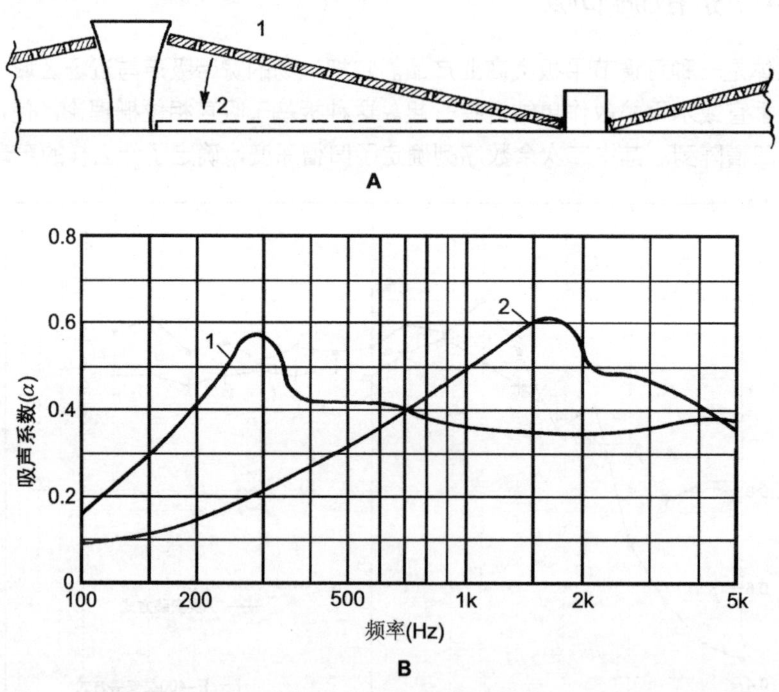

图 15-7　铰链式穿孔板能够被用来改变吸声特征。（A）平板能够被放置在 2 个位置。有适当流阻的多孔织物被覆盖在穿孔板的一侧。（B）可以通过从一个位置改变到另一个位置，来实现其吸声特征的变化

对于这种吸声体来说，最重要的是覆盖在穿孔板内表面，或者外表面的多孔织物，它要有适当的流阻。当板处于打开位置时，孔中的空气质量与它后面腔体空气的顺性或“弹性”形成了一个共振系统。多孔织物为振动的空气分子提供了阻力，因此可以吸收它们的振动能量。当把板闭合之后，空腔就消失了，它的共振峰值从 300Hz 上移到 1 700Hz（如图 15–7B 所示）。在板打开的状态下，高于峰值频率的吸声系数保持不变，直到 5KHz。

一间好莱坞的配音棚，采用了另一种共振装置。电影的对白需要各种语言的录制环境，它模仿了电影中不同场景的声学环境。在这种录音棚当中，混响时间的调节范围可以达到 2 ：1，舞台的容积为 80 000 立方英尺。

舞台两侧的墙采用了可变设计，如图 15–8 所示，它展示了高度从地面到天花板可变吸声单元的截面部分，所有板在垂直地面的轴上都有铰链。上下长度为 12 英尺的铰接板是可以折叠的，其中一面是反射面（由两层 3/8 英寸厚的塑料板组成），另一面是吸声面（由 4 英寸厚的玻璃纤维板）。当打开时，展现出来的吸声面，同时也露出了狭缝共振体（1×3 的槽，后面间隔为 3/8~3/4 英寸）。在一些区域内，玻璃纤维板被直接固定在墙上。当仅有较多吸声面暴露在外面时，扩散是一个较小的问题，而当反射面都暴露出来时，可折叠面板需要构成一个较好的几何扩散体。这个由 William Snow 所设计的可变共振装置，结合不同种类的吸声体构造了一个有效且经济的结构，并有着较好的灵活性。

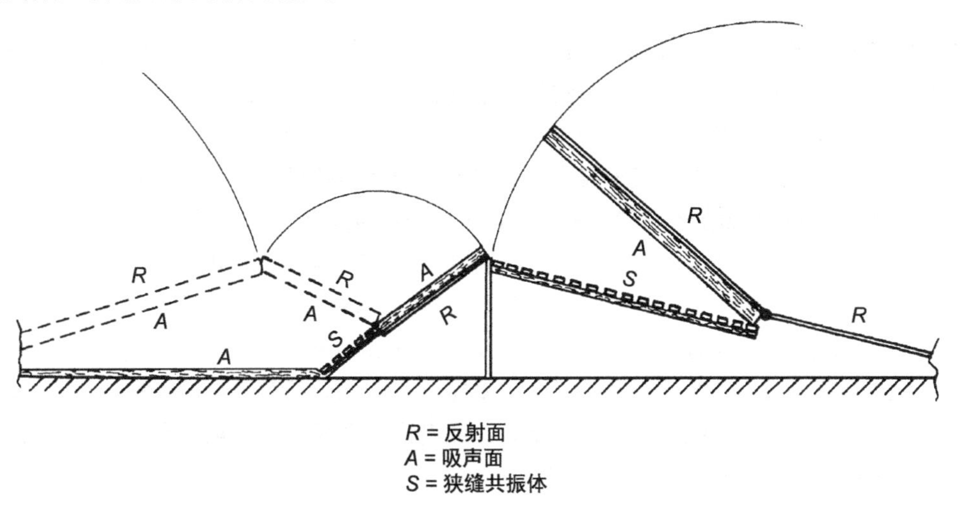

图 15–8　一个录音棚中的可变化声学单元。当门关闭后，反射区域展现出来。当门打开后，吸声区域和狭缝共振体展现出来

15.7　旋转单元

如图 15–9 所示，旋转种类的单元提供了独特的可调节性。由于尺寸的限制，它们大多被用在较大的房间当中。在这种独特的结构当中，平面部分是吸声面，圆柱部分是反射面。这种单元的缺点在于，它需要较大的旋转空间。旋转单元的边沿需要固定得较为紧密，从而减少录音棚与单元后面空腔的耦合作用。

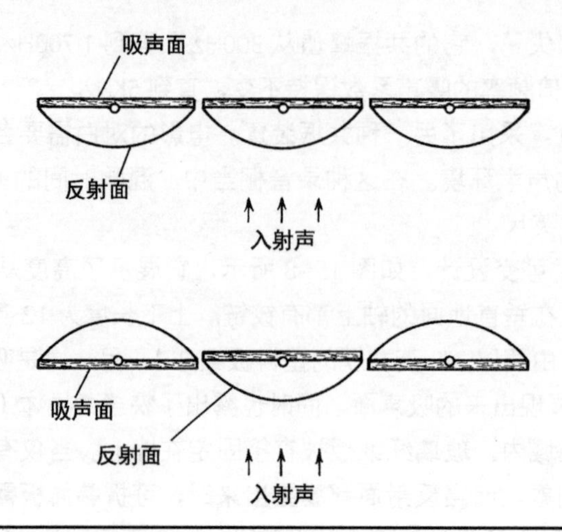

图 15-9 旋转单元能够改变房间的混响特征。其中一个较大的缺点，在于它们需要较大的空间来容纳旋转单元

在一间音乐室当中，我们或许可以设计使用一系列旋转圆柱体，这种旋转圆柱体部分会延伸到天花板。圆柱体的滚轴是联动的，它们的旋转是通过齿轮来驱动的，利用这种方式，圆柱体可以产生不同的声学特征。它可以产生适度的低频吸声，同时在高频部分吸声增加；或者较好的低频吸声，而同时高频部分吸声减少；又或者有着较高的反射，同时在高频或低频有着较少的吸声。但是，这种装置的造价较为昂贵，且机械结构较为复杂。

三面吸声扩散体如图 15-10 所示，它是一种市场上可以买到的商业产品。它是一个可以旋转的等边三角柱，有吸声、反射及扩散 3 个表面。它也可以是非旋转的三面扩散吸声体，它有着 2 个吸声面和 1 个扩散面，特别适合放在墙角。这种单元的标称尺寸为 4 英尺高 2 英尺宽。在实际安装中，这些三面吸声扩散体的边沿将会被对接，每个单元都有着自己的旋转轴承。利用这种方式，这些单元能够提供吸声、扩散、反射，或者这三个表面的任意组合。这种三面扩散吸声体是由 RPG 扩散系统有限公司生产的。

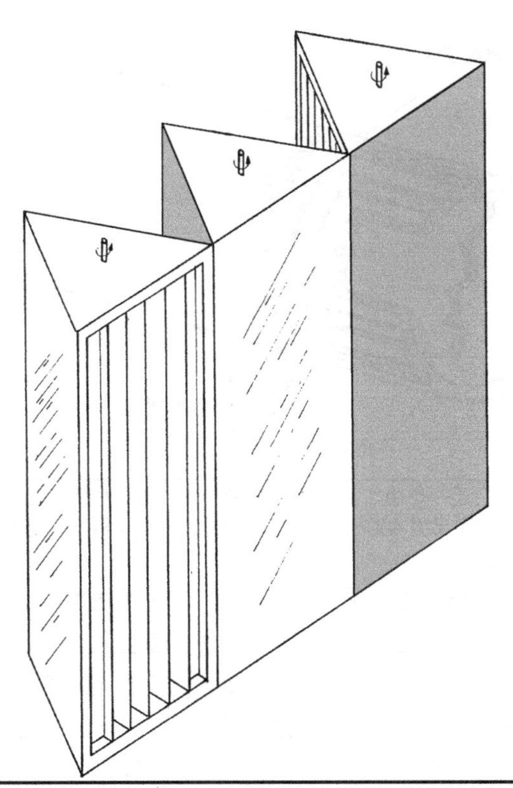

图 15-10 三面吸声扩散体能够被整组使用，它能在空间当中提供不同的声学参数。独立单元的旋转，能够提供扩散、吸声及反射表面

15.8 便携式单元

管装吸声陷阱是一种市场上可以买到的，模块式低频吸声体。这种陷阱的结构如图 15–11 所示。它是一个圆柱形单元，其直径为 9 英寸、11 英寸和 16 英寸，长度为 2 英尺和 3 英尺。直径小的单元放置在直径较的大单元上方，通常放置在房间的角落位置。我们也可以使用 1/4 圆的改进体。这种陷阱的结构较为简单，它是 1 英寸厚的玻璃纤维圆柱体，通常利用铁丝网作为管状吸声陷阱的外骨骼，对其起到支撑作用，并使用“软质”的塑料薄板覆盖住 1/2 圆柱体表面，出于保护及外观上的考虑，我们也会用纤维织物覆盖圆柱体的另一半表面。

同其他吸声体一样，其吸声量为，表面积 × 吸声系数 = 赛宾吸声量。对于吸声模块来说，这有利于我们估算每个模块的赛宾吸声量。图 15–12 展示了长度为 3 英尺，直径分别为 9 英寸、11 英寸和 16 英寸管状吸声模块的吸声特征。可以看到它们有着较大的吸声量，特别是直径为 16 英寸吸声体在 125Hz 以下的吸声表现。

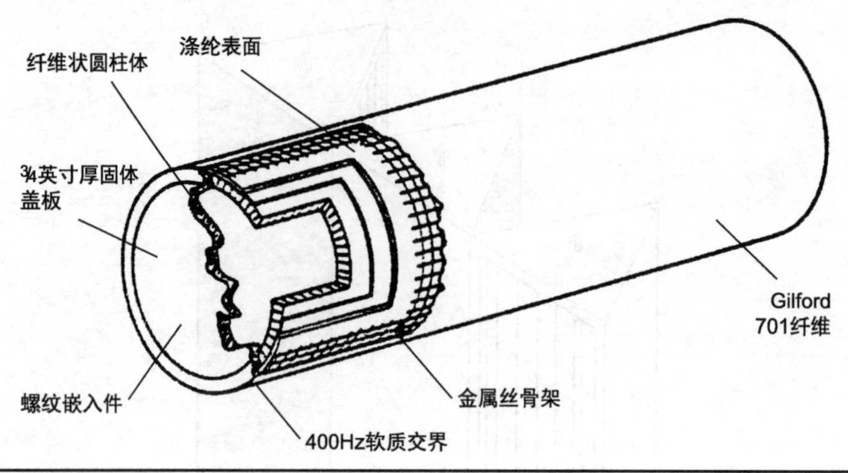

图 15-11 管状吸声陷阱结构。它是一个由 1 英寸厚的玻璃纤维，以及支撑体构成的圆筒。塑料“软质”覆盖了 1/2 圆柱体表面，它能够扩散和反射 400Hz 以上的声音能量（声学科技公司）

当管状吸声陷阱被放置在扬声器后面的角落时，其覆盖圆柱体的“软质”区域，提供了对中高频的反射作用。同时低频能量会通过这些“软质”吸收。通过这些管状吸声陷阱对中、高频声音的反射，我们可以控制听音位置处的明亮感。图 15-13 展示了管状吸声陷阱的 2 种旋转状态。如果反射面朝向房间（如图 15-13B 所示），房间低频会被吸收，同时听音者也会听到较为明亮的声音。这是因为，中高频的声音会通过圆柱形的“软质”表面产生扩散。如果需要比较暗的声音，我们可以把管状吸声陷阱的反射面朝向墙面。这样或许会产生音色上的改变，它是由圆柱反射面和交叉墙面之间的空腔所造成的。如图 15-13A 所示，我们通过在墙面放置吸声体，来控制这种音色的改变。

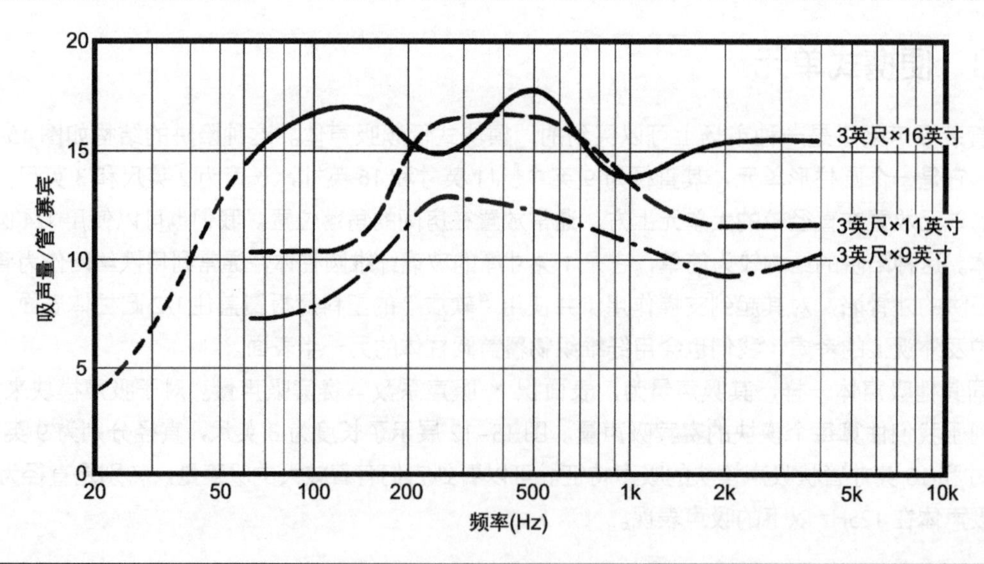

图 15-12 三种尺寸管状吸声陷阱的吸声特征。直径为 16 英寸的单元，提供了在 50Hz 以下良好的吸声特性

如果听起来效果良好，我们可以尝试把管状吸声陷阱放置在房间后面的 2 个角落。在每个角落可以堆放 2 个管状吸声陷阱，较低较大的用来进行低频吸收，上面较小的那个用来吸收中、低频。半圆形吸声单元能够用来控制侧墙的反射，或者为任何地方提供吸声。在使用这种可调节类型的吸声装置时，需要同时考虑地毯、家具、吸声结构（墙、地面、天花板）等中间体所提供的总衰减率（现场感、沉寂感），这也需要我们通过现场听、计算或测量来确定。这种管状吸声陷阱是由声学科技公司（Acoustic Sciences Corporation）生产的。

一种有着两面吸声和一面扩散的特殊三面吸声扩散体被称为“Korner Killer”。我们把吸声面放在墙角，扩散面朝向房间。可以帮助我们控制房间的简正模式，同时增加房间的扩散。在扩散的过程中，扩散反射声被减少了 8~10dB，这减小了它们对声像定位的影响。这与图 15–13B 所示管状吸声体上的“软质”反射表面形成对比，它的早期反射声倾向于对立体声声像产生作用。“Korner Killer”是由 RPG 扩散系统有限公司生产的。

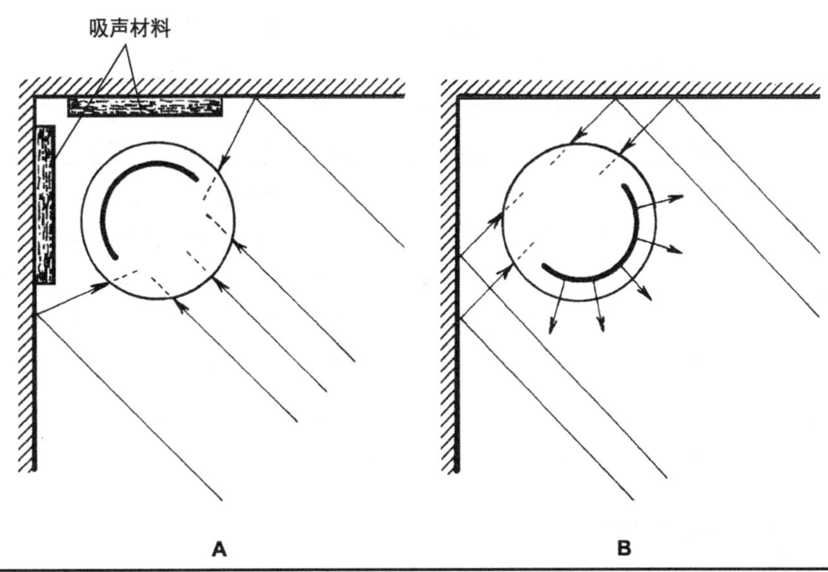

图 15–13　管状吸声陷阱上软质反射面的位置，它在房间中对声音的明亮度产生影响。（A）软质反射面对着墙角，圆柱体吸声面能够在较宽的频率范围内对声音进行吸收。（B）如果软质反射面朝向房间，能够对 400Hz 以上频率的声音进行反射

16 噪声控制

在录音棚、听音室、音乐厅以及其他对声学有要求的空间当中，我们需要降低它们背景噪声的大小。在这种空间当中，听到哼声、嗡嗡声、隆隆声、振动声、飞机噪声、汽车噪声、水管噪声、狗叫声，或者办公室的其他声音都是不合适的。这些声音在上述空间之外，或许是不会被注意到的，不过它们每天都存在于我们的四周。当我们在一个较为安静的环境（音乐或演讲）中，这些声音都是我们不能忍受的。

在建筑声学中，对噪声进行控制的工作是非常具有挑战性的。虽然对房间内部的处理是非常重要的，但是如果噪声侵入到这个空间当中，即使是最好的声学设计也是无济于事的。同样，在许多情况下一个空间当中所产生的声音，影响到临近的空间也是一个比较严重的问题。在房间设计中有一个较为困难的事情，较低的环境噪声是大多数声学设计的先决条件。为了降低噪声，在设计当中我们必须抑制任何房间内部噪声，例如来自通风设备的噪声，同时也要隔绝任何来自外部的噪声，诸如来自路面的交通噪声。而令人烦恼的是，我们所需要的安静环境，其造价通常非常昂贵。这里几乎没有什么较为廉价的方法，可以获得高质量录音棚所需要的较低环境噪声。不过，对噪声源以及噪声传播途径的了解，能够提高设计者获得更好噪声环境的能力，同时尽量避免不必要的声音影响。

16.1 噪声控制的方法

在一个声学环境要求较高的空间当中，有如下 5 个基本方法来减少噪声。

(1) 房间的选址应尽量选择在较为安静的地方。

(2) 减少噪声的输出。

(3) 在噪声源和房间之间增加隔声障板。

(4) 降低房间内噪声的能量。

(5) 必须要同时考虑空气噪声和结构噪声。

把声学要求较高的房间，放置在远离噪声源的地方，是一个比较明智的解决办法，然而由于在位置选择当中包含了许多其他因素（而非声学因素），所以这种做法将会是相当奢侈的。显然把房间选择在机场、高速公路、或其他噪声源附近通常是有问题的。当与有噪声的街道，或者其他声源之间的距离增加 1 倍时，空气噪声的声压会减少接近 6dB，记住这点是非常有用的。如果有条件的话，对于声学要求较高的房间来说，应该把它放置在远离诸如内部机房或者外部公路的地方。如果所选择的房间是住宅楼的一部分，同时它们又是作为听音室或者家庭录音室来使用，需要考虑到其他住户。如果房间是一间专业的录音或广播，它或许是多功能综合设施的一部分，而噪声将会来自商业机器、通风设备、同一个建筑中的脚步声，或者其他录音棚。

当最佳的地点不能被选择时，减少噪声输出成为另一种替代方法。这通常也是最合理而有效的方法。这种替代方法有时候是可行的，而有时候是不可能做到的。例如，我们可以把有噪声的机器放置在一只隔声箱中，但是不可能把发动机和轮胎噪声放进去。现在有许多技术都可以减少噪声源的输出。例如，对于通风机的噪声输出，可以通过安装柔软的架子，或者通过去耦合的金属软管进行隔离，可以获得 20dB 的噪声衰减。通过在大厅中铺设地毯，可以有效解决脚步声的问题，或者也可以利用橡胶垫来减少机器的振动噪声。在大多数情况下，去解决噪声源本身的问题，比处理声源与房间或房间与房间之间的问题更加有效。

我们通常会在噪声源与所需要降噪空间之间建造噪声隔绝障板，从而进行噪声控制，尽管这种方法会比较昂贵且困难。这个障板类似于一堵墙，声音穿过它时可以产生相应的传输损失，这和我们之前所讨论的问题一样。一个冲击噪声将会在穿过墙体的过程产生衰减。在声学要求较高的房间内，其墙面、地板及天花板必须要对外部噪声提供足够的衰减，把噪声降低到一个可以接受的水平。而在没有声短路的前提下，有一定传输损失的墙体，仅能够把噪声降低到某个数量级。

阻止街边汽车的噪声进入房间是一件非常困难的事情。例如，我们可以通过沿着高速公路方向建设障板的方法来遮蔽一些交通噪声，从而有效地防止噪声进入住宅区域。灌木丛和树木也有助于降低街边的噪声。例如，一个 2 英尺厚的柏树篱笆，可以衰减 4dB 的噪声。

有时候通过对噪声源或受到噪声干扰房间的声学处理，我们可以整个环境噪声。对于房间内噪声，我们也可以通过增加吸声材料方法来降低。例如，在录音棚中，声压计测得的环境噪声为 45dB，那么我们可以通过在墙面上覆盖大量的吸声材料，把噪声降到 40dB。如果使用足够多的吸声材料，会明显降低环境噪声，同时也会导致房间内混响时间的缩短。而控制混响时间是声学设计当中最先要考虑的问题。混响控制当中所使用的材料，只会解决很少一部分的噪声问题，如果超出这个范围，我们必须寻找其他方法来做进一步的降噪处理。

当噪声通过空气或者固体结构传播时，它能够渗入录音棚或者其他房间。噪声也可以通过较大表面的膜振动，或者以上 3 种传播途径的组合来产生声音辐射。卡车开过的声音主要是通过空气传播让我们听到的，但是来自轮胎的一些振动则是通过地面传播过来的。同样，飞机降落的声音、乐队演奏较为大声的摇滚部分，以及婴儿的啼哭声，它们都是利用空气来进行声音传播的。喷气式发动机消声器、调小音量控制器和安抚奶嘴，所有这一切都是针对噪声源进行衰减的例子。许多结构噪声是由振动或者机械冲击而产生的，它的能量可以通过建筑结构来进行传播，并辐射到空气当中。建筑结构把振动转化成为声音的效率与吉它琴弦的效率相当，即通过它自身振动所产生的声音是很小的，而把它附着在吉它箱体上的时候，声音就明显变大。

16.2 空气噪声

如果在隔声体上有孔洞存在，那么声音将会很容易地传播过去。因此对于声音来说，它很容易穿过一块带有孔洞的隔音障板。例如，一块有着13%穿孔率的厚重金属板，它可以通过97%以上的声音。此外，对于这类金属板来说，增加它的重量将会对隔声起到很小的作用，甚至不会产生任何作用。大量的声音可以穿过墙面的小裂纹或者孔洞，因为空气的缝隙对声音有着零损耗作用。类似的，任何侧面的路径也将会让声音绕过障板传播，这严重地影响了障板的传输损耗能力。例如，声音能够比较容易地通过公共空间或通风管，从一个房间传播到另一个房间。

在门或者墙的下方，电源插座箱所产生的裂缝，也很大程度降低了墙体的隔声性能。在空气噪声隔绝方面，密封性是非常重要。由于这种原因，在建筑当中我们要尽量避免使用类似百叶的门窗，同时对于砌砖的墙面来说要尽量涂油漆，这可以让油漆密封住墙面上所有的孔洞或缝隙，这种做法是非常重要的。同样，我们必须要在门或者其他开口的周围使用橡胶垫。即使我们有着非常仔细的设计，也会被草率的施工所连累，这将会导致传输损耗低于设计值。

使用隔声墙的目的就是要对入射声音进行衰减，从而起到隔离外部噪声的作用。障板对噪声的衰减作用，可以用传输损耗（TL）进行描述。它是声音穿过障板的损失。尤其TL可以被定义为声源侧（Source Side）障板和接收侧（Receiver Side）障板之间的声压级差，即

$$TL=SPL_{\text{source side}}-SPL_{\text{receiver side}} \tag{16-1}$$

如图16-1所示，如果墙体有45dB的传输损耗，外部的噪声级为80dB，通过墙体之后将会降到35dB，即80dB−45dB=35dB。一堵有着60dB TL的墙体，将会把同样的噪声级降到20dB。如果TL值越高，那么材料所提供的衰减越大。但是，TL值仅仅会对那些没有缝隙及旁路的材料有效。

值得注意的是吸声系数（α）是基于线性刻度的，而TL值是基于对数刻度的。所以对它们进行比较可能会引起一定的误解。我们定义了τ为传输系数，穿过材料的声音数量为$\tau=1-\alpha$，我们把τ与TL进行关联，即

$$TL=10\lg\frac{1}{\tau} \tag{16-2}$$

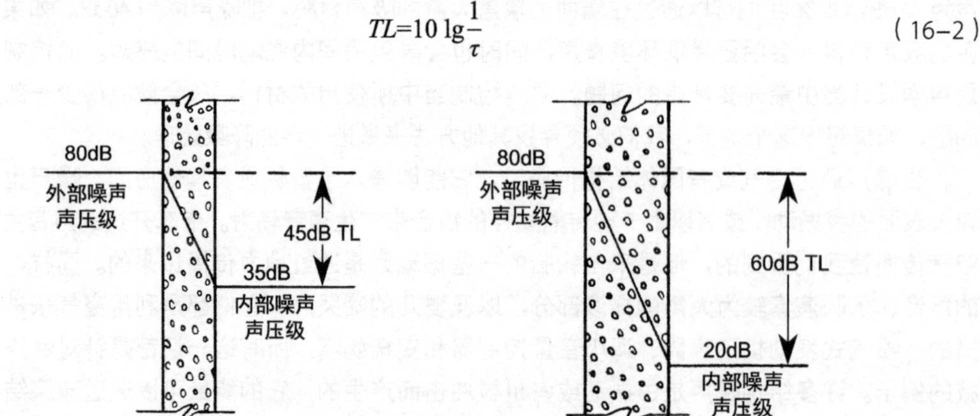

图16-1 外部噪声与内部噪声之间声压级的差别，取决于墙体的传输损耗（TL）

一块玻璃纤维材料或许有着较高的吸声系数，例如在 500Hz 处为 0.9，它将会产生的 τ=0.1，即 1−0.9=0.1。且玻璃纤维的 TL 将会为 10，即 10 lg(1/0.1)，可以看到它的隔声作用是非常差的。

这就解释了，为什么多孔吸声体是效果较差的隔音材料，特别是在低频方面。回顾那些多孔吸声材料的作用，得到这个结果并不意外。实际上，正如我们所看到的那样，厚重的固体障板提供了较好的隔声作用。穿过障板的声功率总量与 $S\tau$ 成正比，其中 S 是它的面积，τ 是它的传输系数。

16.3 质量和频率的作用

为了较好隔离外部的空气噪声，通常墙壁的重量越重越好。墙体质量越重，空气中的声波将越难推动它。图 16−2 展示了声音的传输损耗是如何与墙的面密度联系起来的。如图 16−2 所示，墙面的重量是用磅 / 平方英尺来表示的，它有时会被称为面密度。例如，一堵 10 英尺 × 10 英尺的水泥墙，它的重量为 2 000 磅，那么每 100 平方英尺的墙面重量为 2 000 磅，或者为 20 磅 / 平方英尺。我们不会直接考虑墙面的厚度。

传输损耗会随着障板质量的增加而增加。同时传输损耗也会随着频率的增加而增加。对于单层障板来说（例如，水泥或者砖墙），隔声作用可以近似为

$$TL=20\lg(fm)-33 \qquad (16\text{–}3)$$

其中，f= 声音频率，Hz。

m= 面密度，磅 / 平方英尺或 kg/m^2。

注意，公制单位，要把 33 改为 47。

由此等式可以获得，20 lg2=6dB，也就是说墙面质量增加 1 倍，理论上 TL 值可以增加 6dB，这被称为质量定律；它表明每当物体的质量增加 1 倍时，TL 值也会增加约 6dB。此外，我们看到每当声音频率增加 1 倍时（增加 1 倍频程），TL 值也会有 6dB 的增加。由于假设障板的刚性为零，所以称之为柔性质量定律（Limp Mass Law）更加准确。然而，除了质量以外，隔声体的刚性和阻尼也会影响到传输损耗。例如，实际中的障板，它本身有一定的硬度，而障板越坚硬，其 TL 值越低。同时，障板越厚（增加了质量），其硬度越高（减小了 TL 值）。所以，以上对 6dB 的预测不是完全准确的。在实际工程当中，隔声体的质量每增加 1 倍，TL 值通常会增加约 5dB。

理论上，一块障板的厚度为 4 英寸，它在 500Hz 处的 TL 值为 40dB。如果厚度（和质量）增加 1 倍到 8 英寸，其 TL 值约为 45dB。可以看到，质量定律仍旧起着作用。当再增加 5dB 的 TL 值时，障板的厚度将会增加到 16 英寸，另外再增加 5dB 的 TL 值，障板厚度将会需要增加到 32 英寸，依此类推。虽然提高质量是可以非常有效地增加隔声作用，但是这不是解决隔声问题的最好方法。诸如吻合效应等因素，也将会对 TL 产生一定的影响。

图 16−2 所示的传输损耗是基于材料的质量，而不是基于材料的种类。可以看到材料越重，它对声音的隔离作用越好。这主要是由于材料的质量在起作用，而不是材料本身。例如，在相同传输损耗的情况下，夹板材料的厚度约是铅的 95 倍。

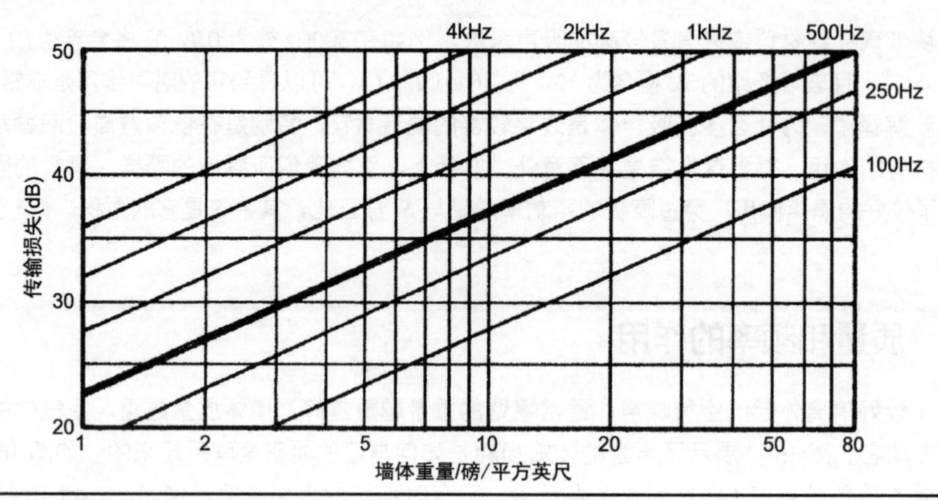

图 16-2 障板的质量而不是材料种类，决定了声音通过障板时的传输损耗。质量定律表明墙体的质量每增加 1 倍，将会增加 6dB 的 TL 值（实际上，通常可以达到 5dB）。虽然在非正式的评价中，通常使用 500Hz 作为评价频率，但是传输损失也会受到频率的影响。墙体的重量表示为磅 / 平方英尺

再来说说吻合效应。对于低频来说，障板的 TL 值主要是由它的质量所决定的。TL 的值会随着频率的增加，有约 5dB/oct 的提升。但是在某个频率范围，障板的刚性将会导致它产生共振。这时障板将会随着入射声波有着相同波长的弯曲，从而使得该声波更加容易被传播出去。在共振频率附近，TL 将会下降 10~15dB。这被称为吻合效应的频率低谷。在这个频率以上区域，TL 将会再次遵循质量定律，并随着频率增加而增加，甚至超过 5dB/oct 的斜率。

对于一种给定的材料来说，它的吻合频率与障板的厚度成反比。因此，可以通过减少障板的厚度来提高其吻合频率。这是有益的，因为这样可以把吻合频率低谷移动到我们所关心的频率之外。例如，在语言频率之上。但是，当厚度减少的时候，整个 TL 值也会减小。

不同的材料存在着非常不同的吻合频率：一堵厚度为 8 英寸的水泥墙，它的吻合频率约在 100Hz；一块厚度为 1/2 英寸的胶合板，它的吻合频率约为 1.7kHz；一块厚度为 1/8 英寸的玻璃，它的吻合频率约为 5kHz；厚度为 1/8 英寸的铅，它的吻合频率约为 17kHz。有着较大阻尼的材料，其吻合频率低谷较小。在一些应用当中，我们可以向那些阻尼较小的材料当中添加阻尼层。例如，叠层玻璃（不是保温玻璃）有着比普通玻璃更好的阻尼。例如像用灰浆涂抹的砖块，它的结构是不连续的，有着比类似钢板这种均匀材料更高的隔声量。

从图 16-2 所示，可以看到频率越高其传输损耗越大，或者换句话说，频率越高，墙面作为抵御外界噪声的效果越好。从图中可以看到，500Hz 的直线比其他频率的直线更粗，这是因为通常我们会用这个频率来和不同材料的墙体进行比较。然而，墙体对于 500Hz 以下声音的隔声效果不佳，而对高于 500Hz 的声音有着较好的隔声作用。

质量体的间隔

按照理想的做法，我们可以通过在噪声源和接收房间之间设置两块障板，来在很大程度上提高传输损耗。因为质量体被非桥接的空腔所隔离，这是一种非常有效的声音隔离体。例如，从理论上来说，两堵完全相同墙体叠加，其隔声量（TL）将会是单个墙体隔声量的两倍。这比简单增加1倍的墙体面密度的效果更加明显。因为两堵墙体之间的隔离空腔，提供了比一堵整体墙更好的隔声量。例如，一堵厚度为8英寸的水泥墙有50dB的隔声量，而一堵16英寸厚的水泥墙会有55dB的隔声量。而两堵厚度为8英寸独立的水泥墙，其隔声量将会优于一堵厚度为16英寸的墙。不过，虽然这种方法看起来非常有效，但是在实际情况中不可能做到一个完全非桥接的空腔。因此，叠加的隔声量将会<80dB（40dB+40dB）。

但是在两个独立结构的例子当中，每个结构都在它自己的地基上，这是一种非常接近于非桥接的状况。通常墙面至少会连接它头和脚的位置。两个墙面之间的空腔深度，影响了系统的刚性。越大的空腔，它的吻合共振频率越低。通常，空腔深度应该在允许的情况下保持尽量大。非常窄的空腔会有着较差的隔声效果。我们可以通过控制两个独立墙体的面密度，来降低其吻合频率。例如，双层玻璃的隔声性能，可以通过使用不同厚度的玻璃来改善。

16.4 组合区域的隔声量

穿过一个组合区域的总声功率，例如一个有门窗的墙面，是在特定频率下每个单元所透射声功率的总和。每个单元的声功率可以通过面积 S_i 与传输系数 τ_i 的乘积得到。因此，总的传输声功率为$\sum S_i\tau_i$。作为另一种选择，也可以使用STC来代替 τ_i，我们会在这章后面的部分提到。理想情况下，为了避免组合区域中的薄弱部分，每个单元应该产生相同的传输声功率。不同单元的隔声量不一定是相同的，但是在理想情况下它们的 $S\tau$ 值应该是相等的。例如，如果墙面上有一个大窗户，它占整个墙面面积的20%，门占整个墙面面积的3.5%，那么墙、窗、门对应的隔声量应该为33.6dB，27.8dB和20.2dB。它将会在某些频率产生30dB组合隔声量。

在一个组合区域当中，相对薄弱的环节才是我们真正要关心的。例如，假设砖墙提供了50dB的隔声量。当窗户的隔声量为20dB时，它占总面积的12.5%，它们的组合隔声量将降至29dB。这种对隔声量的破坏已经产生，更大尺寸的窗户也不会产生更加糟糕的效果。例如，当窗户占整个区域的1/2时，它的组合隔声量为23dB。在这些组合区域当中，最为薄弱的环节就是空气漏洞。例如，一个面积为1平方英寸的洞，它所能透过的声音将会与面积为100平方英寸的整块石膏板相同。另一例子，假设一个10英寸宽的开口可以让噪声传入房间并产生60dB的噪声。如果开口减小1/10，并忽略衍射作用，那么噪声仍旧会有50dB。如果将开口减小到1/100，即为0.1英寸宽，那么噪声仍旧有40dB。换句话说，即使很小的空气缝隙对于隔声效果都有很大影响。

16.5 多孔材料

类似玻璃纤维（岩棉，矿物纤维）这种多孔材料，它们是非常好的吸声材料和保温材料。但是，值得我们注意的是，当把它们作为单独的吸声体，或者放置在墙面上时，所起到的隔声效果是有限的。使用玻璃纤维来进行隔声，将会有助于隔声量的提高，但是其效果相当有限。多孔材料的传输损失与声音直接穿过它的厚度成正比。这种损失对于相同密度的多孔材料来说（岩棉，密度为5磅/立方英尺），每英寸的厚度有1dB（100Hz）~4dB（3kHz）的衰减，而对更轻的多孔材料，它们的衰减将会更少。对于多孔材料来说，它们的传输损耗直接取决于其厚度，与传输损耗相对较高的墙面形成了对比。把多孔吸声材料放置在墙体空腔当中，可以提高墙体的隔声效果，这将会在后面的部分进行描述。

在墙体内部添加保温材料，可以适当增加其隔声量，因为这样做可以减少空腔内部的共振作用，从而降低两个墙体之间的耦合作用。墙体传输损耗的某些增加，也是声音穿过玻璃纤维材料所产生的作用，但是由于材料的密度很低，故这种损耗是很小的。考虑到所有的机制，每侧有着石膏板的交错龙骨墙面，它的传输损耗能够通过添加厚度为3.5英寸的玻璃纤维材料增加约7dB。通过添加厚度为3.5英寸的玻璃纤维材料，其双层墙体的隔声量可以增加到12dB，而添加厚度为9英寸的玻璃纤维材料，其隔声量能够增加15dB。

对于重复降低反射或噪声源的房间来说，多孔吸声材料是非常有效的。当房间有着非常多的反射声时，增加吸声可以有效降低声压级。在某些情况下，它可以让噪声级有着10dB的衰减。很明显，当工人在一个噪声源附近时，墙面上的吸声体不会降低到达工人处的直达声。如果可能，应该尽量把噪声源放置在远离墙面的位置，最好是靠近房间的中心。在一个受噪声影响的房间中，吸声也多少会对降低环境声压级起到帮助作用。通过障板的声音传输量也取决于障板的表面积。特别是两个相邻房间的噪声衰减，其公式为

$$NR=TL+10\lg\frac{A_{\text{receiving}}}{S} \tag{16-4}$$

其中，NR= 噪声衰减，dB。

TL= 障板的传输损耗。

$A_{\text{receiving}}$= 房间的吸声量，赛宾。

S= 障板的表面积，平方英尺。

16.6 声音传输的等级

如图16-3所示，其中的实线部分是从图16-2所示的质量定律中获得的。如果质量定律完全符合实际预期，那么该密度墙面的实际传输损耗将会完全沿着实线部分随频率变化。然而传输损失的实际测量结果，如图16-3所示的虚线部分。这些共振偏差（诸如吻合作用），以及墙面的其他因素，它们是没有包含在质量定律的概念当中的。

对于这种通常测量结果的不规则，使用单一数字来描述墙面的传输损失特征是有实际意义的。美国试验材料学会（ASTM）对该工作进行了详细说明，他们量化了隔声墙的声音传播分级（STC）。ASTME-413 标准指出，STC 是被设计用来与来自家庭和办公室隔声主观印象相关联的参数。虽然 STC 数值非常有用，但是它们不是在工业当中使用的参数，特别是不适用于类似录音棚这种有着较大音乐声源的情况。因为 STC 主要倾向于对语言频段进行衡量。

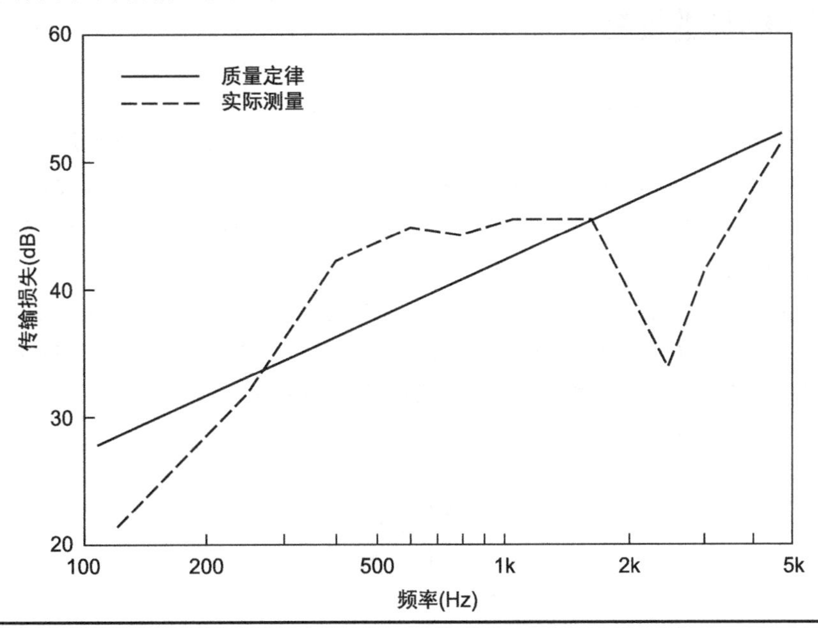

图 16-3 对于墙体传输损耗的实际测量常常与质量定律的计算（如图 16-2 所示）有所偏差，这是由于共振和其他作用所引起的

为了确定墙体的 STC 大小，我们使用一种特殊的方法，它把测得的墙体图表与参考图表（STC 等高线）进行比较。这个标准等高线所涵盖的频率范围是 125Hz~4kHz。等高线包含了三部分，它们有着不同的斜率：125~400Hz，斜率为 3dB 每 1/3 倍频程；400Hz~1.25kHz，斜率为 1dB 每 1/3 倍频程；水平线是 1.25~4kHz 的。第一部分有着 15dB 的提升，第二部分有着 5dB 的提升。在把测量图表与标准等高曲线进行比较之后，会发现板的 STC 数值是标准等高线在 500Hz 处的 TL 值。

这种分级的结果，已经被应用到各种类型的墙体比较当中。一个 STC 为 50（dB 被忽略）的墙体，将意味着在隔声效果方面比 STC 为 40 的墙体要好。实际上，一个较安静的环境中，我们可以通过一个 STC 为 30 的墙体听到隔壁的讲话声。当 STC 为 50，墙体将能够阻挡很大声的讲话。不过我们仍然可以听到音乐的声音。一个 STC 为 70 的墙体将会阻挡所有的语言声，但是一些音乐声，特别是音乐的低频部分仍有可能被听到。

把 STC 看成一个平均值是不合适的，但是这个过程的确避开了把不同频率的传输损失进行平均的问题。值得注意的是，STC 的数值仅涵盖了语言的频率范围，所以当声源为音乐时，这种应用是有限的。尤其是，一个较高等级的 STC 不确保会对低频有着较好的衰减。实际上，STC 等级不倾向于扩展其使用范围，例如类似交通噪声这种问题。同时，STC 也不对传输损耗中的特殊低谷负责。在一些情况下，我们会引用天花板的声音传播分级（CSTC）或者室外 – 室内的传输等级（OITC）。这些参数类似于 STC，不过决定它们的因素多少有些不同。在这 2 个例子当中，它们的值越大，其传输损耗也越大。

16.7 墙体结构的比较

图 16–4 展示了使用厚度为 4 英寸水泥砖墙作为隔声障板的结构。水泥砖墙可以提供良好的隔声效果，它有一个轻微的吻合频率低谷。有趣的是通过在墙体两侧涂抹灰泥，可以把墙体的传输损耗从 STC 40 增加到 STC 48。图 16–5 展示了一个通过增加水泥砖墙的厚度，来让传输损耗明显提高的例子。在这个例子当中，通过在水泥砖墙两侧抹灰的方法，STC 45 提高了 11dB。通过在水泥砖墙两侧增加石膏板隔断的方法，STC 能够增加到约 70。图 16–6 展示了一个非常普通的 2×4 的框架结构，它上面有厚度为 5/8 英寸石膏板覆盖。即使有一定的吻合频率低谷，这种间隔也能够提供较好的隔声效果。间隔之间提供了质量隔断。STC 34 内部没有玻璃纤维填充的墙体，在填充了玻璃纤维之后，仅提高了 2dB 的隔声量，这种较不明显的改进，或许让填充玻璃纤维的做法变得没有价值。当然，玻璃纤维或许可以起到保温或其他用途。

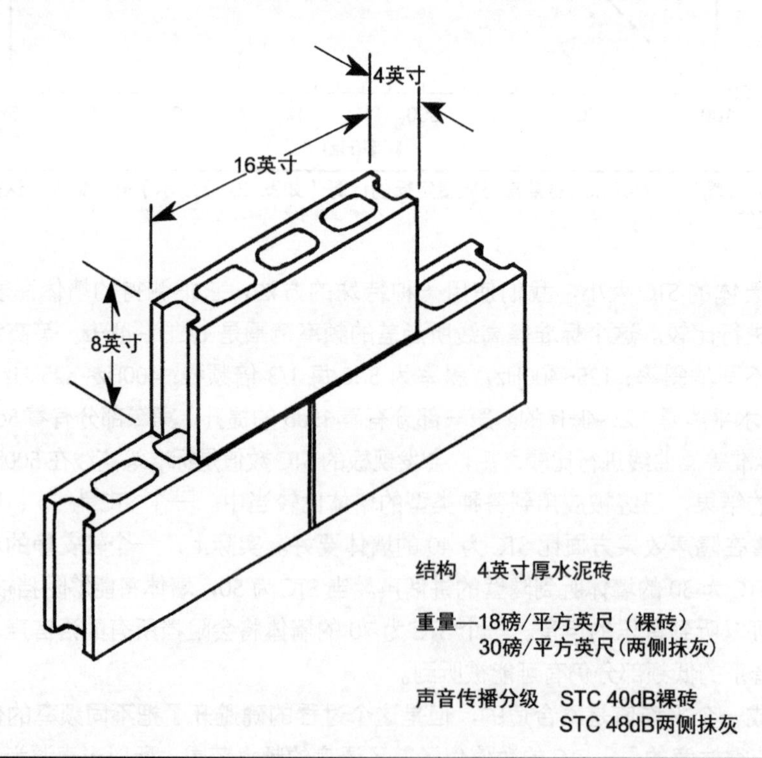

图 16–4 水泥块（4 英寸厚）的墙体结构（Solite 公司）

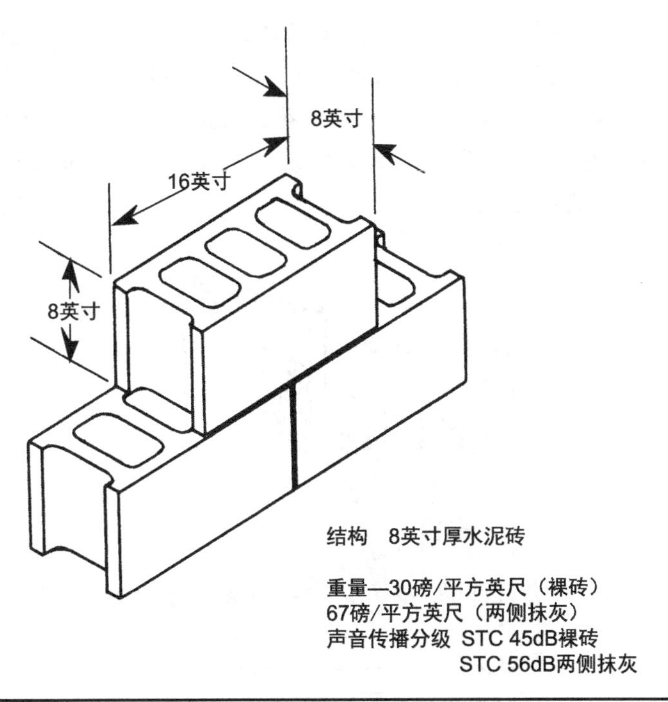

图 16-5 水泥块（8 英寸厚）的墙体结构（Solite 公司和 LECA）

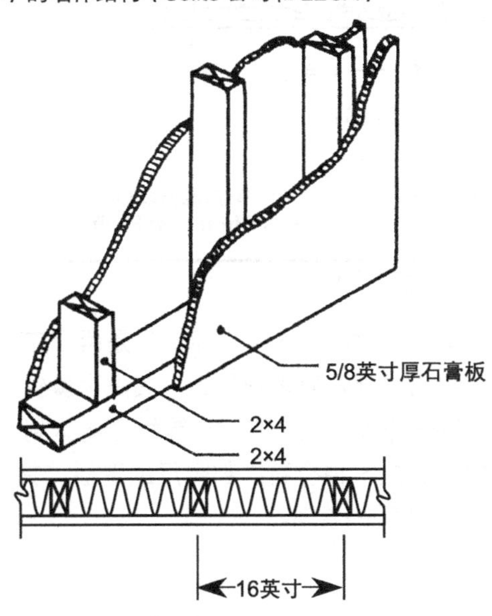

图 16-6 标准框架板间隔（Owens-Corning 公司）

图 16–7 展示了声学上有效且经济的交错支撑墙体结构。支撑龙骨交替连接到板上，同时在顶部和底部都有着共同的连接。通过填充玻璃纤维，两个独立墙面之间的低频耦合有着明显改善。在理想情况下，框架板的顶部和底部应该与天花板以及地板去耦合。要获得 STC 52 的等级，需要对其进行仔细的构建，从而确保两个墙体的真正独立，例如要确保没有电源插座箱或其他装置在相同的空腔中产生的声短路。

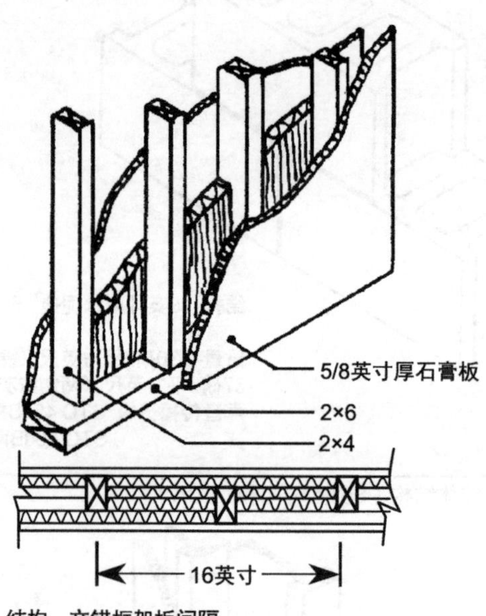

图 16–7　交错框架板间隔（Owens–Corning 公司）

最后我们来介绍一下双层墙体结构，如图 16–8 所示。这是两个完全隔离的墙体，每一个墙体都有着自己 2×4 龙骨结构。如果它内部没有玻璃纤维，其隔声量仅比图 16–7 所示高出 1dB，然而，当在双层墙体结构内填充玻璃纤维之后，其 STC 等级可能达到 58dB。在一些设计当中，QuietRock 是被用来替代石膏板的。它是一种有着内部阻尼的墙板。其造价比石膏板更贵一些，但是该材料在 STC 等级方面有着更加优秀的表现。

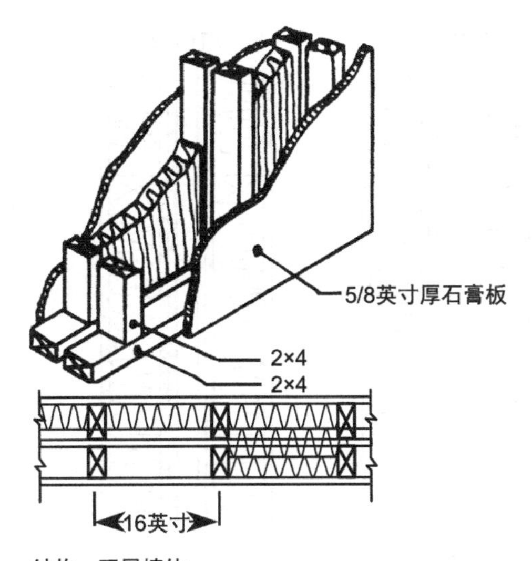

结构　双层墙体

重量　7.1磅/平方英尺

声音传播分级　STC 43dB没有玻璃纤维填充
STC 55dB使用3½英寸厚玻璃纤维板填充
STC 58dB使用9英寸厚玻璃纤维板填充

图 16-8　双层墙体间隔（Owens-Corning 公司）

图 16-9 所示为四种不同的石膏板间隔方式，它展示了质量体的间隔原理。每个墙面都使用木龙骨和玻璃纤维，以及没有交叉支撑的双层板结构。墙 A 是最常用的结构，它在这个测试当中的 STC 数值为 56。墙 B 在其内部增加了石膏板层，从而增加了耦合作用，故 STC 下降到 53。墙 C 的内部又增加了另外的石膏板层，其 STC 数值更是下降到 48。虽然墙体的质量增加了，但是其内部的空腔被另外的隔离层所削减。在墙 D 中，把增加的隔离层移到了最外侧，其 STC 数值提高到 63，其隔声效果得到了明显改善。为了使石膏板有最好的表现，在以上所有情况中，它们之间的连接应该被填平，且仔细压胶。这个例子向我们展示了，材料的放置要比它的使用数量更加重要。在这个例子中，我们能够看到质量体间隔技术在隔声方面是有效的。

之前我们已经了解到，多孔吸声材料对隔声的作用非常有限。如果我们所考虑的是普通传输损失，那么这个结论是没有错的，但是在图 16-7 和图 16-8 所示的这种结构当中，多孔材料对空腔内的声音能量的吸收是非常有帮助的，它增加了阻尼，从而减少了吻合频率低谷。在一些墙体结构当中，空腔吸声能够让其提高多达 15dB 的传输损耗，它是通过减少墙面之间空腔共振，同时忽略其他作用来实现的。在建筑当中常用的低密度矿物纤维与高密度材料的作用相当，且更加便宜。在墙内的矿物纤维，或许也会在建筑规范当中的阻燃需求中出现。放置在腔体当中的任何吸声材料必须是松散的。紧密压缩的材料可能会导致 TL 值的降低。

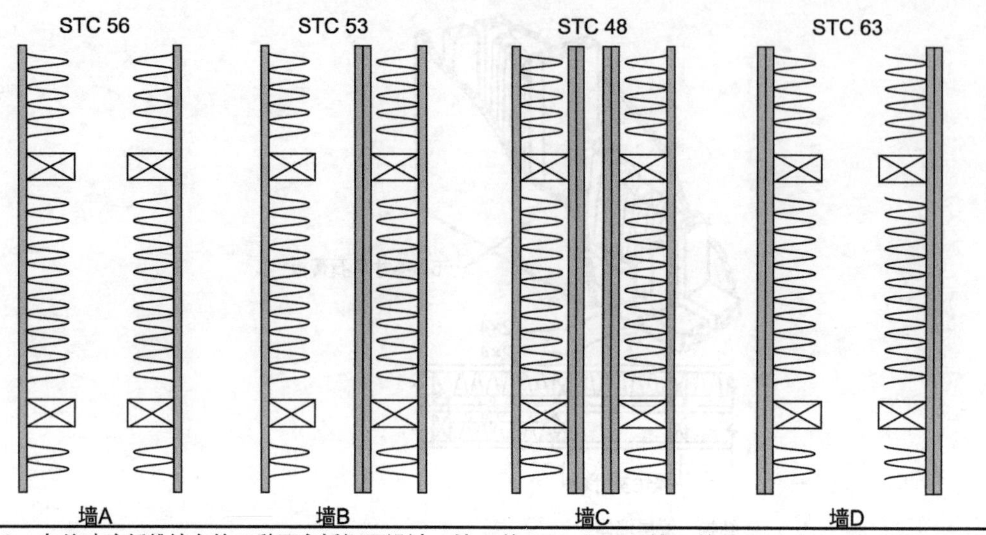

图 16-9 有着玻璃纤维填充的四种石膏板间隔设计。墙 A 的 STC 为 56，墙 B 的 STC 为 53，墙 C 的 STC 为 48，墙 D 的 STC 为 63（Berger 和 Rose）

基于质量本身的交错支撑墙体和双层墙体，它产生的传输损失约为 35dB（如图 16–2 所示）。而通过在内、外墙之间填充吸声材料，能够提升 10~15dB 的隔声量。

16.8 隔声窗

如果把一扇窗户放置在控制室和录音棚之间的墙上，或者放置在一堵面向室外嘈杂环境的墙上，该窗户的传输损耗应该与墙体本身相当。没有足够 TL 的窗户将会严重影响到墙体的隔声效果。一个交错支撑墙体或双层墙体可能会达到 STC 50，它可以提供与水泥砖墙一样的隔声效果。如果要在添加窗户之后接近这一性能，需要对其进行非常仔细的设计和安装。一块厚度为 1/8 英寸普通的玻璃板，其 STC 值为 25。市场上有双层玻璃的隔声窗，能够提供 STC 50 以上的隔声量。而一扇被设计用来隔热的双层玻璃窗，它或许有着比单层玻璃更低的 STC 值。

在许多重要的应用当中，通常使用双层窗来进行隔音。三层窗只能增加较少的 TL 值。窗户的安装必须让一堵墙到另一堵墙的耦合最小化。其中一个耦合源是窗框，另一个则是两层玻璃之间的刚性空气。图 16–10 所示为水泥砖墙与双层窗之间的实际解决方案。图 16–10（B）所示是一种交错龙骨结构的变体。它是两个完全独立的框架，其中一个固定在里面，另一个固定在向外的错位龙骨墙体上。需要在它们之间插入毡条，来防止其意外的接触。和其他结构一样，该结构也需要避免空气缝隙。

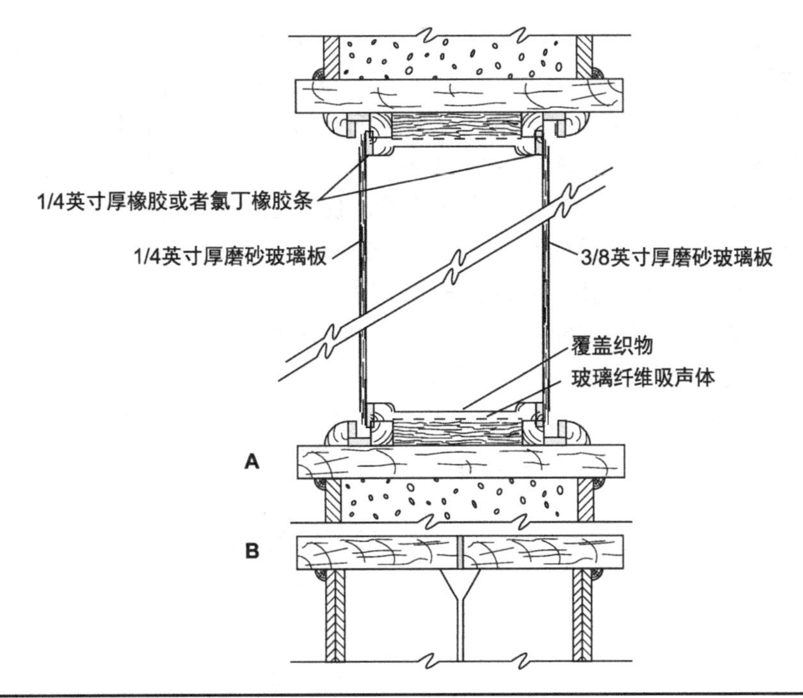

图 16–10 有着双层玻璃窗的墙体结构

我们在设计的过程中，应当选用较重的玻璃板，且越重越好。但是，即使非常重的玻璃板也会存在吻合频率低谷。如上所述，使用两块不同厚度的玻璃板可以有效减少这种吻合频率作用。如果有需要的话，两块玻璃板之间可以形成一定的夹角，用来控制光线或者声音的反射，但是这个角度对窗户本身的传输损耗自身影响可以忽略的影响。我们应该利用橡胶或其他柔软的条状物把玻璃与支架隔开。两块玻璃板之间的间隔是有作用的，间隔越大，传输损耗越大。然而，当该距离超出 8 英寸以后，隔声量不会有很大增加，而间隔下降到 4 英寸或 5 英寸，也不会对传输损耗产生较大影响。然而，在双层玻璃窗之间的较小间隔，或许 <1 英寸，能够产生比单层窗更低的 STC 值。

在图 16–10 所示的设计当中，窗户边缘的吸声材料阻止了空腔的共振。这明显增加了双层隔声窗的隔声作用，同时它应该在整个窗内空腔的边沿彻底延伸。如果图 16–10 所示的双层窗是被仔细设计的，其隔声效果接近 STC 50 的墙体，不过或许不能完全达到，特别是在窗户面积比较大的情况下。对于装有双层窗的交叉龙骨墙体，使用 2×8 的龙骨来代替 2×6 的龙骨，将会简化内外窗框架的安装。

16.9 隔声门

门的设计是整个隔声设计当中的难点。一扇固定密封窗可以提供良好的隔声，但是门，通常是不固定的，它更加难以密封。实际上，如果有可能，在对隔声量要求较高的区域最好不要设置门。门的传输损耗是由它的质量、刚性以及密封性所决定的。以普通方式悬挂的家居门（中空），只能提供不到 20dB 的隔声量。通过增加门的质量（实心）以及在密封方面采取合理的措施，可以提高 5dB 或者 10dB 的隔声量，但是如果要与隔声量为 50dB 的墙体匹配，则需要在设计、建造、维护方面有更多的关注。钢门或者有专利的声学门，能够提供特定的传输损耗，但是非常贵。为了降低具有这种较高传输损耗的门的造价，我们通常会使用声闸。它是一种小的前厅，通常会配有两扇具有中等传输损耗的门，这种做法是非常有效的。声闸也提供着实际的便利，当一扇门暂时打开时（而不是两扇门同时打开），具有局部隔声的优势。

在满足所需质量、刚性以及密封性能的情况下，我们可以制造一扇具有较好隔声性能的门。如图 16–11 所示，它提供了一种可以廉价提高门的质量的方法，那就是向门内灌沙子。使用较重的夹板（厚度为 3/4 英寸）作为门板。所使用的五金器具以及框架必须要质量上乘，能够提供对额外重量的支撑。

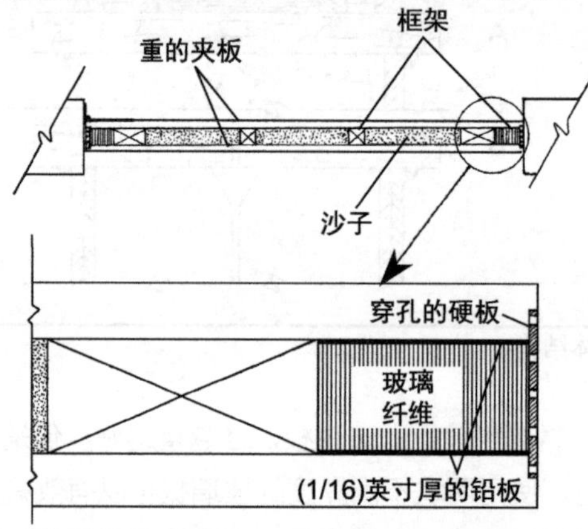

图 16–11　一扇相当有效且廉价的隔声门。在两块夹板之间填充干沙来增加其质量，从而提高了门的传输损耗。可以利用门边框上的吸声体来对门和侧壁之间传播的声音进行吸收

在一扇隔声门周边实现较好的密封是非常困难的。我们必须使用很大的力量，来密封这扇较重的门。密封条的弯曲和磨损能够破坏这种隔声效果，特别是在地板上鞋经常踩的地方。图 16–11 所示的细节部分，展示了解决声音泄露问题的方法，它通过把吸声材料固定在门的周围，来吸收门和门框之间空隙中的声音。这种吸声体也能够嵌入到门框当中。这种柔软的吸声体能够与某一种密封条结合使用。

在一些门的设计当中，会使用铰链，当它打开时门需要稍微提起，当它关闭时会降低到门框当中。利用这种方法，门自身的重量会牢牢压紧密封条，从而提高了门的隔声作用。一些门会设计成，当门关闭时，密封条自动落下，而当门打开时密封条自动提起。这样就有效阻止了开关门对密封条的磨损。

图 16–12 展示了一种简单的门框密封条，它是相当令人满意的。这种密封条可以用软橡胶或者塑料管担当，其外直径可以为 1 英寸或者更细。木条把塑料管压在门框上。如果这种压管子的方法被用到门的四周（或者其他种类的密封条，例如挡风雨条也可以被用在门的底部），那么就需要一个突起的门槛。使用塑料管封条的好处在于，密封条所决定的压缩程度可以通过观察获得。

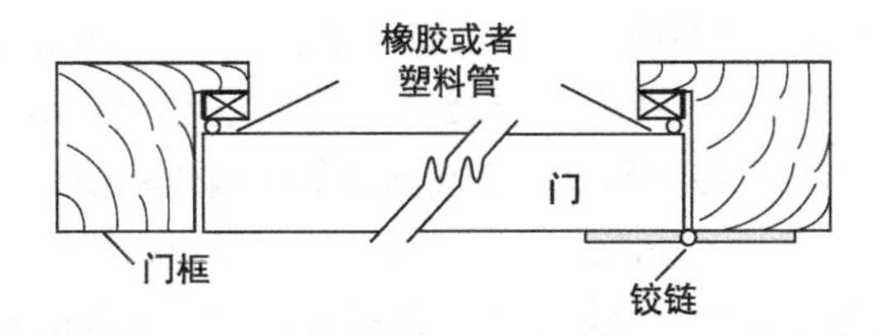

图 16-12 可以利用可压缩的橡胶或者织物包裹的塑料管来对门进行密封

图 16-13 所示为整个门的平面图，它使用了厚度为 2 英寸的实心门板以及类似冰箱门上所使用的磁性密封条。这种磁性材料为钡铁氧化物，外面包裹着一层 PVC（聚氯乙烯）材料。通过向低碳钢条上吸附，可以实现良好的密封效果。铝板条 C 降低了门周围声音的泄露。

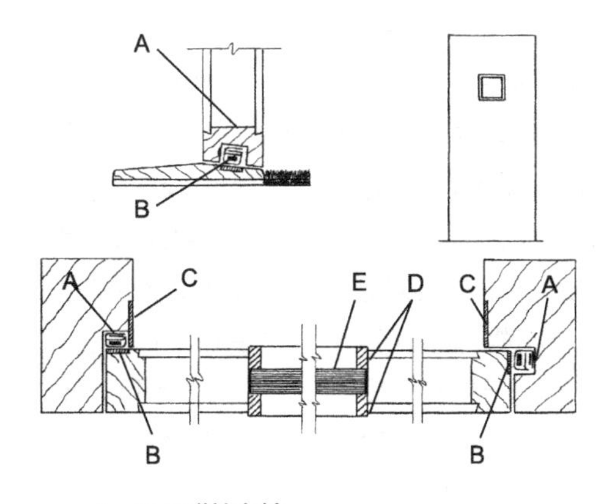

A—PVC磁性密封
B—（3/4）英寸宽（1/8）英寸厚的低碳钢板
C—（1½）英寸宽（1/8）英寸厚的铝合金盖板条
D—（3/4）英寸宽（3/8）英寸厚的铝合金玻璃压条
E—（5/4）英寸厚的磨砂玻璃板

图 16-13 一款利用在冰箱门上磁性密封装置的隔声门设计

我们通过填补门的两侧，或许可以获得非常轻微的声学改善。在 1 英寸厚的泡沫橡胶条上的塑料纤维可以用装饰钉缝合。不过，易磨损或许也是一个缺点。

16.10 结构噪声

声音可以非常有效地（很少衰减地）在高密度材料当中传播，这包括水泥、钢铁等建筑材料。外部的交通噪声或者 HVAC（暖气、通风及空调）单元的振动，甚至在房间远处的脚步声，都会在较安静的房间中听到。结构振动能够引起墙面和地板的振动，并最终转换成空气中的噪声。这种噪声可能通过木头、钢铁、水泥或者石头等固体结构传入房间。排气扇的噪声可以通过金属管壁，以及管道中的空气传入房间。同时水管及其附件也有着良好的声音传导能力。因此，在噪声源位置控制结构噪声是最为有效的噪声控制方法。厚重而坚硬的隔离体，例如水泥墙体，它对隔绝空气噪声是非常有效的，然而它对结构噪声隔离没有明显的作用。换句话说，轻质材料对空气噪声隔离作用不明显，但是它可以在结构单元当中起到去耦合的作用，因此可以用来减少结构噪声。

由于能量从密度较低的空气传导到密度较高固体的传输效率很低，所以通过空气让固体结构产生振动是非常困难的事情。另外，固定在地板上的发动机，猛烈地掩门以及把机器放置在有腿的桌子上，同时桌角与地面直接接触，以上这些都能产生明显的振动。这些振动能够在固体结构当中传播很远的距离，且伴随较小的衰减。用木头、水泥或者砖头做的梁，它们在 100 英尺外的纵向振动衰减仅为 2dB。声音在固体中的传播是非常容易的。例如，对于有相同衰减量度的声音来说，在钢材中所传播的距离约是空气传播距离的 20 倍。虽然结点和交叉支撑构件增加了其传输损耗，但是在相同结构当中它们的隔声量依旧很低。去耦合是一种有效降低结构噪声的方法。例如，水泥地板上的机械振动，很容易通过地板进行传播，但是如果在机械隔离垫上安装弹簧，则可以在很大程度上减少这种振动的传播。

结构噪声通常是由结构表面的撞击，或者进入结构体的振动所产生的。甚至一个简短的撞击，都会传递给结构体巨大的能量。例如，在木地板上的脚步声，它能够向楼下的房间传播出很大的声音。撞击隔声等级（IIC），是一种用来量化地板或天花板撞击噪声的数值。测量 100~3 150Hz 范围内的 16 个 1/3oct，并覆盖在标准曲线上。IIC 的值越高，隔声效果越好，所接收到的噪声越低。因为标准曲线没有充分反应低频部分，故 IIC 有时会对轻质的楼板有着过高的估计。

或许最有效的减少地板或天花板冲击噪声的方法是在上面覆盖一层柔软的垫子。例如，可以把地毯和衬底铺设在水泥地板上。这样可以有效降低冲击作用。IIC 的值或许提高了 50 点，而 STC 的值几乎保持不变。地毯对木地板的作用有限，但是仍然提供了明显的改善。正如下面所描述的那样，浮筑地板也能够被用于改善 IIC 和 STC。

此外，由膜振动产生的噪声传播也是需要特别注意的。虽然有非常小的空气声能量会被直接传递到刚性结构，但是空气传播的声音能够导致墙面产生膜振动，而这种振动能够通过相互连接的固体结构进行传播。这种结构噪声或许会导致周边其他墙面的振动，并把这种振动所产生的声音辐射到我们需要降噪的房间当中。因此，两堵墙之间的固体连接，能够充当外部空气噪声与听音室或录音棚之间的耦合装置。

16.11 浮动地板

如上所述，减少结构噪声最好的办法是把两个结构之间的耦合去除。任何的不连续都将会有助于阻断固体传声的路径。一种去耦合的“房中房”结构，常常被用来解决结构噪声的问题。通常的设计是从浮动地板开始的，然后是构建浮动墙面和浮动天花板，从而去耦合掉房间所有的潜在振动结构。其中，浮动地板是在原有地板的基础上，通过附加一层地板来实现的。浮动地板的材料可以用水泥或木头来建造。不论是什么材料，都可以通过弹簧、隔离体或其他元件对地板结构进行隔离。去确认结构地板是否可以承受浮动地板的重量是非常重要的。一个构造良好的浮动地板，特别是浮动混凝土板，能够提供较高的 IIC 值，以及较高的 STC。

浮动地板的表现类似机械低通滤波器，在它截止频率以上的低频噪声是可以被衰减的。非常明显，截止频率应该低于任何我们不想要的噪声或振动频率。其截止频率公式为

$$f_0=\frac{3.13}{d^{1/2}} \tag{16-5}$$

其中，f_0= 截止频率，Hz。

d= 隔音装置的静态偏差，英寸或厘米。

注意，公制单位，需要把 3.13 改为 5。

静态偏差是当浮动地板放置在上面时，隔离垫或弹簧减少的高度。截止频率应该至少为被衰减最低频率的 1/2（较好的为 1/4）。

水泥浮动地板的建造是从房间四周放置压缩玻璃纤维板（约为 1 英寸厚）开始的，如图 16–14 所示。木条（厚度为 1/2 英寸）被放置在周边的纤维板上。压缩玻璃纤维立方体、模压橡胶立方体或者其他隔离体，被交叉放置在结构地板上，以确保具有足够的支撑力和负载匹配。夹板（厚度为 1/2 英寸）被放置在隔离体上，夹板之间用金属条和螺丝固定在一起。夹板上面用塑料防潮层覆盖，边上的重叠至少要为 1 英尺，同时要覆盖周边板。当准备浇筑浮动地板时，我们必须确保水泥不会泄露到结构地板上。如果泄露的话，将会产生“声短路”现象，这将严重影响浮动地板的隔声效果。

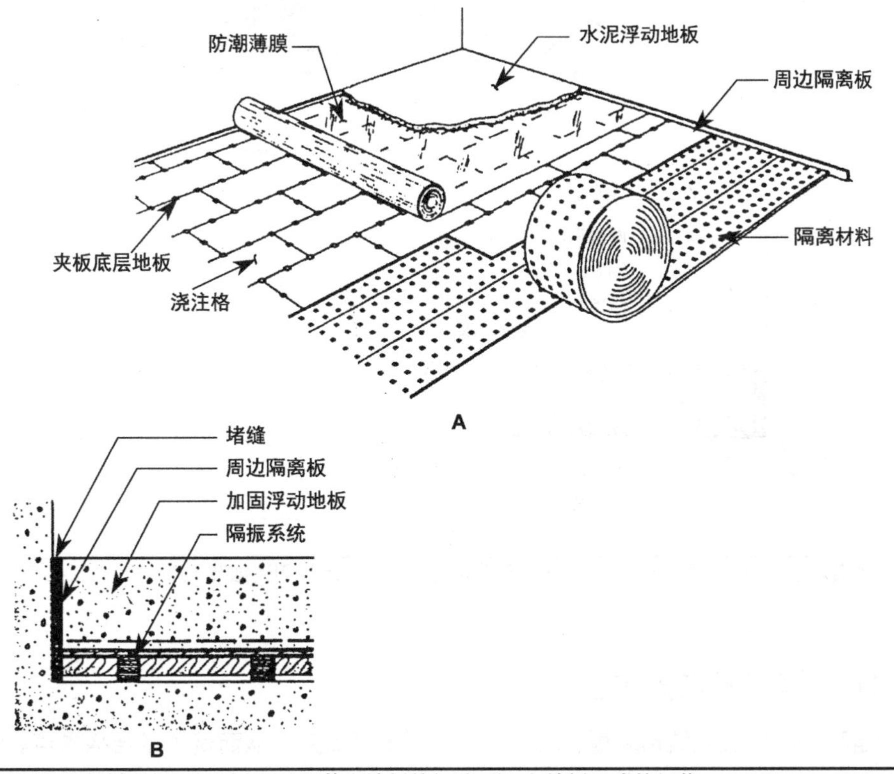

图 16–14 水泥浮动地板结构的案例。（A）整个地板的组装。（B）地板周边的细节 kinetics Noise Control

焊接的钢筋网被放置在浮动地板中间。这时浮动地板被浇筑。小心确保浮动地板不会与房间中的任何结构单元相接触。在浮动地板成形、干燥之后，可以剪掉塑料薄膜，并移除木条。它周边的缝隙可以使用不会硬化的密封胶来密封。在一些设计当中，隔离垫有金属外壳和内螺旋。浮动地板被直接倒进防潮垫中，并放置在结构地板上面，等地板干燥成形以后，可以利用千斤顶把浮动地板升起。

如图 16–15 所示，浮动地板也可以用夹板来构建，把它放置在水泥或者夹板材料的结构地板上。浮动地板的建造是从在结构地板上放置压缩玻璃纤维块、板，以及其他隔离装置开始的。浮动地板的四周会与墙面隔开。枕木之间会放置垫子或者玻璃纤维。单层或者多层夹板被用来保护枕木。这种地板可建造在普通住宅当中，同时可以提供良好的隔声效果。覆盖地毯将会提高 IIC 的值。但是这种结构对低频噪声的隔离不是非常理想。

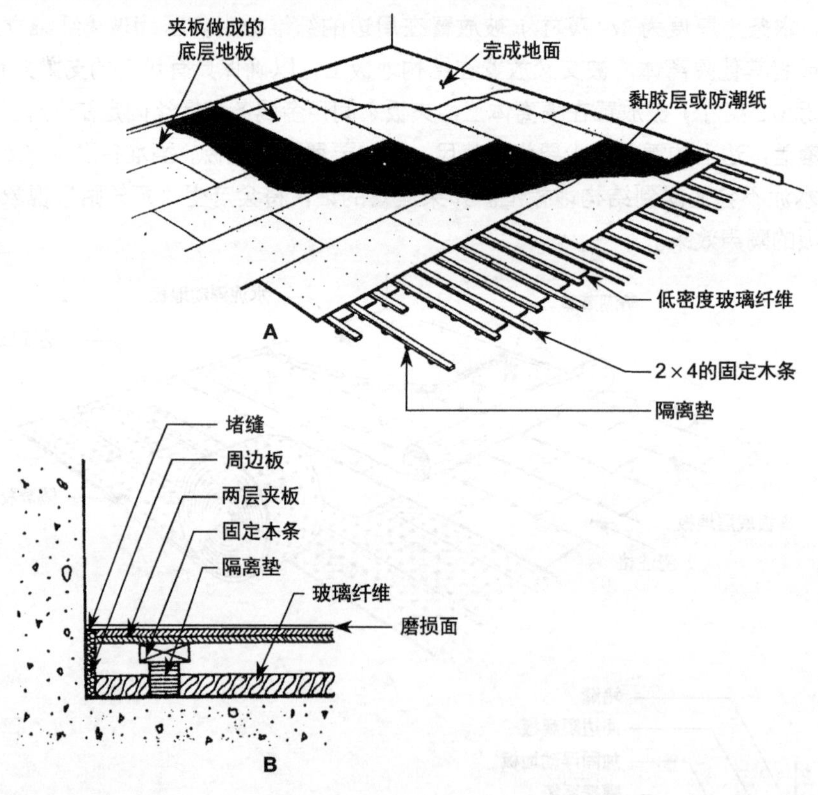

图 16–15 木质浮动地板结构的案例。（A）整个地板的组装。（B）地板周边细节（Kinetics Noise Control）

16.11.1 浮动墙和天花板

浮动墙和天花板被从结构地板、墙体和天花板上隔离开，从而避免了结构噪声。浮动墙体能够利用放置在浮动地板上的金属立杆来建造。在每个浮动墙体的顶部，我们会利用有弹性的支撑物与结构墙体进行连接。墙体可以用两层标准的纸面石膏板来构建，中间填充玻璃纤维材料。同时要确保任何穿入墙内的管道都与浮动墙体隔离。浮动（悬挂）天花板是通过金属龙骨构建的，通过与结构天花板相连接的隔离悬挂体来获得支撑。并把纸面石膏板覆盖到金属龙骨上，使用声学密封剂对天花板周围进行密封。

16.11.2 噪声和房间共振

房间共振能够影响录音棚中的外部噪声问题。尽管房间进行了声学处理，但是房间模式仍然存在，它会让某些频率的干扰噪声有着明显的能量。在这种情况下，微弱的干扰声也能够通过共振作用产生较大的噪声。增加隔离或者增加简正频率附近的吸声是有必要的。

16.12 噪声标准和参数

听力损失是一种严重的职业危害。工厂的工人、卡车驾驶员，以及许多其他暴露在高噪声级环境中的人们，将会受到潜在的伤害。随着时间的推移，长期暴露在这种环境中的人们或许会产生听力损失。劳工部的联邦职业安全与健康管理局（OSHA），提出了工作场所的噪声暴剂量限制。每天 8h 环境噪声暴露剂量被测量。表 16–1 列出了每天允许的噪声暴露剂量，它是用标准声压计测得的。最大日允许剂量是 100%。通过计算工人在不同噪声级下暴露的时间，以及在对应声压级的允许的最长暴露时间，可以计算出这个剂量。例如，一名工人在最大噪声级为 90dBA 的环境下，可以暴露的最长时间为 8h，在 100dBA 的噪声下暴露时间最长为 2h，或者在 115dBA 噪声环境下暴露时间最长为 15min。当人们暴露在两个或者多个噪声级的情况下，总噪声剂量为

$$D=\frac{C1}{T1}+\frac{C2}{T2}+\frac{C3}{T3}+\cdots \qquad (16–6)$$

其中，C= 暴露时间，h。

T= 噪声暴露限制，h。

例如，当一名工人暴露在 100dBA 噪声级下 1.5h，在 95dBA 下 0.5h，噪声剂量是 $D = 1.5/2+0.5/4 = 0.90$。因此，工人已经暴露在了 90% 的最大允许噪声中。

时间计权和 A 声级计权，有时被称为 TWA，或者也被计算为 TWA=105−16.6 lg$T$。随后的听力保护测量需要一个 TWA 为 100−16.6×T。

外部噪声源，例如交通、航空和工业噪声等，常常较难去量化，因为它们通常随时间而变化。等效稳态噪声级（L_{eq}）能够被用来表示这样的噪声级，它是用 dB 或者 dBA 来测量的声压级，如果为常数，这将会等效于变化噪声的能量。测量周期通常会为 1h 或 24h。白天到黑夜的等效声压级（L_{dn}）是使用周期为 24h 的噪声级来衡量的。由于晚上有着更高的烦扰度，所以把 10dB 的数值增加到晚上 10 点～早上 7 点的所测量的数值当中。

每天的时间长度 T（h）	最大允许暴露声压（dBA）
8	90
6	92
4	95
3	97
2	100
1.5	102
1	105
0.5	110
≤ 0.25　or less	115

表16-1　OSHA可以允许的噪声暴露限度

联邦航空管理局是使用 L_{dn} 来表示航空噪声级的。在某些情况下，城市等效噪声级（CNEL）也会被使用，它不同于从晚上10点～早上7点添加计权因子的 L_{dn}，对于傍晚时间会增加5dBm，对于深夜会增加10dB。也有各种其他的度量参数被用于航空噪声的量化当中，其中包括感知噪度（PN），感觉噪声级（PNL）、矫正感觉噪声级（TPNL）、有效感觉噪声级（EPNL）等。

当房间是以语言为主要目的时，依照语言干扰级（SIL）来确定可以接受的噪声级是非常有效的。SIL是通过计算中心频率在500Hz，1 000Hz，2000 Hz和4 000Hz倍频程声压级的平均值而获得的。为了计算的需要，通常女声的SIL值会被设置低于男声4dB。

其他噪声暴露法规已经由环境保护代理机构、房屋及城市发展部门、劳动补偿及其他代理机构，以及非政府组织来设计。这些法规会经常改变。

17

通风系统中的噪声控制

在任何对声学敏感的房间当中，干扰噪声可以来自临近房间，也可以来自其他地方的设备又或者是外界噪声的入侵。某些房间有其自身的噪声问题，比如来自冷却风扇的噪声、硬盘驱动器的噪声等。而是这有一个几乎所有房间都存在的噪声源，那就是来自 HVAC（供暖、通风和空调）系统的噪声，这包含马达、风扇、管道、扩散器和格栅上的种种噪声。如何减少这些噪声是本章主要所涉及的内容。

控制供暖、空调噪声和低频振动声是非常昂贵的。在承揽一个新的建筑项目时，通风系统的噪声参数能够使造价不断提高。对现有通风系统进行改造，让它的噪声有所下降会产生非常昂贵的成本。所以对于录音棚的设计者来说，去了解通风系统潜在的噪声问题是非常重要的，只有这样才能在策划和安装阶段对通风系统有着很好的监督和控制。它同样适用于专业的录音棚以及家庭听音室。为了得到安静的房间环境，可以考虑对以下五个因素，仔细地规划和安装产生噪声的设备，诸如马达、风扇和格栅；在设备房间和通风管道中使用吸声材料来降低噪声；减少空气扰动的噪声和管道开口；减少房间之间的声学串扰；减少风扇转速和气流速度。

17.1　噪声标准的选择

在关注背景噪声问题时，我们需要做的第一个判断就是选择噪声级的目标。“要多么安静？”这个问题本质上是十分复杂的，实际上我们需要对整个声音频谱中的噪声级进行考虑。此外，由于人耳的听力响应是不平直的，所以也必须假设本底噪声的标准是不平直的。为了对噪声参数进行量化，同时也更加容易交流，目前已经设计出了许多噪声标准。

如图 17–1 所示，一种解决噪声标准问题的方法是把它呈现在平衡噪声评价曲线（NCB）组当中。这些 NCB 曲线的一种范围是从 NCB–10 到 NCB–65。它模仿了人耳的等响曲线，在每个倍频程设立了最大可允许的噪声声压级常数。把噪声目标放在这个表格，让它更加容易量化。这些曲线向下倾斜，反映出人耳对低频的声音有着较低的灵敏度，同时大多数噪声能量的分布会随着频率的增加而下降。NCB–0 曲线代表了对于连续声音来说，人们刚刚可以听到的门限值。NCB 曲线在 ANSI（美国国家标准学会）S12.2 标准中有着详细的描述。

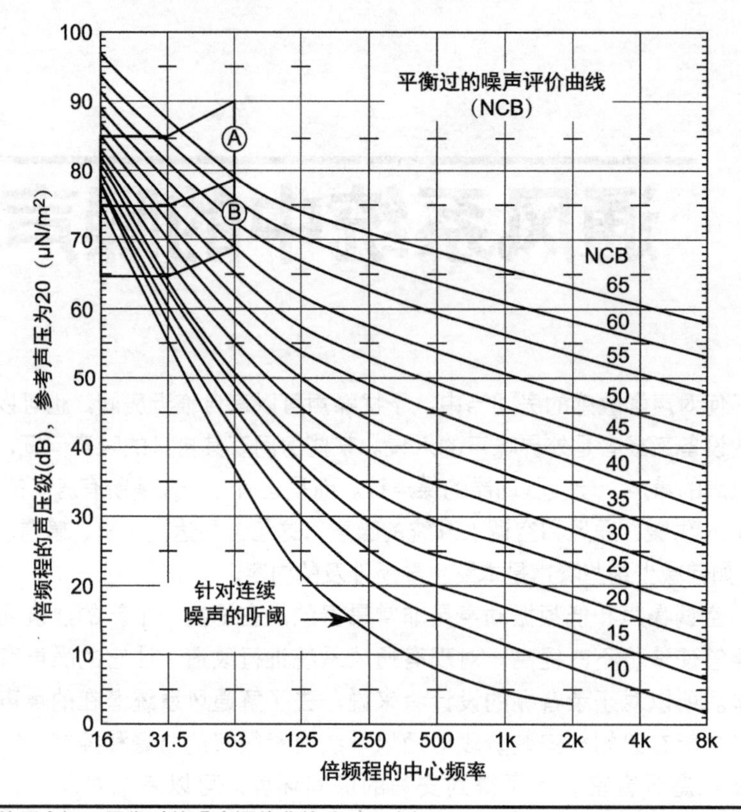

图 17-1 针对已使用房间，平衡过的噪声评价曲线（NCB）（Beranek）

为了确定当前空房间的本底噪声是否已经达到了预期的目标，可以通过使用配有倍频程滤波器的声压计来测量，它可以获得 16Hz~8kHz 范围内每倍频程的声压级。其结果绘制在图 17-1 所示的标准图表当中，把声压计的读数与标准曲线组进行比较，看与其中哪一条曲线更加接近。在绘制曲线的上方，把最接近的 NCB 曲线向下移动，以便移动的 NCB 曲线与所画的曲线相切，移动的量用 dB 表示。那么所测得的噪声级为所移动那条 NCB 曲线的数值减去移动量。例如一个 NCB–25 曲线向下移动 2dB，即产生 NCB-23 的噪声级。如果 NCB–25 是空调系统所允许的最高噪声级，那么在这个例子中的 HVAC 安装是可以接受的。

通过对低频和高频声音的感知平衡，NCB 的数值有着更进一步的定义。它的数值被分为 N（neutral），H（(Hissy）以及 R（Rumbly），这取决于起主要作用的频率响应。N 展现出一个比较平衡的噪声频谱。H 则在 1~8kHz 的区域有着更多的能量。R 在 16~500Hz 的区域包含了更多的能量。例如，NCB–25（R）意味着这是一个安静的房间，但是它在 500Hz 以下，有着超出 NCB 曲线至少 3dB 的隆隆声。通过 RV（Vibration），对 63Hz（如图 17–1 的 A 和 B 所示）以下的区域进行了更进一步的定义。倍频带声压级的大小可能会引起轻质墙体和天花板结构的咯咯声或者振动。与其他的单一声学参数一样，NCB 的值有时也会令人误解，因为它们没有顾及某些频率响应的差异。两个房间或许有着相同 NCB，但是其频率响应或许不同。

在一些情况下，使用 RC 曲线（Room Criteria）来测量房间的噪声。这种方法类似于 NCB 曲线。RC 曲线是对 16Hz~4kHz 频率范围进行测量的，它的值会在 RC−25~RC−50 之间，如图 17−2 所示。曲线由一系列斜率为 −5dB/oct 的直线组成。这些斜线与等响曲线之间没有关系，但是它代表了所感知的背景噪声。每一条直线都有着自己的 RC 值，它对应 1kHz 处的声压级。例如，RC−25 直线会穿过 1kHz 处声压级为 25dB 的位置。为了确定 RC 的值，需要进行倍频程的测量，计算其平均值，且把数值与标准 RC 曲线进行比较。类似于 NCB 曲线，RC 的数值也进一步被细化为 N（Neutral），H（Hissy），R（Rumbly），这取决于它的频率响应。在 16~63Hz 的频率范围内，我们会仔细观察 RV（vibration）。如果出现振动，会把 V 标示在 R 的前面。例如，RC−30（RV）。RC 曲线也在 ANSI S12.2 中进行了标准化。

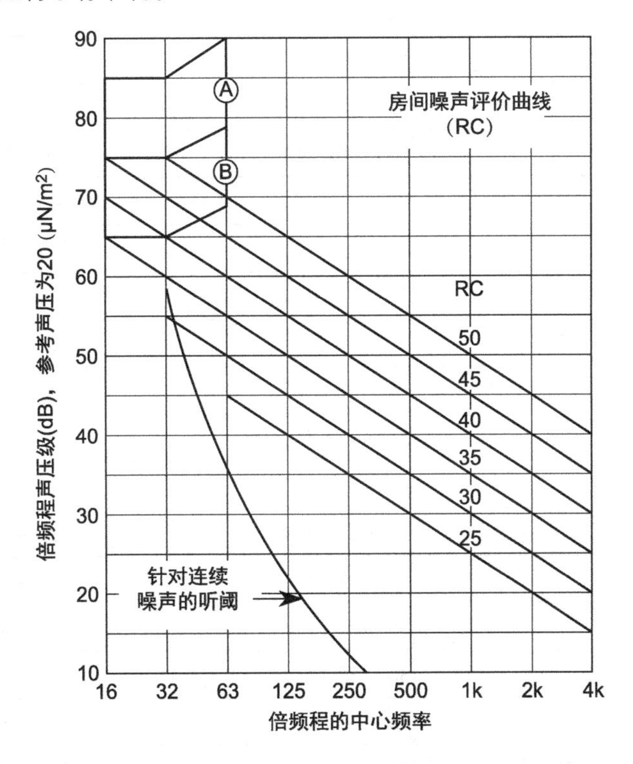

图 17−2 针对已使用房间的噪声评价曲线（RC）

在类似录音棚这类对声学有较高要求的房间中，那么我们选用什么样的标准作为可以接受的背景噪声限度呢？这取决于录音棚通常的质量等级、用途以及其他因素。数字录音的出现，改变了我们使用 RC（或者 NCB）作为目标的观点。如果需要高于 100dB 的信噪比，通常意味着需要更低的本底噪声。而这意味着需要更高要求的工程建筑，以及更低的 HVAC 噪声参数，以上所有最终都会增加成本。

当交通及其他噪声都高于 RC–15 时，仅要求通风系统达到这个数值是没有意义的。通常 RC–20 是录音棚或者听音室的最高本底噪声曲线，RC–15 本底噪声的建议被作为实际中可以实现的录音棚本底噪声的平均设计目标。RC–10 会是非常完美的，但是这需要更多的费用和努力来降低整个环境噪声。表 17–1 列出了房间的种类以及所建议的 RC 值。

房间类型	推荐的 RC 数值（RC 曲线）	等效声压级（dBA）
公寓	25 ~35（N）	35 ~45
礼堂	25 ~30（N）	35 ~40
教堂	30 ~35（N）	40 ~45
演奏和朗诵厅	15 ~20（N）	25 ~30
法庭	30 ~40（N）	40 ~50
工厂	40 ~65（N）	50 ~75
传统剧院	20 ~25（N）	30 ~65
图书馆	35 ~40（N）	40 ~50
电影院	30 ~35（N）	40 ~45
私人住宅	25 ~35（N）	35 ~45
录音棚	15 ~20（N）	25 ~30
餐厅	40 ~45（N）	50 ~55
大体育馆	45 ~55（N）	55 ~65
电视演播室	15 ~25（N）	25 ~35
医院 / 诊所—私人房间	25 ~30（N）	35 ~40
医院 / 诊所—手术室	25 ~30（N）	35 ~40
医院 / 诊所—病房	30 ~35（N）	40 ~45
医院 / 诊所—实验室	35 ~40（N）	45 ~50
医院 / 诊所—走廊	30 ~35（N）	40 ~45
医院 / 诊所—公共区域	35 ~40（N）	45 ~50
酒店 / 汽车旅馆—个人房间或套房	30 ~35（N）	35 ~45
酒店 / 汽车旅馆—会议室或宴会厅	25 ~35（N）	35 ~45
酒店 / 汽车旅馆—服务区域	40 ~45（N）	45 ~50
酒店 / 汽车旅馆—厅、走廊、大堂	35 ~40（N）	50 ~55
办公室—会议厅	25 ~30（N）	35 ~40
办公室—单间的	30 ~35（N）	40 ~45

（续表）

房间类型	推荐的 RC 数值（RC 曲线）	等效声压级（dBA）
办公室—开放区域	35～40（N）	45 ～50
办公室—商用机器 / 电脑	40 ～45（N）	50 ～55
学校 —演讲室和教室	25 ～30（N）	35 ～40
学校 —开放式教室	30 ～40（N）	45 ～50

* 在测量范围内任何一点，中心频率在 500Hz 及以下频率的倍频程声压级不能超过参考频率倍频程声压级 5dB。在测量范围内任何一点，中心频率在 1kHz 及以上频率的倍频程声压级不能超过参考频率倍频程声压级 3dB。

表 17–1 针对不同房间种类所推荐的 RC 值

大部分房间本底噪声的设计目标，都是为了让房间的功能可以正常使用，而不是一定让其噪声降到非常低的水平。对本底噪声过低的设计与缺少安全保障的设计类似，它们都是不可以令人原谅的。

17.2 风扇噪声

在噪声控制当中，有效减少噪声的方法是对噪声源进行控制。因此设备和风扇的噪声，成为我们需要主要处理的部分。风扇对 HVAC 的噪声起到了主要的作用（但它不是唯一的噪声源）。风扇噪声可以通过管道传播，并随着管道对其能量的吸收而逐渐衰减。一些风扇噪声会留在管口，而其他噪声会沿着管辐射出去。风扇所输出的声功率主要是由安装时的出气量和风压所决定，但是这在不同种类的风扇当中也会有所不同。图 17–3 所示给出了两种类型风扇（离心风扇和鼓风机）的输出声功率。标称声功率级是风扇在出风量为每分钟 1 立方英尺和 1 英寸水柱压力的环境下测得的。在这个基础上，不同种类的风扇噪声可以相互比较。离心式风扇是一种市面上最安静的风扇种类。大风扇通常会比小风扇更为安静。这也同样适用于鼓风机，如图 17–3 所示。

除了术语“标称”以外，声功率通常与声场无关。所有通过机械片辐射的声功率，一定是以半球状流出的。对于任何风扇来说，主要的噪声数据来源于制造商。通常被用于评估半球体声压级声功率。

声功率与声压的平方成正比。通过以下公式，可以把风扇中的标称声功率转换成声压级，并应用到房间当中。

$$L_{pressure}=L_{power}-5\lg V-3\lg f-10\lg r+25\text{dB} \quad (17\text{–}1)$$

其中，$L_{pressure}$= 声压级。

L_{power}= 声功率级。

V= 房间容积，立方英尺。

f= 倍频程的中心频率，Hz。

r= 声源与参考点的距离，英尺。

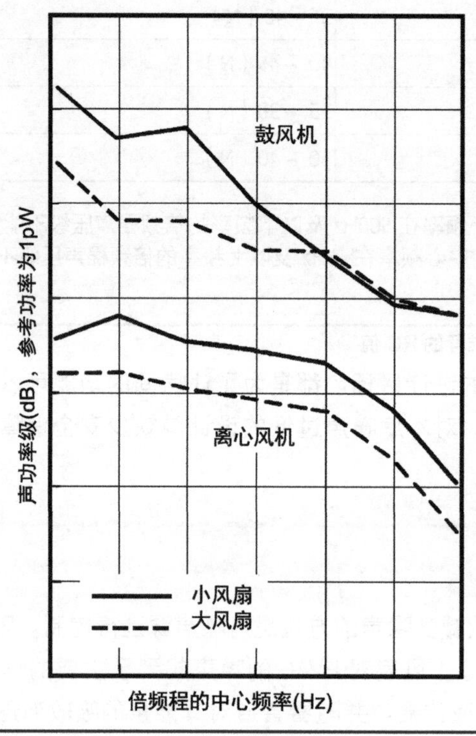

图 17-3 通常使用在 HVAC 系统中，离心风机和鼓风机所输出的噪声功率

通常由风扇产生的单音频率 =（转速 /s）× 叶片数量。这个单音增强了所落入的倍频带声压级。考虑到风扇单音的作用，3dB（离心通风机）和 8dB（鼓风机）应该分别加入到倍频带声压级当中。

17.3 机械噪声和振动

一个大楼里或许会有 HVAC 的基础设施，例如泵、压缩机、冷却装置、蒸发器。在一个新房间的设计中，减轻 HVAC 噪声和振动的首要方法就是要仔细考虑 HVAC 设备的摆放位置。如果把 HVAC 设备放置在声学敏感的房间附近，将会加重 HVAC 的噪声问题。例如，如果放置设备的房间紧邻录音棚，它们之间的公共墙或楼板将会像巨大的振膜一样振动，从而把噪声有效地传入到录音棚当中。因此，虽然更长的管道，和由此带来的热量损失，将会增加一定的成本，但是把这些设备放置在尽量远离声学敏感的区域还是非常重要的。HVAC 设备应该被放置在建筑物的对面，或者一个与任何敏感房间都隔开的房间或结构上。如果一个通风设备必须要直接放置在敏感房间的上方时，该设备应该放置在承重墙上，而不要放置在楼板跨度的中间位置，这样可以在一定程度上减少膜振动的影响。同样，为了尽量减少设备的振动，把其放置在地面而不是楼板上是更为合适的解决方法。

下一步是要考虑隔离结构噪声源的方法。在大部分情况下，通风设备会被放置在设备机房。如果 HVAC 设备需要放置在楼房的水泥地板上，那么该设备机房的地面应该使用浮筑结构，这样才能让设备与结构地板隔开。应该在地面浇筑的过程中，用压缩处理的玻璃纤维条与结构地板隔开。类似马达这种振动源，必须将其放置在橡胶、玻璃纤维垫、螺旋弹簧或者与之类似的材料上，才能把设备与建筑结构隔开。在许多情况下，马达是被架设在隔离块上的，它通过垫子或者弹簧与地板保持隔离。这种隔离块有时候也叫做惯性基（Inertia Base），通常是由水泥做成的。它增加了整个系统的质量，从而减少了振动，且降低了系统的固有频率（将会在下面介绍）。这样做反过来也可以提高系统的隔离效率。我们必须要仔细，以确保所有隔离的方法都能够完全实现。如果一个隔离原件产生机械“短路”，则会让隔离效果大打折扣。图 17–4 所示为一种设备架设的方法。

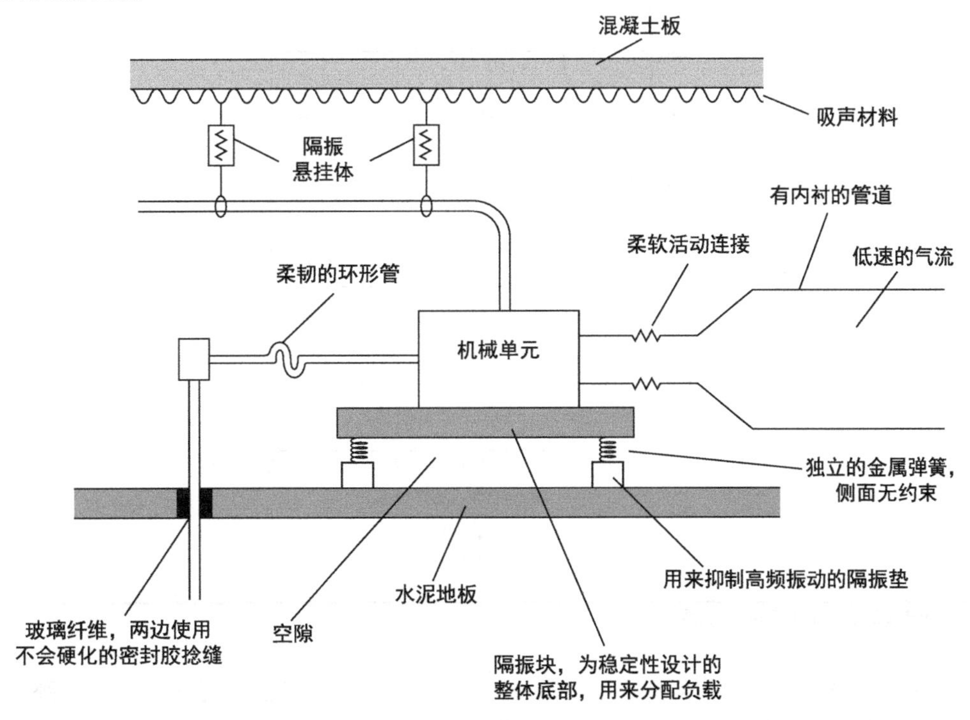

图 17–4 一个用来降低机械噪声的技术案例。它的重点放在支架的隔振以及去耦合方面

另外，通风单元应该被放置在有噪声控制措施的封闭空间内。管和管道应该通过弹簧悬挂来实现隔离，管道穿过设备机房的也孔洞，要用柔软的材料进行密封。内墙和设备房间的天花板，应该覆盖吸声材料，例如，可以用玻璃纤维来减少机房内的环境噪声，从而减少封闭空间内所需要的传输损耗。增加吸声体所产生噪声级衰减的计算公式为

$$NR=10\log\frac{A}{A_0}\text{dB} \tag{17-2}$$

其中，A_0= 声学处理从前的吸声量。

A= 声学处理后的吸声量。

例如，在一个密闭空间当中，如果刚开始在 500Hz 频率处有 100 赛宾的吸声量，通过吸声处理之后该频率有了 1 000 赛宾的吸声量，那么这时噪声级就下降了 10dB。

实际上，忽略设备的安装及架设方法，一些能量是会从振动源辐射到建筑当中去的。我们可以用传递率（T）来衡量，它可以被表达为传递到建筑结构上的能量除以声源产生的能量。如果没有隔离措施，传递率为 1.0。理想情况下，没有能量从马达传递到建筑结构，传递率将会为 0。在任何情况下，传递率越低越好。从另外一种方法可以看到，传递率能被通过它的效率进行衡量，例如，如果传递率为 0.35，那么它的效率则为 65%。

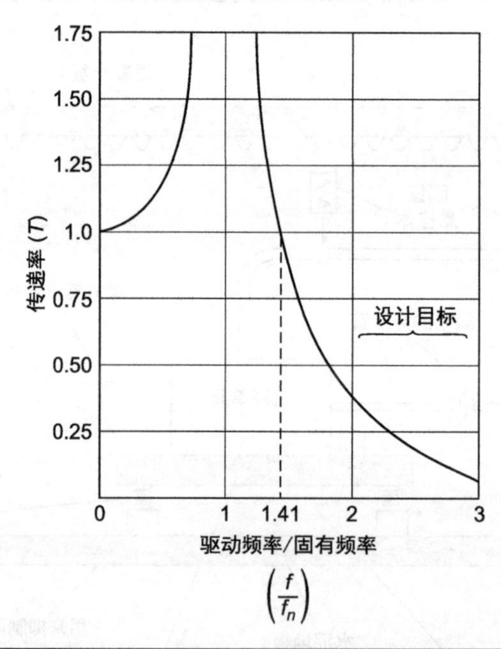

图 17-5 传递率与频率比率的对应图表

类似马达这种振动源，如果把它架设在隔离垫上，或使用相似的方法进行安装，那么我们可以把振动源看成是一个在弹簧上的质量体。它将会有一个固有振动频率 f_n。它的数值是弹簧劲度和质量的函数，另外也是系统静态偏差的函数，它等于常数除以静态偏差的平方根。静态偏差是当设备被放置在隔离垫或弹簧上，其高度的减少量。偏差值通常是由生产商来提供的。当偏差用英寸测量时，其常数为 3.13。一个振动源也会有着自己的受迫振动频率 f。例如，一台马达旋转 1 200r/min（每分钟转数）将会存在一个 20Hz 的受迫振动频率。当设备在几个频率振动，在隔振系统的设计当中会选用最低的频率。

传递率也能够通过使用f和f_n来计算，即

$$T=\left|\frac{1}{(f/f_n)^2-1}\right| \quad (17-3)$$

其中，T= 传递率。

f= 受迫振动频率，Hz。

f_n= 固有振动频率，Hz。

当设计一个隔振系统时，一定要关注最小的 T。它可以通过增加f/f_n的值来实现。在设计中，这通常会伴随着系统固有频率的降低，例如，通过确定一个较高的静态偏差数值。如图 17–5 所示，把设计目标展示为 T 与f/f_n的图表。当 T 的值远大于 1.0 时，这表明隔振系统的设计非常失败。它加强了振动（当f/f_n=1.0 时产生共振）。为了避免这种情况，从图中看到，其中f/f_n的值必须大于 1.41。许多设计者将f/f_n的目标值设定为 2 或 3，它提供了约 80% 的衰减率。

17.4 空气速度

在空气分配系统中，气流速度在 HVAC 系统的降噪声方面，起到了非常重要的作用。气流的速度越高，它的干扰噪声越大。其他因素也能够引入干扰噪声。噪声是由气流变化产生的，它接近于速度的 6 次方。随着空气速度的加倍，在房间出风口处的声压也将会增加约 16dB。一些情况下，噪声与气流速度的 8 次方相关，当速度增加 1 倍或者减少 1/2，声压有着 20dB 的变化。无论如何，保证较低的气流速度是让系统保持较低噪声的先决条件。

HVAC 系统的基础设计参数是系统所传输的空气量。它与空气的数量、气流的速度，以及管道的尺寸都有着直接的关系。空气速度取决于管道的横截面积。例如，如果一个系统传输 500 立方英尺 /min 的空气流量，管道横截面积为 1 平方英尺，则气流速度为 500 英尺 /min。如果横截面积为 2 平方英尺，气流速度降低为 250 英尺 /min。如果横截面积变为 0.5 平方英尺，速度增加到 1 000 英尺 /min。对于演播室、录音棚和其他的重要空间来说，最大的气流速度建议控制在 500 英尺 /min 以下。在最初的设计当中，如果使用较大尺寸的管道（允许较低的气流速度）将会减少完工后出现噪声问题的概率。

虽然高压力、高风速且管道较小的 HVAC 系统，有着更为便宜的造价，但是这种预算较低的系统，通常会在录音棚中产生较多的噪声问题，它是较高的空气流速所造成。我们会采用一种较为折中的方法，把从排风格栅到上游方向的管道展开，通过带有百叶开口的格栅，或者干脆不使用格栅，来降低其空气扰动。通过在格栅处增加管道横截面积的方法，也可以让出风口处的气流速度有所降低。

即使风扇和机械噪声有着充分的衰减，当空气到达声学敏感房间时，直角弯、格栅和扩散体附近的气流扰动也可能成为较严重的噪声源，如图 17–6 所示。为了减少这种扰流噪声，

管道的过渡处以及弯曲处应该越圆滑越好。类似的，叶片应该用来引导空气平稳地通过分支管道。

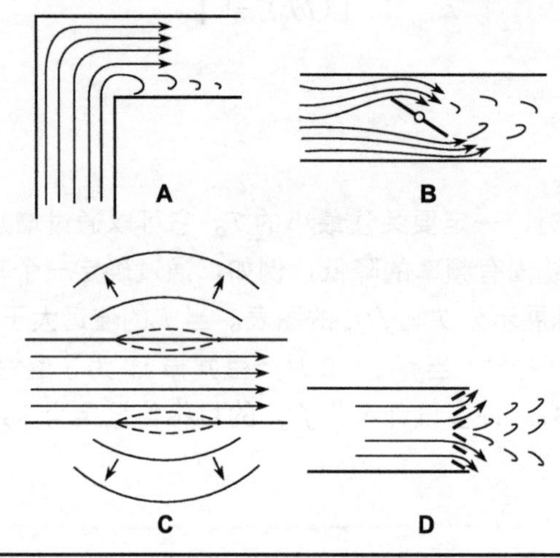

图 17-6 由于气流路径不连续所导致的空气扰动可能成为严重的噪声源。（A）90° 斜面弯管。（B）用来控制空气流量的阻尼器。（C）由于管内噪声或者扰流振动所产生的管壁振动，声音通过管壁辐射出去。（D）格栅和扩散体

17.5 自然衰减

当设计一个空气分配系统时，我们应当考虑某些有益的自然衰减作用。否则，如果忽略他们，将导致所设计出来的系统会有更高的造价。当来自小空间的平面波（诸如管道）传播到大空间（诸如房间）时，一些噪声会被反射回去。这种作用对于低频声音来说是最大的。研究还表明，这种作用仅当在管道的直线部分，且到终端的距离是终端管道直径 3~5 倍处较为明显。任何终端装置，诸如扩散体或者格栅等，会对这种作用产生衰减。空气在一条直径 10 英寸没有格栅的管道中流动到房间，能够在 63Hz 倍频程处提供 15dB 的反射损失。它与 50~75 英尺长有内衬的管道，有着相同的衰减作用。图 17-7 展示了各种衰减的方法。

类似的衰减还会发生在管道的分支或者出口处。这取决于分支的数量以及它们的相对面积。两个相等面积的分支（每个面积为管道的 1/2），将会在每个分支产生 3dB 的衰减。由于墙面褶皱，矩形管道在低频也会产生总量为 0.1~0.2dB/ 英尺的衰减。圆的弯曲处会产生衰减，如图 17-8 所示。所有这些损耗都产生在空调系统当中，同时被用来衰减风扇和其他管道中的噪声。

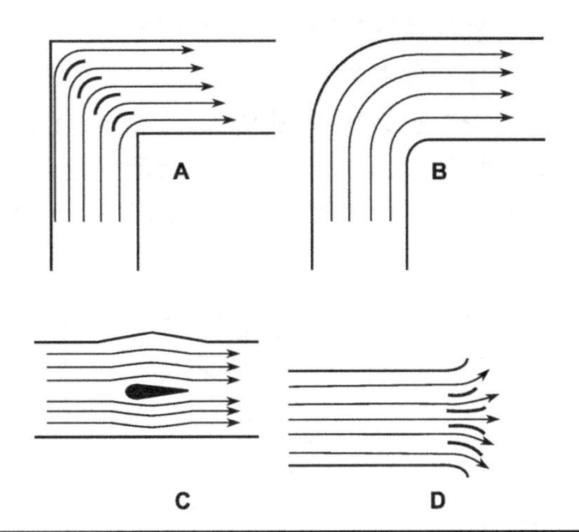

图 17-7 空气的扰流噪声能够利用各种技术来大大降低。(A)使用导向板。(B)圆形的弯曲。(C)翼面。(D)经过设计的格栅和扩散体

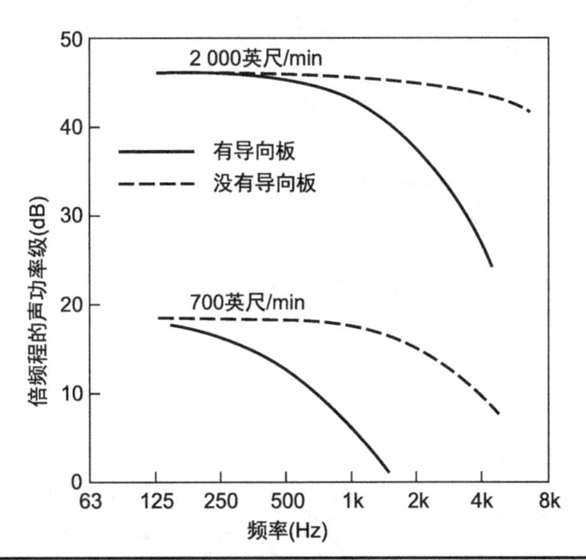

图 17-8 管道截面为 12 英寸 ×12 英寸的正方形，其斜面弯管为 90°，在气流速度分别为 2 000 英尺/min 和 700 英尺/min 时，有导向板和没有导向板所产生的噪声值。根据美国采暖、制冷与空调工程师学会(ASHRAE)的程序计算

17.6 风道的内衬

在噪声控制当中，沿着噪声的传播路径降低噪声是非常重要的。通常情况下，我们会在管道的内表面添加一些吸声材料来减少噪声。衰减或者插入损耗，通常用 dB/管道长度来衡量。低频的衰减通常比较小。这种衬里通常是由刚性板以及厚度为 1/2~2 英寸厚的毯子构成。

典型的衬里通常是玻璃纤维包裹的弹性材料。在某些情况下，不允许使用这种材料。如果有需要，这种声学衬里也可以作为保温材料。一般来说，管道的尺寸越大，其插入损耗越低。这是因为相对气流来说，内衬是相对较小的材料。在普通矩形的管道中，由 1 英寸厚衬里所提供的插入损耗值取决于管道的尺寸，如图 17–9 所示。图 17–10 所示为圆形管道的插入损耗近似值。从图中可以看出，在横截面积相同的情况下，圆管比矩形管道有着更低的插入损耗。

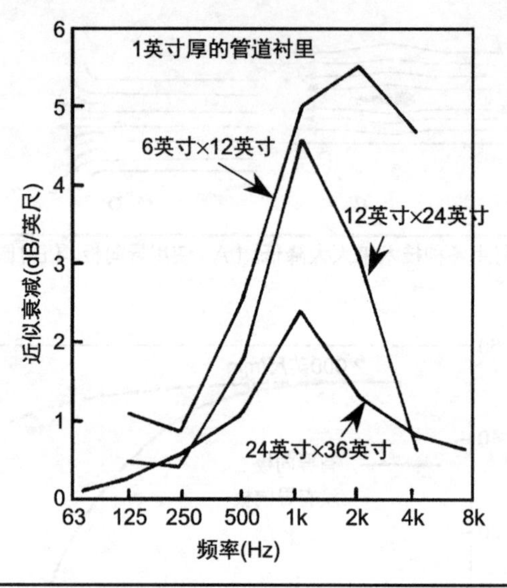

图 17–9 由四面贴有 1 英寸厚衬里的矩形管道所提供的衰减。曲线上所标示的尺寸为没有气流时，管道内部的横截面的尺寸。根据 ASHRAE 的程序计算

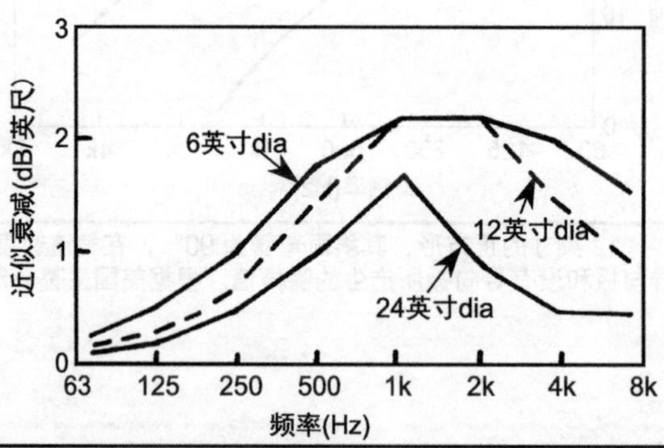

图 17–10 有着穿孔螺旋金属衬里的螺旋状圆管的衰减情况。曲线上所标示的尺寸为没有气流时管道内部的横截面尺寸。根据 ASHRAE 的程序计算

必须注意，当管道系统穿过一间嘈杂的房间进入安静的房间时。嘈杂房间的噪声，将会通过管道（或者通过管道的开口，或者通过管道壁本身）传输到安静的房间当中，这样很容易破坏

2 个房间之间公共墙体处的传输损失。在管道中气流的上游或下游有着相等的噪声传播。在嘈杂房间的管道上，必须进行相应的隔声处理，以减少这种声学串扰，同时必须对 2 个房间之间的管道进行衰减处理。

17.7 静压箱消声器

吸声静压箱是一种廉价且具有明显消声效果的装置。图 17–11 展示了一只适度尺寸的静压箱，如果加入厚度为 2 英寸，密度为 3 磅 / 立方英尺的玻璃纤维，将会产生最大约 21dB 的噪声衰减。图 17–12 所示为该静压箱在衬里厚度不同的情况下的衰减特征。厚度为 4 英寸且有着相同密度的纤维板，它在整个可听频带内都有着一致的吸声量。而厚度为 2 英寸的玻璃纤维板，它在 500Hz 以下的部分，吸声特性逐渐下降。这显示出当前尺寸静压箱的衰减特性主要是由衬里厚度所决定。

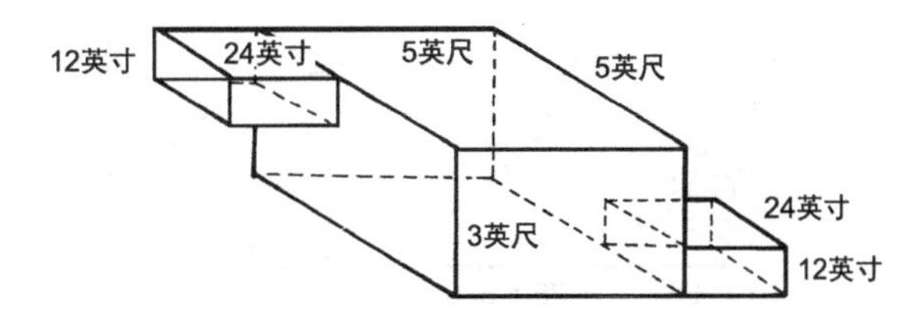

图 17–11 显示了静压箱的尺寸，它会在可听频域范围内产生约 21dB 的衰减量

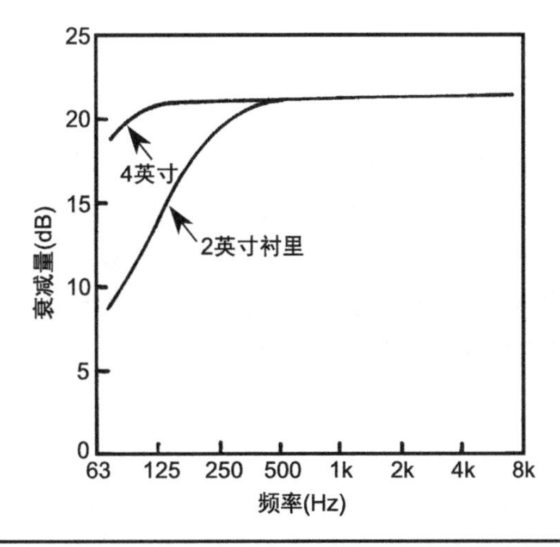

图 17–12 针对图 17–11 所示静压箱的衰减特征进行计算，其衬里是密度为 3 磅 / 立方英尺的玻璃纤维，厚度分别 2 英寸和 4 英寸。根据 ASHRAE 的程序计算

图 17–13 所示给出了实际的测量结果，该静压箱与图 17–11 所示的静压箱有着相似的水平尺寸，但是它的高度仅为前者的 1/2，且内部使用障板。该静压箱可以在 250Hz 以上有着 20dB 以上的衰减。

对于静压箱的衰减效果，可以通过增加出、入口横截面积的比例、增加数量，以及增加吸声衬里的厚度来提高。在风机排风处放置一只静压箱，是一种降低进入管道噪声经济有效的方法。在一些情况下，闲置的阁楼空间也可以用来作为衰减噪声的静压箱。

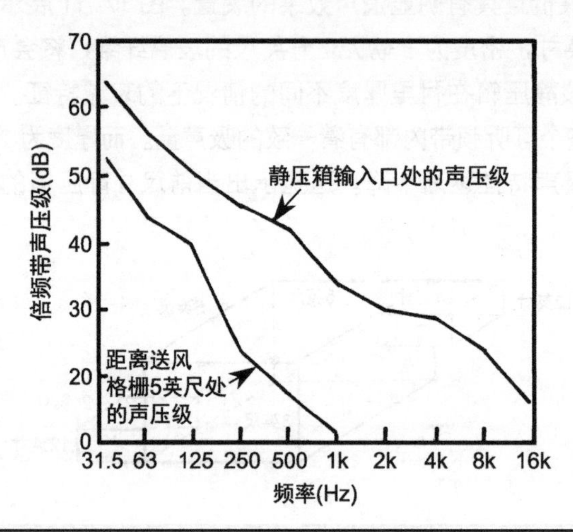

图 17–13 在两个位置所测得的噪声声压级，即静压箱输入口和距离送风格栅 5 英寸地方。这个静压箱的尺寸接近于图 17–11 所示的尺寸，但是高度仅为它的 1/2，且包含了挡板

17.8 密闭的衰减器

市场上有各种带有专利的噪声衰减器。图 17–14 展示了几种衰减器的横截面，它们的衰减曲线在图的下方。作为比较，简单的直线型管道衰减如曲线 A 所示。一些衰减器我们是不能直接从入口刨出口的。也就是说，声音一定会在单元横截面的吸声材料上发生反射，因此也会产生更大的衰减。在这些密闭的衰减器中，吸声材料通常被穿孔金属板保护起来。这种单元对于语言频段的衰减较大，但是对低频的吸声效果不佳。

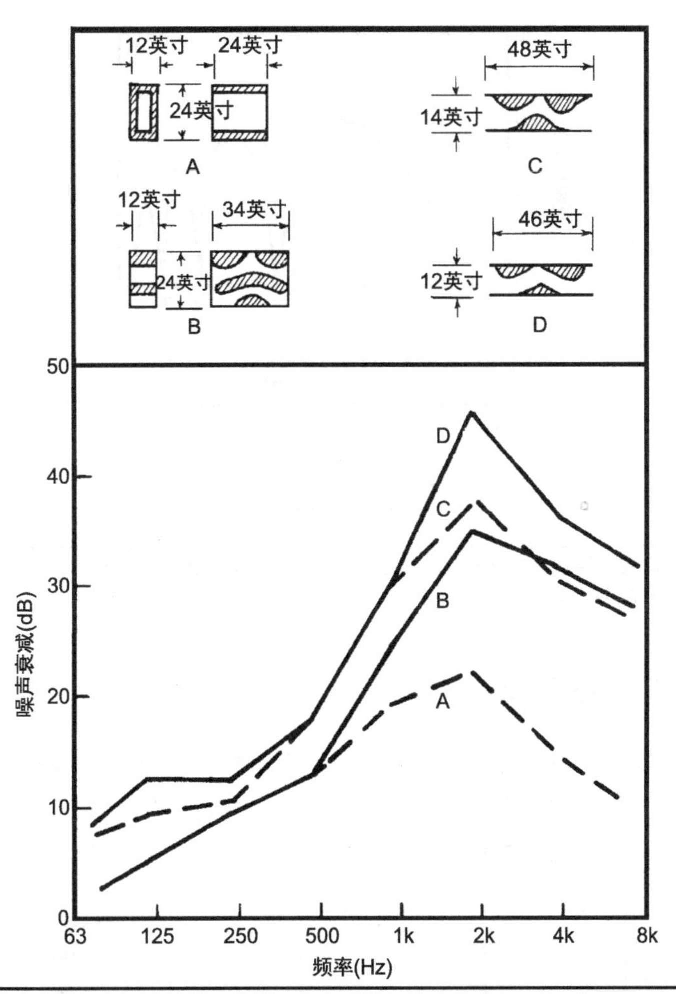

图 17-14 3 个封装的消声器与有衬里管道（曲线 A）衰减特征的比较（Doelling）

17.9 抗性消声器

一些消声器所采用的是扩展室原理，如图 17-15 所示。这些消声器的衰减作用是通过声音能量反射回声源来实现的，在这过程中一些声音能量可以被抵消（类似于汽车尾部的消声器）。因为其入口及出口的不连续性，会使声音在这两个点发生反射。相消干涉（衰减谷值）与相长干涉（衰减峰值）在频带上间隔排列，衰减峰值随着频率的增加而变低。由于这些峰值不是谐波关系。因此，它们没有对噪声的基频及相应谐波产生较大的衰减，更确切地说是频谱的衰减带。然而通过调节，它能够衰减掉基频的主要峰值，同时大多数谐波也会有一定的衰减，保持较低的幅度。两台抗性消声器可以串联在一起，同时一台消声器可以叠加另一台消声器的波谷。因此，可以通过连续的衰减来覆盖一个较宽的频率范围。在该种类型的消声器当中，不需要使用吸声材料。

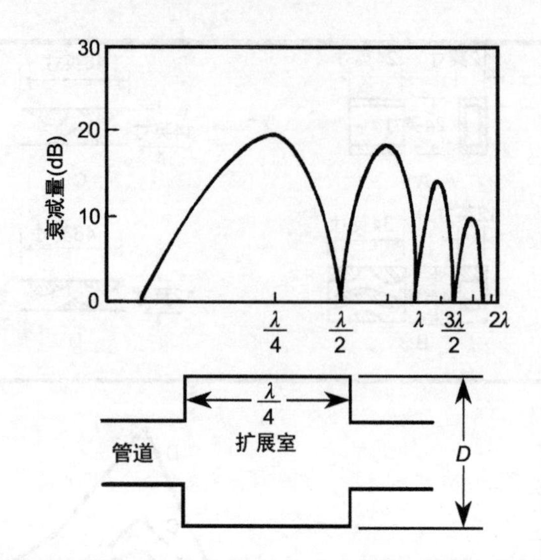

图 17–15 使用扩展室抗性消声器的衰减特征。通过把能量向声源方向反射，可以对声音进行一定的衰减，抵消了部分即将到来的声音（Sanders）

17.10 调节后的消声器

图 17–16 是一只被调节的共振型消声器，它在较窄频带上提供了较大的衰减。这类消声器，即使是一个较小的单元也能够提供 40~60dB 的衰减，有效减少了 HVAC 系统中的单频噪声问题，例如风扇噪声。同时，这种吸声体有着较小的气流阻力，有着其他吸声体不具备的优势。

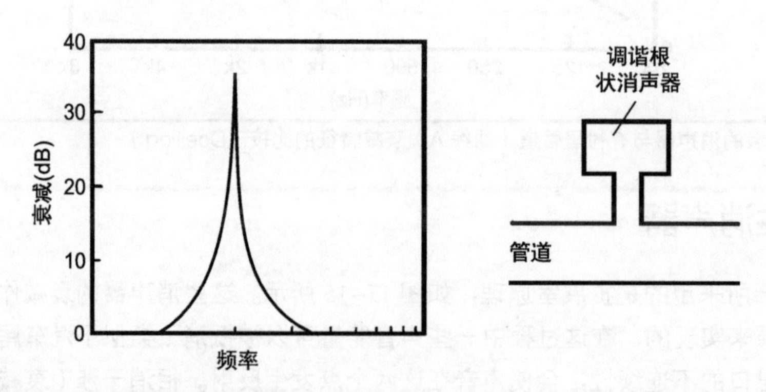

图 17–16 经调谐根状消声器的衰减特征

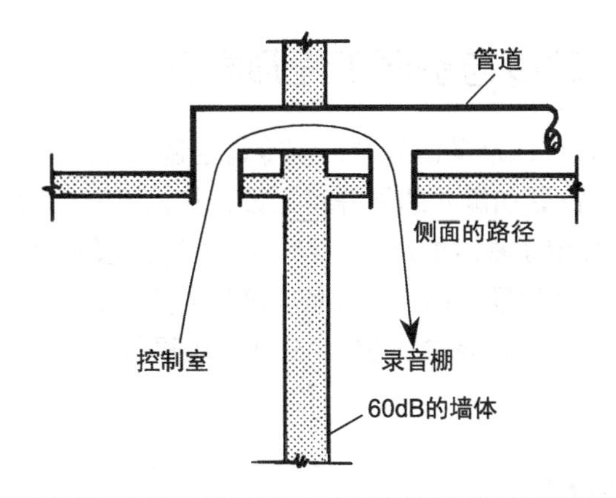

图 17-17 从一个格栅到另一个格栅有着较短传播路径的管道，噪声能够绕开具有高传输损失的墙体

17.11 管道位置

当通风系统在两个相邻的声学敏感房间时，需要对其进行较复杂的设计。尽量减少管道对这两个房间的串扰。例如，在控制室和录音棚之间设计一堵 STC-60dB 的墙，而两个房间有着共用的送风和排风管道，且间隔很近。这种设计是不好的，如图 17-17 所示。管道将会连通这两个房间，并形成一条路径较短的通风管道，这样很大程度上降低了 STC-60dB 墙体的传输损失。在一些没有经验的空调系统承包商当中，类似这种问题很容易出现。为了能在管道系统中获得 60dB 的衰减，从而匹配墙体结构，需要应用许多之前所讨论的技术。如图 17-18 所示，提供了两种能解决上述问题的方法。如果它们共用相同的管道，那么两个房间格栅之间的开孔距离越远越好，或者直接使用两条独立的送风、排风管道，将会有更好的效果。

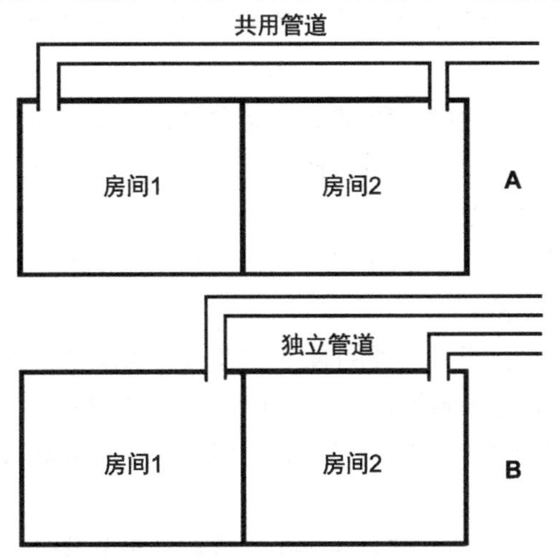

图 17-18 两种可以解决图 17-17 所示问题的方法。(A) 两个格栅的相距间隔尽量较远。(B) 每个房间都使用独立的管道。这两种方法都会增加管道的长度，从而增加声音的衰减

17.12 美国采暖、制冷与空调工程师学会

对于声学设计师来说，可以从美国采暖、制冷与空调工程师学会（ASHRAE）获得丰富的 HVAC 数据。我们在本章进行更加深入的展开讨论设计技术是不切实际的，而 ASHRAE 手册是非常有用的参考。该手册介绍了基本的原理，包括源 / 路径 / 接收体的概念、基本的定义和术语，以及声学设计目标。其他话题包括户外设备安装的噪声控制，设备机房的噪声隔离，振动隔离和控制，以及噪声振动问题的解决方案。ASHRAE 也提供了减少空调系统产生房间噪声的标准。

17.13 有源噪声控制

我们可以通过辐射相反相位的噪声与原噪声叠加从而抵消其中一部分。我们所使用的反相噪声在频率和声级上与噪声源相同，只是相位相反，这产生了相消干涉和噪声衰减。一只灵敏的话筒接收原始噪声信号到处理器，在那里对噪声进行分析并产生相反的信号，同时送到扬声器进行输出。有源噪声控制应用在有较大噪声的工业区附近的效果相当好，然而这些应用通常是在受约束的空间内进行的，例如通风管（耳机）。这种技术对于连续的低频噪声非常有效。把这种技术应用在诸如听音室、录音棚、控制室等声学敏感区域，其在成本效益方面依然有着广阔的前景。

17.14 一些建议

(1) 控制气流噪声最有效的方法是增加管道的直径，以便降低气流的速度。造价较低的小管道，通过使用消声器也可以把高流速的噪声降低到一个可以接受的水平。

(2) 由于空气扰流会产生噪声，故直角弯管和阻尼器放置在距离出口 5~10 倍直径的位置，会有效减少这种扰流作用产生的噪声。

(3) 管内的噪声和扰流所导致管壁的振动，会向周边区域辐射产生噪声。矩形管道相比圆形管道有着较差的抗噪声能力。这种噪声会随着气流速度以及管道尺寸的增加而增加，而通过外部添加隔声材料可以有效对其控制。

(4) 吸声顶棚不是一个很好的隔声屏障。因此在一个声学敏感的区域，吊顶天花板上面的空间不应该放置高气流终端设备。

(5) 人耳能够感知的声音远低于普通的 NCB 或者 RC 曲线。我们的目标应该是把噪声降低到一个可以接受的水平。例如，在录音棚当中，使用普通声压级重放时，听不到房间噪声。

(6) 静压箱是一种有效而简单的噪声装置，且能对整个可闻频段的噪声进行衰减。它对风扇的噪声输出有着特殊的效果。

(7) 一些噪声能量集中在高频，而一些集中在低频。因此我们必须要对消声器进行整体平衡，以便噪声遵循合适的 NCB 或者 RC 曲线，不然会导致超标准设计。

18 听音室声学

本章中主要考虑的是具有音乐录音重放功能的房间设计。这类房间或许被作为重放音乐、家庭影院或者专业的录音工作室来使用。一些家庭有着用来欣赏音乐或电影的房间，而另一些家庭有着多功能的房间，特别是他们会把客厅也作为听音室来使用。重放设备包括简单的立体声系统，也包括非常复杂的家庭影院系统。不管怎样，房间声学都会对重放信号的音质有着重要影响。

对于声学专家和发烧友来说，听音室的设计面临与专业录音棚同样的挑战。所有主要的声学问题，都会体现在听音室和其他小房间的设计当中。因此在本章当中，对听音室声学问题的讨论，也可以被看成是对后面章节中其他种类小空间的声学介绍。尤其是，将会对扬声器的重放声音如何受房间声学影响的本质问题进行讨论。

18.1 重放条件

室内声学是录音和重放过程中的重要组成部分。在每一个声学问题当中，都会有一个声源和接收装置，而它们之间有着某种声学关系。这里的声源 / 接收装置，可能是乐器 / 话筒或者是扬声器 / 听音者。用话筒记录声音，它包含着对周围声学环境的记录。例如，声源为一支交响乐团，在音乐厅当中进行录音。如果厅堂的混响时间为 2s，那么当脉冲声或音乐声突然停止时，这 2s 的尾音是非常明显的，同时混响时间会对音乐的丰满感造成影响。把这种音乐放在听音室内进行重放时，什么样的房间特征会最适合该类型的音乐呢？

另一种也许不对流行音乐进行录音。它通常会在一个相对较“干”的录音棚当中以分轨的方式录音。在这个较“干”的区域所演奏的节奏部分，被很好地录制到各个独立的声轨当中。在后面部分，其他乐器和人声被记录到另外的声轨上。最后，以上记录的所有声轨，以适当的声压比例混合到立体声或者多声道母线当中。同时在混音的过程当中，加入了各种效果，其中也包括混响。什么样的听音室声学特征，最适合重放这种音乐？

如果发烧友的口味更加专业化，那么在听音室的声学设计当中，最好针对某一种类型的音乐有着相对良好的声学设计。如果欣赏者的口味偏大众化，那么听音室的声学设计或许要折中，从而满足多种类型音乐的重放。

听音室重放音乐的动态范围是由重放声音的最大值和最小值决定的。在声音最大值方面，主要取决于扬声器的最大功率、额定功率以及效率。在声音最小值方面，它受到周围环境以及系统本底噪声的影响。例如，家庭环境噪声可能就决定了，该房间动态范围的最小值。在这 2 个极值之间的可用范围，通常远远比不上音乐厅中交响乐团的动态范围。当在确定动态范围需求的过程中，如果考虑了瞬态声压的峰值，那么就需要更大的动态范围。

Fiedler 使用在安静环境中高声压级的演奏，来展示对于主观感受的无噪声的音乐重放来说，必须要有 118dB 的动态范围。图 18–1 所示概括了上述结果。各种声源的瞬态峰值声压级，如该图顶部位置所示。当听音者在一个标准听音环境当中，我们把含有白噪声的节目源调节到刚刚可以听到的声压级位置，如图的底部所示。对于真实的重放声音来说，这意味着听音室需要进行大量的隔声工作以确保具有较低的环境噪声，同时需要重放系统具有较高的功率，以保证高声压级的信号不产生失真。

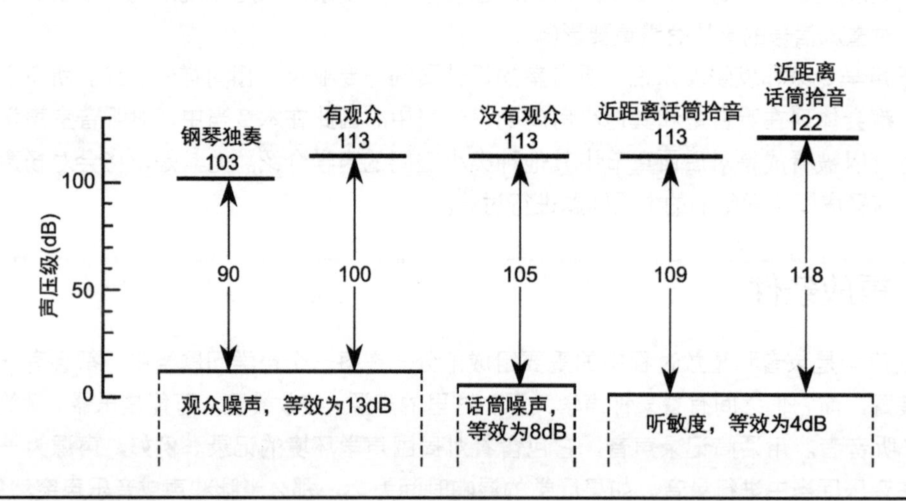

图 18–1 对于主观的感受无噪声音乐重放来说，我们需要高达 118dB 的动态范围（Fielder）

18.2 小房间的声学特征

由于可闻频谱的范围涵盖 10oct，所以在任何房间的声学分析当中都会存在问题。对于小房间来说问题就更加明显了，而对于大房间来说问题则完全不同。当房间尺寸与声波波长相当时，这个推论就更加明显。声音在 20Hz~20kHz 的频带范围，所覆盖的声波波长为 56.5~0.056 5 英尺（0.68 英寸）。对于 300Hz 以下（波长为 3.8 英尺）的频率部分，可以把听音室看成共振腔体。这种共振不是房间的结构共振，而是房间内由于密闭空间限制所产生的共振。当频率增加到 300Hz 以上时，其声波波长相对房间尺寸来说变得足够小，可以被看成射线。

在密闭空间当中，声音表面的反射主导了低频和高频区域。在低频部分，反射产生的驻波使得房间成为有着不同频率共振的腔体。这些驻波是小空间内低频共振的主要原因。房间表面的声音反射，也影响了它中、高频部分的频率响应，在这个频率范围内是不存在腔体共振的，它以镜面反射为主要特征。

18.2.1 房间的尺寸和比例

如果在较小空间中录制声音，出现声学问题是不可避免的。例如，Gilford 认为体积小于约 1 500 立方英尺的空间，会非常容易产生声染色现象，这种尺寸的房间不宜使用。小于这个体积的房间，会产生较宽频率间隔的简正频率，这是产生可闻失真的主要原因。在其他条件相同的情况下，通常房间的容积越大音质会越好。

正如在第 13 章所看到的那样，可以通过选择合适的房间比例，来得到最佳的模式分布。在建造一个新房间时，强烈建议去参考一下这些比例，并通过计算及轴向模式频率的研究来确定最终的房间尺寸。

在大多数情况下，听音室的形状及尺寸是已经确定的。那么我们会对现有房间尺寸进行轴向模式计算。通过对模式频率的研究，会寻找到简并现象（两个或者更多模式在同一个频率）存在的位置，或者发现模式频率间隔大于 25Hz 的频率。针对这些会产生声音染色问题的频率，我们将会采取下一步补救措施。

在现实当中，并没有一个完美的房间比例。在设计当中，很容易过分强调房间的力学因素。实际上，人们应该更加关心房间共振的问题，并意识到它将造成的后果。通过对房间模式的关注可以减少声音染色问题，从而获得更高的声音质量。

18.2.2 混响时间

混响时间是许多决定小房间音质的因素之一。听音室的总吸声量确定了房间的听音环境。如果房间有过多的吸声或者混响，其声音质量都将会恶化，同时在这种声场环境下的大多数听音者会产生疲倦感。在听音室当中，没有一个最佳的混响时间。我们经常会用一个简单的对话测试，来确定混响时间是否合适。如果在中置扬声器位置的讲话者，它的声音能够在听音位置清晰地听到，那么这时的混响时间是近似正确的——房间的声音既不太“湿”，也不太“干”。

赛宾公式让我们能够建立材料的吸声量与所需要合理混响时间之间的关系。它有利于我们推断出一个合理的混响时间，例如 0.3s，成为这些计算的目的。通过公式，总的赛宾吸声量能够被估算出来，这将会产生一个合适的听音环境。在许多家庭的听音室当中，建筑结构和家具常常起到大量吸声的作用。但是，在大多数情况下，房间是需要吸声墙板和地毯的。要通过仔细的听音测试，才能决定什么样的房间环境最适合该种类型的音乐。

18.3 对于低频的考虑

我们把图 18–2 所示的房间，作为分析低频响应的起点。房间的尺寸为 21.5 英尺长、16.5 英尺宽，天花板高度为 10 英尺。这些尺寸决定了房间的轴向共振模式，以及它们的谐波。根据在第 13 章中的讨论，轴向模式将会起到主要作用，而切向和斜向模式将会被忽略。根据长度、宽度和高度的计算，得到 300Hz 以下的轴向模式频率，见表 18–1。这些轴向模式频率按照升序排列，从而打乱了它的长、宽、高模式。2 个临近的模式间隔在最右侧的那一列。没有明显的简并现象。仅有 1 对间隔为 1.5Hz 的模式。房间比例为 1 ：1.65 ：2.15，较好地落在 Bolt 区域内。

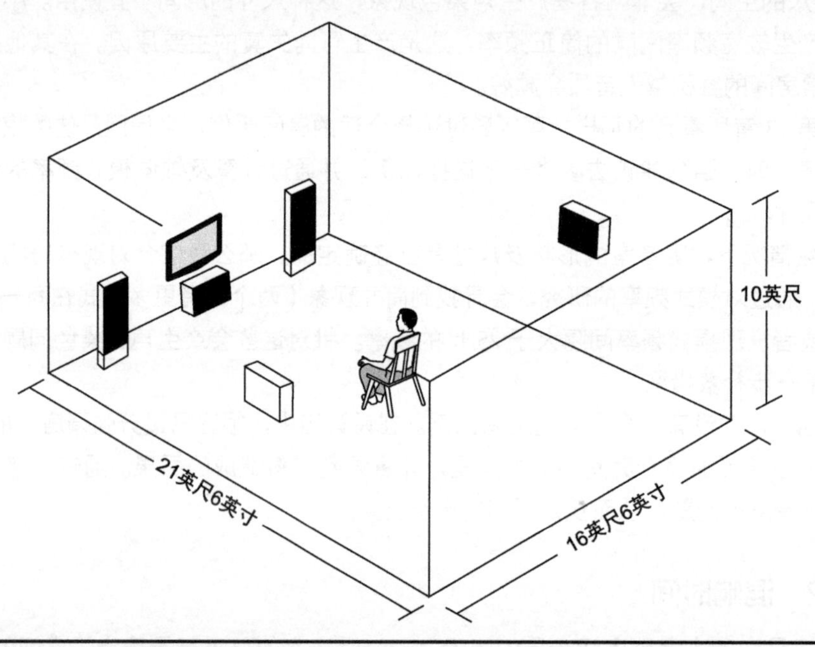

图 18–2 针对轴向模式分析假设的听音室尺寸

房间尺寸＝ 21.5 英尺 ×16.5 英尺 ×10.0 英尺					
	轴向模式的共振频率（Hz）			按升序排列	轴向模式的频率间隔（Hz）
	长度 L=21.5 英尺 f_1=565/L（Hz）	宽度 W=16.5 英尺 f_1=565/W（Hz）	高度 H=10.0 英尺 f_1=565/H（Hz）		
t_1	26.3	34.2	56.5	26.3	7.9
t_2	52.6	68.4	113.0	34.2	18.4
t_3	78.9	102.6	169.5	52.6	3.9
t_4	105.2	136.8	226.0	56.5	11.9

（续表）

房间尺寸＝ 21.5 英尺 ×16.5 英尺 ×10.0 英尺					
	轴向模式的共振频率（Hz）			按升序排列	轴向模式的频率间隔（Hz）
	长度 L=21.5 英尺 f_1=565/L（Hz）	宽度 W=16.5 英尺 f_1=565/W（Hz）	高度 H=10.0 英尺 f_1=565/H（Hz）		
t_5	131.5	171.0	282.5	68.4	10.5
t_6	157.8	205.2	339.0	78.9	23.7
t_7	184.1	239.4		102.6	2.6
t_8	210.4	273.6		105.2	7.8
t_9	236.7	307.8		113.0	18.5
t_{10}	263.0			131.5	5.3
t_{11}	289.3			136.8	21.0
t_{12}	315.6			157.8	11.7
				169.5	1.5
				171.0	13.1
				184.1	21.1
				205.2	5.2
				210.4	15.6
				226.0	10.7
				236.7	2.7
				239.4	23.6
				263.0	10.6
				273.6	8.9
				282.5	6.8
				289.3	18.5
				307.8	

轴向模式的平均频率间隔 =11.7Hz。
标准差 =6.9Hz。

表 18-1 轴向模式

现在这些轴向频率的计算被应用在听音室当中。根据 Toole 的风格，如图 18-3 所示。波谷位于波谷曲线上，它在整个听音室内被画出来。代表长度模式波谷的直线，被同时画在立面图和平面图上，因为这些波谷实际上形成了一个波谷平面，它从地板一直延伸到天花板位置。我们能够通过移动听音者的位置，来避免在 26Hz，53Hz 和 79Hz 处的特殊波谷，然而可以看到在300Hz 以下有着八个以上的波谷。

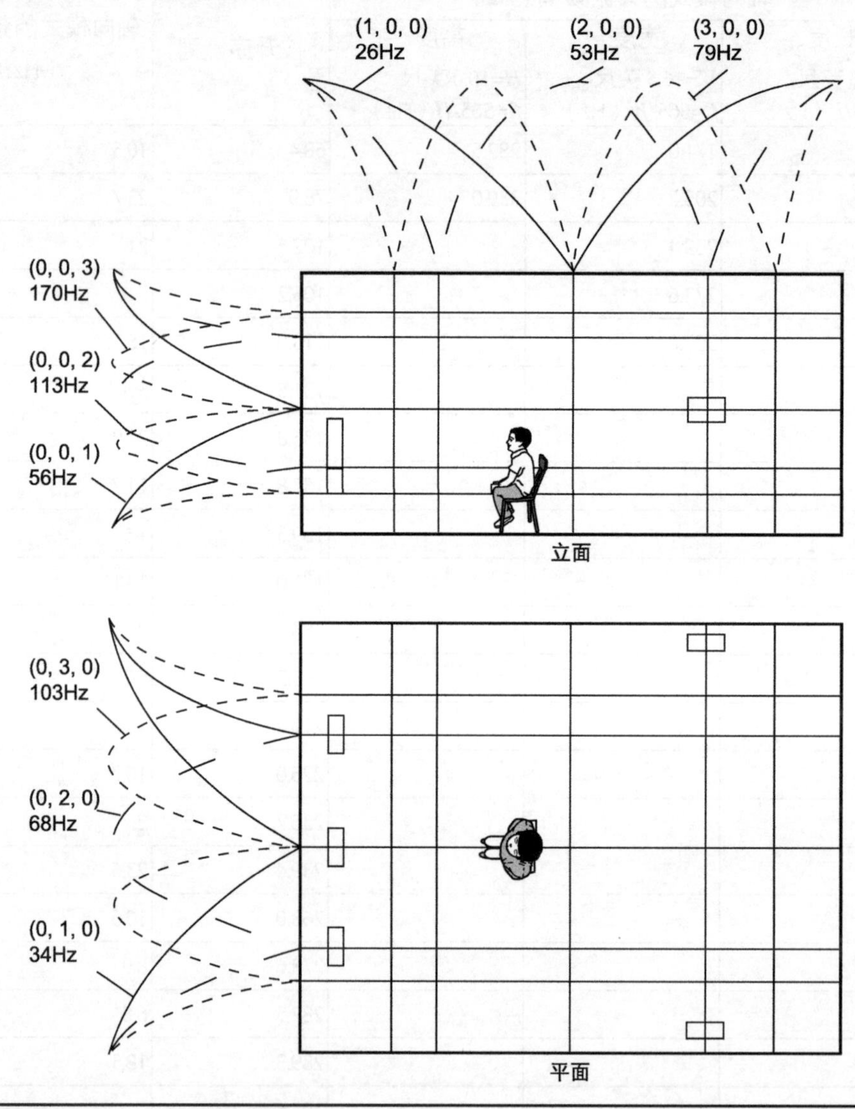

图 18-3 展示了图 18-2 所示听音室的平面图以及立面图，同时展示了表 18-1 所列前三个轴向模式的声压分布

三个最低的轴向模式波谷（56Hz，113Hz 和 170Hz），它们与房间的高度有关，如图 18-3 所示的立面图。这些波谷是位于不同高度的水平面。在立面图上，我们可以看到听音者的头部位于两个波谷与 79Hz 共振峰值之间。

这三个轴向模式的最低频率，被标注在平面视图当中。在这种情况下，波谷是一个垂直的平面，它从地面延伸到天花板。位于房间正中位置的听音者，处于每一个奇次轴向模式的波谷。因此，如果我们选择这个位置作为主要的听音位置，将会是一个不好的选择。

由于它们的位置已经明确，所以共振频率的波谷位置已经标示出，但是在任何两个已知轴向模式之间也存在着峰值。虽然我们可以移除频谱中大部分波谷，而房间声学的低频部分还是由峰值所主导的。

在听音室的模式结构当中，它的复杂程度是显而易见的。我们仅仅展示了各轴向模式（长、宽、高）的前三个模式频率。所有的轴向模式频率被列在表 18–1 当中，它们在室内声学的低频部分起着重要的作用。在房间当中，这些轴向模式频率仅仅是在重放声音激励时才存在，而音乐的频谱是连续变化的。因此，它对模式频率的激励也在不断变化。例如，仅仅当音乐的频率触及 105.2Hz 时，它（见表 18–1）在长度方向的轴向模式频率才被激励。同时所有这些，仅仅展示了 300Hz 以下的声音能量。

18.3.1 模式异常

由短暂偏离房间平直响应所引起的低频异常现象，是受到了模式简并或者相邻模式之间的较大频率间隔的影响而产生的。例如，瞬态猝发的音乐能量会导致不平衡，它激励了房间模式。随着瞬态激励消失，每个模式都会在其固有频率处（通常不同）衰减。在邻近的衰减模式之间，能够产生拍频。能量在新的不同频率注入，会产生可闻的信号失真。

18.3.2 模式共振的控制

听音者耳朵处的低频声场是由该点轴向、切向以及斜向模式的向量共同构成的。扬声器激励了它们位置附近的共振模式。在扬声器位置有着波谷模式的频率是不能被激励的，但是这个位置会有着部分或者全部极大值的模式会被成比例激励。在听音室内，听音处与扬声器之间的低频共振作用是复杂的，而如果把它们分解成各自的模式，将会更加容易理解。

声源和听音者之间的位置，应该避免波谷模式（特别是轴向模式）的分布。也应该考虑扬声器的摆放位置并试着轻微移动，以改善其重放音质。对于听音处的位置也是如此。其中包括高度在内的位置改变，都将会影响听音位置的音质和频率响应。

18.3.3 听音室的低频陷阱

在许多情况下，对每个模式进行单独的声学处理是不切实际的。通常在房间的低频处理当中，我们可以更加有效的解决“隆隆声”，及其他共振异常的问题。实际上，当选择听音房间时，通过使用木质结构或石膏板结构，可以为该房间提供一定的低频吸声能力，从而实现对普通共振模式的必要控制。与此相反，具有水泥结构的房间会缺少对低频的吸声，它需要增加额外的低频陷阱来对低频进行处理。

除了房间的通常环境调节，扬声器附近房间角落处的低频吸声处理，能够起到对立体声以及环绕声声像起到重要作用。图 18–4 中的四种方法，都可以实现良好的低频吸声。我们应该把该吸声体放置在角落，这是因为通过模式分析可以看出角落是低频能量聚集的地方。图 18–4A 所示为一个被固定在房间墙角上的赫姆霍兹共振吸声体，它的高度是从地板到天花板的。这个吸声体可以利用穿孔板或者间隔板条来制作。我们必须假定一些设计频率，例如 100Hz。同时要对三角形状的平均深度进行估计。通过改变陷阱的深度，可以获得更多的吸声带宽。我们也可以使用膜吸声体。

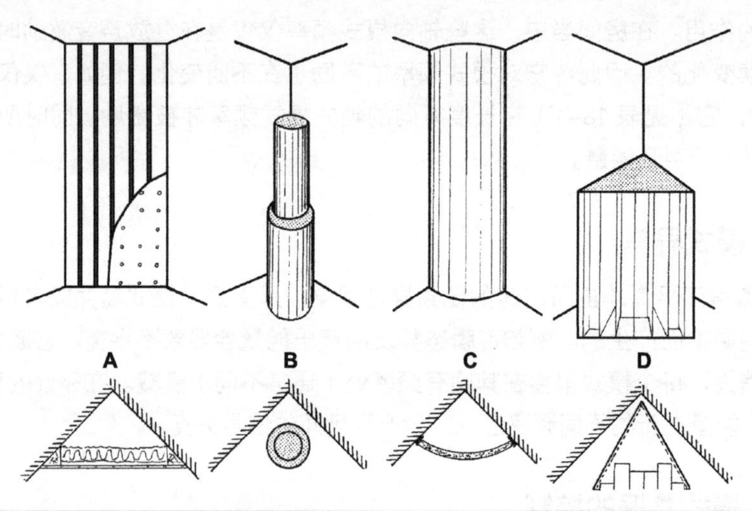

图 18–4 对于听音室墙角来说，四种可能的低频吸声方法。（A）嵌入的墙角共振体。（B）堆放的圆柱形共振体。（C）多圆柱共振体。（D）带扩散的共振体

图 18–4B 所示为圆柱形吸声体，它是通过在较大直径单元上固定一个较小直径单元来获得必要吸声量的，整个吸声体高度约为 6 英尺。如果有必要，可以使用更大直径的吸声体，用来吸收更低频率的声音。这些低频陷阱是纤维材料制成的圆柱，它是有着金属网骨架的共振腔体。圆柱的 1/2 表面覆盖着可以反射的柔软材料。低频能量（400Hz 以下）完全可以穿透它，而高频声会被反射回来。它被放置在墙角附近，且圆柱体的反射面正对房间。这种圆柱体兼具低频吸声和高频扩散作用。

图 18–4C 所示的墙角处理是把 1 英寸 ×1/2 英寸的 J 型金属轨道安装在墙角，并用它固定平板的边沿。薄板被弯曲固定在合适的地方。声学平板后面的空腔起到了低频吸声的作用。板上弯曲的反射带对 500Hz 以上的声音起到宽角度反射的作用。

墙角处针对低频的其他声学处理是选用声学模块，如图 18–4D 所示。模块的标称尺寸为高 4 英尺、宽 2 英尺。模块有两个吸声面和一个二次余数扩散面。可以把吸声面对着墙角位置，来对房间进行模式控制，同时扩散面朝向房间。扩散面可以对落在它上面的声音能量进行扩散，这也减少了反射回房间的声音能量。

我们把图 18-4 所示的任何一种装置，放到听音室扬声器附近的墙角上，都会对解决由房间共振所引起的立体声声像问题有所帮助。假如需要更多的模式控制，也可以在没有扬声器的房间角落处放置类似的吸声体。

18.4 对于中、高频的考虑

较短波长（约在 300Hz 以上）声音的传播可以被看成是产生镜面反射的声音射线。图 18-5 展示了在听众位置处扬声器中、高频声音的反射情况。由于房间的对称特点，只需要研究右侧扬声器的细节。

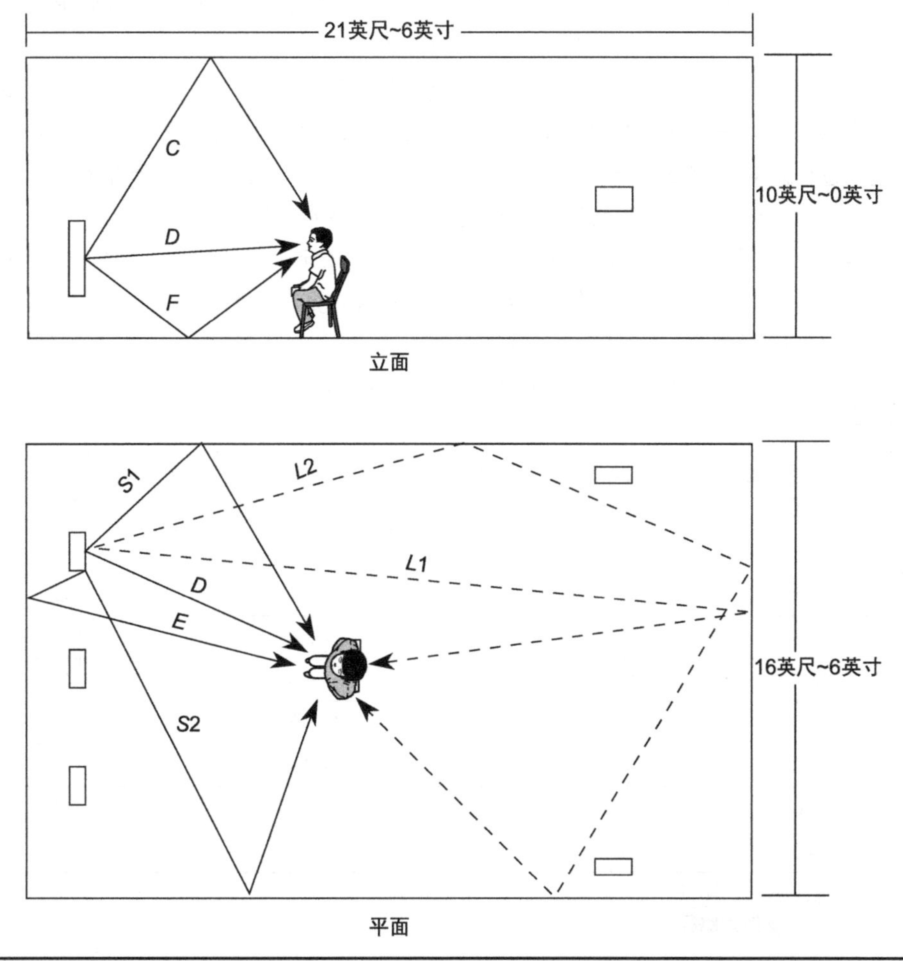

图 18-5 展示了听音室的平面图和立面图，它包括了直达声 (D)，以及来自地板的（F）、天花板的（C）、侧墙的（S1 和 S2）、扬声器箱体边沿扩散的（E）早期反射声。后面的反射声 L1 和 L2 是混响声的开始部分

到达听众耳朵处的第一个声音是直达声 D，它的传播距离最短。下一个到达声是来自地

板的反射声 F。然后是从天花板反射回来的声音 C，以及在附近侧墙反射回来的 S1，以及较远侧墙的 S2。早期反射声 E 是来自扬声器边沿的声音，经后墙反射所形成的。直达声 D 携带了辐射声音信号的重要信息。例如，如果它被较强的早期反射声所覆盖，声像感知和定位将会减弱。

这些声束构成了直达声和早期反射声，它与来自房间后墙反射声，以及更迟到达的声音形成对比。例如，较迟的反射声 L1 和 L2 代表的是形成混响成分的反射声。

在消声室环境下，Olive 和 Toole 用语言作为测试信号，对模拟的侧向反射声进行研究。图 18–6 所示总结了他们的部分工作（为了便于查看，它重复了图 6–11）。图中的变量为反射声压级以及反射延时。当反射声压级为 0dB 时，反射声和直达声有着相同的声压级。当反射声压级为 −10dB，说明反射声比直达声低 10dB。曲线 A 是反射声的最小可听阈值，曲线 B 是声像的变化阈值。曲线 C 是反射声可以被辨识为独立回声的阈值。

对于任何延时来说，在曲线 A 以下的反射声是不能被听到的。对于前 20ms 来说，这个阈值基本上是个常数。而对于更大延时来说，随着延时量的增加，刚刚可以听到的反射声所需要的声压级会越来越低。对于家庭听音室或其他小房间来说，0~20ms 的延时范围是有意义的。在这个范围内的反射声，它的最小可听阈值会随着延时有着较小的变化。

把图 18–5 所示的早期反射声延时和声压，与图 18–6 所示进行比较是有益的。表 18–2 列出对早期反射声（F，E，C，S1，S2）的声压级以及延时的估算，与图 18–5 所示（假设声音是完全反射，且它的传播符合平方反比定律）保持一致。通过图 18–6 所示可以看到，这些反射声全部落在最小可听阈值与回声产生阈值之间的区域。在直达声的后面，紧随着各种声压级及延时的早期反射声，它们会产生梳状滤波失真。

声音路径	路径长度（英尺）	反射声与直达声的路程差（英尺）	反射声与直达声的声级差 *（dB）	延时 ⁺（ms）
D（直达声）	8.0	0.0	—	—
F（地板）	10.5	2.5	−2.4	2.2
E（衍射）	10.5	2.5	−2.4	2.2
C（天花板）	16.0	8.0	−6.0	7.1
S1（侧墙）	14.0	6.0	−4.9	5.3
S2（侧墙）	21.0	13.0	−8.4	11.5
L1（后墙）	30.6	22.6	−11.7	20.0
L2（后墙）	44.3	36.3	−14.9	32.1

$$* \text{反射声压级} = 20\log\frac{\text{直达声路径}}{\text{反射声路径}}$$

$$+ \text{反射声延时} = \frac{\text{反射声路径} - \text{直达声路径}}{1\,130}$$

表 18–2 反射声的幅度和延时

除了侧面反射声以外，其他反射声的声压级通常会比直达声小。图 18-6 所示是对直达声以及侧向反射声的研究。可以通过调节侧向反射声的声压级，来控制房间的空间感以及镜像效应。因此，当设计这个听音室的时候，除了来自左侧和右侧墙面的侧向反射声之外，其他早期反射声应该被去除。这些声音随后将会被调节，来对房间的音质进行优化。

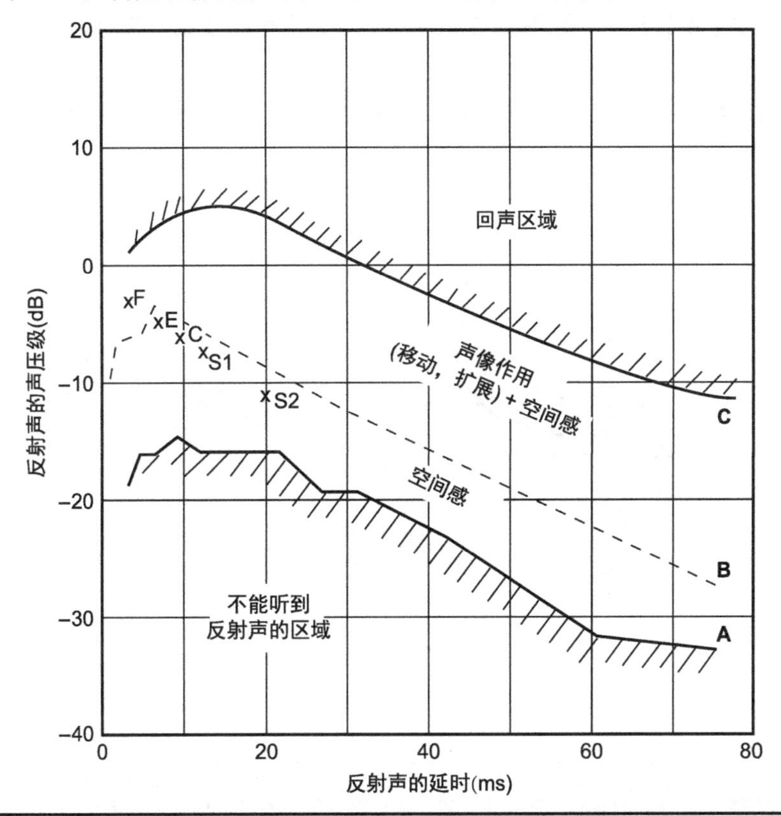

图 18-6 仿真侧向反射声作用的调查结果。曲线 A 是可察觉反射声的绝对感知阈值。曲线 B 是声像变化的阈值。曲线 C 是可以把反射声看成独立回声的阈值。早期房间反射声的计算结果见表 18-2（结果的组成：曲线 A 和 B 来自 Olive 和 Toole, 曲线 C 来自 Meyer 和 Lochner)

18.4.1 反射点的识别和处理

一种减少早期反射声的方法是用吸声材料来处理房间的前半部分。但是，这样做也会吸收侧向反射声，从而让房间感觉太干。取而代之的是，可以通过增加较少的吸声材料，对一些特别不想要的反射声对应的表面处理。

我们可以利用一面镜子较为容易地确定这些反射点。例如，当听音者坐在听音位置时，助手可以在地板上移动镜子，直到观察者能够看到右前方喇叭的高音头为止。这就是扬声器对应地板的反射点。把这个点进行标记，然后重复之前的工作寻找左前方扬声器的高音头，那么地板的第二个反射点被标记出来。把一小张地毯，覆盖在这两个点上，就可以消除地板上这两个点的反射声。我们也可以使用相同的方法，来确定左侧、右侧墙，以及天花板上的反射点（后面会讨论）。这些点都应该充分使用吸声材料（例如薄布、厚重织物、丝绒、吸声砖、玻璃纤维板）进行覆盖，以确保反射点上吸收足够多的高频。

扬声器箱体边沿衍射声的反射点比较难以确定。在扬声器后面的墙上，安装吸声体可以降低这种反射。在重放系统当中，所有的高频扬声器单元产生的反射，都可以用以上的方法进行分析。

当所有反射点都覆盖吸声材料之后，如图 18-7 所示，房间内早期反射声会相应减少，声像将会变得更加清晰准确。

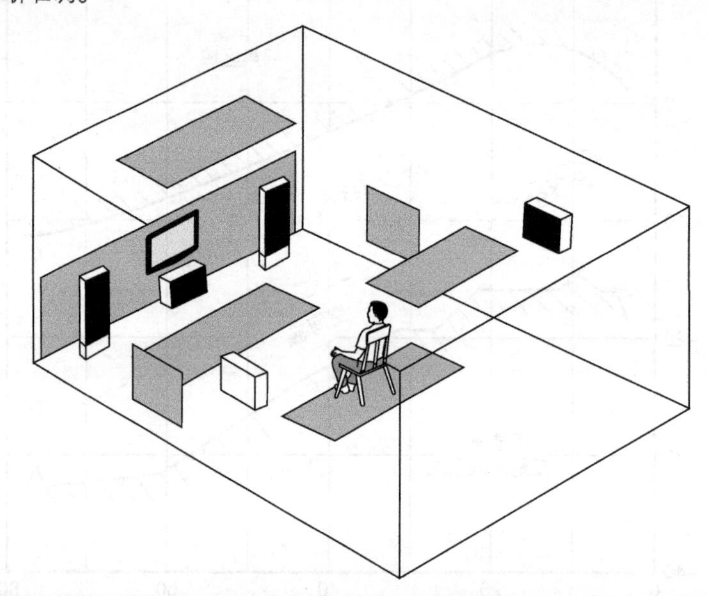

图 18-7 对图 18-2 所示的房间，采用最少的吸声处理来减少房间表面的早期反射声。通过对侧墙吸声体反射率的调节，能够控制听音室内的空间感和声像。我们或许需要额外的吸声材料来对房间的平均混响特征进行调节，从而实现最佳的听音效果

18.4.2 侧向反射声以及空间感的控制

来自侧墙的侧向反射声实际上已经被放置在墙面上的吸声体去除。主观音质评价实验，应该在移开侧墙吸声体，同时保留地板、天花板以及扩散吸声体的条件下进行。现在可以进行图 18-7 所示的测试。较强的侧向反射声，能否给提供我们想要的空间感，又或者它是否会导致不必要的声像扩展？调节侧向反射声的大小，可以通过改变侧墙反射点处的吸声量（例如薄布、厚重织物、丝绒、吸声砖、玻璃纤维板）来实现。例如，侧向反射声可以通过把薄布替换成丝绒来降低。

类似这种提供侧向反射声调节的技术，可以实现我们所需要的空间感，以及立体声和环绕声的声像，以适应个人听音者，或用它来优化不同音乐类型的听音环境。这种对小空间声学设

计的讨论，将会在下一章继续展开。

18.5 扬声器的摆位

扬声器的摆位在很大程度上，取决于房间的结构。例如，一个矩形房间与平面布局复杂的房间，有着不同的摆放需求。通常，立体声扬声器应该被放置在“甜蜜点（Sweet Spot）”之前，它们之间相互成 ±30° 的夹角。环绕声系统可以根据 ITU–R BS.775–2 标准的指引来进行摆放。在 5.1 通道的音频系统里，标准建议中置扬声器的位置为 0°，它与前左和前右扬声器之间的夹角为 ±30°。环绕扬声器与中置扬声器之间的夹角在 ±110° ~±120° 之间，所有这些角度都是相对听音位置而言的，如图 18–8 所示。一些听音者喜欢在这个环形的基础上，向前或者向后一点。这些位置会发生改变，例如，随着屏幕尺寸或者环绕扬声器的不同而发生改变。在 7.1 通道系统当中，四个环绕扬声器分别被放置在 ±60° 和 ±150° 的位置。摆放扬声器的位置是否精准，取决于房间声学、扬声器种类，以及听音者的喜好。

前置扬声器（特别是高频部分）应该被放置在同一高度，其高度要接近听音者坐下时耳朵的高度，同时指向听音者。后环绕扬声器高度也常常会在听音者坐下时耳朵上方 2 英尺或 3 英尺的位置。

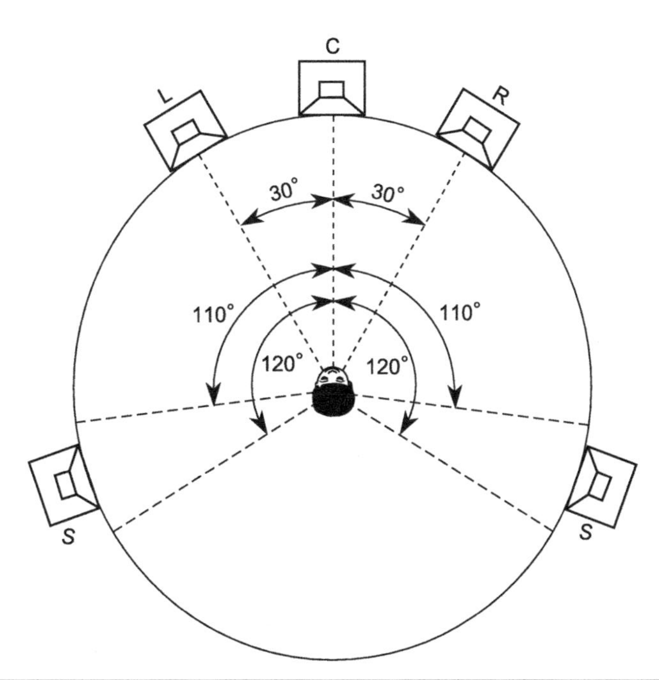

图 18–8 ITU–R BS.775–2 标准。针对 5.1 环绕声重放，它建议中置声道为 0°，前左和右声道与中置声道之间的夹角为 ±30°；环绕声扬声器与中置声道之间夹角在 ±110° ~±120°，以上所有角度都是相对听音位置而言的

因为低频驻波的影响，低音扬声器的摆放位置取决于房间内听音者的位置，以及室内声学的状况。低音扬声器摆放在墙角将会激励起最多的房间模式，且提供最多的低频。而沿着墙或距离墙面一定距离放置，将会激励相对较少的房间模式。反过来，听音位置能接收到更多或更少低频模式，取决于它在房间的位置。在某些情况下，房间的角落位置已经被低频陷阱所占据。

一种确定低音音箱位置的方法是把它放置在座椅上，在有可能的情况下尽量使它与耳朵的高度一致，来进行音乐和电影的声音重放。这时绕着房间移动（在手、膝盖和耳朵的高度），寻找某个位置，它能够对各种音乐和电影都有较好的低频响应，然后把低音扬声器放置在那里。在某些情况下，不同位置或许需要两只或更多的低音扬声器，来提供令人满意的低频响应，特别是在较大的听音区域。我们需要对其进行仔细的确认，并消除由于低音扬声器或者环绕扬声器所产生的异常声音。

19

小录音棚声学

在音乐录音工业当中，拥有着良好声学环境的大录音棚毋庸置疑是主流。但是，由于实用性和经济性等方面的考虑，小录音棚也越来越多地扮演起重要角色。许多音乐家用小录音棚来提高他们的技艺，同时制作小样和商业录音作品。小录音棚录制的音乐，可以被用来发行唱片、下载或出售。许多小录音棚为生产教育、宣传等非营利性组织提供服务。校园、社区电台、电视台以及有线电视等，也需要使用这种小型录音棚。所有这些需求都是因为受到了预算以及技术资源的限制。这些小录音棚的经营者，常常陷入需要良好的音质，但又缺少有效方法的困境当中。虽然以下所介绍的原理有着广泛的应用，甚至对大录音棚设计都会有所帮助，但是本章主要还是针对小录音棚的所有者来展开的。

什么是一间好的录音棚？它有一个最终的判断原则——目标听众对其录音的可接受程度。从商业概念上来说，一间成功的录音棚是一个天天被预定，且可以赚钱的地方。如果公众喜欢这里的音乐，那么该录音棚就是一间好的录音棚。除了音质以外，还有许多因素会影响到录音棚的可接受程度，但是音质是一个至关重要的指标，它至少会对录音棚的长期成功起到很大的作用。

本章主要是针对音乐录音棚，它是话筒拾音工作中对声学环境要求最高的房间。第 20 章会讨论控制室的声学环境，它是录音棚中用来进行声音重放和混音的房间。在这种房间当中，重放扬声器的音响效果是非常重要的。

19.1 对环境噪声的要求

为了有较好的录音环境，任何录音棚都必须有着较低的环境噪声。实际上，录音棚被归类于最安静的工作环境。但是，这样的环境，实现是相当困难的。在许多情况下，房间通常是“安静”的，除了一些很小的偶然噪声。很明显，对于录音棚来说，这是不能被接受的，它必须一直保持安静。

许多噪声和振动问题，能够通过把它选择在一个周围环境较为安静的地方来解决。录音棚的位置，是否接近铁路或者繁忙的十字路口？是不是在飞机航线（或者在飞机起飞的位置）下方？我们可以利用墙体和门窗对噪声的传播带来损耗，从而实现降低背景噪声的目的。有时候我们还可能使用浮动地板。

如果这个空间在一座较大的建筑内部，那么就必须要考虑和评估该建筑可能会产生的其他噪声和振动。在该空间的楼上是否有机械工厂？嘈杂的电梯？舞蹈工作室？当需要较高的声音传输损耗时，使用钢筋混凝土结构也是一种有效的方式。墙体的结构决定了对外部噪声的衰减程度。这对该空间上面的天花板，以及下面地板结构的噪声衰减也同样适用。

一间专业的录音棚，哪怕是一间很小的录音棚，都需要诸如复印、会计、销售、接待、船运以及收货等工作，这里的每一个环节都存在着潜在的噪声。从以上噪声源可以看到，我们所需要的传输损耗都主要集中在内墙、地板和天花板。

在 HVAC（取暖、通风和空调）系统的设计当中，必须要实现我们所需要的噪声指标。为了有一个较低的本底噪声环境，必须要把来自马达、风扇、管道、扩散体，以及格栅的噪声及振动降到最小。噪声控制和 HVAC 的设计，都已经在第 16 和第 17 章讨论过了。

19.2 录音棚的声学特征

由话筒所拾取的声音，可以分为直达声和非直达声 2 个部分。直达声与在自由声场或消声室环境中的声音相同。紧跟其后的非直达声，是密闭空间中非自由声场所产生的声音。后者对于每个房间来说都是独特的，它包含着房间的声学响应。所有不是直达声的声音都是非直达声，即反射声。

19.2.1 直达声和非直达声

图 19–1 展示了针对不同房间的吸声能力，声压随着声源距离变化的情况。这里的声源可以是一个讲话的人、一件乐器或者一只音箱。假设距离声源 1 英尺处测得的声压为 80dB。如果房间各个表面都是 100% 反射，如图 19–1 所示曲线 A，那么在这个混响室各个位置的声压将会为 80dB，这是因为没有声音能量被吸收所造成的。实际上，在这个房间当中是没有直达声的，它们全是非直达声。曲线 B 展示了所有表面都是 100% 吸声的环境，声压随着与声源距离的增加而衰减。在这种情况下，房间内所有声音都是直达声，而没有非直达声成分。最好的消声室可以实现这种情形。在这种真正的自由声场环境下，声源的距离每增加 1 倍，对应声压衰减 6dB。

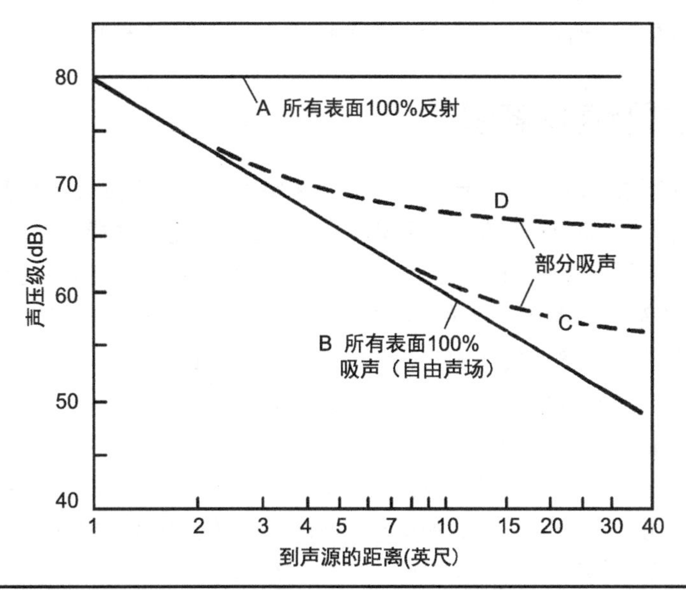

图 19-1 根据空间吸声能力的不同，密闭空间内声压级与到声源距离的变化情况

19.2.2 声学处理的作用

介于曲线 A“全混响”和曲线 B“无混响”之间的“部分混响”，取决于我们对房间的声学处理。在这 2 种极端情况之间的区域，是实际录音棚的声学状况。曲线 C 比曲线 D 显示出更加“干”的声学环境。实际上，我们可以看到直达声与声源之间的距离是非常近的，而在较远的地方，通常是非直达声起主要作用。通过话筒拾取的瞬态声音，它的前几毫秒主要是直达声，而在这之后到达话筒的，通常是来自房间表面反射回来的非直达声。由于声音从不同路径反射回来，它在时间轴上是展开的。

另一种非直达声成分是由房间共振所产生的，它们也会产生反射声的效果。由声源直达声激励所产生的共振作用，已经在第 13 章进行了描述。当声源激励消失以后，每个模式会在它本身的固有频率处，以自己的速率消失。持续时间较短的声音或许由于其时长不够，不足以充分激励房间的共振。

在区分反射和共振时，我们既不能完全用反射的概念，也不能完全用共振的概念，来描述整个可闻频域内的声学现象。共振作用在波长与房间尺寸相当的低频区域起主要作用。声线的概念主要在高频区域起主要作用，它们是更短的波长。在 300~500Hz 的范围内是一个过渡区域。不过请记住这个分析的限制，小录音棚的声音成分能够被描述出来。

非直达声常常取决于建筑结构所使用的材料，例如门、窗、墙以及地板等。它们都会受到声源的影响而产生振动，同时当激励取消以后，它们会以自己独有的速率衰减。如果在房间的声学处理当中，使用赫姆霍兹共鸣器作为吸声体，那么没有被吸收的声音频率会再次辐射出来。

录音棚中声音包含着这些非直达声和直达声分量，它与乐器非常相似。实际上，把录音棚想象成一件乐器是非常有帮助的。它有着自己的声音特征，以及需要一些技巧来充分发挥它的潜力。

19.3 房间模式及房间容积

几乎所有较小容积的房间，都会因为房间共振频率之间的间隔过大而产生声学缺陷。在一个立方体的房间当中，其模式频率的分布最差，这是由于三个基频的模式频率会重叠所引起的，它会产生很大的频率间隙。任何房间的 2 个边长有着整数倍关系，都会存在这种问题。例如，一个房间的高为 8 英尺宽为 16 英尺，这将意味着 16 英尺的二次谐波会与 8 英尺的基波发生简并。通过这个例子，我们看到了房间的比例对轴向模式分布所起到的作用。对于小房间来说，房间比例也是非常重要的。正如我们所看到的那样，大空间相对小空间来说，有着更多的低频模式的优势，因此也会有着更加平滑的低频响应。

如果房间内低频轴向模式的数量比我们所期望的少（通常这种情况会发生在小房间当中），那么需要尽量让这些模式频率的分布更加均匀。我们可以通过选择良好的房间比例来实现这一目标。例如，Sepmeyer 所建议的 1.00 ：1.28 ：1.54 的比例。上述比例可以选择的房间尺寸见表 19–1，根据容积的不同，它的天花板高度分别为 8 英尺、12 英尺和 16 英尺，所对应的房间容积分别为 1 000 立方英尺、3 400 立方英尺和 8000 立方英尺。

我们再来对房间不同尺寸的模式进行分析。轴向模式频率可以利用表 19–1 所列方法，以及图 19–2 计算出来。从图 19–2 所示可以看出，随着房间容积的增加，其轴向模式频率的数量也在不断增加。这样会让低频模式的频率间隔更小，从而会有更加平滑的低频响应。

如图 19–2 所示，在 300Hz 以下轴向模式数量，从小录音棚的 18 个增加到大录音棚的 33 个。在较小和中型录音棚当中，它们的最低频率分别为 45.9Hz 和 30.6Hz，这仅次于大录音棚的最低频率 22.9Hz。从最低轴向模式频率直到 300Hz 范围内，所有模式频率的平均间隔见表 19–2。从表中可以看出，平均模式的频率间隔从小房间的 14.1Hz，减小到大房间的 8.4Hz。因此，房间容积成为衡量声音质量的其中一个重要指标。就这一点而言，小录音棚有着自身的局限性。

除了所展现出来的轴向模式以外。一个房间的主要对角线上也会产生相应的最低频率，这个频率是由于房间的斜向模式共振所引起的。因此，表 19–2 所列出由斜向模式所产生的最低共振频率，是除了最低轴向频率之外的另一种衡量房间低频性能的指标。大房间的最低斜向模式频率为 15.8Hz，而最低轴向模式频率为 22.9Hz。

	比率	小型录音棚	中型录音棚	大型录音棚
高度	1.00	8.00 英尺	12.00 英尺	16.00 英尺
宽度	1.28	10.24 英尺	15.36 英尺	20.48 英尺
长度	1.54	12.32 英尺	18.48 英尺	24.64 英尺
容积	NA	1 000 立方英尺	3 400 立方英尺	8 000 立方英尺

表 19–1 录音棚的尺寸

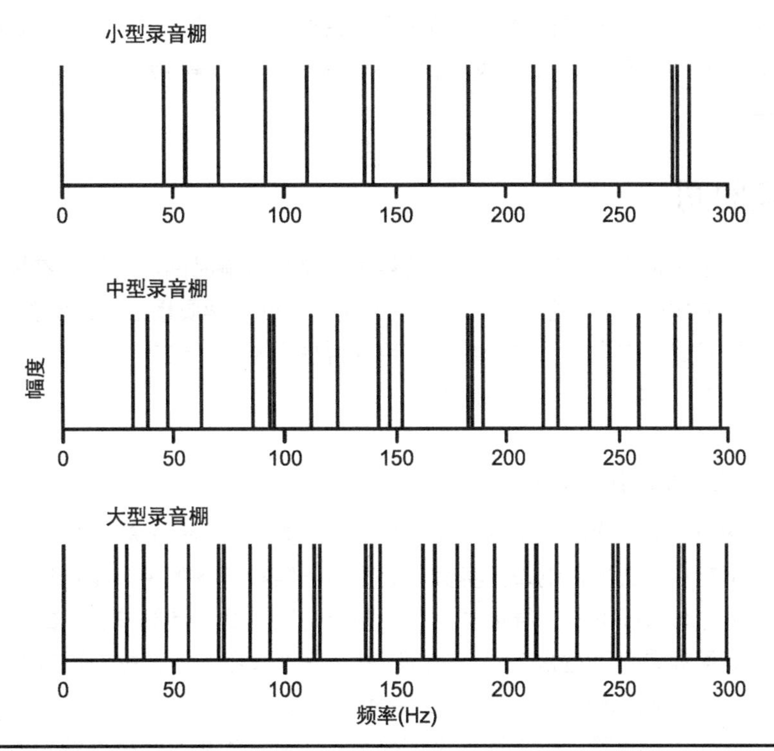

图 19-2　小型（1 000 立方英尺）、中型（3 400 立方英尺）、大型（8 000 立方英尺）录音棚轴向模式共振的比较，所有房间的比例为 1.00 ：1.28 ：1.54

表 19-2 所列出的混响时间，是根据各自房间的尺寸估算出来的。通过这些混响时间，可以利用表达式 $2.2/RT_{60}$ 来估算出对应的模式带宽。模式带宽会从大录音棚的 3Hz，变化到小录音棚的 7Hz。在大录音棚当中轴向模式有着较近间隔的优势，倾向于被其较窄的模式带宽所抵消。当认识到模式频率边沿相互叠加的好处时，我们看到了一组矛盾的因素。然而，通常在大录音棚中，大量在低频的轴向模式会与周围房间发生耦合作用，从而产生优于小录音棚的房间响应。

	小型录音棚	中型录音棚	大型录音棚
300Hz 以下轴向模式的数量	18	26	33
最低的轴向模式（Hz）	45.9	30.6	22.9
平均模式间隔（Hz）	14.1	10.4	8.4
房间对角线所对应频率（Hz）	31.6	21.0	15.8
推断的录音棚混响时间（s）	0.3	0.5	0.7
模式带宽（$2.2/RT_{60}$）	7.3	4.4	3.1

表 19-2　录音棚共振

在考虑到房间共振后，有着较小容积的录音棚会有着基频响应问题。更大容积的录音棚会有着更加平滑的响应。小于 1 500 立方英尺容积录音棚所产生频率响应的异常，有时候会让该房间不能正常工作。

19.4 混响时间

混响时间是以上 3 种类型非直达声组合的结果。测量混响时间，不能直接揭示这些独立混响成分的本质。从这方面来说，这是混响时间作为衡量房间声学质量指标的薄弱环节。1 个或多个混响分量的重要表现，或许会因这种叠加作用变得模糊不清。这就是为什么混响时间是声学指标当中的其中一个而不是唯一一个的原因。

19.4.1 小空间的混响时间

一些声学专家认为，在相对较小的空间里使用混响时间的概念是不准确的做法。的确在小空间当中或许不存在真正的混响域。赛宾公式是基于随机声场的统计学特征。如果在小空间当中，均匀的能量分布特征不占主导地位，那么利用赛宾公式来计算该房间的混响时间是否合适？在理论上，其答案是“不适合”，而在实际中这是“适合”的。由于混响时间衡量的是声音能量的衰减率。0.5s 的混响时间，意味着声音能量衰减 60dB 需要 0.5s 时间。另外一种表达方式为 60dB/0.5s=120dB/s 衰减率。不管是否为扩散声场，声音的衰减会按照特定的比率进行，甚至在有着很少扩散声场的低频区域也适用。在模式频率当中的能量，会按照一些可以测量的比率进行衰减，哪怕在所测量的频带当中，仅包含有很少的模式频率。在小空间的房间设计当中，利用赛宾公式来估算不同频率的吸声量是有实际意义的。同时，要注意在这个计算过程当中的局限性。

如上所述，从理论上来说术语“混响时间”，是不应该与容积相对较小，且声场不均匀的空间联系起来的。但是，作为一个设计者必须要通过计算吸声量，来对房间的声学特征进行估计。对于混响时间来说，它非常适合于这一目的，但是这个数值对于小空间和大空间来说，所表示的混响时间意义是不相同的。

19.4.2 最佳混响时间

如果在一个空间当中，混响时间过长会掩盖讲话中的音节和音乐中的乐句，从而降低语言的清晰度和音乐品质。如果混响时间太短，音乐和语言就丧失了特点，且质量变差，特别是对于音乐来说。混响的这些作用是没有精确定义的。由于包含许多其他因素，所以对于一个空间来说是没有最佳混响时间的。这些因素包括讲话者的声音是男声还是女声，讲话者的语速是快还是慢，英语或者德语（它们在每分钟音节的平均数量不同），语言还是乐器，是长笛独奏还是弦乐齐奏，摇滚还是华尔兹？尽管有这么多变量，我们还是能从实践当中提取大量的有用信息。

图 19–3 展示了混响时间的最佳近似效果，依据这张图我们将会获得对于各种类型录音棚来说合理且有用的结果。特别是图 19–3 所示的阴影区域，它是针对音乐和语言录音棚折中的混响时间区域。

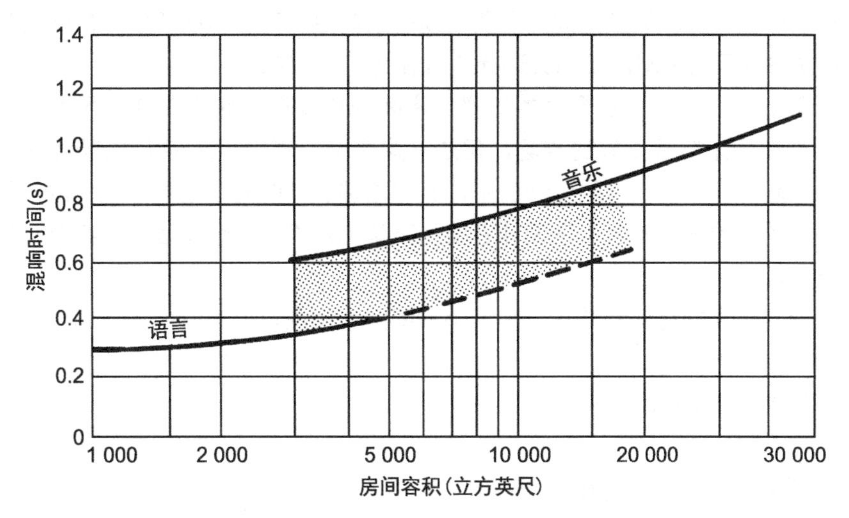

图 19–3 针对录音棚所推荐的混响时间。中间的阴影区域是对于音乐和语言录音来说混响时间折中的区域

19.5 扩散

扩散会对空间感产生作用，它是通过房间的多种反射，以及对共振的控制来实现的。通过改变墙体的角度，以及使用有着几何凸起的扩散体，会有一定的扩散效果。吸声材料的分布不单起到了扩散作用，同时也增加了吸声量。

模块化的衍射格栅扩散单元，提供了有效的扩散，且在小房间内较为容易安装。例如，2 英尺 ×4 英尺的模块单元，它提供了扩散和宽频带吸声（例如，在 100Hz 有 0.82 的吸声系数）的作用，所有模块的厚度都为 2 英寸。而实际上，在录音棚当中，提供过多的扩散是非常困难的。

19.6 噪声

小房间的隔声原理与其他房间一样。墙、地板及天花板必须要提供较高的传输损耗，同时它们要与外界噪声或者振动源去耦合。这样才可以确保良好的录音质量，从而提供较低的环境噪声。同样，也降低了隔壁房间的较大音乐噪声进入该录音棚的风险。在录音棚和控制室之间的间隔是相当重要的。在各种功能之中，这种间隔必须能够起到良好的隔声作用，从而让录音师在控制室内，能够只听到来自监听音箱的声音，而不会受到录音棚内声音的误导。

19.7 录音棚的设计案例

下面是一个例子，它能够被用来作为小房间声学方面的设计原理。如果房间的尺寸为 25 英尺 ×16 英尺 ×10 英尺。假设房间的主要用途是录制由人声和乐器所组成的传统音乐。对于容积为 4 000 立方英尺的房间，我们会选择 0.6s 作为它的混响时间。以上房间的比例不是模式响应的最佳比例。为了具有更加合适的比率，房间的长度将会变成 23.3 英尺而不是 25 英尺。我们能够让房间变短来实现更好的声场，但是在这个例子当中，25 英尺的长度并没有产生严重的轴向模式问题。在许多实际的设计当中，类似这种折中的方法是不可避免的，并且常常也是不值得去补救的。的确，一名声学设计者要从声学和预算这两个角度，来判断一种折中方法是否可以被接受。

可以考虑使用不同的材料和结构，来对小房间的低频进行处理。由于房间主要是一间音乐录音棚，或许需要考虑使用一些板，同时由于需要录音棚具有良好的扩散效果及明亮感，或许可以考虑使用多圆柱扩散体。

19.7.1 吸声的设计目标

在设计当中，我们通常会从吸声部分开始考虑。0.6s 的混响时间是我们想要的。但是这需要多少吸声量来完成这个设计目标？对于一间容积为 4 000 立方英尺的录音棚来说，通过计算可以得出，这需要 327 赛宾。而且在六个频点当中，每一个频点都需要 327 赛宾。多圆柱体扩散模块，能够提供对低频的大部分吸声，同时也提供一些所需要的扩散。需要多少多面体来完成这个工作？在 100~300Hz 的区域内，吸声系数在 0.3~0.4。我们选择 0.35 作为不同尺寸多圆柱体的平均吸声系数。通过以下关系式，可以估算多圆柱体的面积。

$$A=S\alpha \tag{19–1}$$

其中，A= 吸声量，赛宾。

S= 表面积，平方英尺。

α =吸声系数。

因此，我们需要的面积为 S=327/0.35=934 平方英尺。具有宽频带吸声的多圆柱体有着不同的弦长。让我们从图 12–26 所示的四个多圆柱体当中选出三个，分别为 A、B 和 D。

不是所有的低频吸声作用都来自多圆柱体。由于天花板面积有 400 平方英尺，所以有充足的面积来容纳 934 平方英尺的多圆柱体。对于高频吸声来说，我们可以考虑使用吸声砖。理想情况下，应该把每种声学材料，分布到录音棚的各个表面上去。而实际上，我们只能尽量去接近这种理想情况。首先，在现实当中，地板通常使用地毯作为吸声材料，同时地板上所覆盖的地毯会有着比实际需求更多的高频吸声效果。

地板面积为 400 平方英尺，且地毯的吸声系数约为 0.7，仅使用地毯就对高频产生了 280 赛宾的吸声量，多圆柱体的高频吸声系数也为 0.2。就算使用面积为 500 平方英尺的多圆柱吸声体，它们也将会有额外 100 赛宾的吸声量。地毯和多圆柱体将会有 280+100=380 赛宾的高频吸声，而理论上我们仅需要 327 赛宾，所以在房间的设计中不能使用地毯。

19.7.2 声学装修的建议

声学装修的建议如图 19–4 所示。在南墙和北墙上与天花板交叉部位的多圆柱体是可以被看到的。一个较大的多圆柱体 A 在中间，它的两侧伴随着多圆柱体 D。在多圆柱体 D 和多圆柱体 B 之间使用轻质的固定装置，它的长度与房间长度相同。天花板上多圆柱体所对着的地砖上是覆盖有乙烯基的，这样可以有效阻止垂直方向的颤动回声。

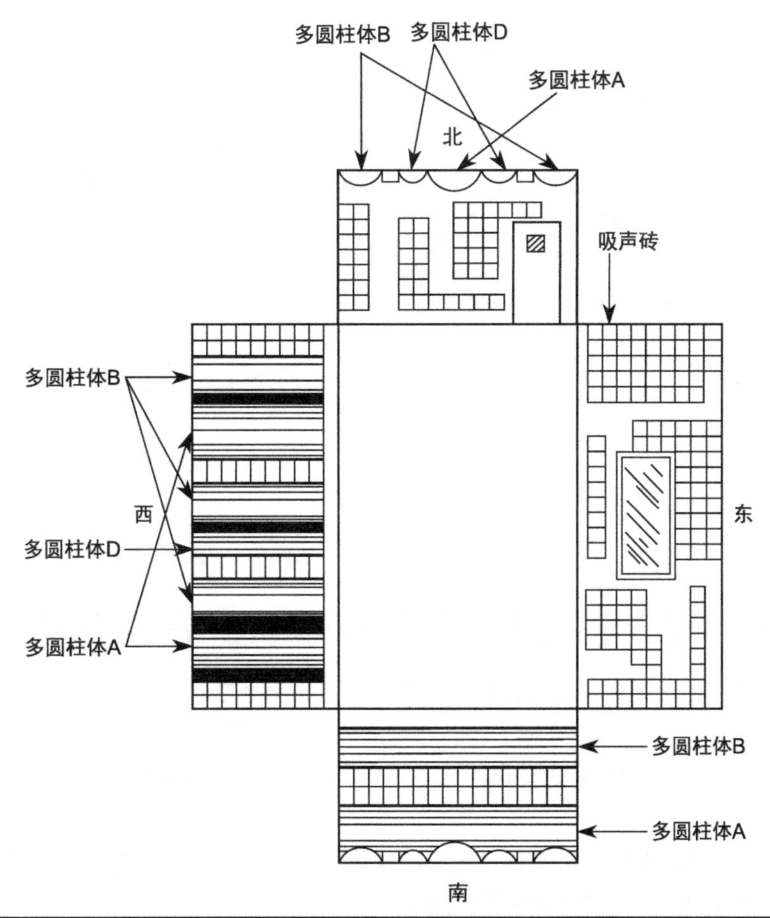

图 19–4 音乐录音棚展开后的平面图，尺寸为 25 英尺 ×16 英尺 ×10 英尺。使用多圆柱吸声体和吸声砖作为吸声材料。墙面和天花板上的多圆柱体的轴向是相互垂直的

在西面的墙上，配有两个 A 型多圆柱体，三个 B 型多圆柱体，以及一个 D 型多圆柱体，它们与地面之间垂直排列，同时与天花板上的多圆柱体之间也是垂直的。四列与地面垂直，且厚

度为 3/4 英寸厚的吸声砖，被安装在西面墙上。这四列吸声砖中的两列被放置在墙角，该位置有着特别有效的吸声作用（下面会讨论）。这就避免了东西墙之间产生颤动回声的问题。

南墙有单一的A型及B型多圆柱体，它们被水平安装，以便每多圆柱体的轴与其他2个垂直。吸声砖的两个水平层被放置在距离地面 4 英尺和 6 英尺（这是一个人站立的头部位置）的墙面上。除了演奏者面向的西墙以外，在这个高度的所有墙面都放置了高频吸声体。

随着多圆柱体的确定，以及使用了适当的吸声系数，在六个频段的吸声量被计算出来，见表 19–3。多圆柱体的吸声量，如图 19–5 所示。

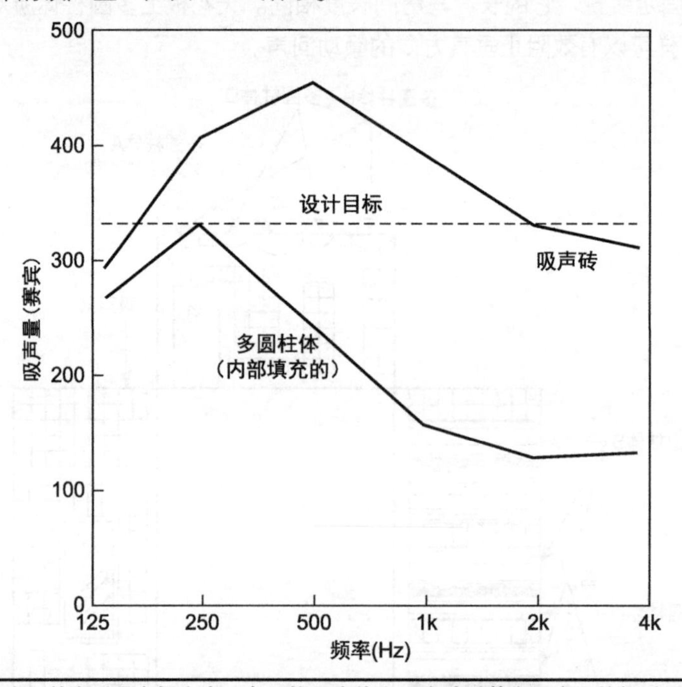

图 19–5 在图 19–4 所示的音乐录音棚当中，多圆柱吸声体和吸声砖对整个吸声量的相对贡献

厚度为 3/4 英寸的吸声砖，它在高频部分的吸声系数为 0.73，与以上多圆柱体的计算有着相同的步骤，我们需要 200/0.73=274 平方英尺的吸声砖。另外的吸声砖被添加到房间后，分布在录音棚的周围，直到铺满 274 平方英尺的面积。图 19–5 所示上面部分是通过表 19–3 所列计算获得的。

图 19–5 展示了房间在低频吸声部分的一些缺陷，同时对中频部分有着过多的吸声。使用玻璃纤维填充的多圆柱体，将会增加低频的吸声量。

我们必须要关注这种计算所产生的误差。虽然所显示的曲线是准确的，但是必须要避免轴向模式所产生的异动，以及额外所需要的扩散。总之，对于较好的录音棚和房间的声学设计来说，这将需要更多的计算过程，也需要经验和灵敏的听觉。

最后的一些不相关的注解，就是当设计小录音棚时，很容易对主要结构做预算，例如墙、地面和天花板结构，但是通常会忽略诸如声闸的处理、门以及它们的密封、穿线、照明固定、观察窗和其他与录音棚有关的细节。如果不妥善处理这些问题，将会产生一系列严重的后果。

尺寸 25 英尺 ×16 英尺 ×10 英尺 乙烯基地板砖 石膏墙面 容积 =4 000 立方英尺														
材料		Sft^2（平方英尺）	125Hz		250Hz		500Hz		1kHz		2kHz		4kHz	
			α	$S\alpha$	α	$S\alpha$	α	$S\alpha$	α	$S\alpha$	α	$S\alpha$	α	$S\alpha$
内部空心的	多圆柱体A	232	0.41	95.1	0.40	92.8	0.33	76.6	0.25	58.0	0.20	46.4	0.22	51.0
	多圆柱体B	271	0.37	100.3	0.35	94.9	0.32	86.7	0.26	75.9	0.22	59.5	0.22	59.6
	多圆柱体D	114	0.25	28.5	0.30	34.5	0.33	37.6	0.22	25.1	0.20	228	0.21	23.9
				223.9		222.2		200.9		159.0		128.8		134.5
内部有材料填充	多圆柱体A	232	0.45	104.4	0.57	132.2	0.38	88.2	0.25	58.0	0.20	46.4	0.22	51.0
	多圆柱体B	271	0.43	116.5	0.55	149.1	0.41	111.1	0.28	75.9	0.22	59.6	0.22	59.6
	多圆柱体D	114	0.30	34.2	0.42	47.9	0.35	39.9	0.23	26.2	0.19	21.7	0.20	22.6
				255.1		329.2		239.2		160.1		127.7		133.4
¾ 英寸厚的吸声砖		274	0.09	24.7	0.26	76.7	0.78	213.7	0.84	230.2	0.73	200.0	0.64	175.4
总的赛宾数（空心的）				248.6		296.9		414.6		389.2		328.8		309.9
总的赛宾数（实心的）				279.8		405.9		452.9		390.3		327.7		308.8
混响时间（空心的）				0.79		0.68		0.47		0.50		0.60		0.53
混响时间（实心的）				0.70		0.48		0.43		0.50		0.80		0.63

表 19-3 房间的情况以及针对小录音棚的声学计算

在以前的章节当中，讨论了混响以及如何计算和测量它（见第 11 章）、吸声体（见第 12 章）、房间共振（见第 13 章），以及如何获得扩散（见第 9 章和第 14 章）、噪声控制（见第 16 章）和通风设备（见第 17 章）。所有这些都是在录音棚设计当中所需要的部分。

20 控制室声学

在建筑声学的领域当中，控制室的声学设计是高度专业化的，它具有不可复制性。现在的控制室设计，可以提供非常优秀的声学表现。控制室本身有着非常独特的需求，它需要为听音（混音）位置提供良好的声音重放。这个概念类似于高端的家庭听音室，而它们之间也有着较大的差别。听音室的主要目的是，为听众提供一种愉悦的听音体验，它对重放准确度的需求并不十分强烈。而在控制室内，重放声音的准确性是非常重要的。录音师在所有录音和混音当中，对监听扬声器重放声音的判断，从很大程度上都取决于房间内的声学状况。如果声音还原不准确，那么录音师对声音的判断将会产生误差。例如，在控制室的混音位置，如果存在过多的低频提升，那么将会被误导对录音师其进行相应的衰减，所以从该房间制作出来的录音作品将会全部缺少低频。

本章的重点主要集中在控制室的声学方面，这类房间是用来进行声音重放及混合的。在控制室的声学分析方面，扬声器与房间交界处的声音是我们关注的焦点。通常听音者所对应的监听扬声器位置是已知的。在前面的章节当中，我们讨论了“录音棚”的声学问题，那种房间通常会被用来进行音乐演奏和话筒拾音。

20.1 初始时延间隙

初始时延间隙（ITDG）是一个声学衡量指标，它是用来检验声场中早期反射声的。ITDG的定义是到达座位的直达声与第1次反射声之间的时间间隙。在较小且私密的房间中，ITDG是很小的。在较大的厅堂当中，ITDG会比较大。通过对大量的音乐厅参数的分析，Beranek发现，这些被专业人士评价很高的音乐厅都有着一个相似的技术指标，其中也包括相似的ITDG值。音质较好的音乐厅，ITDG的值约为20ms。在音质较差的厅堂，由于受到反射声的干扰，它所产生的ITDG是有缺陷的。初始时延间隙是Beranek为了描述音乐厅声学特征而发明的，然而这个原理也可以被用在不同种类的房间当中，其中也包括录音棚和控制室。

在未做声学处理的控制室当中，它所产生的初始时延间隙，如图20–1A所示。直达声通过扬声器直接到达混音位置。之后，在房间中扬声器附近表面的反射声也到达混音位置。这些早期反射声，在混音位置处会产生梳状滤波作用。再后来，混音位置会获得来自地面、天花板，或者其他物体的反射声。直达声与反射声之间的时间间隙由房间的几何结构所决定。

Don Davis 和 Chips Davis（与 Don Davis 没有关联的），通过利用延时谱（Time–Delay Spectrometry）的测量技术，分析了录音棚和控制室的初始时延间隙作用。延时谱显示出梳状滤波与扬声器附近表面（以及来自控制室）早期反射声之间的关系。通过观察，一种减少梳状滤波效应的方法是消除或者减少控制室内的早期反射声。通过在控制室前方监听音箱附近，放置吸声材料可以解决这个问题，如图 20–1（B）所示。

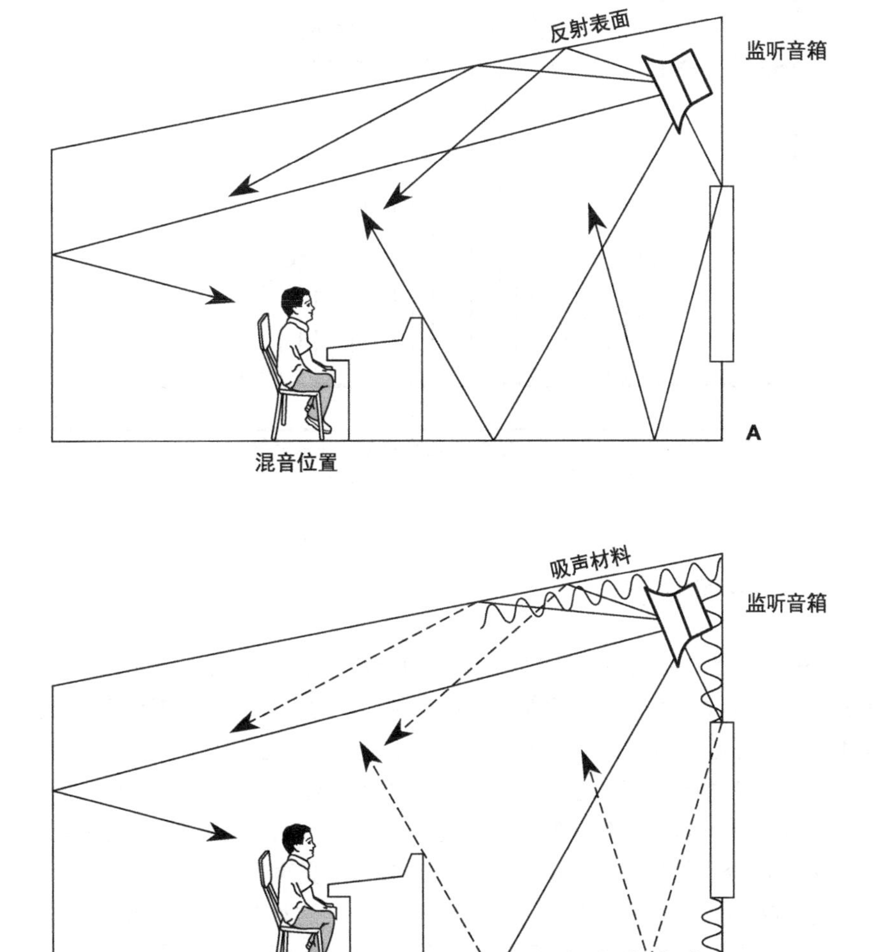

图 20–1　初始时延间隙描述了，混音位置处直达声与早期反射声之间的时间差。（A）一间没有进行声学处理的控制室，房间前面监听音箱所产生的早期反射声，能够导致在混音位置处产生梳状滤波效应。（B）一个完成声学处理的房间，监听音箱附近放置了吸声体，从而衰减了这些早期反射声

在简化形式当中，图 20–2 展示了通过适当设计及处理后，控制室内时间与能量的关系。当

时间为0时，信号从监听音箱发出。之后，直达声到达混音位置。直达声后面会跟随着一些较为杂乱且电平较低的声音（如果低于直达声20dB可以忽略），在此之后，是来自房间后方的反射声。再后来的反射声，共同构成了初始时延间隙的末端，同时这也是指数混响衰减的初始位置。

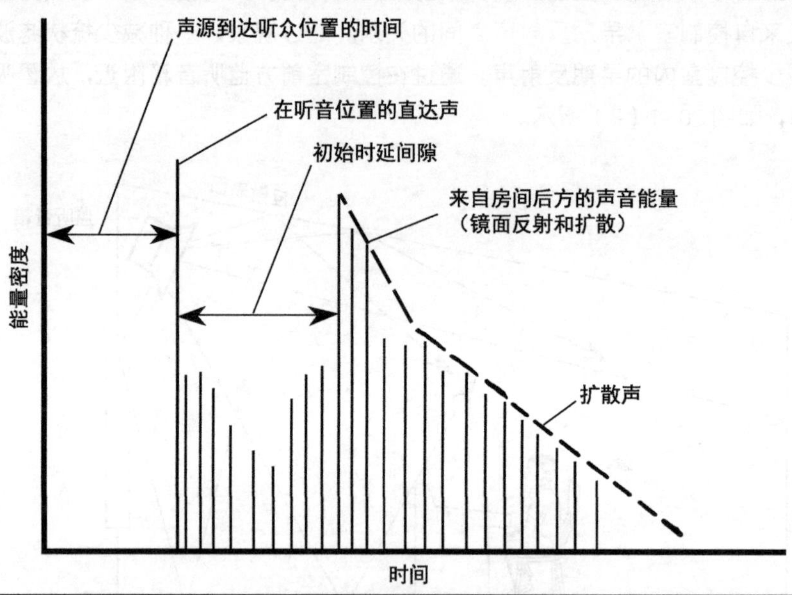

图20-2 在一个已经完成声学处理的房间当中，初始时延间隙是比较清晰的。尽管来自房间前方的早期反射声仍然存在，但是它们的能量已经被房间前方的吸声材料吸收了很多

20.2 活跃端－寂静端

Davis通过在控制室表面铺设吸声材料，并利用延时谱进行分析，其得到的结果是令人振奋的。控制室内的声音清晰度及立体声像均有所改善。同时，房间的周围环境也更加有空间感。一个比较明确的控制室初始时延间隙，会让听众感受到更大的空间感。

在控制室前方的观察窗附近，我们可以在其表面覆盖吸声材料，这样做可以有效改善房间音质。一旦在控制室前方位置进行了吸声，我们的注意力自然会转移到房间的后方。如果我们的声学设计在后面部分也是较“干”的，那么房间整体的吸声量会太大。因此，为了获得适当的混响时间，控制室后面需要进行较为活跃的声学设计。这种控制室结构就被称为LEDE（Live End–Dead End，活跃端－寂静端）。房间后面较迟的反射声，没有与前面早期反射声相同的梳状滤波问题。此外，如果后面的反射延时在“哈斯融合（Haas Fusion）”区域内，人耳的听觉系统会融合这些反射声，把它们归结到早期反射声中去。来自控制室后面的环境声，会被认为是房间前面声源所发出的。不过，为了避免来自后墙的镜面反射，我们需要在后墙表面安装扩散体。

LEDE控制室的原理，最初是为立体声的重放而设计的，所以它适用于房间内前方摆放扬声器的环境。在房间配置多声道环绕声重放环境下，LEDE 的设计会更加复杂。不过，利用避免早期反射声的原则依然是很重要的。根据这个原则，在扬声器附近的表面仍然需要较强的吸声设计，从而减少梳状滤波作用。其他的表面应该采用扩散设计，以提供更好的扩散作用，不过仍然需要避免镜面反射。更深层次的控制室设计，我们会在下面展开讨论。为了简单起见，我们先假定重放环境为立体声，然后把这种原理扩展和改进为环绕声重放的情景。

20.3 镜面反射与扩散

在一个镜面反射当中，入射声音能量会被反射，其入射角等于反射角，这非常类似于光线在镜子上反射的情况。这样的表面，相对声音波长来说是平坦、光滑，且没有扩散产生的。在一个扩散反射当中，入射能量会被均匀地向各个方向反射。这是因为其入射表面，相对扩散声波有着相似的尺寸，且不规则所造成的。例如，约 1 英尺的不规则表面，它将会对波长约为 1 英尺（1kHz）的声音起到扩散作用。而对于更长波长的声音来说，该表面将显得相对平滑，这种声音将会在墙面产生镜面反射。同样，对于更短波长的声音来说，无论扩散体的放置角度如何，它都会从这种不规则体上产生镜面反射。

在一个镜面反射当中，所有来自反射表面的声音能量会在一瞬间到达。图 20-3A 所示为镜面反射的例子。图 20-3B 所示为相同的声音，入射到一个反射相位栅扩散体上，反射声会向各个方向扩散开来。扩散体的每个单元所反射的能量会在不同的时间到达。这种反射（扩散）能量的时间分布，会产生丰满、稠密的不均匀梳状滤波效果，会使得人耳的听觉系统感受到愉悦的声场环境。这和稀疏的镜面反射形成了鲜明的对比，镜面反射会让人产生非常不愉悦的频带响应偏差。由于这个原因，扩散单元经常被放置在 LEDE 控制室后端活跃的区域。

针对反射相位栅扩散体，它的反射波不仅在时间上，同时也在空间上展开。一维扩散体，会在水平半圆面上展开它的反射声。通过对其他一维单元的定向，我们也较容易获得垂直半圆面方向的反射。这与镜面的反射板形成对比，镜面反射板的反射能量仅会分布在半空间的一部分，这取决于声源的位置，以及反射板的尺寸。

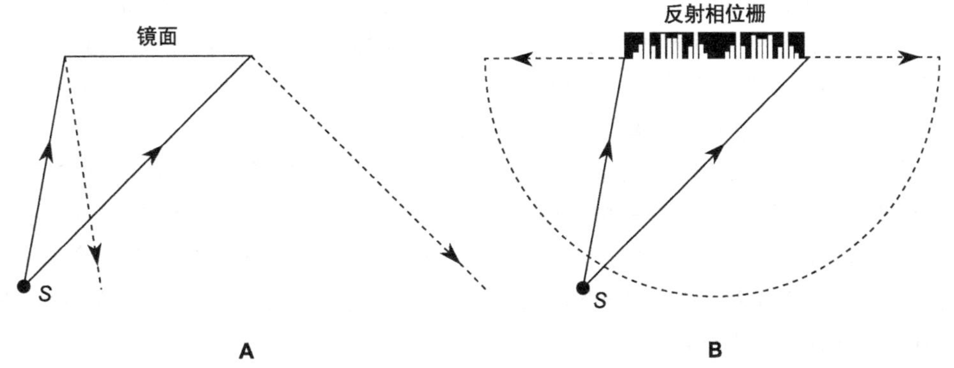

图 20-3 反射声音能量的对比。（A）平滑表面所产生的镜面反射。（B）在半圆面上，反射相位栅所产生的声音能量扩散

图 20–4 所示为反射相位栅扩散体的另一个特点，它使得控制室后端的活跃区域特别令人满意。观察三个侧墙声源 R 向后墙辐射声音的例子，其反射能量入射到混音（听音）位置 L。如果后墙是镜面时，其表面上仅有一点把声音反射回混音位置。而相位栅扩散体的每个单元，都向混音位置反射能量。落在扩散体上的所有声音能量（直达声或反射声），能够向所有的听音位置扩散。这意味着控制室的“甜蜜点（Sweet Spot）”的区域变得更加宽阔。

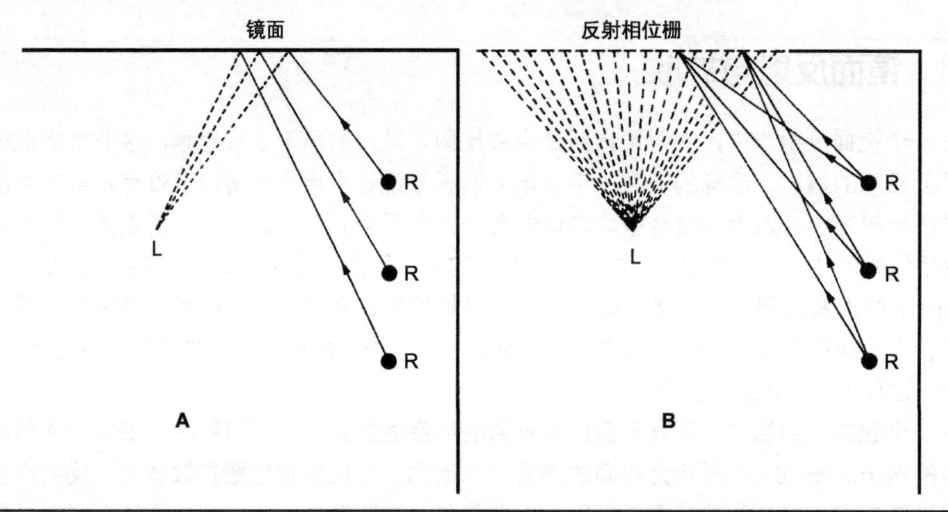

图 20–4 在控制室内的侧墙反射 R，把能量反射回混音位置 L。（A）如果后墙是镜面的，在后墙上仅有一个点会把能量反射回混音位置。（B）如果使用反射相位栅，那么每个单元都会把能量反射回混音位置（D’Antonio）

20.4 控制室中的低频共振

正如我们所看到的那样，房间模式在很大程度上决定了房间的低频响应。我们可以利用时间、能量和频率的分析进行检验。图 20–5 所示是三维立体图，它可以展示控制室混音位置处时间、能量和频率之间的关系。其垂直刻度为 6dB，指示的不是声压级，而是更加真实的能量。频率刻度为 9.64~351.22Hz，这个频率范围通常被认为是由模式共振来主导的。时间通常是从后往前，其间隔为 2.771ms/div，整个时间区域约 0.1s。如图 20–5A 所示，引人注目的山脊是控制室的模式响应（驻波），它构成了房间低频响应的一部分。

除了模式响应之外，这种分析所包含的信息涉及控制室设计的第 2 种现象。那就是来自监听音箱低频声波与其后墙反射声之间的相互作用。如果混音位置与后墙的距离为 10 英尺，那么反射声会落后于直达声 20 英尺。延时时间为 t=20 英尺 /（1 130 英尺 / 秒）=0.017 7s。第 1 个梳状滤波波谷频率为 1/（2t）或 1/（2×0.017 7）=28.25Hz（详见第 10 章）。后续波谷间隔为（1/t）Hz，发生在 85Hz、141Hz、198Hz、254Hz 等。

波谷的深度取决于直达声和反射成分的相对幅度。其中一种控制波谷的方法是吸收直达声的能量，从而降低反射声。但是，这样做就移除了房间内有用的声音能量。故对更好的方法是构建一个较大的扩散体，它可以让低频声音扩散开来。图 20–5B 所示是使用该方法所获得的结果。一个 10 英尺宽 3 英尺深，且高度从地面到天花板的扩散体，它被放置在中频带扩散体的后面，提供平滑的频率响应及衰减。这些模式在 0.1s 的时间内，衰减约 15dB。也就是说，它的衰减率约为 150dB/s，对应的混响时间为 0.4s，但是在各个模式之间的衰减率变化是很大的。

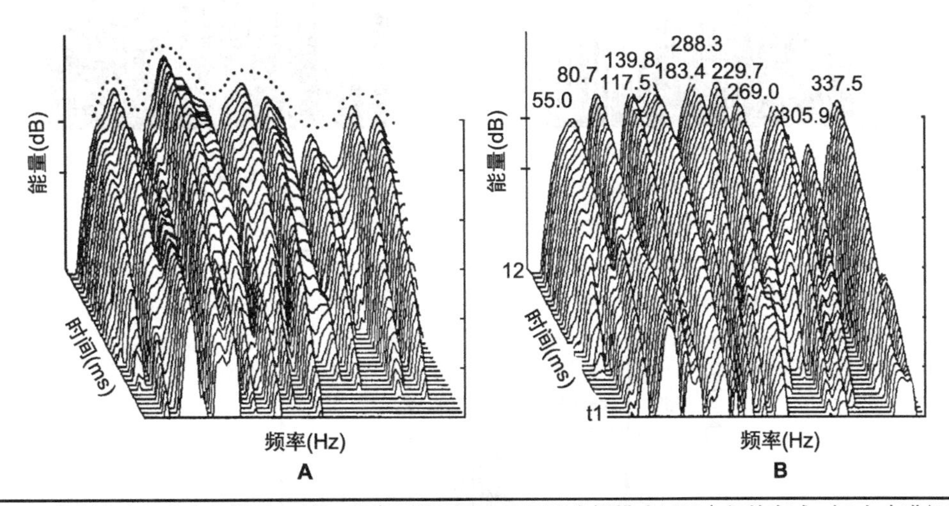

图 20–5 控制室声场当中的能量–时间–频率三维图形，展示出房间模式以及它们的衰减。(A) 未进行声学处理的房间，它显示出不均匀的响应。(B) 通过在控制室后墙安装低频扩散体的方法，可以减少模式之间的相互干扰 (D' Antonio)

20.5 在实际中的初始时延间隙

一条时间 – 能量曲线可以对房间内声音能量的时间分布进行细致的评价，且显现出初始时延间隙 (ITDG) 的存在或缺失。图 20–6 展示了有着不同间隔的三条时间 - 能量曲线。其中图 20–6A 展示了纽约 Master Sound Astoria 录音棚控制室的房间响应。界限清晰的初始时延间隙、指数衰减 (在对数频率刻度下是一条直线)，以及较好的扩散，这些都反映出房间是有着较好的声学设计。

图 20–6B 展示了荷兰哈勒姆阿姆斯特丹音乐厅的时间–能量曲线。界限清晰的 20ms 初始时延间隙，被 Beranek 评价为具有非常良好音质的音乐厅之一。

世界上有许多音质良好的音乐厅及控制室。然而，在相对较小空间的听音室或者录音室当中，能够归类为良好音质的房间少之又少，这是由于简正模式，以及与它相关问题所造成的。图 20–6C 展示了属于纽约艾伯森音频电子实验室 (Audio Electronics Laboratory of Albertson)，具有良好音质的小听音室能量–时间曲线。较为有利的因素在于，它采用了 LEDE 设计，使得 9ms 的初始时延间隙成为可能，其中讲话者和话筒被放置在“寂静端”并朝向“活跃端”。

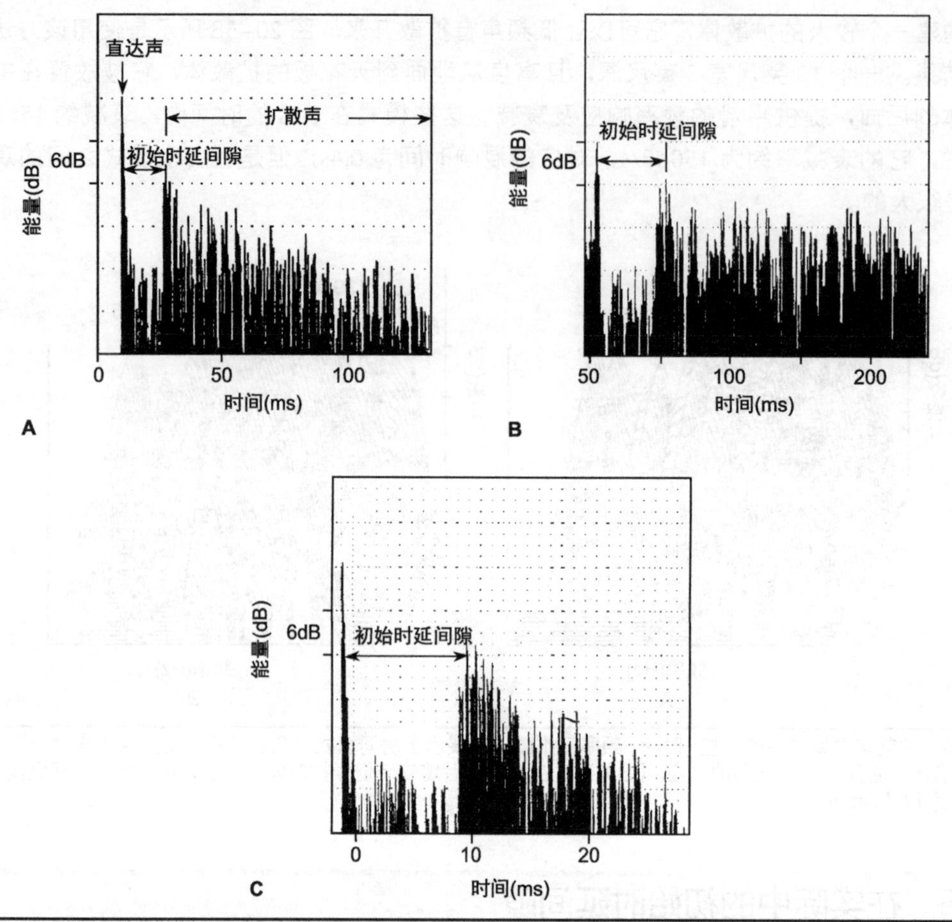

图 20-6 几个差异较大空间类型的初始时延间隙图例，它们每一个都有着较好的物质。（A）纽约 Master Sound Astoria 控制室。（B）荷兰哈勒姆阿姆斯特丹音乐厅（The Concortgeboaw concerthall, Haarlem, the Nether lands）。（C）纽约艾伯森音频电子实验室（Audio Electronics Laboratory of Albertson）的小听音室（D' Antonio）

20.6 扬声器的摆放及反射路径

在控制室的声学设计当中，我们主要关心的是声音的反射控制。Davis 建议，通过在表面添加吸声材料的方法，让房间内整个前端变成“寂静”区域。Berger 和 D' Antonio 则发明了另一种方法，它通过改变房间的形状来消除不利的反射，而不是依靠吸声进行控制。在这种方法中，控制室的前端也可以是“活跃”的，但是要使用特定的形状来提供特殊的反射路径。这种方法可以把听音者放置在一个无反射区域，有时它被称为 RFZ（Reflectron-free zone）。放置在接近坚硬表面的扬声器，会在很大程度上影响它的声音辐射。如果扬声器靠近一个固体表面，它的输出功率会被限制在 1/2 空间里，这时其辐射功率会增加 1 倍，即提供了 3dB 的增益。如果扬声器靠近两个交叉硬表面，其辐射功率会被限制在 1/4 空间里，最终辐射功率将会增加 6dB。如果它被放置在三个交叉表面的位置，其功率会被限制在 1/8 空间里，扬声器的辐射功率将会增加 9dB。

把监听扬声器放置在距离房间三个表面一定距离，是控制室及家庭听音室中最常见的做法。如果扬声器与表面的距离，相对于重放声音波长来说大很多的时候，会产生一些问题。重放功率的提升效果会被降低，同时由于直达声和反射声的叠加产生的相互作用，可能会影响到整个重放声音的频率响应。

如果听音位置在无反射区域（RFZ）内，而点声源放置在有三个面的角落中，会有着较为平直的频率响应。在 RFZ 区域中没有反射声能够发生干涉作用。D' Antonio 扩大了这个区域，且建议把监听扬声器放置在由展开表面组成三面形。通过展开房间的边界，我们可以在听音者附近产生一个无反射区域。利用展开墙壁和天花的方法，我们甚至可以把无反射区域扩展到整个控制室，这个区域可以是几英尺高，且有足够的后方空间，也可以把混音位置后面的制片人位置也覆盖进来。

在控制室内有一种特殊的反射问题，那就是来自调音台的反射。调音台通常放置在两只监听扬声器之间，它常常会让反射声指向混音位置。这种强反射声与直达声同一方向，其相互作用之后，会在混音位置产生梳状滤波作用。这种作用会导致重放声音在音色方面的偏差。在一定程度上，混音位置的梳状滤波作用，能够被房间中不同时间和不同方向的其他反射声抵消。尽管如此，调音台位置的反射问题，依然是许多控制室中一个比较难处理的问题。

20.7 控制室中的无反射区域（RFZ）

在 1980 年的论文当中，Don Davis 和 Chips Davis 指出了“……在监听音箱和混音师的耳朵之间，存在一个有效的无回声路径”。他们当时所称作的“无回声”，就是现在所说的无反射区域（RFZ）。实现无回声最有效的方法是进行吸声处理，因此选用“寂静端（Dead End）”。

设计无反射区域控制室，必须要考虑虚拟声像源，这是房间表面的反射声作用所引起的，它可以被看成是从反射表面另一端的虚拟声像源所发出来的声音。虚拟声像源与声源之间的连线是垂直于反射表面的一条直线，它到达观察点的距离与声源经过反射面到达该点的距离相等。随着三个维度表面的展开，所有的虚拟声像源必须要可见。这对一个无反射区域的边界是必要的。

图 20-7 所示为一个无反射区域控制室的平面图。监听扬声器被尽可能地嵌入到靠近与天花板交界的三面角位置。两面侧墙和天花板表面倾斜，从而可以让反射声远离听音者。通过适当倾斜墙面来产生足够大无反射区域的方法是可行的。通过这种方法，我们可以在使用吸声材料的前提下，实现一个无回声环境。如需要利用吸声来控制的个别反射，可以把它放置在倾斜平面上。

控制室的后面选用了反射相位栅扩散体来对声场进行扩散。如图 20-7 所示，自相似性原理以分形学的形式加以利用。高频的二次余数扩散体被放置在每个低频扩散体的凹槽内。故宽频带声音能量射入后墙，会被扩散到混音位置。通过扩散体的半平面特征，声音会在时间和空间上发生扩散。图 20-8 展示了控制室无反射区域的垂直视图。

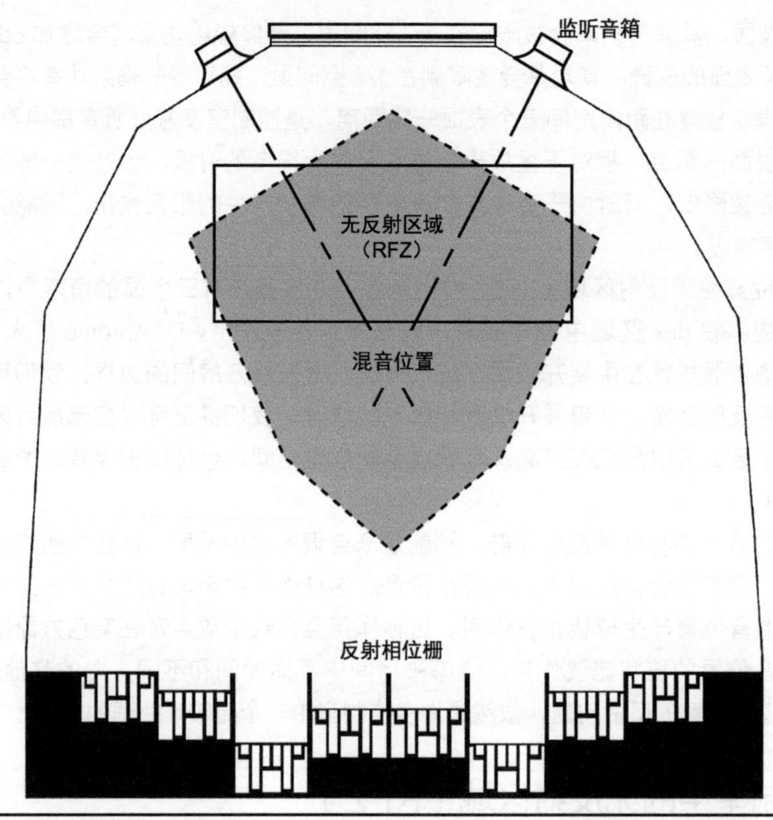

图 20-7 前方具有活跃声场控制室的平面图。通过对表面形状的改变，可以创建一个无反射区域（RFZ）来避免前方到达混音位置的反射声。房间的后方放置了中高频分形扩散体以及低频扩散体 (D’Antonio)

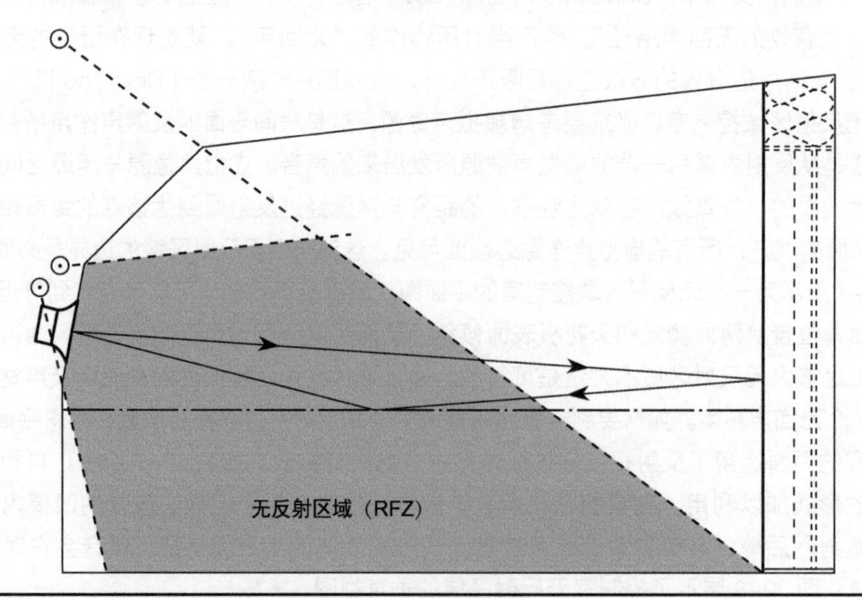

图 20-8 图 20-7 所示控制室内无反射区域（RFZ）的垂直平面图（D’Antonio）

20.8 控制室的频率范围

控制室内的一些结构特征，产生了明显的声学问题。控制室内的频率范围是非常大的，且每个频率相关的分量必须在对应范围内起到自身的作用。通常可以接受的高保真范围为20Hz~20kHz，它有着10oct的跨度，或者10^3。这意味着波长的范围约为57英尺~5/8英寸。在控制室的设计中，我们必须要考虑这个事实。

房间内最低的模式频率与其最长的尺寸有关，它通常是斜对角线。在这个频率之下，没有模式共振产生。在这个频率之下房间响应迅速衰减，我们可以利用公式1 130/（$2L$）来估算，其中L是斜对角线的长度，单位为英尺。对于矩形房间来说，如果遵照Sepmeyer的比例，其尺寸为15.26英尺×18.48英尺×12英尺，斜对角线为28.86英尺。这个空间的低频截止频率为1 130/2×28.86=21Hz。

其频率范围为21~100Hz（对于这种尺寸的房间来说），其简正模式起主导作用，必须使用波动声学理论进行分析。频率为100~400Hz的范围是一个过渡区域，其扩散和衍射起到主要作用。在400Hz以上，镜面反射和几何声学起到主要作用。这些频带决定了控制室的结构，基本上来说一个厚重的外壳是用来控制低频模式能量的分布，而内壳是用来控制反射声。

20.9 控制室的外壳和内壳

控制室厚重外壳的尺寸、形状和比例，决定了模式频率的数量，以及它们的分布，如第13章所述。这有2种学术思想，一种倾向于展开外部墙面来改善模式特征，而另一种倾向于采用矩形形状。通常来说，形状从矩形向梯形的适度变化是合适的。而这种形状并没有消除模式特征，仅是把它们打乱，并成为一种不可预知的形式。对于低频和高频声音来说，有些人认为对称结构听起来更加适合立体声和多声道的声音重放。为了控制与控制室相关的低频声音能量，我们需要较厚的墙体，它通常为12英寸厚的水泥墙。

控制室内壳主要是为了给混音位置提供适当反射声的。例如，在一个无反射区域，内壳的结构可以相对较轻。对于内壳来说，形状比质量更加重要。但是，我们必须要尽量避免任何来自轻质间隔部分的共振问题。

21 音/视频房间的声学

一个房间如果明确它的使用功能，我们就能够针对其应用来进行相应的声学处理，以获得较为完美的效果。但是在大多数情况下，房间必须被用于多种功能。针对每种功能都设计一个独立的房间是不切合实际的。所以在房间的声学设计中，必须让它针对各种功能都有良好的声学表现，所以需要我们进行一定的折中。这也是音 / 视频房间经常会碰到的情况。例如，在这些房间中，我们需要考虑以下活动，包括后期录音、数字采样、MIDI、编辑、音效（拟音）、对白替换、画外音、声音处理、作曲、视频制作和设备评价。

21.1 设计因素

因为音 / 视频房间必须支持各种功能，所以在其设计的过程中需要考虑以下三个因素。

（1）在任何需要使用话筒的地方，都需要其在房间频响、混响时间，以及扩散等方面有着良好的特性。声学装修的目的就是为了提供这些特性。

（2）大多数声音处理的工作都是由录音师来完成的，他们更加喜爱高质量的监听音箱。因此，房间必须在立体声和多声道重放中具有较好的音质。

（3）在大多数应用当中，我们需要安静的环境，所以必须要考虑对外部噪声进行隔离。另外，房间内部的噪声也是必须设计中要考虑的内容，我们要降低来自生产设备的噪声（诸如冷却风扇和硬盘）。

在前面的章节中，我们已经提到了许多适用于音 / 视频房间的观点。为了避免赘述，在此我们特别标明了之前的参考章节。在本章中，更多的是对以上参考材料的回顾。

21.2 声学处理

在一个较为空旷的工作环境当中，我们或多或少需要进行一些声学处理。一个没有进行声学处理的工作环境，仅仅是一个空气质点的容器，它起到传播声音的作用。实际上，所有的声音衰减（信号也好，噪声也好）都发生在空间的边沿。在小房间中，由空气本身所产生的吸声作用，可以忽略不计。地面上的地毯、天花板上的面板，以及墙面的吸声材料，将会在每次声音反射的过程中，对声音能量进行衰减。接下来的例子，展示了这些需求是如何被处理的。

21.3 音/视频房间的例子

正如第 19 章所述，一间小于 1 500 立方英尺的录音棚几乎都会产生音色异常。在这个例子当中，一个中型尺寸的房间（从表 19–1 中选择）将会被认为是有如下尺寸，即长为 18 英尺 6 英寸，宽为 15 英尺 4 英寸和高为 12 英尺，地面面积为 284 平方英尺，容积为 3 400 立方英尺。它的比例非常接近于切实可行的“最佳效果”（见表 13–5 和图 13–6）。

21.3.1 房间共振的评价

即使房间比例是很好的，我们也需要去核实轴向模式的频率间隔。由于房间的切向模式衰减 3dB，斜向模式衰减 6dB，所以轴向模式相对于以上两种模式有着更多的能量，我们只需要考虑轴向模式。300Hz 以下房间长、宽、高的轴向模式，见表 21–1。它们构成了这个房间低频部分的声学特征。这些模式间隔决定了房间低频响应的平滑性。从表所列可以看出，仅 25.8Hz 和 30.6Hz 的间隔，超出了 Gilford 所提出的 20Hz 的建议（见第 13 章）。经验表明这两个频率间隔，可能是由声源频响的偏差所引起的。但是，这不是房间的主要声学缺陷。良好的房间比例，只能够减少潜在的简正模式问题，而不能完全消除它们。

21.3.2 房间共振的控制

大多数房间共振能够用低频陷阱来控制。在这个例子当中，在 50~300Hz 区域，使用一些有吸声作用的低频陷阱是有必要的。如果音 / 视频房间的结构是由石膏板和框架构成的，那么这种结构本身就可以对低频有着明显的吸声作用。地板和墙面的膜振动，以及这个过程中的低频吸声，都将会在之后的计算当中显现出来。但是，我们可能会需要额外的低频吸声处理。

21.3.3 吸声计算

为了估算房间中需要的吸声量（赛宾），使用赛宾公式来计算混响时间，即

$$RT_{60}=\frac{0.049V}{A} \quad (21\text{–}1)$$

其中，RT_{60}= 混响时间，s。

V= 房间容积，立方英尺。

A= 房间的总吸声量，赛宾。

如果房间的容积为 3 400 立方英尺，假设我们所期望的混响时间为 0.3s，那么吸声量可以通过以下公式计算出来，即 $A=0.049V/RT_{60}=0.049\times 3\,400/0.3=555$ 赛宾（吸声量的单位）。这是一个近似吸声量的值，它会有着较为合理的声学表现，同时根据之后所遇到的特殊需求而发生变化。

被用来提供这种吸声作用的材料如下所示。

房间尺寸 =18.5 英尺 ×15.3 英尺 ×12.0 英尺					
	轴向模式共振（Hz）			以升序排列	轴向模式间隔（Hz）
	长度 L=18.5 k f_1=565/L（Hz）	宽度 W=15.3 ft f_2=565/W（Hz）	高度 H=12.0 ft f_1=565/H（Hz）		
f_1	30.6	36.8	47.1	30.6	6.2
f_2	61.2	73.6	94.2	36.8	10.3
f_3	91.8	110.4	141.3	47.1	14.1
f_4	122.4	147.2	188.4	61.2	12.4
f_5	153.0	184.0	235.5	73.6	18.2
f_6	183.6	220.8	282.6	91.8	2.4
f_7	214.2	257.6	329.3	94.2	16.2
f_8	244.8	294.4		110.4	12.0
f_9	275.4	331.2		122.4	18.9
f_{10}	306.0			141.3	5.9
				147.2	5.8
				153.0	30.6
				183.6	0.4
				184.0	4.4
				188.4	25.8
				214.2	6.6
				220.8	14.7
				235.5	9.3
				244.8	12.8
				257.6	17.9
				275.4	7.2
				282.6	11.8
				294.4	11.6
				306.0	

平均轴向模式间隔 =12.0。
标准差 =7.2。

表 21-1 音 / 视频房间的轴向模式

21.3.4 声学处理的建议

针对音 / 视频房间的声学处理建议，如图 21–1 所示。这是一张房间展开的平面图，4 个墙面与地板的边沿相连，同时在一个平面上。假设房间是框架结构，它有着木质的地板，在墙面上有（1/2）英寸厚的纸面石膏板，同时地面被地毯所覆盖。吊顶的天花板是玻璃纤维材料制成的。相应材料的吸声量，见表 21–2。此外，表格还提供了计算所需要的材料，以及在 6oct 上的吸声量，这是通过查询附录中不同材料的吸声系数而得到的。

21.3.5 专业的声学处理

在表 21–2 中所列出的有些声学材料不是一般材料，包括多圆柱扩散 / 吸声单元、在多圆柱体模块下面的低频陷阱，以及在天花板或墙面上的扩散模块。

多圆柱体模块价格比较适中，且作用相当明显。我们可以从图 12–26~ 图 12–28 中看到它简单的结构细节。在各种扩散体的效果方面，我们对双圆柱扩散体、有吸声的平板扩散体，以及二次余数扩散体进行了比较，如图 14–21 所示。双圆柱扩散体有着更小的翼弦，它产生了一种与二次余数扩散体类似的垂直入射扩散特征。

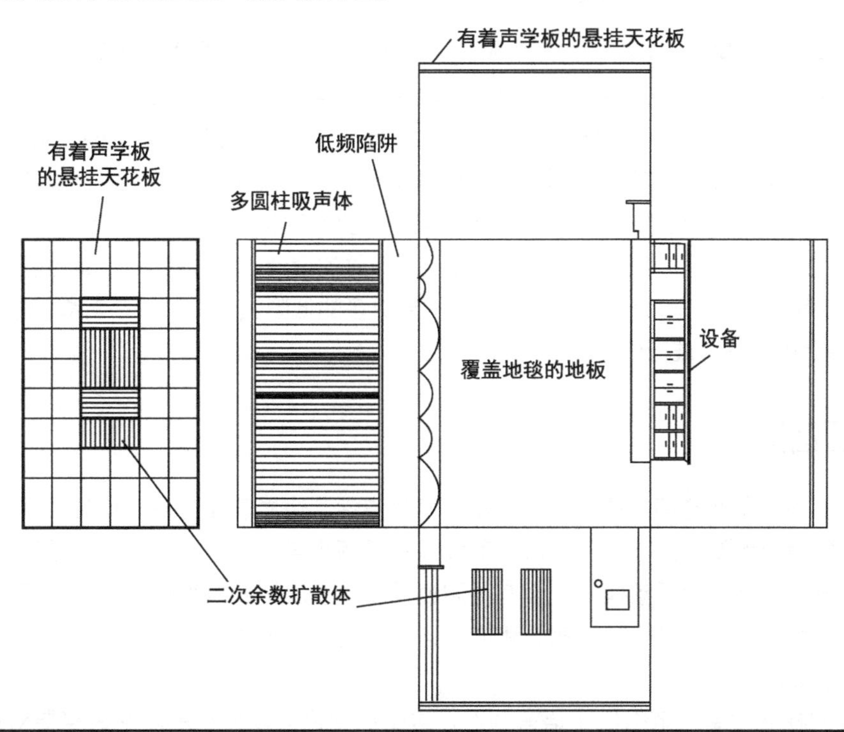

图 21–1 对音 / 视频房间可能进行的声学处理。这些元素包括伴有吸声砖的悬挂天花板、带有地毯的地板、赫姆霍兹低频陷阱、多圆柱体吸声体以及二次余数扩散板

材料	*S*	125Hz		250Hz		500Hz		1kHz		2kHz		4kHz	
	平方英尺	α	*S*α	α	*S*α	α	*S*α	α	*S*α	α	*S*α	α	*S*α
纸面石膏板	812	0.10	81.2	0.08	65.0	0.05	40.6	0.03	24.4	0.03	24.4	0.03	24.4
木地板	284	0.15	42.6	0.11	31.2	0.10	28.4	0.07	19.9	0.06	17.0	0.07	19.9
吊顶	234	0.69	161.5	0.86	201.2	0.68	159.1	0.87	203.6	0.90	210.6	0.81	189.5
地毯	284	0.08	27.7	0.24	68.3	0.57	161.9	0.69	196.0	0.71	201.6	0.73	207.3
多圆柱扩散体	148	0.40	59.2	0.55	81.4	0.40	59.2	0.22	32.6	0.20	29.6	0.20	29.6
低频陷阱	37	0.65	24.1	0.22	8.1	0.12	4.4	0.10	3.7	0.10	37	0.10	3.7
扩散体	50	0.48	27.8	0.98	49.0	1.2	60.0	1.1	55.0	1.08	54.0	1.15	57.5
总吸声量，赛宾			424.1		504.1		513.6		535.2		540.9		531.9
混响时间，s			0.39		0.33		0.32		0.31		0.31		0.31

表 21-2 针对音 / 视频房间的吸声量和混响时间的计算

我们可以在墙面覆盖扩散模块来取代多圆柱扩散体，这样在改进扩散效果的同时也增加吸声作用。成本决定了我们所使用的扩散体。如果建造多圆柱扩散体的人工成本很高，那么扩散模块或许是一个比较理想的选择。这些模块被放置在吊顶框架（50 平方英尺），以及门附近墙面的两块平板（16 平方英尺）上，用来阻止纵向的颤动回声。这种扩散模块，已经在第 14 章中提及。

多圆柱扩散体下方的低频陷阱是一个赫姆霍兹类型吸声体，它用来对低频的峰值进行吸声。其外表面可以用稀松编织材料进行覆盖。针对低频陷阱的设计，已经在第 12 章进行了讨论。低频陷阱或许不足以控制房间的低频模式。如果需要更多的低频吸声，可以在对着门的两个墙角，用图 18-4 所示的方法来进行处理。

21.4 语音室

小面积的语言录音空间，通常有着较差的声学特性。边界表面会被吸声砖或其它对高频吸声作用较强的材料所覆盖，不过它们都有着较弱的低频吸声作用。因此，有时重要的语言频段会被过度吸收，而房间的低频模式并没有得到处理。由于房间面积很小，这些房间的模式频率相对较高，数量较少，同时间隔较宽。我们应该对房间进行模式分析，从而确定这些频率是否会对语言造成影响。

如果房间模式频率的范围低于语言频率，这个房间是可以使用的。同时需要对房间的中、高频进行吸声，用来控制房间内的颤动回声，并且需要注意来自观察窗玻璃以及谱架上潜在的声音反射。

21.4.1 寂静与活跃的声学环境

通常情况下，语音室的吸声是相当多的，它所记录的语言信号非常“干”，在后期制作当中需要对其添加一定的混响。然而，语音室对声音信号低频及高频部分的过量吸收，会让配音员感觉不舒服。在这种空间内，配音员不能获得良好的声音反馈，且不能及时做出调整。基于以上原因，一个较“干”的空间不太适合作为旁白或者语音播报室，除非可以忽略语音室的声学环境，只使用耳机。

另一种用来处理旁白语音室的方法是获得相对活跃的声音。例如，一间小的（或许 6 英尺 ×8 英尺）语言录音棚。这个活跃声场是基于大量半圆管状吸声陷阱的，如图 21–2 所示。1/4 圆吸声陷阱被架设在墙与墙、天花板与墙的交界位置，它提供了吸声作用，从而控制了简正模式。半圆形吸声陷阱交错分布在墙面和天花板上，坚硬且能够反射声音的石膏条与吸声体的宽度相同（9 英寸、11 英寸、16 英寸）。门窗应该使用同样的方法进行处理，以避免对声场的破坏。通过反射面之间玻璃窗户，获得有限的可见性。地板仍旧保持不做处理。

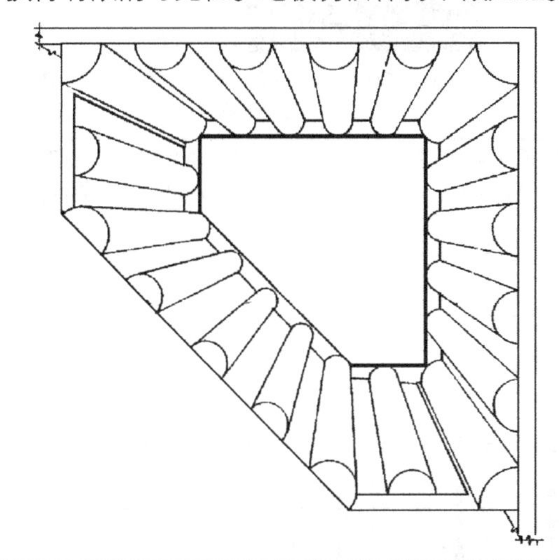

图 21–2　有着相对活跃声音，小语音室的俯视图。天花板、墙面、门和观察窗，全都被有一定间隔的半圆管低频陷阱来覆盖。（声学科技公司）

21.4.2 早期反射声

在普通的小录音室当中，很少会有能够导致明显梳状滤波作用的早期反射声。在本例当中，这些来自谱架和窗户的反射声会引起一定的梳状滤波效应，但是它们会被来自房间表面的扩散声所淹没。半圆形吸声陷阱所起到的宽带吸声作用，与陷阱之间坚硬表面所产生的反射声一起，形成了在直达声后面一组高密度的扩散声。

房间响应的能量时间曲线（ETC），如图 21–3 所示。在这个例子中，水平时间轴延伸到 80ms。图的左侧最高峰值为直达声，后面是环境声场的平滑衰减。这个衰减是非常快的，它对应了 0.08s 的混响时间。相同 ETC 曲线的前 20ms 细节，如图 21–4 所示。初始时延间隙是明显而清晰的，紧跟其后的是平滑的高密度反射声。

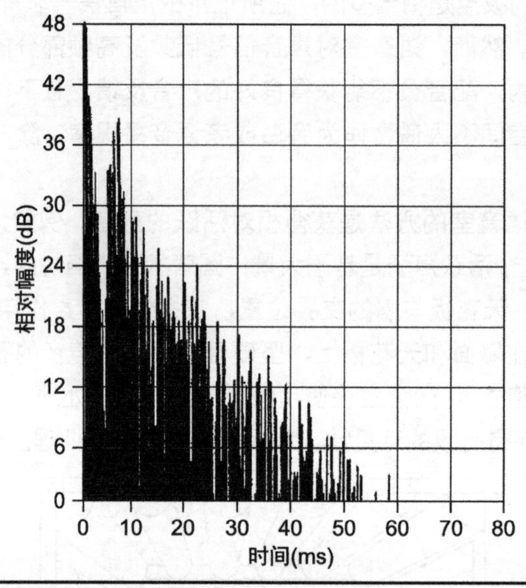

图 21–3 相对活跃小录音棚的能量–时间–曲线（ETC）。在这样的空间中，约有每场 1 000 个的反射声，它们形成了密集，且会迅速衰减的环境声场。水平时间基准延伸到 80ms（声学科技公司）

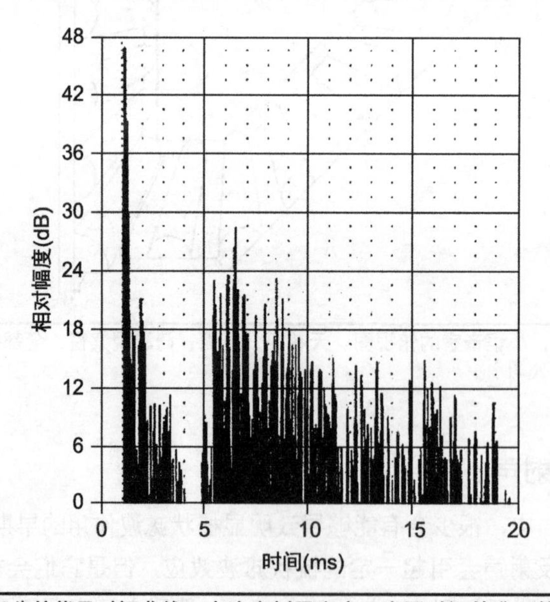

图 21–4 图 21–3 所示前部分的能量时间曲线。在这个例子当中，水平时间基准延伸到 20ms。一个清晰的早期时间间隙被展示出来（声学科技公司）

房间的时间 – 能量 – 频率（TEF）“瀑布”如图 21–5 所示。垂直幅度刻度为 12dB/div。水平频率刻度为 100Hz~10kHz。斜线刻度展示的是时间，刻度从后到前为 0~60ms。从测量图中可以看出，没有较为突出的房间共振模式，在整个 100Hz~10kHz 的频率范围内，仅有一系列密集而平滑的衰减。

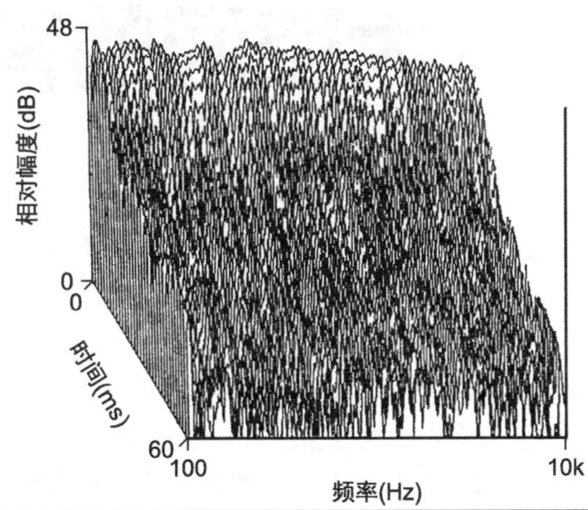

图 21–5 为图 21–3 所示录音棚当中的时间–能量–频率响应。垂直刻度为能量（12db/div），水平刻度为频率（100Hz~10kHz），斜线刻度为时间（后面是 0，前面是 60ms）。声音的宽带衰减是平滑的、均匀且密集的。（声学科技公司）

这种特性的语言录音棚，将会录制出更加准确而清晰的声音。此外，当在不同位置进行话筒录音时，每次录音都有着较好的一致性。移动话筒的位置仅会引起环境声的细小变化（每秒上千的反射声），它对音质的作用是微小的。

21.5 LEDE 语音室

对于传统的语音室来说，另一种可以选择的方法为 LEDE 法。这类似于在控制室所使用的 LEDE 设计，在那里需要具有良好的监听环境。这种 LEDE 录音棚需要比普通语音室相对更多的空间。房间能够获得一个可以避免早期反射声的干净直达声，而后面会跟随着正常的环境衰减。话筒被放置在房间的“Dead End”，故除了这些来自房间“Live End”的扩散和延时，没有其他反射声进入话筒。在“Dead End”的所有墙面及地板一定要能够吸收声音。观察窗被放置在房间的“Live End”。较小的初始时延间隙将会产生于直达声与来自“Live End”第一个较高的扩散声之间。通过这种安排可以录得较为自然的语言声。这种处理也能够被用于录制乐器的隔离房间。

22 大空间的声学特性

在很多方面，大空间的声学设计体现了声学设计的最高水平。庞大的空间让它们承担了许多的使用需求，大部分情况下，大空间的建筑造价也是其他声学空间所不能比拟的。

礼堂、教堂、剧场，以及为语言所设计的房间，有可能是私密性好的小空间，也有可能是宏伟的建筑。座位数可以不到100个，也可能多达数千个。房间的使用目的决定了其声学特性，并且也产生了许多需求。例如，在做礼拜的时候，教父可能需要清晰的语言，在进行宗教仪式时，则需要圣歌具有适当的空间感，而另一个仪式或许需要把舞台上的表演者和做礼拜者的歌声融入到音乐表演当中。很明显，不同的使用需求会对房间的声学设计有着较大的影响。此外，许多为语言设计的房间，也需要把声音重放系统与自然声场结合起来。

如果音乐厅为现场的音乐表演提供了良好的声学环境，这是会受到人们尊崇的，而当厅堂的声学环境不好的时候，也会受到非议。任何新音乐厅的启用都是一件盛大的事情，而对它声学质量的评估，可以成就一名声学专家，或者让其名誉扫地。即使经过大量的计算机模拟，我们都不能对其声学质量进行最终判定，只有在该音乐厅完成了交响乐团的首演之后，它的声学质量才能被最终评估出来。像音乐厅、歌剧院和室内乐厅等，这些不同种类的空间都有着自己独特的声学特性。必须要确定厅堂的用途，才能对它进行最佳的声学设计。一个众所周知的道理就是，有着多种使用目的的音乐厅将会成为一个没有使用目的的地方。

通常我们会对大空间的用途规划作两方面的考虑，要么主要用作语言，要么主要用作音乐，无疑前一种强调的是语言清晰度，而后一种更倾向于关注音乐的响度。

22.1 基本的设计原则

从某些方面来说，即使对最大厅堂的声学考虑也和小房间没有太大的区别，换句话说，无论房间的大小，它们的声学设计基本原则都是相同的。一个大厅堂的周边，必须要有较低的环境噪声，而且它必须能够提供合理的声增益，及适当的混响时间，同时要避免一些由人为因素所造成的回声。当然，以上所有的声学条件，都必须要与美学及实际的建筑结构相结合，尤其这些原则必须根据建筑的使用目的综合进行评估。例如，虽然隔声问题在每一座建筑的声学设计当中都是很重要的，但它对于教堂这种用来躲避外界干扰的厅堂来说显得尤为重要。从这些主要的原则当中，我们可以推断出每一个微小的设计细节。例如，上面所提到的教堂声学设计中，我们必须谨慎考虑其走廊和门的位置，以便在礼拜进行的过程中人们进出教堂而不会打扰到其他人。

22.2 混响及回声的控制

正如第 11 章中所提到的那样，混响是帮助我们对声学空间音质好坏进行评价的重要指标，特别是对音乐厅、剧场、教堂、礼堂等大空间的声学设计来说显得更加有用。混响时间 RT_{60}，与房间的功能及容积都有着紧密的联系。图 22–1 所示为满座率在 80%~100% 时，500Hz 及 1 000Hz 两个频段平均混响时间的推荐值。从图中我们可以看到，用来做语言功能使用的房间，其推荐混响时间要短于作为音乐用途使用的房间，同时平均混响时间的长度会随着房间容积的增加而增加。

房间混响时间在频域所产生的问题要大于混响时间本身，所以我们要认真考虑混响时间的频率响应问题。图 22–2 所示是房间混响时间与推荐混响时间（如图 22–1 所示）的比值，用来描述不同频率混响时间的容差范围。图 22–2A 和图 22–2B 所示分别给出了针对语言和音乐的混响时间容差范围。从中可以看到，对于音乐来说，房间需要在低频处留有更长的混响时间，有时被称为低音比率（Bass Ratio），这样会使得房间混响声场听起来更加温暖，在本章的后半部分我们会有详细的描述。对于以语言为目的的厅堂来说，衰减低频部分的混响时间可以提高房间的语言清晰度。

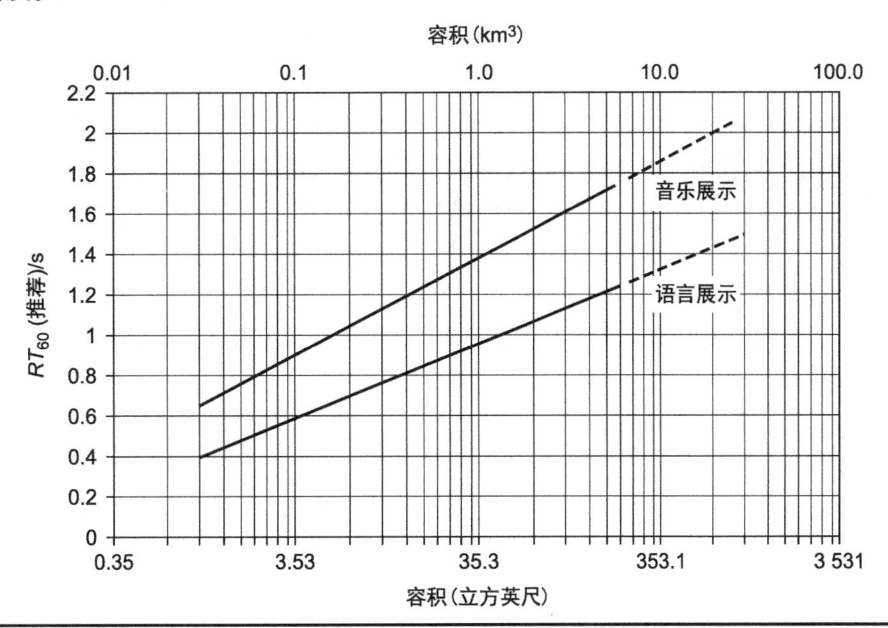

图 22–1 对于语言和音乐来说，图中展示了 500~1 000Hz 所推荐的平均混响时间与对应房间容积的关系（Ahnert 和 Tennhardt）

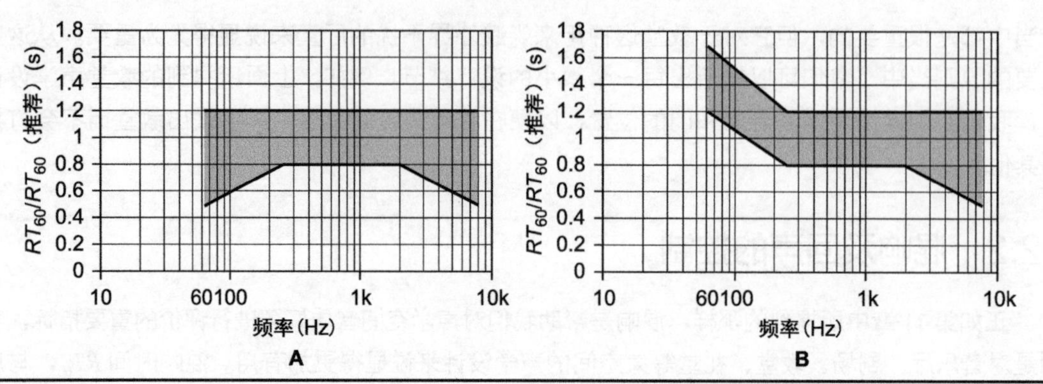

图 22-2 随频率变化的混响时间容忍范围，其中把推荐混响时间作为参考值。（A）语言。（B）音乐（Ahnert 和 Tennhardt）

封闭的大空间存在回声干扰的潜在问题，较长的路径以及与声源不同距离的观众位置，都较容易产生回声问题。建筑师和声学专家们，都需要注意那些容易产生可察觉回声的反射表面。对于每个有着正常听力的人来说，这种回声都非常容易感知到的，它是一个严重的声学缺陷。

混响时间的长短影响了这种可察觉回声。图 22–3 展示了在混响环境下的语言可以接受的回声声压级。粗间断线代表了混响时间（RT_{60}）为 1.1s 的回声衰减率。阴影部分代表了回声声压级和回声延迟时间之间的关系，它记录了实验室中回声对人的干扰程度。阴影的上边沿是 50% 被试者感觉受到干扰的曲线，其下边沿为 20% 被试者感觉受到干扰的曲线。音乐厅的混响时间通常为 1.5~2.0s，许多语言类教堂的混响时间倾向于接近 1s 左右。

通过对其他类似混响时间实验结果的归纳，我们可以看出可察觉干扰回声的阴影区域与混响时间衰减曲线之间是近似相切的。也就是说，可以利用大空间混响时间衰减曲线，近似推断出可察觉干扰回声的阴影区域。例如，图 22–3 所示细间断线表示混响时间（RT_{60}）为 0.5s 的衰减曲线，可以粗略地推断出，可察觉干扰回声的阴影区域应该在该曲线的上方。

在设计音乐厅时，声学顾问和建筑师们都会特意增加一些有益的侧向反射声，来提高音乐的空间感。为了达到预期的设计效果，我们要更加重视大空间反射声的控制。侧向反射声将会在后面章节中进行详细介绍。

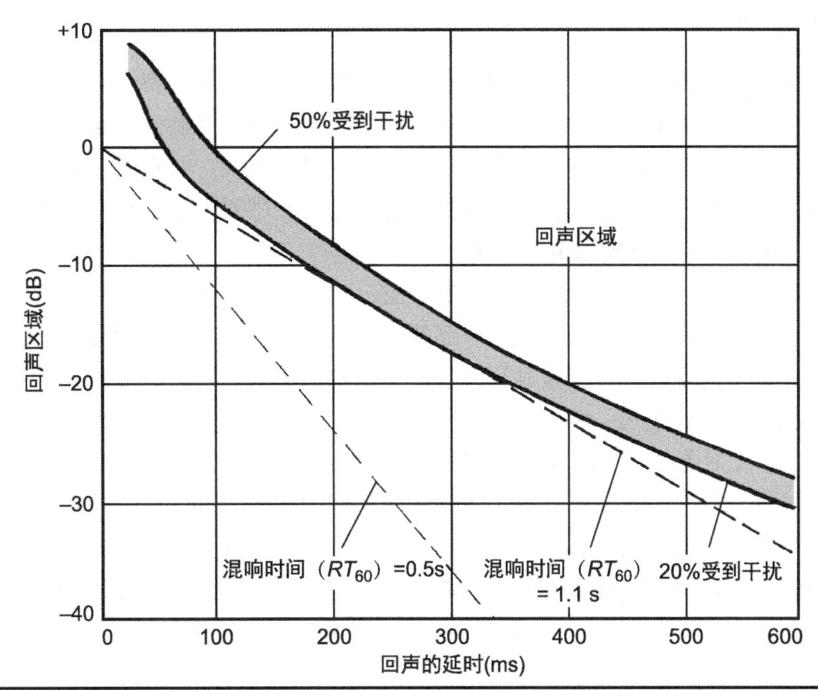

图 22-3 在混响条件下（混响时间为 1.1s），针对语言可接受的回声声压级（Nickson，Muncey 和 Dubout）

22.3 语言厅堂的设计

在语言厅堂的设计当中，其他类型房间的主要设计原则也同样适用。不过对于那些主要使用功能为语言的房间来说，我们需要修改一些规则，从而产生了另外一些重要的需求。特别那些对语言清晰度有较高要求的厅堂来说，显得更加必要。

22.3.1 容积

通常在非扩声的语言厅堂设计当中，限制房间的整体容积是有必要的。这是因为一个大容积的房间，比一个较小的空间需要更多的语言声功率。例如，在一个没有扩声系统的大空间当中（1 000 000 立方英尺），再好的声学设计都不能获得令人满意的语言清晰度。对于相同混响时间来说，较小的空间会需要较少的吸声量。同时获得了更多的反射，它们提供了更大的声学增益和语言声压级。对于语言来说，一个大厅堂通常推荐的每座容积率为 100~200 立方英尺，这与音乐厅需要更大每座容积率的做法刚好相反。

在不用扩声的情况下，面对面讲话的声压级在 65dBA 左右，声压级会随距离的加倍而衰减 6dB，且声能还会受到厅堂中空气的吸收而衰减。为了减少这种衰减，听众区越靠近声源越好，这样不但可以降低了声音衰减，增加了更多的直达声路径，同时也增加了听众的视觉可辨识度，从而提高了语言清晰度。通常在一个房间当中，讲话者与听众之间的最远距离在 80 英尺左右。

22.3.2 厅堂形状

说话者到听众之间的距离，可以通过对房间形状的变化而缩短。特别是在那些需要增加观众席数量的情况下，房间的横向距离需要相应增加，同时侧墙需要展开一定的角度。一个矩形的鞋盒状厅堂，舞台横穿其短边，这对于音乐来说或许是完美的，听众可以坐在距舞台稍远的地方，那里有更加理想的混响比例。但是这种厅堂仅适用于相对较小的空间，随着观众座位数量的增多，许多观众将会被安排到距舞台更远的位置。

为了解决以上问题，我们可以展开或加宽厅堂。为了容纳更多的观众，侧墙应该在舞台的一端展开一定的角度。图 22–4 所示画出了一张矩形的建筑平面图，以及 2 张展开侧墙的平面图。展开侧墙可以让更多的观众座位尽量靠近舞台。不过我们要对侧墙的展开角度格外小心，从而避免颤动回声的产生，如图 22–4B 所示，在厅堂的后方标注了可能产生颤动回声的位置。展开的侧墙可以向后墙反射更多的声音能量（如图 22–4B 和图 22–4C 所示）。侧墙可能会在整个长度部分展开，又或者只展开它的前半部分。它的展开角度通常为 30°~60°，通常认为 60° 是针对语言来说侧墙展开的最大角度。绝大部分扇形厅堂不会用作音乐演奏。另外，后墙有可能会沿着厅堂的中轴线位置向外扩展（如图 22–4C 所示），又或者会形成以舞台为圆心的凹面扇形。我们需要小心设计中的任何凹面形状，进行而避免声聚焦现象的发生。

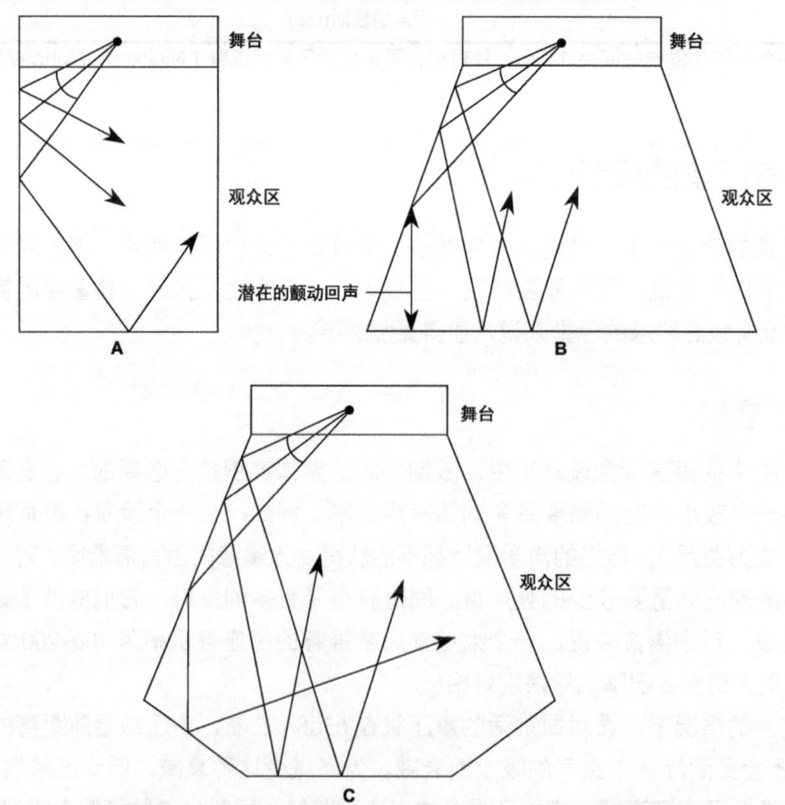

图 22-4 为了提供更多的座位数量，侧墙可以从舞台部分展开。（A）矩形的建筑平面图。（B）侧墙展开，同时后墙为平面。（C）侧墙展开，同时后墙向后扩展

22.3.3 吸声处理

在一个较小的报告厅，它主要的吸声处理区域是观众区，因此房间表面的反射相对较多。而在每座容积较大的厅堂当中，需要进行更多的吸声处理。舞台前方区域提供较强的早期反射声（较短的声程差），有利于反射声和直达声的融合（优先效应），进而增强了直达声的效果。而从后墙反射回来的较强反射声及混响则不能与直达声融合在一起，这样可能会产生回声问题。为了解决这一问题，舞台及厅堂的前区位置通常会增加反射面，而观众区及厅堂的后半部分则将进行吸声处理。虽然早期反射声非常有用，但是为了保证厅堂的语言清晰度，整个厅堂的混响时间要尽量缩短，大部分在 0.5s 以下。当舞台的前区有了反射，最大的好处是它能够提高整个语言的声功率，不过同时也会产生一定的梳状滤波效应，我们必须要同时对这种声源染色的问题进行考虑。

22.3.4 天花板、墙及地板

在许多大的厅堂当中，天花板反射体（或者称作云板）被用来将直达声能量从舞台反射到观众区。通常这种反射体的形状是平面或者是凸起。反射体的尺寸取决于需要反射声音的频率大小，其尺寸越大，反射声的下限频率越低。正方形平面反射板的尺寸，应该至少是最低频率反射声波波长的 5 倍。例如，一张正方形反射板的边长为 5 英尺，它将会用来反射频率在 1kHz（声波长度为 1 英尺）以上的声音。反射板必须是坚硬的固体，且要对其进行较为牢固地安装，以防止共振现象的产生。当天花板很高的时候，必须保证直达声和反射声的声程差不会太大，最好不要超过 20ms。在一些情况下，我们会对云板进行一定的吸声处理来降低次级反射声的影响。

倾斜的地面可以为直达声提供更多的入射角度，从而减少一些吸声。通常礼堂的地面倾角不低于 8°，报告厅的地板倾角可能要达到 15° 左右，且座位最好是错位摆放。

由于大空间存在对次级反射声不可控的潜在危险，所以它的后墙部分需要做相应的吸声处理。后墙的反射声会与厅堂前区的观众产生较大的声程差（后墙反射路径与直达声路径之间的差值）。这种声程差很容易产生可察觉的回声，特别是在混响时间较低的情况下。基于以上原因，厅堂的后墙通常会做吸声处理，在一些需要提高混响时间的情况下，可以在后墙安装扩散体来达到类似的效果。

22.4 语言清晰度

语言清晰度是在语言厅堂设计当中最重要的声学指标之一，这类厅堂包括教堂、礼堂、剧院等。扩声系统通常是用来克服大空间声学局限性的，它提高了语言清晰度。在没有扩声系统的厅堂当中，提高房间的语言清晰度，需要从对普通语言的认知开始，正如前文中所提到的那样，正常语言的平均声压级为 65dBA，峰值声压级要比它高 12dB 左右，不同人说话所发出的声压级范围在 55~75dBA。

22.4.1 语言频率和持续时间

通常语言的频率为 200Hz~5kHz，它主要的声能量集中在 1kHz 以下，最大的声音能量集中在 200~600Hz。元音主要集中在低频区域，辅音主要集中在高频区域。辅音在语言清晰度中起到了相当重要的作用。在 1KHz 以上的频率，特别是在 2~4KHz 的范围，是影响清晰度的主要频段。1KHz、2KHz 及 4KHz 这三个频段对语言清晰度的贡献率达到了 75%。

一般辅音的长度为 65ms 左右，元音的长度为 100 ms 左右。一个音节的长度为 300~400ms，而词的长度为 600~900ms，这取决于讲话者的语速。相对较短的混响时间，可以防止后面的声音被前面的声音所掩盖。早期反射声（35~50ms 的延时）将会与直达声融合在一起，进而提高了语言的清晰度及响度。而次级反射声（大于 50ms 的延时）则会降低语言清晰度。较好的语言清晰度，需要具有较高的信噪比。较慢的语速和清晰的发音，也会对语言清晰度起到较大的帮助。例如，在一个混响时间较大的空间里，从五个音节每秒的速度降低到三个音节每秒可以明显提高语言清晰度。

22.4.2 主观测量

房间的语言清晰度常常通过主观测量的方法来评价，也就是说，需要进行现场实验。讲话者从词句表中读出语句，而在房间内的听者写下他们所听到的内容。表格当中包含一些重要的单词。每次测试挑选 200~1 000 个字。例如，表 22–1 列出了一些用在语言清晰度测试当中的英语单词。

aisle	done	jam	ram	tame
barb	dub	law	ring	toil
barge	feed	lawn	rip	ton
bark	feet	lisle	rub	trill
baste	file	live	run	tub
bead	five	loon	sale	vouch
beige	foil	loop	same	vow
boil	fume	mess	shod	whack
choke	fuse	met	shop	wham
chore	get	neat	should	woe
cod	good	need	shrill	woke
coil	guess	oil	sip	would
coon	hews	ouch	skill	yaw
coop	hive	Paw	soil	yawn
cop	hod	Pawn	soon	yes

（续表）

couch	hood	pews	soot	yet
could	hop	poke	soup	zing
cow	how	pour	spill	zip
dale	huge	pure	still	
dame	jack	rack	tale	

表 22-1 使用在主观语言清晰度测试中的单词

词句的可懂比率越高，语言清晰度越高。在某些情况下，这种主观测量会不准确。当语言声压级与噪声相同时，可懂度可以较高，但是听众仍旧很难理解所说的内容，同时也需要相当大的注意力。当语言声压级提高到比噪声高 5dB 或者 10dB 时，语言清晰度没有较大的提高，但是听众会感觉到能够更加容易听到声音。

22.4.3 测量分析

各种测量分析被设计用来获得语言清晰度。清晰度指数（AI）是利用声学测量来对语言清晰度进行评价的方法。AI 通常在 250Hz~4kHz 的 5oct 范围内使用计权因子（在某些情况下，会使用 1/3oct）。每个计权因子表明了我们在该频段的听觉灵敏度。例如，计权因子在 2kHz 最大，是因为我们的听说灵敏度在那个频段最高。AI 的计算是通过每个频带的信噪比与每个频带的计权因子相乘，然后相加来获得的。当信噪比大于 30dB 时，会使用 30dB。当信噪比是负数时，会使用 0dB。在某些情况下，一个基于混响的矫正因子，会被从AI值当中减去。AI的范围为 0~1，数值越高则清晰度越高。

另外一种评价语言清晰度的客观测量方法，称为辅音清晰度损失率百分比（%ALcons）。正如其名字所表示的那样，%Alcons 关注的是辅音发声的百分比。%Alcons 可以近似测量为

$$\%\text{Alcons} \approx 0.652\left(\frac{r_{\text{lh}}}{r_{\text{h}}}\right)^2 RT_{60} \qquad (22\text{-}1)$$

其中，%Alcons= 辅音清晰度损失率百分比，%。

r_{lh}= 听众与声源的距离。

r_{h}= 混响半径，或者指向性声源的临界距离。

RT_{60}= 混响时间。

本质上，%Alcons 的得分是与语言清晰度相关的，见表 22-2。其他被用来估算语言清晰度的方法，包括语言传输指数（STI），语言清晰度指数（SII）和快速语言传输指数（RASTI）。它可能与 %Alcons 有关，$RASTI$=0.948 2–0.184 5ln（%Alcons）。

通过这一标准，我们能够利用对混响时间的合理设计来获得符合要求的语言清晰度。特别是，应该选择 500Hz 的混响时间（满座率为 2/3），以便在大多数的听音位置，反射声与直达的声能量比不大于 4。这对应 6dB 的能量密度差别，且应该提供较低（5%）的辅音清晰度损失。

主观的清晰度	%ALcons
理想	≤ 3%
较好	3%~8%
满意	8%~11%
差	＞11%
非常不满意	＞20%*

* 极限值是 15%。

表 22-2 %ALcons 测试结果的主观衡量

22.5 音乐厅声学设计

对于表演用途的大厅堂来说，它的声学设计最具有挑战性。或许，首先这种复杂性来自于音乐本身。因为，交响乐、室内乐和歌剧，每一种音乐所需要的声学参数、房间尺寸，以及功能都非常不同。此外，不同风格的音乐，例如巴洛克风格、古典和流行的都有着不同的声学参数需求。最后，不同的音乐文化，例如东方和西方，所需要的设计准则也是不同的。虽然我们能够测量出许多类似混响时间的声学参数，但是对于什么是"好"的音乐声学环境，是不能测量出来的，甚至没有共识。多样化的需求，使用目的的不同、客观标准的缺失，以及观念的差别，所有这些使得厅堂设计是一门艺术也是一门科学。

22.5.1 混响

通常，音乐厅的声学问题可以分成两部分，即早期声（Early Sound）和后期混响声（late Rever berant Sound）。早期声被认为是与早期混响衰减时间、亲切感、清晰度和侧向空间感有关。后期混响声被认为是与后期混响衰减时间、温暖感、响度和明亮感有关。

混响又可以进一步分为两部分，即早期混响（Early Reverberation）和晚期混响（Late Rever beration）。我们的耳朵对早期混响非常敏感。其中一部分原因是多数音乐的晚期混响被后面的音符所掩盖。早期混响很大程度决定了我们对整个混响的主观印象。早期衰减时间（EDT）被定义为声音衰减 10dB 所需要的时间乘以 6（乘以 6 可以让它与晚期混响时间 RT60 进行比较）。这与晚期混响密度不同，早期混响包含了相对较少的初级反射声。在哈斯融合区域的这些反射声，与直达声结合在一起，并加强了直达声。这个早期混响能够影响声音的清晰度。早期混响能量越大，清晰度越高。晚期混响能够影响现场感。越多的晚期混响能量越能够增加现场感或者丰满感。随着晚期混响能量的增加，清晰度也会相应降低。

22.5.2 清晰度

清晰度用 dB 来衡量，它有时被定义为前 80ms 声音能量与 80ms 之后晚期混响能量的差值，有时被称为 C_{80}。在一些情况，会使用 C_{80}（3）的值，它表示的是在 500Hz，1 000Hz 和 2 000Hz 处清晰度的平均值。在具有良好清晰度的大厅当中，C_{80}（3）的范围在 –4~+1dB。

在一些音乐厅的设计当中，为了实现良好的清晰度以及现场感，混响衰减的斜率分为两部分。早期衰减有着较陡的斜率以及较短的 EDT，而晚期衰减有着较平缓的斜率和较长的 RT_{60}。在一些厅堂当中，设计需要 RT_{60} 比 EDT 长约 10%。对于大的音乐厅来说，中频的 RT_{60} 约为 2.0s。当只有一种衰减斜率时，混响时间可以完全用 RT_{60} 来衡量。

22.5.3 明亮感

明亮感是衡量厅堂声学质量的另一指标。它所描述的是那些具有临场感且清晰的声音。明亮感是由增加反射表面大量的高频声所实现的。另外，具有明亮感的厅堂不应该听起来太明亮甚至刺耳。明亮感可以通过高频 EDT 与中频平均 EDT 的比较来获得，尤其是

$$\frac{EDT_{2\,000}}{EDT_{\mathrm{Mid}}}=\frac{EDT_{2\,000}}{EDT_{500}+EDT_{1\,000}} \tag{22–2}$$

类似的，$EDT_{4\,000}/EDT_{\mathrm{Mid}}$ 也能够计算出来。一些发起者推荐 $EDT_{2\,000}/EDT_{\mathrm{Mid}}$ 应该最小为 0.9，$EDT_{4\,000}/EDT_{\mathrm{Mid}}$ 应该最小为 0.8。

22.5.4 增益

一个好的音乐厅应该能为所有的听音位置提供充分的声学增益。增益（G）能够被看成任意声源在厅堂中心位置处的声压与任意声源声压级的差值，减去相同声源在消声室中距声源 10m 处的声压级。从中我们可以看出增益的前半部分是厅堂内特定座位处直达声和反射声的函数，而后半部分仅仅包含 10m 处的直达声。因此增益取决于厅堂的容积和混响时间 RT_{60} 或者早期延时 EDT

$$G_{\mathrm{Mid}}=10\lg\left(\frac{RT_{\mathrm{Mid}}}{V}\right)+44.4 \tag{22–3}$$

或者

$$G_{\mathrm{Mid}}=10\lg\left(\frac{EDT_{\mathrm{Mid}}}{V}\right)+44 \tag{22–4}$$

其中，G_{Mid}= 在 500Hz 和 1 000Hz 的平均增益，dB。

RT_{Mid}= 在 500Hz 和 1000Hz 的平均混响时间，s。

EDT_{Mid}= 在 500Hz 和 1000Hz 的早期反射时间，s。

V= 容积，m^3。

在许多音质较好的音乐厅，G_{Mid} 在 4.0~5.5dB。但是，有着不同应用的厅堂，G_{Mid} 将会在一

个较宽的范围变化。

22.5.5 座位数

已知房间的容积，我们可以确定出座位数 N。这一部分取决于所要表演的音乐类型。而且，厅堂的总面积（舞台和听众区）或许可以从座位数量上估算出来。当使用平方米进行衡量时，地面的面积可以用 $0.7N$ 来估算。当使用平方英尺测量时，地面面积可以用 $7.5N$ 来估算。确定座位数量的等式为

$$N=\frac{0.0057V}{RT_{\text{Mid}}} \tag{22-5}$$

其中，N= 座位数量。

V= 房间容积，立方英尺或 m^3。

RT_{Mid}= 在 500Hz 和 1000Hz 的平均混响时间，s。

注意，如果用公制单位，需要把 0.005 7 变成 0.2。

22.5.6 容积

房间的容积主要受到厅堂使用目的的影响。在其他因素当中，容积也影响了混响时间以及所需要的吸声量。有时房间的总容积是会被标明的。例如，一个音乐厅标明容积为 900 000 立方英尺。在某些情况下，容积也会用每个观众席的最小容积来表示。例如，音乐厅容积会从 200 立方英尺 ~400 立方英尺每座变动。当所设计的音乐厅包含包厢时，每座容积通常会减小。

22.5.7 空间感

早期声场特征在空间感的评估方面也很重要，空间感可以让听众感受到被声音包裹的感觉。空间感能够通过侧墙的早期反射声来产生，这种早期反射声常常被称为侧向反射声，它发生在直达声之后的 80ms 以内。这些到达听众的反射声是非常重要的，它们是相对听众前方 20°~90° 的声音。鞋盒状音乐厅的矩形结构有利于房间的侧向反射。而在扇形音乐厅当中，这些反射声更多来自听众的前方。从而减小了空间感的作用。我们通过提供足够的扩散也能够增加空间感。在许多较老旧的音乐厅当中，这种扩散是通过华丽的装饰来实现的。

22.5.8 视在声源宽度（ASW）

视在声源宽度（ASW）能够被用来描述声源的感知宽度，例如一支管弦乐队，要比物理声源的宽度要宽。当早期（80ms 之前）侧向反射声的声压级较高时，声源宽度也会变得较宽。听众包围感（LEV）有时用来描述沉浸在大空间当中被环绕的感觉。它能够被较迟（80ms 之后）到达的侧向反射声所改善。

22.5.9 初始时延间隙（ITDG）

Beranek 对全世界的音乐厅进行了深入的调查。他发现这些受到听众高度评价的厅堂在技术上有着某些相似之处。初始时延间隙（ITDG）是其中一项声学评价指标。它是在固定位置处，直达声与早期反射声之间的时间差。音质较好的音乐厅会有着清晰的初始时延间隙，大小约为 20ms。由不可控反射声所产生的初始时延间隙，会使厅堂得到不好的评价。

在较小的厅堂当中，它的反射表面距离听众很近，所以 ITDG 很小。在大厅堂当中，ITDG 对于大多数听众都很大。但是，这仍然取决于所坐的位置。例如，一位听众坐在靠近侧墙的位置，这将会有着较小的 ITDG。由于较小的 ITDG 可以产生令人更加亲近的声场，因此较小的 ITDG 是令人满意的。通常在厅堂中心位置，测得小于 15ms 的 ITDG 是令人满意的。相对狭窄的大厅堂，例如在一个矩形鞋盒形厅堂设计中，我们能够提供相对较小的 ITDG。在一些情况下，一个小的 ITDG 可以通过把听众区划分成较小区域，同时在其附近放置反射墙面来获得。或者使用侧面包厢、阶梯以及其他侧面突出的物体来提供早期反射声。由于这些技术也提供了侧向反射声，故它能够同时提供亲密感和空间感。

22.5.10 低音比和温暖感（BR）

在大多数厅堂当中，声学的温暖感是令人满意的。这常常归因于低频部分较长的混响时间。一种测量温暖感的方法是使用低音比（BR）。低音比是通过用 125Hz 与 250Hz 的混响时间之和除以 500Hz 与 1000Hz 的混响时间之和来获得的。

$$BR=\frac{RT_{60/125}+RT_{60/250}}{RT_{60/500}+RT_{60/1\,000}} \quad (22-6)$$

一个有着较长低频混响时间，声学上温暖的厅堂将会产生大于 1.0 的 BR。根据研究，对于 RT_{60} 小于 1.8s 的厅堂，BR 应该在 1.1~1.45。对于有着更高 RT_{60} 的房间，BR 应该在 1.1~1.25。（对于语言，BR 在 0.9~1.0 是合适的。）

22.6 音乐厅的结构设计

音乐厅的结构设计需要建筑师和声学专家紧密配合。特别是在建造类似声学房间的时候。这个内壳的舞台和座椅区域，一定要满足演奏家和听众的声学需求，同时也要为他们提供安全性及便利性。而这些需求比美学需求更加重要。一间大的音乐厅，必须是一个让人们在听音乐时感觉更加舒适的地方。

22.6.1 包厢

在一些厅堂当中，包厢（Balcony）能够减少舞台到一些座位区域的距离，并提供了良好的视野。我们要避免包厢下面在座位区域内的声学阴影，如图 22-5 所示。通常，包厢突出部分的深度应该小于包厢到下面座位高度的两倍。理想情况下，这个深度最好不要超出包厢到下面座位的高度。另外，天花板和侧墙的反射表面以及包厢下方，应该尽可能多的增加到包厢以及包厢下方座椅的反射声，来补充舞台直达声不足的问题。我们应该在设计过程中，尽量避免包厢前栏杆对其前排座椅的反射问题，从而影响该区域的音质。特别是当包厢区域有凹面形状时。

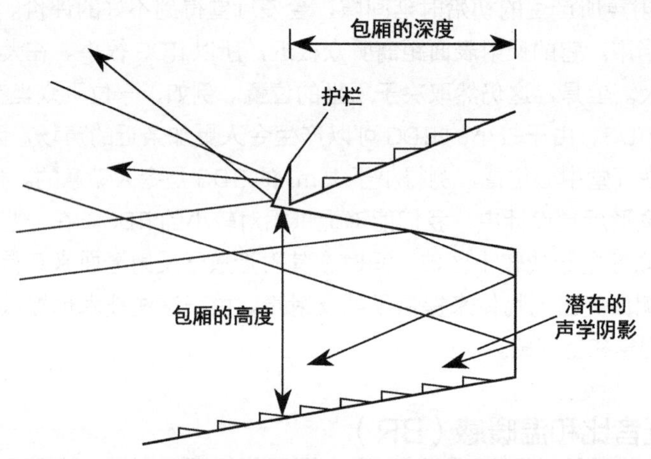

图 22-5 理想情况下，包厢的深度应该不超过它的高度，从而避免包厢下面的声学阴影。在包厢下方，应该使用反射设计来补偿直达声。同时应该注意包厢前面的栏杆，以其避免不必要的反射声

22.6.2 天花板及墙

天花板高度通常由整个房间所需要的容积来决定。通常，天花板的高度应该是房间宽度的 1/3~2/3。更低的比例会被用在较大空间当中，更高的比例会被用在较小空间当中。天花板太高会导致房间容积过大，从而产生一些不良的反射。为了避免潜在的颤动回声，具有平滑表面的天花板最好不要与地面平行。

在许多音乐厅设计当中，天花板自身的几何结构通常用来让声音传播到厅堂的后方，或者向整个厅堂扩散，如图 22-6 所示。一个天花板或许有几个部分，它们用不同的尺寸和角度把声音反射到不同的座位区域。例如，在舞台附近的天花板要反射声音到附近几排，而远离舞台的天花板要反射声音到更远的地方。在一些厅堂的设计当中，天花板可以升降作为一个独立的部分，用来改变厅堂的声学特征。例如，当天花板被降低时，大厅的声音效果会更加亲切。

房间应该尽量避免一些形状，诸如穹顶、桶形天花板，以及圆柱体的拱形凹面，因为它们会产生令人厌恶的聚焦点。后墙必须避免任何大的、完整的凹面几何结构。侧墙必须要避免平行。可以通过展开墙的表面来解决这些问题。这些角度也有利于引导反射声到达听众区域，从而提供合理的扩散效果。任何不可避免的凹形表面，或者不良角度的表面都应该使用吸声材料进行覆盖。

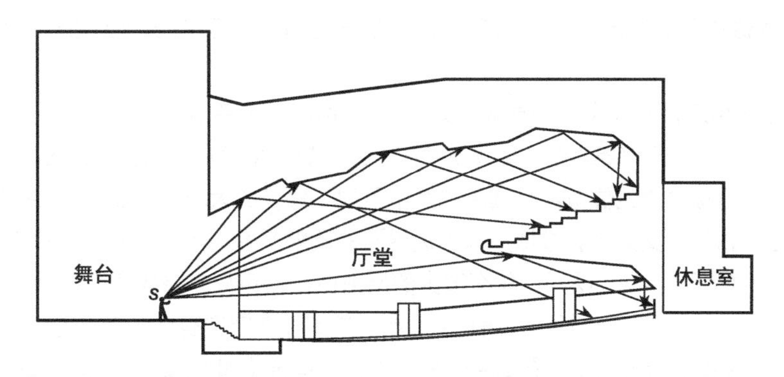

图 22-6 天花板的几何形状应该引导反射声穿过厅堂。天花板的许多部分，其大小和角度都已经调节好，用来把声音反射到厅堂中某些特定的座位区域

22.6.3 倾斜的地面

无论在音乐还是语言的厅堂设计当中，我们都需要一个倾斜的地面。特别是对于大的空间来说。一个倾斜的地面不仅改善了观众的视野，同时也提高了座位区域的音质。当坐在倾斜地面时，听众可以听到比水平地面更多的直达声。不论是何种情况，舞台都应当被升起。在一些设计当中，地面的倾斜度会随着舞台距离的增加而保持不变。而一些设计当中，地面倾斜度会随着舞台距离的增加而增加。它们的提升是不均匀的。又有一些设计，它在接近舞台的地面，倾斜度是一个常数，而在远离舞台的地方，倾斜度会增加。在一些大厅当中，包厢能够被用来增加座位数，并且减少舞台与听众之间的距离，通常会使用相对陡峭的地面。

在一个需要减少听众吸声的厅堂当中，倾斜地面是令人满意的。越大的入射角的声音会有着穿过听众区更少的吸声量。穿过较大面积听众区的声音频率响应会在很大程度上受到入射角度的影响。较小角度的入射，会在人耳位置附近产生频程在 150Hz 的波谷，其幅度在 10~15dB。并延伸 2oct。这种效果对直达声和早期反射声最为明显。通过对早期混响能量的低频部分进行提升，可以解决这个问题。同时使用陡峭的地面也会有所帮助，还有一些证据表明，较强的天花板反射也可以起到一定的作用。

22.7 虚拟声像分析

正如在第 6 章和第 13 章所观察到的那样，从诸如墙、地板或天花板，这种边界表面反射回来的声音可以被看成虚拟声源。虚拟声源是位于反射表面之后的，就像在镜子里看到的影像一样。同时，当声音撞击多于一个表面时，将会产生更多的反射。因此，也会存在声像的声像。在一个矩形房间当中有六个表面，而声源将会在这六个表面都产生声像，并把能量反射回封闭的空间里，从而产生一个高度复杂的声场。

通过使用这个模型，我们能够忽略表面本身，只考虑来自虚拟声源的声音，它所产生的延时是由它们与声源的距离所产生的。而且，声像的数量取决于反射表面的吸声能力，以及被反射声像的次数。

这种技术能够用来检测大空间的声场，如图 22–7 所示。图中的四个大空间，都是通过舞台上的脉冲声音进行测量的，且使用六个话筒测试点阵列来测量反射声场的情况。如图 22–7 所示，每个圆圈的中心展现了虚拟声源的位置，且圆圈的大小显现了声音的大小。它到交叉轴的距离代表了延时。测量阵列位于轴向的交叉处。虚拟声源由边界面的反射产生，用图形表明了四个封闭空间的声场。在体育馆中（如图 22–7A 所示），仅有很少的反射面，且声像间隔较宽，揭示了它可能存在的回声。在歌剧院中（如图 22–7B 所示），虚拟声源相对密集，在空中有许多较强的声像。可以从声像的空间分布，明显看到大音乐厅（如图 22–7C 所示）和小音乐（如图 22–7D 所示）的不同。

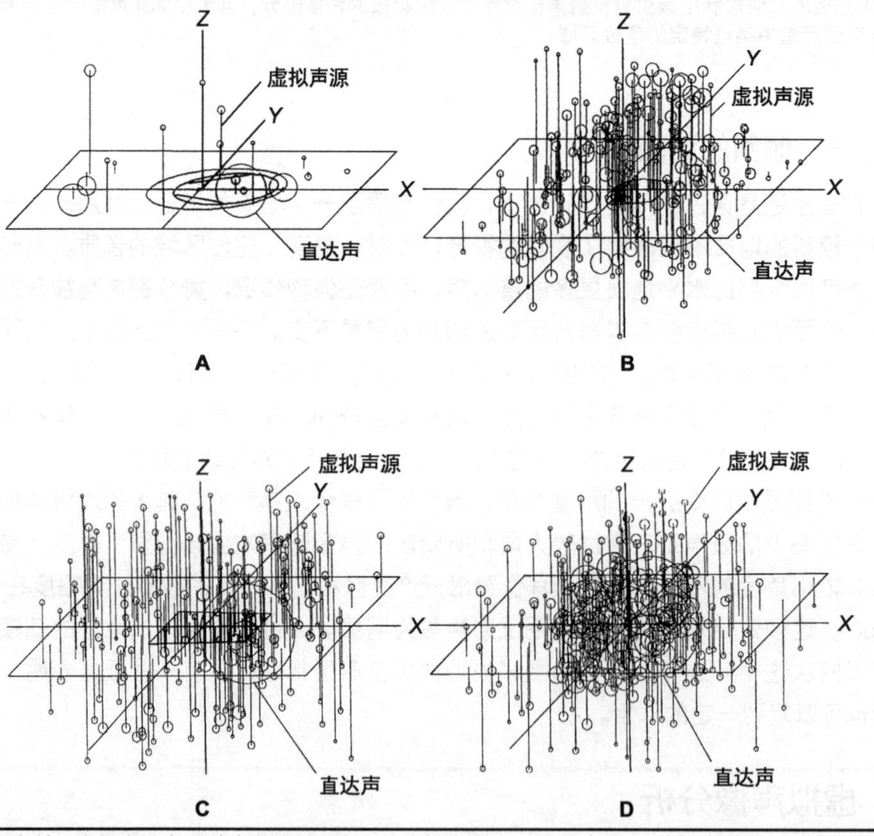

图 22–7 四个封闭空间声场中通过边界反射所产生的虚拟声源。（A）体育馆。（B）歌剧院。（C）大音乐厅。（D）小音乐厅 (JVC Corporation)

22.8 厅堂的设计流程

实际上，一位声学专家一般是在对选址的认真考虑、确定噪声级以及结构布置之后，才开始对厅堂进行设计的。其数值的设计开始于确切的 G_{Mid} 值。例如，将会假设它的值为5.0dB。接着假设出 RT_{Mid} 或 EDT_{Mid} 的值。它将很大程度上取决于在厅堂中音乐表演的种类。例如，假设 RT_{Mid} 的值为 0.2s。已知这些值，可以计算出厅堂的容积以及座位数和总面积。如果这些结果没有满足设计标准，我们将会对 G_{Mid} 的值进行调整。通过对这些计算的参考，声学专家和建筑师将会最终决定厅堂的结构，例如矩形或者扇形。再一次计算，可以获得诸如包厢和阶梯等参数，以及考虑诸如 ITDG 这样的参数。根据假设的 RT 和 EDT 的值，可以适当加入吸声材料。

下面进行 2 个案例的研究。较大音乐厅的设计，通常被归类为建筑工作中最为复杂的类型。厅堂设计通常是独一无二的，它展现了建筑师和声学专家的创作力及胆识。这种物理的独特性，使得每个音乐厅将会有与其他音乐厅不同的声音特征。

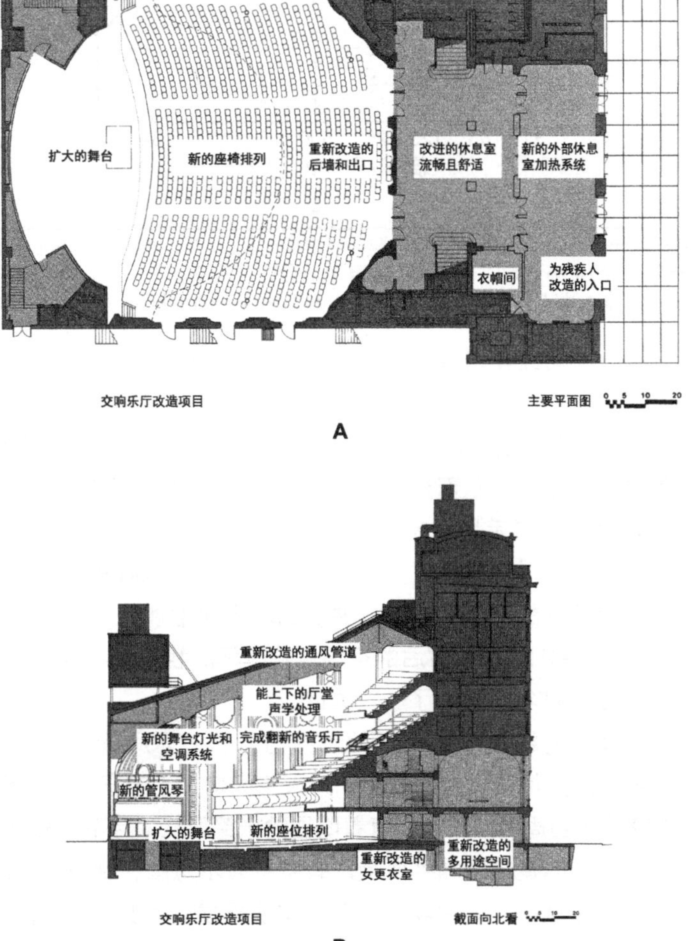

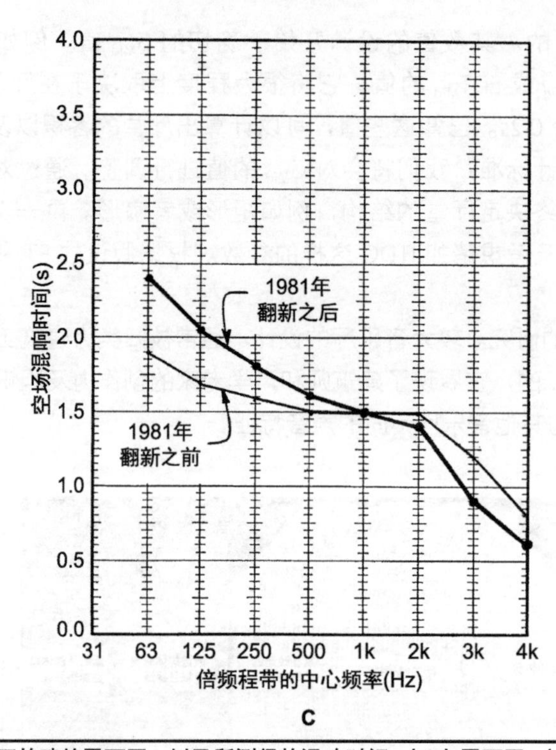

图 22-8 芝加哥交响音乐厅的建筑平面图，以及所测得的混响时间。（A）平面图。（B）剖面部分。（C）1981 年改造前后，该音乐厅的空场混响时间（在美国声学学会许可的情况下翻印，用于音乐表演的厅堂：20 年的经验，1962-1982，Richard H.Talaske,Ewart A.Wetherill, 和 William J.Cavanaugh, 编辑，1982）

芝加哥交响乐厅是一个传统矩形音乐厅，它有着陡峭的包厢。图 22-8A 和 B 展示了它的平面建筑图。这个音乐厅建于 1904 年，在它投入使用之后很快就暴露出声学缺陷，特别是在舞台区域和舞台上方的部分。结果，音乐厅被改造了几次。在 1966 年，大量的灰泥吊顶替代了试图要增加房间有效容积的穿孔铝板，从而延长了混响时间。同时，在包厢、走廊增加了许多装饰物，吸收了一些混响，最终使得满场混响时间没有增加，而空场混响时间明显减少。1981 年，该音乐厅被再次改造。在改造过程中，减少了主要座位区域的地面及舞台周边的吸声，音乐厅上表面改为坚硬的，整个厅堂的空间被打开，并在后墙表面增加了扩散石膏，同时安装了新的管风琴。图 22-8C 展示了 1981 年改造前后的空场混响时间。我们可以看到，低频混响时间有所增加。后来，该音乐厅在 1997 年又进行了一次改造。

柏林爱乐音乐厅是使用葡萄园形状大音乐厅的例子。大音乐厅被分成了多层级的听众区域，它们之间通过矮墙隔离，这提供了侧向反射声，为大空间增加了亲密感。该音乐厅于 1963 年完工，它把听众安排在交响乐团周围，天花板有着明显的帐篷形状，且下面有反射云板。图 22-9A 和 B 展示了柏林爱乐音乐厅的建筑结构平面图，有着平面示意图和剖面示意图。图 22-9C 展示了该音乐厅混响时间的三个状态，即空场、只有乐团演奏家，以及有着乐团演奏家、合唱团和观众。在所有这三种情况下，低频都有着明显的提升。

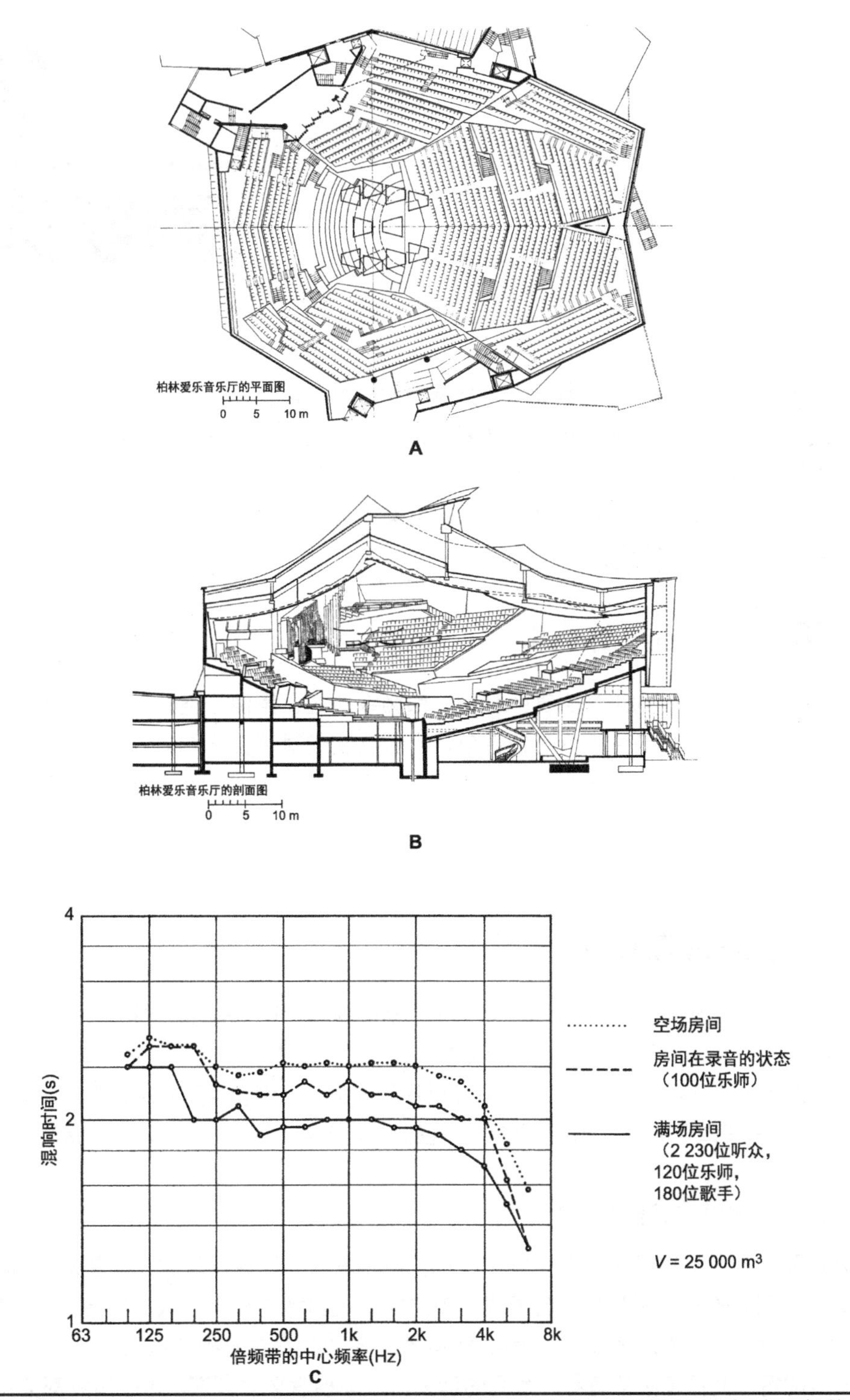

图22-9 柏林爱乐音乐厅的建筑平面图，以及所测量的混响时间。(A)平面图。(B)剖面图。(C)混响时间(在美国声学学会许可的情况下翻印，用于音乐表演的厅堂：20年的经验，1962-1982，Richard H.Talaske，Ewart A Wetherill和William J.Cavanaugh，编辑，1982)

23 声学失真

目前的音频系统中，其硬件部分都有着较好的质量，但是从扬声器到耳朵之间的部分改进较小。即使声音到达我们的耳朵，仍旧有很多心理声学的因素，对我们的声音感知起到了决定性作用。许多心理声学的研究仍在进行，它探究了我们是如何感知声音的。在硬件和声音感知之间，仍旧有其他可以产生失真的声音传播路径。本章我们致力于对声学失真问题的探讨。

23.1 声学失真和声音感知

有 3 种心理感知会受到声学失真的影响，即频率响应、声像和空间感。平直的频率响应是我们努力的一个目标，然而令人满意的音色，也包括我们对谐波分量的认可和赞赏。当听音乐家的表演时，我们会对这些音乐产生声像的感知。当所有参数调节的恰当时，这种声像感会非常生动。我们可以感受到声源的尺寸、形状，以及它的高度、深度和宽度。这种声像感的形成与侧墙的早期侧向反射声有关。

23.2 声学失真的来源

不幸的是，在介质中的声学失真我们是非常容易听到的。听音者的听觉能力、扬声器和功放的失真都起到了很大作用，不过我们在这里所进行的讨论，主要集中在房间的声学失真部分。在室内声学当中有很多参数可以调节，正如之前章节所提到的房间比例和房间表面的声学处理。本章中，我们包含了声学失真四个重要来源，分别是房间模式、扬声器边界干涉响应、梳状滤波、扩散。

23.2.1 房间模式的耦合

通常房间中有着许多共振（参见第 13 章）。特别是对矩形空间来说，需要对三种模式进行数学计算，分别为轴向、切向和斜向模式。轴向模式是由地面和天花板、侧墙表面，以及房间两端的垂直反射所产生的。在这个房间的任何声音将会激发这三种共振模式。更为复杂的是，它们所对应的每个共振基频都有着一系列的谐波，从某种意义上来说，这些谐波都会产生共振。

这些模式都决定了该空间的音质，各个模式之间相互作用也是产生失真的重要来源。房间频率响应的测量将会由这些轴向、切向和斜向模式来描述。虽然轴向模式起到主要作用，但是整个房间的响应是由所有模式的矢量共同作用产生。这些模式的声压会从零变化到最大值，并且对该房间的声音起到了重要作用。每个房间都有着从一点到另一点较大的声压波动，而这些波动是声学失真产生的原因。

我们知道声波是纵向波，也就是说，它们实际上是在传播方向上发生振动的（拉伸和收缩）。当声波拉伸和收缩时，产生了高、低声压的区域。一个最小声压对面的瞬态声压有着相反的极性。声压在一侧增加的同时在另一侧正在减小。随着这些压力的变化，扬声器和听音者耳朵的位置将会决定他们如何与房间进行声学耦合。我们能够通过对这些正、负区域的认知，放置多个同相位的超低音扬声器来消除房间中某些频率的模式。如果我们把超低音扬声器放在模式的零位（Null）将不会对该模式起到激励作用。

23.2.2 扬声器边界干涉响应

下面一种声学失真是由于扬声器的直达声与房间反射声之间的相互干涉而形成的，特别是在角落附近。虽然这种失真会发生在整个频率范围，但是它在低频处会更加明显，被称为扬声器边界干涉响应（SBIR）。它的作用我们已经在第 25 章讨论过。房间的边界环绕着扬声器，产生了虚拟声像。当这些虚拟扬声器（反射）与直达声叠加在一起，就会产生不同程度的增强和抵消，这取决于听音处直达声和反射声的幅度及相位关系。

如果扬声器距离房间的每个表面都为 3 英尺（如图 25-4 所示），那么会有四个主要的虚拟声源在房间边界的对面，对应一阶反射声。位于房间墙面对面的虚拟声源到墙面的距离与音箱到墙面的距离相等。从虚拟声源到听众的距离与从声源经反射路径到听众的距离相等。除了这四个虚拟声源外，还有另外的 7 个。三个虚拟声源与 1 个真实声源在同一平面，四个虚拟声源分别在天花板和地板的平面上。假设墙面被移开，同时会有另外 11 只扬声器被放置在虚拟声源的位置。在听音者位置所叠加获得的声音，将会与一个实际声源以及 11 个虚拟声源共同产生的一致。

直达声与这些虚拟声源之间的相互干涉，将会产生非常不均匀的频率响应（如图 25-3 所示）。扬声器距离墙面为 4 英尺，图中分别展示了具有一面、两面和三面墙时，在所有听音位置 SBIR 的平均值。我们可以看到，每增加一面墙，其低频响应增加 6dB，同时 100Hz 处的波谷会更深。请注意，一旦形成这种由于摆放位置所产生的波谷，除非使用移动听音者和扬声器的方法，否则我们几乎不可能去除它，而利用电路对波谷进行补偿，在实际应用中不是一个很好的方法。因此边界反射对直达声是增强还是减弱，取决于听音位置处直达声和反射声之间的相位关系。低频部分的直达声和反射声是同相的，所以它们之间互相加强。随着频率的增加，反射声相位落后于直达声。到某个频率时，直达声和反射声之间的相位相反，这就产生了相互抵消的现象。抵消的程度取决于直达声和反射声的相对幅度。对于低频来说，边界表面的吸声作用非常微弱，波谷的幅度会在 6~25dB。所以我们尽量不要把低频扬声器放置在距离地板以及周围两面墙相等的距离处。

图 25–3 所示的低频提升，解释了为什么人们可以通过移动房间墙角位置的扬声器来增加更多低频。实际上，我们有两个选择。让扬声器尽量靠近墙角，又或者尽量远离墙角。当移动扬声器到靠近墙角的位置时，第一个干涉的波谷频率将会移到高频部分，这将会有着更多的吸声衰减。(如图 25–3 所示，最后一种情况是扬声器放置在距离地板、后墙及侧墙 1 英尺的距离。) 此外，扬声器的指向性特征减少了声音向后面的辐射，因此也降低了反射声的幅度。这个原理也是嵌入式扬声器安装的基础。不幸的是扬声器在墙面与天花板两面夹角或者在墙面与墙面与天花板三面夹角，会非常有效地与房间模式发生耦合。如果房间比例较差，这将导致简并现象的发生，或产生间隔较大的模式频率，从而产生明显的模式加强。许多扬声器生产厂商，通常会提供衰减均衡器来补偿扬声器在嵌入安装后某些频率部分的加强。

我们也可以把扬声器移动到远离墙角的位置。这样，第一个干涉低谷将被移动到很低的频率，或许能够把它移动到扬声器的截止频率以下，又或者人耳听觉频率以下。如果我们要获得一个频率在 20Hz 的干涉波谷，需要把扬声器放置在距离后墙 14 英尺的位置。这是非常不切实际的解决办法。所以我们，需要在无数有效的选择当中找到一个折衷的位置，最有效的方法是使用一个多维度扬声器与听众之间距离优化的软件 (见第 25 章)，并且不断进行调节，最终获得最佳位置。

23.2.3 梳状滤波

另一种声学失真的类型是由房间反射产生的梳状滤波。它是由直达声和反射声的相互干涉产生的相消干涉和相长干涉。在听音室中，我们主要关心的是直达声与第一阶 (单一边界) 反射声的干涉作用。由于听众与声源之间的反射路径长于直达声路径，故产生了时间延时。

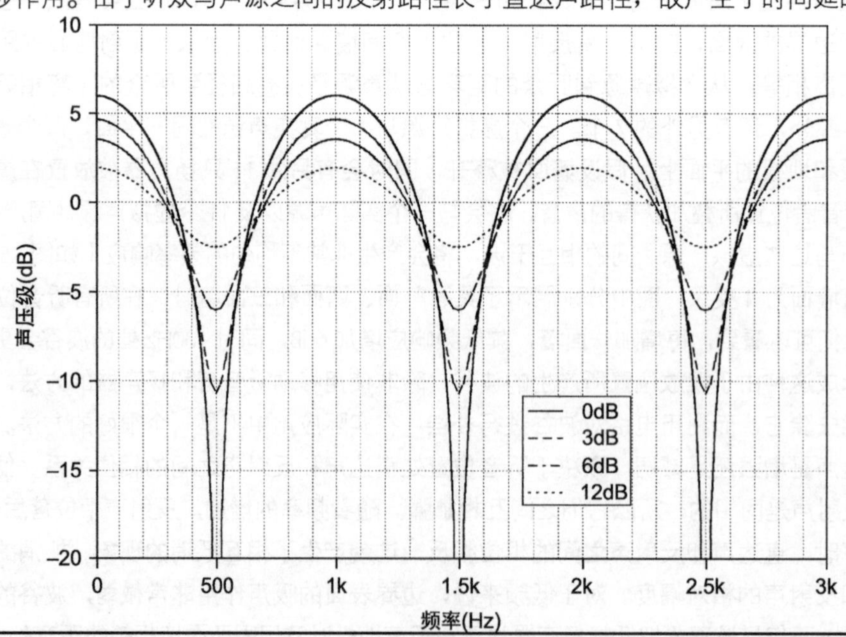

图 23–1 相对直达声衰减 3dB、6dB 和 12dB，且延时时间为 1ms 的反射声，与直达声之间的梳状滤波效应

当直达声与反射声叠加，我们会看到梳状滤波的波谷和波峰。反射声在各个频率对直达声产生不同程度的加强或抵消，这取决于听音位置处直达声与反射声之间的路程差。直达声和反射声之间延时 1ms 的梳状滤波效应，如图 23–1 所示，它展示了四种不同的情况。0dB 曲线表示的是理论上反射声与直达声相同声压级的情况。剩下的三条曲线分别显示了反射声被衰减 3dB，6dB 和 12dB 的情况。如图 23–2 所示，前五个干涉波谷的位置被表示成与总延时之间的函数。一个延时为 1ms（1.13 英尺）的声音，在 500Hz 处产生的第一个波谷与下一个波谷的间隔为 1 000Hz。相长干涉峰值位于两个连续波谷的中间位置。当反射声与直达声的声压相等时，理论上波谷是趋于无穷的。

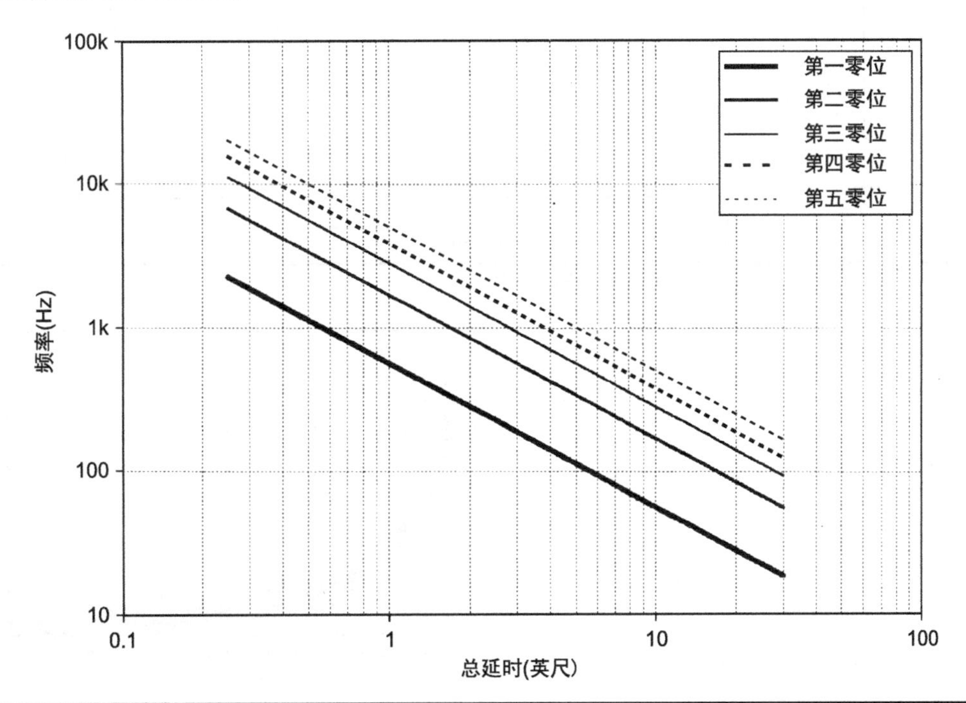

图 23–2 对于一个相对直达声有 1ms 延时的反射声，所产生梳状滤波相消干涉的零点频率。相长干涉峰值频率发生在两个相邻零点频率的中间位置

第一个波谷位置是声速除以总路程差的 2 倍。两个连续波谷之间的间隔是其频率的 2 倍。梳状滤波是由一系列有着 1m 间隔的等距反射声（颤动回声）所产生的，如图 23–3 所示。注意它的峰值比单个反射更加尖锐。

使用延时器我们更容易感受到梳状滤波的作用。如果信号与其延时叠加，我们将会感受到与和声或镶边相关的各种效果，这取决于延时的长度及延时随时间变化的情况。较短的延时有着更宽的波谷，因此它会比较长地延时，移除更多的能量。这也就是为什么毫秒和微秒级的延时也会被听到的原因。

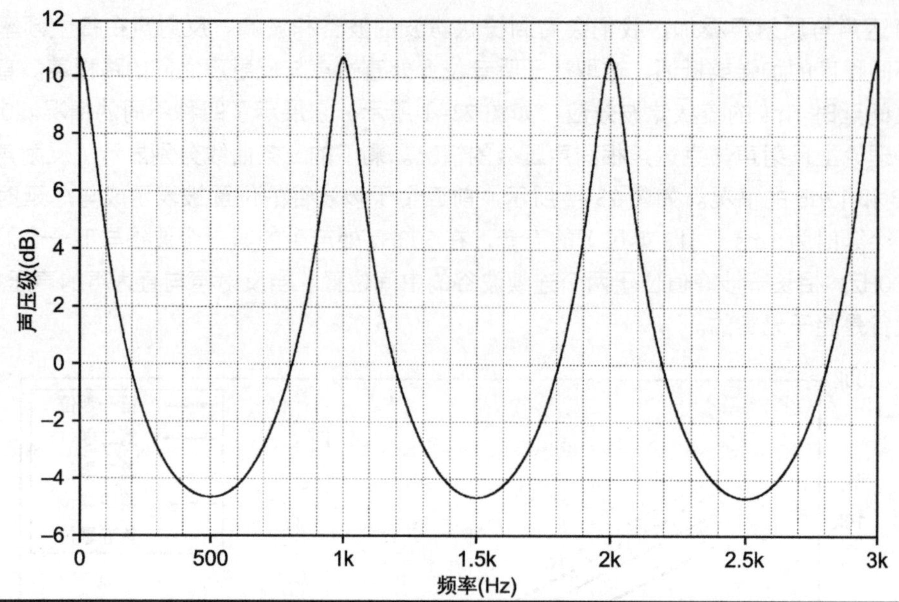

图 23-3 由等距间隔 1ms 颤动回声所产生的梳状滤波效应

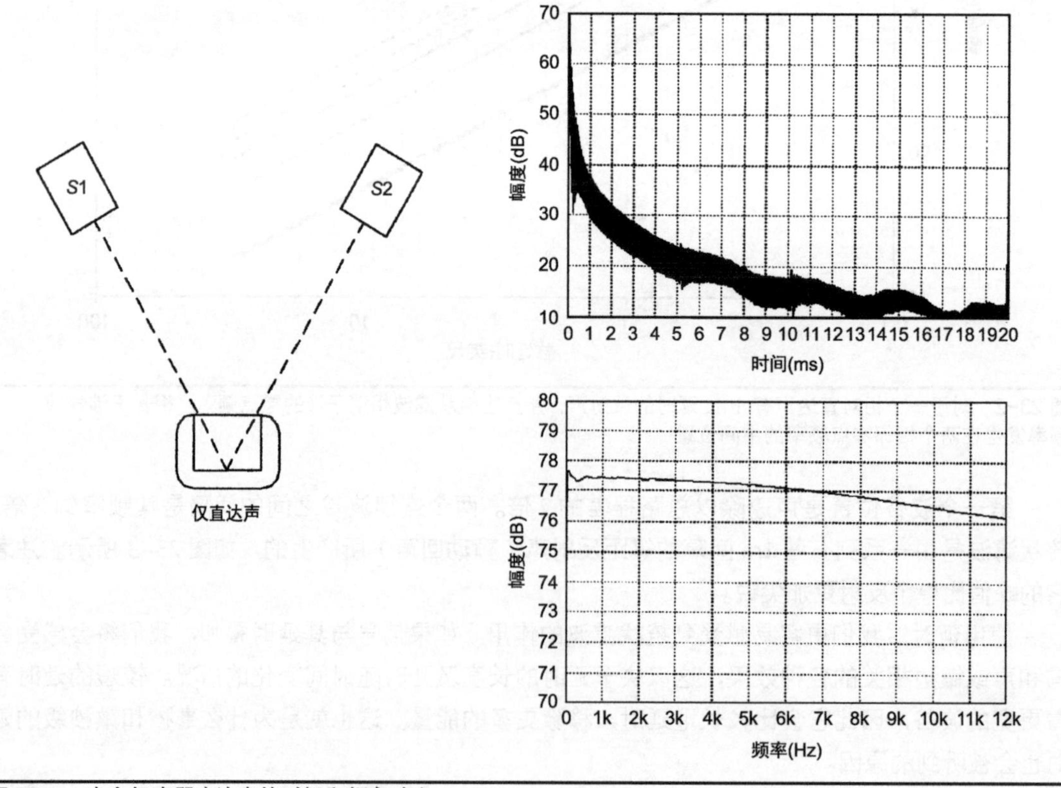

图 23-4 来自扬声器直达声的时间和频率响应

图 23-4 和图 23-5 所示为反射所产生的梳状滤波。图 23–4 展示了两只右侧扬声器的时间和频率响应。上面的曲线展示了到达时间，下面的曲线展示了扬声器在自由声场的频率响应。图 23–5 展示了右侧扬声器旁边增加侧墙之后的反射作用。上面的曲线展示了直达声和反射声的到达时间。下面的曲线展示了由单一反射所带来的梳状滤波作用。如果扬声器有着类似下面频响曲线，那么大多数听众会难以接受。但是在目前许多房间的设计当中，仍然没有进行反射声控制。在生活当中，我们的耳朵和大脑更加擅长于解释直达声与多次反射声，而不是 FFT（快速傅里叶变换）分析，所以对其感受没有那么明显。听觉系统也能够适应不同早期反射声的情况。

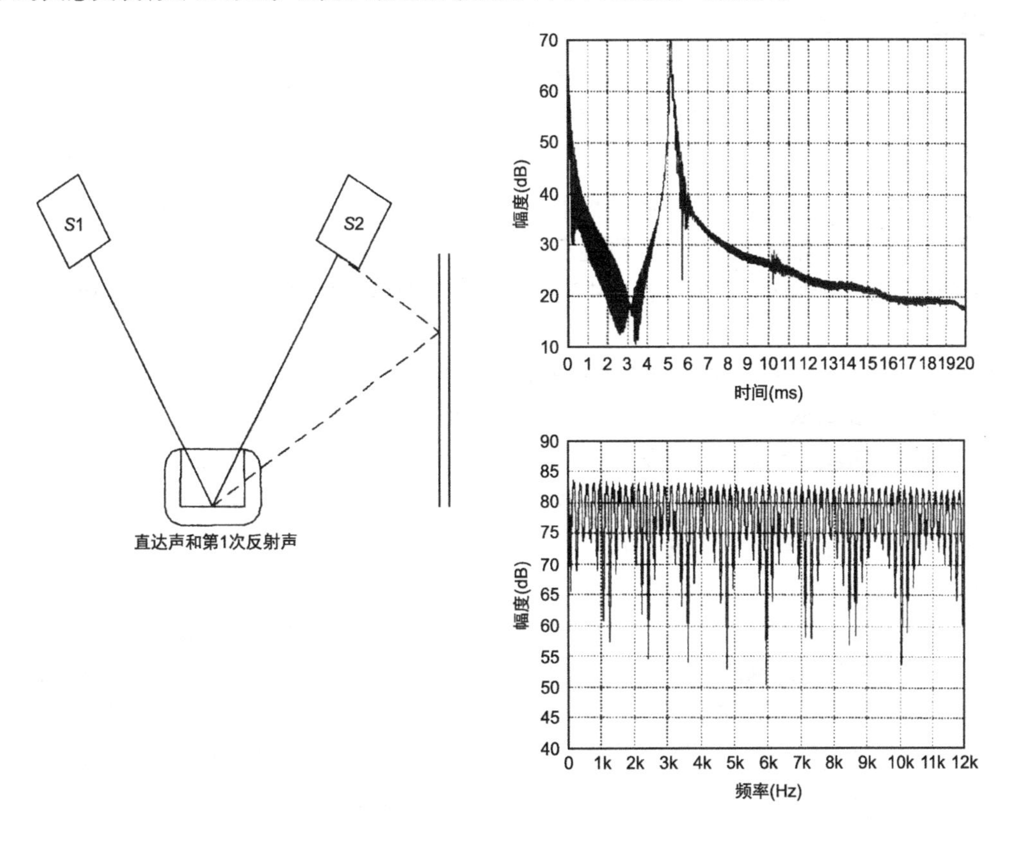

图 23–5 有侧墙反射的直达声时间和频率响应。梳状滤波作用较为明显

我们可以通过对房间反射声衰减或扩散来控制梳状滤波效应，又或者通过对扬声器的指向性进行控制从而减少边界反射。如果扬声器随着频率变化有着固定的指向性，那么任何反射声控制都必须是宽频带，为的是不需要对来自墙面的反射声作均衡。由于一般扬声器的指向性都会随频率的增加而增加，所以重点要对低频反射声进行控制。由于这个原因，我们不要期望用较薄的多孔吸声泡沫或者纤维包裹的平板，能够控制低频部分的梳状滤波效应。另外，在使用扩散体时，它们也应该在一个较宽的频率范围内有着一致的散射效果。一般来说，吸声和扩散表面的厚度约为4英寸或更多。

梳状滤波能够通过吸声或者扩散处理来控制，吸声是从房间内吸收一部分声音能量来实现的，而扩散则是通过将反射声扩散开来实现，且整个过程中没有吸声。以上两种方法都是有效的，同时它们会产生不同的心理声学效果。使用吸声来减少镜面反射作用，会产生较为精确的声像。而扩散所产生的声像会具有更好的空间感（宽、深和高）。良好的声学设计需要较宽频带吸声和扩散，其中扩散在包围感方面起到重要的作用。

23.2.4 扩散

在一个演出场所，声学环境的好坏，直接影响我们对声音的总体印象。在音乐厅中，声学扩散作用受到了我们长期的关注，其中部分原因在于好多享有盛誉的古老音乐厅都有着较强的扩散作用。像维也纳格鲁司音乐厅（金色大厅），当时的建筑风格产生了作用较强的扩散表面。由于提升了建筑的造价，增加了座椅的需求，以及改变了室内设计的风格，让平坦的石膏、水泥、纸面石膏板以及煤渣砖的外表显得过于普通，从而采用了一些较为华丽的设计。由于声学方面的需求，在一些现代大厅的设计当中选用更加模块化的表面设计，目的是产生更大的扩散声场。

例如广播录音棚、住宅内的听音室和音乐练习室，这类空间是较小的听音环境。这些空间的设计通常比较自然，我们会尽量减小房间声学特征对重放声音的影响。对于立体声来说，Davis给了出了一种实现方法，应用到他们LEDE控制室的设计当中。1984年D'Antonio等人，改进了Davis的设计理念，利用嵌入式扬声器和在后墙反射相位栅（RPG）托三体提供的扩散声场，在听音位置周围产生了无反射区域（RFZ）

通过展开墙面和扬声器边界表面，我们可以实现这种无反射区域，其表面可能也包含多孔吸声材料，从而进一步减少扬声器的边界干涉。RFZ也会在后墙扩散能量到达之前，产生初始时间延迟。后墙扩散体为房间产生了一个环绕扩散声场。这也拓宽了“最佳听音位置”的区域，且提供了扩散设计频率以下的低频吸声。在过去的几十年当中，这种设计已经证明是立体声系统设计的一种有效方式，且应用在超过1 000个项目当中。拆散体对环绕声场的形成非常有效。随着多声道环绕声音频格式的发展，这种类型听音室的设计得到了认可。

23.2.5 扩散测量

从20世纪60年代，我们就开始了主观的研究，在听音室内扩散体的架设及摆位被很好理解。测量标准描述出声音扩散的一致性，即扩散系数，它把表面的扩散作用进行了较为清晰的分级。扩散在提高侧向反射声，增强房间的包围感及空间感方面是有价值的。

在2001年出版的AES–4id–2001文档中，描述了确定扩散声音表面一致性的测量方法。这个方法测量了散射样本1/3oct的指向性响应，同时与相似尺寸的平面反射样本进行比较。所测的指向性是从入射角度为0°，±30°和±60°获得的。平均扩散系数是指以上五个角度扩散系数的平均值。

图 23–6 展示了这种测量的结果，对于调整优化扩散体（Modffusor）来说，对应表面法线的入射角为 –60°。如图 23-6A 所示，为三个模块化样品组成的扩散体，它们有着五个音阶跨度。扩散体的扩散系数 d_{60} 与平面反射体的比较如图 23–6B 所示。标准化的样品扩散系数 $d_{60,\ n}$，是用扩散体与反射板扩散系数的差值除以 1 减去反射板扩散系数的差值而得到的，如图 23–6C 所示。这个标准化的过程去除了由边沿衍射所产生的散射，故仅显示出表面的扩散。从图中可以看出扩散大概起始于 200Hz。剩余的 12 个（1/3）oct 的极性响应，对比了扩散体和反射板的扩散表现。我们可以看出，在 4kHz 处，扩散体（细线）有着一致的扩散特性，而反射体（粗实线）则指向 60° 方向。AES 方法被标准化为 ISO–17497–2。

由 Haan 和 Fricke 的研究显示，表面扩散指数（SDI）描述了表面的扩散特征，它与世界上受欢迎音乐厅的声音质量指数（AQI）有着较高的相关性。SDI 是由表面粗糙程度所决定的。而这个研究需要更进一步的确认，它对那些大量使用扩散体的地方是一个好消息。除几何图形和浮雕装饰物之外，形状的优化以及扩散体的调节，也被广泛应用在听音室和演奏空间当中。

23.3 设计方法

一种环绕声听音室的设计（由 D’Antonio 所建议），它使用了宽频带吸声的方法，对房间所有角落的共振频率，以及在左/中/右扬声器后面墙面部分（使用有着 4 英寸厚的金属板共鸣器，它对 40Hz 以下频率有效）进行了吸声。在前置扬声器和听众之间的侧墙区域通过宽频带吸声和扩散作用来进行控制。一维宽频带调节优化扩散体被使用在侧墙及后墙，用来扩散来自环绕声音箱的声音，这些音箱嵌入墙面或者单独摆放。当扬声器被嵌入或者远离边界面时，我们应为注意扬声器是否具有良好的表现。这些墙面嵌入的扩散体与环绕声音箱和加固封套一起对声扬产生作用。在听众上方，用来降低模式频率的扩散云板，能够提供良好的包围感、额外的模式控制和对于灯光和 HVAC 系统有利的表面。

房间的高度能够大致分成三个部分，有着扩散处理的中央部分、坐在位置上的耳朵覆盖区域，以及站起来的耳朵覆盖区域。高于或者低于这个区域可以不用声学处理。如果有问题，可以在更高的地方布置吸声材料来控制颤动回声。D’Antonio 也强烈建议利用墙面 – 天花板以及墙面 – 墙面交叉的位置进行低频吸声处理。许多听音室使用厚重的结构来进行隔音。因此低频控制是有必要的。使用最佳的房间比例，以及在合适位置放置多个同相位的低频扬声器能够起到明显的作用。

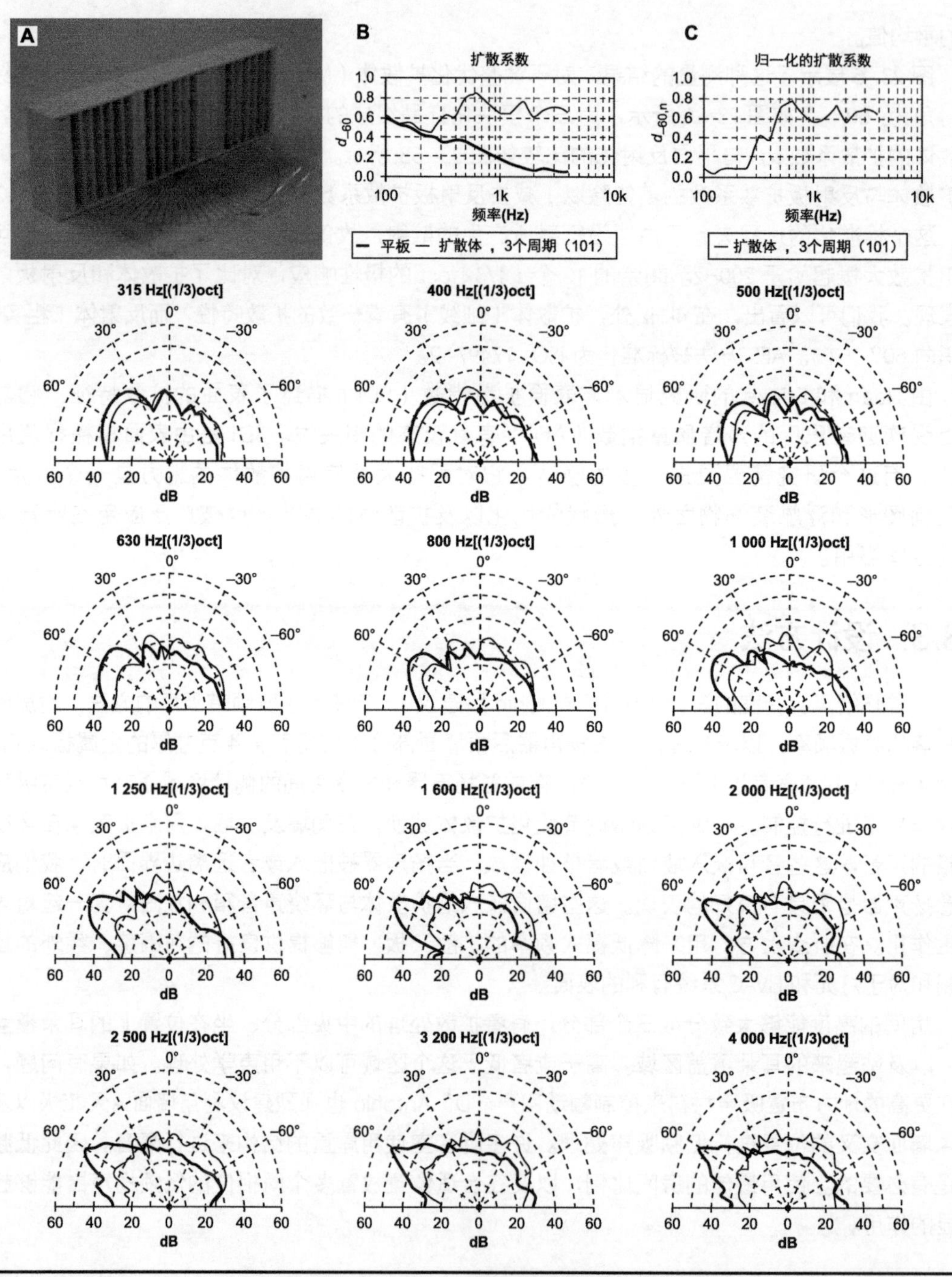

图 23-6 使用AES-4id-2001测量方法的一个例子，它被用来确定材料表面散射声音的一致性。通常使用对应表面法线为-60°的入射角。（A）有着五个音阶跨度的三个样品模块。（B）样品与反射板之间扩散系数的比较。（C）归一化的样品扩散系数。下面是12个1/3 oct的极坐标图，把样品（细线）与反射板（粗线）的空间响应进行比较（D' Antonio，RPG扩散系统有限公司）

24 室内声学测量软件

通常测量在科学领域是非常关键的，因为它让我们有机会对假设、理论和方程式进行验证。从而科学家们可以寻找到一些方法来改进其有效性、准确性，以及测量的精度。室内声学也不例外。

人耳可听见声音的频率范围是 20~20 000Hz，它包含的声波波长是 56 英尺 ~1/2 英寸。在这个尺寸范围的房间及扬声器，受到了衍射、共振、边界效应和反射等各种声学作用。考虑到复杂的声学性质，这些作用通常很难准确的建模。因此在现实中，测量可以提供一种可靠的方法来精确量化室内声学的特征。在本章中我们研究计算机软件和数字信号处理，如何作为有效的声学测量工具。

24.1 声学测量

大约在 20 世纪，Wallace Clement Sabine 发现了房间大小、吸声量和混响时间之间的基本关系。通过这些关系，他设计了计算房间混响时间的方法。赛宾研究混响时间，所使用的工具包括便携式风箱、风琴管、秒表、从当地剧院借来的弹性坐垫，以及他的耳朵。他在厅堂中重放声音，并利用秒表以及他的耳朵来测量混响的衰减，同时用弹性坐垫来修正衰减率。虽然现在看起来这个实验非常原始，但是赛宾的实验让人们对室内声学有了更加深入的了解，并成为更加受人关注的研究领域。人们开始去发掘及量化各种声学参数，且逐渐获得了越来越复杂的测量技术。

今天，个人电脑（PC）都可以满足声学测量所需的硬件要求。这使得基于 PC 的测量系统比专业系统更加便宜。PC 测量系统仅需要一个测量话筒及放大器，就可以把信号记录到电脑上，并利用软件来完成分析。有了笔记本电脑，用户使用这种系统就更加便利，测量系统的便携性，使得在不同地点的测量变得更加容易。

软件测量系统的另一个明显特征，是它能够对硬件的不完美做出修正（诸如声卡频率响应的异常）。程序中时间延时谱（TDS）和最大长度序列（MLS）的测试信号（将会在后面进行讨论），对廉价电脑声卡的非线性缺陷非常不敏感。

并不是说，软件测量系统会优于或者完全取代专业测量系统。但是软件测试系统有着较高的性价比，它能够提供较好的灵活性和精确度。

声学测量软件能够测量各种声学参数，其中许多都已经在前面章节进行了讨论。大部分软件能够测量的参数如下。

(1) 混响时间。

(2) 在普通房间中的，伪消声（Pseudo-Anechoic）扬声器频响曲线。

(3) 带有反射的扬声器频率响应曲线。

(4) 能量 - 时间曲线（特定反射声）。

(5) 房间共振。

(6) 冲击响应。

(7) 扬声器延时时间。

这些参数在分析、检修、声音重放和室内声学改造方面都是非常重要的。为了更好地理解这种复杂的程序，让我们先解释一下它的工作原理。

24.2 基本分析工具

声级计是最基本的便携式测量设备，它对固定位置的声压级测量非常有用。但是，声级计不能指示出声音质量的好坏，而这是在大多数声学应用领域所要探寻的问题。判断声音质量的好坏，至少也需要对其频率响应进行测量。有许多工具和方法可以用来测量频率响应。对于音质测量的另一个重要指标是时间响应。它通常被作为测量混响时间、语言清晰度及其他时域参数指标。此外，有许多工具可以对这些参数进行测量。

通常影响这些声学参数测量的因素是房间的背景噪声。这特别类似于粉红噪声，在它的频率范围内有着 −3dB/oct 的衰减。由于低频成分更加容易穿透墙面和结构体，所以在背景噪声当中包含更多的低频。

在声学测量当中，我们发现只能通过使用更大的激励声源，才能让背景噪声变得不明显。在过去，通常使用枪声作为混响时间的测试信号。这种方法有着一些技术缺陷，同时它仅能对房间内声音的表现提供初步的描述。最终，为了更加有效地研究房间的声学参数，以及某些声学参数与“好音质”之间的关系，我们需要一种工具可以对时间和频率进行测量，同时对噪声有着明显的“免疫力”。

24.3 时间延时谱技术

随着测量技术需求的不断增加，在 20 世纪 60 年代后期，Richard C. Heyser 对测量方法进行了改进，被称为时间 - 延迟谱（TDS）。到 20 世纪 80 年代，TDS 测量系统由 Techron 在 TEF 分析仪中商用。这种数字测量工具是应用在工业便携 PC 平台上的。TEF 使用时间 - 延迟谱来获得时间和频率响应的信息。

TDS 的基本工作原理是基于一个频率不断变化的扫频信号，以及一个与该信号同步的接收机。还有一个重要的因素是补偿装置，它能够在扫频激励信号和接收机之间加入时间延迟。这在电子线路当中是不需要的，因为电的传播速度为光速，而声速仅为 1 130 英尺 /s，所以对于声学系统来说，它是非常重要的。

图 24–1 所示为正弦扫频信号与有着很窄带宽的扫频接收机之间的输出对应关系。图中的水平轴代表时间，垂直轴代表频率。信号从 A(t_1，f_1) 开始线性扫频到 B(t_3，f_2)。经过延时 (t_d) 后，接收机扫频信号开始于 C（ t_2，f_1 ）且与 AB 有一致的斜率到达 D（ t_4，f_2)。经过 t_d 的延时，接收机接收到在空气中延时 t_d 的正弦扫频信号。在扫频的任何瞬间，接收机的信号被补偿 f_0Hz。

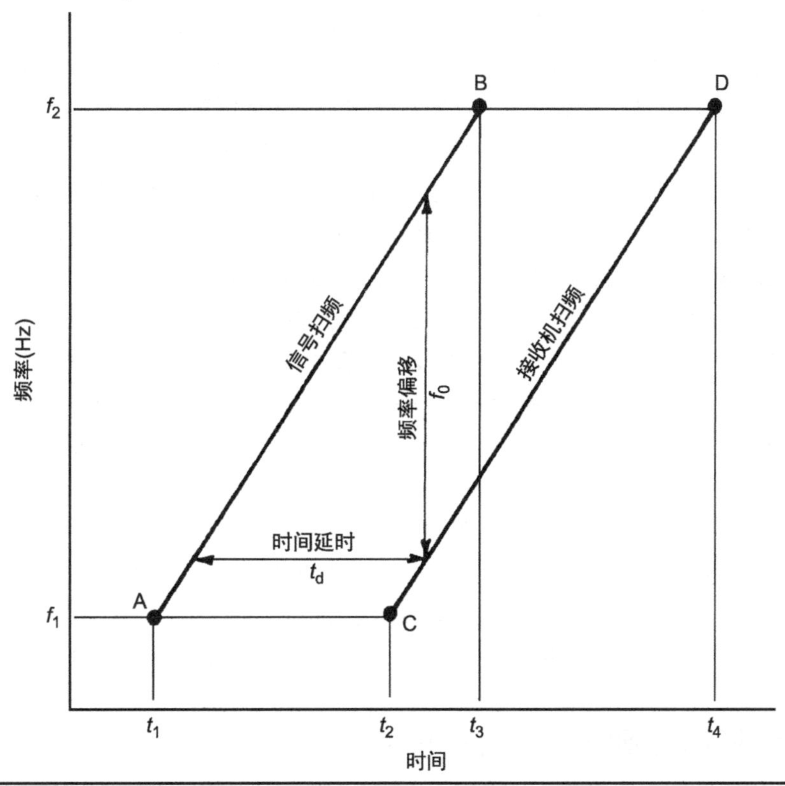

图 24–1 Heyser 时间延时谱测量的基本原理。输出信号从 A 点到 B 点线性扫频。在一个适当延时之后，选出想要的反射声，接收体从 C 点到 D 点扫频。我们可以选择想要的反射声能量。接收机可以屏蔽其他反射声

扫频激励信号与补偿扫频接收机配置的优势是多方面的。例如，信号到达墙面需要一定的时间，同时反射声到达测量话筒也需要一定的时间。通过在接收机上补偿这两个时间能够获得特定的反射声成分。这种补偿或许能够看成是一种频率补偿。在前一个例子中，当时间补偿为接收来自墙面的反射声时，到达话筒中不想要的反射声的频率会变成其他频率，从而被屏蔽掉。通过这种方法，接收机衰减了噪声、混响以及所有在测量中所不需要的声音，仅保留那些我们想要的反射声频率响应。

我们注意到信号能量被贯穿到整个扫频频谱的测量时间上。这与把较大声音信号应用到信

号系统中形成了对比，因为较大的声音信号经常会让驱动单元工作在非线性区域。

TEF 分析是测量技术当中的一个突破性进展，它是用来评估房间音感知的重要技术。其主要优势在于，测试中的原始 TDS 信号被保存下来，我们能够反复利用不同正弦和余弦延时信号来进行调节，以获得各种时间 – 频率成分的快照。这些频率响应片段可以产生三维的能量 – 时间 – 频率瀑布图。

TEF 的另一个特征在于，它能够在普通房间内去除反射声，仅得到直达声，以及前几次（或者没有）反射声。这种技术也可以被用来测量扬声器，我们可以从测量结果中移除反射声，从而忽略房间反射声对测量结果的影响。同时，反射声的作用也能够被研究。

这种从时间响应中移除不需要信息的功能，在声音测量中通常被称为时间窗。它允许音频分析仪在测量中移除超过某一点的反射声，因此被称为伪消声测量。

时间窗的一个缺点在于，截断时间响应将会产生分辨率的损失。例如，在一个天花板高度为 10 英尺的房间内，反射常常发生 5ms 以内。在这种房间中使用伪消声测量，将会去除 5ms 后所有激励信号的数据，从而限制了测量的精确度。例如，一个 5ms 的时间窗，所能够测量的最低频率为 200Hz。频率响应曲线会被平滑，小于 200Hz 的频率细节将被忽略。

TDS 扫频测量有两个优点。第一，它可以在后期处理中，去除一些不想要的谐波，使得测量结果较少地依赖于系统的线性。从而，有着较大失真的设备也能够用来测量频率响应，并获得可靠的结果。第二，扫频信号可以持续较长的时间，从而向房间中注入更多的能量。这可以有效地提高信噪比。

TDS 的主要缺点为，每次新的测量都必须关注时间分辨率的改变。如果想要使用 10ms 的时间窗，再次重复上面的测量，则需要使用不同的扫描速率。

尽管 TDS 测量有着很大的优势，不过声学专家又开始寻找另一种测量系统。在这种系统当中，既具有 TDS 的优点，同时又有着在测量之后可以后期使用不同时间窗口处理的功能。因此，对于整个响应来说，仅需要一次物理测量就可以了。这促使了最大长度序列（MLS）测量技术的发展。

24.4 最大长度序列技术（MLS）

在 20 世纪 80 年代，最大长度序列（MLS）测量技术被改善，它成为房间声学当中一种较好的测量方法。MLS 测量使用了伪随机二元序列对系统进行激励，或者使用一个类似宽带白噪声的测量信号。MLS 的噪声抑制能力，可以让噪声激励在一个较低的声压级，就能够保持良好的信噪比和测量精确度。MLS 分析仪也能够重放一个较长时间的测试信号，它可以向房间内注入足够多的能量，这样可以把背景噪声的作用降低到一个可以接受的程度。与 TDS 一样，MLS 测量也有着非常好的失真“免疫力”。

用来产生噪声信号的二元序列我们是可以确切知道的，同时它来自于一个逻辑递归关系。通过系统重放的测试信号录音，我们能够用它来产生系统的冲击响应，这是利用了一种被称为快速阿达马变换（Fast Hadamard Transformation）的数学方法。

在现实当中，一个理想的冲击是不能被实现的，但是我们可以使其非常接近于一组频率的上限。这种限制是由于孔径效应所引起的。如果所用的时间长度为 1/1 000s 的脉冲对系统进行激励。当频率响应从录制数据中计算时，我们会发现孔径效应会将减少 1 000Hz 以上的频率成分。

在数字测量中选用 44.1kHz 或更高的采样率，避免了可听见频率范围内的孔径效应对其影响。香农（Shannon）采样定律证明了在 22.05kHz 以下包含的所有信息能够被完全恢复。在基于 PC 的测量工具当中实现了这个理想，并且与类似 CD 机和计算机声卡有着非常接近的实时数字分量。当对可闻频率范围进行测量时，没有理由增加采样率。

事实上，当使用 MLS 类的激励时我们可以获得系统的冲击响应，它表现出比 TDS 系统更加明显的优势。冲击响应能够用于计算所有系统的线性参数。这包括频域及时域测量的各种参数。对系统冲击响应的认知，使得我们可以对方波响应、三角波响应，或者其他任何所需要的响应进行构造。我们还可以利用冲击响应的知识，轻松完成所有可懂度的计算。当已知系统完整的时间响应，就可以利用傅里叶变换直接计算出频率响应。根据定义，频率响应是系统由冲击激励所获得时间响应的傅里叶变换。

许多公司利用 MLS 技术的测量能力设计出各种软件，它们形成了电声测量系统的基础。在市场当中，有着各种声学测量程序，并且将来会有更多这样的程序出现。出于示范的目的，下面来介绍其中一种程序。

24.5 AcoustiSoft ETF 程序

1996 年，AcoustiSoft 展示了他们的 ETF 扬声器和室内声学分析程序。这个程序是第一个基于软件，且运行于个人电脑的测量程序。程序提供了基于 MLS 的测量，它包含了高精准度校准的产品特点。本次示范介绍了它第五个版本的程序。

操作者把测量话筒连接到话筒放大器，然后连接到计算机声卡的线路输入。这时测试信号从声卡的线路输出经过系统（扬声器和房间的组合），并用声卡的线路输入记录下来，保存为 .wav 文件，这时可以在电脑上进行分析。软件自动处理录音文件，并产生所测量系统的冲击响应，保存在计算机当中，用来进行后续分析。在该测量之后，我们可以对文件进行多次分析。图 24–2 描述了测试信号被记录和转换为冲击响应的过程。

正如图中所示，ETF 系统是一个双通道的分析仪。输入信号的左通道是参考通道，右通道是测试通道。在这种测试方法中，程序可以抵消由于声卡所产生的任何异常响应，以确保测试系统的准确性。

图 24-3 展示了所测得的系统冲击响应，这是一只扬声器的冲击响应，话筒距离扬声器轴向距离 1m 处。正如图中所展示的那样，把话筒放置在接近或直接在扬声器前方，能够减小测量中房间反射的作用。正如之后我们将要展示的频率响应测量那样，这种冲击响应也会获得最干净的频率响应。

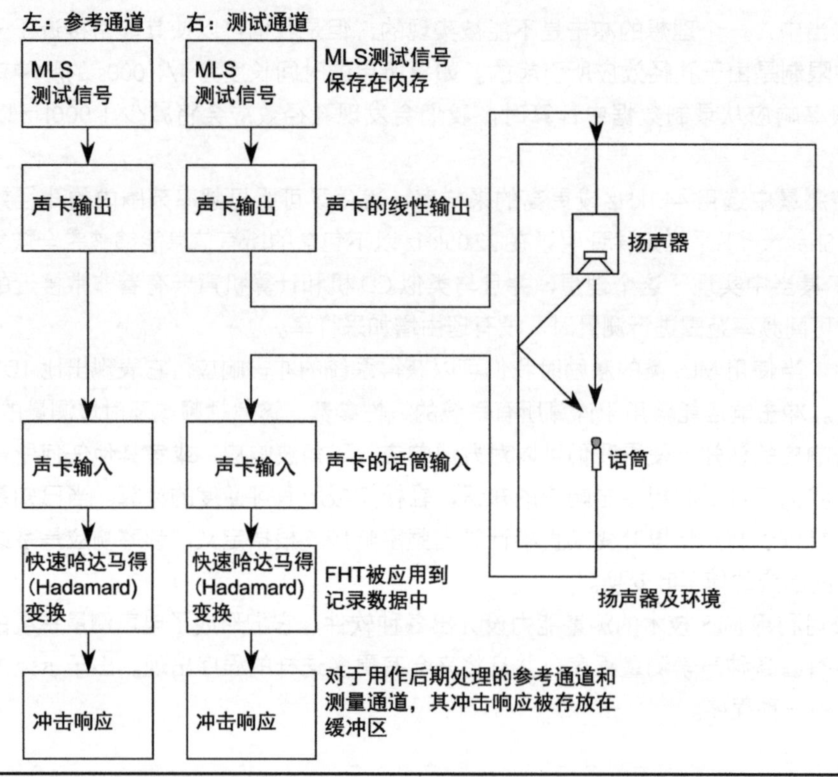

图 24-2 ETF 软件冲击响应测量方法框图（Plumb，AcoustiSoft）

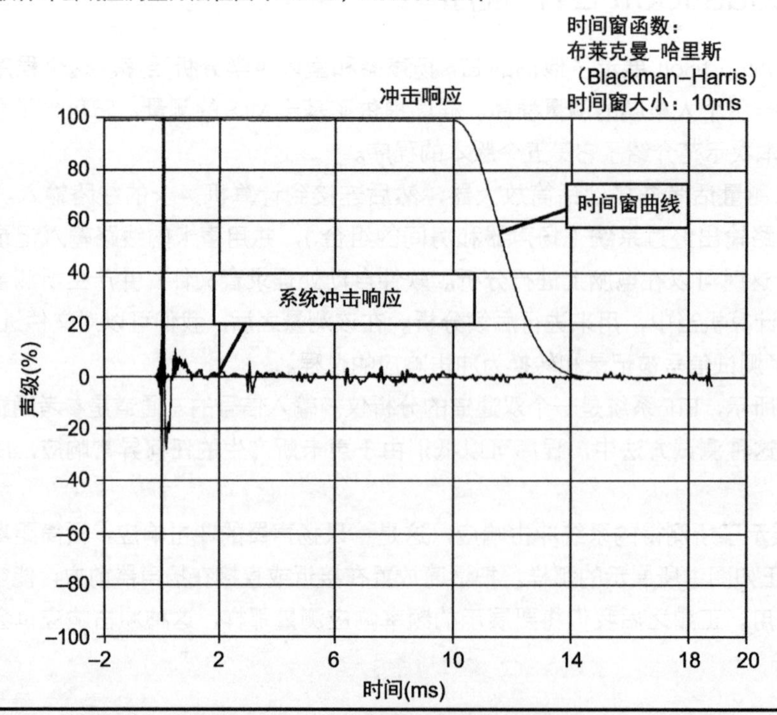

图 24-3 在距离 1m 处测得的扬声器冲击响应，它有着最小的反射声（Plumb，AcoustiSoft）

图 24–4 展示了扬声器的冲击响应，它同样是在距离扬声器 1m 处进行测量，但是在其附近放置了一个反射表面。这个表面的反射是非常明显的。这些反射会在频率响应上产生梳状滤波效应。在冲击响应图表中，另一个关于反射声的有趣特征是反射声所包含的高频成分在冲击响应的测量当中是可见的。如果反射声只包含中、低频成分，在冲击响应中是较难看到的。

图 24–5 展示了房间内扬声器的冲击响应，测试话筒在距离扬声器约 3m 的位置。它展示了在冲击响应测量中多个反射的效果。这种类型的冲击响应通常包含更多分散的频率响应，这些响应是由于来自扬声器的直达声与房间反射声相互作用所引起的。这些冲击响应能够转换成其他有用的测量结果。

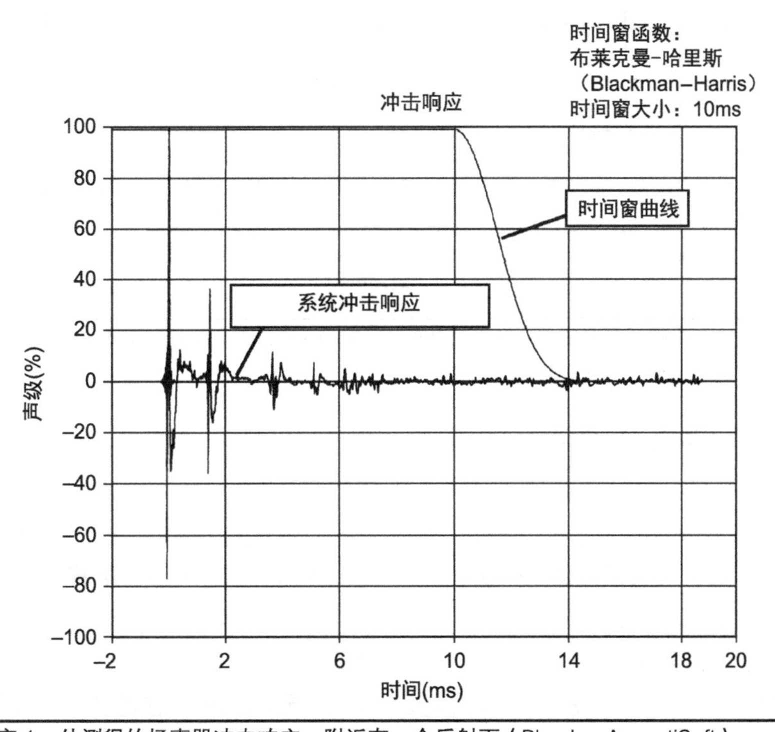

图 24–4 在距离 1m 处测得的扬声器冲击响应，附近有一个反射面（Plumb，AcoustiSoft）

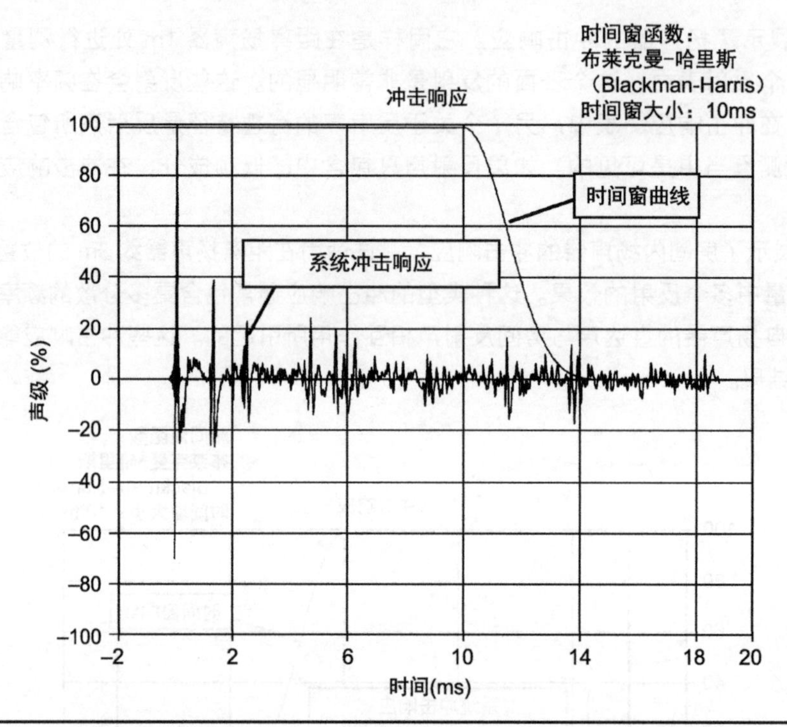

图 24-5 在距离 3m 处测得的扬声器冲击响应，有着多个反射声（Plumb，AcoustiSoft）

24.5.1 频率响应的测量

正如上面所述，使用 ETF 程序测量的冲击响应文件被保存下来，它能够通过后期的计算获得各种参数。而频率响应就是其中的一个。由于测量频率响应所使用的时间窗大小，可以在后期处理中被任意调节，故通常测量不会重复进行。图 24-6 展示了利用 ETF 程序把系统冲击响应转换为相应频率响应的步骤。

图 24-7、图 24-8 和图 24-9 展示了三个冲击响应所对应的频响曲线，这三个冲击响应是我们之前所提到的。图 24-7 所示是一个伪消声频率响应测量的例子，它是在一个普通房间内，话筒距离扬声器 1m 处测得的。其设置与图 24-3 所展示的冲击响应相同。时间窗的作用是去除房间内的反射声，进而获得扬声器的直达声。它与在消声室的测量结果类似。因此，这是一个伪消声室测量。

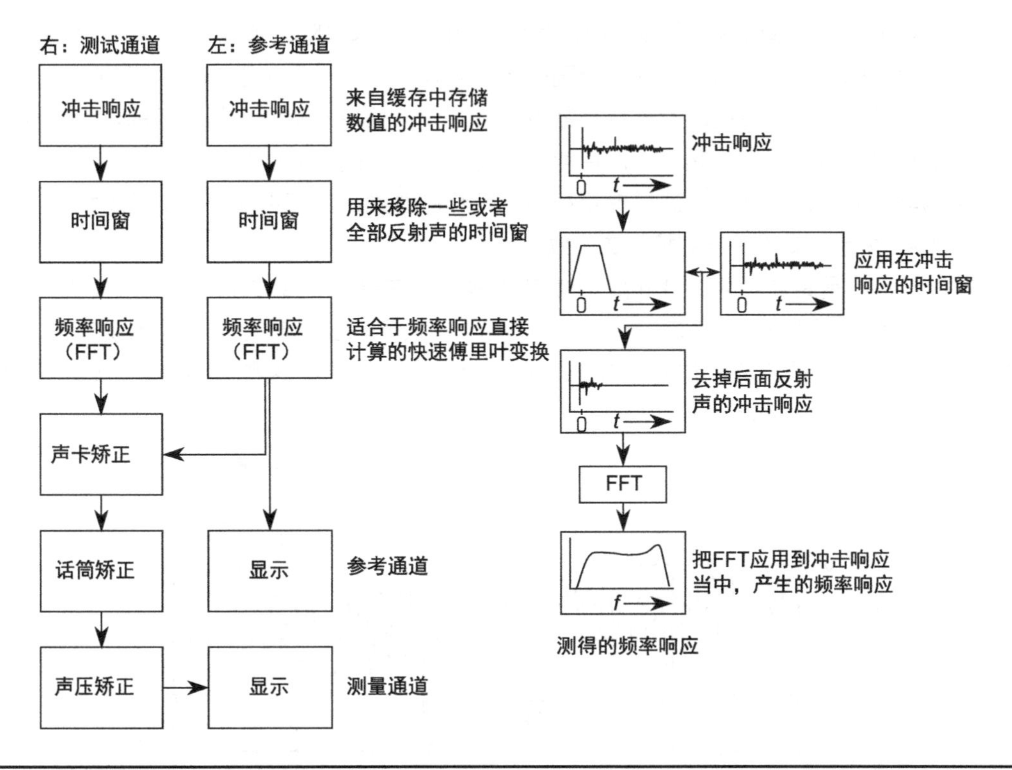

图 24-6 ETF 软件的频率响应计算测量方法框图（Plumb，AcoustiSoft）

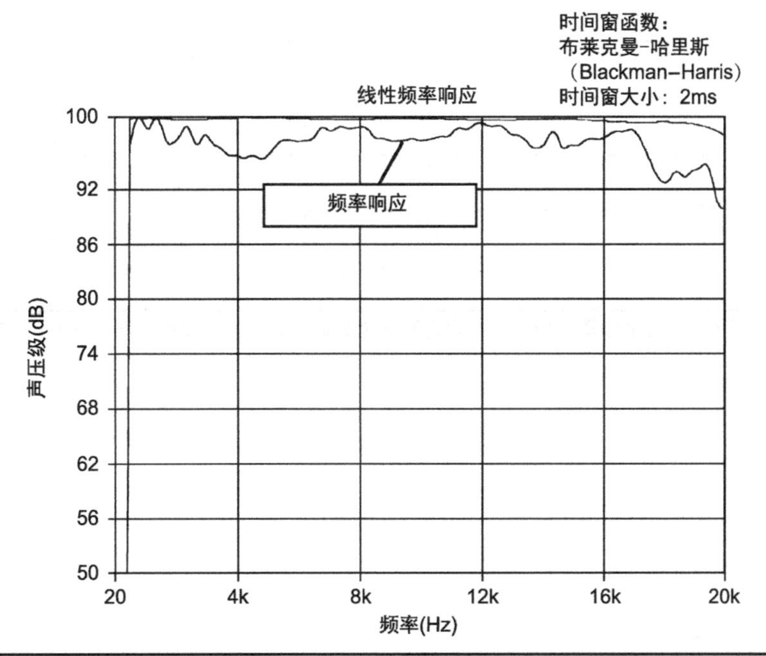

图 24-7 在距离扬声器 1m 处测得的频率响应，它有着最小的反射声。使用图 24-3 所示的冲击响应（Plumb，AcoustiSoft）

在这个伪消声室频率响应的测量当中，我们利用时间窗来去除记录在2ms之后的声音信号，以便能够避免房间反射声的影响，获得准确的扬声器响应。在进行声学处理的房间当中，这种频率响应是近场监听所特有的。对于扬声器设计者来说，伪消声室测量是有用的，它能帮助设计者找出扬声器直达声的真实响应，以便能够与房间所产生的响应区分开来。我们可以对扬声器所产生的响应问题进行补偿，这里使用线性频率响应曲线，从而更加容易地发现梳状滤波效应。如图24-7所示，就没有看到梳状滤波效应。

图24-8所示是距离扬声器1m处的测量曲线。而在这个测量中存在反射声，它在到达时间以及声压级上都非常接近直达声。这个反射声让频率响应中产生了梳状滤波效应，即在图中出现了相等间隔的波峰和波谷。在未做声学处理房间当中，这种频率响应是位于反射表面附近接收点的典型曲线。

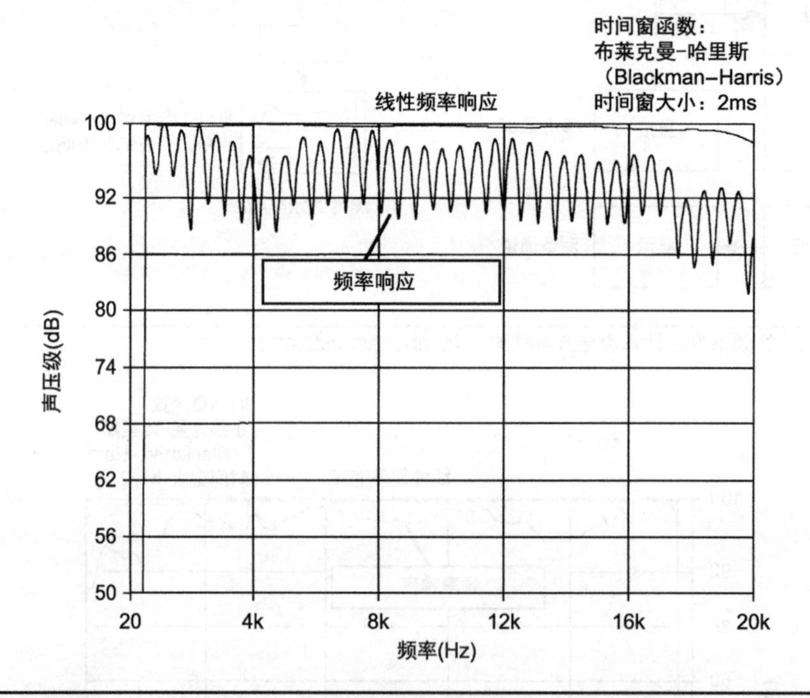

图24-8 在距离扬声器1m处的频率响应，它的附近有一个反射表面，其中使用了图24-4所示的冲击响应（Plumb，AcoustiSoft）

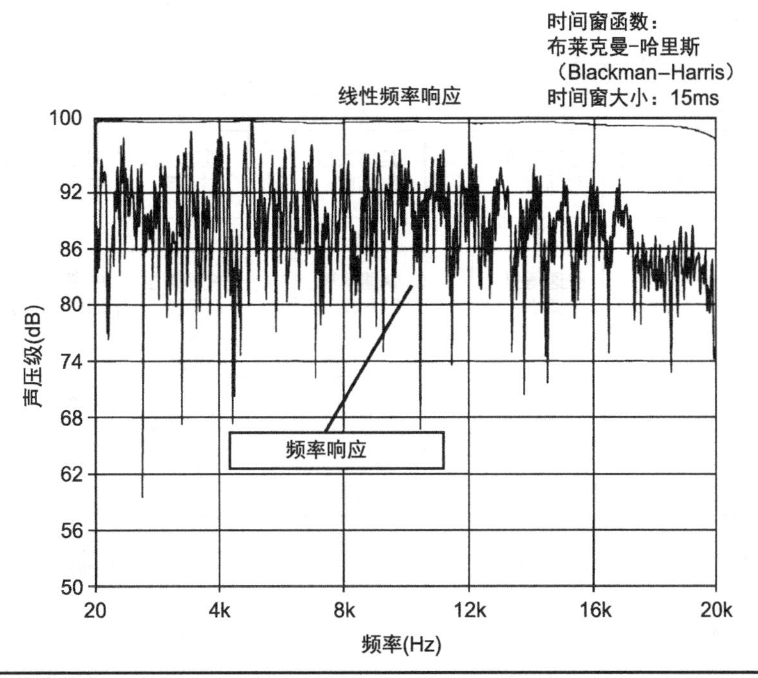

图 24-9 在距离扬声器 3m 处测得的冲击响应，它有着多个反射声，其中使用了图 24-5 所示的冲击响应（Plumb，AcoustiSoft）

图 24-9 展示了距离扬声器约 3m 处的频率响应。在这个测量当中有着许多反射声，我们选择了更长的时间窗，它类似于耳 - 脑系统的积分时间。在频率响应的计算当中，这个测量展示了多个房间反射声的作用。在未进行声学处理房间当中，这是远场听音位置典型的频率响应曲线。可以看到明显的梳状滤波效应，但是与之前的响应图形比较，不是十分理想。多个反射导致了这些尖锐的波峰和波谷，它们会对立体声声像产生负面影响。如果在反射面上增加一些吸声材料，会让这个曲线变得平滑。

与另外 2 个测量结果进行比较，图 24-9 所示的有着多个反射声的响应曲线没有什么价值。这种情况下，我们可以通过后期处理的手段让图表变得更加有意义。这将会产生各种倍频程的响应（例如 1/3oct），这能更加准确地反映出该环境下的听音感受。

通过使用一个能量 - 时间曲线，我们可以更好地估计出房间反射声的声压级以及延迟时间。程序也会生成这些能量 - 时间曲线，用来分析独立反射延时和声压级。关于这方面的讨论，我们会在后面来展开。

24.5.2 共振的测量

在测量的过程中，ETF 程序也能够帮助我们找到频率响应的共振。这是通过对冲击响应后面部分振铃效应（Ringing）的检测来实现的。这种振铃效应是由房间响应低频共振所产生，或者是由扬声器单元与箱体之间的共振所产生。振铃效应在频率响应中表现出尖锐的峰值，这在延时响应图表当中更容易观察到，这种图表称为时间片段（Time Slices）。图 24-10 展示了软件是如何把系统冲击响应转换为能够显示的共振时间段频率响应。

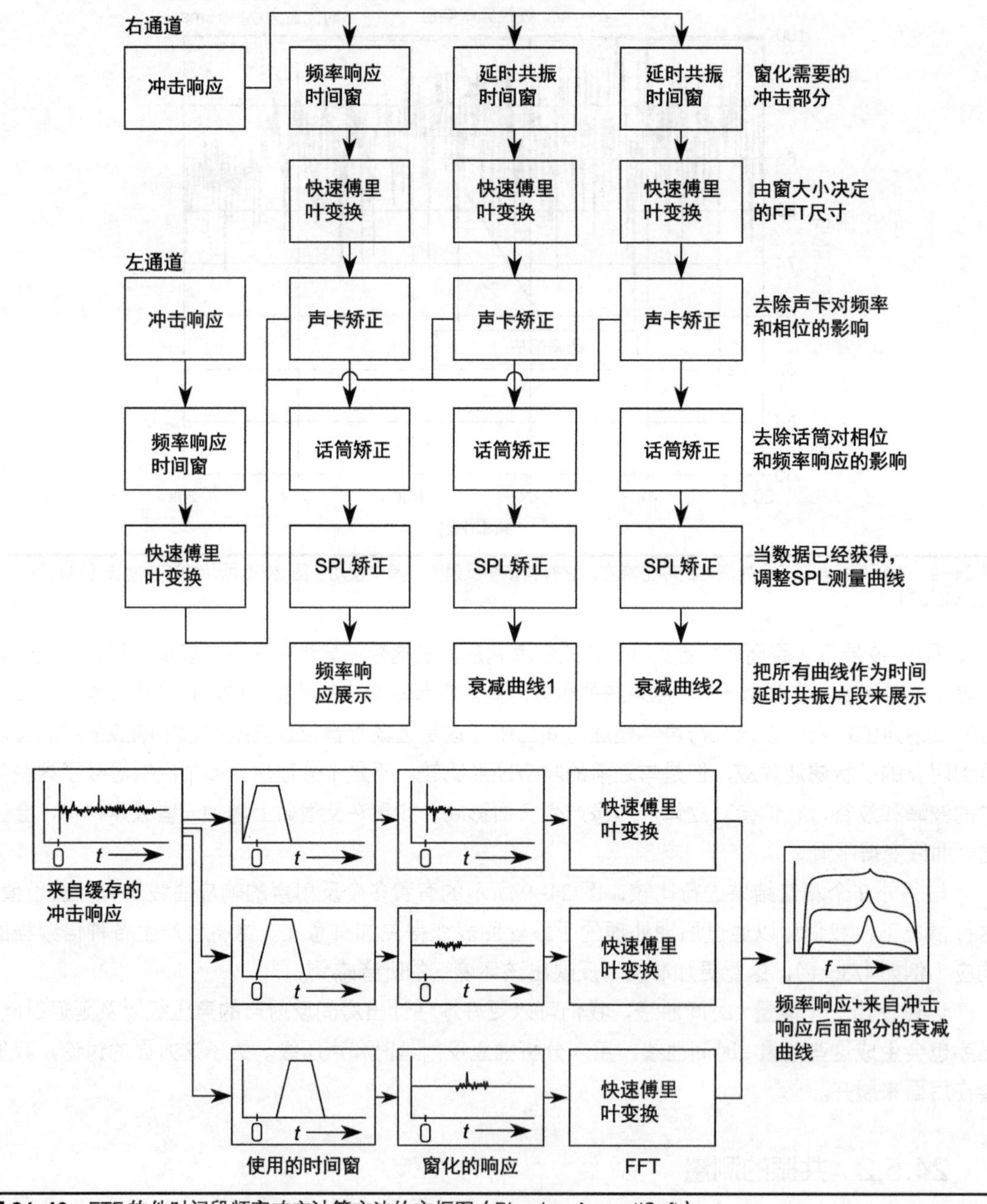

图 24-10 ETF 软件时间段频率响应计算方法的方框图（Plumb，AcoustiSoft）

图 24–11 展示了使用时间片段测量方法所获得的房间低频响应。这种图表对于评价房间低频响应的共振作用是非常有效的。*t*=0（顶端）的频率响应曲线展示了整个响应，但是它不能让我们较为容易地观察到边界效应与共振的差别。边界效应是话筒或扬声器附近表面的反射所引起的。而共振则是当声源产生激励时，房间内能量聚集产生振动的频率。在这种房间共振的图表当中，共振很容易被发现，因为峰值结构在每一个时间片段会有着相同的形状，而边界作用则没有。

在图 24–11 所示的频率响应片段当中，我们可以看到共振频率大致在 35Hz、65Hz 和 95Hz 处。在 120Hz 处噪声产生了一个尖锐的峰值，因为所有延时片段都有着相同的峰值声压级（约 68dB）。因此作为一个共振来说没有衰减。使用这种方法来测量共振，能够帮助我们优化听音室内的扬声器摆放以及听音者的位置。它也能够帮助我们找到产生共振的特定频率和带宽，从而帮助我们有针对性的调节低频陷阱。

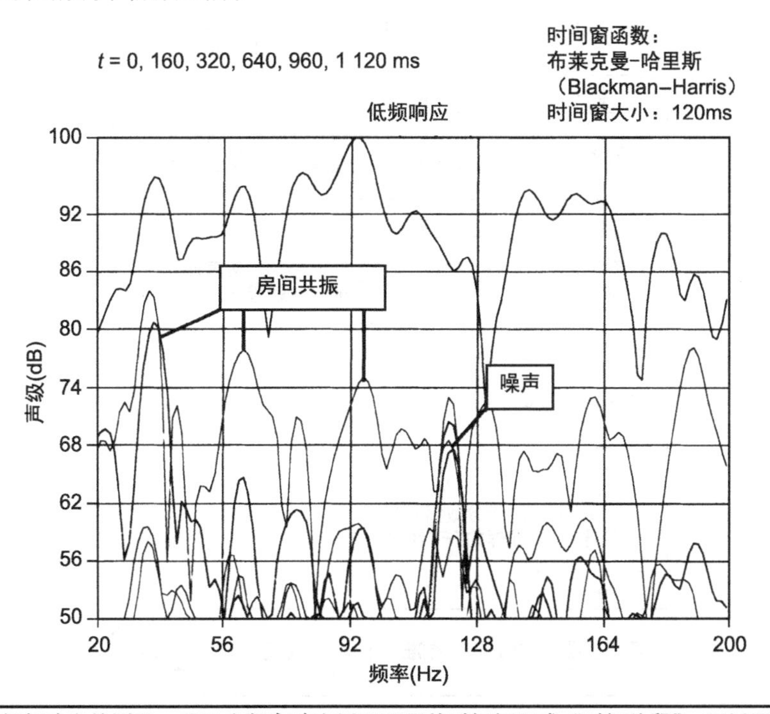

图 24–11 对于低频响应的测量，展示出频率响应以及不同的时间间隔或“时间片段”。可以通过每个时间片段中各种大小的峰值，来识别共振。那些没有幅度变化的峰值，可以被认为是噪声（Plumb，AcoustiSoft）

24.5.3 分数倍频程的测量

ETF 程序能够将频率响应曲线平均到诸如 1/3 oct，1/6 oct 的分数倍频程当中。这些分数倍频程的测量也可以使用时间窗，所以曲线可以仅包含某一部分的测量信息。这种时间窗和频率的平均，让测量与我们在各种环境下的声音感知有着较高的相关性。图 24–12 展示了软件生成这些分数倍频程的处理过程。

1/3 oct 的频率响应是主观频率均衡当中最好的指标之一，因为它接近于人耳听觉的临界带宽。我们通过把高分辨率的频率响应转换为 1/3 oct，能够清楚的看到之前频率响应中大部分尖锐的波峰和波谷都已经消失，仅保留在频率响应中较大变化的区域。因此中、高频部分的反射声，是更多影响声像问题的原因，而不是主观频率均衡的变化。

图 24–13 展示了 1/3 oct 的房间频率响应。时间窗被设置为 20ms。这个测量结果将会是一个很好的证明，一个听音者是如何感知房间声音的调性，当 20 ms 的时间窗消除了我们耳朵认为是房间声音的部分，且 1/3 倍频程的平均值接近于人耳的临界频带。

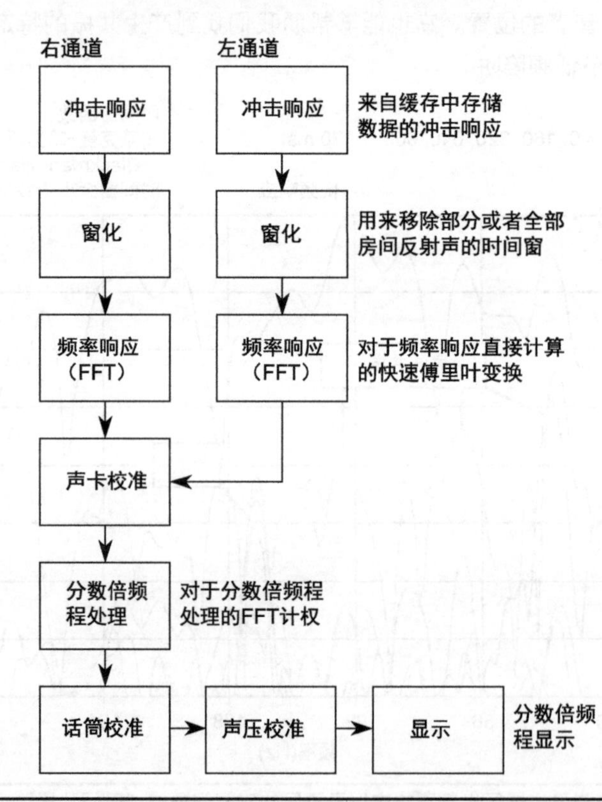

图 24–12 ETF 软件分数倍频程展示的计算方法框图（Plumb，AcoustiSoft）

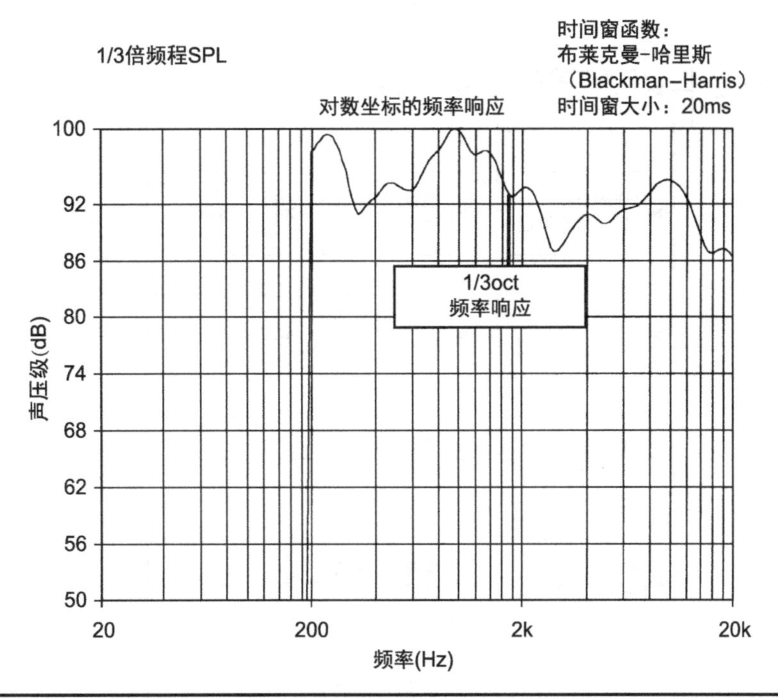

图 24-13 1/3 oct 频率响应的测量，它使用大小为 20ms 的时间窗（Plumb，AcoustiSoft）

在某些情况下，在分数倍频程测量中我们喜欢使用更大的频率分辨率（诸如 1/10oct 或 1/12oct）。对于这些情况来说，更大分辨率的分数倍频程显示是可能的。从这些测量中所获得的信息，可以被用于扬声器设计中的故障排除。当均衡器接入一个系统时，这种测量还可以被用来辅助系统获得一个较为平直的响应。

24.5.4 能量-时间曲线的测量

ETF 程序也能够生成能量 – 时间曲线，它对确定反射声的声压级和时间是很有帮助的。能量 – 时间曲线所表示的能量级采用对数刻度，这样较低能量级会更加可见。

能量 – 时间曲线可以被看成是全频带的，或者被分为多个倍频带，用它来表示特定频率范围内的能量级。图 24–14 展示了利用冲击响应来获得能量 – 时间曲线的过程。

把能量– 时间曲线与它们的等效冲击响应相比较是有益的。图 24–15 展示了图 24–3 所示冲击响应的能量–时间曲线。它是在距离扬声器 1m 处的轴向位置测得的。我们能够清晰地在能量–时间曲线上看到房间反射，同时它低于初始声音约 20dB。这些能量–时间曲线能够与 Olive 和 Toole 在心理声学中所研究的反射声作用进行比较，这些我们已经在第 4 章和第 18 章当中进行了说明。基于他们的发现，当一名听音者接近扬声器时，将不会听到过多的房间反射声。近场监听就是利用了 这个原理，它让房间的反射变得相当不明显。

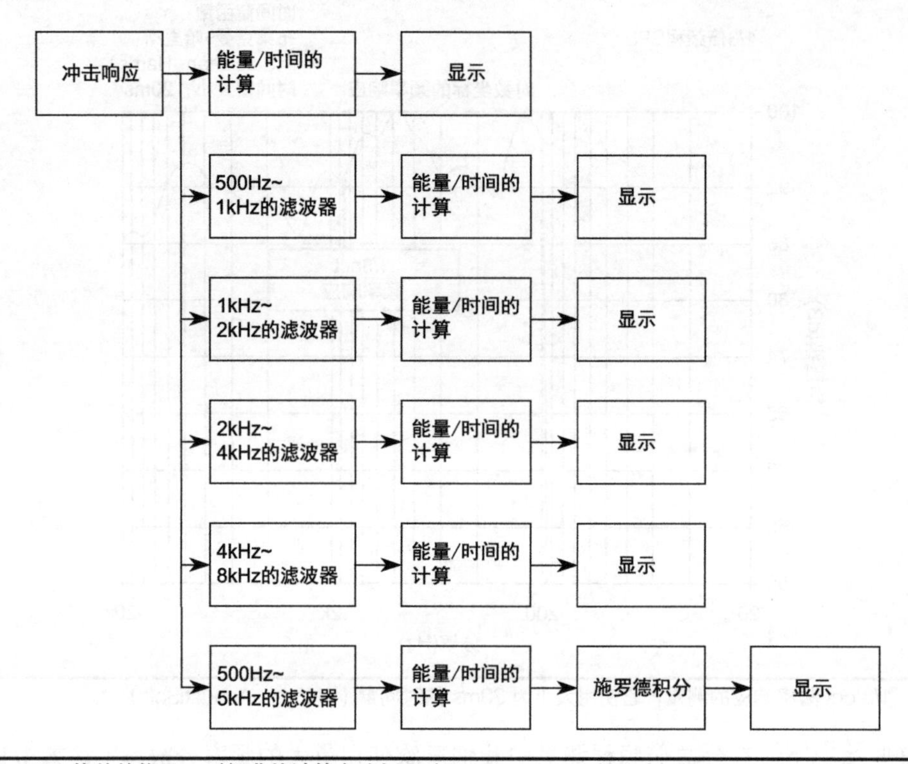

图 24-14 ETF 软件的能量 - 时间曲线计算方法框图（Plumb，AcoustiSoft）

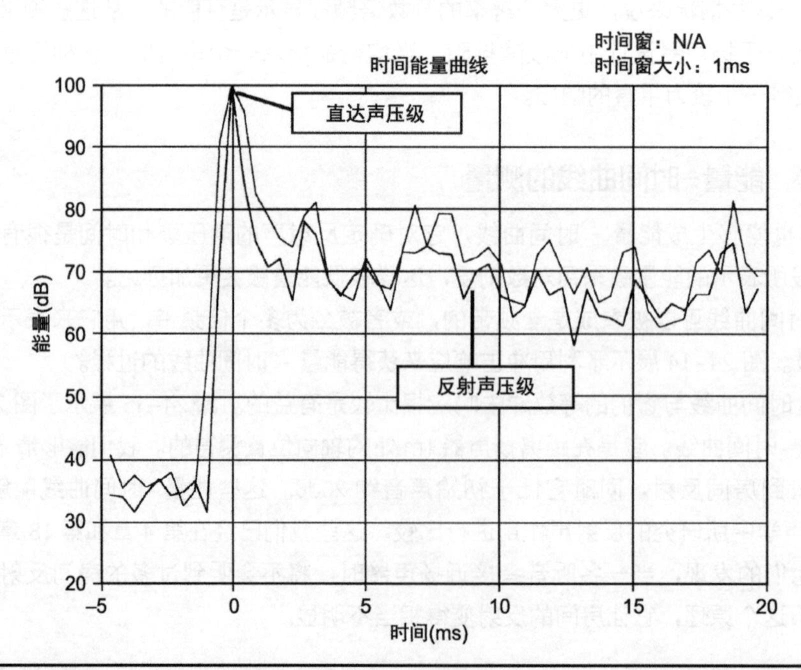

图 24-15 在距离扬声器 1m 处测量的能量 - 时间曲线，它有着最小的反射声，其中使用的是图 24-3 所示的冲击响应（Plumb，AcoustiSoft）

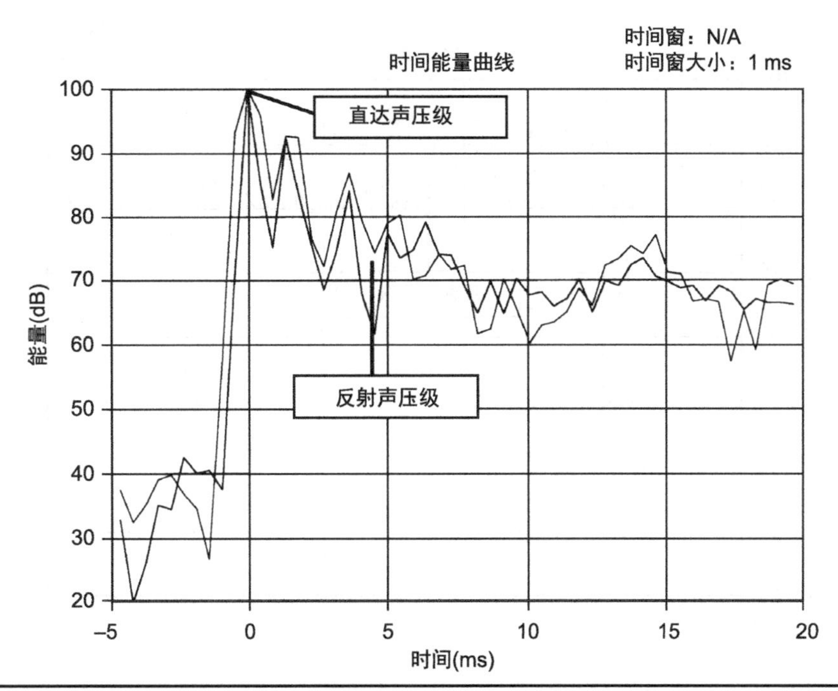

图 24-16 在距离扬声器 1m 处测量的能量－时间曲线，它附近有着反射表面，其中使用了图 24-4 所示的冲击响应 (Plumb，AcoustiSoft)

图 24-16 展示了扬声器的能量 - 时间曲线，它是在距离扬声器 1m 处测得的，但不同的是在它附近有着反射表面。这与图 24-4 所示的测量相同。能量 - 时间曲线在直达声到达仅几毫秒之后，有着一个较高声压级的反射声。同时，在这个能量 - 时间曲线上，也可以看到一些低声压级的反射声，而这些在图 24-4 所示的冲击响应中是看不到的。

图 24-17 所示是图 24-5 所示冲击响应的等效能量–时间曲线。它是在距离扬声器约 3m 处测得的。在该图中展示了一个未进行声学处理房间的典型能量–时间曲线。对于较为严格的声音重放环境来说，将会把 15~20ms 范围内所有早期反射声的声压级减少到低于直达声 15~20dB 的程度。这样做可以起到平滑声音相位和频率响应的作用，同时也使得听音者获得了更加清晰的直达声，并获得没有被反射声所掩盖的声学空间。移除早期反射声也对提高听音者耳朵处声音的相关性做出了贡献，它能够改善立体声的声像。

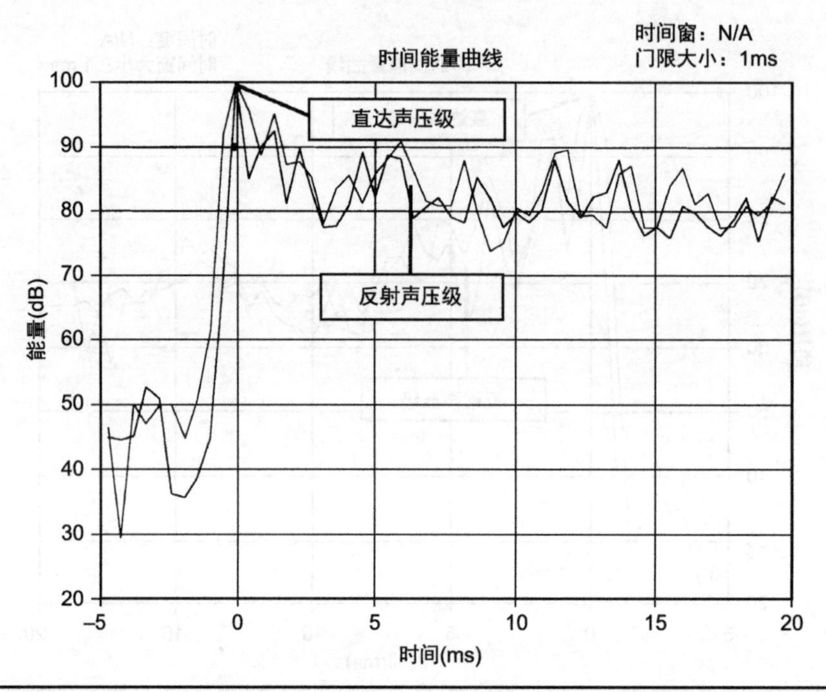

图 24-17 在距离扬声器 3m 处测得的能量-时间曲线，它有着许多反射声，其中使用了图 24-5 所示的冲击响应（Plumb，AcoustiSoft）

后期反射声通常被用来提供环境声。更长的延时以及后期反射声的混合，使得它们与原始声音不相关，而感受到环境声的效果。在环绕声系统中，扬声器也可以用来为声学寂静的区域提供环境声。

24.5.5 混响时间

ETF 程序能够通过冲击响应计算获得混响时间。上面所提到的许多关于房间环境声的信息，都能够从混响时间当中推断出来。如第 11 章所述，不同种类及大小的房间需要不同的混响时间来匹配。图 24-18 展示了混响时间是如何从冲击响应中计算出来的。

图 24–19 展示了一个利用程序来测量 RT_{60} 的例子。在图中，RT_{60} 的平均值为 0.5s，它包含了大多数可听频率，在低频处 RT_{60} 上升到约 1s。从测量所获得的信息，诸如 RT_{60}，它可以被用来调节混响时间频率响应，直到指标和音质令人满意为止。

随着 MLS 等声学测量技术的发展，以及利用 PC 软件测量能力的提高，更加精确的测量成为可能。各个种类的测量程序为工程商、声学顾问、发烧友、录音工程师或者扬声器设计者提供了很大的帮助。

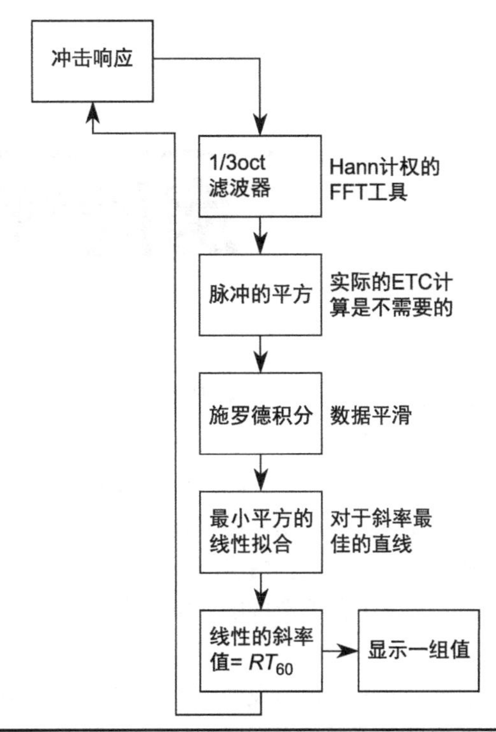

图 24-18 ETF 软件对于混响时间后期处理计算的框图（Plumb，AcoustiSoft）

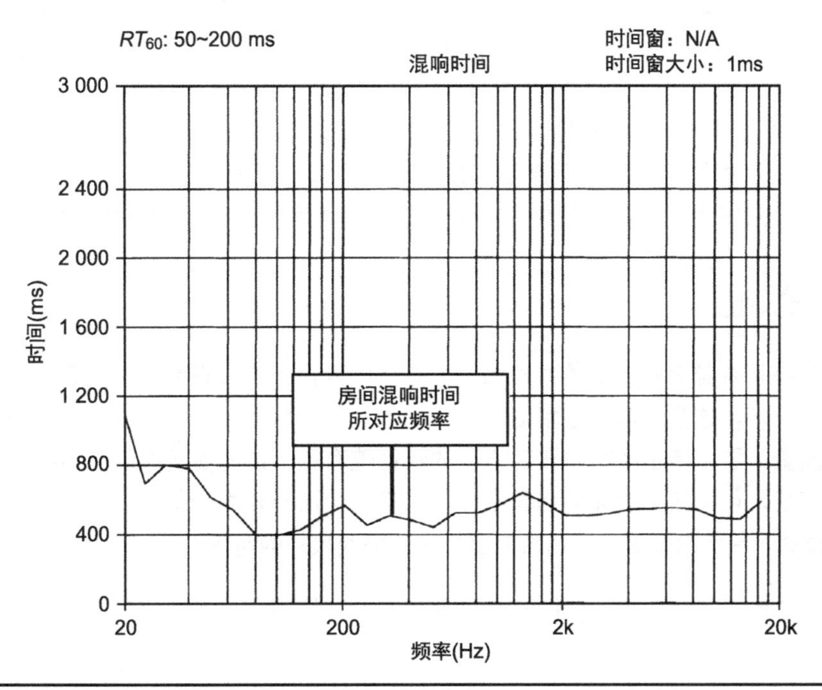

图 24-19 房间混响图表展示了不同频率所测得的 RT_{60} 数值（Plumb，AcoustiSoft）

25 房间优化程序[1]

我们在房间中所听到的声音，是由各种因素之间相互作用共同产生的，其中包括电子元件的品质、扬声器的质量及位置、听音者的听音能力及位置、房间尺寸（或者几何学，如果是长方体）、房间表面以及内部的声学状况。通常我们会忽略以上所有因素，而仅仅强调扬声器的好坏。然而扬声器音调及音色的平衡，在很大程度上取决于听音者和扬声器的位置，以及房间的声学状况。由房间引起的声学失真能够直接影响整个声音的效果。这种声学失真现象是由以下两个原因造成的，第一个是扬声器与听音者之间有着房间模式的声学耦合；第二个是直达声与房间边界早期反射声之间的相互作用。

爱挑剔的听音者投入了相当的时间来进行反复试验，试图减少这些作用对音质的影响。但是，他们仍然没有找到一种可以自动寻找最佳位置的方法。随着 5.1 声道家庭影院以及多声道音乐的出现，现场反复试验方法变得更加不可取。优化五个或者更多扬声器，以及多个低音音箱的任务显得异常具有挑战性。另外当人们通过改变听音者和扬声器的位置来优化低频响应时，必须要考虑声学处理对声像和尺寸的影响，以及听音室内的空间感和包围感。

因此，为了处理这些声学问题，出现一种自动化的计算机仿真程序，它能够通过计算提供扬声器、听音者的最佳位置以及声学表面处理的建议。同时，该程序也能够对新房间的尺寸进行优化。针对以上问题，我们将会在下面重点关注房间内听音者与扬声器位置的优化。

25.1 模式响应

所有的机械系统都有着自身的共振频率。在房间内，当声波在墙面之间来回反射时，它们之间就产生了干涉。这些干涉的频率取决于房间的几何形状。在一个长方体的房间内，表面质点速度的法向量为零，简正频率与波动方程的特征值有关。这些简正频率分布在包含两个相对表面的轴向模式，包含四个表面的切向模式，以及包含所有表面的斜向模式上。对于两个相对表面的轴向模式，简正频率等于声速除以那个方向房间尺寸的两倍。

1 此部分是由 Peter D'Antonio, RPG 扩散体系统有限公司，上马尔伯勒（Upper Marlboro），马里兰州（Margland）所提供的。

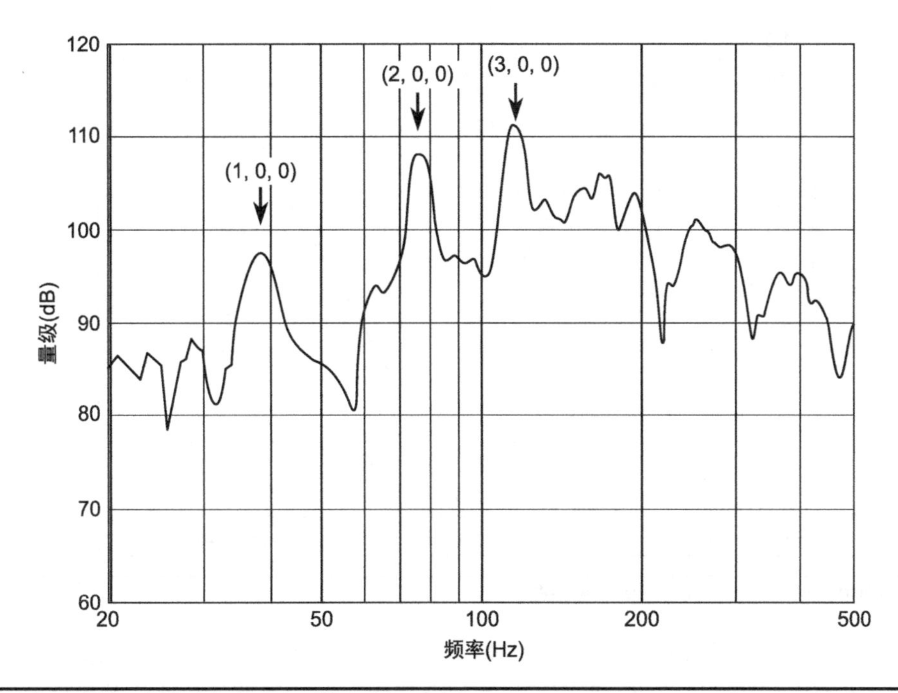

图 25–1 房间中所测得的模式频率响应，其中房间尺寸为 2.29m×4.57m×2.74m。(1，0，0)，(2，0，0) 和 (3，0，0) 模式被标示出来

例如，声速为 344m/s（1 130 英尺 /s），墙到墙的距离为 4.57m（15 英尺），在 37.7Hz 处产生了一阶房间模式。图 25–1 作为一个例子，展示了在 4.57m 维度上所测得的房间简正频率。为了记录所有的轴向模式，扬声器放置在墙角位置，话筒指向墙面方向，且垂直于 4.57m 的维度。如图 25–1 所示，我们可以看到一阶（1，0，0），二阶（2，0，0）和三阶（3,0,0）模式，分别对应的频率为 37.7Hz，75.4Hz 和 113Hz。

除了简正频率分布之外，扬声器与听众之间的耦合也是非常重要的。扬声器的摆放位置将会增加或减少它与房间模式的耦合作用。类似的，听音者也会听到不同的低频响应，这将取决于他们所坐的位置。图 25–2 展示了，沿房间尺寸的方向上声压是如何分布的。房间尺寸被展示成 0~1 的分数。当它的数值为 0.5 时，将会位于房间中间位置，1.0 将会位于靠墙位置。图 25–2 展示了房间基本的一阶模式，它在房间中心位置没有能量。从理论上来说，这意味着坐在房间中心的人将不会听到该频率。而二阶模式在该位置为最大值。可以推测在房间的中心位置，所有的奇次阶简正频率都是缺失的，所有的偶次阶简正频率都是最大值。因此当我们在房间内听音乐时，频率响应将会受到房间模式的影响而改变，这种声学失真取决于扬声器和听音者之间的位置，以及它们是如何与房间之间进行耦合的。有着各种各样的完美房间尺寸可供选择。

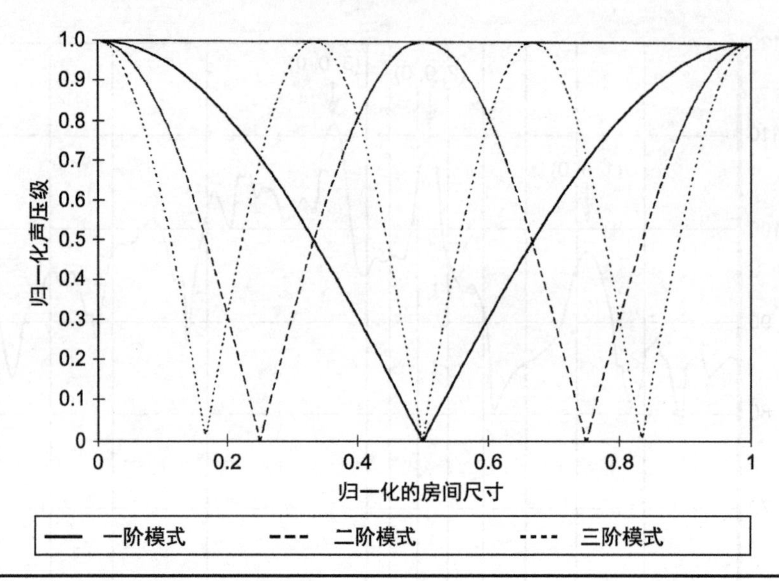

图 25-2 房间中，前三阶模式的归一化能量分布

虽然简正频率分布是重要的，然而扬声器、超低音以及听音者的位置更加重要，它可以降低由房间引起的声学失真。因此如果要减少声染色现象，我们既要优化房间的尺寸，又要调节扬声器与听音者之间的位置。

25.2 扬声器边界干涉响应

除了模式压力的变化之外，来自扬声器直达声与墙面反射声之间的相互作用能够产生频谱当中的波峰和波谷，这些是由于声波之间相互干涉而产生的，我们把它称为扬声器的边界干涉响应（SBIR）。这个问题已经被 Allison、Waterhouse 及 Cook 所验证。在整个频域当中所产生的干涉，主要集中在低频部分。这种典型的作用主要表现为，低频被加强后面伴随着一个波合。

图 25-3 展示了这种干涉效果，在听音位置处的扬声器边界干涉作用被平均，它分别与 1、2、3 面墙的距离相等，为 1.22m（4 英尺）。每增加一面墙，低频响应都会增加 6dB，同时它在大约 100Hz 附近产生了波谷。这说明了一个事实，即扬声器辐射的角度减小 1/2（例如，通过增加一个界面），在低频处的声压增加 1 倍（6dB）。因此放置扬声器在接近角落的地面（三个边界），4π 的立体角变为 $\pi/2$，整个低频增益增加约 18dB。图 25-3 也展示出，扬声器到每个墙面的距离从 1.22m（4 英尺）减少到 0.31m（1 英尺）的，波谷的频率变化。因此通过优化房间内扬声器和听音者的位置，我们可以在很大程度上减少由房间传输函数所产生的声染色现象。

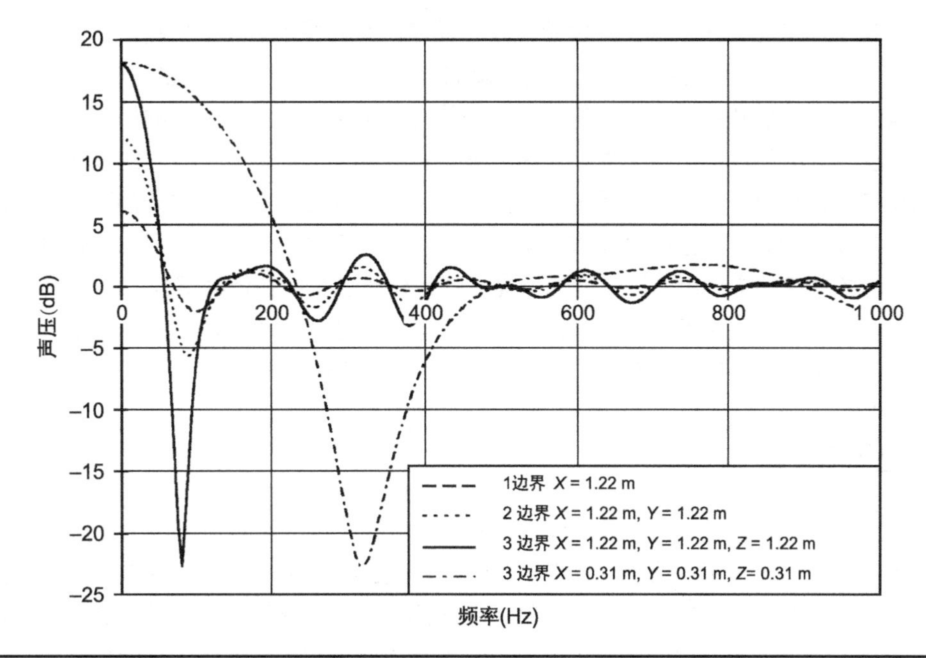

图 25-3 多个边界条件下的扬声器边界平均干涉响应

25.3 优化

在前面的章节当中，我们介绍了听音室中复杂的相互作用，以及听音者和扬声器的位置对房间音质的影响。指导手册和程序已经能够解决这些问题。我们可以知道长方形房间的简正频率以及它们的声压分布，这些可以用来辅助解决听音者与扬声器的摆位问题，以及房间的设计问题。通过确定扬声器与最近地面和墙面的距离，我们能够减少扬声器的边界干涉。简单的计算机程序也能够仿真出扬声器和听音者位置的效果。虽然这些程序是有用的，但是它们不能对实际听音室中的复杂的声场做出解释。扬声器和听音者最佳位置的选定，必须要考虑所有因素，因为扬声器边界干涉和模式激励是相互独立的两个作用。也就是说，听音者和扬声器的位置，或许可以减少扬声器边界干涉，但未必能够减少模式激励作用，反之亦然。出于这个原因，我们通常选用迭代声像源法来优化听音者和扬声器的位置，它是通过观察合并的边界干涉响应与模式响应频谱的标准差来实现的。

我们在利用计算机模型预测封闭空间声学问题方面的知识有着较快的增长。在空间内确定听音者和扬声器最佳位置的算法，能够被用于准确预测听音者位置处声场的计算程序中。这比简单的摆放理论有着更多的优势。例如，它们考虑了房间内所有表面的反射声，从而让检验许多表面的微小作用成为可能。通过合并房间优化程序预测模型，计算机能够确定扬声器和听音者的最佳位置。

在本章当中，描述了一个合并声像源模型的程序，并计算了房间的传输函数，进而实现了优化过程。一个用来描述听音者位置处频谱质量的价值函数被发明。这些参数是基于 Toole 和他同事们大量的主观评价和听音测试上的。他们坚信有着平直轴向频率响应的扬声器在听音测试当中会更受欢迎。另外，扬声器也需要良好的偏轴响应，因为听音者所听到的是房间反射声与直达声的叠加。低频扬声器基本上是全指向的。因为大多数房间在低频部分都不能看成是没有反射的，所以我们会选择平直的频谱作为确定听音者与扬声器位置及房间尺寸的依据。价值参数会对不平坦的频率响应做出惩罚。我们所描述的优化程序集中在低频部分（小于 300Hz），在这个频率段内最容易出现房间模式和扬声器边界干涉的问题。该程序的目的是让那些非专业人士，可以确定最佳的听音者和扬声器位置，以及房间中对声学表面的处理。

25.4 工作原理

在近几十年当中，人们在利用几何模型对室内声学响应进行预测方面，开展了大量的工作。Stephenson 描述了一些可用的模型。它在对长方形房间预测方面是最快而简单，该模型是基于声像源法的。当墙面是刚性的时候，矩形封闭空间的声像迅速接近波动方程的真实解。而当声线跟踪法应用在一个非矩形房间的分析上时，它不是波动方程的真实解。声像模型对房间响应的时域瞬态进行了较好的描述，同时由于计算速度的原因，它比较适合于对听音者和扬声器位置的预测。然而，这里所考虑的小房间，是不需要过多的时间来确定其冲击响应的，我们将会利用迭代优化处理的程序来进行描述，这会需要计算成千上万的冲击响应。

声像源法只包含对冲击响应有贡献的声像，同时会对简正频率进行适当的计权。另外，正如 Morse 和 Lam 所提到的那样，封闭空间中代入简正模式的解，将会要计算我们所考虑频率范围内的所有模式，外加对这个范围外的一些矫正。Allen 已经计算出简正模式与无吸声房间声像解的确切关系。因为冲击响应能够等效看成简正模式的和，它一定是一个瞬态周期之后所形成的早期冲击响应的重复。这已经由 Kovitz 所展示，并使用了 Burrus 和 Parks 的算法。Kovitz 展示了一个完整的冲击响应，它能够被描述成一个 IIR 滤波器，该滤波器是从早期时间 FIR 冲击响应中计算得来的。冲击响应与简正频率相加法的等效，将会在后面的章节用程序来描述。

25.4.1 房间响应的预测

针对听音者和扬声器，声像源模型的算法构建了所有可能的声像源。正如在第 13 章所看到的那样，来自房间边界的反射声能够用在边界后面合适位置处的声像源所代替。单次和多次反射能够被解释（如图 13–3 所示）。图 25–4 所示为一个坐标在（3，3，3）的声源，以及它在每个边界面第一侧具有相同垂直距离的虚拟声像。房间的高度为 10 个单位。

利用声像源法来计算到达听音者位置处的声音，使用点声源的标准等式，同时衰减声波根据反射表面的吸声系数来计算。对于功率的计算，我们需要考虑许多阶的反射声，它不仅仅是图 25–4 所展示的为一阶反射，从而听音者所预测的声压减少到一组无穷级数，这样我们可以相对容易地进行编码和评价，如 Tooles 所展示的那样。上面所描述的声像源模型，仅仅局限于长方形的房间。由于没有考虑任何反射相位的改变，故模型也有一定的局限性。这是几何计算模型的共同特点，也是在扬声器和听音者位置计算程序中所隐含的假设条件。模型中出现相位改变的问题，让我们不能简单地把墙面作为一个吸声体来处理。也就是说模型在相对坚硬的表面上，同时相位变化很小的情况下是非常准确的。该模型没有考虑由表面所产生的扩散作用。幸运的是，这里对低频的影响并不大。

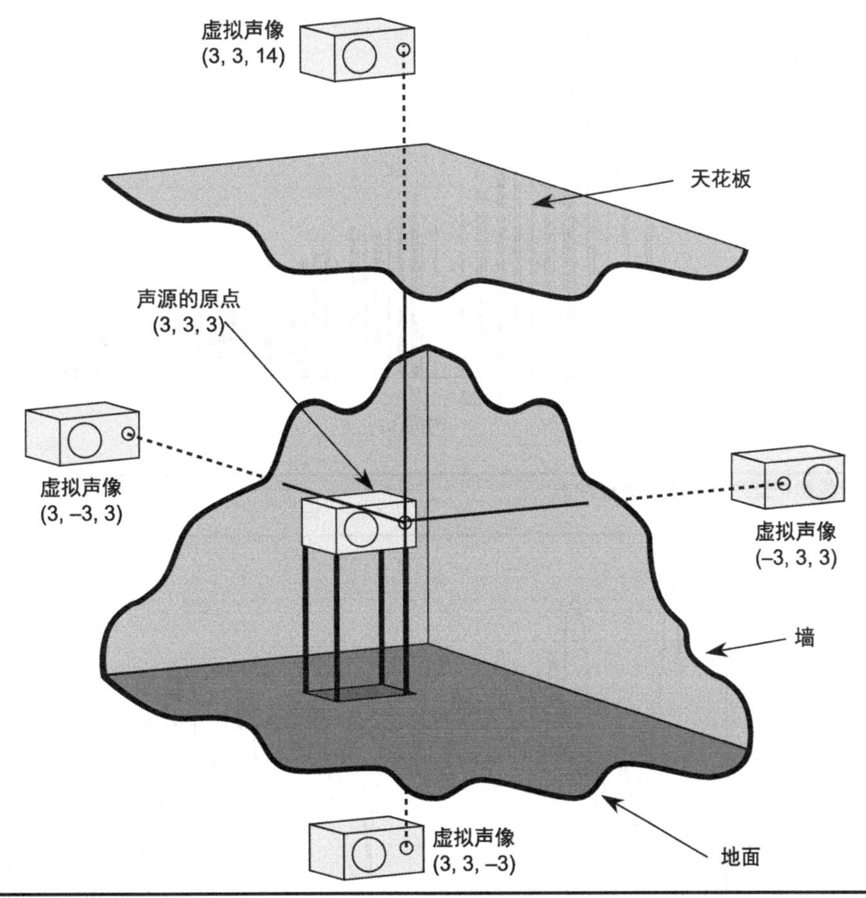

图 25-4 声像源模型算法构建了听音者和扬声器的所有可能声像源。例如，一个位于坐标（3，3，3）的声源，它将会在每个边界对面垂直距离相等的位置产生一个虚拟声源

声像源所产生的房间冲击响应，其直达声和反射声是可以清晰分辨的，如图 25-5 所示。如果声源是一个连续单音，那么我们可以通过傅里叶变换，在听音位置获得它的频谱。如图 25-6 所示，这个长期频谱（long-term spectram）与房间的模式响应类似（模式响应是通过叠加频域的单个模式来计算听音位置处声场的）。实际上，这些响应是等效的，它提供了声像源模型，并考虑了无限数量的声源，同时模型的计算包含了无限数量的模式。

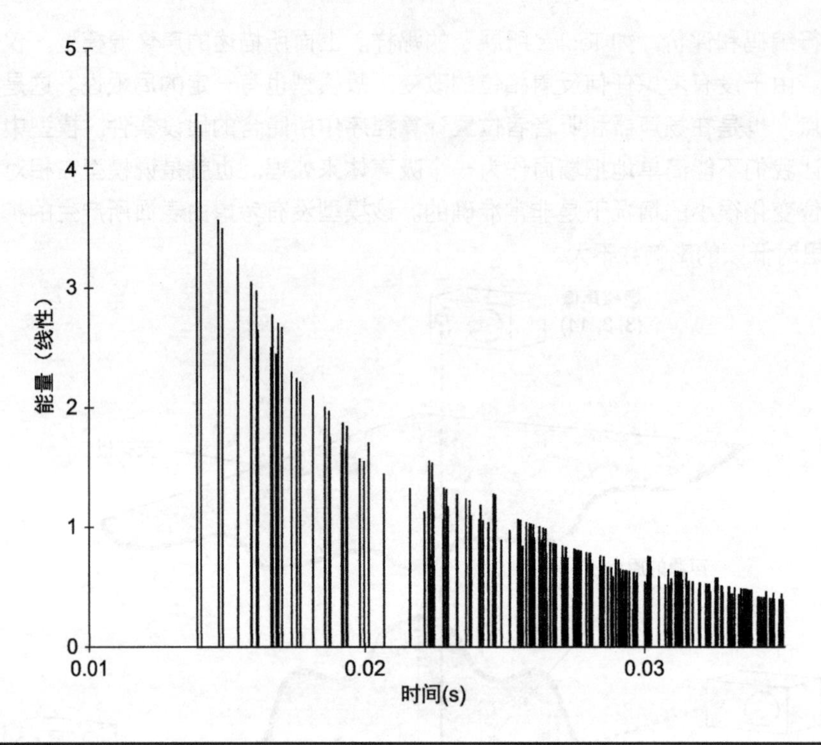

图 25-5 由声像源模型产生的典型能量冲击

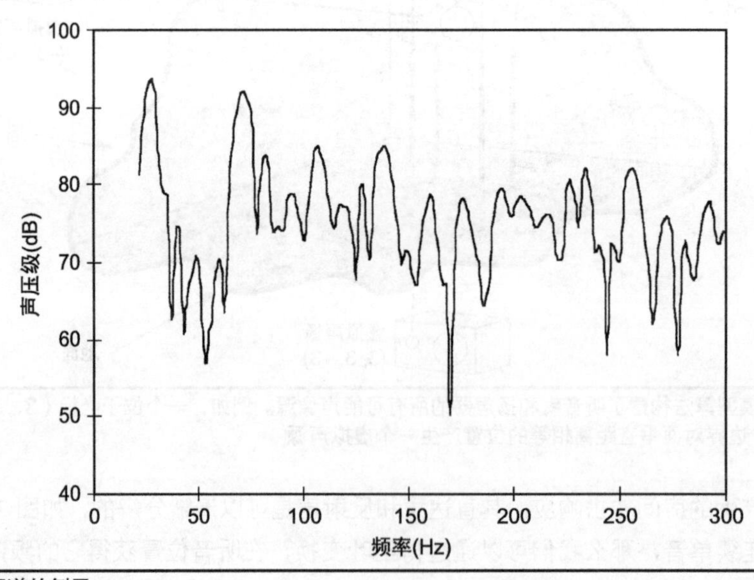

图 25-6 长期频谱的例子

通过一个例子，我们对一个 3m×3m×3m（10 英尺 ×10 英尺 ×10 英尺）的房间进行了验证。在 300Hz 以下的模式，我们使用了精确的频率重叠算法，见表 25-1。如图 25-7 所示，我们把基于频率计算的结果与使用 30 阶声像源模型的结果进行比较，同时墙面的吸声系数为 0.12。基于时间和频率的计算得出了非常相似的结果。它们之间的差异可能是由反射阶数不足、冲击响应在变换之前采用余弦方波进行窗化，以及频率的计算没有考虑 300Hz 以上的模式所导致的。

n_x	n_y	n_z	f（Hz）
0	0	0	0
0	0	1	56.67
0	1	1	80.14
1	1	1	98.15
2	0	0	113.33
2	1	0	126.71
2	1	1	138.8
0	2	2	160.28
2	1	2	170
3	1	0	179.2
3	1	1	187.94
2	2	2	196.3
3	2	0	204.32
3	2	1	212.03
4	0	0	226.67
4	1	0	233.64
4	1	1	240.42
3	3	1	247
4	2	0	253.42
4	2	1	259.68
3	3	2	265.79
4	2	2	277.61
5	0	0	283.33
5	1	0	288.94
5	1	1	294.45

表 25-1 一个尺寸为 3m×3m×3m 房间的模式频率

音乐是自然的瞬态信号，然而我们的耳朵仅仅能够区分出其早期到达反射声的效果。此外许多类似音乐的信号，在下一个音符到达成被掩蔽之前，我们仅仅能够听到前几次的反射声。因此，去研究听众处所接收到的前几次反射声是非常有必要的，它将涉及短期频谱（Short-Term Spectrum）。短期频谱是直达声前 64ms 冲击响应的傅里叶变换。冲击响应被 1/4 周期余弦方波所窗化。窗在直达声 32ms 之后开始，逐渐计权冲击响应并在 64ms 处为零。这些时间被耳朵的积分时间所驱动，这个积分时间通常是在 35~50ms。为了阻止冲击响应突然中断所造成在频谱上的杂波，窗化是有必要的。图 25–8 所示为一个短期频谱的例子。图 25–6 和图 25–8 的两个频谱都展示了从声源到接收者之间声学特征，同时这种特征的低频部分被用来寻找房间内扬声器和听音者的最佳位置。

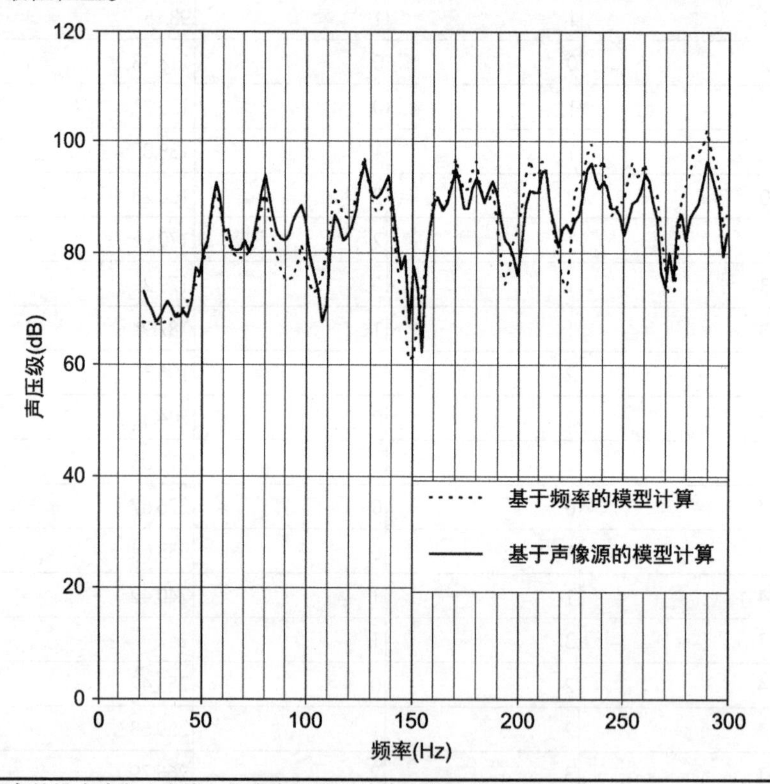

图 25–7 基于频率的模式响应（虚线）与声像源模型计算（实线）结果的比较

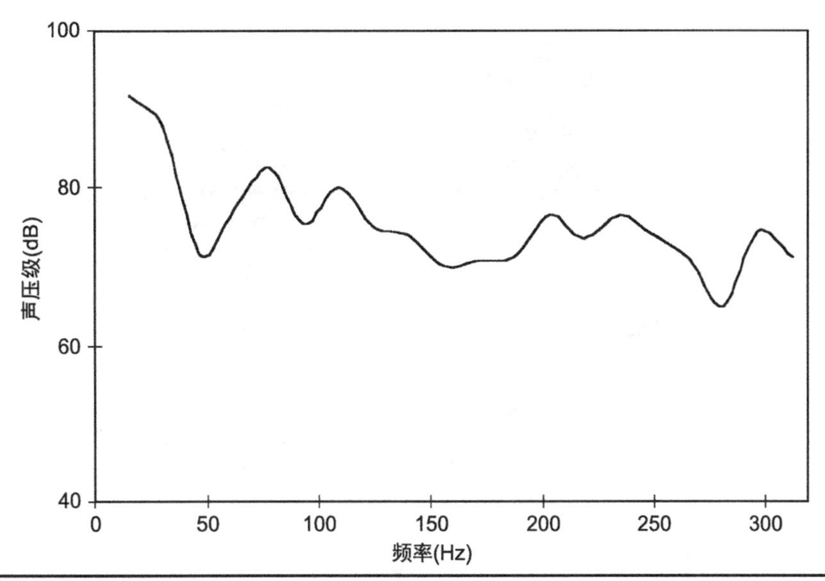

图 25-8 短期频谱的例子

25.4.2 优化步骤

通过图 25-9 所示的迭代过程，利用计算机的优化程序可以找到最佳听音者和扬声器的位置。通过声像源法，我们可以预测短期和长期频谱。从这些频谱中可以导出相应的价值参数（下面将会描述），从而描绘出所产生声音的质量。

这时我们可以反复尝试新的听音位置以及扬声器位置，直到找出最小的价值参数，这时意味着我们发现了最佳的位置。听众和扬声器位置的变动是利用搜索引擎来完成的，它遵照由 Press 等人所描述的标准最小化步骤。

25.4.3 价值参数

我们可以推断，房间内的最佳位置处会在短期和长期频谱都有着较为平坦的频率响应。价值参数（Cost Parameter）的变化衡量了真实频率曲线偏离平直响应的大小。前面已经展示了，标准差函数较好地衡量了扩散体的扩散声压均匀度。

在现实情况下，几个相邻频率的极值被平滑，特别是在 1~3 个极值之间。这样做可以模拟空间平均的效果，且它在听音室当中也是自然发生的。否则在优化过程中，将会出现对所关心位置过度处理的风险。

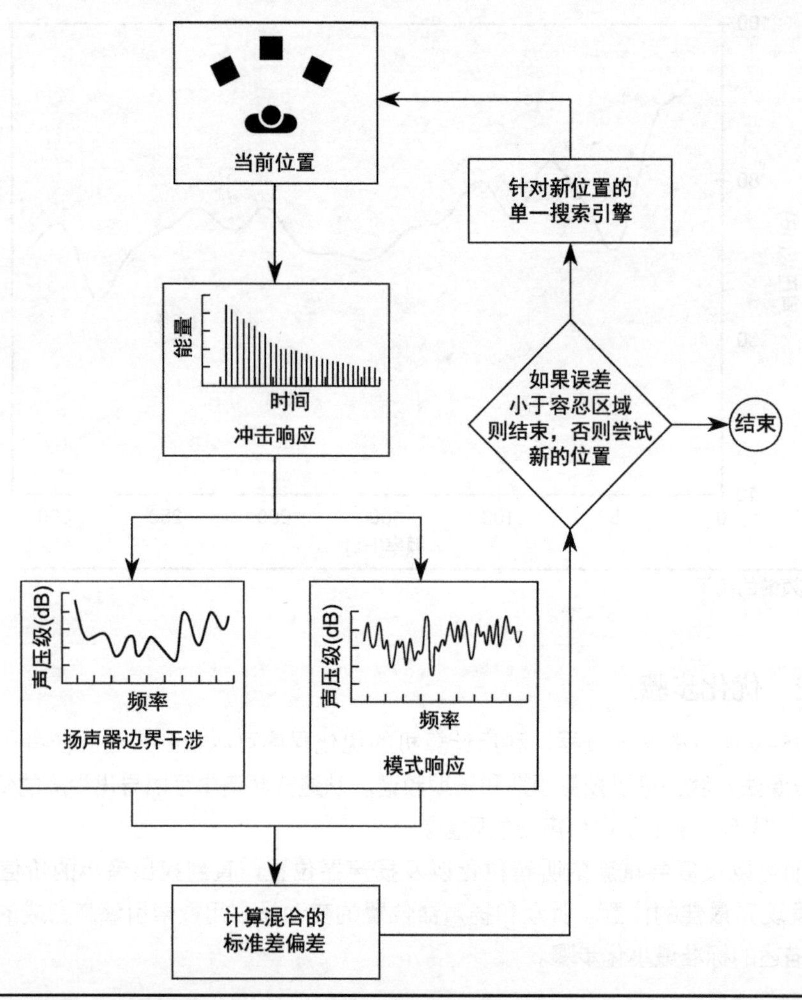

图 25–9 使用迭代循环来决定最佳的听音者和扬声器的位置

图 25–10 和图 25–11 分别展示了，一个短期扬声器边界干涉响应，以及一个长期模式响应，一对立体声扬声器和听音者之间的位置是中间值（没有经过优化的）。图的下方分别给出了误差参数，并标明了标准差的大小，它体现了频谱的质量。

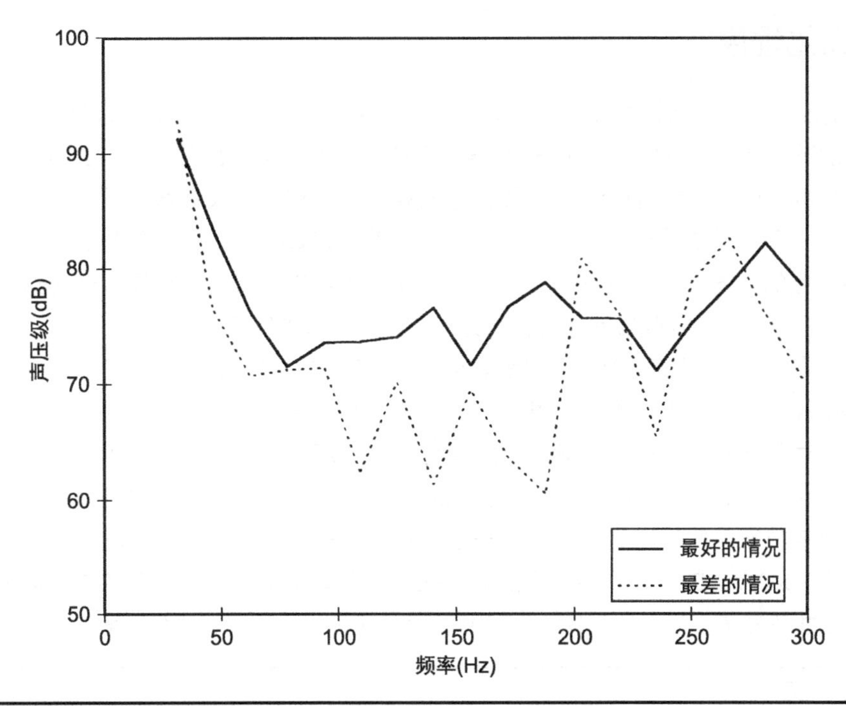

图 25-10 短期频谱中最好及最坏的情况，标准差分别为 4.67dB 和 8.13dB

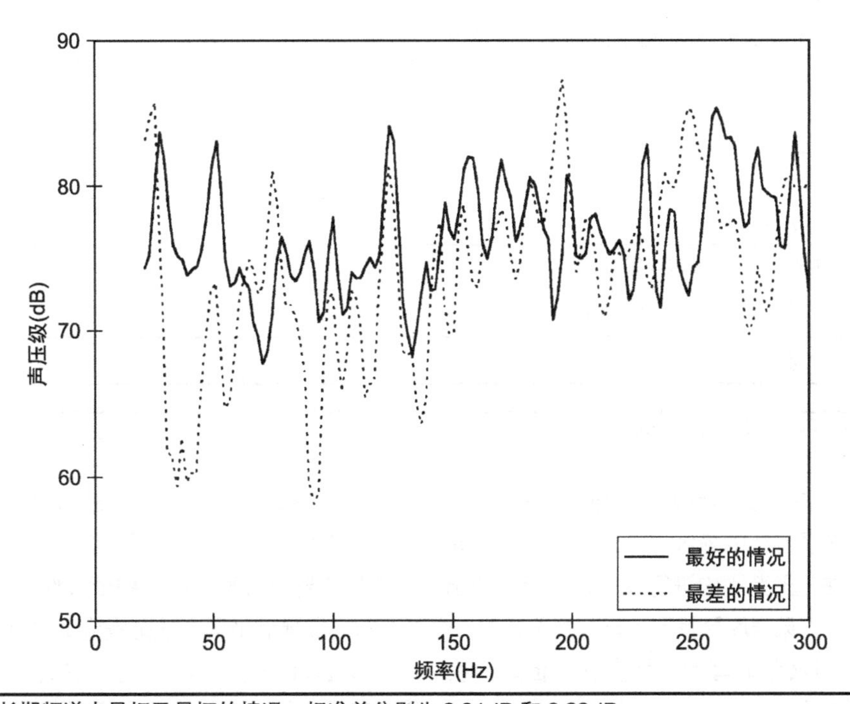

图 25-11 长期频谱中最好及最坏的情况，标准差分别为 3.81dB 和 6.28dB

25.5 优化程序

这个优化程序使用了标准的单一程序。它有着一系列的结点，这些是误差空间的不同点（分别代表不同的听音者和扬声器位置）。这些结点围绕空间移动直到最差和最好结点之间的差值在一个可以容忍的范围内，或者已经超过最大迭代数（设为 500）。大多数情况下，程序停止下来是因为前者。由于不需要计算一阶导数，这种单一程序有着鲁棒系统的优势。但是它所对应听众和扬声器位置的频谱导数不能立刻从类似声像模型的数值计算法中获得。使用这种优化过程的缺点在于，它会由于迭代数目问题在计算过程中消耗较长的时间。

用户可以输入各种参数来定义优化过程。用户能够控制的参数见表 25–2。这些参数都能够通过标准的 Windows 对话工具来输入。如果没有来自用户对结果的一些干预，优化程序就完全不能使用。例如，对于程序来说有一种倾向，那就是想放置声源和话筒在房间的边界，因为这样将会减少干涉作用。很明显在实际情况中，我们通常不能把扬声器放置在墙内，所以这或许不是一个有用的解决方案。此外，优化程序会把扬声器放置在足够接近表面的地方，来减少所选频带内（例如 20~300Hz）的干涉作用，而忽略了在这个频率范围以外的干涉效果。此外，对于低频响应的最佳解决办法，未必会对立体声成像、听众和扬声器位置及其他因素起到优化效果。

房间尺寸（长、宽、高）
针对听音者位置，矩形空间内定义了 x、y、z 的范围
针对独立扬声器，矩形空间内定义了 x、y、z 的范围
独立和从属扬声器的数量
独立扬声器与从属扬声器之间的位移以及对称约束，例如简单的镜像对称或者 x、y、z 的位移
立体声约束
立体声音箱之间的最小间隔
决定短期和长期频谱之间误差平衡的计权参数 w
所涵盖的频率范围（默认设置 20~300Hz）
需要的解决方案数量

表 25–2 用户目前可以控制的参数

因此，用户需要限制听众和扬声器的搜索范围。听音者和扬声器的限制被定义在矩形空间当中，同时定义了坐标的最大值和最小值。程序允许用户在该范围内寻找最佳的解决方案。听音者和扬声器能够在矩形范围内进行改变，从而寻找出一个最佳的解决方案。这些约束条件被加载到程序当中。例如，如果程序寻找到听音范围之外的一个点，它会被强制坐落在该范围内最靠近的地方。

所有扬声器都能够独立地变化。但是，在大多数听音环境中，某一个扬声器位置是由其他扬声器所决定的。例如，在一个立体声对中，2 只扬声器与穿过房间中心的平面是镜面对称的。

随着扬声器数量增加到六个（5.1 家庭影院），以及其他更多声道的音乐环绕声格式，我们能够利用扬声器之间的相对位置关系，让程序变得更加有效率。通过搜索房间，可以同时发现几个最小值。利用几何约束条件来增加发现整体最小值的几率。

为了实现这一方法，我们采用一个独立扬声器与从属扬声器的系统，每个从属扬声器的位置是由独立扬声器所决定的。以立体声为例，左前方扬声器可以被看成独立扬声器，右前方扬声器则被看成从属扬声器，它的位置是由独立扬声器在房间中心位置的镜像所决定的。该程序允许穿过听音者位置 x、y、z 平面的镜像对称操作。穿过各听音位置的镜像对称平面允许使用在后环绕音箱上。例如，在 5.1 多声道音乐格式当中，有着五个对应的音箱均匀分布在听音者周围，可以设置一个独立扬声器（左前）与四个从属扬声器（中置、右前、左环绕和右环绕）之间的约束关系。

以上已经较好地了解了立体声成像，程序是如何利用立体声约束的。它涉及立体声扬声器和听众之间的法向角，利用它可以获得较好的立体声声像。在程序中这种约束被用来确定两个距离之间的比率，其中分子为听音者到两个扬声器的距离，而分母为两只扬声器之间的距离，这两只扬声器之间的距离是在一个规定范围的。它的默认比率在 0.88（等边三角）~1.33。对程序使用这种非线性的约束，仅仅能够通过强制的方式来实现。如果出现违背这种约束的位置，程序将会移动听音者和扬声器的位置到房间内遵循这种约束最接近的地方。程序能够适应这种错误，但是这可能会让寻找最佳位置的程序变慢。当我们优化低频扬声器时，则不需要使用这种约束关系。目前不能由用户控制的参数见表 25-3。

最小立体声音箱之间的间隔（0.6m）
表面的吸声系数（0.12）
在声像源模型中，所跟踪反射声的最高阶数（15）
用来平滑短期频谱和长期频谱的频点数量（分别为 1 和 3）

表 25-3 目前用户不可控制的参数

25.6 计算结果

为了展示这种优化程序的结果，我们测试了许多典型的扬声器重放格式，即立体声对，每个喇叭含有 2 个低音单元的立体声对，有着偶极子环绕声的 5.1，有着卫星音箱的 5.1 和单独 1 只低音音箱。

25.6.1 立体声对

程序需要寻找立体声对的最佳解决方案。几何形状和最佳优化方案见表 25-4。图 25-10 和 25-11 展示了这种配置的频谱。它显示了频谱响应最差的情形，也展示了通过使用改变位置所进行的改善，如实线所示。人们发现通常短期频谱的变化比长期频谱更加大。在长期频谱中的反射数量及复杂性意味着，很少有机会能够在房间内找到较大标准差的改进。然而即使非常复杂，依然能够通过对长期频谱的优化找到有用的改进。短期频谱对听音者和扬声器位置的变化更加敏感。

	x（m）	y（m）	z（m）
房间尺寸	7	4.5	2.8
听众范围	2.0~6.0	2.25（固定的）	1.14（固定的）
独立扬声器 1（左前）	0.5~3	0.5~1.34	0.35~0.8
从属扬声器 1（右前）	左前方相对房间中心的镜像 y=2.25		
立体声约束	0.88~1.33		
最小的误差参数	2.24		
最大的误差参数	3.84		
针对最佳解决方案，听音者和扬声器的位置			
听音者的位置	3.05	2.25	1.14
独立（左前）	1.28	1.34	0.69
从属（右前）	1.28	3.16	0.69

表 25-4 针对立体声配置的几何结构和解决方案

25.6.2 每个喇叭含有两个低音单元的立体声对

下面我们来确定有着两个低音单元立体声对的最佳布局，两个单元之间的垂直距离为 0.343m。几何结构和最佳解决方案见表 25-5。优化程序假设了扬声器是固定电阻且落地摆放。如图 25-12 所示为扬声器的边界干涉响应，它的模式响应如图 25-13 所示。程序利用镜面对称和位移的相对关系，减少了那些独立扬声器的数量。虽然在这个例子当中，有着四个低音扬声器单元，然而实际上仅需要优化其中一个，那就是左前下方的扬声器单元。左前上方的扬声器单元能够利用约束跟随左前下方的坐标，通过在 z 轴 0.343m 的位移来完成。右前下方和右前上方的低音扬声器由左前下方扬声器的位置所决定，因为两只音箱在房间中心平面 y=2.134m 处镜面对称。因此在这个优化当中，只有左前下方一只独立的扬声器和三只从属扬声器，它们分别为左前上方、右前上方和右前下方扬声器。特别要注意的是，我们应当避免在 180Hz 附近扬声器边界的干涉响应，那是一个衰减大约为 25dB 的波谷，如图 25-11 所示。最好与最差方案的标准差分别是 2.17dB 和 4.08dB。

	x（m）	y（m）	z（m）
房间尺寸	5.791	4.267	3.048
听音范围	2.591~3.962	2.134（固定的）	1.14（固定的）
独立扬声器 1 的范围（左前下方）	0.61~1.829	0.457~1.067	0.381（固定的）
从属扬声器 1（左前上方）	对左前下方约束	对左前下方约束	位移 0.343
从属扬声器 2（右前下方）	左前下方相对房间中心的镜像 y=2.134		

（续表）

	x（m）	y（m）	z（m）
从属扬声器 3（右前上方）	左前下方相对房间中心的镜像，以及在 z 轴偏移 0.343		
立体声约束	0.88~1.33		
最好的误差参数	2.177 4		
最差的误差参数	4.083 9		
针对最佳解决方案，扬声器以及听音者的位置			
听音者位置	3.149	2.134	1.14
独立的左前下方	0.947	0.912	0.381
从属的左前上方	0.947	0.912	0.724
从属的右前下方	0.947	3.355	0.381
从属的右前上方	0.947	3.355	0.724

表 25-5 针对每只扬声器有两个低音单元的立体声配置，它的几何结构以及解决方案

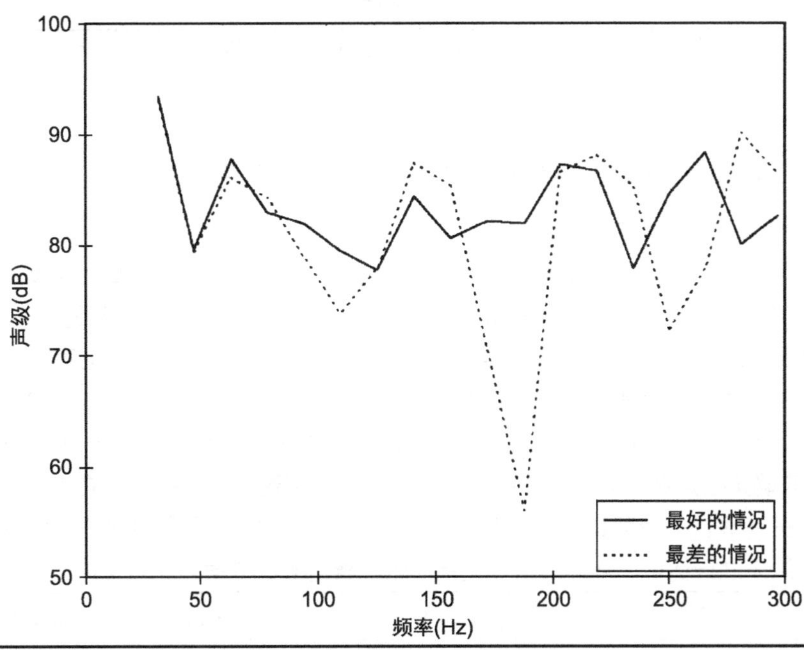

图 25-12 针对每只扬声器具有两个低音单元的立体声重放系统，听音者和扬声器的两种不同位置，扬声器边界干涉响应的比较

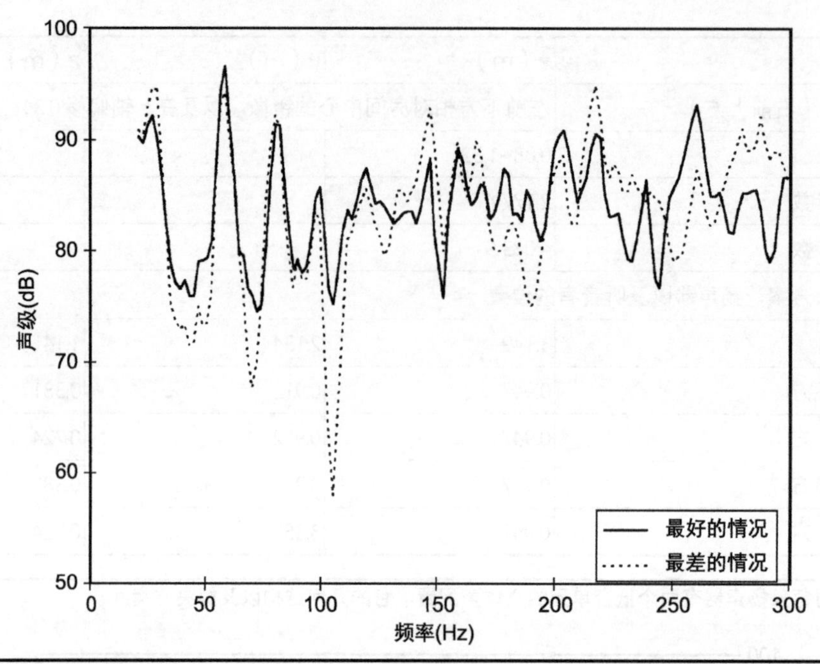

图 25-13 针对每只扬声器具有两个低音单元的立体声重放系统，听音者和扬声器的两种不同位置，扬声器模式响应的比较

25.6.3 有着偶极子环绕音箱的 5.1 声道家庭影院

下一个要考虑的格式为 5.1 家庭影院，它是一个由五只卫星式音箱和一个低频效果通道所组成的系统。卫星音箱在前方位置有三只，分别为左/中/右（L/C/R），在后方位置有两只环绕音箱。这个例子当中，环绕声通道需要使用一对偶极子音箱像 THX 当中所提到的。在优化过程中，引入一种新的约束类型。它保持中置扬声器继续在房间的中线位置，前方扬声器到听众的距离相等。通过这种方法，所有来自前方扬声器的声音到达听众的时间保持一致。如果没有达到这个要求，约束是不适用的。在这个优化当中，前置扬声器可以被放置在 *x*、*y* 以及 *z* 轴的范围内。*z* 轴能够被用来确定扬声器距离地面的高度。在某些情况下这是有用的，而在中、高频单元的位置，或许要优先考虑具有良好的声像。偶极子音箱在 300Hz 以下是全指向的，所以我们将会把它们看成点声源来进行优化。几何结构以及针对该配置的解决方案，见表 25-6。

	x（m）	*y*（m）	*z*（m）
房间尺寸	5.791	4.267	3.048
听音者的范围	2.286~3.962	2.134（固定的）	1.14（固定的）
独立扬声器 1 的范围（左前方）	0.61~1.829	0.457~1.067	0.305~0.914
独立扬声器 2 的范围（左环绕）	对听众的约束	0.076~0.152	2.134~2.743

（续表）

	x（m）	y（m）	z（m）
从属扬声器 1（右前方）	左前方相对房间中心的镜像 y=2.134		
从属扬声器 2（中置）	到左前听众距离的约束		
从属扬声器 3（右环绕）	左环绕相对房间中心的镜像		
立体声约束	0.88~1.33		
最好的误差参数	1.947 6		
最差的误差参数	3.799 1		
对于最佳解决方案，听音者和扬声器的位置			
听音位置	3.961	2.134	1.14
独立的左前方	1.438	0.723	0.461
从属中置	1.071	2.134	0.461
从属的右前方	1.438	3.544	0.461
从属左偶极子环绕声	3.961	0.123	2.301
从属右偶极子环绕声	3.961	4.144	2.301

表 25-6 针对 5.1 声道 THX 配置的偶极子环绕声，它的几何结构和解决方案

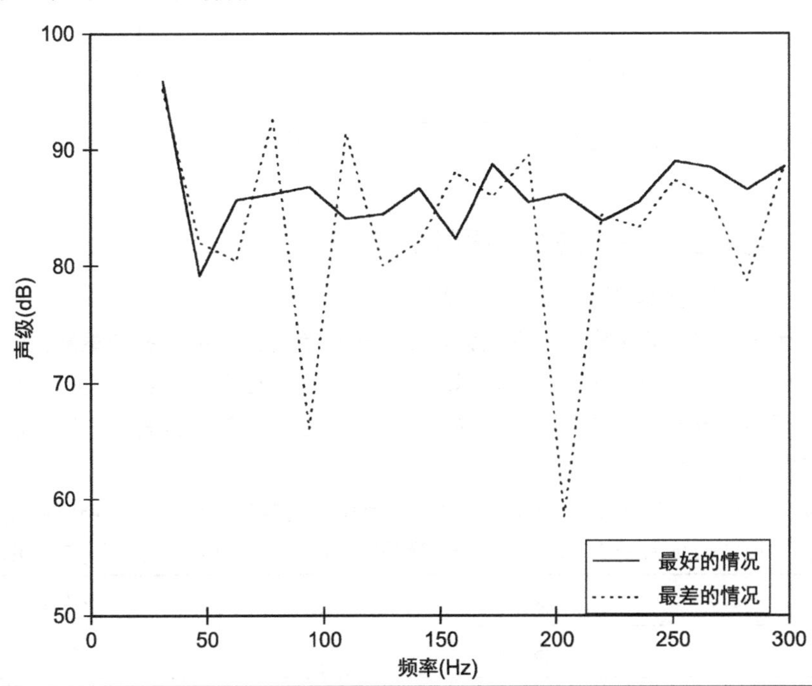

图 25-14 针对有着偶极子环绕声的立体声重放系统，听音者和扬声器的两种不同位置，扬声器边界干涉响应的比较

我们引入了另一个新的约束关系，用来保持偶极子环绕音箱能够跟随听众的 x 坐标，以便听音者仍然停留在零位。因此，在优化的过程中，随着听众向前和向后移动，偶极子环绕音箱的 x 坐标仍然跟随这个值。y 轴或者与侧墙的间隔，在一个有限范围内被优化，同时 z 轴能够在这个限制范围内假设成任何值。在尺寸为 5.791m×4.267m×3.048m 房间中，使用了 THX 配置标准的房间，其边界干涉响应和模式响应的最差与最好解决方案比较，如图 25-14 和图 25-15 所示。最好和最差解决方法的标准差分别为 1.95dB 和 3.80dB。

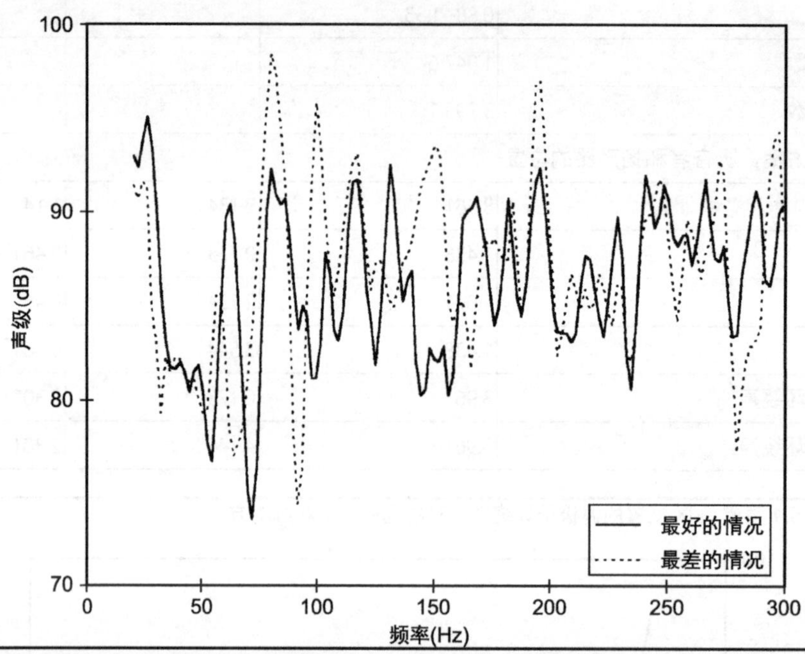

图 25-15 针对有着偶极子环绕声的立体声重放系统，听音者和扬声器的两种不同位置，模式响应的比较

25.6.4 有着卫星音箱的 5.1 声道家庭影院

作为另一种 5.1 声道配置的例子，我们假设使用五只相互匹配的音箱（与之前使用偶极式环绕音箱形成对比）布置。如果房间条件允许，五只扬声器将会与听音者的距离相同。为了改进这种优化，我们利用之前中心通道的约束以及一个新的后置通道约束。我们可以利用与听音者相关的镜面，把后置扬声器与前置扬声器联系起来。这是一个与听音者相关的动态约束。它的几何结构和配置解决方案，见表 25-7。

在尺寸为 5.791m×4.267m×3.048m 的 5.1 声道房间当中，扬声器边界响应和模式响应最好与最差解决方案的比较，如图 25-16 和图 25-17 所示。最好和最差解决方案的标准差分别为 2.04dB 和 4.06dB。

	x（m）	y（m）	z（m）
房间尺寸	5.791	4.267	3.048
听音范围	2.591~3.2	2.134（固定的）	1.14（固定的）

（续表）

	x（m）	y（m）	z（m）
独立扬声器 1（左前）	0.914~1.829	0.457~1.067	0.305~0.914
从属扬声器 1（右前）	左前关于房间中心的镜像对称 y=2.134		
从属扬声器 2（中置）	到听众的距离等于左前扬声器到听众的距离，且在 y=2.134 的直线上		
从属扬声器 3（左后）	左前扬声器关于穿过听众垂直 x 轴直线的镜像		
从属扬声器 4（右后）	左前扬声器关于穿过听众垂直 x 轴镜像，然后关于穿过听众垂直 y 轴直线的镜像		
最佳的误差参数	2.039 9		
最差的误差参数	4.063 3		
针对最佳解决方案，听音者和扬声器的位置			
听音者位置	3.099	2.134	1.14
独立扬声器 1（左前）	1.05	0.625	0.361
从属扬声器 1（右前）	1.05	3.642	0.361
从属扬声器 2（中置）	0.554	2.134	0.361
从属扬声器 3（左后）	5.148	0.625	0.361
从属扬声器 4（右后）	5.148	3.642	0.361

表 25-7 针对一个有着相互匹配卫星音箱的 5.1 声道配置，它的几何结构和解决方案

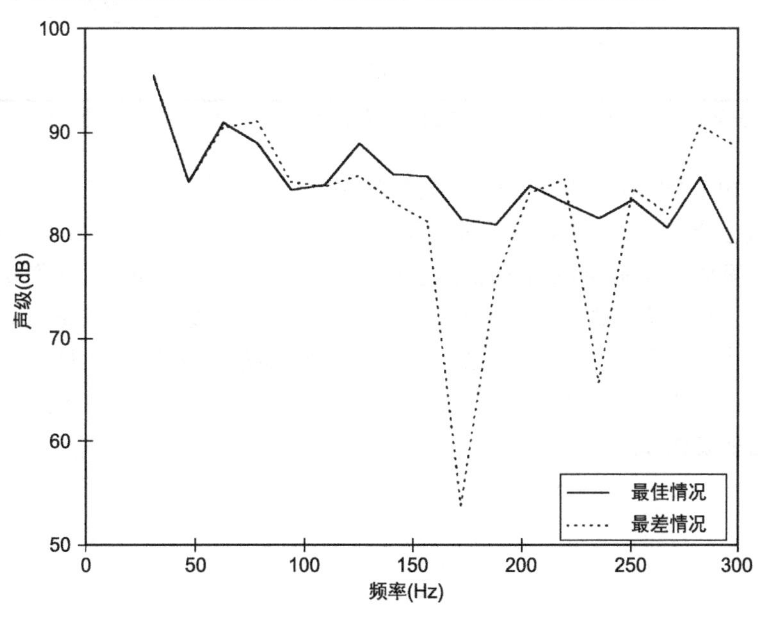

图 25-16 针对 5 只等距且相互匹配的音箱所组成的 5.1 声道重放系统，听音者和扬声器的 2 种不同位置，边界干涉响应的比较

25.6.5 次低音扬声器

强劲的次低音扬声器经常被用在环绕声重放当中。程序能够在 20~80Hz 的频率范围内提供单独的优化。当听音位置确定，任何数量的次低音扬声器都可以被优化。作为一个例子，房间的尺寸为 10m×6m×3m，使用单只次低音扬声器的解决方案，见表 25–8。

图 25–18 和图 25–19 展示了，次低音扬声器在 20~80Hz 范围内的优化结果。对于短期频谱，频率响应的变化从最差情况的 30dB 减少到优化后的约 10dB。在长期频谱当中，优化方案提供了明显的改善。最好和最差解决方案的标准差分别为 2.7dB 和 5.6dB。

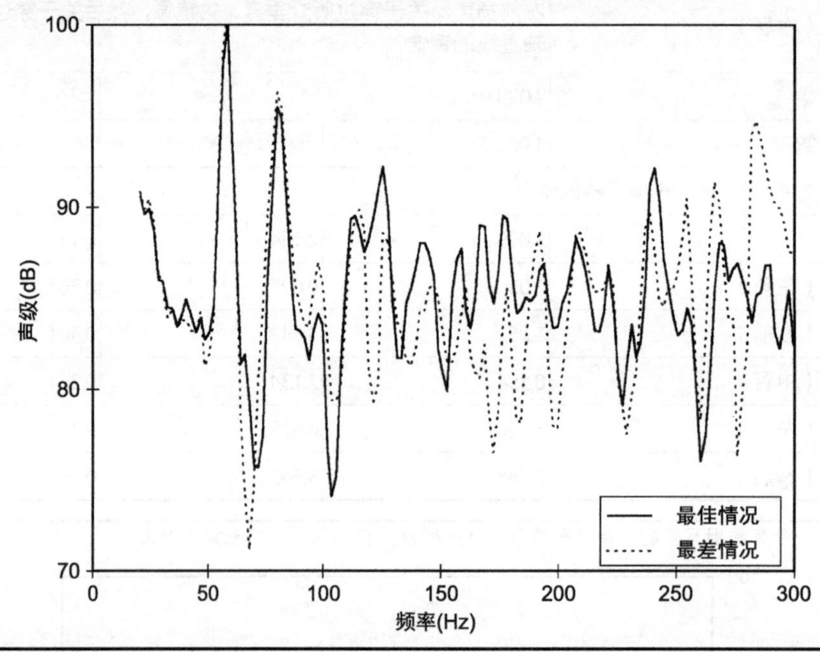

图 25–17 针对 5 只等距且相互匹配的音箱所组成的 5.1 声道重放系统，听音者和扬声器的 2 种不同位置，模式响应的比较

可以考虑采用多个同相位次低音扬声器的摆放来抵消房间的模式频率，特别是在 20~80Hz，而不是优化一或多个次低音扬声器的摆放位置去激励可能更多的模式频率。我们需要确定一个特殊位置，在那里模式有着不同的相位。这些特殊的位置如图 25–2 所示，它们发生在每个零位的旁边。例如，对于一阶模式的零位，可以会在两个相对房间边界的中点处。如果一只次低音扬声器被放置在房间宽度的 1/4（0.25）处，而另一只被放置在 3/4（0.75）处将会发生什么。因为在这些地方，房间的宽度模式有着相反的相位，两只同相位的扬声器在这些地方的模式将会相互抵消，从而不被激励。

	x（m）	*y*（m）	*z*（m）
房间尺寸	10	6	3
听音者范围	5.5（固定的）	3（固定的）	1.2（固定的）
独立扬声器 1	5.6~9.9	0.1~2.9	0.1~2.9
最佳的误差参数	2.705 1		
最差的误差参数	5.553 5		
针对最佳解决方案，听音者和扬声器的位置			
听音者位置	5.5	3	1.2
扬声器 1（超低音）	7.398	0.231	1.227

表 25-8 针对超低音扬声器的几何结构和解决方案

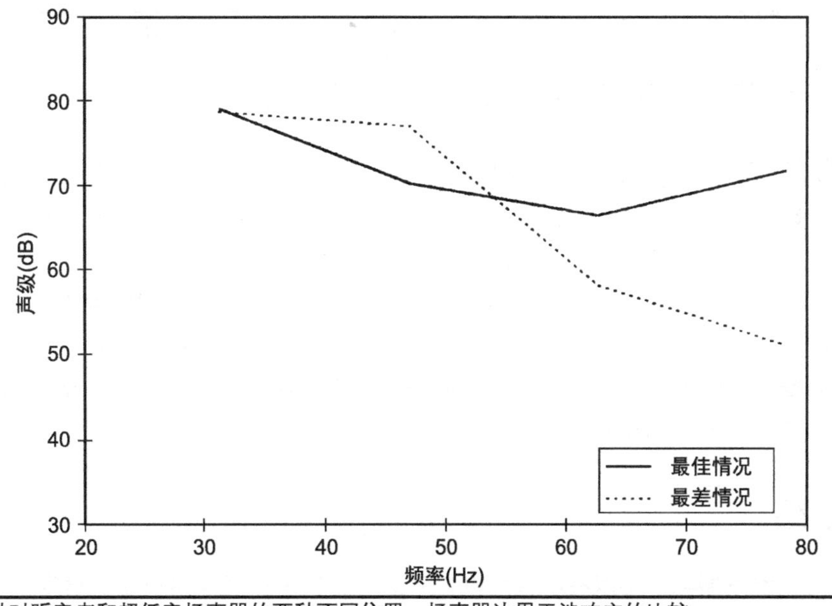

图 25-18 针对听音者和超低音扬声器的两种不同位置，扬声器边界干涉响应的比较

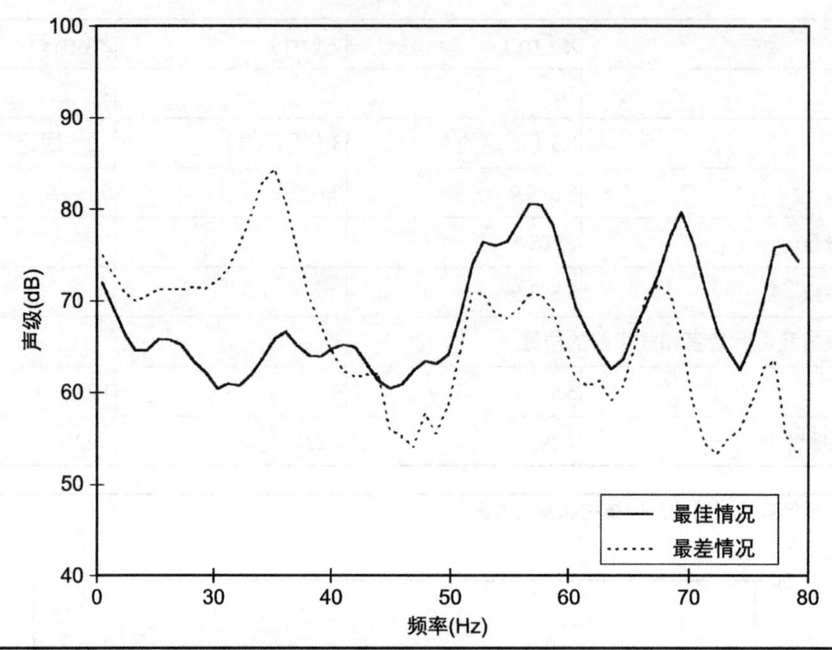

图 25–19 针对听音者和超低音扬声器的两种不同位置，模式响应的比较

检查图 25–2 所示，请注意在房间宽度的 1/4 处，存在一个二阶模式的零位。一只放置在该位置的次低音扬声器，将不会激励起该模式。因此，通过在 *W*/4 和 3*W*/4 处放置两只同相位的次低音扬声器，其第一和三阶模式会被抵消，同时也没有激励起二阶模式。这意味着听音者沿房间宽度移动，将会感受到一个平直的响应。如果在房间后面对另外 2 只次低音扬声器作同样的事情，将会让听音者在房间从前到后的移动过程中感受到平直的模式响应。不幸的是，大多数听音室内占用这些位置是不现实的。然而，Welti 通过放置 4 只次低音扬声器在房间的角落或者每面墙的中间，也可以获得相似的响应。

25.7 总结

软件程序已经发展到，可以在听音室中自动选出听音者和扬声器位置的程度。在房间中优化听音者和扬声器位置的原理，是叠加了短期和长期频谱的最小标准差。基于标准差函数的价值参数被用来评价短期和长期频谱的质量。频谱的预测是通过使用声像模型来完成的。优化是使用标准程序来完成的。上面展示了许多例子，且在所有的例子当中展示了程序寻找房间内听音者和扬声器最佳位置的能力。

26 房间的可听化[1]

在过去，声学专家使用一个宽范围的设计技术来提供较好的房间声学，但是所选择的声学条件，以及最终的效果不能在建造之前进行检验，除非使用缩尺模式来对其进行评价。尽管有这样的局限性，声学专家们还是创造出有着良好声学环境的重要厅堂。

与旧的方法不同，如果设计者们在空间建造之前，就能在所设计的空间当中听到声场，将是一件不同寻常的事情。用这种方法，我们或许能够避免一些声学问题，同时对不同的设计方案及表面处理进行评估。这种对声场环境的渲染，类似于建筑师的虚拟效果渲染，被称为可听化（Auralization）。根据定义，可听化是一种空间中声源的可听化渲染过程，该过程利用了物理或数学模型，通过这种方式我们能够仿真出模型空间中固定位置的双耳听觉感受。这已经被 Kleiner 和 Dalenback 等人所描述。今天，这种可听化软件作为一种工具，为声学专家提供了预测和仿真重要空间方法。

26.1 声学模型的历史

在广义的术语当中，为了描述一个房间的特征，有必要来寻找一种方法，用来跟踪复杂反射声在整个房间的传播路径。

这种在房间内某个位置处拾取反射声压级与时间的关系被称为音响测深图（Echogram），同时这一过程被称为声线跟踪。使用这种方法，我们能够通过反射路径跟踪到每条声线，同时记录下在听音位置处这些穿过一个较小体积的声线。这种方法是比较容易看到的，同时如果使用慢镜头来把声速从 1 130 英 /s 降到 1 英尺 /s，就能够用颜色标记每条声线，同时记录下它。

在 20 世纪 60 年代后期，声学专家就开始使用声线跟踪法去绘制音响测深图，以及估计混响时间。到了 20 世纪 80 年代，声线跟踪法被广泛使用。在声线跟踪法当中，声源所辐射出来的总能量，会根据声源的辐射特征分布到某些特定的方向。最简单的形式，每个声线的能量等于总能量除以声线的数量。来自每个边界的反射要么是镜面反射（入射角等于反射角），要么是扩散反射（被反射的声线角度是随机的），这取决于反射表面的种类。被反射的能量可以通过吸声，也可以通过球面传播来衰减。（在声线跟踪法当中这是自动完成的，因为接收体的尺寸是固定的。）穿过接收体单元的声线数量，决定了它的声压。

1　此部分是由 Peter D'Antonio, RPG 扩散体系统有限公司，上马尔伯勒，马里兰州所提供的。

如图 26–1 所示，这是一个声线跟踪的例子。图中展示了来自声源 S 的声线，它通过三个表面的反射后穿过接收体 R1 的圆截面。在一个规定的时间间隔内，各条声线到达某个接收单元的能量相加在一起，产生了一个直方图。由于时间平均，以及声线具有到达的较强的随机特征，这个直方图将仅仅是一个近似的音响测深图。声线跟踪法相对简单，且在有限时间和空间分辨率为代价的前提下，是非常有效率的。声线的数量和来自声源的辐射角度，决定了房间细节的准确度及接收单元内声线的反应。

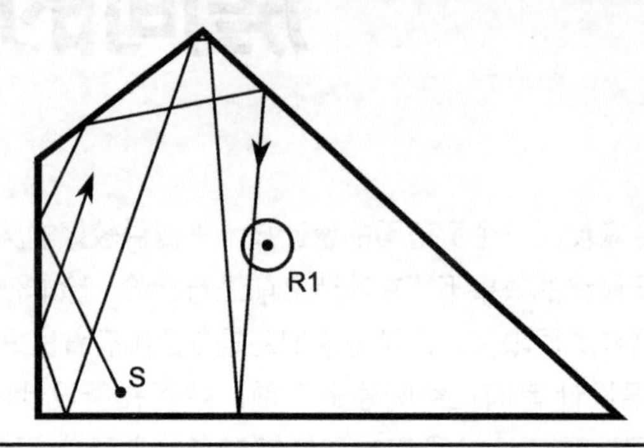

图 26–1 一个声线跟踪的例子，展示了声源 S 辐射出来的射线，经过三次镜面反射之后，进入接收单元 R1 的圆截面区域。

在 20 世纪 70 年代，发展出另一种称为镜像源（MISM）的方法，它被用来确定音响测深图。在这种方法中，实际声源的虚声源取决于穿过声源同时垂直房间边界的反射声源。因此，镜像源位于到反射边界垂直距离 d 两倍的地方。如图 26–2 所示，S1 和 R1 之间的距离等于从 S 到 R1 的反射路径。所有真实的反射声和穿过房间边界的虚拟声像构成了一组镜像。在音响测深图中的到达时间，可以简单地利用这些虚拟声像和接收体之间的距离来确定。当在一个矩形房间当中时，所有镜像源能够在房间的各个位置看到，同时能够被迅速地计算出来。然而，在不规则房间当中，情况不是这样的，我们要对它的有效性进行验证。例如，如图 26–2 所示，我 们可以看到来自表面 1 的一阶反射能够到达接收体 R1，但是不能到达接收体 R2。这意味着 R1 对于 S1 来说是“可视的”，而对于 R2 则不是。因此，我们要对每个声像源进行验证。由于测试中更加高阶的反射会乘以声像的数量（墙面数量减 1），从而使得需要验证的声源数量会迅速增加。

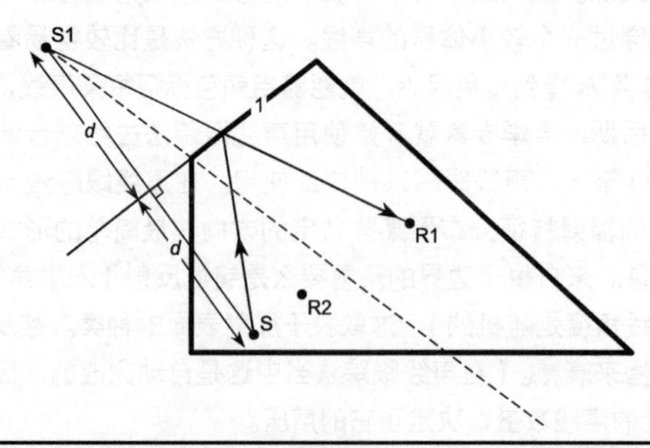

图 26–2 镜像源模型（MISM）是由真正的声源 S、虚声源 S1、边界 1 以及接收体 R1 组成

到 20 世纪 80 年代，人们通过两种方法来减少有效声源的数量。一种是混合法，它用镜面声线跟踪法来找到潜在的有效反射路径，同时仅仅让它们有效。另一种方法是通过使用锥形或者以三角形为基础的锥体光束来代替射线。一阶和二阶锥体跟踪的例子，如图 26–3 和图 26–4 所示。当接收点在光束投影之内，就已经发现了虚声源，其有效性就不用进行验证。这种方法能够计算出比声线跟踪法更加详细的音响测深图，同时也比 MISM 更快，而这是以省去音响测深图的后半部分反射路径为代价的（当锥体光束间隔大于单个墙体时）。而只有声线跟踪法才可以有效包含声音的扩散反射，所以改进的算法忽视了一个非常重要的声学现象。目前的几何房间建模程序都使用了更加复杂的方法，例如针对低阶反射的 MISM，以及针对高阶反射的随机圆锥追踪。因此随机化被再次引入，用来处理扩散反射的问题。

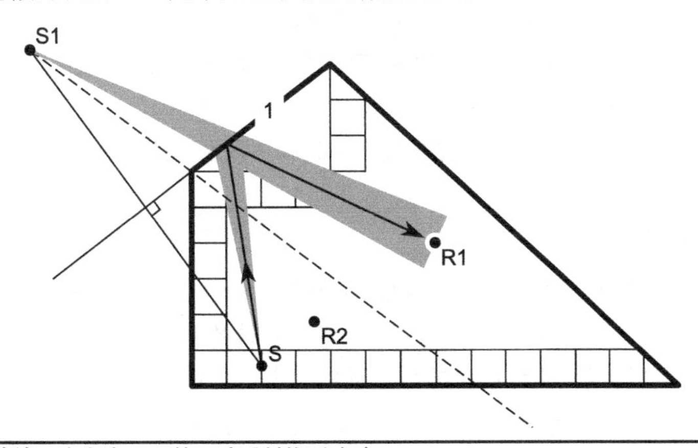

图 26–3 与 MISM 等效，来自表面 1 的一阶反射锥形追踪

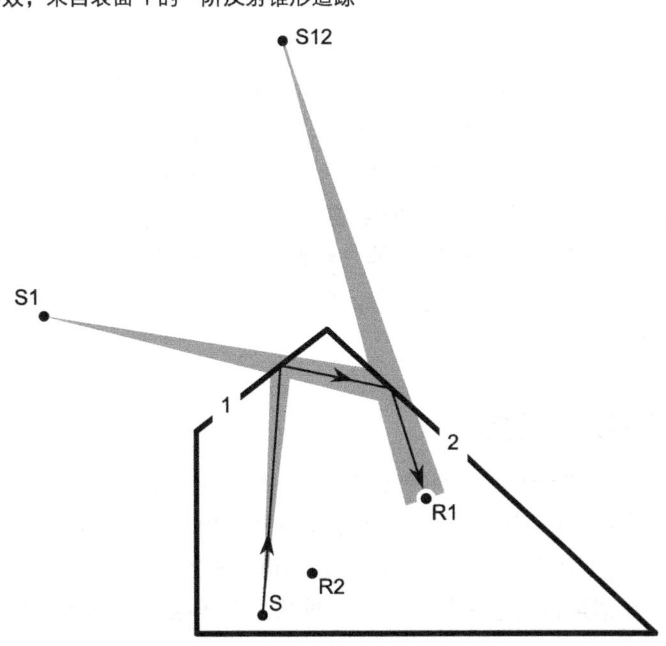

图 26–4 声源 S 经过表面 1 和表面 2 的二阶反射，使用锥形追踪法到达接收体 R1。S1 和 S12 都是虚拟声源

26.2 可听化处理

可听化处理是从对音响测深图的预测开始的，它基于房间的 3D CAD 模型，并使用了几何声学理论。由于几何声学只能应用于高于 125Hz 以上的频率，因此我们尝试使用边界元波动声学来对低频进行建模，进而对所预测的频率范围进行扩展。与频率有关的材料属性（吸声和扩散）分配给房间表面，同时把与频率有关的声源指向性分配给声源。在这种音响测深图当中，我们可以估算出诸如混响时间、早期与后期能量比，以及侧向声能量等客观测量参数。

图 26-5 展示了产生一个音响测深图所需要的信息。关于房间内所有的参数都需要确定，例如声源的指向性、房间的几何形状、房间的表面处理以及听众。每个声源（可以是自然声源或者扬声器）使用倍频程指向性进行描述，其频率范围至少包含 125Hz、250Hz、500Hz、1kHz、2 kHz 以及 4 kHz。指向性球（一个极坐标的 3D 版本，如图 26-5 所示），它描述了声音在每个倍频程的指向性。房间边界的表面属性，通过它的吸声系数和扩散系数来描述。

26.2.1 扩散系数

一种用来确定扩散系数的方法已经作为 ISO 17497-1 标准。在这种方法当中，我们需要把一定尺寸的样品放在混响室里，并把它架设在一个可以旋转的圆形转盘上，在静止和旋转的条件下测量混响时间。简言之，扩散系数 d 是衡量反射声音均匀性的指标。这个系数的目的是用来设计扩散体，同时也允许声学专家把设计房间表面的性能与参数的性能进行比较。散射系数 s 是非镜面方式扩散的声能与总反射声能的比值。这个系数目的是使用几何空间建模程序来对表面扩散进行描述。

这 2 个系数都被简化，用来代表真实的反射状况。我们有必要发明一些简单的度量标准，而不是试图评价所有声源和接收位置的反射特征，否则数据量将会是巨大的。这些系数试图用一个参数来代表反射声，使得这个单一数值所携带的信息量最大化。扩散系数和散射系数的差别在于，在数据的精简过程中，它们所要保留信息的侧重点不同。对于扩散体的设计者以及声学顾问来说，所有反射声音能量的一致性是最为重要的。而对于房间声学的模型来说，更看重反射角所散射出的声音能量大小。它们之间在定义上的差别看上去是微小的，但是实际上是很明显的。

26.2.2 听音者的特性描述

每个听音者都可以通过一个适当的响应来描述。如果采用双耳分析法，则使用头相关传输函数（HRTF）来对听音者进行描述。这些频率响应描述了听音者出现前后，每个耳朵的频率响应差别。图 26-5 所示为声音在 0° 和 20° 的位置到达人耳的 HRTF 案例。因此在音响测深图生成的过程当中，每个反射声包含了它的到达时间信息、声压级，以及所对应听音者的角度。镜面反射用实线来表示，扩散反射用直方图来表示。

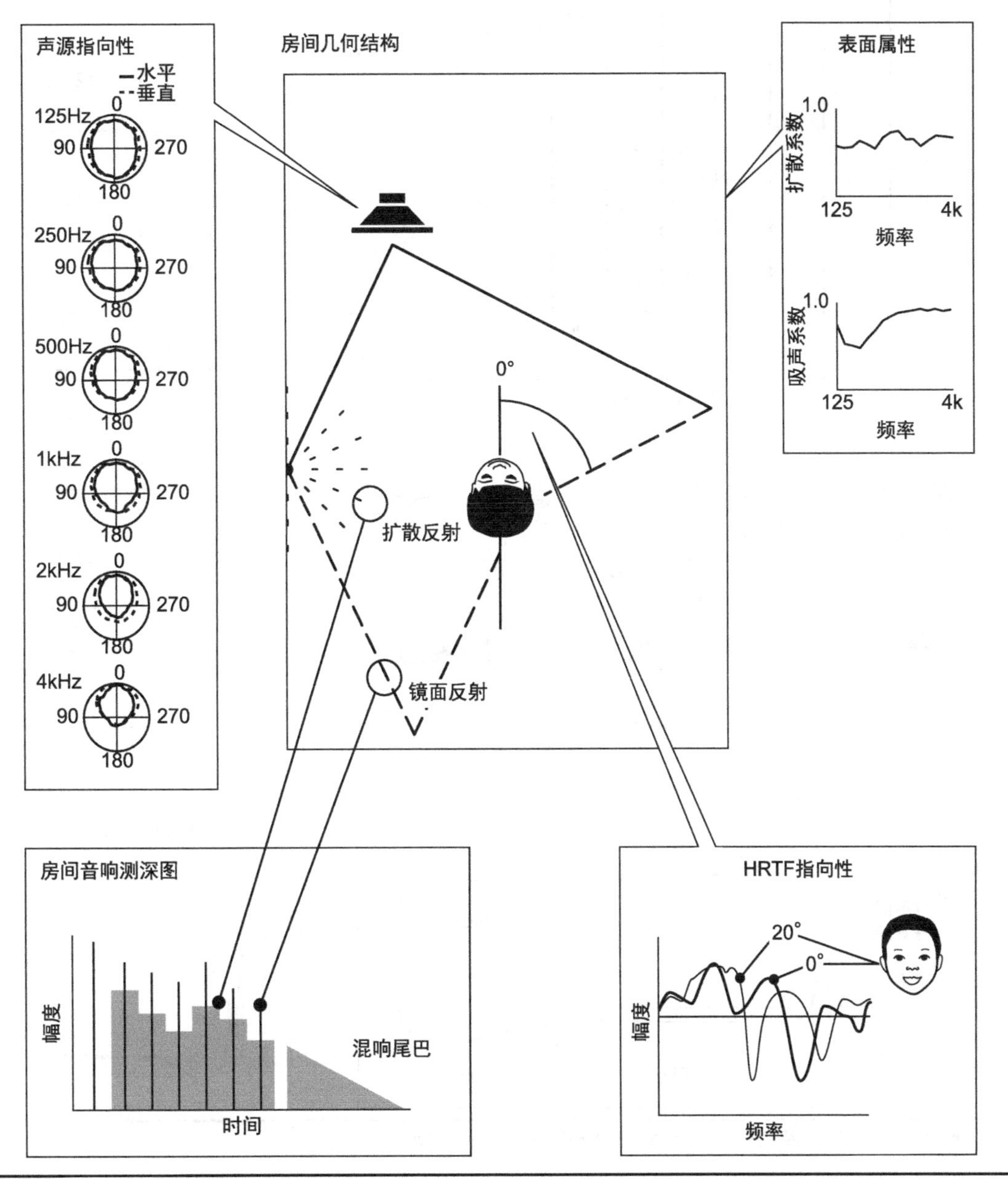

图 26-5 利用几何声学所进行的房间音响测深图仿真，以及对房间几何结构、表面属性、声源指向性和接收体的 HRTF（头相关传递函数）描述

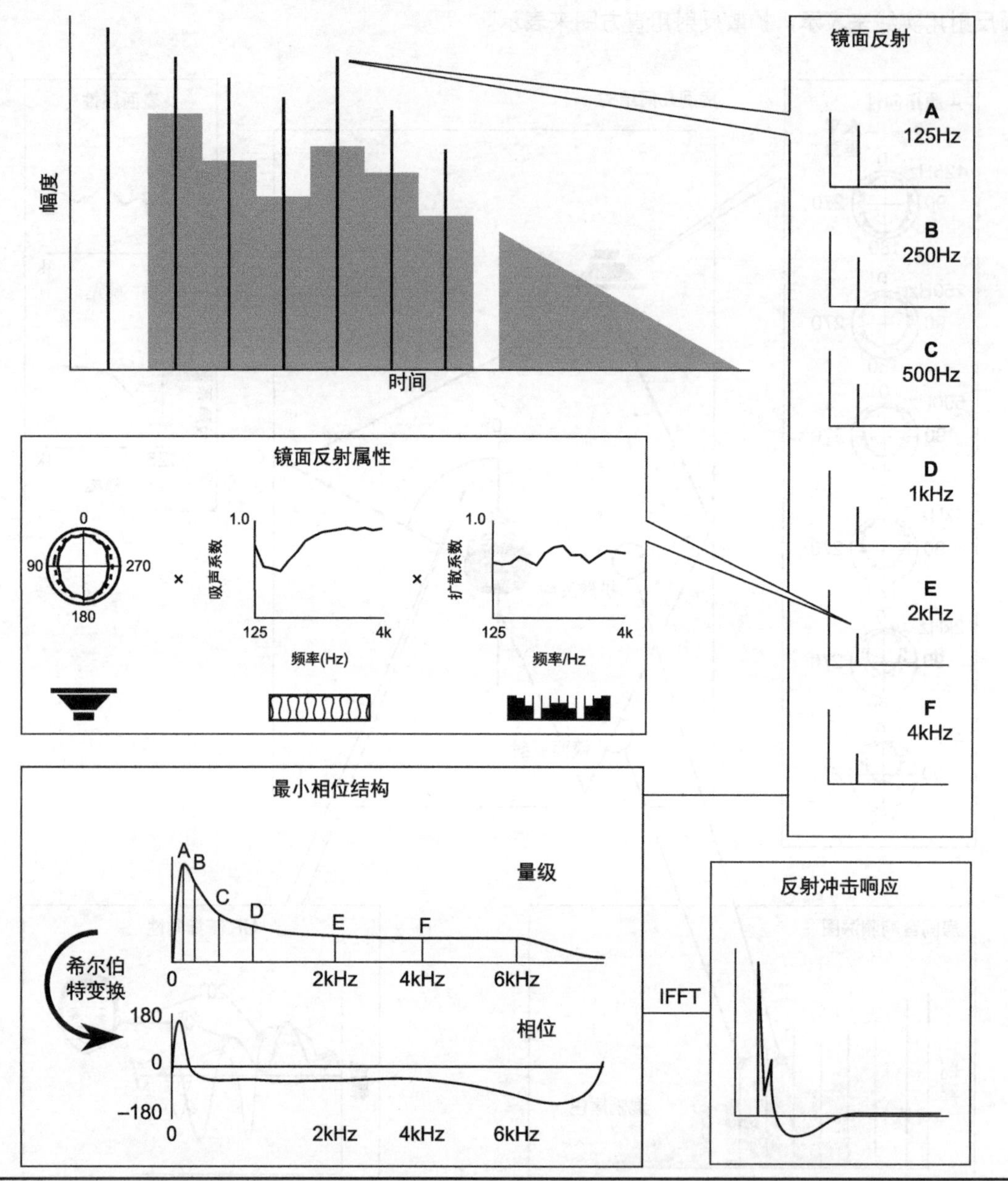

图 26-6 传递函数的结构被用来把一个音响测深图转换为一个冲击响应

26.2.3 音响测深图的处理

图 26-6 展示了一种通过相位叠加，把音响测深图转换为冲击响应的方法。每个反射声的幅度取决于固定倍频程的声压级（A 到 F)，也是由扬声器的指向性、吸声系数和散射系数所共同

决定的。早期镜面反射声的相位，通常是由希尔伯特变换（Hilbert transform）的最小相位技术所决定。每个反射声的冲击响应可以通过快速傅里叶逆变换（IFFT）获得。

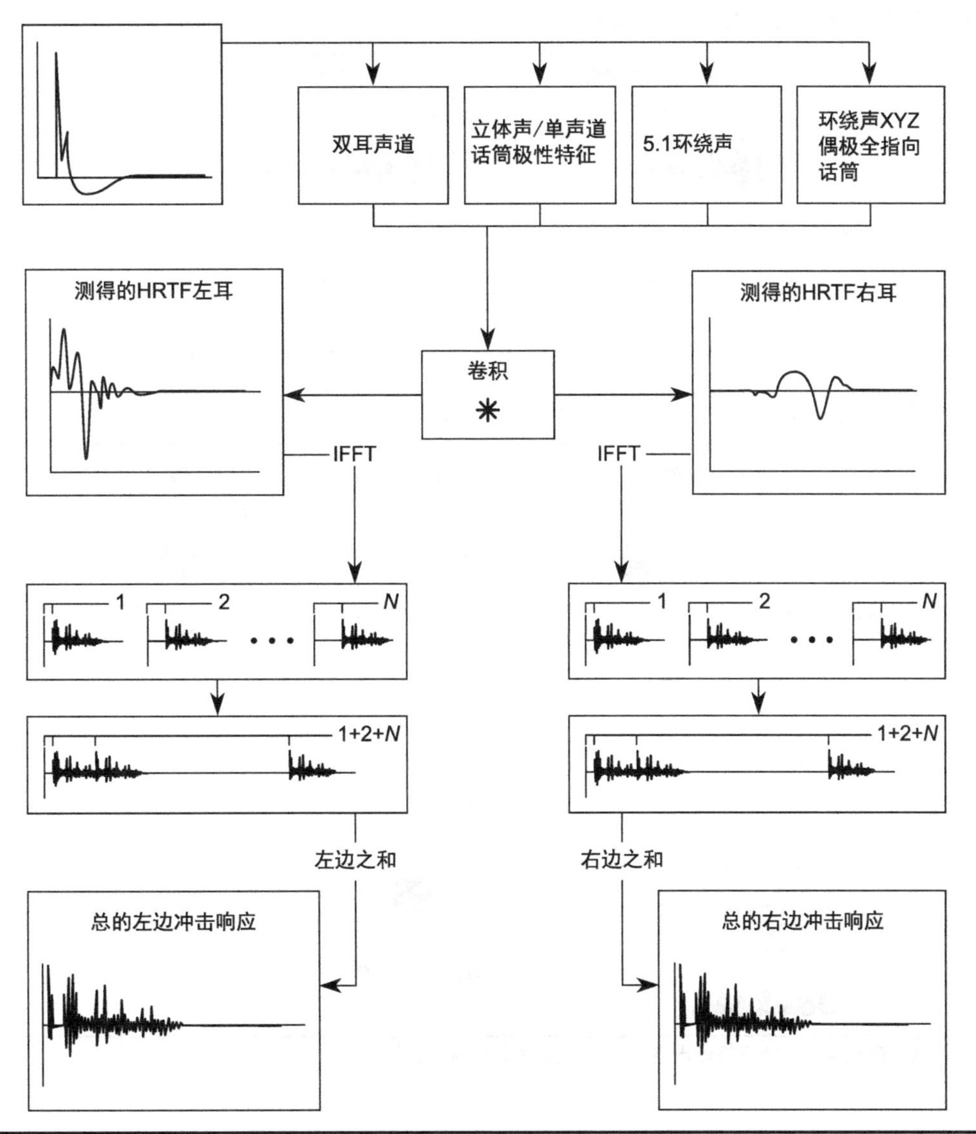

图 26-7 对于双耳可听化来说，通过与 HRTF 进行卷积，可以把房间冲击响应转换为左耳和右耳的双耳冲击响应

人们能够通过许多方法来对所预测的音响测深图进行处理，从而作为最后所听到的内容。这些方法包括针对耳机的双耳处理、耳机或扬声器的串扰抵消、单声道处理、立体声处理、5.1声道处理、B 格式处理（针对高保真环绕声重放）。图 26-7 展示了针对双耳处理的路径。每个反射声的冲击响应轮流被所对应入射角的 HRTF 所修正，同时利用快速傅里叶逆变换（IFFT）把它们转换到时域当中。因此每个反射声都被转换成双耳冲击响应，一个针对左耳，一个针对右耳。

针对每一个反射声，完成1~N的转换，同时双耳冲击响应的结果叠加起来，形成左、右耳总的房间冲击响应。我们现在能够听到房间内的声音。这是通过把双耳冲击响应与带有混响或者没有混响的音乐卷积来实现的，如图26–8所示。

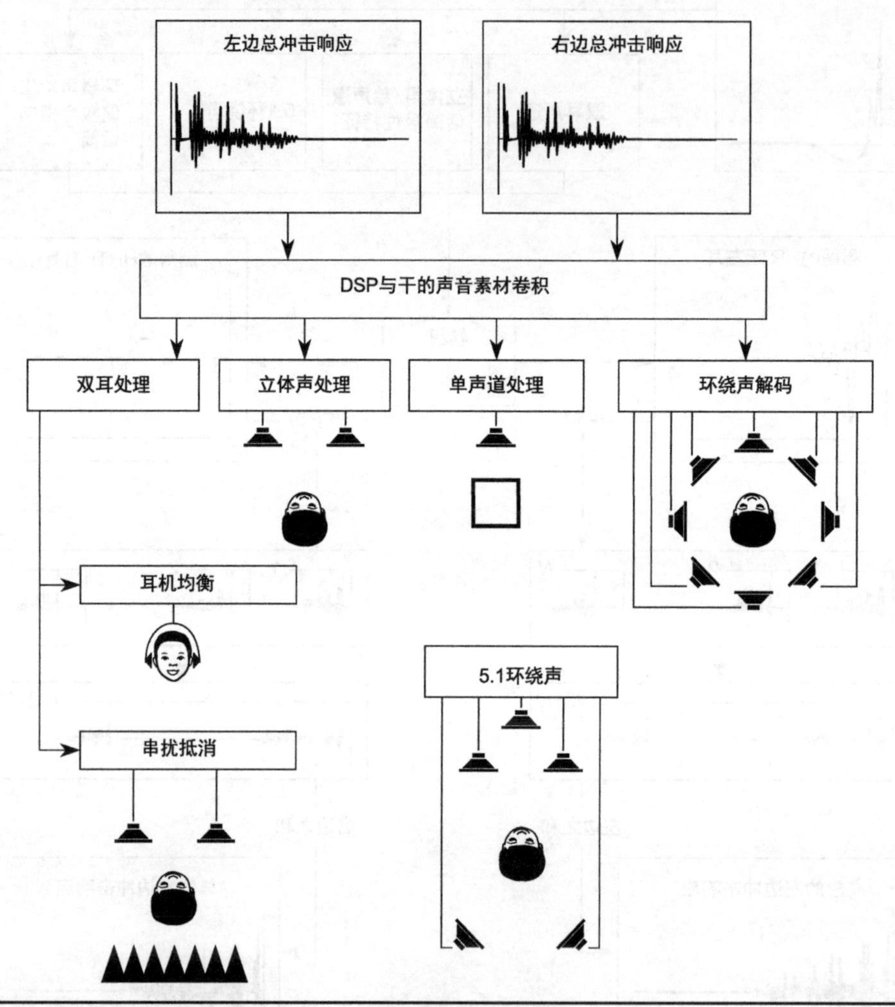

图26-8 通过把双耳冲击响应与音乐卷积，可以实现房间的可听化

26.2.4 房间模型的数据

图26–9展示了一间听音室的3D模型，它是用CATT声学程序生成的（www.catt.se）。3D模型可以通过AutoCAD或者一种文本编程语言来产生，它允许用户使用很多变量，这包括长度、宽度和高度。更改这些变量可以让人们较为容易地改变模型。这个模型也能够从各个方向生成，用来模拟不同的设计效果。

图26–9展示出右（A1）、中（A0）、左（A2）、右环绕（A3）和左环绕（A4）的扬声器。房

间被垂直分为三个部分，水平分为两个部分，这样允许对其进行不同的声学表面处理。适当的调节变量，来改变这些区域的尺寸。墙角处可以是直角，也可以是尺寸可变的低频陷阱。天花板的下方也是可变的。听音者被放置在 01 位置。

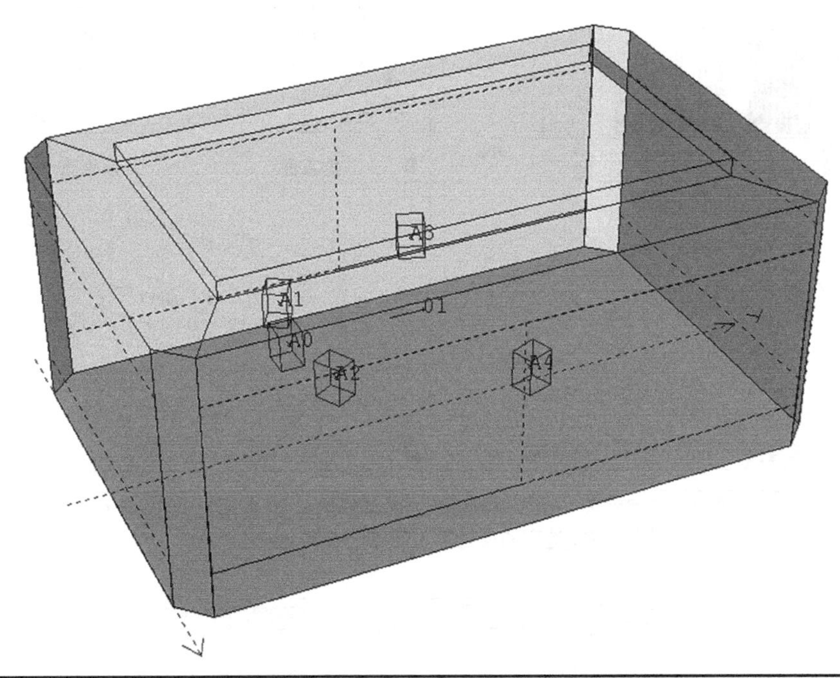

图 26-9 一间听音室的 3D 模型，其内部有着 5 只相互匹配且符合 ITU 标准的扬声器。模型展示了，所选择的变量是如何描述墙角的细节、拱腹，以及在房间的边界各部分所进行声学处理情况的（CATT-Acoustic）

图 26-10 展示了音响测深图的早期部分，它展示了镜像反射和扩散反射、来自声源的辐射角度，在听音者处的声音到达的角度，以及房间的等距视图。我们可以把鼠标指针移动到每个反射声上，从而获得从声源到听音者的反射声路径。通过这种方法，人们能够确定出可能产生问题的反射声边界响应。

图 26-11A 展示了一些客观参数，它能够直接通过音响测深图的后向积分来确定。早期衰减时间是指稳态声压级减少 10dB 所对应的时间。T-15 和 T-30 分别为从 -5 dB 衰减到 -20 dB，以及从 -5 dB 衰减到 -35dB 所对应的时间。有许多客观参数是基于早期与晚期到达声音比率的。它是对语言清晰度进行衡量的指标，在 CATT-Acoustic 当中被称为 D-50。它是直达声到达后，最初 50ms 的声音与总声音的百分比。音乐清晰度指标 C-80，它是基于声音的前 80ms 与剩下声音的比率。侧向能量因子 LEF1 和 LEF2 是测量空间感的指标。它们是基于 5~80ms 之间侧向反射声与 80ms 之后所有方位到达反射声的比率。

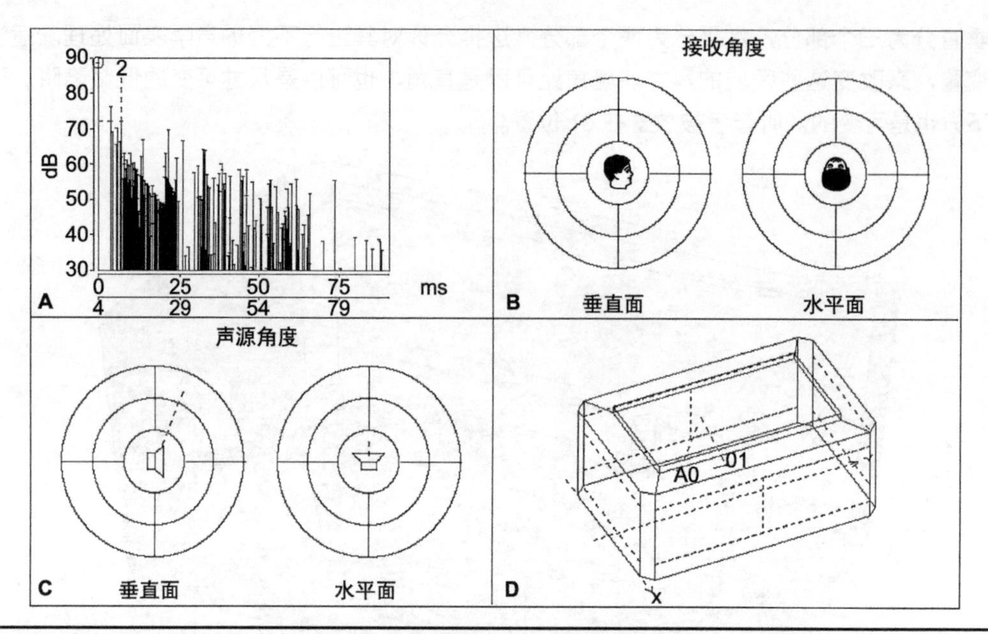

图 26-10 来自 3D 房间模型的数据展示。（A）音响测深图的早期部分。（B 和 C）接收和辐射声线的指向性。（D）经过天花板反射，从 A0 到接收点 01 选定的反射声（CATT-Acoustic）

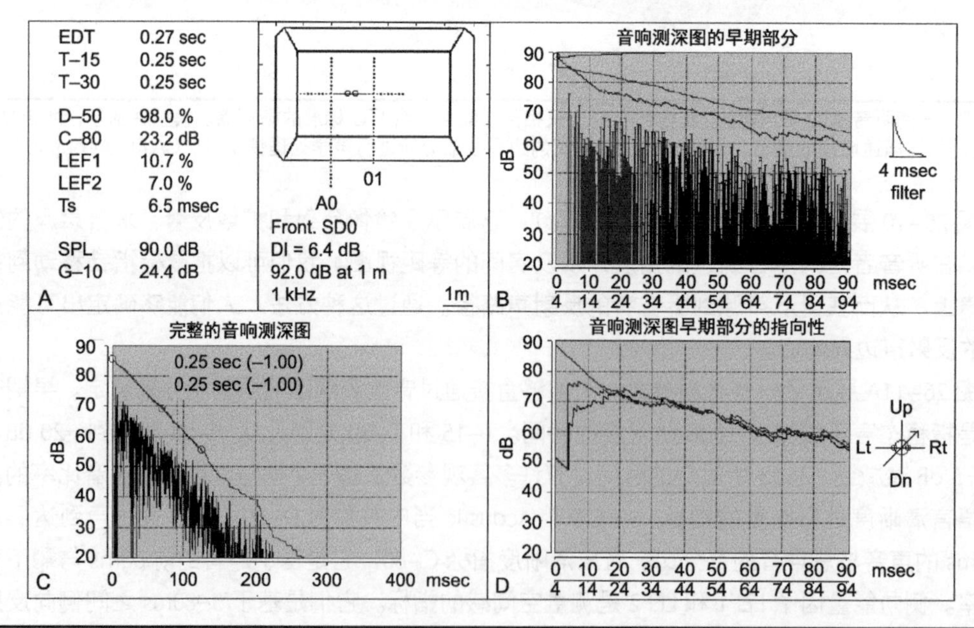

图 26-11 来自 3D 房间模型的数据展示。（A）客观参数表。（B）有着后向积分音响测深图的早期部分（C）来自后向积分，完整的 T–15 和 T–30 音响测深图。（D）音响测深图的指向性（上/下、左/右、前/后）（CATT–Acoustic）

重心时间 Ts 是用来描述，在音响测深图当中声音能量聚集在哪个地方的指标。如果到达声音集中在音响测深图早期的部分，那么将会有着较低的 Ts 数值。如果早期反射声比较微弱或者衰减比较缓慢，Ts 将会有一个较高的数值。声压级是 10 倍的以 10 为底 log 声压平方与参考声压平方的比值。G–10 是房间内某一位置处的声压与距离它 10m 处全指向声源声压的比值。G–10 是一种衡量声音有多响的参数，并用来进行厅堂之间的比较。

图 26–11B，C 和 D 展示了额外的信息，即后向积分获得的早期音响测深图；利用后向积分获得的带有 T–15 和 T–30 的完整音响测深图；指向性音响测深图（上/下，左/右和前/后）。

26.2.5 房间模型的绘图

几何模型程序的另外一个作用就是它具有绘制客观参数的能力，因此我们能够看到在听音区域参数是如何变化的。（这些绘图通常是有颜色的，比这里的灰色刻度版本有着更好的可视分辨率。）图 26–12 展示了 RT（它与早期衰减时间有关）、LEF2、SPL 以及 D–50 的绘图，房间内部有着五只符合 ITU 环绕声标准，相互匹配的单极性扬声器。类似的，图 26–13 展示了五只符合 THX 环绕声标准单极性扬声器的绘图。

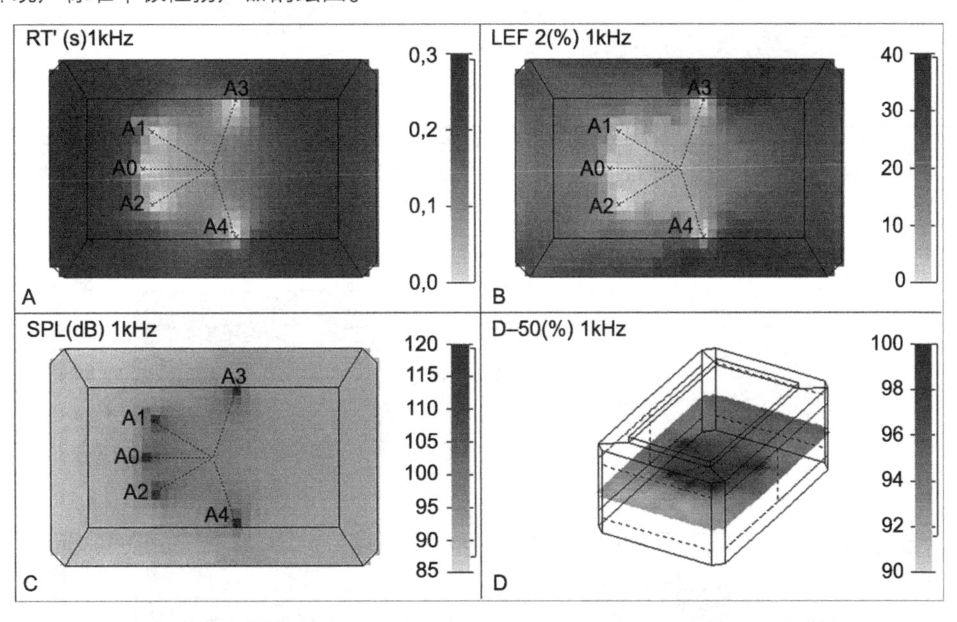

图 26–12 参数的绘制是在 1kHz 情况下进行的，房间内有着 5 只相互匹配的扬声器，它们符合 5.1 通道 ITU 环绕声配置，左、中、右以及单极环绕声。（A）混响时间 RT'。（B）侧向能量因子 LEF2。（C）声压级 SPL。（D）能量比 D–50（CATT–Acoustic）

虽然这些参数主要对于大房间的分析是非常有效的，不过它们也为小房间提供了一定的信息。例如，这些参数让我们能够了解扬声器的摆放位置，以及房间表面的声学处理是如何影响听音区域的。如图 26–12 所示，我们注意到扬声器之间的 RT′ 的值是非常低的，而对于图 26–13 所示 THX 的情况则不同，因为环绕偶极音箱没有那么多直达声到达听音者位置。这也是选用偶极设计的其中一个目的，即可以利用环绕声音箱提供更多的扩散。这也展示了利用绘图技术可以来展示不同音箱配置的能力。在当今的设计当中，偶极子音箱不再被使用。为了保证听音者的扩展区域有着一致的声音覆盖，通常在侧墙和后墙安装动圈式扬声器。

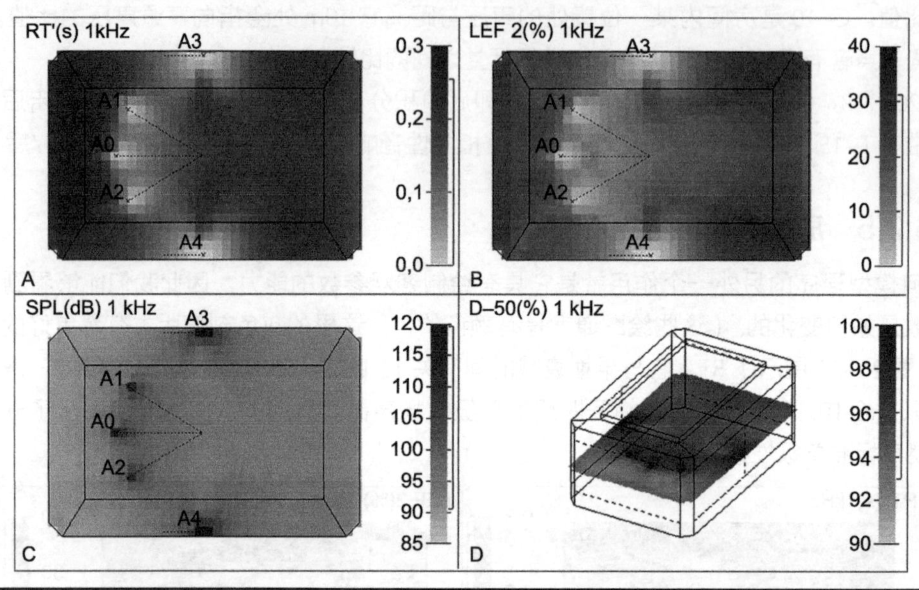

图 26-13 参数绘制是在 1kHz 的情况下进行的，房间内有着 5.1 声道 THX 环绕声配置的音箱，它们分别为左、中、右以及偶极环绕声。（A）混响时间 RT'。（B）侧向能量因子 LEF2。（C）声压级 SPL。（D）能量比 D–50（CATT–Acoustic）

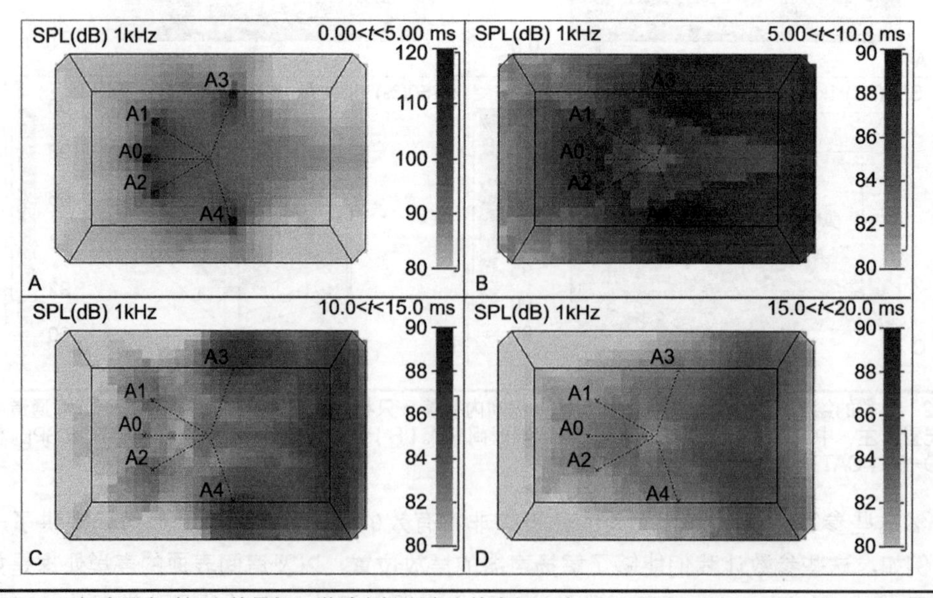

图 26-14 5 只扬声器在时间上的叠加，激励房间所产生的声场。*(A)* $t < 5$ ms。(B) $5 < t < 10$ ms。(C) $10 < t < 15$ ms。(D) $15 < t < 20$ ms。(CATT–Acoustic)

绘图的另外一个好处是，它展现出已知参数是如何随着时间变化的。图 26–14 展示了房间内四个时间段的声压级分布，我们可以看到不同扬声器随时间的能量变化情况。如果建立了一个无反射区域，在右上方绘图中的听音者附近将会有着较低的声压级。在相同的绘图当中，前置扬声器后面吸声表面的效果可以看成是一个低声压级的区域。通过较好地选择时间窗，我们能够对设计效果进行研究。

26.2.6　双耳重放

除了对声学参数进行分析以外，我们也能够听到房间内声音是什么样子的，这种房间需要有明确的声学设计以及扬声器摆位。为了实现这一结果，把左耳和右耳的冲击响应与音乐进行叠加。对于双耳可听化来说，双耳的冲击响应是由房间冲击响应与 HRTF 卷积获得的，其中 HRTF 是来自人体模型或真人的，它被存储在了程序当中。下一步，我们需要选择一段有混响或者没有混响的音乐片段，与双耳冲击响应进行卷积。一个没有混响的音乐片段可以用来进行声音的可听化。因为音乐没有混响，所以它不包含任何房间特征。因此，与房间响应进行卷积，可以让我们在不同声源以及听音位置来试听房间的声音。一个带有混响的声源或许能够被用来确定声音染色的程度，或者通过把自身房间的特征加入到声音当中来确定所受到的影响。因此，我们通过把带有混响的音乐片段与所听到房间内的声音进行比较，能够对引入的声音染色进行评估。

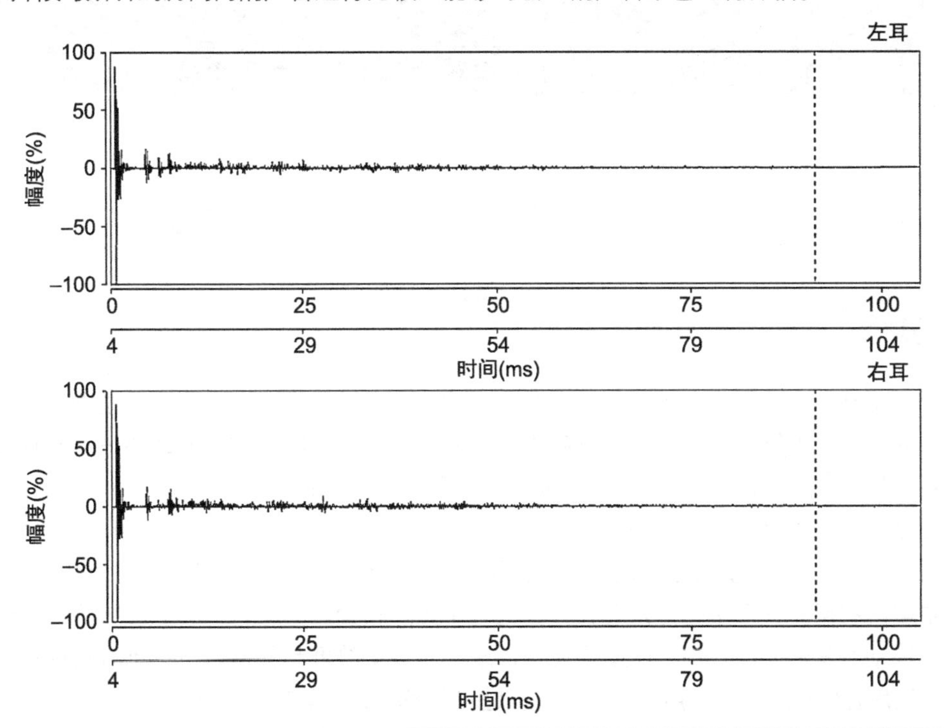

图 26–15　反射声的音响测深图与 HRTF 卷积所产生左耳和右耳的房间冲击响应

图 26–16 展示了左和右耳的音频文件，我们能够通过耳机听到它们。正如前面所讲的那样，许多可听化的格式可以在后期处理阶段进行选择。

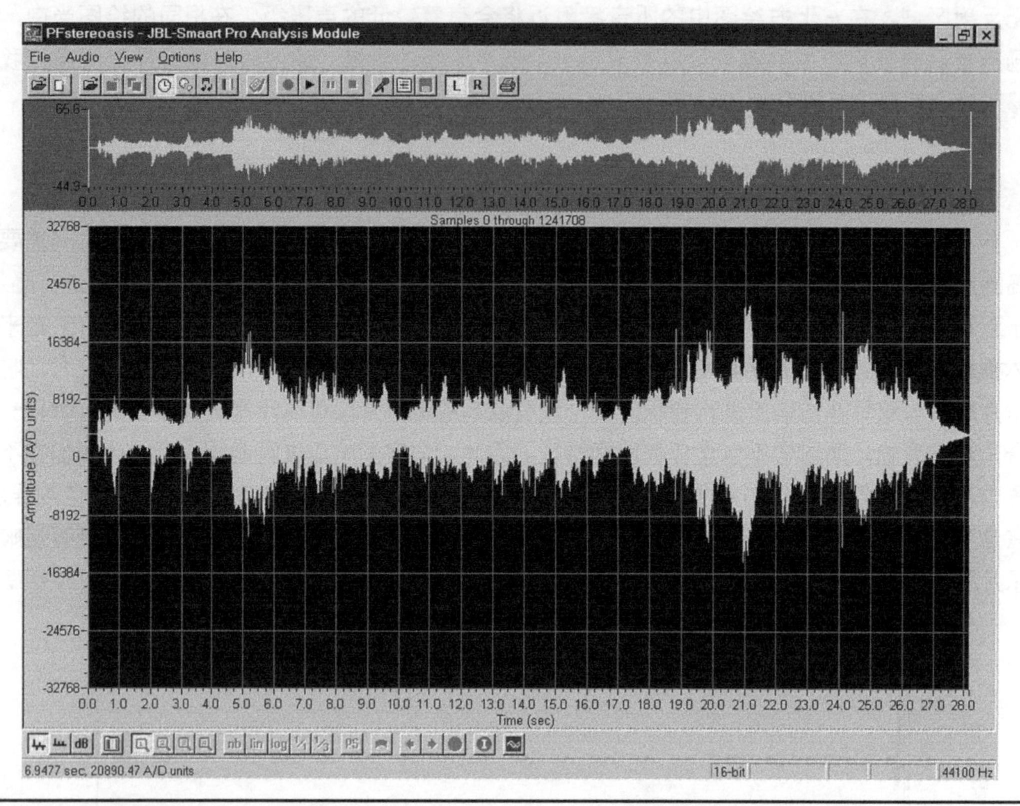

图 26–16 双耳房间冲击响应与音乐卷积所产生的文件，针对左、右耳能够进行可听化的重放（JBL）

26.3 总结

我们已经描述了一个利用几何声学来产生虚拟房间冲击响应的方法。这个冲击响应能够针对各种类型的可听化进行后期处理，其中包括单声道、立体声、5.1 声道、双耳声道和高保真环绕声。如果能测量到它们的冲击响应，我们就可以听到真实房间的声音。

建筑图纸已经从平面和局部，进化到三维、充分渲染的图像，以及可视化的程度。现在我们也能够听到一个可视化的渲染环境。对于虚拟现实的应用来说，也可以使用实时的可听化。我们应当重申，利用几何声学的方法会在较高的频率更加精确，同时它们不能够准确地描述较低的频带。波动声学能够与几何声学结合使用，来扩展模型的低频部分。虽然可听化中包含很多近似值，但是它仍然是一种有用的工具，特别是在有经验的声学专家手中。

参考文献

1 声学基础

Backus, J., The Acoustical Foundations of Music, Norton, 1969.
Benson, K.B., ed., Audio Engineering Handbook, McGraw-Hill, 1988.
Everest, F.A., Acoustic Techniques for Home and Studio, 2nd ed., Tab Books, 1984.
Rossing, T.D., R.F. Moore, and P.A. Wheeler, The Science of Sound, 3rd ed., Addison Wesley, 2001.
Talbot-Smith, M., ed., Audio Engineer's Reference Book, Focal Press, 1999.
Zahm, J.A., Sound and Music, A.C. McClurg and ComPany, 1892.

2 声压级和分贝

Baranek, L.L., Acoustics, McGraw-Hill, 1954.
Brown, P., "Fundamentals of Audio and Acoustics," in Handbook for Sound Engineers, ed. G.M. Ballou, 4th ed., Elsevier Focal Press, 2008.
Campbell, M. and C. Greated, The Musician's Guide to Acoustics, Oxford University Press, 1994.
Davis, D., and C. Davis, Sound System Engineering, Elsevier Focal Press, 1997.
Hall, D.E., Musical Acoustics, 2nd ed., Brooks/Cole, 1991.

3 自由声场的声音

Rossing, T.D., ed., Springer Handbook of Acoustics, Springer, 2007.
Whitaker, J. and K.B. Benson, eds., Standard Handbook of Audio and Radio Engineering, 2nd ed., McGraw-Hill, 2002.
Woram, J.M., Sound Recording Handbook, Howard W. Sams, 1989.

4 声音感知

Ashihara, K.,“Hearing Thresholds for Pure Tones above 16 kHz,” JASA, 122, pp. EL 52–57, 2007.

Blauert, J., SPatial Hearing: The Psychophysics of Human Sound Localization, MIT Press, 1996.

Blesser, B., and L.-R. Salter, SPaces Speak, Are You Listening?, MIT Press, 2007.

Bloom, P.J.,“Creating Source Illusions by Special Manipulation,” JAES, 25, pp. 560–565, 1977.

Djelani, T. and J. Blauert,“Investigations into the Build-Up and Breakdown of the Precedence Effect,” Acta Acustica, 87, pp. 253–261, 2001.

Everest, F.A.,“The Filters in Our Ears,” Audio, 70:9, pp. 50–59, 1986.

Fletcher, H.,“The Ear as a Measuring Instrument,” JAES, 17:5, pp. 532–534, 1969.

Fletcher, H. and W.A. Munson,“Loudness, Its Definition, Measurement, and Calculations,” JASA, 5, pp. 82–108, 1933.

Haas, H.,“The Influence of a Single Echo on the Audibility of Speech,” JAES, 20:2, pp. 146–159, 1972. ‘English translation from the German by K.P.R. Ehrenberg of Haas’ original Paper in Acustica, 1:2, 1951.

Handel, S., Listening, MIT Press, 1993.

Hartmann, W.M., Signals, Sound, and Sensation, Springer, 2005.

Hartmann, W.M. and B. Rakerd,“Localization of Sound in Rooms IV: The Franssen Effect,” JASA, 86, pp. 1366–1373, 1999.

Hawkes, R.J. and H. Douglas,“Subjective Experience in Concert Auditoria,” Acustica, 28:5, pp. 235–250, 1971.

ISO 226,“Acoustics—Normal Equal-Loudness Contours,” 2003.

Litovsky, R.Y., H.S. Colburn, W.A. Yost, and S.J. Guzman,“The Precedence Effect,” JASA, 106, pp. 1633–1654, 1999.

Lochner, J.P.A. and J.F. Burger,“The Subjective Masking of Short Time Delayed Echoes by Their Primary Sounds and Their Contribution to the Intelligibility of Speech,” Acustica, 8, pp. 1–10, 1958.

Mehrgardt, S. and V. Mellert,“Transformation Characteristics of the External Human Ear,” JASA, 61:6, pp. 1567–1576, 1977.

Meyer, E.,“Physical Measurements in Rooms and Their Meaning in Terms of Hearing Conditions,” Proc. 2nd Int. Congress on Acoustics, pp. 59–68, 1956.

Meyer, E. and G.R. Schodder,“On the Influence of Reflected Sounds on Directional

Localization and Loudness of Speech," Nachr. Akad. Wiss., Göttingen, Math., Phys., Klasse IIa, 6, pp. 31–42, 1952.

Moore, B.C.J., An Introduction to the Psychology of Hearing, 5th ed., Academic Press, 2003.

Moore, B.C.J. and B. Glasberg, "Suggested Formulae for Calculating Auditory Filter Bandwidths and Excitation Patterns," JASA, 74:3, pp. 750–753, 1983.

Moore, B.C.J. and C-T. Tan, "Development and Validation of a Method for Predicting the Perceived Naturalness of Sounds Subjected to Spectral Distortion," JAES, 52, pp. 900–914, 2004.

Perrot, D.R., K. Marlborough, P. Merrill, and T.S. Strybel, "Minimum Audible Angle Thresholds Obtained under Conditions in Which the Precedence Effect Is Assumed to Operate," JASA, 85, pp. 282–288, 1989.

Plomb, R. and H.J.M. Steeneken, "Place Dependence of Timbre in Reverberant Sound Fields," Acustica, 28:1, pp. 50–59, 1973.

Robinson, D.W. and R.S. Dadson, "A Re-Determination of the Equal-Loudness Relations for Pure Tones," British J. Appl. Psychology, 7, pp. 166–181, 1956. (Adopted by the International Standards Organization as ISO-226.)

Schroeder, M.R., D. Gottlob, and K.F. Siebrasse, "ComParative Study of European Concert Halls: Correlation of Subjective Presence with Geometric and Acoustic Parameters," JASA, 56:4, pp. 1195–1201, 1974.

Stelmachowicz, P.G., K.A. Beauchaine, A. Kalberer, W.J. Kelly, and W. Jesteadt, "High-Frequency Audiometry: Test Reliability and Procedural Considerations," JASA, 85, pp. 879–887, 1989.

Stevens, S.S. and J. Volkman, "The Relation of Pitch to Frequency: A Revised Scale," Am. J. Psychology, 53, pp. 329–353, 1940.

Tobias, J.V., ed., Foundations of Modern Auditory Theory, Vol. 1, Academic Press, 1970.

Tobias, J.V., ed., Foundations of Modern Auditory Theory, Vol. 2, Academic Press, 1972.

Toole, F.E., "Loudness—Applications and Implications for Audio," dB Magazine, Part I: 7:5, pp. 7–30, 1973, Part II: 7:6, pp. 25–28, 1973.

Toole, F.E., "Loudspeakers and Rooms for Stereophonic Sound Reproduction," Proc. AES 8th Intl. Conf., Washington, D.C., pp. 71–91, May, 1990.

Warren, R.M., Auditory Perception: A New Analysis and Synthesis, Cambridge University Press, 1999.

Zhang, P.X., "Psychoacoustics," in Handbook for Sound Engineers, ed. G.M. Ballou, 4th ed., Elsevier Focal Press, 2008.

Zwicker, C.G., G. Flottorp, and S.S. Stevens, "Critical Bandwidths in Loudness Summation," JASA, 29:5, pp. 548–557, 1957.

5 信号、语言、音乐和噪声

Buff, P.C., "Perceiving Audio Noise and Distortion," Recording Eng./Prod., 10:3, p. 84, June, 1979.

Cabot, R.C., "A ComParison of Nonlinear Distortion Measurement Methods," AES 66th Conv., Los Angeles, preprint 1638, 1980.

Clark, D., "High-Resolution Subjective Testing Using a Double-Blind ComParator," JAES, 30:5, pp. 330–338, 1982.

Flanagan, J.L., "Voices of Men and Machines, Part 1," JASA, 51:5, pp. 1375–1387, 1972.

Fletcher, H., "The Ear as a Measuring Instrument," JAES, 17:5, pp. 532–534, 1969.

Hutchins, C.M. and F.L. Fielding, "Acoustical Measurement of Violins," Physics Today, pp. 35–41, July, 1968.

Jung, W.G., M.L. Stephens, and C.C. Todd, "An Overview of SID and TIM," Audio, Part I, 63:6, pp. 59–72, June, 1979, Part II, 63:7, pp. 38–47, July, 1979.

Kuttruff, H., Room Acoustics, Applied Science Publishers, Ltd., 1979.

Peterson, A.P.G. and E.E. Gross, Jr., Handbook of Noise Measurements, 7th ed., GenRadio, 1974.

Pohlmann, K.C., Principles of Digital Audio, 5th ed., McGraw-Hill, 2005.

Sivian, L.J., H.K. Dunn, and S.D. White, "Absolute Amplitudes and Spectra of Certain Musical Instruments and Orchestras," JASA, 2:3, pp. 330–371, 1931.

6 反射

Knudsen, V.O. and C.M. Harris, Acoustical Designing in Architecture, Acoustical Society of America, 1978.

Lochner, J.P.A. and J.F. Burger, "The Subjective Masking of Short Time Delayed Echoes by Their Primary Sounds and Their Contribution to the Intelligibility of Speech," Acustica, 8, pp. 1–10, 1958.

Meyer, E. and G.R. Schodder, "On the Influence of Reflected Sound on Directional Localization and Loudness of Speech," Nachr. Akad. Wiss., Göttingen; Math. Phys. Klasse IIa, 6, pp. 31–42, 1952.

Olive, S.E. and F.E. Toole, "The Detection of Reflections in Typical Rooms," JAES, 37:7/8, pp. 539–553, 1989.

Toole, F.E., "Loudspeakers and Rooms for Stereophonic Sound Reproduction," Proc. AES. 8th Intl. Conf., Washington, D.C., pp. 71–91, 1990.

7 衍射

Kaufman, R.J., "With a Little Help from My Friends," Audio, 76:9, pp. 42–46, 1992.

Kessel, R.T., "Predicting Far-Field Pressures from Near-Field Loudspeaker Measurements," JAES, Abstract, 36, preprint 2729, p. 1026, 1988.

Muller, C.G., R. Black, and T.E. Davis, "The Diffraction Produced by Cylinders and Cubical Obstacles and by Circular and Square Plates," JASA, 10:1, p. 6, 1938.

Olson, H.F., Elements of Acoustical Engineering, Van Nostrand, 1940.

Rettinger, M., Acoustic Design and Noise Control, Chemical Publishing Co., 1973.

Vanderkooy, J., "A Simple Theory of Cabinet Edge Diffraction," JAES, 39:12, pp. 923–933, 1991.

Wood, A., Acoustics, Interscience Publishers, Inc., 1941.

8 折射

Heaney, K.D., W.A. Kuperman, and B.E. McDonald, "Perth-Bermuda Sound ProPagation (1960): Adiabatic Mode Interpretation," JASA, 90:5, pp. 2586–2594, 1991.

Shockley, R.C., J. Northrop, P.G. Hansen, and C. Hartdegen, "SOFAR ProPagation Paths from Australia to Bermuda," JASA, 71:51, 1982.

Spiesberger, J., K. Metzger, and J.A. Ferguson, "Listening for Climatic Temperature Changes in the Northeast Pacific 1983-1989," JASA, 92:1, pp. 384–396, July, 1992.

9 扩散

AES-4id-2001, AES Information Document for Room Acoustics and Sound Reinforcement Systems—Characterization and Measurement of Surface Scattering Uniformity, 2001. (See also ISO 17497-2.)

Angus, J.A.S., "Controlling Early Reflections Using Diffusion," AES 102nd Conv., preprint 4405, 1997.

Angus, J.A.S., "The Effects of Specular versus Diffuse Reflections on the Frequency

Response at the Listener," AES 106th Conv., preprint 4938, 1999.
Boner, C.P., "Performance of Broadcast Studios Designed with Convex Surfaces of Plywood," JASA, 13, pp. 244–247, 1942.
Cox, T. and P. D'Antonio, Acoustics, Absorbers and Diffusers, Spon Press, 2004.
D'Antonio, P. and T. Cox, "Two Decades of Diffuser Design and Development, Part 1: Applications and Design, Part 2: Prediction, Measurement and Characterization," JAES, 46, pp. 955–976, 1075–1091, 1998.
Nimura, T. and K. Shibayama, "Effect of Splayed Walls of a Room on Steady-State Sound Transmission Characteristics," JASA, 29:1, pp. 85–93, 1957.
Randall, K.E. and F.L. Ward, "Diffusion of Sound in Small Rooms," Proc. Inst. Elect. Engs., 107B, pp. 439–450, Sept., 1960.
Somerville, T. and F.L. Ward, "Investigation of Sound Diffusion in Rooms by Means of a Model," Acustica, 1:1, pp. 40–48, 1951.
van Nieuwland, J.M. and C. Weber, "Eigenmodes in Non-Rectangular Reverberation Rooms," Noise Control Eng., 13:3, pp. 112–121, Nov./Dec., 1979.
Volkmann, J.E., "Polycylindrical Diffusers in Room Acoustical Design," JASA, 13, pp. 234–243, 1942.

10 梳状滤波效应

Bartlett, B., "A Scientific Explanation of Phasing (Flanging)," JAES, 18:6, pp. 674–675, 1970.
Blauert, J., SPatial Hearing, MIT Press, 1983.
Burroughs, L, Microphones: Design and Application, Sagamore Publishing Co., 1974.
Moore, B.C.J. and B. Glasberg, "Suggested Formulae for Calculating Auditory-Filter Bandwidths," JASA, 74:3, pp. 750–753, 1983.
Streicher, R. and F.A. Everest, The New Stereo Soundbook, 3rd ed., Audio Engineering Associates, 2006.

11 混响

Arau-Puchades, H., "An Improved Reverberation Formula," Acustica, 65, pp. 163–180, 1988.
Balachandran, C.G., "Pitch Changes during Reverberation Decay," J. Sound and Vibration, 48:4, pp. 559–560, 1976.

Beranek, L.L., "Broadcast Studio design," J. SMPTE, 64, pp. 550–559, Oct., 1955.
Beranek, L.L., Concert and Opera Halls—How They Sound, Acoustical Society of America, 1996.
Beranek, L.L., Music, Acoustics, and Architecture, John Wiley and Sons, 1962.
Dalenback, B.-I., "Reverberation Time, Diffuse Reflection, Sabine, and Computerized Prediction—Part I," http://rpginc.com/research/reverb01.htm.
D' Antonio, P. and D. Eger, "T60—How Do I Measure Thee, Let Me Count the Ways," AES 81st Conv., preprint 2368, 1986.
Everest, F.A., Acoustic Techniques for Home and Studio, 2nd ed., Tab Books, 1984.
Jackson, G.M. and H.G. Leventhall, "The Acoustics of Domestic Rooms," Applied Acoustics, 5, pp. 265–277, 1972.
Klein, W., "Articulation Loss of Consonants as a Basis for the Design and Judgment of Sound Reinforcement Systems," JAES, 19:11, pp. 920–922, 1971.
Kuttruff, H., Room Acoustics, 4th ed., Spon Press, 2000.
Long, M., Architectural Acoustics, Elsevier Academic Press, 2006.
Mankovsky, V.S., Acoustics of Studios and Auditoria, Focal Press, 1971.
Matsudaira, T.K., et al., "Fast Room Acoustic Analyzer (FRA) Using Public Telephone Line and Computer," JAES, 25:3, pp. 82–94, 1977.
Olive, S.E. and F.E. Toole, "The Detection of Reflections in Typical Rooms," JAES, 37, pp. 539–553, 1989.
Parker, S.P., ed., Acoustics Source Book, McGraw-Hill, 1988.
Peutz, V.M.A., "Articulation Loss of Consonants as a Criterion for Speech Transmission in a Room," JAES, 19:11, pp. 915–919, 1971.
Schroeder, M.R., "New Method of Measuring Reverberation Time," JASA, 37, pp. 409–412, 1965.
Schultz, T.J., "Problems in the Measurement of Reverberation Time," JAES, 11:4, pp. 307–317, 1963.
Spring, N.F. and K.E. Randall, "Permissible Bass Rise in Talk Studios," BBC Engineering, 83, pp. 29–34, 1970.
Young, R.W., "Sabine Equation and Sound Power Calculations," JASA, 31:12, p. 1681, 1959.

12 吸声

Acoustical Ceilings: Use and Practice, Ceiling and Interior Systems Contractors Association,

1978.

Beranek, L.L., Acoustics, McGraw-Hill, 1954.

Bradley, J.S., "Sound Absorption of Gypsum Board Cavity Walls," JAES, 45, pp. 253–259, 1997.

Brüel, P.V., Sound Insulation and Room Acoustics, Chapman and Hall, 1951.

Callaway, D.B. and L.G. Ramer, "The Use of Perforated Facings in Designing Low Frequency Resonant Absorbers," JASA, 24:3, pp. 309–312, 1952.

Cox, T. and P. D'Antonio, Acoustics, Absorbers and Diffusers, Spon Press, 2004.

Davern, W.A., "Perforated Facings Backed with Porous Materials as Sound Absorbers—An Experimental Study," Applied Acoustics, 10, pp. 85–112, 1977.

Evans, E.J. and E.N. Bazley, Sound Absorbing Materials, National Physical Laboratories, 1960.

Everest, F.A., "The Acoustic Treatment of Three Small Studios," JAES, 15:3, pp. 307–313, 1968.

Gilford, C., Acoustics for Radio and Television Studios, Peter Peregrinus, Ltd., 1972.

Harris, C.M., "Acoustical Properties of Carpet," JASA, 27:6, pp. 1077–1082, 1955.

Ingard, U. and R.H. Bolt, "Absorption Characteristics of Acoustic Materials with Perforated Facings," JASA, 23:5, pp. 533–540, 1951.

Kingsbury, H.F. and W.J. Wallace, "Acoustic Absorption Characteristics of People," J. Sound and Vibration, 2:2, 1968.

Mankovsky, V.S., Acoustics of Studios and Auditoria, Focal Press, Ltd., 1971.

Noise Control Design Guide, www.owenscorning.com.

Noise Control Manual, Owens-Corning Fiberglas Corp., publication No. 5-BMG-8277-A., 1980.

Rettinger, M., "Bass Traps," Recording Eng./Prod., 11:4, pp. 46–51, Aug., 1980.

Rettinger, M., "Low-Frequency Slot Absorbers," db Magazine, 10:6, pp. 40–43, June, 1976.

Rettinger, M., "Low Frequency Sound Absorbers," db Magazine, 4:4, pp. 44–46, Apr., 1970.

Sabine, P.E. and L.G. Ramer, "Absorption-Frequency Characteristics of Plywood Panels," JASA, 20:3, pp. 267–270, May, 1948.

Schultz, T.J. and B.G. Watters, "ProPagation of Sound Across Audience Seating," JASA, 36:5, pp. 885–896, May, 1964.

Siekman, W., "Private Communication," Riverbank Acoustical Laboratories, measurements reported to Acoustical Society of America, Apr., 1969.

Szymanski, J., "Acoustical Treatment for Indoor Areas," in Handbook for Sound Engineers, ed.

G.M. Ballou, 4th ed., Elsevier Focal Press, 2008.
Young, R.W., "On Naming Reverberation Equations," JASA, 31:12, p. 1681, Dec., 1959.
Young, R.W., "Sabine Reverberation and Sound Power Calculations," JASA, 31:7, pp. 912–921, July, 1959.

13 共振模式

Blesser, B. and L.R. Salter, SPaces Speak, Are You Listening?, MIT Press, 2007.
Bolt, R.H., "Note on Normal Frequency Statistics for Rectangular Rooms," JASA, 18:1, pp. 130–133, July, 1946.
Bolt, R.H., "Perturbation of Sound Waves in Irregular Rooms," JASA, 13, pp. 65–73, July, 1942.
Bonello, O.J., "A New Computer-Aided Method for the Complete Acoustical Design of Broadcasting and Recording Studios," IEEE Intl. Conf. Acoustics and Signal Processing, ICASSP 79, Washington, pp. 326–329, 1979.
Bonello, O.J., "A New Criterion for the Distribution of Normal Room Modes," JAES, 29:9, pp. 597–606, Sept., 1981. (Correction, JAES, 29:12, p. 905, 1981).
Brüel, P.V., Sound Insulation and Room Acoustics, Chapman and Hall, 1951.
Cox, T., P. D'Antonio, and M.R. Avis, "Room Sizing and Optimization at Low Frequencies," JAES, 52, pp. 640–651, 2004.
Everest, F.A., Acoustic Techniques for Home and Studio, 2nd ed., Tab Books, 1984.
Fazenda, B.M., M.R. Avis, and W.J. Davies, "Perception of Modal Distribution Metrics in Critical Listening SPaces—Dependence on Room Aspect Ratios," JAES, 53:12, pp. 1128–1141, Dec., 2005.
Gilford, C.L.S., "The Acoustic Design of Talk Studios and Listening Rooms," Proc. Inst. Elect. Engs., 106, Part B, 27, pp. 245–258, May, 1959. Reprinted in JAES, 27:1/2, pp. 17–31, 1979.
Hunt, F.V., "Investigation of Room Acoustics by Steady-State Transmission Measurements," JASA, 10, pp. 216–227, Jan., 1939.
Hunt, F.V., L.L. Beranek, and D.Y. Maa, "Analysis of Sound Decay in Rectangular Rooms," JASA, 11, pp. 80–94, July, 1939.
Knudsen, V.O., "Resonances in Small Rooms," JASA, pp. 20–37, July, 1932.
Louden, M.M., "Dimension-Ratios of Rectangular Rooms with Good Distribution of Eigentones," Acustica, 24, pp. 101–103, 1971.
Mayo, C.G., "Standing-Wave Patterns in Studio Acoustics," Acustica, 2:2, pp. 49–64,

1952.
Meyer, E., "Physical Measurements in Rooms and Their Meaning in Terms of Hearing Conditions," Proc. 2nd Intl. Congress on Acoustics, pp. 59–68, 1956.
Morse, P.M. and R.H. Bolt, "Sound Waves in Rooms," Review of Modern Physics, 16:2, pp. 69–150, Apr., 1944.
Sepmeyer, L.W., "Computed Frequency and Angular Distribution of the Normal Modes of Vibration in Rectangular Rooms," JASA, 37:3, pp. 413–423, Mar., 1965.
van Leeuwen, F.J., "The Damping of Eigentones in Small Rooms by Helmholtz Resonators," European Broadcast Union Review, A, 62, pp. 155–161, 1960.
Walker, R., "Optimum Dimensional Ratios for Studios, Control Rooms and Listening Rooms," BBC Research DePartment, Report No. BBC RD 1993/8, 1993. http://www.bbc.co.uk/rd/pubs/index.shtml.

14 施罗德扩散体

Acoustics—Sound-Scattering Properties of Surfaces—Part 1: Measurement of the Random-Incidence Scattering Coefficient in a Reverberation Room, ISO 17497-1:2004.
AES Information Document for Room Acoustics and Sound Reinforcement System—Characterization and Measurement of Surface Scattering Uniformity, AES, 2001.
Beiler, A.H., Recreations in the Theory of Numbers, 2nd ed., Dover Publications, Inc., 1966.
Berkout, D.W., van W. Palthe, and D. deVries, "Theory of Optimal Plane Diffusors," JASA, 65:5, pp. 1334–1336, May, 1979.
D' Antonio, P., "The Reflection-Phase-Grating Acoustical Diffusor: Diffuse It or Lose It," dB Magazine, 19:5, pp. 46–49, Sept./Oct., 1985.
D' Antonio, P. and J.H. Konnert, "Advanced Acoustic Design of Stereo Broadcast and Recording Facilities," 1986 NAB Eng. Conf. Proc., pp. 215–223, 1986.
D' Antonio, P. and J.H. Konnert, "Incorporating Reflection-Phase-Grating Diffusors in Worship SPaces," AES 81st Conv., Los Angeles, preprint 2364, Nov., 1986.
D' Antonio, P. and J.H. Konnert, "New Acoustical Materials Improve Broadcast Facility Design," 1987 NAB Eng. Conf. Proc., pp. 399–406, 1987.
D' Antonio, P. and J.H. Konnert, "The Acoustical Properties of Sound Diffusing Surfaces: The Time, Frequency, and Directivity Energy Response," AES 79th Conv., New York, preprint 2295, Oct., 1985.
D' Antonio, P. and J.H. Konnert, "The Directional Scattering Coefficient: Experimental

Determination," JAES, 40:12, pp. 997–1017, Dec., 1992.
D' Antonio, P. and J.H. Konnert, "The Reflection Phase Grating: Design Theory and Application," JAES, 32:4, pp. 228–238, Apr., 1984.
D' Antonio, P. and J.H. Konnert, "The QRD Diffractal: A New One- or Two-Dimensional Fractal Sound Diffusor," JAES, 40:3, pp. 117–129, Mar., 1992.
D' Antonio, P. and J.H. Konnert, "The RPG Reflection-Phase-Grating Acoustical Diffusor: Applications," AES 76th Conv., New York, preprint 2156, Oct., 1984.
D' Antonio, P. and J.H. Konnert, "The RPG Reflection-Phase-Grating Acoustical Diffusor: Experimental Measurements," AES 76th Conv., New York, preprint 2158, Oct., 1984.
D' Antonio, P. and J.H. Konnert, "The Schroeder Quadratic-Residue Diffusor: Design Theory and Application," AES 74th Conv., New York, preprint 1999, Oct., 1983.
Davenport, H., The Higher Arithmetic, Dover Publications, Inc., 1983.
deJong, B.A. and P.M. van den Berg, "Theoretical Design of Optimum Planar Sound Diffusors," JASA, 68:4, pp. 1154–1159, Oct., 1980.
Mackenzie, R., Auditorium Acoustics, Applied Science Publishers, Ltd., 1975.
Schroeder, M.R., "Binaural Dissimilarity and Optimum Ceilings for Concert Halls: More Lateral Sound Diffusion," JASA, 65:4, pp. 958–963, Apr., 1979.
Schroeder, M.R., "Diffuse Sound Reflection by Maximum-Length Sequences," JASA, 57:1, pp 149–151, Jan., 1975.
Schroeder, M.R., Number Theory in Science and Communication, 2nd ed., Springer, 1986.
Schroeder, M.R., and R.E. Gerlach, "Diffuse Sound Reflection Surfaces," Proc. 9th Intl. Congress on Acoustics, Madrid, Paper D-8, 1977.
Strube, H.W., "Scattering of a Plane Wave by a Schroeder Diffusor: A Mode-Matching Approach," JASA, 67:2, pp. 453–459, Feb., 1980.

15 可调节的声学环境

Brüel, P.V., Sound Insulation and Room Acoustics, Chapman and Hall, 1951.
Snow, W.B., "Recent Application of Acoustical Engineering Principles in Studios and Review Rooms," J. SMPTE, 70:1, pp. 33–38, Jan., 1961.

16 噪声控制

Berger, R. and T. Rose, "Partitions," Mix magazine, 9:10, Oct., 1985.

Crocker, M.J., ed., Handbook of Noise and Vibration Control, John Wiley and Sons, 2007.
Everest, F.A., "Glass in the Studio," dB Magazine Part I, 18:3, pp. 28–33, Apr., 1984, Part II, 18:4, pp. 41–44, May, 1984.
Green, D.W. and C.W. Sherry, "Sound Transmission Loss of Gypsum Wallboard Partitions, Report No. 3, 2x4 Wood Stud Partitions," JASA, 71:4, pp. 908–914, 1982.
Harris, C.M., Handbook of Acoustical Measurements and Noise Control, American Institute of Physics, 1998.
Jones, D., "Acoustical Noise Control," in Handbook for Sound Engineers, ed. G.M. Ballou, 4th ed., Elsevier Focal Press, 2008.
Jones, R.E., "How to Design Walls of Desired STC Ratings," J. Sound and Vibration, 12:8, pp. 14–17, 1978.
OSHA Regulation, Federal Register, 39:207, Oct. 24, 1974.
Rettinger, M., Handbook of Architectural Acoustics and Noise Control, TAB Books, 1988.
U.S. DePartment of Housing and Urban Development, The Noise Guide Book, HUD-953-CPD, Washington, D.C., 1985.
U.S. DePartment of Transportation, Federal Highway Administration, Summary of State Highway Agency Noise Planning Definitions, Office of Environment and Planning, Washington, D.C., 1991.
Ver, I.L. and L.L. Benanek, eds. Noise and Vibration Control Engineering: Principles and Applications, John Wiley and Sons, 2005.
Yerges, L.F., Sound, Noise & Vibration Control, Van Nostrand Reinhold, 1978.

17 通风系统中的噪声控制

American Society of Heating, Refrigerating and Air-Conditioning Engineers, ASHRAE Handbook of Fundamentals, 1993.
Beranek, L.L., "Balanced Noise-Criterion (NCB) Curves," JASA, 86:2, pp. 650–664, Aug., 1989.
Broner, N., "Rating and Assessment of Noise," Australian Institute of Refrigeration, Air Conditioning and Heating Conf., www.airah.org.au, 2004.
Doelling, N., "How Effective Are Packaged Attenuators?," ASHRAE Journal, 2:2, pp. 46–50, Feb., 1960.
Harris, C.M., ed., Handbook of Acoustical Measurements and Noise Control, 3rd ed., McGraw-Hill, 1991.
Knudsen, V.O. and C.M. Harris, Acoustical Designing in Architecture, Acoustical Society

of America, 1978.
Rettinger, M., Handbook of Architectural Acoustics and Noise Control, TAB Books, 1988.
Sanders, G.J., "Silencers: Their Design and Application," J. Sound and Vibration, 2:2, pp. 6–13, Feb., 1968.
Soulodre, G.A., "Evaluation of Objective Loudness Meters," AES 116th Conv., preprint 6161, 2004.
Soulodre, G.A. and S.G. Norcross, "Objective Measures of Loudness," AES 115th Conv., preprint 5896, 2003.
Tocci, G.C., "Room Noise Criteria—The State of the Art in the Year 2000," www.cavtocci.com/portfolio/publications/tocci.pdf, 2000.

18 听音室声学

Allison, R.F. and R. Berkowitz, "The Sound Field in Home Listening Rooms," JAES, 20:6, pp. 459–469, July/Aug., 1972.
Benjamin, E. and B. Gannon, "Effect of Room Acoustics on Subwoofer Performance and Level Setting," AES 109th Conv., preprint 5232, 2000.
Celestrinos, A. and S.B. Nielsen, "Low Frequency Sound Field Enhancement System for Rectangular Rooms Using Multiple Low Frequency Loudspeakers," AES 120th Conv., preprint 6688, 2006.
Celestrinos, A. and S.B. Nielsen, "Optimizing Placement and Equalization of Multiple Low Frequency Loudspeakers in Rooms," AES, 119th Conv., preprint 6545, 2005.
Cox, T., P. D' Antonio, and M.R. Avis, "Room Sizing and Optimization at Low Frequencies," JAES, 52, pp. 640–651, 2004.
Cremer, L. and H.A. Muller, Principles and Applications of Room Acoustics, Vols. 1 and 2, Applied Science Publishers, 1982.
Fiedler, L.D., "Dynamic-Range Requirements for Subjectively Noise-Free Reproduction of Music," JAES, 30:7/8, pp. 504–511, 1982.
ITU-R BS.775-2, Multichannel Stereophonic Sound System With and Without AccomPanying Picture, International Telecommunication Union/ITU Radiocommunication Sector, 2006.
Olive, S.E. and F.E. Toole, "The Detection of Reflections in Typical Rooms," JAES, 37:7/8, pp. 539–553, July/Aug., 1989.
Toole, F.E., "Loudspeaker and Rooms for Stereophonic Sound Reproduction," AES 8th

Intl. Conf., Washington, D.C., Paper 18-001, 1990.
Voetmann, J. and J. Klinkby, "Review of the Low-Frequency Absorber and Its Application to Small Room Acoustics," AES 94th Conv., preprint 3578, 1993.

19 小录音棚声学

Bech, S., "SPatial Aspects of Reproduced Sound in Small Rooms," JASA, 103, pp. 434–445, 1998.
Bech, S., "Timbral Aspects of Reproduced Sound in Small Rooms II," JASA, 99, pp. 3539–3549, 1996.
Beranek, L.L., Acoustics, Acoustical Society of America, 1986.
Beranek, L.L., Music, Acoustics and Architecture, John Wiley and Sons, 1962.
Gilford, C.L.S., "The Acoustic Design of Talk Studios and Listening Rooms," Proc. Inst. Elect. Engs., 106, Part B, 27, pp. 245–258, May, 1959. Reprinted in JAES, 27:1/2, pp. 17–31, 1979.
Jones, D., "Small Room Acoustics," in Handbook for Sound Engineers, ed. G.M. Ballou, 4th ed., Elsevier Focal Press, 2008.
Kuhl, W., "Optimal Acoustical Design of Rooms for Performing, Listening, and Recording," Proc. 2nd. Intl. Congress on Acoustics, pp. 53–58, 1956.
Kuttruff, H., "Sound Fields in Small Rooms," AES 15th Intl. Conf., Paper 15-002, 1998.

20 控制室声学

Augspurger, G.L., "Loudspeakers in Control Rooms and Living Rooms," AES 8th Intl. Conf., Washington, D.C., 1990.
Beranek, L.L., Music, Acoustics, and Architecture, John Wiley and Sons, 1962.
Berger, R.E., "Speaker/Boundary Interference Response (SBIR)," Synergetic Audio Concepts Tech Topics, Winter, 11:5 p. 6, 1984.
D'Antonio, P., "Control-Room Design Incorporating RFZ ™ , LFD ™ , and RPF ™ Diffusors," dB Magazine, 20:5, pp. 47–55, Sept./Oct., 1986.
D'Antonio, P. and J.H. Konnert, "New Acoustical Materials and Designs Improve Room Acoustics," AES 81st Conv., preprint 2365, 1986.
D'Antonio, P. and J.H. Konnert, "The RFZ ™ /RPG ™ Approach to Control Room Monitoring," AES 76th Conv., preprint 2157, 1984.
D'Antonio, P. and J.H. Konnert, "The Role of Reflection-Phase-Grating Diffusors in

Critical Listening and Performing Environments," AES 78th Conv., Anaheim, CA, preprint 2255, May, 1985.
Davis, D., "The Role of the Initial Time-Delay Gap in the Acoustic Design of Control Rooms for Recording and Reinforcing Systems," AES 64th Conv., preprint 1574, 1979.
Davis, D. and C. Davis, "The LEDE-Concept for the Control of Acoustic and Psychoacoustic Parameters in Recording Control Rooms," JAES, 28:9, pp. 585–595, Sept., 1980.
Davis, C. and G.E. Meeks, "History and Development of the LEDE ™ Control-Room Concept," AES 64th Conv., preprint 1954, 1982.
Muncy, N.A., "Applying the Reflection-Free Zone RFZ ™ Concept in Control-Room Design," dB Magazine, 20:4, pp. 35–39, July/Aug., 1986.

21 音 / 视频房间的声学

Everest, F.A., Acoustic Techniques for Home and Studio, 2nd ed., Tab Books, 1984.
Gilford, C., Acoustics for Radio and Television Studios, Peter Peregrinus, Ltd., 1972.
Noxon, A.M., "Sound Fusion and the Acoustic Presence Effect," AES 89th Conv., preprint 2998, Sept., 1990.
Olive, S.E. and F.E. Toole, "The Detection of Reflections in Typical Rooms," JAES, 37:7/8, pp. 539–553, 1989.

22 大空间的声学特性

Ahnert, W. and H.P. Tennhardt, "Acoustics for Auditoriums and Concert Halls," in Handbook for Sound Engineers, ed. G.M. Ballou, 4th ed., Elsevier Focal Press, 2008.
American National Standards Institute, American National Standard Method for the Calculation of the Articulation Index, ANSI S3.5-1969, p. 7.
Ando, Y., Concert Hall Acoustics, Springer-Verlag, 1985.
Ando, Y., "Subjective Preference in Relation to Objective Parameters of Music Sound Fields with a Single Echo," JASA, 62:6, pp. 1436–1441, Dec., 1977.

23 声学失真

Ando, Y., Sakai, H., and S. Sato, "Formulae Describing Subjective Attributes for Sound Fields Based on a Model of the Auditory-Brain System," J. Sound and Vibration, 232:1, pp. 101–127, 2000.

Barron, M., "Measured Early Lateral Energy Fractions in Concert Halls and Opera Houses," J. Sound and Vibration, 232:1, pp. 79–100, 2000.

Barron, M. and A.H. Marshall, "SPatial Impression due to Early Lateral Reflections in Concert Halls: The Derivation of a Physical Measure," J. Sound and Vibration, 77:2, pp. 211–232, 1981.

Barron, M., "The Subjective Effects of First Reflections in Concert Halls—The Need for Lateral Reflections," J. Sound and Vibration, 15:4, pp. 475–494, 1971.

Beranek, L.L., "Audience and Chair Absorption in Large Halls," JASA, 45:1, pp. 13–19, 1969.

Beranek, L.L., Concert Halls and Opera Houses, 2nd ed., Springer-Verlag, 2004.

Bradley, J.S., "Experience with New Auditorium Acoustic Measurements," JASA, 73:6, pp. 2051–2058, 1983.

Bradley, J.S., "Some Further Investigations of the Seat Dip Effect," JASA, 90:1, pp. 324–333, 1991.

Bradley, J.S. and G.A. Soulodre, "The Influence of Late Arriving Energy on SPatial Impression," JASA, 97:4, pp. 2263–2271, 1995.

Bradley, J.S., R.D. Reich, and S.G. Norcross, "On the Combined Effects of Early- and Late-Arriving Sound on SPatial Impression in Concert Halls," JASA, 108:2, pp. 651–661, 2000.

Bradley, J.S., H. Sato, and M. Picard, "On the Importance of Early Reflections for Speech in Rooms," JASA, 113:6, pp. 3233–3244, 2003.

Cowan, J., Architectural Acoustics Design Guide, McGraw-Hill, 2000.

Davies, W.J., T.J. Cox, and Y.W. Lam, "Subjective Perception of Seat Dip Attenuation," Acustica, 82:5, pp. 784–792, 1996.

Egan, M.D., Architectural Acoustics, McGraw-Hill, 1988.

Griesinger, D., "General Overview of SPatial Impression, Envelopment, Localization, and Externalization," AES 15th Intl. Conf., Paper 15-013, 1998.

Griesinger, D., "Objective Measures of SPaciousness and Envelopment," AES 16th Intl. Conf., Paper 16-003, 1999.

Johnson, V.L., Acoustical Design of Concert Halls and Theaters, Applied Science Publishers, 1980.

Knudsen, V.O. and C.M. Harris, Acoustical Designing in Architecture, Acoustical Society of America, 1978.

Kuttruff, H., Room Acoustics, Applied Science Publishers, 1979.

Kwon, Y. and G.W. Siebein, "Chronological Analysis of Architectural and Acoustical Indices in Music Performance Halls," JASA, 121:5, pp. 2691–2699, 2007.

Marshall, L., Architectural Acoustics, Elsevier Academic Press, 2006.
Mehta, M., J. Johnson, and J. Rocafort, Architectural Acoustics Principles and Design, Prentice-Hall, 1999.
Nickson, A.F.B., R.W. Muncey, and P. Dubout, "The Acceptability of Artificial Echoes with Reverberant Speech and Music," Acustica, 4, pp. 515–518, 1954.
Sato, H., J.S. Bradley, and M. Masayuki, "Using Listening Difficulty Ratings of Conditions for Speech Communication in Rooms," JASA, 117:3, pp. 1157–1167, 2005.
Schroeder, M.R., "Toward Better Acoustics for Concert Halls," Physics Today, 33:10, pp. 24–30, 1980.
Schroeder, M.R., D. Gottlob, and K.F. Siebrasse, "ComParative Study of European Concert Halls," JASA, 56:4, pp. 1195–1201, 1974.
Schultz, T.J. and B.G. Watters, "ProPagation of Sound Across Audience Seating," JASA, 36:5, pp. 885–896, 1964.
Soulodre, G.A., N. Popplewell, and J.S. Bradley, "Combined Effects of Early Reflections and Background Noise on Speech Intelligibility," J. Sound and Vibration, 135:1, pp. 123–133, 1989.
Talaske, R.H., E.A. Wetherill, and W.J. Cavanaugh, Halls for Music Performance, Two Decades of Experience: 1962-1982, American Institute of Physics for the Acoustical Society of America, 1982.
Toole, F.E., Sound Reproduction, Elsevier Focal Press, 2008.
Watkins, A.J., "Perceptual Compensation for Effects of Echo and of Reverberation on Speech Identification," Acta Acustica, 91, pp. 892–901, 2005.
Cox, T.J. and P. D' Antonio, Acoustic Absorbers and Diffusors: Theory, Design and Application, Spon Press, 2004.
D' Antonio, P. and J.H. Konnert, "The RFZ ™ /RPG ™ Approach to Control Room Monitoring," AES 76th Conv., preprint 2157 (I-6), Oct., 1984.
Davis, D. and C. Davis, "The LEDE ™ Concept for the Control of Acoustic and Psychoacoustic Parameters in Recording Control Rooms," JAES, 28:9, pp. 585–595, 1980.
Davis, D. and C. Davis, Sound System Engineering, 2nd ed., Howard W. Sams, pp. 168–169, 1987.
Haan, C.N. and F.R. Fricke, "Surface Diffusivity as a Measure of the Acoustic Quality of Concert Halls," Proc. of Australia and New Zealand Architectural Science Association Conference, Sydney, 1993.
Haan, C.N. and F.R. Fricke, "The Use of Neural Network Analysis for the Prediction of

Acoustic Quality of Concert Halls," Proc. of WESTPRAC V '94, Seoul, pp. 543–550, 1994.

Welti, T. and A. Devantier, "Low-Frequency Optimization Using Multiple Subwoofers," JAES, 54:5, pp. 347–364, 2006.

24 室内声学测量软件

Dunn, C. and M.O. Hawksford, "Distortion Immunity of MLS-Derived Impulse Measurements," JAES, 41:5, pp. 314–335, May, 1993. (Correction: JAES, 42:3 p. 152, 1994).

Haykin, S., An Introduction to Analogue and Digital Communications, John Wiley and Sons, 1989.

Heyser, R.C., "Acoustical Measurements by Time Delay Spectrometry," JAES, 15:4, pp. 370–382, 1967.

Rife, D.D., "Transfer Function Measurement with Maximum Length Sequences," JAES, 37:6, pp. 419–444, 1989.

Toole, F.E., "Loudspeaker Measurements and Their Relationship to Listener Preferences, Part 2," JAES, 34:5, pp. 323–348, 1986.

Toole, F.E., "Loudspeakers and Rooms for Stereophonic Sound Reproduction," AES 8th Intl. Conf., Washington, D.C., preprint 1989, 1990.

Vanderkooy, J., "Another Approach to Time Delay Spectrometry," JAES, 34:7/8, pp. 523–538, July/Aug., 1986.

25 房间优化程序

AES20-1996: AES Recommended Practice for Professional Audio—Subjective Evaluation of Loudspeakers, JAES, 44:5, pp. 386–401, 1996.

Allen, J.B. and D.A. Berkeley, "Image Method for Efficiently Simulating Small-Room Acoustics," JASA, 65:4, pp. 943–950, 1979.

Allison, R.F., "The Influence of Room Boundaries on Loudspeaker Power Output," JAES, 22:5, pp. 314–320, May, 1974.

Allison, R.F., "The Sound Field in Home Listening Rooms II," JAES, 24:1, pp. 14–19, Jan./Feb., 1976.

Ballagh, K.P., "Optimum Loudspeaker Placement Near Reflecting Planes," JAES, 31:12, pp. 931–935, Dec., 1983. (Letters to the Editor, JAES, 31:9, p. 677, Sept., 1984.)

Bonello, O.J., "A New Criterion for the Distribution of Normal Room Modes," JAES, 29:9, pp. 597–606, Sept., 1981. (Correction, JAES, 29:12, p. 905, Dec., 1981.)
Cox, T.J., "Designing Curved Diffusors for Performance SPaces," JAES, 44:5, pp. 354–364, May, 1996.
Cox, T.J., "Optimization of Profiled Diffusors," JASA, 97:5, pp. 2928–2936, May, 1995.
D' Antonio, P., C. Bilello, and D. Davis, "Optimizing Home Listening Rooms," AES 85th Conv., Los Angeles, preprint 2735, Nov., 1988.
Groh, A.R., "High Fidelity Sound System Equalization by Analysis of Standing Waves," JAES, 22:10, pp. 795–799, Dec., 1974.
Kovitz, P., Extensions to the Image Method Model of Sound ProPagation in a Room, Pennsylvania State University Thesis, Dec., 1994.
Lam, Y.W. and D.C. Hodgson, "The Prediction of the Sound Field due to an Arbitrary Vibrating Body in a Rectangular Enclosure," JASA, 88:4, pp. 1993–2000, Oct., 1990.
Louden, M.M., "Dimension-Ratios of Rectangular Rooms with Good Distribution of Eigentones," Acustica, 24, pp. 101–104, 1971.
Morse, P.M. and K.U. Ingard, Theoretical Acoustics, McGraw-Hill, 1968.
Olive, S.E. "A Method for Training of Listeners and Selecting Program Material for Listening Tests," AES 97th Conv., preprint 3893, Nov., 1994.
Olive, S.E., P. Schuck, S. Sally, and M. Bonneville, "The Effects of Loudspeaker Placement on Listener Preference Ratings," JAES, 42:9, pp. 651–669, Sept., 1994.
Press, W.H., B.P. Flannery, S.A. Teukolsky, and W.T. Vetterling, Numerical Recipes, The Art of Scientific Computing, 2nd ed., Cambridge University Press, 1992.
Schuck, P.L., S. Olive, J. Ryan, F.E. Toole, S. Sally, M. Bonneville, V. Verreault, and K. Momtohan, "Perception of Reproduced Sound in Rooms: Some Results from the Athena Project," AES 12th Intl. Conf., pp. 49–73, June, 1993.
Stephenson, U., "ComParison of the Mirror Image Source Method and the Sound Particle Simulation Method," Applied Acoustics, 29, pp. 35–72, 1990.
Toole, F.E., "Loudspeaker Measurements and Their Relationship to Listener Preferences, Part 1" JAES, 34:4, pp. 227–235, Apr., 1986.
Toole, F.E., "Loudspeaker Measurements and Their Relationship to Listener Preferences, Part 2," JAES, 34:5, pp. 323–348, May, 1986.
Toole, F.E., "Subjective Evaluation," in Loudspeaker and Headphone Handbook, ed. J. Borwick, 2nd ed., Elsevier Focal Press, 1994.
Toole, F.E. and S.E. Olive, "Hearing is Believing vs. Believing Is Hearing: Blind vs. Sighted Listening Tests and Other Interesting Things," AES 97th Conv., preprint

3894, Nov., 1994.
Toole, F.E. and S.E. Olive, "The Modification of Timbre by Resonances: Perception and Measurement," JAES, 36:3, pp. 122–142, Mar., 1988.
Waterhouse, R.V., "Output of a Sound Source in a Reverberation Chamber and Other Reflecting Environments," JASA, 30:1, pp. 4–13, Mar., 1965.
Waterhouse, R.V., "Output of a Sound Source in a Reverberant Sound Field," JASA, 27, pp. 247–258, Mar., 1958.
Waterhouse, R.V. and R.K. Cook, "Interference Patterns in Reverberant Sound Fields II," JASA, 37, pp. 424–428, Mar., 1965.
Welti, T. and A. Devantier, "Low-Frequency Optimization Using Multiple Subwoofers," JAES, 54:5, pp. 347–364, 2006.

26 房间的可听化

Chéenne, D.J., "Acoustical Modeling and Auralization," in Handbook for Sound Engineers, ed. G.M. Ballou, 4th ed., Elsevier Focal Press, 2008.
Cox, T.J. and P. D' Antonio, Acoustic Absorbers and Diffusors: Theory, Design and Application, Spon Press, 2004.
Kleiner, M., B.-I. Dalenbäck, and P. Svensson, "Auralization—an Overview," JAES, 41:11, pp. 861–875, Nov., 1993.
Dalenbäck, B.-I., M. Kleiner, and P. Svensson, "A Macroscopic View of Diffuse Reflection," JAES, 42:10, pp. 973–807, Oct., 1994.

附录

材料的吸声系数

材料	125Hz	250Hz	500Hz	1kHz	2kHz	4kHz
多孔材料						
窗帘：棉质 14 盎司 / 平方码						
打褶到原来 7/8 面积	0.03	0.12	0.15	0.27	0.37	0.42
打褶到原来 3/4 面积	0.04	0.23	0.40	0.57	0.53	0.40
打褶到原来 1/2 面积	0.07	0.37	0.49	0.75	0.70	0.60
窗帘：中密度丝绒，14 盎司 / 平方码						
打褶到原来 1/2 面积	0.07	0.31	0.49	0.75	0.70	0.60
窗帘：高密度丝绒，18 盎司 / 平方码						
打褶到原来 1/2 面积	0.14	0.35	0.55	0.72	0.70	0.65
地毯：水泥地上的厚地毯	0.02	0.06	0.14	0.37	0.60	0.65
地毯：在 40 盎司毛毡上的厚地毯	0.08	0.24	0.57	0.69	0.71	0.73
地毯：背面有着泡沫乳胶或者 40 盎司毛毡上的厚地毯	0.08	0.27	0.39	0.34	0.48	0.63
地毯：室内 / 室外	0.01	0.05	0.10	0.20	0.45	0.65
吸声砖，大街，1/2 英寸厚	0.07	0.21	0.66	0.72	0.62	0.49
吸声砖，大街，1/2 英寸厚	0.09	0.28	0.78	0.84	0.73	0.64
各种建筑材料						
水泥砖，粗糙的	0.36	0.44	0.31	0.29	0.39	0.25
水泥砖，涂有油漆的	0.10	0.05	0.06	0.07	0.09	0.08
水泥地面	0.01	0.01	0.015	0.02	0.02	0.02
地面：油毡、沥青砖，或者在水泥地上的软木砖	0.02	0.03	0.03	0.03	0.03	0.02

续表

材料	125Hz	250Hz	500Hz	1kHz	2kHz	4kHz
地板：木质	0.15	0.11	0.10	0.07	0.06	0.07
玻璃：大玻璃窗，厚玻璃	0.18	0.06	0.04	0.03	0.02	0.02
玻璃、普通窗户	0.35	0.25	0.18	0.12	0.07	0.04
欧文斯科宁（Owens-Corning）壁画：涂有油漆、厚度为5/8英寸，安装方式7	0.69	0.86	0.68	0.87	0.90	0.81
灰泥：石膏或石灰、在砖块上平滑涂抹	0.013	0.015	0.02	0.03	0.04	0.05
灰泥：石膏或石灰、在木板上平滑涂抹	0.14	0.10	0.06	0.05	0.04	0.03
石膏板：（1/2）英寸厚，2 × 4龙骨、中间有16英寸空腔	0.29	0.10	0.05	0.04	0.07	0.09
共振吸声体						
夹板：3/8英寸厚	0.28	0.22	0.17	0.09	0.10	0.11
多圆柱体						
弦长45英寸，高度16英寸，中空	0.41	0.40	0.33	0.25	0.20	0.22
弦长35英寸，高度12英寸，中空	0.37	0.35	0.32	0.28	0.22	0.22
弦长28英寸，高度10英寸，中空	0.32	0.35	0.3	0.25	0.2	0.23
弦长28i英寸，高度10英寸，实心	0.35	0.5	0.38	0.3	0.22	0.18
弦长20英寸，高度8英寸，中空	0.25	0.3	0.33	0.22	0.2	0.21
弦长20英寸，高度8英寸，实心	0.3	0.42	0.35	0.23	0.19	0.2
穿孔板						
（5/32）英寸厚、4英寸深、有着2英寸厚的玻璃纤维						
穿孔率：0.18%	0.4	0.7	0.3	0.12	0.1	0.05
穿孔率：0.79%	0.4	0.84	0.4	0.16	0.14	0.12
穿孔率：1.4%	0.25	0.96	0.66	0.26	0.16	0.1
穿孔率：8.7%	0.27	0.84	0.96	0.36	0.32	0.26
8英寸深，4英寸厚的玻璃纤维						
穿孔率：0.18%	0.8	0.58	0.27	0.14	0.12	0.1
穿孔率：0.79%	0.98	0.88	0.52	0.21	0.16	0.14
穿孔率：1.4%	0.78	0.98	0.68	0.27	0.16	0.12

续表

材料	125Hz	250Hz	500Hz	1kHz	2kHz	4kHz
穿孔率：8.7%	0.78	0.98	0.95	0.53	0.32	0.27
在 1 英寸厚矿物纤维有着 7 英寸厚空腔，密度为 9~10 磅 / 立方英尺 ,1/4 英寸厚饰面						
宽频带，25% 穿孔率或者更高	0.67	1.09	0.98	0.93	0.98	0.96
中频峰值，5% 穿孔率	0.60	0.98	0.82	0.90	0.49	0.30
低频峰值，0.5% 穿孔率	0.74	0.53	0.40	0.30	0.14	0.16
矿物纤维填充，有 2in 的空腔，密度为 9~10 磅 / 立方英尺						
穿孔率：0.5%	0.48	0.78	0.60	0.38	0.32	0.16

术语表

吸声扩散体　一种对声音有吸收和扩散作用且带有专利的面板。

吸声　在声学当中，一些声音能量被损耗，例如，声能转换为热能。

吸声系数　在任意表面声音能量被吸收的部分，理论值是 0~1，并随着声音的入射频率和角度变化。

声学　声音的科学，也涉及现有环境的声音效果。

AES　音频工程师协会。

算法　解决声学问题的步骤。

临场感　已知空间与众不同的声学特征。

放大器，线性　是设计用来工作在中间能级的放大器，输出通常近似为 1V。

放大器，输出　一种功率放大器用来驱动扬声器或者其他负载。

振幅　一个振荡频率的瞬态幅度，诸如声压。峰值振幅是最大值。

幅度失真　信号波形的一种失真。

模拟信号　一种频率与量级连续不断变化的电信号，直接与最初的电或声信号有关。

无回声的　没有反射或者回声。

消声室　一个设计用来抑制内部声音反射的房间，用于声学测量。

波腹　振动体的最大振动点。

清晰度　用来测量语言清晰度的指标。例如，语言可感知的正确比例。

人工混响　通过算法来模拟真实或构想的声学空间混响。

ASA　美国声学学会。

ASHRAE　美国采暖、制冷与空调工程师学会。

起始时间　声音的开始部分，音符的初始瞬值。

衰减　减少电子或声学信号强度。

衰减器　一种变阻器装置，用来控制电子信号的大小。

声音频率　落在人耳可听范围内的声学或电子信号的频率，通常是 20Hz~20kHz。

声音频谱　参见声音频率。

听觉区域　在最小听阈和痛阈之间的感觉区域。

听觉皮层 从耳朵接收神经脉冲的大脑区域。

听觉系统 由外耳、中耳、内耳、神经通路和大脑构成的听力系统。

听觉的 与听觉原理有关的。

A 计权 声级计的频率调节，让读数粗略得与人耳的反应一致。

轴向模式 与一对平行墙面有关的房间共振。

障板 在录音棚中使用的可移动屏障（也被称为杂音过滤板），用来对不同声源进行声音隔离，通常也是架设扬声器的面或板。

带通滤波器 一种在想要的频带之外衰减信号的滤波器。

带宽 装置或结构体通过的频率范围。

基底膜 在耳蜗内的一层应声振动、刺激毛细胞的薄膜。

低音 可听频率范围下限。

低音提升 可听频率下限声音量级的增加，通常是通过数字或模拟电路来实现的。

拍音 当频率稍有不同的声音叠加到一起时，所听到的周期性的波动。

双耳的 录音和重放配置模仿双耳听觉。

比特（bit） 二进数制系统的基本单位。

嗡嗡声 在录音、重放或扩声系统中，有过多低频响应的通俗表达。

字节 数字系统中 1 组比特。1 字节（B）通常由 8 比特（bit）组成。

电容 一种电器元件，通交流隔直流，也称电容器，可储存电能。

削波 如果信号超过功放的能力会被削顶，是一种信号的失真。

耳蜗 内耳的一部分，能够把耳蜗液体的机械振动转换成电信号，可被视为听觉系统的频率分析部分。

染色 人耳可以感知的音频信号失真。

梳状滤波 电信号或声信号与自身时延信号叠加所产生的失真。结果是由相消干涉和相长干涉作用产生了频率响应中的峰值和零位。当它在一个线性频率刻度中展示出来时，频率响应像是一把梳子，由此而得名。

压缩 通过数字或模拟电路减少信号的动态范围，从而使声级高的部分得到降低。

相关图 展示一个信号与另一信号相关性的图。

大脑皮层 参见听觉皮层。

峰值因子 信号的峰值除以其均方根值。

临界频带 在人耳听觉当中，一定宽度的窄带噪声将会掩蔽一个单音或噪声。临界频带的宽度会随着频率而变化，但是通常在 1/6 ~ 1/3 oct 之间。

分频频率 频率响应对应的 –3dB 点。例如，有着多个扬声器单元的音箱，不同的扬声器单元对应不同的分频频率。

串音 一个通道的信号影响其他通道的现象。

每秒周期数 声波或电信号的频率。测量用赫兹（Hz）。

dB　参见分贝。

dBA　声级计用 A 计权网络的读数，模拟人耳在 40 方响度级的反应。

dBB　声级计用 B 计权网络的读数，模拟人耳在 70 方响度级的反应。

dBC　声级计用 C 计权网络的读数，模拟人耳在 100 方响度级的反应。

十倍　任意量或频率范围的 10 倍，人耳听觉范围约 1 000 倍。

衰减率　声学信号衰减的测量，斜率表示成分贝 / 秒（dB/s）。

分贝（dB）　贝尔是 2 个功率的对数比，1 分贝（dB）是（1/10）贝尔。人耳的听力响应是对数的，分贝有利于音频系统中的对数单位处理。

延迟线　一种数字或模拟装置，用来延迟音频信号相对其他信号的时间。

振膜　任何应声振动或者通过振动辐射声音的表面，例如在话筒和扬声器中。它也适用于墙面和地面的应声振动。

电介质　一种绝缘材料。这种材料是在电容器极板之间的。

衍射　在声场中由于障板的出现所导致的波阵面失真。衍射角度是波长相对障板尺寸的函数。

扩散体（Diffuser）　一种导致声音扩散的装置或者物体表面。

扩散器（Diffusor）　一个具有专利，通过反射相位栅的方法进行声音扩散的装置。

数字　模拟信号的数值表示。与音频数字技术的应用有关。

平方反比定律　在自由声场中点声源的球面扩散，当距离增加 1 倍，声压级减小 6dB。这种情况很少在实际中遇到，但是它仍然能够被用于估计声音随距离的变化。

失真　通过设备后，原始信号在波形或谐波成分中的任何变化。在设备内产生的非线性。

失真、谐波　通过一个非线性设备，信号谐波成分改变。

DSZ（Diffused Sound Zone）　声场的扩散区。

动态范围 所有的音频系统都受限于固有噪声和过载失真。可用范围在这 2 个极值之间，它是系统的动态范围，用分贝（dB）表示。

达因　质量为 1g 物体加速度达到 $1cm/s^2$ 的力。对于声压的标准参考量级是 0.000 2 达因 / cm^2，也表示为 20 微帕斯卡或 20 μPa。

耳道　外耳道，是在外耳和鼓膜之间的管道。

鼓膜　位于耳道的末端，连接着中耳的听小骨。

回声　被耳朵感知为分离重复的延迟声音。

回声序列图　房间中声音非常早期的反射衰减记录 。

EES（Early，Early Sound）　早期的，早期声。结构传声或许早于空气传声到达房间内话筒，因为声音在更高密度材料的传播速度更快。

EFC(Energy-Frequency Curve)　能量 – 频率曲线。

EFTC（Energy-Frequency-Time Curve）　能量 – 频率 – 时间曲线。

特征函数　在波动方程中的一个典型常量 。

整体感　音乐家必须彼此听到才能做出适当配合；换句话说，整体感是占主导的。舞台区域周围的扩散单元对整体感有着很大的贡献。

等响曲线 一种等高线，它在整个可听频率范围内表现为一个常数。一条在 1 000Hz 处 40dB 声压级的等高线被定义为 40 方。

均衡 在设备或者系统中调节频率响应的过程，目的是让它们更加平直或把频响变为想要的样子。

均衡器 一种用来调节设备或者系统频率响应的装置。

ETC（Energy-Time Curve） 能量 – 时间曲线。

ETF AcoustiSoft 公司的扬声器和房间声学分析程序。

咽鼓管 从中耳到咽部的管，用来平衡中耳和大气之间的气压。

外耳道 末端在鼓膜的耳中管道。

啸叫，声学 声学系统当中输入和输出之间的不良作用，例如在话筒和扬声器之间。

FFT 快速傅里叶变换。一种用短时间的迭代程序来计算傅里叶变换的算法。

保真度 反应声音质量的指标，反应对原始信号的忠诚度。

滤波器，带通 可以通过低频和高频截止点之间频率的滤波器。

滤波器，高通 截止频率以上的频率都可以通过的滤波器。

滤波器，FIR 有限冲击响应类型的数字滤波器。

滤波器，IIR 无限冲击响应类型的数字滤波器。

滤波器，低通 在截止频率以下的频率可以通过的滤波器。

镶边 通过使用梳状滤波器来获得特别声音效果的术语。

颤动回声 由平行反射面引起的反复回声。

傅里叶分析 信号决定其频谱的一种傅里叶变换的应用。

频率 反应周期信号快速交替的程度，用赫兹表达。

频率响应 电路或设备幅度或灵敏度随频率的变化。

FTC（Frequency-Time Curve） 频率 – 时间曲线。

基频 决定音符音高的基本频率。

融合区 迟于直达声 20~40ms 的反射声到达耳朵，融为一体，表现为声级明显增强，参见哈斯效应。

增益 由功放产生的功率信号级别的增加。

图示电平记录器 一种用分贝 – 时间记录信号的装置。分贝对应角度能够记录信号的指向性特征。

光栅，衍射 一种光学栅格，由被用来分开光线中颜色成分的平行狭缝组成。原理也被用于进行声波衍射。

光栅，反射相位 用来提供声音扩散的声学衍射光栅。

哈斯效应 如果落在耳朵上的声音迟于直达声 20~40ms，则听觉器官会把这些延迟声音整合。延迟成分的大小会对声级产生作用，且声音会被定位在第 1 个到达的声源上，也被称为优先效应，参见融合区。

毛细胞 把基底膜的机械振动转换成神经冲动传送给大脑的耳蜗感知单元。

谐波失真 参见失真、谐波。

谐波 基频的整数倍。第 1 次谐波是基波，第 2 次谐波是基波的 2 倍频率，依此类推。

听力损失 听觉系统的灵敏度损失，在一个标准级之下用分贝（dB）测量。一些听觉损失与年龄有关，一些与暴露于高声压级有关。

赫姆霍兹共鸣器 一种被动的且经调谐的声音吸收体。瓶子就是这种共鸣器。赫姆霍兹共鸣器上面可以覆盖穿孔材料或者板条。

亨利 电感的单位。

赫兹 频率的单位，缩写为 Hz。与每秒转数一致。

高通滤波器 参见滤波器、高通。

HRTF（Head-Related Transfer Function） 头相关传输函数，描述了声音如何被头部、躯干和外耳的反射及衍射所改变。

IEEE 电气和电子工程师协会。

镜像源 虚拟反射声源位于镜像点。

阻抗 与用欧姆测量的电流或声能相对。

阻抗匹配 当一个设备的输出阻抗与另一个设备的输入阻抗相匹配时，最大功率被从一个电路转移到另一个。最大功率传输在许多电子线路中没有低噪声或者电压增益重要。

冲击 非常短的、瞬态的电子或声学信号。

同相 2 个周期波同时达到峰值和零位被称为同相。

电感 电路的一种电气特性，即因磁场而引入的惯性延迟，尤其针对线圈。用亨利（H）表示。

初始时延间隙 在直达声和第 1 次反射声之间的时间间隙。

声强 声强是每单位面积的声能通量。穿过单位面积的平均声能垂直于声音传输方向。

干涉 2 个或多个信号结合产生的一种相互作用。这种作用或是相消或是相长的。另一个使用该术语的领域涉及信号干扰。

互调失真 由 2 个或多个信号相互作用产生的失真。失真成分与原始信号不是谐波相关的。

平方反比定律 参见球面扩散。

ITDG（Initial Time-Delay Gap.） 初始时延间隙。

JASA（Journal of the Acoustical Society of America） 美国声学学报。

JAES（Journal of the Audio Engineering Society） 音频工程师协会学报。

kHz 1 000Hz。

Korner Killer 一种具有专利的、用于房间角落的声音吸收/扩散单元。

第一波阵面定律 第 1 个落在耳朵处的波阵面决定了感知声音的方向。

LEDE 参见活跃端 – 寂静端。

LFD（Low-Frequency Diffusion） 低频扩散。

声级 用分贝（dB）表示的声压级，其计算以 20μPa 为参考声压级。术语“声级”把数值与适当的参考声级联系起来。

线性的 一种装置或电路有着线性特征，即信号通过它不会失真。

活跃端 - 寂静端 针对房间的一种声学处理方式，其中前端是强吸声的，后端是反射和扩散的。

对数 常用对数中以 10 为底 10 的指数。例如，10 的 2 次方为 100，$\log_{10}100$ 为 2。

响度 声音大小感觉的主观术语。

扬声器 一种把电能转换成声能的电声转换器。

掩蔽 一个声音的听阈在另一个声音出现时被提高的现象。

最大长度序列 参见序列，最大长度。

平均自由程 对于封闭空间的声波，在连续反射之间的平均传播距离。

话筒 一种声能到电能的转换器，可以把空气中的声波转换成电信号。

中耳 鼓膜和耳蜗之间的腔体，保护听小骨连接鼓膜到耳蜗的卵圆窗。

毫秒 一秒的千分之一，缩写为 ms 或 msec。

调音台 一个阻性装置，有时非常复杂，用来合并许多声源信号。

MLS 最大长度序列。

模式共振 参见模式。

模式 房间共振、驻波。轴向模式与平行墙面有关，切向模式包括房间 4 个面，而斜向模式包括房间 6 个面。对于小房间和低频模式作用的影响最大。

单耳道 参见单声道。

监听 在录音棚控制室使用的扬声器。

单声道 单个通道声。

NAB 国家广播协会。

结点 没有振动的点。

噪声 电或声自身的干扰。随机噪声是声学测量中常用的一种信号。粉红噪声是一种频谱下降 3dB/oct 的随机噪声，对恒定比例带宽的声音分析非常有用。

噪声标准 标准频谱曲线，通过它一个已经测得的噪声可以通过单个 NC 数字来描述。

非线性 如果信号通过设备或电路产生失真，则这些设备和电路是非线性的。

固有模式 房间共振 参见模式。

零位 在图表中的低点或最小值点。房间中的最小声压区域。

斜向模式 通过矩形房间所有 6 个表面反射产生的房间模式。

倍频程 2 个频率之间的间隔比率为 2∶1。

听小骨 3 块连接的小骨，在鼓膜和耳蜗的卵圆窗之间提供机械耦合，由锤骨、砧骨及镫骨组成。

反相 2 个相关的信号在时间上的抵消。

卵圆窗 耳蜗上的一个膜状小窗口，与听小骨中的镫骨部分相连。来自鼓膜的声音通过卵圆窗传输到内耳的液体中。

泛音 由复合音组成，频率高于基波。

谐频 一组出现在复杂音调中与基频相关的频率。与基频谐波或许相关，或许无关。

帕斯卡（Pa） 压力单位，测量的是每单位面积的垂直力，等于 $1N/m^2$。

被动吸声体 一种耗散声能为热能的吸声体。

PFC 相位 – 频率曲线。

相位 2 个信号之间的时间关系。

相移 2 个信号之间时间或角度的差。

方 响度级的单位，与人耳信号强度的主观感觉有关。

粉红噪声 频谱以 3dB/oct 斜率衰减的噪声信号。这使得噪声每倍频程有着相等的能量。

耳廓 外耳。

音高 单音感知频率的主观术语。

部位学说 与耳蜗基底膜上激励特征相关的音高感知理论。

指向特性 一种展示 360° 话筒或扬声器指向特征的图表。

极性 音频系统中高（+）和低（–）信号的相对位置。

PRD 原根扩散体。

前置放大器 一种设计用来优化微弱信号（例如来自话筒）的放大器。

优先效应 参见哈斯效应。

压力区域 当声波撞击固体表面，在表面的粒子速度为零，且压力很高，因此在表面附近所产生的一个高压层。

原根序列 参见序列，原根。

心理声学 对耳 – 脑听觉系统感知及听觉刺激反应的研究。

纯音 没有谐波的正弦波单音，所有能量集中在单一频率。

Q 因子 品质因子。在一个共振系统中损失的测量。曲线越尖，Q 因子越高。

QRD 二次余数扩散体。

二次余数序列 参见序列，二次余数。

随机噪声 一种噪声信号，通常用在测量当中，有着不断变换的幅度、相位和频率，以及一致的能量谱分布。

射线 在较高的音频，声音可以被看成直线传播，光束的方向垂直于波阵面。

电抗 电容和电感对电流的阻碍。

抗性吸声体 类似赫姆霍兹共鸣器这种吸声体，包含了质量和顺性以及电阻的作用。

抗性消声器 在空调系统当中的消声器，使用反射作用作为其工作原理。

反射 当入射声音波长相对反射表面尺寸很小时，声音的反射非常像光反射，其入射角等于反射角。

折射 声波以不同的声速穿过介质产生的弯曲。

电阻 导致能量耗散为热量的电或声回路的特性。

共振 当频率与固有频率相同时，共振系统以最大振幅振动。

共振消声器 一种空调系统的消声器，用来调节系统的共振作用。

响应 参见频率响应。

混响 在封闭空间里由于边界多次反射而产生的声音拖尾。

混响室 有反射边界，用于测量声音吸声系数的房间。

混响时间 在一个封闭空间中，从初始稳定级衰减 60dB 所需要的时间。

RFZ 反射自由区。

啸叫 高 Q 值电路和声学设备被一个突然的信号激励时，有振荡（或回响）的倾向。

房间模式 一个封闭空间的简正模式，参见模式。

圆窗 耳蜗中开向中耳的薄膜，起到对耳蜗液体释放压力的作用。

RPG 反射相位栅。使用衍射光栅原理的声音能量扩散体。

RPG 云 安装于天花板的反射相位栅。

RT_{60} 参见混响时间。

赛宾（Sabin） 吸声单位。一平方英尺的开窗有着 1 赛宾的吸声量。

赛宾（Sabine） W.C. 赛宾，赛宾混响公式的发明者。

SBIR 扬声器边界干涉响应。

施罗德曲线 一种用曼弗雷德·施罗德（Manfred Schroeder）定义的数学方法计算的混响衰减曲线。

半规管 3 个与平衡有关的感觉器官，是耳蜗结构的一部分。

最大长度序列 一种用伪随机二进制序列来激励系统或房间的测量方法，所使用的测试信号频谱像宽频带的白噪声，也是一种可以用来确定扩散井的深度的数学序列。

原根序列 一种数学序列用来确定扩散井的深度。

二次余数序列 一种用来确定扩散井深度的数学序列。

信噪比 最大操作电平和本底噪声之间的差，用分贝表示，（S/N）。

正弦波 与简谐振动相关的周期波。

回声 来自附近表面离散的反射。

宋 主观响度的测量单位。

吸声系数 0~1 表示材料吸声效率的实际单位。

声功率级 一种在标准参考级 1pW 之上，用分贝（dB）表达的功率。

声压级 一种在 20 μPa 标准声压之上，用分贝（dB）表达的声压。

声谱仪 一种展示信号的时间、声级和频率的工具。

频谱 信号对应频率的能量分布。

频谱分析仪 一种针对信号频谱测量和记录的工具。

镜面反射 一个表达扩散体衍射栅种类效率的术语。

球面扩散 在自由空间中声音从点声源开始的球面发散。

展开 构建“非正方形”时，墙面被展开，也就是说，比普通的直线形式有一点角度。

驻波 在一个密闭空间相反方向传播的声波相互作用的共振情况，声波传输在一个方向与所导致的稳态。参见模式。

稳态 一种没有瞬态作用的连续状态。

立体声 一个有2个声道的立体声的系统。

超低音 一只通常与其他高频环绕扬声器配合的低频扬声器。

重合 许多声波可能穿过空间中相同的点，空气粒子的响应为不同声波的矢量和。

T_{60} 参见 RT_{60}。

正切模式 由一个矩形房间6个表面中的4个面反射产生的房间模式。

TDS 参见 时间－延时谱。

TEF 参见时间、能量、频率。

痛阈 让耳朵觉得痒的声压级，位于听阈以上约120dB位置。

听阈 人耳听觉系统能够感受到的最低声压级，接近于标准参考声压级20μPa。

音色 与谐波结构有关的声音品质。

时延谱 一种在有混响空间获得无混响测量结果的方法 。

时间、能量、频率 一种应用TDS的分析方法。

音调 一种会产生听觉音高的单音。

猝发声 用在声学测量中的短信号，使得从反射中获得想要的信号成为可能。

音调控制 一种可以调节频率响应的电路。

换能器 一种装置，可把电信号转变成声信号，反之亦然，例如话筒或扬声器。

瞬态 一种信号的短暂表现，例如音符的上升和衰减。

高音 可听频率范围内较高的频段。

管状陷阱 有专利的吸声单元。

音量 声压级的通俗表述。

瓦特（W） 电功率或者声功率的单位。

波动 电信号或声压的规则变化。

波长 声波完成一个周期传输的距离。

计权 对应完成一个所需测量的声压计的调节。

白噪声 能量随频率均匀分布的随机噪声。

低音扬声器 一只作为主扬声器使用的低频率扬声器。